普通高等教育"十二五"规划教材
电子电气基础课程规划教材

数字逻辑电路

张文超　主编

高惠芳　任　兵　胡炜薇　樊凌雁　编

电子工業出版社
Publishing House of Electronics Industry
北京·BEIJING

内 容 简 介

本书是根据教育部最新制定的电子技术基础课程教学基本要求，并结合作者多年的理论与实验教学经验以及科研应用体会编写的专业技术基础课教材。全书共 10 章，主要内容包括：数字和逻辑基础、门电路、组合逻辑电路、触发器、时序逻辑电路、脉冲波形的产生和整形、数模转换和模数转换电路、半导体存储器、可编程逻辑器件简介、数字逻辑电路简单应用与知识扩展，以及附录。本书提供配套电子课件和习题解答。

本书可作为高等学校电子信息、通信、计算机科学与技术、电气工程及其自动化、机电工程及相关电类专业的数字电子技术、数字逻辑电路课程的本科生教材，还可供相关领域工程技术人员参考。

图书在版编目 (CIP) 数据

数字逻辑电路 / 张文超主编. —北京：电子工业出版社，2013.10
电子电气基础课程规划教材
ISBN 978-7-121-20490-6

I. ①数… II. ①张… III. ①数字电路－逻辑电路－高等学校－教材 IV. ①TN79

中国版本图书馆 CIP 数据核字（2013）第 106911 号

策划编辑：王羽佳
责任编辑：王羽佳　　　　　　文字编辑：王晓庆
印　　刷：涿州市京南印刷厂
装　　订：涿州市京南印刷厂
出版发行：电子工业出版社
　　　　　北京市海淀区万寿路 173 信箱　　邮编：100036
开　　本：787×1092　1/16　印张：23.75　字数：685.5 千字
版　　次：2013 年 10 月第 1 版
印　　次：2022 年 1 月第 10 次印刷
定　　价：48.00 元

前　言

"数字逻辑电路"是一门重要的专业基础技术。从技术发展角度和趋势上看，人类社会已经进入数字时代，各种数码（或数字）产品层出不穷、千姿百态、更新快速、应接不暇。从应用层面看，它及其衍生技术已经在工业、农业、航天、航海、运输、教育、娱乐、医疗、通信、家电等各领域得到广泛应用。从学科专业技术链的角度看，它也是 DSP、SoC、EDA、计算机组成与设计、计算机工程、数字通信、嵌入式系统、数控机床、汽车电子、电力电子、工业自动化、自动测控、硬件描述语言、微电子、数字无线通信、无线互联网、物联网、GPRS、软件无线电、能量转换和单片机等技术及其应用的基础。

数字逻辑电路基础知识和技术也是很多高校研究生入学考试以及很多公司招聘技术人员时的必考科目，以此来甄别和筛选应聘人员。所以学好数字逻辑电路基础知识和技术是十分重要的。

本书是根据教育部最新制定的电子技术基础课程教学基本要求，并结合作者多年的理论与实验教学经验以及科研应用体会编写的专业技术基础课教材。

全书共分 10 章，主要内容包括：第 1 章数字和逻辑基础，第 2 章门电路，第 3 章组合逻辑电路，第 4 章触发器，第 5 章时序逻辑电路，第 6 章脉冲波形的产生与整形，第 7 章数模和模数转换电路，第 8 章半导体存储器，第 9 章可编程逻辑器件简介，第 10 章数字逻辑电路简单应用与知识扩展。

本书特色：

☆ 提供配套电子课件和习题解答

☆ 结合作者多年理论与实验教学经验以及科研应用体会编写而成

☆ 弥补传统教学方法中与实际应用实践脱节的不足，为顺利走向实际应用、进入设计者角色搭桥铺路

☆ 精选足够适当的应用分析实例

☆ 注重基本知识的实际应用方法和知识的扩展

☆ 侧重概念、理论和方法的讲述、训练和培养

本书可作为高等学校电子信息、通信、计算机科学与技术、电气工程及其自动化、机电工程及相关电类专业的数字电子技术、数字逻辑电路课程的本科生教材，还可供相关领域工程技术人员参考。

教学中，可以根据教学对象和学时等具体情况对书中的内容进行删减和组合，也可以进行适当扩展。为适应教学模式、教学方法和手段的改革，本书配套电子课件和习题解答等网络教学资源，请登录华信教育资源网（http://www.hxedu.com.cn）注册下载。

在本书的编写过程中，高惠芳负责编写了第 1、3 和 6 章；任兵负责编写了第 4、5 章；胡炜薇负责编写了第 7、8 章；樊凌雁负责编写了第 9 章；张文超负责编写了第 2、10 章和附录。张文超负责全书的整理和统稿（注：崔佳冬参与了第 7、8 和 9 章的前期编写工作）。

在本书的编写过程中，华东理工大学的吴勤勤教授和凌志浩教授提出了许多宝贵意见，电子工业出版社的王羽佳编辑等同志为本书的出版做了大量工作。在此一并表示感谢！

本书的编写参考了大量近年来出版的相关技术资料，吸取了许多专家和同仁的宝贵经验，在此向他们深表谢意。

　　虽然该教材已经作为校内自编教材使用了两轮，但仍然感到还有不少方面需要改进，很多内容有待进一步充实，且受编写时间所限，错误难免，敬请各位读者不吝指正。

作 者

目 录

第 1 章 数字和逻辑基础 ·················· 1

1.1 数字逻辑电路概述 ·················· 1

　　1.1.1 模拟信号与数字信号 ·········· 1

　　1.1.2 模拟电路与数字电路 ·········· 1

　　1.1.3 数字信号参数 ················ 2

　　1.1.4 数字电路的基本功能及其应用 ···· 3

1.2 数制、数制转换和算术运算简介 ······ 5

　　1.2.1 十进制数 ···················· 5

　　1.2.2 二进制数、八进制数和
　　　　　十六进制数 ················ 5

　　1.2.3 不同进制数间相互转换 ········ 7

　　1.2.4 符号数的表示方法 ············ 9

　　1.2.5 多位二进制数的运算 ·········· 11

1.3 常用码制 ·························· 13

　　1.3.1 数字编码 ···················· 13

　　1.3.2 可靠性编码 ·················· 14

　　1.3.3 信息交换代码 ················ 16

1.4 逻辑代数基础 ······················ 17

　　1.4.1 基本逻辑运算和复合逻辑运算 ·· 17

　　1.4.2 基本公式和常用公式 ·········· 20

　　1.4.3 基本规则 ···················· 21

1.5 逻辑函数的几种常用描述方法及
　　相互间的转换 ···················· 22

　　1.5.1 逻辑函数的几种常用描述方法 ··· 23

　　1.5.2 不同描述方法之间的转换 ······ 24

　　1.5.3 逻辑函数的建立及其描述 ······ 26

1.6 逻辑函数的化简 ···················· 26

　　1.6.1 逻辑函数的最简形式和最简标准 ·· 27

　　1.6.2 逻辑函数的公式化简法 ········ 27

　　1.6.3 逻辑函数的两种标准形式 ······ 29

　　1.6.4 逻辑函数的卡诺图化简法 ······ 31

　　1.6.5 具有无关项的逻辑函数的化简法 ·· 35

　　1.6.6 多输出变量的卡诺图化简法 ···· 37

　　习题 ······························ 38

第 2 章 门电路 ······················ 41

2.1 引言与概述 ························ 41

　　2.1.1 引言 ························ 41

2.1.2 概述 ·························· 43

2.2 半导体二极管的开关特性 ············ 44

2.3 半导体三极管的开关特性 ············ 46

　　2.3.1 双极型三极管的结构 ·········· 47

　　2.3.2 双极型三极管的输入特性和
　　　　　输出特性 ·················· 47

　　2.3.3 双极型三极管的开关等效电路 ··· 48

　　2.3.4 简单双极型三极管开关电路 ···· 49

　　2.3.5 双极型三极管的动态开关特性 ··· 49

2.4 场效应管（MOS 管）的开关特性 ···· 50

　　2.4.1 MOS 管的结构 ··············· 50

　　2.4.2 MOS 管的输入特性和输出特性 ·· 51

　　2.4.3 MOS 管的开关等效电路 ········ 52

　　2.4.4 MOS 管的基本开关电路 ········ 52

　　2.4.5 MOS 管的 4 种类型 ·········· 53

2.5 最简单的与、或、非门电路 ·········· 54

　　2.5.1 二极管与门 ·················· 54

　　2.5.2 二极管或门 ·················· 55

　　2.5.3 三极管非门 ·················· 56

2.6 TTL 集成门电路 ···················· 56

　　2.6.1 TTL 反相器的电路结构和
　　　　　工作原理 ·················· 56

　　2.6.2 TTL 反相器的静态输入特性和
　　　　　输出特性 ·················· 58

　　2.6.3 TTL 反相器的动态特性 ········ 62

　　2.6.4 其他类型的 TTL 门电路 ······ 65

　　2.6.5 TTL 电路的改进系列简介 ······· 72

2.7 其他类型的双极型数字集成
　　电路简介 ························ 72

　　2.7.1 ECL 电路 ···················· 72

　　2.7.2 I2L 电路 ···················· 73

2.8 CMOS 门电路 ······················ 75

　　2.8.1 CMOS 反相器的工作原理 ······· 75

　　2.8.2 CMOS 反相器的静态输入特性和
　　　　　输出特性 ·················· 77

　　2.8.3 CMOS 反相器的动态特性 ······· 79

　　2.8.4 其他类型的 CMOS 门电路 ······ 82

2.8.5 改进的 CMOS 门电路 ……… 88
2.8.6 CMOS 电路的正确使用 ……… 89
2.9 其他类型的 MOS 集成电路 ……… 90
习题 ……… 91

第3章 组合逻辑电路 ……… 96
3.1 概述 ……… 96
3.2 组合逻辑电路的分析与设计 ……… 97
3.2.1 组合逻辑电路的分析 ……… 97
3.2.2 组合逻辑电路的设计 ……… 98
3.3 常用中规模集成组合逻辑电路 ……… 101
3.3.1 编码器 ……… 101
3.3.2 译码器 ……… 106
3.3.3 数据选择器 ……… 116
3.3.4 数据分配器 ……… 120
3.3.5 数值比较器 ……… 121
3.3.6 加法器 ……… 125
3.4 组合逻辑电路的竞争冒险现象 ……… 132
3.4.1 竞争冒险的概念与原因分析 ……… 132
3.4.2 冒险现象的判别方法 ……… 133
3.4.3 冒险现象的消除方法 ……… 134
习题 ……… 136

第4章 触发器 ……… 139
4.1 概述 ……… 139
4.2 基本 RS 触发器 ……… 139
4.2.1 用与非门组成的基本
RS 触发器 ……… 139
4.2.2 用或非门组成的基本
RS 触发器 ……… 143
4.3 同步触发器 ……… 144
4.3.1 同步 RS 触发器 ……… 144
4.3.2 同步 D 触发器 ……… 146
4.4 边沿触发器 ……… 147
4.4.1 边沿 D 触发器 ……… 147
4.4.2 边沿 JK 触发器 ……… 148
4.5 触发器的功能分类、功能表示方法
及转换 ……… 148
4.6 触发器的电气特性 ……… 151
4.6.1 静态特性 ……… 151
4.6.2 动态特性 ……… 151
4.7 本章小结 ……… 152
习题 ……… 152

第5章 时序逻辑电路 ……… 156
5.1 概述 ……… 156
5.1.1 时序逻辑电路的组成 ……… 156
5.1.2 时序逻辑电路的分类 ……… 156
5.1.3 时序逻辑电路功能的描述方法 …… 156
5.2 时序逻辑电路的分析 ……… 157
5.2.1 时序逻辑电路的分析方法 …… 157
5.2.2 同步时序逻辑电路的分析举例 …… 157
5.2.3 异步时序逻辑电路的分析举例 …… 158
5.3 寄存器 ……… 159
5.3.1 数码寄存器 ……… 159
5.3.2 移位寄存器 ……… 160
5.4 计数器 ……… 161
5.4.1 二进制计数器 ……… 162
5.4.2 十进制计数器 ……… 163
5.4.3 任意进制计数器 ……… 164
5.5 序列信号的产生与检测 ……… 165
5.5.1 序列信号发生器 ……… 165
5.5.2 序列信号检测器 ……… 165
5.6 顺序脉冲发生器 ……… 165
5.6.1 计数型顺序脉冲发生器 ……… 165
5.6.2 移位型顺序脉冲发生器 ……… 166
5.7 最长线性序列 ……… 168
5.8 时序逻辑电路的设计 ……… 169
5.8.1 同步时序逻辑电路的设计 ……… 169
5.8.2 异步时序逻辑电路的设计 ……… 173
5.9 时序逻辑模块之间的时钟处理技术 …… 179
5.9.1 异步时钟的同步化技术 ……… 179
5.9.2 同步时钟的串行化技术 ……… 180
5.10 本章小结 ……… 180
习题 ……… 180

第6章 脉冲波形的产生和整形 ……… 183
6.1 概述 ……… 183
6.2 单稳态电路 ……… 183
6.2.1 用门电路或触发器组成的
单稳态电路 ……… 183
6.2.2 集成单稳态电路 ……… 189
6.2.3 单稳态电路的应用 ……… 193
6.3 施密特触发器 ……… 195
6.3.1 由门电路组成的施密特触发器 …… 195
6.3.2 集成施密特触发器 ……… 197

6.3.3 施密特触发器的应用 ············ 200

6.4 自激多谐振荡器 ·················· 202

    6.4.1 由门电路组成的多谐振荡器 ····· 203

    6.4.2 环形振荡器 ················· 205

    6.4.3 用施密特触发器构成的
多谐振荡器 ················· 207

    6.4.4 石英晶体多谐振荡器 ········· 209

6.5 555 定时器的原理和应用 ········· 210

    6.5.1 555 定时器原理 ············ 210

    6.5.2 用 555 定时器构成施密特
触发器 ··················· 212

    6.5.3 用 555 定时器构成
单稳态电路 ··············· 214

    6.5.4 用 555 定时器构成
多谐振荡器 ··············· 216

习题 ································· 218

第 7 章 数模转换和模数转换电路 ········ 222

7.1 数模转换和模数转换基本概念 ····· 222

    7.1.1 数模转换器的基本工作原理 ····· 222

    7.1.2 模数转换器的基本工作原理 ····· 222

    7.1.3 数模转换的主要技术指标 ····· 222

    7.1.4 模数转换的主要技术指标 ····· 223

7.2 数模转换电路 ················· 224

    7.2.1 权电阻网络数模转换工作原理 ··· 224

    7.2.2 权电流网络数模转换工作原理 ··· 225

    7.2.3 R-2R 电阻网络数模转换
工作原理 ················· 226

    7.2.4 PWM 型数模转换器工作原理 ··· 227

    7.2.5 集成数模转换器介绍 ········· 228

    7.2.6 数模转换的简单应用 ········· 229

7.3 模数转换电路 ················· 230

    7.3.1 数据采集系统的一般构成方式 ··· 230

    7.3.2 采样保持器的工作原理 ······· 232

    7.3.3 模拟多路开关的工作原理 ····· 233

    7.3.4 几种典型模数转换器及
实际器件介绍 ············· 234

7.4 本章小结 ···················· 241

习题 ································· 241

第 8 章 半导体存储器 ················ 246

8.1 半导体存储器概述 ············· 246

8.2 只读存储器 ·················· 246

8.2.1 掩模只读存储器 ············· 247

8.2.2 一次可编程只读存储器（PROM）·· 249

8.2.3 高压编程紫外线可擦除的多次
可编程只读存储器 ········· 250

8.2.4 电擦除的多次可编程
只读存储器 ··············· 251

8.2.5 闪速只读存储器 ············· 252

8.2.6 ROM 应用举例 ············· 253

8.3 随机存取存储器 ··············· 254

    8.3.1 RAM 的基本结构 ··········· 254

    8.3.2 静态 RAM ··············· 254

    8.3.3 动态 RAM ··············· 257

    8.3.4 双口 RAM ··············· 260

    8.3.5 铁电存储器 ··············· 263

8.4 顺序存取存储器 ··············· 268

    8.4.1 顺序存取存储器的基本结构和
工作原理 ················· 268

    8.4.2 顺序存取存储器中的动态 MOS
移位寄存器 ··············· 270

    8.4.3 电荷耦合器件移位寄存器 ····· 270

    8.4.4 顺序存取存储器的应用介绍 ··· 271

8.5 存储器容量的扩展 ············· 272

    8.5.1 存储器的位扩展 ··········· 272

    8.5.2 存储器的字扩展 ··········· 272

    8.5.3 单片机系统中常用的存储器
扩展技术 ················· 273

8.6 ROM 和 RAM 综合应用举例 ····· 274

    8.6.1 用存储器实现组合逻辑函数 ··· 274

    8.6.2 用存储器实现时序逻辑功能 ··· 277

8.7 本章小结 ···················· 278

习题 ································· 278

第 9 章 可编程逻辑器件简介 ·········· 281

9.1 电子器件分类和可编程逻辑器件
概述 ························ 281

    9.1.1 电子器件分类 ············· 281

    9.1.2 可编程逻辑器件概述 ········· 281

    9.1.3 本章内容与 EDA 技术的关系 ··· 282

9.2 可编程逻辑器件 ··············· 283

    9.2.1 PLD 的基本结构、表示方法 ··· 283

    9.2.2 作为可编程逻辑器件使用的
只读存储器（PROM）··········· 284

    9.2.3　可编程逻辑阵列（PLA）……… 286
    9.2.4　可编程阵列逻辑（PAL）……… 287
    9.2.5　通用可编程逻辑器件（GAL）… 291
9.3　复杂可编程逻辑器件（CPLD）简介… 295
    9.3.1　复杂可编程逻辑器件概述……… 295
    9.3.2　现场可编程门阵列（FPGA）… 296
    9.3.3　复杂可编程逻辑器件（CPLD）… 297
    9.3.4　常用 FPGA 和 CPLD 器件及其
          厂家介绍……………………… 298
9.4　在系统编程技术和可编程逻辑器件… 299
    9.4.1　在系统可编程概念和 ISP
          技术特点……………………… 299
    9.4.2　ISP 逻辑器件分类…………… 300
    9.4.3　在系统编程原理及方式……… 302
    9.4.4　isp-PLD 的开发工具………… 303
9.5　EDA 技术………………………… 304
    9.5.1　硬件描述语言介绍…………… 304
    9.5.2　常用 EDA 工具……………… 305
9.6　本章小结………………………… 306
习题…………………………………… 306

第 10 章　数字逻辑电路简单应用与
          知识扩展………………………308
10.0　本章引言……………………… 308
10.1　与门（与非门）和或门（或非门）
      的应用基础…………………… 309
10.2　与门（与非门）和或门（或非门）
      的应用扩展…………………… 310
    10.2.1　门控、选通、片选和使能… 310
    10.2.2　逻辑闸门在电子计数器（频率计）
           中的应用………………… 312
    10.2.3　逻辑闸门在单片机中的应用… 313
10.3　1 线-2 线译码器和双缓冲功能… 315
10.4　多路开关与程控的概念及多功能器件
      举例………………………… 316
    10.4.1　多路开关原理及画法演变… 316
    10.4.2　多路开关的应用…………… 318
10.5　异或门的应用………………… 326
    10.5.1　异或门完成算术加法（本位加）
           运算……………………… 326
    10.5.2　异或门作极性控制调节作用… 326

    10.5.3　异或门作奇偶校验用……… 327
    10.5.4　异或门作符合门用………… 327
    10.5.5　异或门的边沿检测作用…… 327
    10.5.6　异或门完成倍频功能……… 330
    10.5.7　异或门构成的移频键控电路… 330
    10.5.8　异或门构成的交流电过零
           检测电路………………… 331
    10.5.9　异或门构成的鉴相电路…… 332
    10.5.10　异或门在液晶显示驱动控制中的
            应用…………………… 333
10.6　符合门（一致门）及其应用…… 335
    10.6.1　符合门在密码锁中的应用… 335
    10.6.2　符合门在某些板卡式总线中的
           应用…………………… 336
    10.6.3　符合门的实现方法………… 338
    10.6.4　符合门的其他应用………… 339
10.7　计数器知识的扩展——
      时序状态机………………… 339
10.8　逻辑器件的输出形式…………… 340
10.9　OC（OD）门的应用…………… 342
    10.9.1　不同逻辑电平接口电路…… 342
    10.9.2　OC 门或 OD 门作驱动器用以及
           各种驱动器……………… 342
    10.9.3　OC 门和 OD 门在总线中
           的应用…………………… 348
10.10　长线或容性负载的驱动方法及
       驱动器件…………………… 349
    10.10.1　OC 门（或 OD 门）驱动容性
            负载时的不足之处与图腾柱式
            的驱动优点……………… 349
    10.10.2　长线驱动和通信线路驱动的
            特点、驱动器件与应用举例… 351
    10.10.3　功率器件的基极或门极驱动的
            特点、驱动器件与应用举例… 353

附录 A　逻辑器件及其名称（功能）简介… 356
附录 B　数字集成电路的命名………… 366
附录 C　常用中规模集成电路国标符号……… 368
参考文献……………………………… 371

第1章　数字和逻辑基础

1.1　数字逻辑电路概述

1.1.1　模拟信号与数字信号

1.　模拟信号

自然界中，人们可以感知的许多物理量，如速度、压力、温度、声音、质量及位置等，都有一个共同的特点：即它们在时间上和数值上是连续变化的信号。这种连续变化的物理量称为模拟量，表示模拟量的信号称为模拟信号。在工程实践中，通常用传感器将模拟量转换为与之成比例的电压或电流信号，再送到后续的信号处理系统（可能是模拟系统，也可能是数字系统，还可能是模拟与数字的混合系统）中做进一步处理。图 1-1 所示为两种电压的模拟信号的波形，模拟信号也可以是电流或其他物理量的波形。

2.　数字信号

另一类物理量，它们在时间上和数值上都是离散的信号，或者说是不连续的，且其数值的大小和每次的变化都是某个值的整数倍，这种物理量称为数字量。表示数字量的信号称为数字信号。例如，普通指针式万用表在指示电压值时，通过表针的摆动和表面的刻度来指示电压值，其值是连续变化的；而数字式万用表则通过数字来指示电压值。例如，某一只数字式万用表只能够显示 3 位数字，它显示某电压值为 7.55V，比这个电压值再大一点的显示是 7.56V，但是该表无法显示 7.555V，它只能以每隔 0.01V 来分挡显示，说明它的指示值是不连续的，这种不能连续变化的显示信号就是数字信号。测出的电压值会存在一定误差，该误差取决于数字万用表的位数。

图 1-2 所示的波形是一种幅度取值只有两个值（0 和 1）的数字信号的波形，它是目前最常见的数字信号的波形，称为"二进制信号"。

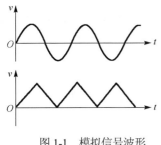

图 1-1　模拟信号波形

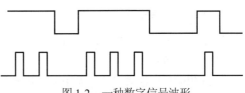

图 1-2　一种数字信号波形

1.1.2　模拟电路与数字电路

处理模拟信号的电子电路称为模拟电路，而工作于数字信号下的电子电路称为数字电路。所谓数字电路就是用于处理数字信号的电路。数字电路与模拟电路相比有很大的不同，数字电路主要是对数字信号进行逻辑运算和数字处理，这些运算和处理有时是相当复杂的，这一点决定了对数字电路的识图不同于模拟电路的识图。

关于数字电路这里先介绍下列一些特点，以便对这种电路有初步印象。

（1）数字电路中只处理二进制中的"0"和"1"两种信号，"0"表示信号无，"1"表示信号有。从电路硬件这一角度上讲，电子电路中的元器件特别是三极管只工作在有信号和无信号两种状态，也就是数字电路中的三极管多半工作在开关状态，不像模拟电路中的三极管工作在放大状态。

（2）数字电路中，三极管的饱和状态与截止状态分别对应于数字信号中的"0"和"1"，可用三极管截止时输出的高电平表示数字信号的"1"状态，而用三极管饱和导通时输出的低电平表示数字信号中的"0"状态。三极管的这一工作状态与模拟电路是完全不同的，在进行数字电路识图时电路分析方法就不能与模拟电路中三极管放大状态的分析方法相同。

（3）由于数字信号只有"0"和"1"两种，那么对数字电路的工作要求就是能够可靠地区别信号为"0"和信号为"1"两种状态，因此对数字电路的精度要求不高，这适合于对数字电路进行集成化，加上对数字信号的处理和运算都是相当复杂的过程，所以数字电路中都是采用集成电路，且许多是大规模集成电路，这一点又使数字电路工作的分析增加了一份神秘的色彩。

（4）数字电路是实现逻辑功能和进行各种数字运算的电路。数字信号在时间上和数值上是不连续的，所以它在电路中只能表现为信号的有、无（或信号的高电平、低电平）两种状态。数字电路中用二进制数"0"和"1"来代表低电平和高电平两种状态，数字信号便可用"0"和"1"组成的代码序列来表示。因此，学习数字电路首先要了解有关二进制数知识，否则对数字电路的分析将寸步难行。

因此，概括起来，对于模拟电路和数字电路，其主要区别如下。

（1）工作任务不同

模拟电路研究的是输出信号与输入信号之间的大小、相位、失真等方面的关系；数字电路主要研究的是输出与输入间的逻辑关系（因果关系）。

（2）三极管的工作状态不同

模拟电路中的三极管工作在线性放大区，是一个放大元件；数字电路中的三极管工作在饱和或截止状态，起开关作用。所以，模拟电路和数字电路的基本单元电路、分析、设计的方法及研究的范围均不同。

1.1.3　数字信号参数

模拟信号的表示方式可以是数学表达式，也可以是波形图等。数字信号的表示方式可以是二值数字逻辑，以及由逻辑电平描述的数字波形。

1. 理想数字信号的主要参数

数字信号是一种二值信号，用两个电平（高电平和低电平）分别来表示两个逻辑值（逻辑1和逻辑0），如图1-3所示。

一个理想的周期性数字信号如图1-4所示，可以用下列参数来描述。

V_m：信号幅度，即高电平的值。

T：信号的重复周期，表示两个相邻脉冲之间的时间间隔；有时也使用频率$f = 1/T$表示单位时间内脉冲重复的次数。

t_W：脉冲宽度，即波形高电平维持的时间。

q（或β）：占空比，其定义为脉冲宽度t_W与信号周期T的比值，即

$$q(\%) = \frac{t_{\text{W}}}{T} \times 100\% \tag{1-1}$$

图 1-3　理想数字信号的波形

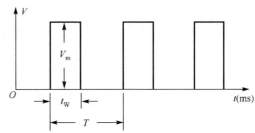

图 1-4　理想的周期性数字信号

2．实际数字信号波形及参数

在实际的数字系统中，数字信号并没有那么理想。当它从低电平跳变到高电平，或从高电平跳变到低电平时，边沿没有那么陡峭，而要经历一个过渡过程，分别用上升时间 t_{r} 和下降时间 t_{f} 描述，如图 1-5 所示。

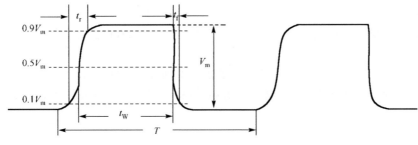

图 1-5　实际数字信号波形

该信号除了具有上述几个参数外，还定义了如下参数。

t_{r}：在脉冲的上升沿，从脉冲幅值的 10%上升到 90%所经历的时间（典型值 ns）；

t_{f}：在脉冲的下降沿，从脉冲幅值的 90%下降到 10%所经历的时间（典型值 ns）。

t_{W}：脉冲幅值从脉冲波形的上升沿上升到 $0.5V_{\text{m}}$ 开始，到下降沿下降至 $0.5V_{\text{m}}$ 为止的时间间隔。

1.1.4　数字电路的基本功能及其应用

数字电路的基本功能是对输入的数字信号进行算术运算和逻辑运算，即它具有一定的"逻辑思维"能力。数字电路是计算机、自动控制系统、各种智能仪表、现代通信系统等的基本电路，是学习这些专业知识的基础。

图 1-6 所示为一个典型的早期的电子系统的组成框图。框图中各部分电路功能如下。

（1）传感器

传感器是一种检测装置，能感受规定的被测量并按照一定的规律转换成可用信号的器件或装置，通常由敏感元件和转换元件组成，它是实现自动检测和自动控制的首要环节。该内容有专门的课程讲述。

（2）信号处理电路

信号处理电路完成根据实际需要对传感器送来的信号进行隔离、放大、滤波、运算、转换等处理。这部分电路一般为模拟电路，在模拟电子技术中论述。

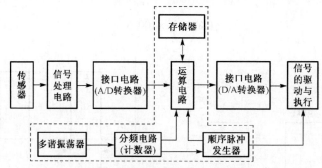

图 1-6   典型的电子系统的组成框图

（3）接口电路——A/D 转换器和 D/A 转换器

由于一般信号处理电路输出的是模拟信号，而数字运算电路只能处理数字信号，所以需通过 A/D 转换器把模拟信号转换成数字信号，运算电路对信号进行处理之后，再通过 D/A 转换器把数字信号转换成模拟信号。接口电路（即 A/D 转换器和 D/A 转换器）将在第 7 章进行介绍。

（4）运算电路

运算电路可完成信息的算术运算和逻辑运算，这部分内容在第 1 章后续部分和第 3 章中介绍。

（5）存储器

数字系统需要处理的数据量越来越大，速度也越来越快。有关存储器的知识及技术指标等在第 8 章中介绍。

访问存储器中指定地址的内容，需要对地址进行译码，即通过地址译码器寻址到相应的存储单元。译码器的内容将在第 3 章中介绍，对存储器中的内容如果需要显示，在该章也介绍了七段译码器及数码显示等内容。

（6）信号的驱动与执行

系统输出的控制信号一般功率有限，需通过功率放大后，驱动执行机构完成控制功能。功率放大电路的内容一般在模拟电路中介绍。

（7）波形的产生与整形电路——多谐振荡器

很多数字电路器件工作时都需要时钟信号，该信号可通过多谐振荡器获得，这部分的内容将在第 6 章中详细介绍。

（8）计数器（分频器）

不同数字电路器件需要的时钟频率可能有所不同，此时可通过分频电路——计数器获得不同频率的时钟信号。分频器的设计与分析将在第 5 章中介绍。

（9）顺序脉冲发生器

系统各部分的电路需要按照事先规定的时间顺序依次工作，顺序脉冲发生器便可完成此项工作，这部分的内容将在第 5 章中介绍。

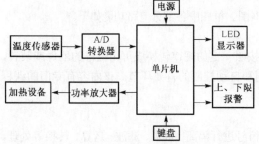

图 1-7   温度检测和控制电路实例

随着数字电子技术及计算机的迅猛发展，图 1-6 中虚线框内的运算电路、波形产生与整形电路、分频电路及顺序脉冲发生器等可采用计算机来完成，这种计算机可选用通用计算机，也可选用单片机、数字信号处理器（Digital Signal Processor，简称 DSP）及基于某总线的专用 CPU 等。图 1-7 所示为单片机的温度检测和控制电路实例。

1.2　数制、数制转换和算术运算简介

数制是数的表示方法，用数字表示数量大小时，经常要采用多位数码。我们把多位数码中每一位的构成方法以及从低位到高位的进位规则称为数制。

人们在日常生活和工作中习惯于使用十进制数，而在数字系统中，如计算机中，通常使用二进制数，有时也使用八进制数或十六进制数。

1.2.1　十进制数

在十进制数中，每一位有 0～9 共 10 个数码，所以计数的基数是 10。超过 9 的数必须用多位数表示，其中，低位和相邻高位之间的关系是"逢十进一"，故称为十进制。所以，十进制就是以 10 为基数的计数体制。

数码处于不同位置时，它所代表的数值是不同的，例如，十进制数 1234.56 可以表示为

$$1234.56 = 1 \times 10^3 + 2 \times 10^2 + 3 \times 10^1 + 4 \times 10^0 + 5 \times 10^{-1} + 6 \times 10^{-2}$$

其中，10^3、10^2、10^1、10^0 分别为千位、百位、十位、个位数码的权，也就是相应位的 1 所代表的实际数值；10^{-1}、10^{-2} 是小数点以右各位数码的权值，是基数 10 的负幂。

根据以上分析，任意十进制数可表示为

$$(N)_D = \sum_{i=-m}^{n} d_i \times 10^i \qquad (1\text{-}2)$$

式中，d_i 是第 i 位的系数，它可以是 0～9 这 10 个数码中的任何一个数字；n、m 分别表示整数及小数部分的位数。

如果将式（1-2）中的 10 用基数 R 来代替，就可以得到任意进制数的表达式

$$(N)_R = \sum_{i=-m}^{n} d_i \times R^i \qquad (1\text{-}3)$$

式中，d_i 是第 i 位的系数，根据基数 R 的不同，它的取值为 R（0～R–1）个不同的数码。

构成数字电路的基本思路是把电路的状态与数码对应起来，十进制数的 10 个数码要求电路有 10 个完全不同的状态，这使得电路很复杂，因此用数字电路来存储或处理十进制数是不方便的。在数字电路中不直接处理十进制数，而常常采用二进制数、八进制数和十六进制数。

1.2.2　二进制数、八进制数和十六进制数

1. 二进制数

在二进制数中，每一位仅有 0 和 1 两个数码，所以计数基数为 2。二进制数的进位规则是"逢二进一"，即 1+1=10（读为"壹零"）。注意：这里的"10"与十进制数的"10"是完全不同的，它并不代表数"拾"。左边的 1 表示 2^1 位数，右边的 0 表示 2^0 位数，即 10 = $1 \times 2^1 + 0 \times 2^0$。因此，二进制数就是以 2 为基数的计数体制。

根据式（1-3），任何一个二进制数均可表示为

$$(N)_B = \sum_{i=-m}^{n} d_i \times 2^i \qquad (1\text{-}4)$$

式中，d_i 是第 i 位的系数，它可以是 0、1 两个数码中的任何一个数字，n、m 分别表示整数及小数部分的位数。式（1-4）也可以作为二进制数转换为十进制数的转换公式，例如

$$(1010.101)_B = 1 \times 2^3 + 0 \times 2^2 + 1 \times 2^1 + 0 \times 2^0 + 1 \times 2^{-1} + 0 \times 2^{-2} + 1 \times 2^{-3}$$
$$= (10.625)_D$$

式中，分别用下标 B（Binary）和 D（Decimal）表示括号中的数是二进制数和十进制数，有的书上也用 2 和 10 表示。

采用二进制数的主要优点是容易用器件实现。由于二进制的每一位只有 0、1 两种取值，因此可以用具有两个稳定状态的元件来表示一位二进制数。例如，用三极管的饱和与截止、继电器接点的闭合与断开、灯泡的亮与不亮等分别表示二进制数的 0 和 1。

采用二进制数的主要缺点是当数值较大时位数较多，使用起来不方便，也不习惯，因此在数字计算机的资料中常采用八进制数和十六进制数。

2．八进制数

在八进制数中，每一位有 0～7 共 8 个数码，计数的基数为 8。八进制数的进位规则是"逢八进一"。任意一个八进制数可以表示为

$$(N)_O = \sum_{i=-m}^{n} d_i \times 8^i \qquad\qquad (1\text{-}5)$$

式中，d_i 是第 i 位的系数，它可以是 0～7 这 8 个数码中的任何一个数字。下标 O（Octal）用来表示八进制数，也可用 8 做下标。

式（1-5）也可以作为八进制数转换为十进制数的转换公式，例如

$$(123.4)_O = 1 \times 8^2 + 2 \times 8^1 + 3 \times 8^0 + 4 \times 8^{-1}$$
$$= (83.5)_D$$

3．十六进制数

在十六进制数中，每一位有 16 个不同的数码，分别为 0～9、A、B、C、D、E、F，计数的基数为 16。十六进制数的进位规则为"逢十六进一"。任意一个十六进制数可以表示为

$$(N)_H = \sum_{i=-m}^{n} d_i \times 16^i \qquad\qquad (1\text{-}6)$$

式中，d_i 是第 i 位的系数，它可以是 0～9、A、B、C、D、E、F 这 16 个数码中的任何一个。下标 H（Hexadecimal）用来表示十六进制数，也可用 16 做下标。

式（1-6）也可以作为十六进制数转换为十进制数的转换公式，例如

$$(2A5.6B)_H = 2 \times 16^2 + A \times 16^1 + 5 \times 16^0 + 6 \times 16^{-1} + B \times 16^{-2}$$
$$= (752.41796875)_D$$

为便于对照，将十进制、二进制、八进制及十六进制数之间的关系列于表 1-1 中。

表 1-1　几种数制之间的关系对照表

十进制数	二进制数	八进制数	十六进制数
0	00000	0	0
1	00001	1	1
2	00010	2	2

十进制数	二进制数	八进制数	十六进制数
3	00011	3	3
4	00100	4	4
5	00101	5	5
6	00110	6	6
7	00111	7	7
8	01000	10	8
9	01001	11	9
10	01010	12	A
11	01011	13	B
12	01100	14	C
13	01101	15	D
14	01110	16	E
15	01111	17	F
16	10000	20	10
17	10001	21	11
18	10010	22	12
19	10011	23	13
20	10100	24	14

1.2.3　不同进制数间相互转换

1．二、八和十六进制数转换成十进制数

任意进制数（包括二进制数、八进制数和十六进制数）转换为十进制数的方法是，根据式（1-3）按权展开，然后将各项按十进制数相加，即得对应的十进制数，如前面 1.2.2 节所述。

2．十进制数转换成二、八和十六进制数

十进制数转换为二进制数时，要分成整数与小数两部分分别转换，然后将转换结果合成一个二进制数。

（1）整数转换

对于整数部分，假定十进制数为 $(N)_D$，等值的二进制数为 $(d_{n-1}\cdots d_2 d_1 d_0)_B$，则有

$$(N)_D = d_{n-1}2^{n-1} + \cdots + d_2 2^2 + d_1 2^1 + d_0 2^0$$
$$= 2(d_{n-1}2^{n-2} + \cdots + d_2 2^1 + d_1 2^0) + d_0 \tag{1-7}$$

若将式（1-7）中 $(N)_D$ 除以 2，则商为 $d_{n-1}2^{n-2}+\cdots+d_2 2^1+d_1 2^0$，余数为 d_0，因此把十进制数 $(N)_D$ 除以 2 后，余数即为对应二进制数的最低位 d_0，若将商记为 $(N)'_D$，则

$$(N)'_D = d_{n-1}2^{n-2} + \cdots + d_2 2^1 + d_1 2^0$$
$$= 2(d_{n-1}2^{n-3} + \cdots + d_2 2^0) + d_1 \tag{1-8}$$

若再将式（1-8）中 $(N)'_D$ 除以 2，则余数为 d_1，它对应二进制数的次低位 d_1。以此类推，每次以前次的商除以 2，即可求得二进制数的一位数字，连续除以 2 直到商为 0 为止，这时的余数为二进制数的最高位 d_{n-1}。从而由所有的余数求出二进制数。

【例 1-1】　将十进制数 $(185)_D$ 转换为二进制数。

根据上述原理，可将 $(185)_D$ 按如下的步骤转换为二进制数。

余数

$$
\begin{array}{r|l|ll}
2 & 185 & 1 & \cdots\cdots d_0 \\
2 & 92 & 0 & \cdots\cdots d_1 \\
2 & 46 & 0 & \cdots\cdots d_2 \\
2 & 23 & 1 & \cdots\cdots d_3 \\
2 & 11 & 1 & \cdots\cdots d_4 \\
2 & 5 & 1 & \cdots\cdots d_5 \\
2 & 2 & 0 & \cdots\cdots d_6 \\
2 & 1 & 1 & \cdots\cdots d_7 \\
 & 0 & &
\end{array}
$$

故$(185)_D=(10111001)_B$。

当十进制数较大时，不必逐次除以 2，而是将十进制数和与其相当的 2 的乘幂项对比，使转换过程得到简化。

【例 1-2】 将$(135)_D$转换为二进制数。

解： 由于$2^7=128$，而$135-128=7=2^2+2^1+2^0$，所以对应二进制数$d_7=1$，$d_2=1$，$d_1=1$，$d_0=1$，其余各系数为 0，故得

$$(133)_D=(10000111)_B$$

值得指出，由于多数计算机或数字系统中只处理 4、8、16、32 或 64 位等的二进制数据，因此，转换得到的数据的位数需是规格化的位数，如转换结果为 10101，在纸上写为 10101 即可，但在计算机中就要高位补 "0"，如果是 8 位计算机就要将它配成 8 位，则相应的高幂项应填以 0，其值不变，即

$$10101 = 00010101$$

（2）小数转换

设十进制小数为$(N)_D$，等值的二进制小数为$(0.d_{-1}d_{-2}d_{-3}\cdots d_{-m})_2$，则有

$$(N)_D = d_{-1}2^{-1} + d_{-2}2^{-2} + d_{-3}2^{-3} + \cdots + d_{-m}2^{-m} \qquad (1-9)$$

将式（1-9）两边分别乘以 2，得

$$2(N)_D = d_{-1} + d_{-2}2^{-1} + d_{-3}2^{-2} + \cdots + d_{-m}2^{-(m-1)} \qquad (1-10)$$

由此可见，将十进制小数乘以 2，所得乘积的整数部分为d_{-1}，小数部分为$d_{-2}2^{-1} + d_{-3}2^{-2} + \cdots + d_{-m}2^{-(m-1)}$。

同理，将乘积的小数部分再乘以 2，又可得到

$$2(d_{-2}2^{-1} + d_{-3}2^{-2} + \cdots + d_{-m}2^{-(m-1)}) = d_{-2} + d_{-3}2^{-1} + \cdots + d_{-m}2^{-(m-2)} \qquad (1-11)$$

也即乘积的整数部分就是d_{-2}。

以此类推，将每次乘以 2 后所得乘积的小数部分再乘以 2，得到的整数即为对应位的二进制数，直到小数部分是 0 为止（或满足要求的精度为止），从而完成十进制小数转换成二进制小数。

【例 1-3】 将$(0.206)_D$转换为二进制数，要求其误差不大于2^{-10}。

解： 按上面介绍的方法计算，可得d_{-1}、d_{-2}、$\cdots$、d_{-9}如下

整数

$$0.206\times2 = 0.412 \qquad 0\cdots\cdots d_{-1}$$

$$0.412\times2 = 0.824 \qquad 0\cdots\cdots d_{-2}$$

$$0.824 \times 2 = 1.648 \qquad 1 \cdots\cdots d_{-3}$$
$$0.648 \times 2 = 1.296 \qquad 1 \cdots\cdots d_{-4}$$
$$0.296 \times 2 = 0.592 \qquad 0 \cdots\cdots d_{-5}$$
$$0.592 \times 2 = 1.184 \qquad 1 \cdots\cdots d_{-6}$$
$$0.184 \times 2 = 0.368 \qquad 0 \cdots\cdots d_{-7}$$
$$0.368 \times 2 = 0.736 \qquad 0 \cdots\cdots d_{-8}$$
$$0.736 \times 2 = 1.472 \qquad 1 \cdots\cdots d_{-9}$$

由于最后的小数小于 0.5，根据"四舍五入"的原则，d_{-10} 应为 0，所以

$$(0.206)_D = (0.001101001)_B$$

综上所述，十进制数转换为二进制数采用的方法是除以 2 取余数（对于整数部分）和乘以 2 取整数（对于小数部分）的方法。十进制转换为八进制或十六进制的方法同上，只是基数 2 变成了 8 或 16。

3．二、八和十六进制数之间的转换

（1）二进制数与八进制数之间的转换

3 位二进制数共有 8 种组合，即 000、001、…、111，而一位八进制数有 8 个不同的数码，因此 3 位二进制数对应 1 位八进制数。

把二进制数转换为八进制数时，可先按 3 位进行分组，以小数点为基准，整数部分从右到左每 3 位为一组，最左边一组若不足 3 位的在高位补 0；小数部分从左到右每 3 位为一组，最右边一组若不足 3 位的在低位补 0。然后将每组二进制数用对应的八进制数表示，即得转换结果。

【例 1-4】 将二进制数 $(1101111010.1011)_B$ 转换为八进制数。

解： $(1101111010.1011)_B = (001\ 101\ 111\ 010.101\ 100)_B$
$$= (1572.54)_O$$

将八进制数转换成二进制数时，只需将八进制数逐位用对应的 3 位二进制数表示，便得转换结果。

【例 1-5】 将八进制数 $(567.32)_O$ 转换成二进制数。

解： $(567.32)_O = (101110111.01101)_B$

（2）二进制数与十六进制数之间的转换

由于 4 位二进制数对应 1 位十六进制数，因此把二进制数转换为十六进制数时，可先按 4 位进行分组，以小数点为基准，整数部分从右到左每 4 位为一组，最左边一组若不足 4 位的在高位补 0；小数部分从左到右每 4 位为一组，最右边一组若不足 4 位的在低位补 0。然后将每组二进制数用对应的十六进制数表示，即得转换结果。

【例 1-6】 将二进制数 $(1101111010.1011)_B$ 转换为十六进制数。

解： $(1101111010.1011)_B = (0011\ 0111\ 1010.1011)_B$
$$= (37A.B)_H$$

将十六进制数转换成二进制数时，只需将十六进制数的每一位用对应的四位二进制数表示，便得转换结果。

1.2.4　符号数的表示方法

前面所述的二进制数，没有提及符号问题，是一种无符号数（总是正值）。那么数的正、负是如何表示的呢？通常采用的方法是原码表示法，即在二进制数的前面增加一位符号位。符号位为 0，表示这个数是正数，符号位为 1，表示这个数是负数。这种形式的数称为原码。

例如：

$$+89 \rightarrow +1011001 \rightarrow 01011001（原码）$$
$$-89 \rightarrow -1011001 \rightarrow 11011001（原码）$$

原码表示法的优点是简单，与真值转换方便。缺点是在用原码进行运算时需要进行加、减两种运算，用于运算的数字设备较复杂。为此引进了反码及补码表示形式。

正数的反码表示法同原码表示法。负数的反码表示法为：符号位为 1，数值位逐位取反。例如上面+89 和-89 的反码为

$$+89 \rightarrow +1011001 \rightarrow 01011001（原码）\rightarrow 01011001（反码）$$
$$-89 \rightarrow -1011001 \rightarrow 11011001（原码）\rightarrow 10100110（反码）$$

一般地，对于有效数字（不包括符号位）为 n 位的二进制数 N，它的反码 $(N)_{反}$ 表示方法为

$$(N)_{反} = \begin{cases} N & （当N为正数） \\ (2^n - 1) - N & （当N为负数） \end{cases} \tag{1-12}$$

即正数（当符号位为 0）的反码与原码相同，负数（当符号位为 1）的反码等于 $(2^n - 1) - N$。符号位保持不变。

在一些国外的教材中，也将式（1-12）定义的反码称为"1 的补码"（1's Complement）。

正数的补码表示法同原码表示法。负数的补码表示法为：符号位为 1，数值位为反码加 1。例如上面+89 和-89 的补码为

$$+89 \rightarrow +1011001 \rightarrow 01011001 \rightarrow 01011001 \rightarrow 01011001（补码）$$
$$-89 \rightarrow -1011001 \rightarrow 11011001 \rightarrow 10100110 \rightarrow 10100111（补码）$$

一般地，对于有效数字（不包括符号位）为 n 位的二进制数 N，它的补码 $(N)_{补}$ 表示方法为

$$(N)_{COMP} = \begin{cases} N & （当N为正数） \\ 2^n - N & （当N为负数） \end{cases} \tag{1-13}$$

即正数（当符号位为 0）的补码与原码相同，负数（当符号位为 1）的补码等于 $2^n - N$。符号位保持不变。

在一些国外的教材中，也将式（1-13）定义的补码称为"2 的补码"（2's Complement）。

为了对照二进制数、原码、反码、补码的关系，表 1-2 列出了 8 位二进制数码对应的无符号二进制数、原码、反码、补码的值。

表 1-2　8 位二进制数码对应的二进制数、原码、反码、补码的值

8 位二进制数码	无符号二进制数	原码	反码	补码
00000000	0	+0	+0	+0
00000001	1	+1	+1	+1
00000010	2	+2	+2	+2
⋮	⋮	⋮	⋮	⋮
01111110	126	+126	+126	+126
01111111	127	+127	+127	+127
10000000	128	−0	−127	−128
10000001	129	−1	−126	−127
10000010	130	−2	−125	−126
⋮	⋮	⋮	⋮	⋮
11111110	254	−126	−1	−2
11111111	255	−127	−0	−1

1.2.5　多位二进制数的运算

在数字电路中，0 和 1 既可以表示逻辑状态，又可以表示数量的大小。当表示数量时，两个二进制数可以进行算术运算。二进制数的加、减、乘、除四种运算的运算规则与十进制数类似，两者唯一的区别在于进位或借位规则不同。

下面介绍无符号二进制数和有符号二进制数的算术运算。

1．无符号数的多位加法运算和减法运算

（1）加法运算

① 半加（本位加）概念

如果不考虑来自低位的进位而将两个 1 位二进制数相加，叫做半加。

无符号二进制数的半加规则是

$$0+0=0,\quad 0+1=1,\quad 1+0=1,\quad 1+1=\boxed{1}0$$

方框中的 1 是进位位，表示两个 1 相加"逢二进一"。可见，半加结果有两个输出：一是半加和；一是半加进位。

② 全加（带进位加）概念

实际作二进制加法时，一般地说，两个加数的位数都不会是 1 位，因而仅利用半加的概念是不能解决问题的。如果考虑来自低位的进位而将两个 1 位二进制数相加，叫做全加。

例如，两个 4 位二进制数 1011 和 1110 相加，则

```
    1 0 1 1
    1 1 1 0
  + 1 1 1 0    ……来自低位的进位
  ───────────
  1 1 0 0 1
```

由上述运算过程可以看到，右边的 1 位仅是两个加数相加，属于半加；而左边 3 位都是带进位的加法运算，即 2 个同位的加数和来自低位的进位三者相加，属于全加。

（2）减法运算

① 半减概念

如果不考虑来自低位的借位而将两个 1 位二进制数相减，叫做半减。

无符号二进制数的半减规则是

$$0-0=0,\quad 1-1=0,\quad 1-0=1,\quad 0-1=\boxed{1}1$$

方框中的 1 是借位位，表示 0 减 1 时不够减，向高位借 1。可见，半减结果有两个输出：一是半减差；一是半减借位。

② 全减概念

实际作二进制减法时，一般地说，被减数和减数的位数都不会是 1 位，因而仅利用半减的概念是不能解决问题的。如果考虑来自低位的借位而将两个 1 位二进制数相减，叫做全减。

例如，两个 4 位二进制数 1110 和 1011 相减，则

```
    1 1 1 0
    1 0 1 1
  -   0 1 1    ……来自低位的借位
  ───────────
    0 0 1 1
```

由上述运算过程可以看到，右边的 1 位仅是两个数相减，属于半减；而左边 3 位都是带借位的减法运算，即 2 个同位的数相减并考虑来自低位的借位，属于全减。

由于无符号二进制数中无法表示负数，因此要求被减数一定大于减数。

2．有符号数的多位加法运算和减法运算

有符号数的运算一般采用二进制补码的形式。

（1）加法运算

进行二进制补码的加法运算时，必须注意被加数补码与加数补码的位数相等，即让 2 个二进制补码的符号位对齐。

补码加法运算的规则：两个 n 位二进制数之和的补码等于该两数的补码之和，即

$$[X+Y]_补=[X]_补+[Y]_补 \qquad\qquad (1\text{-}14)$$

式（1-14）表明，当两个带符号数采用补码形式表示时，进行加法运算可以把符号位和数值位一起进行运算（若符号位有进位，则丢掉），结果为两数之和的补码形式。

【例 1-7】 已知 X = 33，Y = +15，Z = −15，求[X+Y]_补、[X+Z]_补。

解：

$$
\begin{array}{rl}
+33 & 00100001 \\
+15 & 00001111 \\
\hline
+48 & 00110000
\end{array}
\qquad
\begin{array}{rl}
+33 & 00100001 \\
-15 & 11110011 \\
\hline
+18 & \boxed{1}\ 00010010
\end{array}
$$

进位
丢掉

故：[X+Y]_补=00110000　　[X+Z]_补=00010010

（2）减法运算

补码减法运算的规则：两个 n 位二进制数之差的补码等于被减数的补码与减数取负的补码之和，即

$$[X-Y]_补=[X]_补+[-Y]_补 \qquad\qquad (1\text{-}15)$$

减数取负的补码即已知[Y]_补求[−Y]_补的过程，称为变补或求负。变补或求负的规则是对[Y]_补的每一位（包括符号位）都按位取反，然后再加 1，结果就是[−Y]_补。例如

若[15]_补=00001111

则[−15]_补=11110001

【例 1-8】 已知 X=33，Y=+15，求[X−Y]_补。

解： [X]_补=00100001B　　[Y]_补=00001111B　　[−Y]_补=11110001B

[X−Y]_补=[X]_补+[−Y]_补

$$
\begin{array}{rl}
 & 00100001 \\
+ & 11110001 \\
\hline
\boxed{1} & 00010010
\end{array}
$$

进位
丢掉

则[X−Y]_补=00010010。

【例 1-9】 已知 X = 33，Y = −15，求[X−Y]_补。

解： [X]_补=00100001B　　[Y]_补=11110001B　　[−Y]_补=00001111B

[X−Y]_补=[X]_补+[−Y]_补

$$
\begin{array}{rl}
 & 00100001 \\
+ & 00001111 \\
\hline
 & 00110000
\end{array}
$$

则[X−Y]_补=00110000。

通过变补相加法使减法运算变为加法运算，基于这一点，数字系统及计算机中常采用补码表示带符号数。

两个带符号数运算时，如果运算结果大于数字设备所能表示的范围，就产生溢出，这时运算结果发生错误。如果某数字设备采用 8 位二进制数码，则它所能表示补码数的范围是 01111111～10000000（如表 1-2 所示），即+127～−128。如果运算结果大于+127 或小于−128 均产生溢出。

两个符号相反的数相加不会产生溢出，但两个符号相同的数相加，有可能产生溢出。

3．乘法运算简介

【例 1-10】　计算两个二进制数 1010 和 0101 的积。

解：

$$
\begin{array}{r}
1010 \\
\times\,0101 \\
\hline
1010 \\
0000 \\
1010 \\
0000 \\
\hline
110010
\end{array}
$$

所以 1010×0101=110010。

由上述运算过程可见，乘法运算是由左移被乘数与加法运算组成的。

4．除法运算简介

【例 1-11】　计算两个二进制数 1010 和 111 的商。

解：

$$
\begin{array}{r}
1.011\cdots \\
111\,\overline{)\,1010} \\
111 \\
\hline
1100 \\
111 \\
\hline
1010 \\
111 \\
\hline
11
\end{array}
$$

所以 1010÷111=1.011⋯。

由上述运算过程可见，除法运算是由右移被除数与减法运算组成的。

1.3　常 用 码 制

计算机等数字系统能直接处理的是二进制数码，为便于对数值、文字、符号、图形、声音和图像等信息进行处理，常将它们按照一定规则用多位二进制数码来表示，这种表示过程称为编码，而把这种表示特定信息的多位二进制数码称为代码，形成代码的规则，称为码制。

1.3.1　数字编码

1．自然二进制数的编码

自然二进制数的编码前面已经介绍过了，n 位自然二进制数的编码为 $d_{n-1}\cdots d_2 d_1 d_0$，如 4 位自然二进制数的编码为 0000（0）、0001（1）、⋯、1111（15）。

2．带符号二进制数的编码

带符号二进制数的编码就是在自然二进制数的编码前加上符号位，如为正数，符号位为 0，如为负数，符号位为 1。

3. BCD 码（Binary Coded Decimal）

在数字电路中，常用二-十进制码，也叫做 BCD（Binary Coded Decimal）码，所谓 BCD 码，就是用 4 位二进制数来表示 1 位十进制数。4 位二进制数有 16 种不同的组合方式，即 16 种代码，而 1 位十进制数只有 10 个数码，因而，从 16 种组合中选用其中 10 种组合来进行编码时，将会有不同的编码方案。表 1-3 所示为几种常用的 BCD 码。

8421 码是最常用的一种 BCD 码。它是由 4 位自然二进制数 16 种组合的前 10 种组成的，即 0000～1001，其余 6 种组合是无效的。其编码中每位的权都是固定数，称为位权。从高位到低位的权值分别为 8、4、2、1，这也是 8421 码得名的由来，它属于有权码。若要表示十进制数 5678，可用 8421 码表示为 0101 0110 0111 1000，即

$$(5678)_D = (0101\ 0110\ 0111\ 1000)_{8421BCD}$$

表 1-3 中的有权码还有 2421A 码、2421B 码、5421 码，其代码的每一位都具有一固定的权值的编码。一般情况下，有权码的十进制数与二进制数之间可用式（1-16）来表示

$$(N)_D = W_3 d_3 + W_2 d_2 + W_1 d_1 + W_0 d_0 \tag{1-16}$$

式中，$W_3 \sim W_0$ 为二进制码中各位的权。

表 1-3 中的余 3 码、余 3 循环码和格雷码均属于无权码，无权码代码的每一位没有固定的权值。

4. 余三码

余 3 码是在每组 8421 码上加 0011 形成的，若把余 3 码的每组代码看成 4 位二进制数，那么每组代码均比相应的十进制数多 3，故称为余 3 码。

余 3 码的特点是具有相邻性，任意两个相邻代码之间仅有一位取值不同，例如 4 和 5 两个代码 0100 和 1100 仅 d_3 不同。余 3 码可以看成是将格雷码首尾各 3 种状态去掉而得到的（如表 1-3 所示）。

表 1-3 几种常用的 BCD 码

编码种类 十进制数	8421 码	2421A 码	2421B 码	5421 码	余 3 码	余 3 循环码	BCD 格雷码
0	0000	0000	0000	0000	0011	0010	0000
1	0001	0001	0001	0001	0100	0110	0001
2	0010	0010	0010	0010	0101	0111	0011
3	0011	0011	0011	0011	0110	0101	0010
4	0100	0100	0100	0100	0111	0100	0110
5	0101	0101	1011	1000	1000	1100	0111
6	0110	0110	1100	1001	1001	1101	0101
7	0111	0111	1101	1010	1010	1111	0100
8	1000	1110	1110	1011	1011	1110	1100
9	1001	1111	1111	1100	1010	1010	1101
权	8421	2421	2421	5421	无	无	无

1.3.2 可靠性编码

可靠性编码的作用是为了提高系统的可靠性。代码在形成和传送过程中都可能发生错误，为了使代码本身具有某种特征或能力，尽可能减少错误的发生，或者出错后容易被发现，甚至查出错误的码位后能予以纠正，因而形成了各种编码方法。下面介绍两种常用的可靠性编码。

1. 格雷码（循环码、反射码）

格雷码（Gray Code）又称为循环码。格雷码的构成方法是每一位的状态变化都按一定的顺序循环。以 4 位格雷码为例，如表 1-4 所示。如果从 0000 开始，最右边一位的状态按 0110 顺序循环变化；右边第二位的状态按 00111100 顺序循环变化；右边第三位按 0000111111110000 顺序循环变化。自右向

左，每一位状态循环中连续的 0、1 数目增加一倍。由于 4 位格雷码只有 16 个，所以最左边一位的状态只有半个循环，即 0000000011111111。

格雷码的基本特点如下。

（1）具有相邻性，即两个相邻代码之间仅有 1 位数码不同。当数字电路中采用格雷码计数时，由于相邻代码只有一位数码发生变化，因此，可减少电路中竞争与冒险的可能性。

（2）具有反射特性。观察格雷码可以看出，以中轴为对称的两组码最高位相反，其余位相同。因此称格雷码具有反射特性，格雷码也称为反射码。

表 1-4 是 4 位格雷码，同理两位格雷码共 4 个代码为 00、01、11、10；3 位格雷码共 8 个代码为 000、001、011、010、110、111、101、100，均满足上述格雷码的特点。

另外十进制数 0～9 的格雷码即 BCD 格雷码，如表 1-3 所示。

2．奇偶校验码

二进制代码在传送过程中，常会由于干扰而发生错误，即有的 1 错成了 0，或有的 0 错成了 1。奇偶校验码是用来检验这种错误的代码。它由信息位和校验位两部分组成，信息位就是需要传送的信息本身，可由任何一种二进制码组成，位数不限；奇偶校验位仅有 1 位，可以放在信息位的前面，也可以放在后面，它使整个代码中 1 的个数按照预先规定成为奇数或偶数。

当采用奇校验时，信息位和校验位中 1 的总个数为奇数；当采用偶校验时，信息位和校验位中 1 的总个数为偶数。因此，校验位的代码可能为 1，也可能为 0，具体要根据选择校验方式（奇校验或偶检验）以及信息位中 1 的个数来确定。表 1-5 所示为 8421BCD 码的奇偶校验码，给出了由 4 位信息位和 1 位奇偶校验位共 5 位数码构成的奇偶校验码。

表 1-4　4 位格雷码与二进制代码

编码顺序	二进制代码	格雷码
0	0000	0000
1	0001	0001
2	0010	0011
3	0011	0010
4	0100	0110
5	0101	0111
6	0110	0101
7	0111	0100
8	1000	1100
9	1001	1101
10	1010	1111
11	1011	1110
12	1100	1010
13	1101	1011
14	1110	1001
15	1111	1000

表 1-5　8421BCD 码的奇偶校验码

十进制数	信息位 8421BCD	校验位 奇校验	信息位 8421BCD	校验位 偶校验
0	0000	1	0000	0
1	0001	0	0001	1
2	0010	0	0010	1
3	0011	1	0011	0
4	0100	0	0100	1
5	0101	1	0101	0
6	0110	1	0110	0
7	0111	0	0111	1
8	1000	0	1000	1
9	1001	1	1001	0

当数据发送端发送出奇偶校验码，接收端接收到数据后，当发现信息位和校验位中 1 的总个数不正确时，就认为接收到的是错误代码。例如，在表 1-5 中传送信息使用偶校验码时，如果收到信息的每一组代码中 1 的总个数是偶数，认为接收到的数据是正确的。若收到的代码为如 00001、00111 等，则由于 1 的总个数为奇数，就是错误代码，也称为非法码，说明传送的数据发生了错误。

奇偶校验只能检测出一位或奇数位错误，但无法测定哪一位出错，也不能自行纠错。若两位或偶数位同时出现错误，则奇偶校验码无法检测出错误，但这种出错概率极小，且奇偶校验码容易实现，故被广泛应用。

3．更复杂的可靠性编码方法

汉明（Hamming）码等编码不但可以查出错误，还能校正错误，读者若需要进一步了解，请参阅其他有关资料。

1.3.3　信息交换代码

在计算机等数字系统中，处理的不仅有数字，还有字母、标点、运算符号及其控制符号等，它们也需要用二进制代码来表示，称为字符代码。目前使用最广泛的是由美国国家标准化协会（ANSI）制定的一种信息代码 ASCII 码——American Standard Code for Information Interchange（美国标准信息交换码）。ASCII 码已经由国际标准化组织（ISO）认定为国际通用的标准代码。

ASCII 码是一组 7 位二进制代码（$b_6b_5b_4b_3b_2b_1b_0$），共 128 个，如表 1-6 所示。其中，包括 0～9 这 10 个数字代码，大、小写英文字母 52 个代码，32 个各种符号的代码以及 34 个控制码。34 个控制码的含义列于表 1-7 中。

请读者自己结合表 1-6 分析总结 10 个数字 0～9、26 个大写字母 A～Z 和 26 个小写字母 a～z 的 ASCII 码的十六进制值，有什么特点。

表 1-6　ASCII 编码表

$b_3b_2b_1b_0$	$b_6b_5b_4$							
	000	001	010	011	100	101	110	111
0000	NUL	DLE	SP	0	@	P	`	p
0001	SOH	DC1	!	1	A	Q	a	q
0010	STX	DC2	"	2	B	R	b	r
0011	ETX	DC3	#	3	C	S	c	s
0100	EOT	DC4	$	4	D	T	d	t
0101	ENQ	NAK	%	5	E	U	e	u
0110	ACK	SYN	&	6	F	V	f	v
0111	BEL	ETB	'	7	G	W	g	w
1000	BS	CAN	(	8	H	X	h	x
1001	HT	EM	)	9	I	Y	i	y
1010	LF	SUB	*	:	J	Z	j	z
1011	VT	ESC	+	;	K	[	k	{
1100	FF	FS	,	<	L	\	l	|
1101	CR	GS	-	=	M	]	m	}
1110	SO	RS	.	>	N	^	n	~
1111	SI	US	/	?	O	_	o	DEL

表 1-7　ASCII 码中控制码的含义

代码	含义	
NUL	Null	空白，无效
SOH	Start of heading	标题开始
STX	Start of text	正文开始
ETX	End of text	文本结束
EOT	End of transmission	传输结束
ENQ	Enquiry	询问
ACK	Acknowledge	承认
BEL	Bell	报警
BS	Backspace	退格
HT	Horizontal tab	横向制表
LF	Line feed	换行
VT	Vertical tab	垂直制表
FF	Form feed	换页
CR	Carriage return	回车
SO	Shift out	移出
SI	Shift in	移入
DLE	Date link escape	数据通信换码
DC1	Device control 1	设备控制 1
DC2	Device control 2	设备控制 2
DC3	Device control 3	设备控制 3
DC4	Device control 4	设备控制 4
NAK	Negative acknowledge	否定
SYN	Synchronous idle	空转同步
ETB	End of transmission block	信息块传输结束
CAN	Cancel	作废
EM	End of medium	媒体用毕
SUB	Substitute	代替，置换
ESC	Escape	扩展
FS	File separator	文件分隔
GS	Group separator	组分隔
RS	Record separator	记录分隔
US	Unit separator	单元分隔
SP	Space	空格
DEL	Delete	删除

1.4　逻辑代数基础

逻辑代数是一种描述客观事物逻辑关系的数学方法。它是英国数学家乔治·布尔（George Boole）在 1847 年首先提出来的，所以又称为布尔代数（或开关代数）。

逻辑代数用于研究二值逻辑变量的逻辑运算规律，所以也称为二值逻辑代数。在普通代数中已经知道，变量的取值可以从 $-\infty \sim +\infty$，而在逻辑代数中，变量的取值只能是 0 和 1，而且必须注意逻辑代数中的 0 和 1 与十进制数中的 0 和 1 有着完全不同的含义，它代表了矛盾和对立的两个方面，如开关的闭合与断开、灯泡的亮与灭、电平的高和低、一件事情的是与非和真与假等。

如果以 n 个逻辑变量作为输入，形成新的逻辑变量的运算，称为逻辑运算。以运算结果作为输出，那么当输入变量的取值确定之后，输出的取值便随之而定。

1.4.1　基本逻辑运算和复合逻辑运算

逻辑代数的基本逻辑运算包括与、或、非 3 种运算。下面结合指示灯控制电路的实例分别讨论。

1．基本逻辑运算

（1）与运算

图 1-8(a)所示为两个开关串联控制指示灯的电路。由图可知，只有 A 与 B 两个开关同时闭合时，指示灯 F 才会亮；如果有一个开关断开或两个开关均断开，则指示灯不亮。

由此得到这样的逻辑关系：只有当一件事的几个条件全部具备之后，这件事才发生。这种关系称为与逻辑，也叫做逻辑与。

若以 A、B 表示开关的状态，并以 1 表示开关闭合，以 0 表示开关断开；以 F 表示灯的状态，用 1 表示灯亮，用 0 表示灯不亮，可得出对输入开关 A、B 所有取值的组合与其所对应的指示灯 F 的状态所构成的表格，称为真值表，如表 1-8 所示。

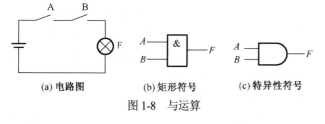

表 1-8	与逻辑真值表	
A	B	F
0	0	0
0	1	0
1	0	0
1	1	1

(a) 电路图　　　(b) 矩形符号　　　(c) 特异性符号

图 1-8　与运算

在逻辑代数中，上述逻辑关系可用逻辑表达式来描述，可写为

$$F = A \cdot B \tag{1-17}$$

式中，小圆点 "·" 表示 A、B 的与运算，也称为逻辑乘。在不致引起混淆的前提下，乘号 "·" 可省略。在有些文献中，也有用符号 $\wedge$、$\cap$ 表示与运算。与运算的规则为

$$0 \cdot 0 = 0 \qquad 0 \cdot 1 = 0 \qquad 1 \cdot 0 = 0 \qquad 1 \cdot 1 = 1$$

在数字电路中，实现逻辑与运算的单元电路叫做与门，与门的逻辑符号如图 1-8(b)、图 1-8(c)所示。其中，图 1-8(b)的符号为国标（GB 4728.12—1996）符号，即矩形符号，国内教材常用；图 1-8(c)的符号为 IEEE（电气与电子工程师协会）标准的特定外形符号，即特异性符号，目前在国外教材和 EDA 软件中普遍使用。

（2）或运算

图 1-9(a)所示为两个开关并联控制指示灯的电路。由图可见，只要任何一个开关（A 或 B）闭合或两个都闭合，指示灯 F 都会亮；如果两个开关都断开，则指示灯不亮。

由此得到另一种逻辑关系：当一件事情的几个条件中只要有一个条件得到满足，这件事就会发生。这种关系称为或逻辑，也叫做逻辑或。或逻辑的真值表如表1-9所示。

在逻辑代数中，上述逻辑关系可用逻辑表达式来描述，可写为

$$F = A + B \tag{1-18}$$

式中，符号"+"表示A、B的或运算，也称为逻辑或。在有些文献中，也有用符号∨、∪表示或运算。或运算的规则为

$$0+0=0 \qquad 0+1=1 \qquad 1+0=1 \qquad 1+1=1$$

在数字电路中，实现或逻辑运算的单元电路叫做或门，或门的逻辑符号如图1-9(b)、图1-9(c)所示。其中，图1-9(b)所示的符号为矩形符号，图1-9(c)所示的符号为特异性符号。

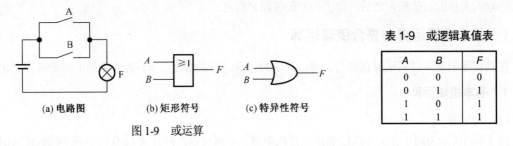

(a) 电路图　　　　(b) 矩形符号　　　　(c) 特异性符号

图1-9　或运算

表1-9　或逻辑真值表

A	B	F
0	0	0
0	1	1
1	0	1
1	1	1

（3）非运算

由图1-10(a)所示的电路可知：当开关A闭合时，指示灯不亮；而当开关A断开时，指示灯亮。它所反映的逻辑关系是：当条件不具备时，事情才会发生。这种关系称为逻辑非，也叫做非逻辑。非逻辑的真值表如表1-10所示。

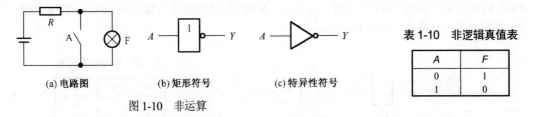

(a) 电路图　　　　(b) 矩形符号　　　　(c) 特异性符号

图1-10　非运算

表1-10　非逻辑真值表

A	F
0	1
1	0

在逻辑代数中，上述逻辑关系可用逻辑表达式来描述，可写为

$$F = \overline{A} \tag{1-19}$$

式中，A上的短划线"–"表示非运算，也称为逻辑非。在有些文献中，也有用符号"∼"、"¬"、"′"表示非运算。非运算的规则为：$\overline{0}=1$或$\overline{1}=0$。

在数字电路中，实现逻辑非运算的单元电路叫做非门，非门的逻辑符号如图1-10(b)、图1-10(c)所示。其中，图1-10(b)所示的符号为矩形符号，图1-10(c)所示的符号为特异性符号。

2. 复合逻辑运算

实际的逻辑问题往往比与、或、非复杂得多，不过它们都可以用与、或、非这3种基本逻辑运算组合而成。最常见的复合逻辑运算有与非、或非、异或、同或等。

（1）与非

与非是由与运算和非运算组合而成的。其真值表如表1-11所示，逻辑符号如图1-11所示。逻辑表达式可写成

$$F = \overline{A \cdot B} \qquad\qquad (1\text{-}20)$$

表 1-11　与非逻辑真值表

A	B	F
0	0	1
0	1	1
1	0	1
1	1	0

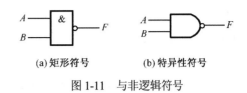

(a) 矩形符号　　　　(b) 特异性符号

图 1-11　与非逻辑符号

（2）或非

或非是由或运算和非运算组合而成的。其真值表如表 1-12 所示，逻辑符号如图 1-12 所示。逻辑表达式可写成

$$F = \overline{A + B} \qquad\qquad (1\text{-}21)$$

表 1-12　或非逻辑真值表

A	B	F
0	0	1
0	1	0
1	0	0
1	1	0

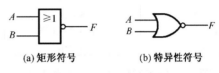

(a) 矩形符号　　　　(b) 特异性符号

图 1-12　或非逻辑符号

（3）异或

异或的逻辑关系是：当两个输入信号相同时，输出为 0；当两个输入信号不同时，输出为 1。其真值表如表 1-13 所示，逻辑符号如图 1-13 所示。逻辑表达式可写成

$$F = A\overline{B} + \overline{A}B = A \oplus B \qquad\qquad (1\text{-}22)$$

表 1-13　异或逻辑真值表

A	B	F
0	0	0
0	1	1
1	0	1
1	1	0

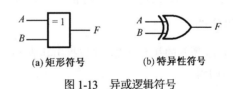

(a) 矩形符号　　　　(b) 特异性符号

图 1-13　异或逻辑符号

（4）同或

同或和异或的逻辑关系刚好相反：当两个输入信号相同时，输出为 1；当两个输入信号不同时，输出为 0。其真值表如表 1-14 所示，逻辑符号如图 1-14 所示。逻辑表达式可写成

$$F = AB + \overline{A}\,\overline{B} = A \odot B \qquad\qquad (1\text{-}23)$$

表 1-14　同或逻辑真值表

A	B	F
0	0	1
0	1	0
1	0	0
1	1	1

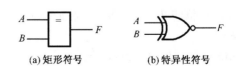

(a) 矩形符号　　　　(b) 特异性符号

图 1-14　同或逻辑符号

由上可知：同或和异或互为反运算，即

$$\overline{A \oplus B} = A \odot B \qquad\qquad A \odot B = \overline{A \oplus B} \qquad\qquad (1\text{-}24)$$

1.4.2　基本公式和常用公式

1. 基本公式

根据上面介绍的逻辑与、或、非 3 种基本运算规则，可以推导出逻辑运算的基本公式，如表 1-15 所示。

表 1-15　逻辑运算的基本公式

类别	名称	逻辑与	逻辑或
变量与常量的关系	0-1 律	$A \cdot 0 = 0$ $A \cdot 1 = A$	$A + 0 = A$ $A + 1 = 1$
和普通代数相似的定律	交换律	$A \cdot B = B \cdot A$	$A + B = B + A$
	结合律	$A \cdot (B \cdot C) = (A \cdot B) \cdot C$	$A + (B + C) = (A + B) + C$
	分配律	$A \cdot (B + C) = A \cdot B + A \cdot C$	$A + (B \cdot C) = (A + B) \cdot (A + C)$
逻辑代数特殊的定律	互补律	$A \cdot \overline{A} = 0$	$A + \overline{A} = 1$
	重叠律	$A \cdot A = A$	$A + A = A$
	反演律（摩根定律）	$\overline{A \cdot B} = \overline{A} + \overline{B}$	$\overline{A + B} = \overline{A} \cdot \overline{B}$
	还原律	$\overline{\overline{A}} = A$	

表 1-15 所列公式均可通过列逻辑真值表证明其正确性。例如，要证明重叠律 $A+A=A$ 时，令 $A=0$，则 $A+A=0+0=0=A$；再令 $A=1$，则 $A+A=1+1=1=A$，可见，$A+A=A$。

在以上所有基本公式中，反演律具有特殊重要的意义，它又称为摩根定律，经常用于求一个原函数的非函数或者对逻辑函数进行变换。

【例 1-12】 用真值表证明反演律公式 $\overline{A \cdot B} = \overline{A} + \overline{B}$ 和 $\overline{A + B} = \overline{A} \cdot \overline{B}$ 的正确性。

解： 将 A、B 的各种取值组合代入等式的两边，算出结果填入真值表 1-16 中。可见公式 $\overline{A \cdot B} = \overline{A} + \overline{B}$ 和 $\overline{A + B} = \overline{A} \cdot \overline{B}$ 等式两边的真值表对应相同，所以等式成立，公式正确。

2. 常用公式

利用表 1-15 所示的基本公式，可以推出其他一些公式，如表 1-17 所示。它们在逻辑函数的公式法化简中经常用到。

表 1-16　例 1-12 的真值表

A	B	$\overline{A \cdot B}$	$\overline{A} + \overline{B}$	$\overline{A + B}$	$\overline{A} \cdot \overline{B}$
0	0	1	1	1	1
0	1	1	1	0	0
1	0	1	1	0	0
1	1	0	0	0	0

表 1-17　一些常用公式

吸收律	$A + AB = A$	$A(A+B)=A$
	$A + \overline{A}B = A + B$	
	$AB + \overline{A}C + BC = AB + \overline{A}C$	
结合律	$AB + A\overline{B} = A$	$(A+B)(A+\overline{B}) = A$

利用表 1-15 所列的基本公式，各式分别证明如下。

（1）$A+AB=A$

证明： $A+AB=A \cdot 1 + AB = A(1+B) = A \cdot 1 = A$

该式说明，在两个乘积项相加时，若其中一项是另一乘积项的因子，则该乘积项是多余的，可以去掉。

（2）$A(A+B)=A$

证明： $A(A+B)=AA+AB=A+AB=A$

该式说明，变量 A 和包含 A 的和相乘时，其结果等于 A，即可以将和消掉。

（3）$A + \overline{A}B = A + B$

证明：$A + \overline{A}B = (A + \overline{A}) \cdot (A + B) = 1 \cdot (A + B) = A + B$

这说明一个与或表达式中，如果一项的反是另一个乘积项的因子，则该因子是多余的，可以消去。

（4）$AB + \overline{A}C + BC = AB + \overline{A}C$

证明：
$$AB + \overline{A}C + BC = AB + \overline{A}C + BC(A + \overline{A})$$
$$= AB + \overline{A}C + ABC + \overline{A}BC$$
$$= AB(1 + C) + \overline{A}C(1 + B)$$
$$= AB + \overline{A}C$$

该式说明，如果与或表达式中，两个乘积项分别包含同一因子的原变量和反变量，而两项的剩余因子正好组成第 3 项，则第 3 项是多余的，可以去掉。

推广：如果第 3 项是包含剩余因子的乘积项，公式依然成立，即

$$AB + \overline{A}C + BCD = AB + \overline{A}C$$

（5）$AB + A\overline{B} = A$

证明：$AB + A\overline{B} = A(B + \overline{B}) = A \cdot 1 = A$

可见，若两个乘积项中分别包含同一因子的原变量和反变量，而其他因子相同时，则两个乘积项相加可以合并成一项，并消去互为反变量的因子。

（6）$(A + B)(A + \overline{B}) = A$

证明：
$$(A + B)(A + \overline{B}) = A \cdot A + A \cdot \overline{B} + B \cdot A + B \cdot \overline{B}$$
$$= A + A\overline{B} + AB$$
$$= A$$

可见，若两个和项中分别包含同一因子的原变量和反变量，而和项的另一因子相同时，则两个和项相乘后结果为相同的那个因子。

1.4.3　基本规则

逻辑代数中有 3 个重要规则：代入规则、反演规则和对偶规则。运用这些规则可将原有的公式加以扩展，从而推出一些新的运算公式。

1. 代入规则

在任何一个逻辑等式中，若将等式两边所出现的同一变量代之以另一函数式，则等式仍然成立，这一规则称为代入规则。

因为任何逻辑函数式和被代替的变量一样，只有 0 和 1 两种状态，所以代入后等式依然成立。利用代入规则可以把表 1-15 的基本公式和表 1-17 的常用公式推广为多变量的形式和证明恒等式。

【例 1-13】 用代入规则证明：摩根定律也适用于多变量的情况。

解： 已知两变量的摩根定律为

$$\overline{A + B} = \overline{A} \cdot \overline{B} \qquad\qquad \overline{A \cdot B} = \overline{A} + \overline{B}$$

现以($B+C$)代入左边等式中 B 的位置，以 $B \cdot C$ 代入右边等式中 B 的位置，于是得到

$$\overline{A + (B + C)} = \overline{A} \cdot \overline{B + C} = \overline{A} \cdot \overline{B} \cdot \overline{C}$$

$$\overline{A \cdot (B \cdot C)} = \overline{A} + \overline{B \cdot C} = \overline{A} + \overline{B} + \overline{C}$$

即

$$\overline{A+B+C} = \overline{A} \cdot \overline{B} \cdot \overline{C}$$

$$\overline{A \cdot B \cdot C} = \overline{A} + \overline{B} + \overline{C}$$

2. 反演规则

对于任意一个逻辑函数式 F，若将式中所有的"·"换成"+"，"+"换成"·"，0 换成 1，1 换成 0，原变量换成反变量，反变量换成原变量，则得到的结果就是 $\overline{F}$。这一规则称为反演规则。

摩根定律就是反演规则的一个特例，所以摩根定律又称为反演律。利用反演规则可以十分方便地求出已知函数的反函数。

在使用反演律时，还需注意遵守以下两个规则：

（1）仍需遵守"先括号、然后乘、最后加"的运算优先次序；

（2）不属于单个变量上的反号应保留不变。

【例 1-14】　求函数 $F = A(B+C) + \overline{C}D$ 的反函数 $\overline{F}$。

解： 根据反演规则可写出

$$\overline{F} = (\overline{A} + \overline{B} \cdot \overline{C}) \cdot (C + \overline{D})$$

【例 1-15】　已知 $F = A + \overline{B\overline{C} + \overline{D + \overline{\overline{E}}}}$，求 $\overline{F}$。

解： 按照反演规则，并保留反变量以外的非号不变，得

$$\overline{F} = \overline{A} \cdot (\overline{B}+C) \cdot \overline{\overline{D} \cdot E}$$

3. 对偶规则

如果两个逻辑式相等，则它们的对偶式也相等，这就是对偶规则。

所谓对偶式是这样定义的：对于任何一个逻辑式 F，若把 F 中所有的"·"换成"+"，"+"换成"·"，0 换成 1，1 换成 0，并保持原来的运算顺序，则得到一个新的逻辑式 F'，那么 F 和 F' 互为对偶式。

利用对偶式可以证明恒等式。表 1-15 中第 3 列和第 4 列的公式是互为对偶关系的。

例如，若 $F=A(B+C)$，则 $F' = A + BC$。

若 $F = \overline{AB + CD}$，则 $F' = \overline{(A+B) \cdot (C+D)}$。

【例 1-16】　试证明恒等式 $A+BC=(A+B)(A+C)$。

证明： 根据对偶规则，$A+BC$ 的对偶式为

$$A(B+C)=AB+AC$$

$(A+B)(A+C)$ 的对偶式为

$$AB+AC$$

因对偶式相同，故 $A+BC$ 与 $(A+B)(A+C)$ 相等，即

$$A+BC=(A+B)(A+C)$$

1.5　逻辑函数的几种常用描述方法及相互间的转换

如果以 n 个逻辑变量 A、B、C、… 作为输入，对其进行有限次逻辑运算的逻辑表达式 F，称为 n 变量的逻辑函数，写做

$$F = f(A, B, C, \cdots) \tag{1-25}$$

逻辑变量和逻辑函数的取值只可能是 0 和 1。

1.5.1 逻辑函数的几种常用描述方法

逻辑函数的描述方法很多，它可以用语言描述，亦可用逻辑表达式描述，还可用真值表、逻辑图、波形图、卡诺图等描述。

下面举一个简单的例子介绍前 4 种表示方法，卡诺图表示方法将在下一节介绍。

图 1-15 所示为一个举重裁判电路，比赛时主裁判掌握着开关 A，两名副裁判分别掌握着开关 B 和 C，当运动员举起杠铃时，裁判认为动作合格就合上开关，否则不合。比赛规则规定：只有当一名主裁判和 1 名以上副裁判认定运动员的动作合格时，试举才算成功。显然，指示灯 F 的状态是 A、B、C 3 个开关状态的函数。

1. 真值表

为得到图 1-15 所示电路的输入变量的所有值和输出函数 F 的关系，设以 1 表示开关 A、B、C 的状态闭合，以 0 表示开关断开，以 1 表示指示灯亮，0 表示不亮，则可得真值表如表 1-18 所示。

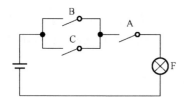

图 1-15 举重裁判电路

表 1-18 图 1-15 电路的真值表

输入			输出 F
A	B	C	
0	0	0	0
0	0	1	0
0	1	0	0
0	1	1	0
1	0	0	0
1	0	1	1
1	1	0	1
1	1	1	1

2. 逻辑表达式

逻辑表达式是用与、或、非等运算组合起来，表示逻辑函数与逻辑变量之间关系的逻辑代数式。

在图 1-15 所示的电路中，根据要求"B 和 C 中至少有一个合上"可以表示为$(B+C)$，而要求"同时还要求合上 A"，故应写做 $A\cdot(B+C)$。因此得到输出的逻辑表达式为

$$F=A(B+C) \tag{1-26}$$

3. 逻辑图

用与、或、非等逻辑符号表示逻辑函数中各变量之间的逻辑关系所得到的图形称为逻辑图。

将式（1-26）中所有的与、或、非运算符号用相应的逻辑符号代替，并按照逻辑运算的先后次序将这些逻辑符号连接起来，就得到图 1-15 所示电路对应的逻辑图，如图 1-16 所示。

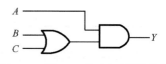

图 1-16 图 1-15 所示电路的逻辑图

4. 波形图

如果将逻辑函数输入变量每一种可能出现的取值与对应的输出值按时间顺序依次排列起来，就得到了表示该逻辑函数的波形图。

图 1-17 的波形图是按照表 1-18 得到的：当 $ABC=000$ 时，输出 $F=0$，……，直到 $ABC=111$ 时，输出 $F=1$。也可以由式（1-26）计算得到。

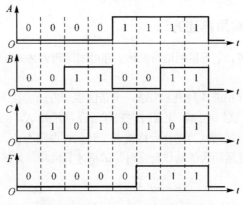

图 1-17　图 1-15 所示电路的波形图

1.5.2　不同描述方法之间的转换

由于逻辑函数具有多种描述方法，在逻辑问题的分析与设计中，经常需要将逻辑函数的某种描述方法转换为另一种描述方法，熟练掌握不同逻辑函数描述方法间的转换，有助于提高对逻辑问题的分析与设计能力。

经常用到的转换方式有：由真值表写出逻辑函数表达式、由逻辑函数表达式列出真值表、由逻辑函数表达式画出逻辑图和由逻辑图写出逻辑函数表达式等几种。

1. 真值表与逻辑函数表达式的相互转换

（1）由真值表写出逻辑函数表达式

【例 1-17】 已知一个奇偶判别函数的真值表如表 1-19 所示，试写出它的逻辑函数表达式。

表 1-19　奇偶判别函数函数真值表

输入			输出 F
A	B	C	
0	0	0	0
0	0	1	0
0	1	0	0
0	1	1	1
1	0	0	0
1	0	1	1
1	1	0	1
1	1	1	0

解： 由真值表可见，在输入变量取值为以下 3 种情况时，F 等于 1：

$$A=0、B=1、C=1$$
$$A=1、B=0、C=1$$
$$A=1、B=1、C=0$$

而当 $A=0$、$B=1$、$C=1$ 时，使乘积项 $\overline{A}BC=1$；当 $A=1$、$B=0$、$C=1$ 时，使乘积项 $A\overline{B}C=1$；当 $A=1$、$B=1$、$C=0$ 时，使乘积项 $AB\overline{C}=1$。因此 F 的逻辑函数应当等于这 3 个乘积项之和，即

$$F = \overline{A}BC + A\overline{B}C + AB\overline{C}$$

通过例 1-17 可以总结出由真值表写出逻辑函数表达式的一般方法。

① 找出真值表中使逻辑函数 $F=1$ 的那些输入变量取值的组合；

② 每组输入变量取值的组合对应一个乘积项，其中取值为 1 的写为原变量，取值为 0 的写为反变量；

③ 将这些乘积项相加，即得 F 的逻辑函数式。

（2）由逻辑函数表达式列出真值表

在由逻辑函数表达式列出函数的真值表时，只需将输入变量取值的所有组合状态逐一代入逻辑函数表达式，求出其对应的函数值，即可得到真值表。

【例 1-18】　已知逻辑函数 $F = A\overline{B} + B\overline{C} + C\overline{A}$，求它对应的真值表。

解：将 A、B、C 的各种取值逐一代入 F 式中计算，求出相应的函数值。当 ABC 取 000 时，F 为 0；当 ABC 取 001 时，F 为 1；……；当 ABC 取 111 时，F 为 0。得到表 1-20 所示的真值表。

2. 逻辑函数表达式与逻辑图的相互转换

（1）由逻辑函数表达式画出逻辑图

在从已知的逻辑函数表达式转换为相应的逻辑图时，只要用逻辑图形符号代替逻辑函数式中的逻辑运算符号，并按运算优先顺序将它们连接起来，就可以得到所求的逻辑图了。

【例 1-19】　已知逻辑函数为 $F = \overline{A}BC + AB\overline{C} + ABC$，画出其对应的逻辑图。

解：由 $F = \overline{A}BC + AB\overline{C} + ABC$ 可以看出，三个乘积项 $\overline{A}BC$、$AB\overline{C}$、ABC 可由 3 个与门实现，它们的和运算可由或门实现，$\overline{B}$、$\overline{C}$ 可由非门实现。依据运算优先顺序把这些门电路连接起来，就可得到对应的逻辑电路图，如图 1-18 所示。

表 1-20　逻辑函数 $F = A\overline{B} + B\overline{C} + C\overline{A}$ 的真值表

A	B	C	F
0	0	0	0
0	0	1	1
0	1	0	1
0	1	1	1
1	0	0	1
1	0	1	1
1	1	0	1
1	1	1	0

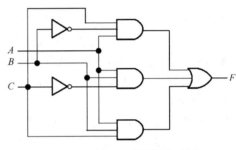

图 1-18　例 1-19 的逻辑电路图

（2）由逻辑图写出逻辑函数表达式

先从逻辑图的输入端到输出端逐级写出每个图形符号对应的输出逻辑表达式，再按照逻辑图前后级之间的逻辑关系进行组合运算，就可以得到电路中输出与输入之间的逻辑函数表达式了。

【例 1-20】　已知函数的逻辑图如图 1-19 所示，试求它的逻辑函数式。

解：从输入端 A、B、C 开始逐个写出每个图形符号输出端的逻辑式，得到

$$F = \overline{\overline{A \oplus B} + \overline{B\overline{C}}}$$

将该式变换后得到

$$F = \overline{\overline{A \oplus B} \cdot B\overline{C}}$$
$$= (AB + \overline{A} \cdot \overline{B})B\overline{C} = AB\overline{C}$$

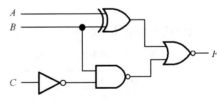

图 1-19　例 1-20 的逻辑图

3. 波形图与真值表的相互转换

由已知的逻辑函数波形求对应的真值表时，首先需要从波形图上找出每个时间段里输入变量与输出函数的取值，然后将这些输入、输出取值对应列表，就得到所求的真值表。

在将真值表转换为波形图时，只需将真值表中所有的输入变量与对应的输出变量取值依次排列画成以时间为横轴的波形，就得到了所求的波形图，如前面所做的那样。

【例 1-21】　已知逻辑函数 F 的波形如图 1-20 所示，试求该逻辑函数的真值表。

解：从 F 的波形图可以看出，输入变量 A、B、C 所有的取值组合均已出现了，因此，只要将 A、B、C 与 F 的取值对应列表，即可得表 1-21 的真值表。

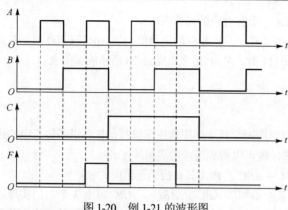

表 1-21　例 1-21 的真值表

A	B	C	F
0	0	0	0
0	0	1	0
0	1	0	0
0	1	1	0
1	0	0	1
1	0	1	1
1	1	0	1
1	1	1	0

图 1-20　例 1-21 的波形图

1.5.3　逻辑函数的建立及其描述

在生产和科学实验中，为了解决某个实际问题，必须研究其逻辑输出（因变量——"果"）和逻辑输入（自变量——"因"）相互之间的逻辑关系，从而得出相应的逻辑函数。一般来说，首先应根据提出的实际逻辑命题，确定哪些是输入逻辑变量（"因"），哪些是输出逻辑变量（"果"），然后研究它们之间的因果关系，列出其真值表，再根据真值表写出逻辑函数表达式。下面举一个实例来说明逻辑函数的建立步骤。

【例 1-22】　试设计一个电路，实现计算机上机管理控制电路。要求在管理员 C 同意时，学生 A 或 B 可以上机，但 A 具有优先上机权，A 不上机时，B 才可以上机。

解：输入变量有 3 个 A、B、C，设 A、B 为 1 时，表示要上机，为 0 时表示不要上机；当 C=1 时，表示管理员同意，C=0 时，表示管理员不同意。输出变量有两个 F_A 和 F_B，当 F_A 或 F_B 为 1 时表示能上机，为 0 时表示不能上机。列出真值表如表 1-22 所示。

F_A 和 F_B 的函数表达式为

$$F_A = A\overline{B}C + ABC = AC$$
$$F_B = \overline{A}BC$$

对应的逻辑电路图如图 1-21 所示。

表 1-22　例 1-22 的真值表

C	B	A	F_A	F_B
0	0	0	0	0
0	0	1	0	0
0	1	0	0	0
0	1	1	0	0
1	0	0	0	0
1	0	1	1	0
1	1	0	0	1
1	1	1	1	0

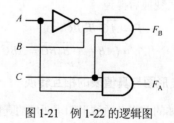

图 1-21　例 1-22 的逻辑图

1.6　逻辑函数的化简

同一逻辑函数可以采用不同的逻辑图来实现，而这些逻辑图所采用的器件的数量和种类可能会有所不同。因此，设计实际电路时，如果对逻辑函数进行化简，可以使设计出来的电路更简单，从而节省器件、降低成本、提高系统的可靠性，这对数字系统的工程设计来说具有重要的意义。

1.6.1　逻辑函数的最简形式和最简标准

一个逻辑函数可以有多种不同的逻辑表达式，例如，一个逻辑函数表达式为

$$F = AB + \overline{B}C$$

式中，AB 和 $\overline{B}C$ 两项都是由与运算把变量连接起来的，故称为与项（乘积项），然后由或运算将这两个与项连接起来，这种类型的表达式称为与-或逻辑表达式，或称为逻辑函数表达式的"积之和"形式。

一个与-或表达式可以转换为其他类型的函数表达式，例如，上面的与-或表达式经过变换，可以得到其与非-与非表达式、或-与表达式、或非-或非表达式以及与-或-非表达式等。

$$F = AB + \overline{B}C \qquad \text{与-或表达式}$$
$$= \overline{\overline{AB} \cdot \overline{\overline{B}C}} \qquad \text{与非-与非表达式}$$
$$= (A + \overline{B})(B + C) \qquad \text{或-与表达式}$$
$$= \overline{\overline{A + \overline{B}} + \overline{B + C}} \qquad \text{或非-或非表达式}$$
$$= \overline{\overline{AB} + \overline{B} \cdot \overline{C}} \qquad \text{与-或非表达式}$$
$$= \overline{(\overline{A} + B)(B + \overline{C})} \qquad \text{或-与-非表达式}$$

以上这些式子都是同一个函数的不同形式的最简表达式。最常用的有最简与或表达式和最简或与表达式。有了最简与或表达式以后，再用公式变换就可以得到其他类型的函数式。

与-或式的最简标准是：① 包含的与项个数最少；② 各与项中包含的变量个数最少。

或-与式的最简标准是：① 包含的或项个数最少；② 各或项中包含的变量个数最少。

常用的化简方法有公式法和卡诺图法两种。

1.6.2　逻辑函数的公式化简法

公式化简法就是反复运用逻辑代数的基本公式、常用公式和规则等，消去函数式中多余的乘积项和每个乘积项中多余的变量，以求得到逻辑函数表达式的最简形式。公式化简法没有固定步骤，现介绍几种常用的方法。

1. 并项法

利用结合律 $AB + A\overline{B} = A$ 将两项合并成一项，并消去一个变量。例如

$$F_1 = ABC + AB\overline{C} + A\overline{B} = AB(C + \overline{C}) + A\overline{B} = AB + A\overline{B} = A(B + \overline{B}) = A$$
$$F_2 = A(BC + \overline{B}\overline{C}) + A(B\overline{C} + \overline{B}C) = ABC + A\overline{B}\overline{C} + AB\overline{C} + A\overline{B}C$$
$$= AB(C + \overline{C}) + A\overline{B}(C + \overline{C}) = AB + A\overline{B} = A(B + \overline{B}) = A$$

2. 吸收法

利用公式 $A + AB = A$ 消去多余的项。例如

$$F_1 = A\overline{C} + AB\overline{C}D(E + F) = A\overline{C}[1 + BD(E + F)] = A\overline{C}$$
$$F_2 = \overline{AB} + \overline{A}C + \overline{B}D = \overline{A} + \overline{B} + \overline{A}C + \overline{B}D = \overline{A} + \overline{B}$$

3. 消去法

利用公式 $A + \overline{A}B = A + B$ 可将 $\overline{A}B$ 中的 $\overline{A}$ 消去。A、B 均可以是任何复杂的逻辑式。

$$F_1 = \overline{B} + ABC = \overline{B} + AC$$

$$F_2 = AB + \overline{A}C + \overline{B}C = AB + (\overline{A} + \overline{B})C = AB + \overline{AB}C = AB + C$$

4. 消项法

利用公式 $AB + \overline{A}C + BC = AB + \overline{A}C$ 或 $AB + \overline{A}C + BCD = AB + \overline{A}C$ 可将 BC 或 BCD 项消去。其中，A、B、C、D 均可以是任何复杂的逻辑式。

$$F_1 = ABC + \overline{A}D + \overline{C}D + BD = ABC + (\overline{A} + \overline{C})D + BD$$
$$= AC \cdot B + \overline{ACD} + BD = ABC + \overline{ACD}$$
$$= ABC + \overline{A}D + \overline{C}D$$

$$F_2 = A\overline{B}C\overline{D} + \overline{A}\overline{B}E + \overline{A}CDE = A\overline{B}C\overline{D} + \overline{A}\overline{B}E$$

5. 配项法

利用公式 $A + \overline{A} = 1$、$A + A = A$、$A \cdot A = A$、$1 + A = 1$ 等基本公式给某些函数配上适当的项，进而可消去原函数中的某些项或变量。例如

$$F_1 = \overline{A}B + A\overline{B} + AB = \overline{A}B + AB + A\overline{B} + AB$$
$$= (\overline{A} + A)B + A(\overline{B} + B) = A + B$$
$$F_2 = AB + \overline{A}\overline{C} + B\overline{C} = AB + \overline{A}\overline{C} + (A + \overline{A})B\overline{C}$$
$$= AB + \overline{A}\overline{C} + AB\overline{C} + \overline{A}B\overline{C} = AB + AB\overline{C} + \overline{A}\overline{C} + \overline{A}B\overline{C}$$
$$= AB + \overline{A}\overline{C}$$

公式化简法不仅需要熟悉逻辑代数的基本公式和常用公式，而且还要灵活运用这些公式，需要较高的技巧性。否则，化简过程中就容易走弯路，甚至不能化到最简结果（多数情况是很难判断结果是否最简以及是否正确）。因此，用公式化简法时要注意以下几点。

（1）若原函数不是与或表达式，应先将其转换成与或表达式的形式，然后再进行化简。

（2）尽可能先使用并项法、吸收法、消去法、消项法等简单方法进行化简，若这些方法无效，再考虑使用配项法。

（3）化简后的表达式不是唯一的，但要求是最简的（但与卡诺图法相比很难判断结果是否最简）。

（4）根据化简的需要，适当添加相应的多余项，可有利于化简过程。

下面通过例子进一步说明综合应用公式法的化简过程。

【例 1-23】 化简函数 $F = ABC\overline{D} + ABD + BC\overline{D} + ABC + BD + B\overline{C}$。

解： $F = ABC\overline{D} + ABD + BC\overline{D} + ABC + BD + B\overline{C}$
$$= ABC + ABC\overline{D} + BD + ABD + BC\overline{D} + B\overline{C}$$
$$= ABC + BD + BC\overline{D} + B\overline{C} \qquad （吸收法）$$
$$= B(AC + \overline{C}) + B(D + C\overline{D})$$
$$= B(A + \overline{C}) + B(D + C) \qquad （消去法）$$
$$= AB + B\overline{C} + BC + BD$$
$$= AB + B + BD \qquad （并项法）$$
$$= B \qquad （吸收法）$$

对初学者来说，很难保证化简结果达到最简。只有当逻辑函数非常简单时（一般是少于 3 个变量），用公式法化简才比较简便。

总之，公式化简法不直观，一般不容易判断结果是否最简。因此，人们普遍采用卡诺图化简法来化简逻辑函数，它是一种具有统一规则的逻辑函数化简方法。在 1.6.4 节中将讨论此种方法。

1.6.3　逻辑函数的两种标准形式

在讲述逻辑函数的标准形式之前，先介绍一下最小项和最大项的概念，然后再介绍逻辑函数的最小项之和及最大项之积这两种标准形式。

1．最小项和最大项

（1）最小项

在 n 个变量组成的乘积项中，若每个变量都以原变量或以反变量的形式出现且仅出现一次，那么该乘积项称做 n 变量的一个最小项。

例如，A、B、C 3 个变量的最小项有：$\overline{A}\overline{B}\overline{C}$、$\overline{A}\overline{B}C$、$\overline{A}B\overline{C}$、$\overline{A}BC$、$A\overline{B}\overline{C}$、$A\overline{B}C$、$AB\overline{C}$、$ABC$。它们都含有 3 个变量，而每个变量都以原变量或反变量形式在一个乘积项中出现一次，故三变量的最小项共有 $2^3=8$ 个。同理，二变量的最小项共有 $2^2=4$ 个；四变量的最小项有 $2^4=16$ 个；n 变量的最小项共有 2^n 个。

输入变量的每一组取值都使一个对应的最小项的值等于 1。例如，在三变量 A、B、C 的最小项中，当 $A=0$、$B=1$、$C=1$ 时，$\overline{A}BC=1$。如果把 $\overline{A}BC$ 的取值 011 看做一个二进制数，那么它所表示的十进制数就是 3。为了今后使用的方便，将 $\overline{A}BC$ 这个最小项记做 m_3。按照这一约定，就得到了三变量最小项的编号表，如表 1-23 所示。

由表 1-23 可知，三变量 A、B、C 的最小项记做 $m_0 \sim m_7$，同理四变量 A、B、C、D 的最小项记做 $m_0 \sim m_{15}$。

从最小项的定义出发可以证明它具有如下性质：

① 在任何一组输入变量的取值下，只有一个最小项的值为 1，其余最小项的值均为 0；

② 任何两个不同的最小项的乘积为 0；

③ 任何一组变量取值下，全部最小项之和为 1。

（2）最大项

在 n 个变量组成的或项中，若每个变量都以原变量或以反变量的形式出现且仅出现一次，那么该或项称做 n 变量的一个最大项。

表 1-23　三变量最小项的编号表

最小项	变量取值			编号
	A	B	C	
$\overline{A}\overline{B}\overline{C}$	0	0	0	m_0
$\overline{A}\overline{B}C$	0	0	1	m_1
$\overline{A}B\overline{C}$	0	1	0	m_2
$\overline{A}BC$	0	1	1	m_3
$A\overline{B}\overline{C}$	1	0	0	m_4
$A\overline{B}C$	1	0	1	m_5
$AB\overline{C}$	1	1	0	m_6
ABC	1	1	1	m_7

例如，A、B、C 3 个变量的最大项有：$(\overline{A}+\overline{B}+\overline{C})$、$(\overline{A}+\overline{B}+C)$、$(\overline{A}+B+\overline{C})$、$(\overline{A}+B+C)$、$(A+\overline{B}+\overline{C})$、$(A+\overline{B}+C)$、$(A+B+\overline{C})$、$(A+B+C)$。它们都含有 3 个变量，而每个变量都以原变量或反变量的形式在一个或项中出现一次，故三变量的最大项共有 $2^3=8$ 个。同理，二变量的最大项共有 $2^2=4$ 个；四变量的最大项有 $2^4=16$ 个；n 变量的最大项共有 2^n 个。

输入变量的每一组取值都使一个对应的最大项的值等于 0。例如，在三变量 A、B、C 的最大项中，当 $A=0$、$B=1$、$C=1$ 时，$(A+\overline{B}+\overline{C})=0$。如果将最大项为 0 的 ABC 取值视为一个二进制数，并以其对应的十进制数给最大项编号，则 $(A+\overline{B}+\overline{C})$ 可记做 M_3。由此得到三变量最大项的编号表，如表 1-24 所示。

从最大项的定义出发同样可以得到它的主要性质：

① 在任何一组输入变量的取值下，只有一个最大项的值为 0，其余最大项的值均为 1；

表 1-24 三变量最大项的编号表

最大项	使最大项为 0 的变量取值			编号
	A	B	C	
$A+B+C$	0	0	0	M_0
$A+B+\overline{C}$	0	0	1	M_1
$A+\overline{B}+C$	0	1	0	M_2
$A+\overline{B}+\overline{C}$	0	1	1	M_3
$\overline{A}+B+C$	1	0	0	M_4
$\overline{A}+B+\overline{C}$	1	0	1	M_5
$\overline{A}+\overline{B}+C$	1	1	0	M_6
$\overline{A}+\overline{B}+\overline{C}$	1	1	1	M_7

② 任何两个不同的最大项的和为 1；

③ 任何一组变量取值下，全部最大项之积为 0。

将表 1-23 与表 1-24 加以对比可发现，最大项和最小项之间关系为

$$M_i = \overline{m_i} \tag{1-27}$$

例如，$m_3 = \overline{A}BC$，则

$$\overline{m_3} = \overline{\overline{A}BC} = A + \overline{B} + \overline{C} = M_3$$

2. 逻辑函数的标准与或表达式

每个乘积项都是最小项的与或表达式，称为标准与或表达式，也称为最小项之和表达式。

一个逻辑函数表示成标准与或表达式有两种方法。

（1）从真值表求标准与或表达式

① 找出使逻辑函数 F 为 1 的变量取值组合；

② 写出使函数 F 为 1 的变量取值组合对应的最小项；

③ 将这些最小项相或，即得到标准与或表达式。

例 1-17 中由真值表写出的逻辑函数表达式即是标准与或表达式。

（2）从一般逻辑表达式求标准与或表达式

首先将给定的逻辑函数式化为若干乘积项之和的形式，然后利用公式 $A+\overline{A}=1$ 将每个乘积项中缺少的因子补全，这样就可以将与或的形式化为最小项之和的形式，即标准与或表达式。

【例 1-24】 写出逻辑函数 $F = A\overline{B}\overline{C}D + BCD + \overline{A}D$ 的标准与或表达式。

解：

$$\begin{aligned}F &= A\overline{B}\overline{C}D + BCD + \overline{A}D \\ &= A\overline{B}\overline{C}D + (A+\overline{A})BCD + \overline{A}(B+\overline{B})(C+\overline{C})D \\ &= A\overline{B}\overline{C}D + ABCD + \overline{A}BCD + \overline{A}B(C+\overline{C})D + \overline{A}\overline{B}(C+\overline{C})D \\ &= A\overline{B}\overline{C}D + ABCD + \overline{A}BCD + \overline{A}BCD + \overline{A}B\overline{C}D + \overline{A}\overline{B}CD + \overline{A}\overline{B}\overline{C}D \\ &= A\overline{B}\overline{C}D + ABCD + \overline{A}BCD + \overline{A}B\overline{C}D + \overline{A}\overline{B}CD + \overline{A}\overline{B}\overline{C}D\end{aligned}$$

或写做

$$F(A,B,C,D) = m_1 + m_3 + m_5 + m_7 + m_9 + m_{15} = \sum m(1,3,5,7,9,15)$$

3. 逻辑函数的标准或与表达式

每个或项都是最大项的或与表达式，称为标准或与表达式，也称为最大项之积表达式。

从逻辑函数真值表求标准或与表达式的方法为：

（1）找出使逻辑函数 F 为 0 的行；

（2）对于 F=0 的行，写出对应的最大项；

（3）将这些最大项相与，即得到标准或与表达式。

表 1-18 的真值表重新列出在表 1-25 中。

写出其标准或与表达式为

$$F = (A+B+C)(A+B+\overline{C})(A+\overline{B}+C)(A+\overline{B}+\overline{C})(\overline{A}+B+C)$$

或写做

表 1-25 三变量真值表

输入			输出 F
A	B	C	
0	0	0	0
0	0	1	0
0	1	0	0
0	1	1	0
1	0	0	0
1	0	1	1
1	1	0	1
1	1	1	1

$$F = M_0 \cdot M_1 \cdot M_2 \cdot M_3 \cdot M_4 \cdot M_5 = \prod M(0,1,2,3,4,5)$$

【例 1-25】 将逻辑函数 $F = \overline{A}B + AC$ 化为标准或与表达式。

解： 先将函数化为标准与或表达式

$$\begin{aligned} F &= \overline{A}B + AC \\ &= \overline{A}B(C + \overline{C}) + A(B + \overline{B})C \\ &= \overline{A}BC + \overline{A}B\overline{C} + ABC + A\overline{B}C \\ &= m_2 + m_3 + m_5 + m_7 = \sum m(2,3,5,7) \end{aligned}$$

再转换成标准或与表达式为

$$F = \prod M(0,1,4,6)$$

因逻辑函数的真值表是唯一的，所以逻辑函数的标准与或表达式和或与表达式都是唯一的。

1.6.4　逻辑函数的卡诺图化简法

1. 逻辑函数的卡诺图表示法

前面已经知道，n 个逻辑变量可以组成 2^n 个最小项。在这些最小项中，如果两个最小项仅有一个因子不同，而其余因子均相同，则称这两个逻辑最小项为逻辑相邻项。如三变量的最小项 ABC、$AB\overline{C}$ 仅有一个因子 C 不同，其余因子相同，它们是逻辑相邻项。

为了表示出最小项之间这种逻辑相邻关系，美国工程师卡诺（Karnaugh）设计了一种最小项方格图，他把逻辑相邻项安排在位置相邻的方格中。按此规则排列起来的最小项方格图称为卡诺图。

例如，两个变量 A、B 有 4 个最小项：$\overline{A}\overline{B}$、$\overline{A}B$、$A\overline{B}$、AB，分别记做 m_0、m_1、m_2、m_3。它们的卡诺图如图 1-22(a)所示，显然图中上下、左右之间的最小项都是逻辑相邻项。A、B 变量标注在卡诺图的左上角，卡诺图的左侧和上方标注的 0 和 1 表示使对应方格内的最小项为 1 的变量取值。同时，这些 0 和 1 组成的二进制数所对应的十进制数大小也就是对应的最小项的编号。

图 1-22(b)、图 1-22(c)、图 1-22(d)分别是三变量、四变量、五变量最小项的卡诺图。图中不仅相邻方格的最小项是逻辑相邻项，而且上下、左右相对的方格也是逻辑相邻项。为了保证这种相邻性，卡诺图左边和上边的数码不能按自然二进制数从小到大的顺序排列，而必须按循环格雷码排列。

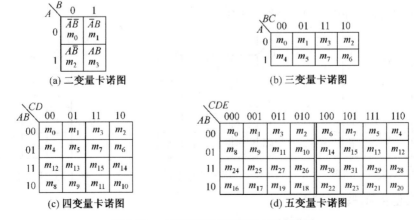

(a) 二变量卡诺图　　　　　　　　(b) 三变量卡诺图

(c) 四变量卡诺图　　　　　　　　(d) 五变量卡诺图

图 1-22　二变量到五变量的最小项卡诺图

在变量数大于等于 5 后，仅用几何图形在两维空间的相邻性来表示逻辑相邻性已经不够了。例如，在图 1-22(d)所示的五变量最小项的卡诺图中，除了几何位置相邻的最小项具有逻辑相邻性以外，以图中双竖线为轴左右对称位置上的两个最小项也具有逻辑相邻性。当包含的变量数多于 5 个时，卡诺图则不易画出，相邻性也失去了直观的特点。

任何一个逻辑函数都可以用最小项之和的形式表示，所以也就可以用卡诺图来表示。具体方法是：首先根据逻辑函数所包含的变量数目，画出相应的卡诺图；然后将函数式中包含的最小项，在卡诺图对应方格中填 1；在其余位置上填入 0，就得到了表示该函数的卡诺图。

【例 1-26】 画出逻辑函数 $F(A,B,C,D) = \sum m(0,1,2,3,4,8,10,11,14,15)$ 的卡诺图。

解： 对逻辑函数表达式中的各最小项，在卡诺图相应小方格内填入 1，其余填入 0，即可得图 1-23 所示的卡诺图。

【例 1-27】 画出逻辑函数

$$F(A,B,C,D) = (\bar{A}+\bar{B}+\bar{C}+\bar{D})(\bar{A}+\bar{B}+C+\bar{D})(\bar{A}+B+\bar{C}+D)$$
$$(A+\bar{B}+\bar{C}+D)(A+B+C+D)$$

的卡诺图。

解： 该逻辑函数已是最大项之积的表示形式

$$F(A,B,C,D) = M_{15} \cdot M_{13} \cdot M_{10} \cdot M_6 \cdot M_0$$

对表达式中的各最大项，在卡诺图相应小方格内填入 0，其余填入 1，即可得图 1-24 所示的卡诺图。

【例 1-28】 用卡诺图表示以下逻辑函数。

$$F = A\bar{B} + \bar{A}B\bar{D} + ACD + \overline{ABCD}$$

解： 先将逻辑函数化为最小项之和的形式

$$F = A\bar{B} + \bar{A}B\bar{D} + ACD + \overline{ABCD}$$
$$= A\bar{B}(C+\bar{C})(D+\bar{D}) + \bar{A}B(C+\bar{C})\bar{D} + A(B+\bar{B})CD + \overline{ABCD}$$
$$= A\bar{B}(CD+\bar{C}D+C\bar{D}+\bar{C}\bar{D}) + \bar{A}BC\bar{D} + \bar{A}B\bar{C}\bar{D} + ABCD + A\bar{B}CD + \overline{ABCD}$$
$$= A\bar{B}CD + A\bar{B}\bar{C}D + A\bar{B}C\bar{D} + A\bar{B}\bar{C}\bar{D} + \bar{A}BC\bar{D} + \bar{A}B\bar{C}\bar{D} + ABCD + \overline{ABCD}$$
$$= \sum m(1,4,6,8,9,10,11,15)$$

然后再参照前面的方法画出卡诺图，如图 1-25 所示。

CD\AB	00	01	11	10
00	1	1	1	1
01	1	0	0	0
11	0	0	1	1
10	1	0	1	1

CD\AB	00	01	11	10
00	0	1	1	1
01	1	1	1	0
11	1	0	0	1
10	1	1	1	1

CD\AB	00	01	11	10
00	0	1	0	0
01	1	0	0	1
11	0	0	1	0
10	1	1	1	1

图 1-23　例 1-26 的卡诺图　　　图 1-24　例 1-27 的卡诺图　　　图 1-25　例 1-28 的卡诺图

2. 用卡诺图化简逻辑函数

前面我们介绍过，卡诺图的相邻项仅有一个因子不同，其余因子相同，所以可以根据公式

$AB + A\overline{B} = A$，将卡诺图的两个逻辑相邻项之和合并成一项，并消去一个因子。因此，利用卡诺图可以形象、直观地找到逻辑相邻项并将其合并，得到简化的函数式。这种利用卡诺图化简函数的方法称为卡诺图化简法或图形化简法。

（1）合并最小项的规则

在逻辑函数的卡诺图中，两个相邻的最小项可以合并成一项，并消去那个不相同的因子，合并的结果中只剩下公共因子。

图 1-26(a)中以四变量的卡诺图为例画出了两个最小项相邻的几种可能情况，如 m_5 和 m_{13} 是相邻项，故可合并为

$$m_5 + m_{13} = \overline{A}B\overline{C}D + AB\overline{C}D = (\overline{A} + A)B\overline{C}D = B\overline{C}D$$

合并后剩下了公共因子 $B\overline{C}D$ 。

4 个相邻的最小项并排成矩形组，可合并为一项，并消去两个因子，合并后的结果中只剩下公共因子。

图 1-26(b)中以四变量的卡诺图为例画出了 4 个最小项相邻的几种可能情况，如 m_5、m_7、m_{13} 和 m_{15} 是相邻项，合并后得到

$$\begin{aligned}
m_5 + m_7 + m_{13} + m_{15} &= \overline{A}B\overline{C}D + \overline{A}BCD + AB\overline{C}D + ABCD \\
&= \overline{A}BD(\overline{C} + C) + ABD(\overline{C} + C) \\
&= (\overline{A} + A)BD = BD
\end{aligned}$$

合并后剩下了 4 个最小项的公共因子 BD 。

8 个相邻的最小项并排成矩形组，可合并为一项，并消去 3 个因子，合并后的结果中只剩下公共因子。

图 1-26(c)所示为 8 个最小项相邻的几种可能情况。如上面两行的 8 个最小项是相邻项，合并后只剩下一项 $\overline{A}$ ，其他的因子都被消去了。

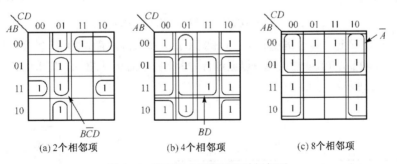

(a) 2个相邻项　　　　　(b) 4个相邻项　　　　　(c) 8个相邻项

图 1-26　四变量卡诺图的几种相邻项

由此得到合并最小项的一般规则：

① 能够合并的最小项数必须是 2 的整数次幂，即 1、2、4、8、…；

② 要合并的相应方格必须排列成矩形或正方形。

（2）用卡诺图化简函数的步骤

用卡诺图化简函数的步骤如下：

① 画出逻辑函数的卡诺图；

② 按照上述合并最小项的规则，将可以合并的最小项圈起来，没有相邻项的最小项单独画圈；

③ 将所有圈对应的乘积项相加。

上述②中画圈的原则是:

① 包围圈内的方格数要尽可能多,包围圈的数目要尽可能少;

② 同一方格可以被不同的包围圈重复包围,但新增包围圈中一定要有新的方格,否则该包围圈为多余。

【例1-29】 用卡诺图化简法将下式化简为与或函数式。

$$F = A\overline{C} + \overline{A}C + B\overline{C} + \overline{B}C$$

解:首先画出 F 的卡诺图,如图 1-27 所示。事实上,在画卡诺图时,可以不通过将 F 化为最小项之和的形式。例如,式中的 $A\overline{C}$ 一项包含了所有含有 $A\overline{C}$ 因子的最小项,而不管另一个因子是 B 还是 $\overline{B}$。从另一个角度讲,也可以理解为 $A\overline{C}$ 是 $AB\overline{C}$ 和 $A\overline{B}\overline{C}$ 两个最小项相加合并的结果。因此,在填写 F 的卡诺图时,可以直接在卡诺图上所有对应 $A=1$、$C=0$ 的空格里填入 1。按照这种方法,就可以省去将 F 化为最小项之和这一步骤了。

然后把可能合并的最小项圈出。由图 1-27 可见,有两种可取的合并最小项的方案。按图 1-27(a) 的圈法,可得

$$F = A\overline{B} + B\overline{C} + \overline{A}C$$

按图 1-27(b)的圈法,可得

$$F = A\overline{C} + \overline{A}B + \overline{B}C$$

此例说明,一个逻辑函数的化简结果可能不是唯一的,但二者都是最简的。

【例1-30】 用卡诺图化简法将下式化为最简与或表达式。

$$F = \overline{A}\,\overline{B}\,\overline{C} + \overline{A}\,\overline{B}\,\overline{D} + \overline{A}C\overline{D} + AB\overline{C}D + \overline{B}\,\overline{D}$$

解:首先画出 F 的卡诺图,如图 1-28 所示。然后画圈,m_0、m_1 圈在一起,合并后为 $\overline{A}\,\overline{B}\,\overline{C}$;$m_2$、$m_6$ 圈在一起,合并后为 $\overline{A}C\overline{D}$;4 个角上的方格圈在一起,合并后为 $\overline{B}\,\overline{D}$;独立的圈为 $AB\overline{C}D$。故得到化简后的表达式为

$$F = AB\overline{C}D + \overline{A}\,\overline{B}\,\overline{C} + \overline{A}C\overline{D} + \overline{B}\,\overline{D}$$

上面的例子都是通过合并卡诺图中的 1(即圈 1 法)来求得化简结果的,得到的是与或表达式。如果卡诺图中的 1 较多,0 较少时,也可以通过合并卡诺图中的 0(即圈 0)先求出 $\overline{F}$ 的化简结果,然后再将 $\overline{F}$ 求反而得到 F。

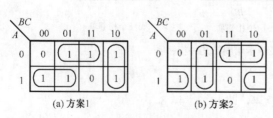

(a)方案1　　　　　　(b)方案2

图 1-27　例 1-29 的卡诺图　　　　　　　　　　图 1-28　例 1-30 的卡诺图

【例1-31】 用卡诺图化简法化简如下逻辑函数。

$$F = ABC + ABD + A\overline{C}D + \overline{C}\,\overline{D} + \overline{A}BC + \overline{A}C\overline{D}$$

解:首先画出 F 的卡诺图,如图 1-29 所示。

然后画圈，本例的卡诺图中由于 0 较少，所以采用圈 0 的方法把 4 个
0 全部圈起来，得到

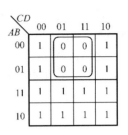

$$\overline{F} = \overline{A}D$$

则

$$F = \overline{\overline{F}} = \overline{\overline{A}D} = A + \overline{D}$$

另外，如果需要将函数化简为与或非表达式时，也采用圈 0 的方法。

图 1-29　例 1-31 的卡诺图

1.6.5　具有无关项的逻辑函数的化简法

1. 约束项、任意项和无关项

在分析某些具体的逻辑函数时，经常会遇到这样的情况，即输入变量的取值不是任意的。对输入变量的取值所加的限制称为约束，同时把这一组变量称为具有约束的一组变量。

例如，有 3 个逻辑变量 A、B、C，它们分别表示一台电动机的正转、反转和停止的命令，$A=1$ 表示正转，$B=1$ 表示反转，$C=1$ 表示停止。因为电动机在任何时刻只能执行其中的一个命令，所以不允许两个以上的变量同时为 1，故 ABC 的取值只可能是 001、010、100 之中的某一种，而不能是 000、011、101、110、111 中的任何一种。因此，A、B、C 是一组具有约束的变量。

通常用约束条件来描述约束的具体内容。显然，用上面的这样一段文字叙述约束条件是很不方便的，最好能用简单、明了的逻辑语言表述约束条件。

由于每一组输入变量的取值都使一个、而且仅有一个最小项的值为 1，所以当限制某些输入变量的取值不能出现时，可以用它们对应的最小项恒等于 0 来表示。这样，上面例子中的约束条件可以表示为

$$\begin{cases} \overline{A}\,\overline{B}\,\overline{C} = 0 \\ \overline{A}\,B\,C = 0 \\ A\,\overline{B}\,C = 0 \\ A\,B\,\overline{C} = 0 \\ A\,B\,C = 0 \end{cases}$$

或写成

$$\overline{A}\,\overline{B}\,\overline{C} + \overline{A}\,B\,C + A\,\overline{B}\,C + A\,B\,\overline{C} + A\,B\,C = 0$$

同时，把这些恒等于 0 的最小项叫做约束项。

有时还会遇到另外一种情况，就是在输入变量的某些取值下函数值是 1 或 0 皆可，并不影响电路的功能。在这些变量取值下，其值等于 1 的那些最小项称为任意项。例如，在设计一个逻辑判断电路时，要求判断 1 位十进制数是奇数还是偶数，当十进制数为奇数时，函数值为 1，反之为 0。用 4 位二进制码组成 8421BCD 码时，4 位二进制码共有 16 种变量组合，而 8421BCD 码只选中其中的 0000～1001 等 10 种变量组合来代表 0～9 共 10 个十进制数，其余 6 种变量组合 1010～1111 对应的函数值可以是任意的，为 0 为 1 都可以。这 6 种变量组合构成的最小项就是任意项。

在存在约束项的情况下，由于约束项的值始终等于 0，所以既可以把约束项写进逻辑函数式中，也可以把约束项从逻辑函数式中删掉，而不影响函数值。同样，既可以把任意项写入函数式中，也可以不写进去，因为输入变量的取值使这些任意项为 1 时，函数值是 1 或 0 皆可。

因此，又把约束项和任意项统称为逻辑函数式中的无关项。这里所说的无关是指是否把这些最小项写入逻辑函数式无关紧要，可以写入，也可以删除。

之前曾经讲到，在用卡诺图表示逻辑函数时，首先将函数化为最小项之和的形式，然后在卡诺图中将这些最小项对应的位置上填入 1，其他位置上填入 0。既可以认为无关项包含于函数式中，也可以认为不包含在函数式中，那么在卡诺图中对应的位置上既可以填入 1，也可以填入 0。为此通常在卡诺图中用符号“×”、“ - ”或“Φ”来表示无关项。在化简逻辑函数时，无关项“×”可视为 1，也可视为 0。

2. 无关项在逻辑函数化简中的应用

化简具有无关项的逻辑函数时，如果能合理利用这些无关项，一般都可得到更加简单的化简结果。

为达到此目的，加入的无关项应与函数式中尽可能多的最小项（包括原有的最小项和已写入的无关项）具有逻辑相邻性。

合并最小项时，究竟把卡诺图上的“×”作为 1（即认为函数式中包含了这个最小项）还是作为 0（即认为函数式中不包含这个最小项）对待，应以得到的相邻最小项矩形组合最大、而且矩形组合数目最少为原则。

【例 1-32】 用卡诺图法求下列函数的最简与或式。

$$F=\bar{A}\bar{B}\bar{C}D+\bar{A}\bar{B}C\bar{D}+\bar{A}B\bar{C}\bar{D}+A\bar{B}CD+AB\bar{C}D+ABC\bar{D}$$

给定约束条件为

$$A\bar{B}\bar{C}\bar{D}+A\bar{B}\bar{C}D+A\bar{B}C\bar{D}+AB\bar{C}\bar{D}+ABCD=0$$

解：首先画出函数的卡诺图如图 1-30 所示。

将所有的约束项都看做 1，画圈如图 1-30 所示，则最简与或式为

$$F=A+B\bar{C}\bar{D}+\bar{B}\bar{C}D+\bar{B}C\bar{D}$$

【例 1-33】 某逻辑电路输入信号 A、B、C、D 为 8421BCD 码，当码值为 1、3、5、7、9 时，输出函数 F 为 1。求该电路输出函数的最简与或表达式。

解：首先列出电路的真值表如表 1-26 所示。

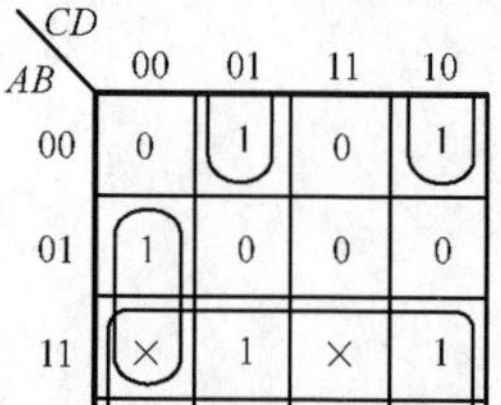

图 1-30　例 1-32 的卡诺图

表 1-26　例 1-33 的真值表

A	B	C	D	F
0	0	0	0	0
0	0	0	1	1
0	0	1	0	0
0	0	1	1	1
0	1	0	0	0
0	1	0	1	1
0	1	1	0	0
0	1	1	1	1
1	0	0	0	0
1	0	0	1	1
1	0	1	0	×
1	0	1	1	×
1	1	0	0	×
1	1	0	1	×
1	1	1	0	×
1	1	1	1	×

当输入为 8421BCD 码的 6 个输入组合 1001、1010、…、1111 时，输出函数为任意项，既可为 1，也可为 0。其卡诺图如图 1-31 所示。

将无关项 m_{11}、m_{13}、m_{15} 看做 1，m_{10}、m_{12}、m_{14} 看做 0，画圈如图 1-31 所示，则最简与或式为

$$F=D$$

本例若不利用无关项，化简结果为

$$F = \overline{A}D + \overline{B}\overline{C}D$$

可见，利用无关项可以使化简结果进一步简化。

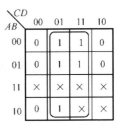

图 1-31　例 1-33 的卡诺图

1.6.6　多输出变量的卡诺图化简法

前述的电路只有一个输出端，而实际电路常常有两个或两个以上的输出端。化简多输出函数时，不能单纯地去追求各单一函数的最简式，因为这样做并不一定能保证整个系统最简，应该统一考虑，尽可能多地利用公共项。

【例 1-34】 试用卡诺图化简如下多输出函数。

$$\begin{cases} F_1(A,B,C) = \sum m(1,3,4,5,7) \\ F_2(A,B,C) = \sum m(3,4,7) \end{cases}$$

解： 如果先按每个函数各自的卡诺图画圈，如图 1-32 所示，化简得

$$F_1 = A\overline{B} + C$$
$$F_2 = A\overline{B}\,\overline{C} + BC$$

可用图 1-33 所示的电路图来实现。

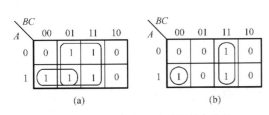

图 1-32　各函数用卡诺图独立化简

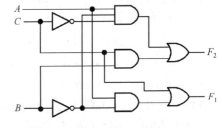

图 1-33　各函数独立化简的电路图

再将两个函数视为一个整体，对卡诺图画圈，如图 1-34 所示。化简得

$$F_1 = A\overline{B}\,\overline{C} + C$$
$$F_2 = A\overline{B}\,\overline{C} + BC$$

可用图 1-35 所示的电路图来实现。

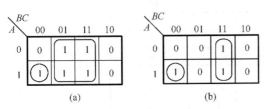

图 1-34　各函数用卡诺图整体考虑化简

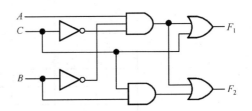

图 1-35　各函数整体考虑化简的电路图

可以看到，对各函数整体考虑化简后的电路由于有公共的电路部分，整个电路更简单。

习　题

1.1　将下列二进制整数转换为等值的十进制数。

(1) $(01010)_B$；　　　　(2) $(10101)_B$；　　　　(3) $(01010101)_B$；　　　　(4) $(10101010)_B$。

1.2　将下列二进制整数转换为等值的八进制数和十六进制数。

(1) $(001.010)_B$；　　　　(2) $(1101.1010)_B$；　　　　(3) $(1101.0111)_B$；　　　　(4) $(101101.010)_B$

1.3　将下列十六进制数转换为等值的二进制数。

(1) $(7F)_H$；　　　　(2) $(01.56)_H$；　　　　(3) $(8B.EF)_H$；　　　　(4) $(A2.4D)_H$。

1.4　将下列十进制整数转换为等值的二进制数和十六进制数。

(1) $(16)_D$；　　　　(2) $(126)_D$；　　　　(3) $(78)_D$；　　　　(4) $(253)_D$。

1.5　写出下列二进制数的原码、反码和补码。

(1) $(+1010)_B$；　　　　(2) $(+10101)_B$；　　　　(3) $(-0101)_B$；　　　　(4) $(-01010)_B$。

1.6　用二进制补码加、减法运算规则计算下列各式。式中的 4 位二进制数是不带符号位的数值位（提示：所用补码的有效位应能足够表示其结果的最大数值位）。

(1) $42+21$；　　　　　　　　(2) $42-21$；

(3) $21+42$；　　　　　　　　(4) $21-42$；

(5) $0111-1001$；　　　　　　(6) $1010-1100$；

(7) $-0111-1001$；　　　　　(8) $-1010-1100$。

1.7　证明下列逻辑式成立（方法不限）。

(1) $(A+\overline{B})(\overline{A}+\overline{B}+\overline{C})=A\overline{C}+\overline{B}$；

(2) $\overline{A(B+C)+\overline{A}B}=\overline{B}(\overline{A}+\overline{C})$；

(3) $(\overline{A}+\overline{B}+\overline{C})(B+C)(A+\overline{B})=AB\overline{C}+\overline{B}C$；

(4) $\overline{\overline{AC}+\overline{A}BC+\overline{B}C+AB\overline{C}}=\overline{C}$。

1.8　用反演规则或对偶规则写出下列函数的反函数和对偶函数。

(1) $Y(A,B,C)=(A+B)(B+\overline{C})+AC$；

(2) $Y(A,B,C,D)=\overline{A\overline{B}C+BC\overline{D}}(A+C)+BD$；

(3) $Y(A,B,C,D)=\overline{[(A+D)\overline{AC}+\overline{A}B\overline{D}](\overline{A+C}+BD)}$；

(4) $Y(A,B,C,D)=\overline{(A\oplus C)(B+\overline{D})}(BD+AC)$。

1.9　已知逻辑函数的真值表如表 P1-1(a)、表 P1-1(b)所示，试写出对应的逻辑函数式。

表 P1-1(a)

A	B	C	Y
0	0	0	0
0	0	1	1
0	1	0	0
0	1	1	1
1	0	0	1
1	0	1	0
1	1	0	1
1	1	1	0

表 P1-1(b)

A	B	C	D	F
0	0	0	0	0
0	0	0	1	0
0	0	1	0	1
0	0	1	1	0
0	1	0	0	1
0	1	0	1	1
0	1	1	0	0
0	1	1	1	1
1	0	0	0	0
1	0	0	1	1
1	0	1	0	1
1	0	1	1	0
1	1	0	0	0
1	1	0	1	1
1	1	1	0	0
1	1	1	1	0

1.10　列出下列逻辑函数的真值表。

（1）　$F = (A + \overline{B})(\overline{A} + \overline{B} + \overline{C})$；

（2）　$Y = BC\overline{D} + C + \overline{A}D$。

1.11　写出图 P1-1(a)、图 P1-1(b)所示电路的输出逻辑函数式。

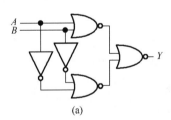 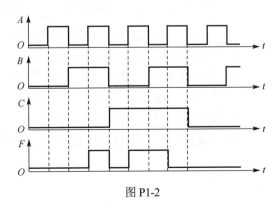

（a）　　　　　　　　　　　　　　（b）

图 P1-1

1.12　已知逻辑函数 F 的波形图如图 P1-2 所示,试写出该逻辑函数的真值表和逻辑函数式。

1.13　将下列各函数式化为最小项之和的形式。

（1）　$F(A,B,C) = A\overline{C} + \overline{B}C + \overline{A} + B + \overline{C}(A + \overline{C})$；

（2）　$F(X,Y,Z) = (\overline{X} + YZ)(\overline{Y} + X\overline{Z}) + XYZ$；

（3）　$F(A,B,C,D) = A\overline{B}C + B\overline{C}D + C\overline{D}A + \overline{A}B\overline{C}$；

（4）　$F(W,X,Y,Z) = W\overline{X}(Y + \overline{Z}) + (\overline{W} + X)\overline{Y}Z + \overline{\overline{X}Y}$。

1.14　将下列各函数式化为最大项之积的形式。

（1）　$F(A,B,C) = A\overline{B}C + \overline{A}C(B + \overline{CA})$；

（2）　$F(X,Y,Z) = \overline{XYZ} + (\overline{X} + Y)(\overline{Y} + \overline{Z})$；

（3）　$F(A,B,C,D) = A\overline{C} + \overline{B}D + \overline{AB\overline{C}D}(\overline{A} + B)$；

（4）　$F(W,X,Y,Z) = (W + \overline{X})(Y + \overline{Z}) + (\overline{W} + X)\overline{Y}Z$。

图 P1-2

1.15 将下列逻辑函数式化为与非-与非形式，并画出全部由与非逻辑单元组成的逻辑图。

（1）$F = AB + BC + AC$；

（2）$F = (\overline{A} + B)(A + \overline{B})C + \overline{BC}$；

（3）$F = \overline{AB\overline{C} + A\overline{B}C + \overline{A}BC}$；

（4）$F = A\overline{B}C + \overline{\overline{A\overline{B}} + \overline{A}B} + BC$。

1.16 将 1.14 题的逻辑函数式化为或非-或非形式，并画出全部由或非逻辑单元组成的逻辑图。

1.17 利用逻辑代数的基本公式和常用公式化简下列各式。

（1）$F = A(A + \overline{B}) + BC(\overline{A} + B) + \overline{B}(A \oplus C)$；

（2）$F = \overline{(A + B)(A + C)} + \overline{A + B + C}$；

（3）$F = Y\overline{Z}(\overline{Z} + \overline{Z}X) + (\overline{X} + \overline{Z})(XY + \overline{X}Z)$；

（4）$F = \overline{(A + \overline{C} + D)(\overline{B} + C)(A + \overline{B} + D)(\overline{B} + C + \overline{D})}$。

1.18 用逻辑代数的基本公式和常用公式将下列逻辑函数化为最简与或形式。

（1）$Y = \overline{A}BC + A\overline{B}C + ABC$；

（2）$Y = \overline{ABC} + \overline{A(C + D)} + BCD$；

（3）$Y = A\overline{B}D + \overline{B}CD + \overline{A + C}$；

（4）$Y = AD + BC\overline{D} + (\overline{A} + \overline{B})C$。

1.19 用卡诺图表示下列函数。

（1）$L = (A\overline{B} + AC)\overline{C} + \overline{(AB + \overline{A}C)C} + CD$；

（2）$L = C(A\overline{B} + \overline{A}\overline{B}) + \overline{C(A + B)}$。

1.20 用卡诺图化简法化简下列逻辑函数为最简与或形式。

（1）$L = A\overline{BC} + \overline{A}B + \overline{A}CD + BD$；

（2）$L = ABC + ABD + A\overline{C}D + \overline{C}D + \overline{A}BC + \overline{A}C\overline{D}$；

（3）$L(A, B, C, D) = \sum m(3, 4, 5, 6, 9, 10, 12, 13, 14, 15)$；

（4）$L(A, B, C, D) = \sum m(0, 1, 2, 5, 6, 7, 8, 9, 13, 14)$。

1.21 将下列具有无关项的逻辑函数化为最简的与或逻辑式。

（1）$Y(A, B, C) = \sum m(0, 1, 2, 4) + \sum d(3, 6)$；

（2）$Y(A, B, C) = \sum m(0, 2, 4, 7) + \sum d(1, 6)$；

（3）$Y(A, B, C, D) = \sum m(1, 2, 4, 12, 14) + \sum d(5, 6, 7, 8, 9, 10)$；

（4）$Y(A, B, C, D) = \sum m(0, 1, 4, 8, 10, 12, 13) + \sum d(2, 3, 6, 11)$。

1.22 用卡诺图将下列函数化为最简的与或逻辑式。

（1）$L = C\overline{D}(A \oplus B) + \overline{A}B\overline{C} + A\overline{C}D$，给定约束条件为 $AB + CD = 0$。

（2）$L = (A\overline{B} + B)C\overline{D} + \overline{(A + B)(\overline{B} + C)}$，给定约束条件为 $ABC + ABD + BCD = 0$。

（3）$L(A, B, C) = \sum m(0, 1, 2, 4)$，给定约束条件为 $m_3 + m_5 + m_6 + m_7 = 0$。

（4）$L(A, B, C, D) = \sum m(2, 3, 7, 8, 11, 14)$，给定约束条件为 $m_0 + m_5 + m_{10} + m_{15} = 0$。

第 2 章 门 电 路

2.1 引言与概述

2.1.1 引言

首先对第 1 章内容做个引申，以便容易进入本章学习，更好理解掌握相关知识内容。

可以说，人类的所有知识都来源于生活和生产实践，对其归纳总结和系统整理后，形成了一套专门的理论知识，反过来，理论知识又会指导和应用于科研生产实践中。

不知道如何应用的学习过程是一个很郁闷很痛苦的学习过程！

现在问大家两个问题：一是为什么现在广泛使用数字计算机（有一段时期模拟计算机也是广泛应用的）来完成各种任务？二是为什么现代计算机中都采用二值元件和系统来完成数值和逻辑运算？

这两个问题实际上都归结为两个原因：一是二值电子元件容易物理实现和大规模生产制造（高集成度）；二是二值元件可使逻辑运算和数值运算统一起来。

十进制是我们最为熟悉的数制，但是基于十进制来制造基本的数值运算和逻辑运算部件，并用它来完成现实的数值和逻辑运算任务是极其困难的。一是因为具有 10 种状态的基本单元电子器件是难于实现的（也是难于集成的），二是十进制的数值运算与二值的逻辑运算所需的状态数（数域）不能统一。而在二进制下，二者（数值运算与逻辑运算）是可以统一的。统一有什么好处？统一有什么用处？统一了就可统一地用几个基本单元部件来完成数值运算与逻辑运算任务，统一了就可以简化数字系统（如数字计算机）等部件的制造。

由第 1 章可以知道，任何复杂程度的一个逻辑表达式（对应一个逻辑问题）都可以分解为最基本的"与"、"或"、"非" 3 种基本逻辑运算的组合，多位二进制数值运算（加、减、乘、除）可以化为一位二进制数值运算（加、减、乘、除）的组合，我们还知道二进制数值运算的减法可由补码加法来实现，多位乘法可由一位乘法及移位和加法等步骤来实现，除法可由减法和移位来实现。人类最拿手的就是千方百计地寻找和设计最基本和最简单的部件，并利用它们的合理组合（堆砌）来完成更加复杂的现实任务（将复杂的问题简单化）。

大家看下面的表格，对比地看看两个一位二进制数 *A* 和 *B* 的"与"、"或"和"加"、"乘" 4 种运算，得到什么结论，并思考一下它们都需要什么基本元件来完成。

由表 2-1 可见，两个一位二进制数的"与"逻辑运算和"乘"数值运算是统一的，都可以用一个两输入的与门来完成。然而，"或"逻辑运算和"加"数值运算（本位加）却不能统一。"或"逻辑运算用或门来完成，而"加"数值运算（本位加）可由异或门（注意表 2-1 右下角的真值表就是异或门的真值表）来完成。

小结一下：在二值数域（仅有"0"和"1"）下，逻辑运算和数值运算统一了，都可以由基本的二值电子部件来完成。与逻辑运算和乘法数值运算由与门来完成；或逻辑运算由或门来完成；而加法（本位加）数值运算可由异或门来完成。这样各种复杂的逻辑运算和数字运算就都可由这些基本的二值电子部件的有机和有限的组合来完成。

表 2-1　两个一位二进制数的 4 种基本运算的比较

"与" 逻辑运算（$Y=A \cdot B$）			"乘法" 数值运算（$Y=A \cdot B$）		
逻辑输入（input）		逻辑输出（output）	逻辑输入（input）		逻辑输出（output）
A	B	Y	A	B	Y
0	0	0	0	0	0
0	1	0	0	1	0
1	0	0	1	0	0
1	1	1	1	1	1
"或" 逻辑运算（$Y=A+B$）			"加法" 数值运算（$Y=A+B$）		
逻辑输入（input）		逻辑输出（output）	逻辑输入（input）		逻辑输出（output）
A	B	Y	A	B	Y
0	0	0	0	0	0
0	1	1	0	1	1
1	0	1	1	0	1
1	1	1	1	1	0

如果按照正逻辑的规定，采用高电平代表 "1"，低电平代表 "0"。这种具有高和低两种电平的电子电路就很容易实现。这也是为什么现代计算机（广义上讲是数字系统）都采用二进制和二值电子部件的原因。而且诚如上述，还很容易将逻辑与数值运算统一起来。

二进制的 "一位" 通常称为一个比特（1b，即承载 "0" 和 "1" 的单元），能产生和记忆（保存或存储）1b 信息的基本单元有时笼统地称为 1 个 "unit" 或 1 个 "cell"。

如何获得或产生 1b 的信息（即如何获得高、低电平呢）？

如图 2-1 所示，输入信号（激励）既可以是外加电压信号，也可以是其他外部因素（如作用于开关的外力）。

如果激励为外力（人的手指、机械位置触动开关等），这时图 2-1 中虚线方框内的开关往往为机械开关。当 "外力" 使开关 S 闭合时，P 点被 "下拉" 到低电平，v_o 输出为低电平；当 "外力" 使开关断开时，P 点通过 "上拉" 电阻 R 被 "上拉" 到高电平，v_o 输出为高电平。

如果激励为电压信号，这时图 2-1 中虚线方框内的开关为电子开关（可采用二极管、双极型三极管或单极型三极管）。在输入信号作用下：如果电子开关闭合，就将 P 点 "下拉" 到低电平，v_o 输出为低电平；如果电子开关断开，P 点通过 "上拉" 电阻 R 被 "上拉" 到高电平，v_o 输出为高电平。

一个稍微复杂的电路如图 2-2 所示。

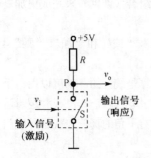

图 2-1　高、低电平的获得

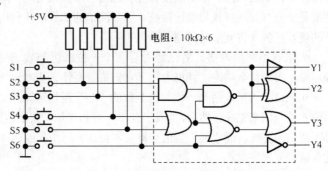

图 2-2　产生或获得二值信息的图例

可以很容易地写出输出 Y1 到 Y4 的表达式，其输出受输入信号的控制。

由图 2-2 可见，产生高、低电平（1b 的信息）的方法，既可以用开关或按键接口电路完成（由图 2-2 虚线框左侧的上拉电阻和开关构成），也可以由逻辑电子元件来完成（图 2-2 虚线框内的）。前者是外力作用下"手动"的；后者是输入电信号的电位作用下，"自动"按照自身的逻辑功能对输入电信号进行逻辑运算后又输出相应的输出逻辑电信号。

由上拉电阻和开关构成的简单按键（开关）接口电路是很有用的，如果将图 2-2 虚线框内的电路换成计算机系统（如单片机等），则虚线左侧的电路就成为计算机人机接口电路中的按键（键盘）接口电路，负责向计算机输入命令和数据信息。

高、低电平都允许有一定的变化范围，而不是一个固定的单一值。由于人们进行逻辑指派的不同，就有正逻辑和负逻辑之分了，如图 2-3 所示。

正逻辑：高电平表示 1，低电平表示 0；

负逻辑：高电平表示 0，低电平表示 1。

高、低逻辑电平的范围和逻辑器件电源电压（V_{CC} 或 V_{DD}）的大小与逻辑器件的类型有关，常见的有 TTL 逻辑器件和 CMOS 逻辑器件，本章会有详细介绍。

小思考：结合第 1 章的相关内容，思考一下正逻辑与负逻辑之间是什么关系。

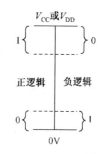

图 2-3　正、负逻辑约定

引言部分小结：

数字电子技术本质上就是来研究如何产生、操作、传输、记忆二值信息的一些器件（或部件）和技术。

产生：产生（或获得）二值信息的方法已如上述。由上拉电阻和开关构成的简单按键（开关）接口电路就不再讲述了。本章重点是如何利用电子元件产生二值信息，并对其进行基本逻辑运算，以及逻辑器件的输入/输出特性。

操作：操作包括逻辑运算、数值运算及其他操作。逻辑运算包括：与、或、非、与非、或非、异或、同或（异或非）等。数值运算包括：加、减、乘、除、比较和移位等。其他操作包括：门控与选通、编码与译码、分配与选择。本章讲解与、或、非、与非、或非、异或、同或（异或非）等基本逻辑运算如何完成。第 3 章（组合逻辑电路）主要讲解：门控与选通、编码器与译码器、分配器与选择器、加法器与减法器、数值比较器。

传输：二值信息的传输有串行和并行两种，这是串行通信和并行通信的基础，本书仅涉及最基本的知识——串行移位操作和串行移位寄存器，在第 5 章（时序逻辑电路）中讲解。

记忆：没有记忆器件和记忆功能，人们很难完成巨大而复杂的任务。有了记忆器件就可将其拆分成一些相对简单的小任务（化整为零），然后按照节拍，一步一步地顺序完成这些小任务，从而经过若干节拍后完成一个大而复杂的任务。记忆器件就是用来记忆中间结果的。整个第 4 章讲解的触发器就是存储（"记忆"）1b 信息的器件。第 8 章讲解的半导体存储器是用来存储（"记忆"）更大容量（更多位）信息的器件。

2.1.2　概述

用来实现基本和常用逻辑运算的电子电路，简称门电路（Gate Circuit）。与第 1 章所讲的基本逻辑运算和复合逻辑运算相对应，基本和常用门电路有与门、或门、非门（反相器）、与非门、或非门、与或非门和异或门等。

门电路，即数字逻辑电路，又称为开关电路（正像布尔代数称为逻辑代数或开关代数一样），经历过继电器时代（利用继电器的触点[开关]完成需要的全部逻辑运算），按照发展顺序，接下来有 RTL 门电路、DTL 电路、标准 TTL 电路、改进 TTL 电路、NMOS 电路以及 CMOS 电路。

本书以 TTL 电路和 CMOS 电路的内容为主。

TTL 电路问世几十年来，经过电路结构的不断改进和集成工艺的逐步完善，至今仍广泛应用，几乎占据着数字集成电路领域的半壁江山。

把若干有源器件和无源器件及其连线，按照一定的功能要求，制作在同一块半导体基片上，这样的产品叫做集成电路（Integrated Circuit，IC）。若它完成的功能是逻辑功能或数字功能，则称为逻辑集成电路或数字集成电路。最简单的数字集成电路是集成逻辑门。

集成逻辑门，按照其组成的有源器件的不同可分为两大类：一类是双极性晶体管逻辑门，简称 TTL 门；另一类是单极性绝缘栅场效应管逻辑门，简称 MOS 门。

双极性晶体管逻辑门主要有 TTL 门（晶体管-晶体管逻辑门）、ECL 门（射极耦合逻辑门）和 I^{2}L 门（集成注入逻辑门）等。

单极性 MOS 门主要有 PMOS 门（P 沟道增强型 MOS 管构成的逻辑门）、NMOS 门（N 沟道增强型 MOS 管构成的逻辑门）和 CMOS 门（利用 PMOS 管和 NMOS 管构成的互补电路构成的门电路，故又叫做互补 MOS 门）。

2.2 半导体二极管的开关特性

首先，我们来看电阻和理想开关的伏安特性曲线。电阻的伏安特性曲线在高中物理课中学习过，在物理课的实验中也做过，如图 2-4 所示，是一条直线，所以也把电阻元件称为线性元件。

经常将电子开关（二极管、三极管、MOS 管）的开关特性与理想开关的特性相比拟，那么理想开关的伏安特性曲线如何呢？高中物理学课程中是否讲过？大学的电路课程中是否讲过？

如图 2-5 所示，当理想开关 S 闭合时，触点电阻为零，其两端压降 U_S 为零，故其特性曲线为纵轴，流过的电流 I_S 的具体大小（数值）是多少？其方向（正负）如何？答：开关 S 闭合时，触点电流 I_S 的具体大小和方向（数值和正负）由外电路（如与触点串联的电阻和电源等）决定；理想开关 S 断开时，触点电阻为无穷大，流过的电流 I_S 为零，故其特性曲线为横轴，其两端压降 U_S 的具体大小和方向（数值和正负）也由外电路决定。所以说，理想开关为典型的非线性元件。

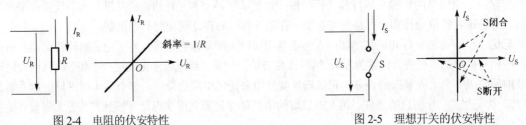

图 2-4　电阻的伏安特性　　　　　　　　　　　　图 2-5　理想开关的伏安特性

我们可以根据实验电路（如图 2-6(a)所示）测得的数据描绘实际二极管的伏安特性曲线，也可以由半导体理论分析的公式（如式（2-1）所示）来描绘，二者在形状上是相似的，如图 2-6(b) 所示。

$$I_d = I_S(e^{U_d/V_T} - 1) \tag{2-1}$$

式中，I_d 为流过二极管的电流，U_d 为二极管两端的电压，$V_T = \dfrac{kT}{q}$。此处的 k 为玻尔兹曼常数，T 为结温的热力学温度，q 为电子电荷量。常温下（结温为 27℃，即 $T = 300K$），$V_T \approx 26mV$。式中的 I_S 为二极管的反向饱和电流（很小的数值），它与二极管的制造材料、工艺和几何尺寸都有关，但是对每只二极管它是一个定值（在光照和温度等条件恒定情况下）。

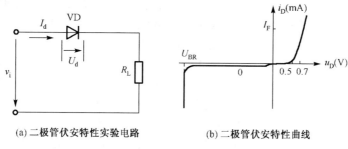

(a) 二极管伏安特性实验电路   (b) 二极管伏安特性曲线

图 2-6 实际二极管伏安特性

可见，实际的二极管特性并非理想开关的特性。反向截止时，其反向电阻并不是无穷大，正向导通时，其正向电阻也不为零。而且，其伏安特性曲线是非线性的。此外，对于实际的商品二极管，由于存在着 PN 结表面和封装外壳表面的漏电阻以及半导体的体电阻，所以实际二极管（或实测）伏安特性与式（2-1）所描述的曲线略有差异。即使同一厂家的同一批次生产的二极管，每只的特性也都不会完全一样，而略有微小差异。

图 2-6(b)和式（2-1）可以称为二极管的精确模型。但是，在实际电路分析时，需要快速、准确地判断二极管在电路中所起的作用或含有二极管的某个电路的功能，就要用到二极管的简化模型（近似简化特性），如图 2-8 所示。较早时二极管的标准图形符号国内、外多用图 2-7(a)表示，而理想二极管的图形符号多用图 2-7(b)表示。后来国家标准 GB/T 4728（等价于国际标准 IEC617）规定二极管的标准图形符号必须用图 2-7(b)表示，而对理想二极管的图形符号却未做规定。本章为叙述方便，将理想二极管的图形符号用图 2-7(c)表示（参考了许多资料），标准二极管的图形符号就用图 2-7(b)表示。

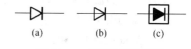

图 2-7 二极管的图形符号

图 2-8(a)所示为理想二极管模型，它是最简化的模型。与图 2-5 所示的理想开关特性比较，可见它仅在纵轴的正半轴和横轴的负半轴一致。所以许多书中说理想二极管的特性就是（或等价于）理想开关特性，这种说法是不准确的。

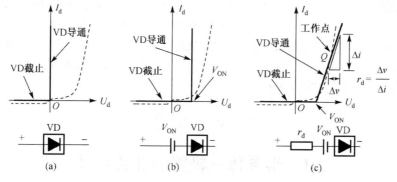

图 2-8 二极管特性的 3 种近似方法（近似模型）

通过上面的分析讨论可知，理想二极管的特性仅在正向导通和反向截止时才近似与理想开关特性一致。当二极管的正向导通压降 V_{ON}（内部结电势）和正向电阻与其外加电压和外接电阻相比可以忽略时，就可以采用图 2-8(a)所示的理想二极管模型进行分析。图 2-8(b)所示为考虑了二极管正向导通压

降 V_{ON} 的近似模型，当外加正偏电压大于 V_{ON} 时，二极管导通，并视为与理想开关导通一样；当外加正偏电压小于 V_{ON} 时或外加反偏电压时，二极管截止，并视为与理想开关截止时一样。当二极管的正向导通压降 V_{ON} 与外加电压相比不能忽略，而二极管的正向电阻与外接电阻相比可以忽略时，就可采用图 2-8(b)所示的近似模型进行分析。图 2-8(a)和图 2-8(b)经常用于二极管工作在数字电路时的分析中，

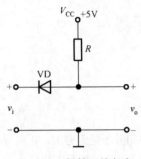

图 2-9 二极管开关电路

图 2-8(b)有时也用于模拟电路的分析中。图 2-8(c)主要用于电路中既有直流分量又有交流分量时的分析。当二极管的正向导通压降 V_{ON} 与外加电压相比不能忽略，且二极管的正向电阻与外接电阻相比也不能忽略时，就可采用图 2-8(c)所示的近似模型进行分析。

由于半导体二极管具有单向导电性，即正偏（外加正向电压）且超过二极管的正向导通压降 V_{ON}（内部的势垒电势）时它导通，反偏（外加反向电压）时它截止。用二极管取代图 2-1 虚线框中的开关 S，得到图 2-9 所示的二极管开关电路，只不过这时的二极管就是一个受外加电压控制的电子开关而已。

假定输入信号 v_i 的高电平 $V_{iH} = V_{CC}$，低电平 $V_{iL} = 0$。视二极管为理想二极管，其特性如图 2-8(a)所示，则当 $v_i = V_{iH}$ 时，VD 截止，$v_o = V_{oH} = V_{CC}$；而当 $v_i = V_{iL} = 0$ 时，VD 导通，$v_o = V_{OL} = 0$。

可见，可以用输入（激励）信号 v_i 的高、低电平来控制二极管的开关状态，从而在输出端得到相应的高、低电平输出信号 v_o。

二极管的主要参数如下。

（1）**最大正向电流**（I_{Fmax}）：二极管正向导通电流的最大允许值，使用时不得超过这一数值。

（2）**最大整流电流**（I_F）：二极管长期连续工作时，允许通过二极管的最大整流电流的平均值。

（3）**反向击穿电压**（U_{BR}）：二极管反向电流急剧增加时对应的反向电压值称为反向击穿电压。

（4）**最高反向工作电压**（U_{RM}）：二极管反向工作电压的最大允许值，使用时不得超过这一数值。为安全起见，通常 U_{RM} 约为反向击穿电压 U_{BR} 的一半（注：不同的厂家在此的规定有所不同）。

（5）**反向电流**（I_R）：二极管在最高反向工作电压下的电流。亦即在室温下，在规定的反向电压下，二极管未被击穿时的反向电流值，I_R 越小，说明二极管单向导电性越好，温度稳定性越好。小功率硅二极管的反向电流一般在纳安（nA）级，锗二极管在微安（mA）级。

（6）**正向压降**（U_F）：在规定的正向电流下，二极管的正向电压降。小电流硅二极管的正向压降在中等电流水平下，为 0.6～0.8 V；锗二极管为 0.2～0.3V。大功率的硅二极管的正向压降往往达到 1V。

（7）**动态电阻**（r_d）：反映了二极管正向特性曲线斜率的倒数。显然，r_d 与正向电流的大小有关，也就是求正向曲线上某一工作点 Q 的动态电阻。所以动态电阻是一个交流参数，前几个是直流参数，或称为静态参数。动态电阻的定义如下

$$r_d = \frac{\Delta U_d}{\Delta I_d} = \frac{\Delta U_F}{\Delta I_F}\Big|_Q \tag{2-2}$$

2.3 半导体三极管的开关特性

确切地说，半导体三极管分为双极型三极管和单极型三极管两大类。一般习惯将双极型三极管称为"三极管"，而将单极型三极管称为"MOS 管"。本节先讲三极管的开关特性，在 2.4 节再讲 MOS 管的开关特性。

2.3.1 双极型三极管的结构

双极型三极管由管芯、3 个引出电极和外壳组成，外壳的形状和所用材料依照用途各不相同。管芯由 3 层的 P 型和 N 型半导体结合而成，根据结合的形式不同，有 NPN 和 PNP 两种类型，如图 2-10 所示。因为这类半导体三极管在工作时，同时有电子和空穴两种载流子参与导电过程，故称这类三极管为双极型三极管。

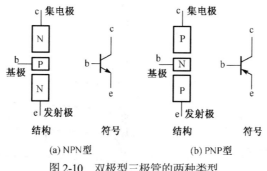

(a) NPN 型   (b) PNP 型

图 2-10   双极型三极管的两种类型

2.3.2 双极型三极管的输入特性和输出特性

以 NPN 型双极型三极管的共射接法的电路为例。

（1）双极型三极管的输入特性

由于三极管是三端子元件，若作为四端子（两端口：输入和输出）元件使用并构成回路，只能有一个端子为输入和输出回路公用，发射极 e 公用并接地的称为共发射极接法（简称共射电路）；同理，还有共集电路和共基电路。

共射电路中的输入回路以基极 b 和发射极 e 之间的发射结作为输入回路，如图 2-11(a)所示，则可以测出表示输入电压 v_{BE} 和输入电流 i_B 之间对应关系的特性曲线，如图 2-11(b)所示，这个曲线称为输入特性曲线。对比图 2-6(b)，可见双极型三极管的输入特性曲线与二极管的正向特性曲线相似。本质上也应该如此，因为双极型三极管的发射结就是一个 PN 结。

由图 2-11(b)可见，该曲线近似为指数曲线。在开关电路应用中，为简化分析计算，经常采用折线化处理方法来近似，如图中的虚线所示（可参见图 2-8(b) 及其叙述）。图中的 V_{ON} 称为开启电压，硅三极管的 V_{ON} 为 0.5～0.7V，锗三极管的 V_{ON} 为 0.2～0.3V。

（2）双极型三极管的输出特性

共射电路中是以集电极 c 和发射极 e 之间的回路作为输出回路的，如图 2-12(a)所示。可以测出在不同 i_B 值下集电极电流 i_C 和集电极电压 v_{CE} 之间的关系曲线，如图 2-12(b)所示。

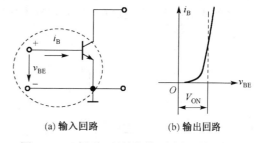

(a) 输入回路   (b) 输出回路

图 2-11   双极型三极管的输入回路和输入特性

由图 2-12 可见，集电极电流 i_C 不仅受 v_{CE} 的影响，还受输入的基极电流 i_B 的控制，因此输出特性曲线不是一条，而是一个曲线族。输出特性曲线分为 3 个区：放大区、饱和区和截止区。

放大区：图 2-12(b)中，曲线族中间大部分区域为放大区（或称为线性区）。放大区的特点是 i_C 随 i_B 成正比（线性）地变化，而几乎不受 v_{CE} 变化的影响。i_C 与 i_B 的变化量之比称为电流放大系数 β，即 $\beta = \Delta i_C / \Delta i_B$。普通三极管的 β 值多在几十到几百的范围内。

　　饱和区：图 2-12(b)中，曲线族靠近纵轴的阴影部分叫做饱和区。饱和区的特点是 i_C 不再随 i_B 以 β 倍的比例关系增加而趋于饱和。硅三极管开始进入饱和区的 v_{CE} 值为 0.6～0.7V，在深度饱和状态下，集电极和发射极间的饱和压降 $V_{CE(sat)}$ 在 0.3V 以下。

　　截止区：图 2-12(b)中，$i_B=0$ 的一条输出特性曲线以下的区域（图中靠近横轴的阴影区）称为截止区。截止区的特点是 i_C 几乎等于零。这时仅有极微弱的反向穿透电流 I_{CEO} 流过。硅三极管的 I_{CEO} 通常都在 1μA 以下。

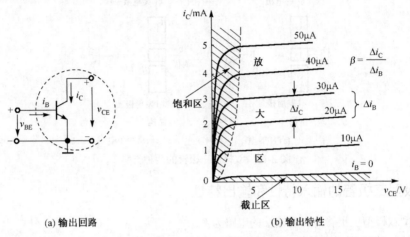

(a) 输出回路　　　　　　　　　　(b) 输出特性

图 2-12　双极型三极管的输出回路和输出特性

2.3.3　双极型三极管的开关等效电路

　　简单的双极型三极管开关电路如图 2-13(a)所示，这与模拟电路中学过的简单的单管反相放大器一样，只不过模拟电路中的单管反相放大器工作在放大状态（线性区），而此处的三极管开关电路工作在开关（饱和或截止）状态而已。这与元件参数（R_B、R_C 和输入信号 v_i 的值）的选择有关。在三极管开关电路中，只要合理地选择电路参数（R_B 和 R_C），保证当 v_i 为低电平 v_{iL} 时 $v_{BE}<V_{ON}$，三极管就会工作在截止状态；而当 v_i 为高电平 v_{iH} 时，$i_B>I_{BS}$，三极管就会工作在深度饱和状态。这样三极管的 c-e 之间就相当于一个受输入电压 v_i 控制的开关，也就相当于将图 2-1 中的机械开关 S 换成电子开关元件——三极管。

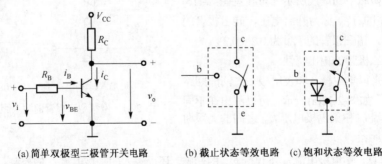

(a) 简单双极型三极管开关电路　　(b) 截止状态等效电路　　(c) 饱和状态等效电路

图 2-13　简单双极型三极管开关电路及其等效电路

　　三极管截止时相当于开关断开，等效电路如图 2-13(b)所示。三极管饱和时相当于开关闭合，等效电路如图 2-13(c)所示。

2.3.4 简单双极型三极管开关电路

图 2-13(a)所示的简单双极型三极管开关电路就是一个反相器,完成 $Y = \overline{A}$ 的功能。

当输入为低电平($v_i = v_{iL}$,如 $v_i = v_{iL} = 0V$)时,三极管处于截止状态,相当于开关断开(如图 2-13(b)所示),输出被 RC 拉至高电平。当输入为高电平($v_i = v_{iH}$,如 $v_i = v_{iH} = 5V$)时,三极管处于饱和导通状态,相当于开关闭合(如图 2-13(c)所示),输出为低电平。如表 2-2 所示,可见输出与输入为反相关系。

注 1:在数字电路中,要用到双极型三极管的"截止"和"导通"两种状态来代表数字的"1"和"0"或者逻辑上的"真"和"假";

注 2:在数字电路中,当双极型三极管的状态从"截止"变"导通"或者从"导通"变"截止"的过渡过程中,要瞬间经过双极型三极管的放大区(线性区);

注 3:在模拟电路中,双极型三极管作线性放大用途时,要一直工作在放大区(线性区),整个电路一直处于负反馈的状态;

注 4:但像电压比较器、振荡器等工作在正反馈的模拟电路,它就在"截止→线性增加→饱和→线性减少→截止"状态之间周而复始循环不止,形成振荡,或它根据输入比较结果停留在"截止"或"导通"状态之一。

表 2-2 简单双极型三极管开关电路(反相器)的输入、输出和三极管的状态

输入 v_i (V)	三极管的状态	输出 v_o (V)
H	导通	L
L	截止	H

2.3.5 双极型三极管的动态开关特性

在动态情况下,亦即在输入电压 v_i 的高、低电平快速变化的作用下,三极管在截止与饱和导通两种状态间快速转换时,三极管内部电荷的建立和消散都需要一定的时间才能完成。使得集电极电流 i_C 的变化将滞后于输入电压 v_i 的变化。在接成三极管开关电路以后,开关电路的输出电压 v_o 的变化也必然滞后于输入电压 v_i 的变化,如图 2-14 所示。这种滞后现象也可以用三极管的 b-e 间、c-e 间都存在结电容效应来理解。

图 2-14 中,三极管的时间参数有:集电极电流 i_C 的延迟时间 t_d、上升时间 t_r、存储时间 t_s 和下降时间 t_f。而 t_{on} 为三极管的开通时间, t_{off} 为三极管的关断时间。

t_d、 t_r、 t_s 和 t_f 这 4 个时间参数主要取决于三极管的内部构造,若结电容越小,基区越薄,则结电容充放电时间就越短,基区中储存的电荷数量也越少,因此开关时间就越小。

t_{on} 和 t_{off} 两个时间参数还和电路的工作条件有关,例如,增加输入电流 I_B 时,开启时间 t_{on} 变小,减小 R_C 使 I_{CS} 增大时,上升时间 t_r 增大,加深三极管的饱和深度,会使存储时间 t_s 增大,最终都会影响 t_{on} 和 t_{off}。

由图 2-14 还可以看到:(1)由于集电极电流 i_C 有滞后特性,导致输出电压也有滞后特性;(2)输出电压与输入电压之间是反相的关系;(3)输出电压波形不如输入电压波形那么陡峭干脆(波形发生了畸变);(4) i_C 的上升沿与下降沿(v_o 的下降沿与上升沿)不对称,亦即 t_{on} 和 t_{off} 不等。

另外,若考虑输出带负载的情况,负载对输出电压也有

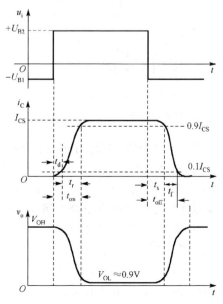

图 2-14 双极型三极管动态开关特性

很大影响。因此这种简单的双极型三极管开关电路（反相器）的带载能力是很差的。后面要讲到的集成逻辑电路中的输出级采用了推挽输出电路，大大提高了门电路的带载能力。

2.4　场效应管（MOS 管）的开关特性

场效应管是一种利用电场效应来控制电流的半导体器件，是仅由一种载流子参与导电的半导体器件。从参与导电的载流子来划分，它有电子作为载流子的 N 沟道器件和空穴作为载流子的 P 沟道器件。

场效应管分为结型和 MOS 型两种，结型包括 N 沟道和 P 沟道，MOS 型也包括 N 沟道和 P 沟道两种，而且 MOS 型还分别包含了增强型和耗尽型。本节仅以增强型 MOS 管为主进行讲述。

2.4.1　MOS 管的结构

MOS 管是金属–氧化物–半导体场效应管（Metal-Oxide-Semiconductor Field-Effect Transistor）的简称。MOS 管有 P 沟道和 N 沟道之分，下面先以 N 沟道 MOS 管为例进行分析，然后再扩展到其他方面。

图 2-15 所示为 N 沟道增强型 MOS 管的结构示意图、符号和电路图。如图 2-15(a)所示，在 P 型半导体衬底（图中用 B 标示）上制作两个高掺杂浓度的 N 型区（用 N^+ 表示的区域），形成 MOS 管的源极 S（Source）和漏极 D（Drain）。第 3 个电极叫做栅极 G（Gate），栅极 G 通常用金属铝或多晶硅制作。栅极和衬底之间被二氧化硅（SiO_2）绝缘层隔开，绝缘层的厚度极薄，在 $0.1\mu m$ 以内。

如果在漏极和源极之间加上电压 v_{DS}，而令栅极和源极之间的电压 $v_{GS}=0$，则由于漏极和源极之间相当于两个 PN 结背向地串联，所以 D-S 间不导通，$i_D=0$，如图 2-15(d)所示。

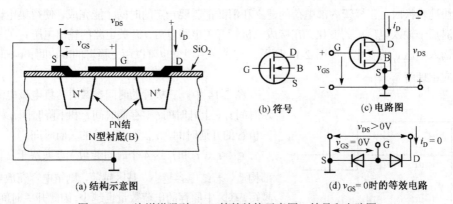

图 2-15　N 沟道增强型 MOS 管的结构示意图、符号和电路图

当栅源之间加有正电压 v_{GS}，而且 v_{GS} 大于某个电压值 $V_{GS(th)}$ 时，由于栅极与衬底间电场的吸引，使衬底中的少数载流子——电子聚集到栅极下面的衬底表面，形成一个 N 型的反型层。这个反型层就构成了 D-S 间的导电沟道，于是有 i_D 流通。这个 $V_{GS(th)}$ 称为 MOS 管的开启电压（阈值电压）。因为导电沟道属于 N 型，而且在 $v_{GS}=0$ 时不存在导电沟道，必须加以（"增强"到）足够高的栅极电压（$v_{GS}>V_{GS(th)}$）时才有导电沟道形成，所以把这种类型的 MOS 管叫做 N 沟道增强型 MOS 管。

随着 v_{GS} 的升高，导电沟道的截面积也将加大，i_D 增大，因此，可以通过改变 v_{GS} 来控制 i_D 的大小。

为防止电流从漏极直接流入衬底，通常将衬底与源极相连，或将衬底接到系统的最低电位上（这是对 N 沟道 MOS 管而言，如果是 P 沟道 MOS 管，则需要将衬底接到系统的最高电位上）。

2.4.2 MOS 管的输入特性和输出特性

若以栅极–源极间的回路为输入回路，以漏极–源极间的回路为输出回路，则称为共源接法，如图 2-15(c)所示。由图可见，栅极和衬底间被二氧化硅绝缘层所隔离，在栅极和源极间加上电压 v_{GS} 以后，不会有栅极电流流通（如图 2-15(d)所示），可以认为栅极电流等于零。因此，就不必再画输入特性曲线来表示了。

注："认为栅极电流等于零"，这是静态下或稳态下的结论，若是动态下或高频变化的 v_{GS} 加在栅源之间，会有电流经过栅源电容流通。

图 2-16(b)所示为共源接法下的输出特性曲线，该曲线又称为 MOS 管的漏极特性曲线。漏极特性曲线分为 3 个工作区：截止区、饱和区和恒流区。

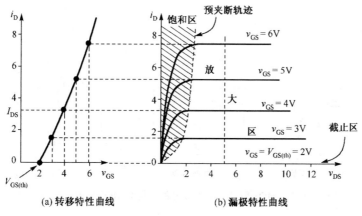

(a) 转移特性曲线   (b) 漏极特性曲线

图 2-16 增强型 MOS 管的转移特性和漏极特性曲线

截止区：当 $v_{GS} < V_{GS(th)}$ 时，漏极和源极之间没有导电沟道，$i_D \approx 0$。这时 D–S 间的内阻非常大，可达 $10^9 \Omega$ 以上。因此，把曲线上 $v_{GS} < V_{GS(th)}$ 的区域称为截止区。

当 $v_{GS} \geq V_{GS(th)}$ 以后，D–S 间出现导电沟道，有 i_D 产生。曲线上 $v_{GS} \geq V_{GS(th)}$ 的部分又可分成两个区域：饱和区和恒流区。

饱和区：图 2-16(b)漏极特性上虚线（预夹断轨迹）左边的区域称为饱和区（又称为可变电阻区）。在这个区域里，当 v_{GS} 一定时，i_D 与 v_{DS} 之比近似等于一个常数，具有类似线性电阻的性质。等效电阻的大小和 v_{GS} 的数值有关。在 $v_{DS} \approx 0$ 时，MOS 管的导通电阻 $R_{DS(ON)}$ 和 v_{GS} 的关系为

$$R_{DS(ON)}\bigg|_{v_{DS}=0} = \frac{1}{2K(v_{GS} - V_{GS(th)})} \tag{2-3}$$

式（2-3）表明，在 $v_{GS} > V_{GS(th)}$ 的情况下，R_{ON} 近似与 v_{GS} 成反比。为了得到较小的导通电阻，应取尽可能大的 v_{GS} 值。

恒流区：图 2-16(b)中漏极特性曲线上虚线（预夹断轨迹）以右的区域称为恒流区（又称为线性区或放大区）。在恒流区里漏极电流 i_D 的大小基本由 v_{GS} 决定，v_{DS} 的变化对 i_D 的影响很小。i_D 与 v_{GS} 的关系为

$$i_D = I_{DS}\left(\frac{v_{GS}}{V_{GS(th)}} - 1\right)^2 \tag{2-4}$$

式中，I_{DS} 是 $v_{GS} = 2V_{GS(th)}$ 时的 i_D 值。

不难看出，在 $v_{GS} \gg V_{GS(th)}$ 的条件下，i_D 近似与 v_{GS}^2 成正比。表示 i_D 与 v_{GS} 关系的曲线称为 MOS 管的转移特性曲线，如图 2-16(a)所示。这条曲线也可以从漏极特性曲线作出。在恒流区中，当 v_{DS} 为不同数值时对转移特性的影响不大。

2.4.3　MOS 管的开关等效电路

由于 MOS 管截止时漏源极之间的内阻 $R_{DS(off)}$ 非常大（可达 $10^9\Omega$ 以上），所以截止状态下的等效电路可以用断开的开关代替，如图 2-17(a)所示。而 MOS 管导通状态下的内阻 $R_{DS(on)}$ 约在 1kΩ 以内（近期产品在几百欧姆以内），而且与 v_{GS} 的数值有关。因为这个电阻阻值有时不能忽略不计，所以在图 2-17(b)导通状态的等效电路中画出了导通电阻 $R_{DS(on)}$。

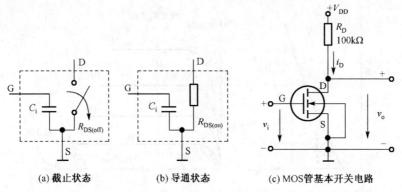

(a) 截止状态　　　　　　(b) 导通状态　　　　　　(c) MOS管基本开关电路

图 2-17　MOS 管的开关等效电路和基本 MOS 管开关电路

图 2-17 中，C_i 代表栅极的输入电容，C_i 的数值约为几皮法。可见 MOS 管开关电路的输入（栅极）对前级的输出端来说呈现为容性负载（结合图 2-17(c)来理解），所以在动态工作情况下（即输入信号 v_i 在高、低电平间跳变时），漏极电流 i_D 的变化和输出电压 v_o（$= v_{DS}$）的变化都将滞后于输入电压 v_i 的变化。

2.4.4　MOS 管的基本开关电路

以 MOS 管取代图 2-1 中的开关 S，便得到了图 2-17(c)所示的 MOS 管基本开关电路。

当 $v_i = v_{GS} < V_{GS(th)}$ 时，MOS 管工作在截止区。只要上拉电阻 R_D 远远小于 MOS 管的截止内阻 $R_{DS(off)}$，在输出端即为高电平 V_{OH}，且 $v_o = V_{OH} \approx V_{DD}$。这时 MOS 管的 D–S 间相当于一个断开的开关。

当 $v_i > V_{GS(th)}$ 并且在 v_{DS} 较高的情况下，MOS 管工作在恒流区，随着 v_i 的升高，i_D 增大，而 v_o 随之下降（因为 V_{DD} 为定值，而 $v_o = v_{DS} = V_{DD} - i_D R_D$，故 i_D 增大必导致 v_o 减小）。这时电路工作在反相放大状态。

当 v_i 继续升高到一定值以后，MOS 管的导通内阻 $R_{DS(on)}$ 变得很小（通常在 1kΩ 至几百欧姆以内），只要上拉电阻 $R_D \gg R_{DS(on)}$，则开关电路的输出端将为低电平 V_{OL}，且 $V_{OL} \approx 0$。这时 MOS 管的 D–S 间相当一个闭合的开关。

例如，对于图 2-17(c)的 MOS 管基本开关电路，适当选取上拉电阻 R_D 的数值为 100kΩ。这样，当 MOS 管截止时，R_D 与 $R_{DS(off)}$ 之比是 1/10000（100kΩ/$10^9\Omega$=1/10000，100kΩ<<10^9 kΩ），根据串联电路分压原理，可见 $v_o = V_{OH} \approx V_{DD}$，输出为高电平。当 MOS 管导通时，$R_D$ 与 $R_{DS(on)}$ 之比是 100/1（100kΩ/1kΩ=100/1，100kΩ>>1kΩ），根据串联电路分压原理，可见 $v_o = V_{OL} \approx 0V$，输出为低电平。表 2-3 是对 MOS 管基本开关电路的一个总结，由表 2-3 可见，该 MOS 管基本开关电路是一个反相器。

表 2-3　对 MOS 管基本开关电路的小结（参照图 2-17(c)，R_D =100 kΩ，V_{DD}=5V 时）

v_i		MOS 状态	R_D / R_{DS}	v_o	
电压值	逻辑值			电压值	逻辑值
0 V	0	截止	$R_D/R_{DS(off)}$=100kΩ/10^{9}Ω=1/10000	≈ 5V	1
5 V	1	饱和	$R_D/R_{DS(on)}$=100kΩ/10kΩ=100/1	≈ 0V	0

2.4.5　MOS 管的 4 种类型

（1）N 沟道增强型

前面已经提及，图 2-15 中的 MOS 管属于 N 沟道增强型。这种类型的 MOS 管采用 P 型衬底，导电沟道是 N 型。在 v_{GS} =0 时没有导电沟道，开启电压（阈值电压）$V_{GS(th)}$ 为正，这种 MOS 管工作时使用正电源，工作时需将衬底接在系统的最低电位上。

在图 2-15 给出的符号中，用 D-S 间断开的线段表示 v_{GS} =0 时没有导电沟道，即 MOS 管为增强型（意即需要将 v_{GS} 增强到大于 $V_{GS(th)}$ 时才有沟道产生并开始导通）。衬底 B 上的箭头指向 MOS 管内部，表示导电沟道为 N 型。

（2）P 沟道增强型

图 2-18(a)所示为 P 沟道增强型 MOS 管的结构示意图、符号和电路图。它采用 N 型衬底，导电沟道为 P 型。v_{GS} =0 时不存在导电沟道，只有在栅极上加以足够大的负电压时，才能把 N 型衬底中的少数载流子——空穴吸引到栅极下面的衬底表面，形成 P 型的导电沟道。

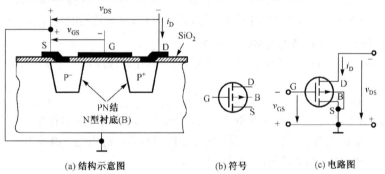

(a) 结构示意图　　　　(b) 符号　　　　(c) 电路图

图 2-18　P 沟道增强型 MOS 管的结构示意图、符号和电路图

因此，P 沟道增强型 MOS 管的开启电压 $V_{GS(th)}$ 为负值。这种 MOS 管工作时使用负电源，同时需将衬底接源极 S 或接在系统的最高电位上。

P 沟道增强型 MOS 管的符号如图 2-18(b)所示，其中，衬底上指向外部的箭头表示导电沟道为 P 型。

图 2-19 所示为 P 沟道增强型 MOS 管的漏极特性曲线。用 P 沟道增强型 MOS 管接成的开关电路如图 2-20(a)所示。当 v_i =0 时，MOS 管不导通，输出为低电平 V_{OL} 。只要电阻 R_D 远小于 MOS 管的截止内阻 $R_{DS(off)}$，则 V_{OL} ≈ $-V_{DD}$。

当 v_i < $V_{GS(th)}$ 时，MOS 管导通，输出为高电平 V_{OH} 。只要电阻 R_D 远大于 MOS 管的导通内阻 $R_{DS(on)}$，则 V_{OH}≈0。

同样一个 P 沟道增强型 MOS 管，图 2-20(b)也是一个简单开关电路，分析一下它能否工作，它是如何工作的，它与图 2-20(a)有何区别。

注意图 2-20(a)和图 2-20(b)中衬底 B 的接法，在图 2-20(a)中，衬底 B 接至 MOS 管的源极 S 上，同时源极 S 也是系统最高电位端。在图 2-20(b)中，衬底 B 接至系统最高电位端。这就是上述"需将衬底接源极 S 或接至系统的最高电位上"的含义。

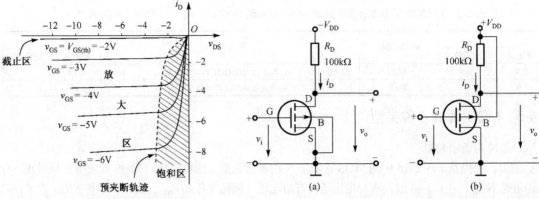

图 2-19　增强型 MOS 管的漏极特性曲线　　　图 2-20　P 沟道增强型 MOS 管简单开关电路的两种接法

（3）N 沟道耗尽型

N 沟道耗尽型 MOS 管的结构形式与 N 沟道增强型 MOS 管相同，都采用 P 型衬底，导电沟道都为 N 型。所不同的是，在耗尽型 MOS 管中，制造时在栅极下面的二氧化硅绝缘层中预先掺进了一定浓度的正离子。这些正离子所形成的电场足以将衬底中的少数载流子——电子吸引到栅极下面的衬底表面，在 D-S 间形成导电沟道。因此，在 $v_{GS} = 0$ 时就已经有导电沟道存在了。v_{GS} 为正并逐渐增大时，导电沟道逐渐变宽，i_D 逐渐增大；v_{GS} 为负时导电沟道变窄，i_D 减小。直到 v_{GS} 小于某一个负电压值 $V_{GS(th)}$ 时，导电沟道才消失，MOS 管截止。该负值的 $V_{GS(th)}$ 称为 N 沟道耗尽型 MOS 管的夹断电压。

图 2-21 所示为 N 沟道耗尽型 MOS 管的符号。图中 D-S 间是连通的，表示当 $v_{GS} = 0$ 时已有导电沟道存在。其余部分的画法和增强型 MOS 管相同。

在正常工作时，N 沟道耗尽型 MOS 管的衬底同样应接至源极或系统的最低电位上。

（4）P 沟道耗尽型

P 沟道耗尽型 MOS 管和 P 沟道增强型 MOS 管的结构形式相同，也是 N 型衬底，导电沟道为 P 型。所不同的是，在 P 沟道耗尽型 MOS 管中，在 $v_{GS} = 0$ 时已经有导电沟道存在了。当 v_{GS} 为负时导电沟道进一步加宽，i_D 的绝对值增加；v_{GS} 为正时导电沟道变窄，i_D 的绝对值减小。当 v_{GS} 的正电压大于夹断电压 $V_{GS(th)}$ 时，导电沟道消失，MOS 管截止。

图 2-22 所示为 P 沟道耗尽型 MOS 管的符号。工作时应将它的衬底和源极相连，或将衬底接至系统的最高电位上。

图 2-21　N 沟道耗尽型 MOS 管符号　　　　图 2-22　P 沟道耗尽型 MOS 管符号

2.5　最简单的与、或、非门电路

2.5.1　二极管与门

如图 2-23(a) 的虚线框内所示，将两个二极管的阳极并联，两个阴极分别作为输入端 A 和 B，取代本章最开始部分图 2-1 中的开关 S（如图 2-1 虚线框内所示），则一个最简单的二极管与门电路就构成了。图 2-23 是有两个输入端的与门电路，图中 A、B 为两个输入变量，Y 为输出变量。

图 2-23(b)所示为两输入与门的两种符号及其表达式。

设 V_{CC}=5V，A、B 输入端的高、低电平分别为 V_{IH}=3V、V_{IL}=0V，二极管的正向导通压降 V_{DF}=0.7V。由图可见，A、B 当中只要有一个是低电平 0V，则必有一个二极管导通，使 Y 为 0.7V。只有 A、B 同时为高电平 3V 时，Y 才为 3.7V。将输出与输入逻辑电平的关系列表，如表 2-4 所示。

如果规定 3V 以上为高电平，用逻辑 1 状态表示；0.7V 以下为低电平，用逻辑 0 状态表示，则可将表 2-4 改写为表 2-5 的真值表。显然，Y 和 A、B 是与逻辑关系。

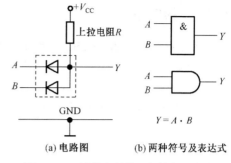

(a) 电路图　　　　(b) 两种符号及表达式

图 2-23　两个输入端的二极管与门电路

表 2-4　图 2-23 电路的逻辑电平

A	B	Y
0	0	0.7
0	3	0.7
3	0	0.7
3	3	3.7

表 2-5　图 2-23 电路的真值表

A	B	Y
0	0	0
0	1	0
1	0	0
1	1	1

这种与门电路虽然很简单，但是存在严重的缺点。首先，输出的高、低电平数值和输入的高、低电平数值不一致，相差一个二极管的导通压降。如果把这个门的输出信号作为下一级门的输入信号（级联），将发生信号高、低电平的偏移。其次，当输出端对地接上负载电阻时，负载电阻的改变有时会影响输出的高电平。因此，这种二极管与门电路带载能力很差，不能用它直接去驱动负载电路，需要修改完善后才能用做集成电路内部的逻辑单元。

2.5.2　二极管或门

道理与上类同，最简单的或门电路如图 2-24(a)所示，它也是由二极管和电阻组成的。图中 A、B 是两个输入变量，Y 是输出变量。

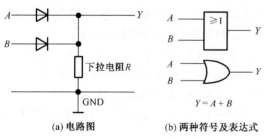

(a) 电路图　　　(b) 两种符号及表达式

图 2-24　两个输入端的二极管或门电路

若输入的高、低电平分别为 V_{IH}=3V、V_{IL}=0V，二极管的导通压降为 0.7V，则只要 A、B 当中有一个是高电平，输出就是 2.3V。只有当 A、B 同时为低电平时，输出才是 0V。因此，可以列出表 2-6 所示的电平关系表。如果规定高于 2.3V 为高电平，用逻辑 1 表示；而低于 0V 为低电平，用逻辑 0 表示，则可将表 2-6 改写为表 2-7 的真值表。显然 Y 和 A、B 之间是或逻辑关系。

表 2-6　图 2-24 电路的逻辑电平

A	B	Y
0	0	0
0	3	2.3
3	0	2.3
3	3	2.3

表 2-7　图 2-24 电路的真值表

A	B	Y
0	0	0
0	1	1
1	0	1
1	1	1

同样道理，二极管或门同样也存在与二极管与门类似的问题。

2.5.3　三极管非门

将图 2-13(a)重画为图 2-25(a)，将图 2-17(c)重画为图 2-25(b)。仔细观察图 2-25 所示三极管开关电路即可发现，当输入为高电平时，输出等于低电平，而输入为低电平时，输出等于高电平。因此，输出与输入的电平之间是反相关系，它们实际上都是一个非门（亦称为反相器）。图 2-25(a)是由双极型三极管构成的简单反相器；图 2-25(b)是由单极型三极管（MOS 管）构成的简单反相器；图 2-25(c)是符号及表达式。

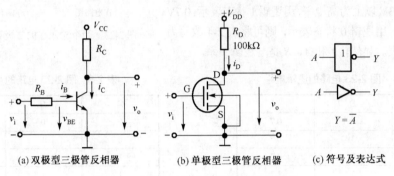

(a) 双极型三极管反相器　　　(b) 单极型三极管反相器　　　(c) 符号及表达式

图 2-25　简单三极管反相器及其逻辑符号

上述由分立元件构成的门电路，无论是简单的与门、或门还是非门，都存在缺点和不足，都需要修改和完善才能实际应用以及集成到芯片上成为集成门电路。但它们对于理解如何利用电子元件构成与门、或门和非门的基本原理以及容易阐述相关基本概念还是很有用的。

2.6　TTL 集成门电路

1961 年美国德克萨斯仪器公司（德州仪器，TI）率先将数字电路（与门、或门、非门等）的元器件和连线制作在同一片硅片上，制成了集成电路（Integrated Circuit，简称 IC）。由于集成电路体积小、重量轻、可靠性好，因而在大多数领域里迅速取代了分立器件电路。随着集成电路制造工艺的日益完善，目前已能将数以千万计的半导体三极管集成在一片面积只有几十平方毫米的硅片上。

按照集成度（即每一片硅片中所含元器件数）的高低，将集成电路分为小规模集成电路（Small Scale Integration，简称 SSI）、中规模集成电路（Medium Scale Integration，简称 MSI）、大规模集成电路（Large Scale Integration，简称 LSI）和超大规模集成电路（Very Large Scale Integration，简称 VLSI）。

根据制造工艺的不同，集成电路又分成双极型和单极型两大类。TTL 电路是目前双极型数字集成电路中用得最多的一种。

2.6.1　TTL 反相器的电路结构和工作原理

1. 电路结构

反相器是 TTL 门电路中电路结构最简单的一种。图 2-26 所示为 74 系列 TTL 反相器的典型电路。因为这种类型电路的输入端和输出端均为三极管结构，所以称做三极管–三极管逻辑电路（Transistor-Transistor Logic），简称 TTL 电路。

图 2-26 电路由 3 部分组成：输入级、倒相级和输出级。输入级由 VT_1、R_1 和 VD_1 组成；倒相级由 VT_2、R_2 和 R_3 组成；输出级由 VT_4、VT_5、VD_2 和 R_4 组成。

设电源电压 $V_{CC}=5V$，输入信号的高、低电平分别为 $V_{IH}=3.4V$，$V_{IL}=0.2V$。PN 结的伏安特性可以用折线化的等效电路代替，并认为开启电压 V_{on} 为 0.7V。

由图可见，当 $v_i = V_{IL} = 0.2V$ 时，VT$_1$ 的发射结必然导通，导通后 VT$_1$ 的基极电位被钳位在 $v_{B1} = V_{IL} + V_{on} = 0.9V$，因此，VT$_2$ 的发射结不会导通。由于 VT$_1$ 的集电极回路电阻是 R_2 和 VT$_2$ 的 b-c 结反向电阻之和，阻值非常大，因而 VT$_1$ 工作在深度饱和状态，使其 $V_{CE(sat)} \approx 0V$。这时 VT$_1$ 的集电极电流极小，在定量计算时可略而不计。VT$_2$ 截止后 v_{C2} 为高电平，而 v_{E2} 为低电平，从而使 VT$_4$ 导通、VT$_5$ 截止，输出为高电平 V_{OH}。

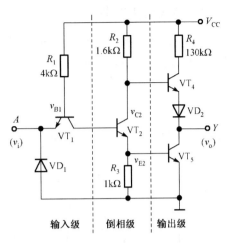

图 2-26　TTL 反相器的典型电路

当 $v_i = V_{IH}$ 时，如果不考虑 VT$_2$ 的存在，则应有 $v_{B1} = V_{IH} + V_{on} = 4.1V$。显然，在存在 VT$_2$ 和 VT$_5$ 的情况下，VT$_2$ 和 VT$_5$ 的发射结必然同时导通。而一旦 VT$_2$ 和 VT$_5$ 导通之后，v_{B1} 便被钳位在了 2.1V，所以 v_{B1} 实际上不可能等于 4.1V，只能是 2.1V 左右（VT$_1$ 集电结压降+VT$_2$ 发射结压降+VT$_5$ 发射结压降 $= 0.7+0.7+0.7=2.1V$）。VT$_2$ 导通使 v_{C2} 降低而 v_{E2} 升高，导致 VT$_4$ 截止、VT$_5$ 导通，输出变为低电平 V_{OL}。可见输出和输入之间是反相关系，即 $Y = \overline{A}$。

由于 VT$_2$ 集电极输出的电压信号和发射极输出的电压信号变化方向相反，所以把这一级叫做倒相级。输出级的工作特点是在稳定状态下 VT$_4$ 和 VT$_5$ 总是一个导通而另一个截止（互斥性或互补性），这就有效地降低了输出级的静态功耗，并提高了驱动负载的能力。通常把这种形式的电路称为推拉式（push-pull）电路或图腾柱式（totem pole）输出电路。为确保 VT$_5$ 饱和导通时 VT$_4$ 可靠地截止，又在 VT$_4$ 的发射极下面串进了二极管 VD$_2$。

VD$_1$ 是输入端钳位二极管，它既可以抑制输入端可能出现的负极性干扰脉冲，又可以防止当输入电压为负时 VT$_1$ 的发射极电流过大，起到保护作用。这个二极管允许通过的最大电流约为 20mA。

2. 电压传输特性

如果把图 2-26 所示反相器电路输出电压随输入电压的变化用曲线描绘出来，就得到了图 2-27 所示的电压传输特性。

在曲线的 AB 段，因为 $v_i \leqslant 0.6V$，所以 $v_{B1} \leqslant 1.3V$，VT$_2$ 和 VT$_5$ 截止而 VT$_4$ 导通，故输出为高电平 $V_{OH} = V_{CC} - v_{R2} - v_{BE4} - v_{D2} \approx 3.4V$，把 AB 段称为特性曲线的截止区。

在 BC 段里，由于 $v_i > 0.7V$ 但低于 1.3V，所以 VT$_2$ 导通而 VT$_5$ 依旧截止。这时 VT$_2$ 工作在放大区，随着 v_i 的升高，v_{C2} 和 v_o 线性下降。这一段称为特性曲线的线性区。

当输入电压 v_i 上升到 1.4V 左右时，v_{B1} 约为 2.1V，这时 VT$_2$ 和 VT$_5$ 将同时导通，VT$_4$ 截止，输出电位急剧地下降为低电平，这就是称为转折区的 CD 段工作情况。转折区中点对应的输入电压称为阈值电压或门槛电压，用 V_{TH} 表示。

此后，v_i 继续升高时，v_o 不再变化，进入特性曲线的 DE 段。DE 段称为特性曲线的饱和区。

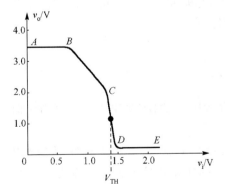

图 2-27　TTL 反相器的电压传输特性

3. 输入端噪声容限

由电压传输特性可以看出，当输入信号偏离正常的低电平（0.2V）而升高时，输出的高电平状态并不立刻改变。同样，当输入信号偏离正常的高电平（3.4V）而降低时，输出的低电平状态也不会马上改变。因此，允许输入的高、低电平信号各有一个波动范围。在保证输出高、低电平基本不变（或者说变化的大小不超过允许限度）的条件下，输入电平的允许波动范围称为输入端噪声容限。

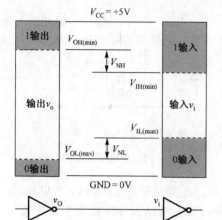

图 2-28 输入端噪声容限示意图

图 2-28 所示为噪声容限定义的示意图。为了正确区分 1 和 0 这两个逻辑状态，首先规定了输出高电平的下限 $V_{OH(min)}$ 和输出低电平的上限 $V_{OL(max)}$。同时，又可以根据 $V_{OH(min)}$ 从电压传输特性上（如图 2-27 所示）定出输入低电平的上限 $V_{IL(max)}$，并根据 $V_{OL(max)}$ 定出输入高电平的下限 $V_{IH(min)}$。

在将许多门电路互相级联组成系统时，前一级门电路的输出就是后一级门电路的输入。对后一级而言，输入高电平信号可能出现的最小值即 $V_{OH(min)}$。由此便可得到输入为高电平时的噪声容限为

$$V_{NH} = V_{OH(min)} - V_{IH(min)} \qquad (2-5)$$

同理可得，输入为低电平时的噪声容限为

$$V_{NL} = V_{IL(max)} - V_{OL(max)} \qquad (2-6)$$

74 系列门电路的标准参数为 $V_{OH(min)} = 2.4V$，$V_{OL(max)} = 0.4V$，$V_{IH(min)} = 2.0V$，$V_{IL(max)} = 0.8V$，故可得 $V_{NH} = 0.4V$，$V_{NL} = 0.4V$。

逻辑器件的噪声容限越大，它的抗噪声干扰能力就越强，工作起来就越稳定。

2.6.2 TTL 反相器的静态输入特性和输出特性

为了正确地处理门电路与门电路、门电路与其他电路之间的级联问题，必须了解门电路输入端和输出端的伏安特性，也就是通常所说的输入特性和输出特性。

1. 输入特性

在图 2-26 所示的 TTL 反相器电路中，如果仅考虑输入信号是高电平和低电平而不是某一个中间值的情况，则可忽略 VT_2 和 VT_5 的 b-c 结反向电流以及 R_3 对 VT_5 基极回路的影响，可将输入端的等效电路画成图 2-29(a)所示的形式，进一步可等效为如图 2-29(b)的形式。

当 $V_{CC} = 5V$，$v_i = V_{IL} = 0.2V$ 时，输入低电平电流为

$$I_{IL} = -\frac{V_{CC} - v_{BE1} - V_{IL}}{R_1} \approx -1mA \qquad (2-7)$$

$v_i = 0V$ 时的输入电流叫做输入短路电流 I_{IS}。显然，I_{IS} 的数值比 I_{IL} 的数值要略大一点。在作近似分析计算时，经常用手册上给出的 I_{IS} 近似代替 I_{IL}。

当 $v_i = V_{IH} = 3.4V$ 时，VT_1 处于 $v_{BC} > 0$、$v_{BE} < 0$ 的状态，在这种工作状态下，相当于把原来的集电极 c_1 当做发射极使用，而把原来的发射极 e_1 当做集电极使用，因此称这种状态为"倒置状态"。因为倒置状态下三极管的电流放大系数 β_r 极小（在 0.01 以下），所以高电平输入电流 I_{IH} 也很小。74 系列门电路每个输入端的 I_{IH} 值都在 40μA 以下。

根据图 2-29(b)所示的等效电路可以画出输入电流随输入电压变化的曲线——输入特性曲线，如图 2-29(c)所示。

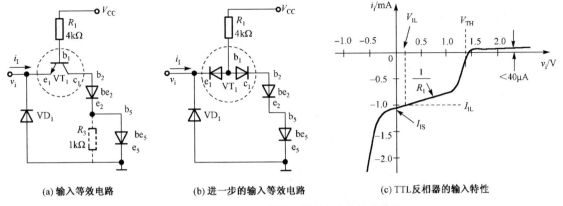

(a) 输入等效电路   (b) 进一步的输入等效电路   (c) TTL 反相器的输入特性

图 2-29 TTL 反相器的输入等效电路和输入特性

输入电压介于高、低电平之间的情况要复杂一些，但考虑到这种情况通常只发生在输入信号电平转换的暂态过程中，所以就不做详细的分析了。

2. 输出特性

（1）高电平输出特性

前面已经讲过，当 $v_o = V_{OH}$ 时，图 2-26 电路中的 VT_4 和 VD_2 导通，VT_5 截止，输出端的等效电路可以画成图 2-30(a)所示的形式。

由图 2-30(a)可见，这时 VT_4 工作在射极输出（跟随器）状态，电路的输出电阻很小（带负载能力较强）。在负载电流较小的范围内，负载电流的变化对 V_{OH} 的影响很小，如图 2-30(b)中的 ab 曲线段。

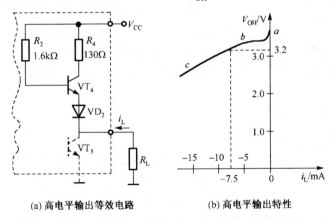

(a) 高电平输出等效电路   (b) 高电平输出特性

图 2-30 TTL 反相器高电平输出等效电路和输出特性

随着负载电流 i_L 绝对值的增大，R_4 上的压降也随之加大，最终将使 VT_4 的 b-c 结变为正向偏置，VT_4 进入饱和状态，这时 VT_4 将失去射极跟随功能，因而 V_{OH} 随 i_L 绝对值的增大几乎线性地下降，如图 2-30(b)中的 bc 曲线段。图 2-30(b)给出了 74 系列门电路在输出为高电平时的输出特性曲线。从曲线上可见，在 $|i_L| < 5\text{mA}$ 的范围内 V_{OH} 变化很小。当 $|i_L| > 5\text{mA}$ 以后，随着 i_L 绝对值的增大，V_{OH} 下降较快。

由于受到功耗的限制，所以手册上给出的高电平输出电流的最大值要比 5mA 小得多。74 系列门电路的运用条件规定，输出为高电平时，最大负载电流不能超过 0.4mA。如果 V_{CC}=5V，V_{OH} =2.4V，那么当 I_{OH} =0.4mA 时，门电路内部消耗的功率已经达到 1mW 了。

（2）低电平输出特性

当输出为低电平时，门电路输出级的 VT_5 饱和导通而 VT_4 截止，输出端的等效电路如图 2-31(a) 所示。由于 VT_5 饱和导通时 c–e 间的内阻很小（通常在 10Ω 以内），所以负载电流 i_L 增加时输出的低电平 V_{OL} 仅稍有升高。图 2-31(b)所示为低电平输出特性曲线，可以看出 V_{OL} 与 i_L 的关系在较大的范围内基本呈线性关系。

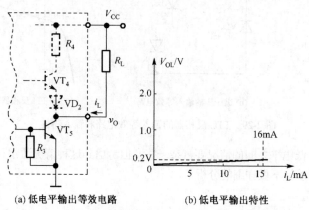

(a) 低电平输出等效电路　　　(b) 低电平输出特性

图 2-31　TTL 反相器低电平输出等效电路和输出特性

【例 2-1】　在图 2-32 所示的电路中，试计算门 G_0 最多可以驱动多少个同类的门电路负载。这些门电路的输入特性和输出特性分别如图 2-29(c)、图 2-30(b)和图 2-31(b)所示，要求 G_1 输出的高、低电平满足 V_{OH} ≥3.2V，V_{OL} ≤0.2V。

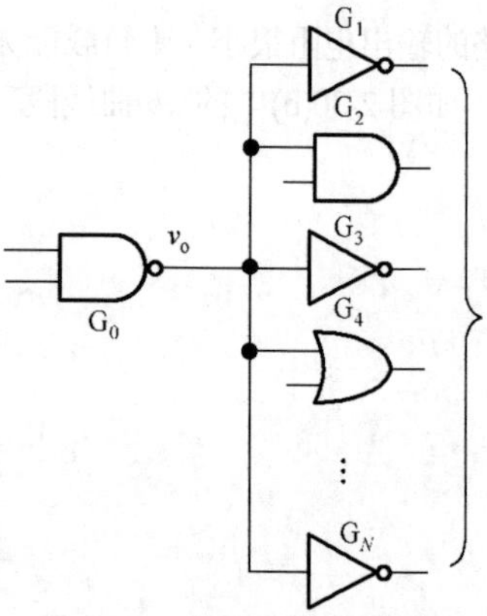

解：首先计算保证 V_{OL} ≤0.2V 时可驱动的门电路数目 N_L。

由图 2-31(b)低电平输出特性上查到，V_{OL} =0.2V 时的负载电流 i_L =16mA。这时 G_0 的负载电流是所有 N 个负载门的输入电流之和。由图 2-29(c)的输入特性上又可查到，当 v_i =0.2V 时每个门的输入电流为 $i_i = I_{iL} = -1\text{mA}$ ，于是得到

$$N_L i_i \leqslant i_L$$

即

$$N_L \leqslant \frac{i_L}{i_i} = \frac{16}{1} = 16$$

图 2-32　例 2-1 的电路

N_L 就是为保证 V_{OL} ≤0.2V 时可驱动的门电路数目。

其次，计算为保证 V_{OH} ≥3.2V 时能驱动的负载门数目 N_H。由高电平输出特性上查到，V_{OH} =3.2V 时对应的 i_L 为 7.5mA，但手册上同时又规定 I_{OH} ≤0.4mA，故应取 i_L ≤0.4mA 计算。由图 2-29(c)的输入特性可知，每个输入端的高电平输入电流 I_{iH} =40μA，故可得

$$N_H I_{iH} \leqslant i_L$$

即

$$N_H \leqslant \frac{i_L}{I_{iH}} = \frac{0.4}{0.04} = 10$$

N_H 就是为保证 V_{OH} ≥3.2V 时能驱动的负载门数目。

综合以上两种情况可得出结论：在给定的输入、输出特性曲线下，74 系列的反相器（其他图腾柱式输出的门亦然）可以驱动同类型门的最大数目是 N=10，这个数值也叫做门电路的扇出系数（实际应用中为可靠起见，TTL 驱动 TTL 时取扇出系数 N=8）。

从这个例子中还能看到，由于门电路无论在输出高电平还是输出低电平时均有一定的输出电阻，所以输出的高、低电平都要随负载电流的改变而发生变化，这种变化越小，说明门电路带负载的能力越强。有时也用输出电平的变化不超过某一规定值时允许的最大负载电流来定量表示门电路的带负载能力的大小。

3. 输入端负载特性

在具体使用门电路时，有时需要在输入端与地之间或者输入端与信号的低电平之间接入电阻 R_P（称为下拉电阻），如图 2-33(a)所示。

由图 2-33(a)可知，因输入电流流过 R_P，这就必然会在 R_P 上产生压降而形成输入端电位 v_i，而且，R_P 越大，v_i 也就越高。

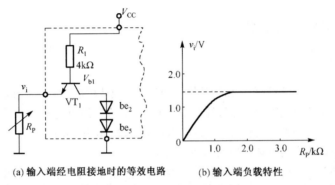

(a) 输入端经电阻接地时的等效电路　　(b) 输入端负载特性

图 2-33　TTL 反相器输入端经电阻接地时的等效电路和输入端负载特性

图 2-33(b)的曲线给出了 v_i 随 R_P 变化的规律，即输入端负载特性。由图可知

$$v_i = \frac{R_P}{R_1 + R_P}(V_{CC} - v_{BE1}) \tag{2-8}$$

式（2-8）表明，在 $R_P \ll R_1$ 的条件下，v_i 几乎与 R_P 成正比。但是当增大 R_P 使得 v_i 上升到 1.4V 以后，VT_2 和 VT_5 的发射结（be_2 和 be_5）同时导通，将 V_{b1} 钳位在 2.1V 左右，所以即使 R_P 再增大，v_i 也不会再升高了。这时 v_i 与 R_P 的关系也就不再遵守式（2-8）的关系了，特性曲线趋近于 $v_i = 1.4V$ 的一条水平线（如图 2-33(b)后半段）。

【例 2-2】　在图 2-34 所示的电路中，为保证门 G_1 输出的高、低电平能正确地传送到门 G_2 的输入端，要求 $v_{o1} = V_{OH}$ 时 $v_{i2} \geqslant V_{IH(min)}$，$v_{o1} = V_{OL}$ 时 $v_{i2} \leqslant V_{IL(max)}$，试计算 R_P 的最大允许值是多少。已知 G_1 和 G_2 均为 74 系列反相器，$V_{CC}=5V$，$V_{OH}=3.4V$，$V_{OL}=0.2V$，$V_{IH(min)}=2.0V$，$V_{IL(max)}=0.8V$。G_1 和 G_2 的输入特性和输出特性如图 2-29(c)、图 2-30(b)和图 2-31(b)所示。

解：首先计算 $v_{o1} = V_{OH}$ 且保证 $v_{i2} \geqslant V_{IH(min)}$ 时 R_P 的允许值。由图 2-34 可得

$$V_{OH} - I_{IH}R_P \geqslant V_{IH(min)}$$

有

$$R_P \leqslant \frac{V_{OH} - V_{IH(min)}}{I_{IH}} \tag{2-9}$$

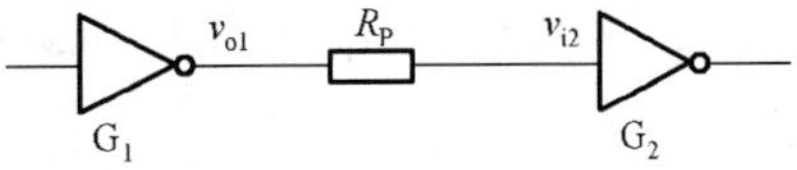

图 2-34　例 2-2 的电路

从图 2-29(c)的输入特性曲线上查到 $v_i = V_{IH} = 2.0V$ 时的输入电流 $I_{IH} = 40\mu A = 0.04mA$，代入式（2-9）中得到

$$R_P \leqslant \frac{3.4 - 2.0}{0.04 \times 10^{-3}}\Omega = 35k\Omega$$

其次，再计算 $v_{o1}=V_{OL}$、$v_{i2} \leqslant V_{IL(max)}$ 时 R_P 的允许值。由图 2-33(a)可见，当 R_P 的接地端改接至 V_{OL} 时，应满足如下关系式

$$\frac{R_P}{R_1} \leqslant \frac{V_{IL(max)} - V_{OL}}{V_{CC} - v_{BE1} - V_{IL(max)}}$$

故得到

$$R_P \leqslant \frac{V_{IL(max)} - V_{OL}}{V_{CC} - v_{BE1} - V_{IL(max)}} \cdot R_1 \tag{2-10}$$

将给定参数代入式（2-10）后得出 $R_P \leqslant 0.69\text{k}\Omega$。

综合以上两种情况，应取 $R_P \leqslant 0.69\text{k}\Omega$。也就是说，$G_1$ 和 G_2 之间串联的电阻不应大于 690Ω，否则当 $v_{o1}=V_{OL}$ 时，v_{i2} 可能超过 $V_{IL(max)}$ 值。

2.6.3　TTL 反相器的动态特性

1. 传输延迟时间

在 TTL 电路中，由于二极管和三极管从导通变为截止或从截止变为导通都需要一定的过渡时间，而且还有二极管、三极管以及电阻、连接线等寄生电容的存在，所以把理想的矩形电压信号加到 TTL 反相器（实际上所有门电路都有此种现象）的输入端时，输出电压的波形不仅要比输入信号滞后，而且波形的上升沿和下降沿也将变坏，如图 2-35(a)所示。

把输出电压波形滞后于输入电压波形的时间叫做传输延迟时间。通常将输出电压由低电平跳变为高电平时的传输延迟时间记做 t_{PLH}，把输出电压由高电平跳变为低电平时的传输延迟时间记做 t_{PHL}。t_{PLH} 和 t_{PHL} 的定义方法如图 2-35 所示。

图 2-35(a)所示为输入是理想的矩形电压信号时的表示方法，图 2-35(b)所示的输入和输出均为实际波形（注：忽略了低电平），图 2-35(c)所示为手册中的习惯表示方法。

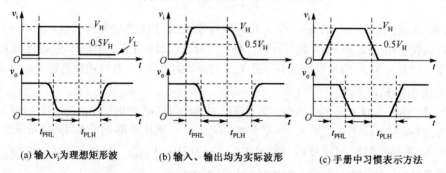

(a) 输入 v_i 为理想矩形波　　　(b) 输入、输出均为实际波形　　　(c) 手册中习惯表示方法

图 2-35　TTL 反相器的动态电压波形（传输时间）

不单是反相器，实际上所有的门电路（广义上为所有电路）都有这种滞后现象——存在传输时间，经常用平均传输时间 t_{Pd} 来表征门电路的滞后大小

$$t_{Pd} = \frac{t_{PHL} + t_{PLH}}{2} \tag{2-11}$$

在 74 系列门电路中，由于输出级的 VT_5 导通时工作在深度饱和状态，所以它从导通转换为截止的（对应于输出由低电平跳变为高电平时）的开关时间较长，致使 t_{PLH} 略大于 t_{PHL}。

因为传输延迟时间和电路的许多分布参数有关，不易准确计算，所以 t_{PLH} 和 t_{PHL} 的数值最后都是通过实验方法测定的。这些参数可以从产品手册上查出。

2. 电源的静态工作电流和动态尖峰电流

（1）门电路电源的静态工作电流

通过对 TTL 反相器电路进行计算可发现，在静态（稳定状态）下，输出电平不同时（高电平或者低电平），它从电源所汲取的电流也不一样。在下面的分析中，因为图 2-26 的 VD_1 不起作用，故将图 2-26 中的 VD_1 去掉得到图 2-36(a)和图 2-36(b)。由图 2-36(a)可见，当 $v_o = V_{OL}$ 时，v_i 为高电平，若 $V_{IH} \geq$ 3.4V，则 VT_1、VT_2 和 VT_5 导通，VT_4 截止（如图中虚线部分所示），电源电流 I_{CCL} 等于 i_{B1} 和 i_{C2} 之和。前面已经讲过，当 VT_2 和 VT_5 同时导通时，v_{B1} 被钳位在 2.1V 左右。假定 VT_5 发射结的导通压降为 0.7V，VT_2 饱和导通压降 $V_{CE(sat)} = 0.1V$，则 $v_{C2} = 0.8V$。于是得到

$$I_{CCL} = i_{B1} + i_{C2}$$
$$= \frac{V_{CC} - v_{B1}}{R_1} + \frac{V_{CC} - v_{C2}}{R_2} \qquad (2\text{-}12)$$

故得

$$I_{CCL} = \left(\frac{5 - 2.1}{4 \times 10^3} + \frac{5 - 0.8}{1.6 \times 10^3} \right) A$$
$$= (0.73 + 2.63)\text{mA} \approx 3.4\text{mA}$$

当 $v_o = V_{OH}$ 时，设 $v_i = V_{IL} = 0.2V$，由图 2-36(b)可见，这时 VT_1 和 VT_4 导通，VT_2 和 VT_5 截止。VT_4 没有电流流过（假设输出端没有接负载，若输出端接有负载，则电源电流 I_{CCH} 会更大一些，且负载越重，I_{CCH} 越大），所以电源电流 I_{CCH} 就等于 i_{B1}。如果取 VT_1 发射结的导通压降为 0.7V，则 $v_{B1} = 0.9V$，于是得到

$$I_{CCH} = i_{B1}$$
$$= \frac{V_{CC} - v_{B1}}{R_1} \qquad (2\text{-}13)$$
$$= \frac{5 - 0.9}{4 \times 10^3} A \approx 1\text{mA}$$

（2）门电路电源的动态工作电流

动态情况下，特别是在当输出电压 v_o 由低电平突然转变成高电平的过渡过程中，由于 VT_5 原来工作在深度饱和状态，所以 VT_4 的导通必然先于 VT_5 的截止，这样就出现了短时间内 VT_4 和 VT_5 同时导通的状态，有很大的瞬时电流流经 VT_4 和 VT_5，使门电路电源电流出现尖峰脉冲，如图 2-37 所示。

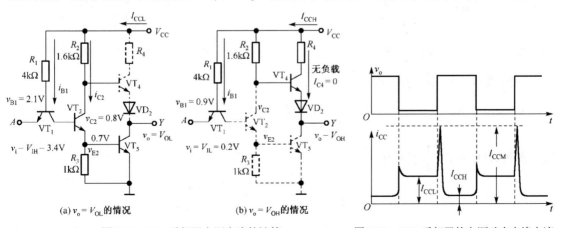

图 2-36 TTL 反相器电源电流的计算　　　　图 2-37 TTL 反相器的电源动态尖峰电流

由图 2-38 可见，如果 v_i 从高电平跳变成低电平的瞬间，VT_4 尚未脱离饱和导通状态而 VT_5 已饱和导通，则电源电流的最大瞬时值将为

$$I_{CCM} = i_{C4} + i_{B4} + i_{B1}$$

$$= \frac{V_{CC} - V_{CE(sat)4} - v_{D2} - V_{CE(sat)5}}{R_4} + \frac{V_{CC} - v_{BE4} - v_{D2} - V_{CE(sat)5}}{R_2} + \frac{V_{CC} - v_{B1}}{R_1} \qquad (2\text{-}14)$$

故得到

$$I_{CCM} = \frac{5 - 0.1 - 0.7 - 0.1}{130}A + \frac{5 - 0.7 - 07 - 0.1}{1.6 \times 10^3}A + \frac{5 - 0.9}{4 \times 10^3}A = 34.7 \times 10^{-3}A = 34.7mA$$

电源尖峰电流带来的影响主要表现为两个方面。首先，它使电源的平均电流增大了。而且从图 2-37 不难看出，信号的重复频率越高、门电路的传输延迟时间 t_{PLH} 越长，电流平均值增加得越多。在计算系统的电源容量时必须注意这一点。其次，当系统中有许多门电路同时转换工作状态时，电源的瞬时尖峰电流数值很大，这个尖峰电流将通过电源线和地线以及电源的内阻形成一个系统内部的噪声源。因此，在系统设计时应采取有效的措施将这个噪声抑制在允许的限度以内。

从图 2-37 还可以看到，在输出电压 v_o 由高电平变为低电平的过程中，也有一个不大的电源尖峰电流产生。但由于 VT_4 导通时一般并非工作在饱和状态，能够较快地截止，所以 VT_4 和 VT_5 同时导通的时间极短，不可能产生很大的瞬态电源电流。在计算电源容量时，可以不考虑它的影响。

为便于计算尖峰电流的平均值，可以近似地把电源的尖峰电流视为三角波，并认为尖峰电流的持续时间等于传输延迟时间 t_{PLH}，如图 2-39 所示，图中的 T 为信号重复周期。

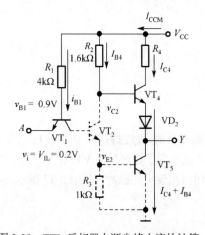

图 2-38   TTL 反相器电源尖峰电流的计算

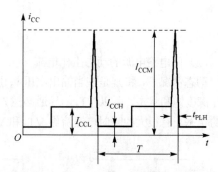

图 2-39   电源尖峰电流的近似波形

一个周期内尖峰脉冲的平均值为

$$I_{PAV} = \frac{\frac{1}{2}(I_{CCM} - I_{CCL}) \cdot t_{PLH}}{T} \qquad (2\text{-}15)$$

或以脉冲重复频率 $f = \frac{1}{T}$ 表示为

$$I_{PAV} = \frac{1}{2} \cdot f \cdot t_{PLH} \cdot (I_{CCM} - I_{CCL}) \qquad (2\text{-}16)$$

如果每个周期中输出高、低电平的持续时间相等（占空比为 50%），在考虑电源动态尖峰电流的影响之后，电源电流的平均值将为

$$I_{\text{CCAV}} = \frac{1}{2}(I_{\text{CCH}} + I_{\text{CCL}}) + \frac{1}{2}f \cdot t_{\text{PLH}} \cdot (I_{\text{CCM}} - I_{\text{CCL}}) \tag{2-17}$$

由式（2-17）可见，整个的电源电流平均值由静态（稳态）的电源电流平均值和动态（尖峰）的电源电流平均值两部分组成。

静态（稳态）的电源电流平均值为：$I_{\text{CCAV}} = \frac{1}{2}(I_{\text{CCH}} + I_{\text{CCL}})$

动态（尖峰）的电源电流平均值为：$\frac{1}{2}f \cdot t_{\text{PLH}} \cdot (I_{\text{CCM}} - I_{\text{CCL}})$

如何减小？两部分应分别对待。

重要结论： 动态部分与器件工作电源电压 V_{CC} 和器件工作频率有关，这也是低功耗设计的理论基础。

【例 2-3】 若 74 系列 TTL 反相器的电路参数如图 2-26 所示，并知 t_{PLH}=15ns，试计算在 f=5MHz 时的矩形波输入电压信号作用下电源电流的平均值。输入电压信号的占空比（高电平持续时间与周期之比）为 50%。

解： 在图 2-26 电路参数下，根据式（2-12）、式（2-13）和式（2-14）已计算出 I_{CCL}=3.4mA，I_{CCH}=1mA，I_{CCM}=34.7mA。将这些数值及给定的 f、t_{PLH} 值代入式（2-17），得到

$$I_{\text{CCAV}} = \left[\frac{1}{2}(1+3.4) + \frac{1}{2} \times 5 \times 10^6 \times 15 \times 10^{-9} \times (34.7-3.4)\right]\text{mA}$$
$$= (2.2 + 1.17)\text{mA}$$
$$= 3.37\text{mA}$$

这个结果比单纯地用 I_{CCH} 和 I_{CCL} 平均所得到的数值（2.2mA）增加了 53%。由此可见，在工作频率较高时，不能忽视尖峰电流对电源平均电流的影响。

2.6.4 其他类型的 TTL 门电路

1. 其他逻辑功能的门电路

为便于实现各种不同的逻辑函数，在门电路的定型产品中除了反相器以外，还有与门、或门、与非门、或非门、与或非门和异或门几种常见的类型。尽管它们逻辑功能各异，但输入端、端出端的电路结构形式与反相器基本相同，因此前面所讲的反相器的输入特性和输出特性对这些门电路同样适用。

（1）与非门

图 2-40 所示为 74 系列与非门的典型电路。它与图 2-25 所示的反相器电路的区别在于输入端改成了多发射极三极管。

多发射极三极管构成的输入级的等效电路如图 2-41(a)所示（图中略去了两个输入端保护二极管 VD$_1$ 和 VD$_2$）。这正是前面讲述的二极管与门电路（参见图 2-23(a)），将图 2-23(a)重画为图 2-41(b)。

结合图 2-40 和图 2-41 可见，只要 A、B 当中有一个接低电平，则 VT$_1$ 必有一个发射结导通，将 VT$_1$ 的基极电位 v_{B1} 钳位在 0.9V（假定 V_{IL}=0.2V，v_{BE}=0.7V）。这时 VT$_2$ 和 VT$_5$ 都不导通，输出为高电平 V_{OH}。只有当 A、B 同时为高电平时，VT$_1$ 的两个发射结同时截止，VT$_1$ 的基极（通过 R_1 由电源 V_{CC} 提供高电平）为高电平，VT$_2$ 和 VT$_5$ 才同时导通，并使输出为低电平 V_{OL}。因此，Y 和 A、B 之间为与非关系，即 $Y = \overline{A \cdot B}$。

可见，TTL 电路中的"与逻辑"关系是利用 VT$_1$ 的多发射极的"与逻辑"结构实现的。

与非门输出电路的结构和电路参数与反相器相同，所以反相器的输出特性也适用于与非门。

在计算与非门每个输入端的输入电流时，应根据输入端的不同工作状态区别对待。在把两个输入

端并联使用时，由图 2-40 可以看出，低电平输入电流仍可按式（2-8）计算，所以和反相器相同。而输入接高电平时，e_{1-1} 和 e_{1-2} 分别为两个倒置三极管的等效集电极，所以总的输入电流为单个输入端的高电平输入电流的两倍。

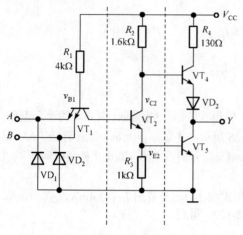

图 2-40　TTL 与非门电路

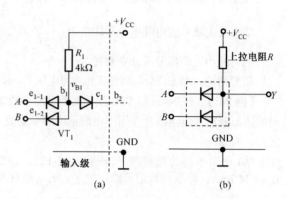

图 2-41　TTL 与非门输入级等效电路

如果 A、B 一个接高电平而另一个接低电平，则低电平输入电流与反相器基本相同，而高电平输入电流比反相器的略大一些。

（2）或非门

或非门的典型电路如图 2-42 所示。图中，VT_1'、VT_2' 和 R_1' 所组成的电路和 VT_1、VT_2 和 R_1 组成的电路完全相同。当 A 为高电平时，VT_2 和 VT_5 同时导通，VT_4 截止，输出 Y 为低电平。当 B 为高电平时，VT_2' 和 VT_5 同时导通而 VT_4 截止，Y 也是低电平。只有当 A、B 都为低电平时，VT_2 和 VT_2' 同时截止，VT_5 截止而 VT_4 导通，从而使输出成为高电平。因此，Y 和 A、B 间为或非关系，即 $Y = \overline{A+B}$。

可见或非门中的或逻辑关系是通过将 VT_2 和 VT_2' 两个三极管的输出端并联来实现的。

由于或非门的输入端和输出端电路结构与反相器相同，所以其输入特性和输出特性也和反相器一样。

（3）与或非门

若将图 2-42 或非门电路中的每个输入端改用多发射极三极管，就得到了图 2-43 所示的与或非门电路。

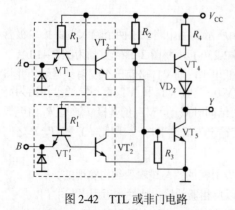

图 2-42　TTL 或非电路

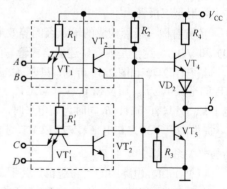

图 2-43　TTL 与或非门电路

由图可见，当 A、B 同时为高电平时，VT_2、VT_5 导通而 VT_4 截止，输出 Y 为低电平。同理，当 C、D 同时为高电平时，VT_2'、VT_5 导通而 VT_4 截止，也使输出 Y 为低电平。只有当 A、B 和 C、D 每一组输入都不同时为高电平时，VT_2 和 VT_2' 同时截止，使 VT_5 截止而 VT_4 导通，输出 Y 为高电平。因此，Y 和 A、B 及 C、D 之间是与或非关系，即 $Y = \overline{A \cdot B + C \cdot D}$。

（4）异或门

异或门典型的电路结构如图 2-44 所示。图中，虚线以右部分和或非门的倒相级、输出级相同，只要 VT_6 和 VT_7 当中有一个基极为高电平，都能使 VT_8 截止、VT_9 导通，输出为低电平。

若 A、B 同时为高电平，则 VT_6（VT_7 截止：见注 1）、VT_9 导通而 VT_8 截止，输出为低电平。反之，若 A、B 同时为低电平，则 VT_4 和 VT_8 同时截止，使 VT_7（VT_6 截止：见注 2）和 VT_9 导通而 VT_8 截止，输出也为低电平。

注 1：因 A、B 同时为高电平，则 VT_4、VT_5 导通，故 VT_7 截止；

注 2：因 A、B 同时为低电平，则 VT_1 导通，故 VT_6 截止。

当 A、B 相异（既不同时为高电平也不同时为低电平，而是一个是高电平而另一个是低电平）时，VT_1 正向饱和导通、VT_6 截止。同时，由于 A、B 中必有一个是高电平，使 VT_4 和 VT_5 中必有一个导通，从而使 VT_7 截止。VT_6 和 VT_7 同时截止以后，VT_8 导通、VT_9 截止，故输出为高电平。因此，Y 和 A、B 间为异或关系，即 $Y = A \oplus B = \overline{A}B + A\overline{B}$。实际上，由图 2-44 可见

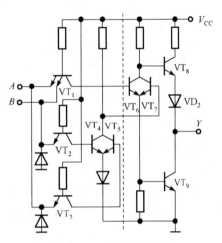

图 2-44 TTL 异或门电路

$$Y = \overline{\overline{AB} + \overline{\overline{A}\,\overline{B}}} = \overline{AB} + A\overline{B} = A \oplus B$$

与门、或门电路是在与非门、或非门电路的基础上在电路内部增加一级反相级所构成的，因此，与门、或门的输入电路及输出电路和与非门、或非门的相同。这两种门电路的具体电路和工作原理就不一一介绍了。

2. 集电极开路的门电路

虽然前述的推拉式（也称为推挽式或图腾柱式）输出电路结构无论输出电平高低都具有输出电阻很低、驱动能力很强的优点，但在某些应用中也有一定的局限性。首先，不能把它们的输出端并联使用（在总线式应用中就需要多个并联在总线上）。由图 2-45 可见，倘若一个门的输出是高电平，而另一个门的输出是低电平，则输出端并联以后必然有很大的负载电流同时流过这两个门的输出级。这个电流的数值将远远超过正常工作电流，可能使门电路损坏（而且一烧就是一对）。图 2-45(a) 为 $Y_1 = 1$，$Y_2 = 0$ 时的情况，图 2-45 (b) 为 $Y_1 = 0$，$Y_2 = 1$ 时的情况。其次，在采用推拉式输出级的门电路中，电源一经确定（通常 TTL 系列门电路规定工作在+5V），输出的高电平也就固定了，因而无法满足对不同输出高、低电平的需要。此外，一般用于逻辑运算的推拉式电路结构也不能满足驱动较大电流、较高电压的负载的要求。

若想输出能直接并联，方法有两种：采用三态门或 OC 门。三态门后面要讲，此处先讲 OC 门，就是把输出级改为集电极开路的三极管结构，做成集电极开路的门电路（Open Collector），简称 OC 门。

图 2-46 所示为一个 OC 输出的与非门的电路结构和图形符号。这种门电路在工作时需要外接负载电阻和电源。只要电阻的阻值和电源电压的数值选择得当，就能够做到既保证输出的高、低电平符合要求，又能使输出端三极管的负载电流不过大。

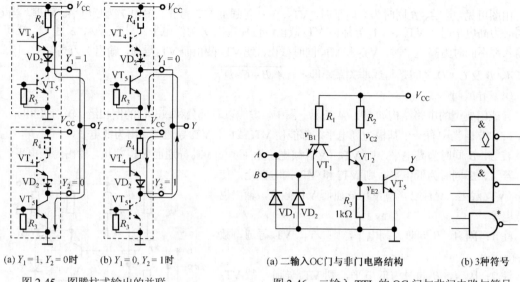

(a) $Y_1 = 1$, $Y_2 = 0$时　　(b) $Y_1 = 0$, $Y_2 = 1$时

图 2-45　图腾柱式输出的并联

(a) 二输入OC门与非门电路结构　　(b) 3种符号

图 2-46　二输入 TTL 的 OC 门与非门电路与符号

图 2-47 所示是将两个 OC 结构与非门输出并联的例子。由图可知，只有 A、B 同时为高电平时，VT_5 才导通，Y_1 输出低电平，故 $Y_1 = \overline{A \cdot B}$。同理，$Y_2 = \overline{C \cdot D}$。现将 Y_1、Y_2 两条输出线直接接在一起，因而，只要 Y_1、Y_2 有一个是低电平，Y 就是低电平。只有 Y_1、Y_2 同时为高电平时，Y 才是高电平，即 $Y = Y_1 \cdot Y_2$。Y 和 Y_1、Y_2 之间的这种连接方式称为"线与"，在逻辑图中用"方框加点"表示，如图 2-48 所示。

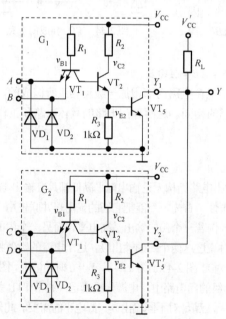

图 2-47　OC 门输出并联接法的电路图

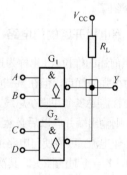

图 2-48　OC 门输出并联接法的逻辑图

因为

$$Y = Y_1 \cdot Y_2 = \overline{A \cdot B} \cdot \overline{C \cdot D} = \overline{AB + CD}$$

所以将两个 OC 输出结构的与非门线与连接，即可得到与或非的逻辑功能。

由于 VT_5 和 VT_5' 同时截止时输出的高电平为 $V_{OH} = V_{CC}'$，而 V_{CC}' 的电压数值可以不同于门电路本身

的电源电压 V_{CC}，所以只要根据要求选择 V'_{CC} 的大小，就可以得到所需的 V_{OH} 值，这一点就为不同逻辑
电压的器件之间的接口提供了条件。

另外，有些 OC 门的输出管设计得尺寸较大，足以承受较大电流和较高电压。例如，SN7407 输出
管导通时允许的最大负载电流为 40mA，截止时耐压 30V，足以直接驱动小型继电器。

下面简要地介绍一下 OC 门外接负载电阻的计算方法。在图 2-49 电路中，假定将 n 个 OC 门的输
出端并联使用，负载是 m 个 TTL 与非门的输入端。

当所有 OC 门同时截止时，输出为高电平。为保证高电平不低于规定的 V_{OH} 值，显然 R_L 不能选得
过大。据此便可列出计算 R_L 最大值的公式

$$R_{L(max)} = \frac{V'_{CC} - V_{OH}}{nI_{OH} + mI_{IH}} \tag{2-18}$$

式中，V'_{CC} 是外接电源电压，I_{OH} 是每个 OC 门输出三极管截止时的漏电流，I_{IH} 是负载门每个输入端的
高电平输入电流。图 2-49 中标出了此时各电流的实际流向。

当 OC 门中只有一个导通其余截止时，电流的实际流向如图 2-50 所示。因为这时负载电流全部都
流入导通的那个 OC 门的输出端中，所以 R_L 值不可太小，以确保流入导通 OC 门输出端中的电流不至
超过最大允许的负载电流 I_{LM}。由此得到计算 R_L 最小值的公式如式（2-19）所示。其中，V_{OL} 是规定的
输出低电平，m' 是负载门的数目（如果负载门为或非门，则 m' 应为输入端数，I_{IL} 是每个负载门的低
电平输入电流）。

$$R_{L(min)} = \frac{V'_{CC} - V_{OL}}{I_{LM} - m'I_{IL}} \tag{2-19}$$

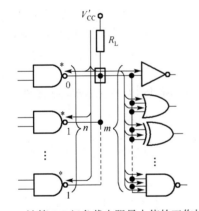

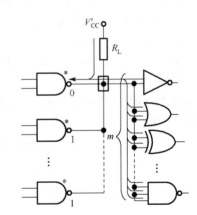

图 2-49 计算 OC 门负载电阻最大值的工作状态　　图 2-50 计算 OC 门负载电阻最小值的工作状态

最后选定的 R_L 值应介于式（2-18）和式（2-19）所规定的最大值与最小值之间。即

$$R_{L(min)} < R_L < R_{L(max)}$$

除了与非门和反相器以外，与门、或门、或非门等都可以做成集电极开路的输出结构，而且外接
负载电阻的计算方法也相同。

【**例2-4**】 试为图 2-51 所示电路中的外接负载电阻 R_L 选定合适的阻值。

已知 G_1、G_2 为 OC 门，输出管截止时的漏电流 I_{OH} = 200μA，输出管导通时允许的最大负载电流
I_{LM} = 16mA。G_3、G_4 和 G_5 均为 74 系列与非门，它们的低电平输入电流 I_{IL} = 1mA，高电平输入电流
I_{IH}=40μA。给定 V'_{CC}=5V，要求 OC 门输出的高电平 $V_{OH}\geqslant3.0$V，低电平 $V_{OL}\leqslant0.4$V。

解： 根据式（2-18）得

$$R_{L(max)} = \frac{V'_{CC} - V_{OH}}{nI_{OH} + mI_{IH}}$$

$$= \frac{5-3}{2 \times 0.2 + 9 \times 0.04} k\Omega = 2.63 k\Omega$$

又由式（2-19）得

$$R_{L(min)} = \frac{V'_{CC} - V_{OL}}{I_{LM} - m'I_{IL}}$$

$$= \frac{5 - 0.4}{16 - 3 \times 1} k\Omega = 0.35 k\Omega$$

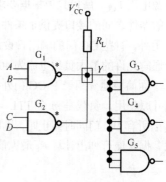

图 2-51　例 2-4 的电路

选定的 R_L 值应该在二者之间，故可取 $R_L = 1k\Omega$。

3．三态输出门电路

三态输出门（Three-State Output Gate，简称 TS 门）是在普通门电路的基础上附加控制电路而构成的。

图 2-52 所示为控制端为高有效的三态输出门的电路结构图和图形符号，图中 A、B 为逻辑信号输入端（或输入引脚），Y 为逻辑信号输出端（或输出引脚），EN 为控制端（又称为使能端，EN 是英文 Enable 的意思）。

图 2-52 中的 G 为同相缓冲器（其输出与输入相同），当电路的控制端 EN 为高电平时（EN=1），P 点为高电平，二极管 VD_1 截止，电路的工作状态和普通的与非门没有区别。这时 $Y = \overline{A \cdot B}$，输出 Y 端可能是高电平，也可能是低电平，视 A、B 的状态而定。而当控制端 EN 为低电平时（EN=0），P 点为低电平，经过 VT_1 和 VT_2 的作用（已如前述）使得 VT_5 截止，同时，二极管 VD_1 导通，VT_4 的基极电位被钳位在 0.7V，使得 VT_4 截止。由于 VT_4、VT_5 同时截止，所以输出端（同时对电源 V_{CC} 和地 GND 都）呈高阻状态 Z（又称为悬浮状态）。这样输出端就有 3 种可能出现的状态：高电平、低电平和高阻，故将这种门电路叫做三态输出门。

因为图 2-52 所示的电路在 EN=1 时为正常的与非工作状态，所以称为控制端高电平有效（或称为使能端高有效）。

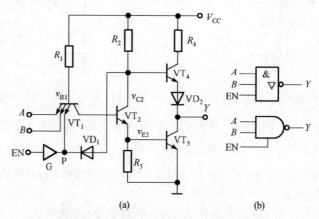

图 2-52　控制端为高有效的三态输出门的电路结构图和图形符号

在图 2-53 所示电路中，$\overline{EN} = 0$ 时为工作状态，故称这个电路为控制端低电平有效（或称为使能端低有效）。图 2-53 电路中除了门 G 为反相器外，其余与图 2-52 一样，工作原理也一样。

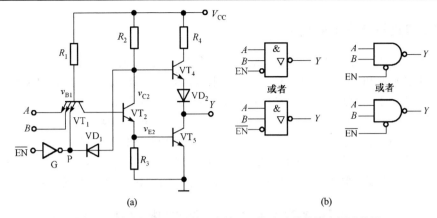

(a)　　　　　　　　　　　　　　(b)

图 2-53　控制端为低有效的三态输出门的电路结构图和图形符号

在一个复杂的数字系统（如微型计算机）中，为了减少各单元电路之间连线的数目，希望能在同一条导线上分时传递若干门电路的输出信号。这时可采用图 2-54 所示的连接方式。以三态与非门为例，图中 $G_1 \sim G_n$ 均为三态与非门。只要在工作时控制各门的 EN 端轮流等于 1，而且任何时候仅有一个等于 1，就可以把各门的输出信号轮流送到公共的传输线（总线）上而互不干扰，这种连接方式称为总线结构。

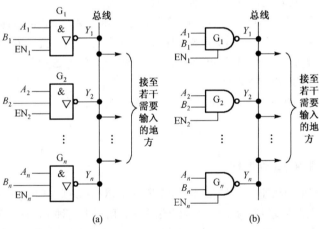

(a)　　　　　　　　　　　　　　(b)

图 2-54　三态输出门接成总线结构（两种符号画法）

三态输出门还经常做成单输入、单输出的总线驱动器，并且输入与输出的逻辑关系有同相和反相两种类型，如图 2-55 所示，且实际器件的使能端大多为低有效使能。

利用三态输出门电路还能实现数据的双向传输。在图 2-56 所示电路中，采用了两个同相三态门，一个是高有效使能，另一个是低有效使能。DIR（Direction）为传输方向使能控制端。当 DIR=0 时，数据传输方向为 $A \to B$，即 $B=A$；当 DIR=1 时，数据传输方向为 $B \to A$，即 $A=B$。

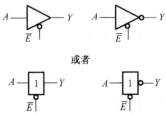

图 2-55　三态同相和反相驱动器

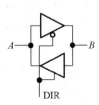

图 2-56　三态门实现的双向数据传输

2.6.5　TTL 电路的改进系列简介

为满足用户在提高工作速度和降低功耗这两方面的要求，继上述的 74 系列（最早上市的基本系列）之后，又相继研制和生产了 74H 系列、74S 系列、74LS 系列、74AS 系列和 74ALS 系列等改进的 TTL 电路。现将这几种改进系列在电路结构和电气特性上的特点分别描述如下。

不同的改进系列其对应的器件从完成逻辑功能上看是一样的（如 7404、74S04 和 74LS04 都是六反相器），仅是通过改进内部电路结构和器件，使得速度提高或功耗降低而已，限于篇幅，此处不赘述。有需要的读者可参考厂家数据手册或其他书籍。初学者此处需要记住的是，74LS×× 系列是比较常用的一类，称为低功耗肖特基逻辑器件。在 CMOS 逻辑器件出现之前，74LS×× 系列是最常用的一类器件。

2.7　其他类型的双极型数字集成电路简介

在双极型数字集成电路中，除了 TTL 电路以外，还有二极管-三极管逻辑（Diode-Transistor Logic，简称 DTL）、高阈值逻辑（High Threshold Logic，简称 HTL）、发射极耦合逻辑（Emitter Coupled Logic，简体 ECL）和集成注入逻辑（Integrated Injection Logic，简称 I^2L）等几种逻辑电路。

DTL 是早期（早于 TTL）采用的一种电路结构形式，它的输入端是二极管结构，输出端是三极管结构。因为它的工作速度比较低，所以不久便被 TTL 电路取代了。

HTL 电路的特点是阈值电压比较高（电路内部采用了稳压二极管来提高阈值）。当电源电压为 15V 时，阈值电压达到 7~8V。因此，它的噪声容限比较大，有较强的抗干扰能力。HTL 电路的主要缺点是工作速度比较低，所以多用在对工作速度要求不高而对抗干扰性能要求较高的一些工业控制设备中。目前它已几乎完全被 CMOS 电路所取代。

下面仅对 ECL 和 I^2L 两种电路的工作原理和主要特点做简要介绍。

2.7.1　ECL 电路

1．ECL 电路的结构与工作原理

ECL 是一种非饱和型的高速逻辑电路。图 2-57 所示为 ECL 或/或非门的典型电路和逻辑符号，因为图中 VT_5 的输入信号是通过发射极电阻 R_E 耦合过来的，所以把这种电路叫做发射极耦合逻辑电路。

这个电路可以按图中的虚线所示划分成 3 个组成部分：电流开关、基准电压源和射极输出电路。

正常工作时取 $V_{EE} = -5.2V$，$V_{CC1} = V_{CC2} = 0V$，VT_6 发射极给出的基准电压 $V_{BB} = -1.3V$，输入信号的高、低电平各为 $V_{IH} = -0.92V$，$V_{IL} = -1.75V$。

当全部输入端同时接低电平时，$VT_1 \sim VT_4$ 的基极都是 $-1.75V$，而此时 VT_5 的基极电平更高些 （$-1.3V$），故 VT_5 导通并将发射极电平钳位在 $v_E = V_{BB} - V_{BE} = -1.3 - 0.77 = -2.07V$（假定发射结的正向导通压降为 0.77V）。这时 $VT_1 \sim VT_4$ 的发射结上只有 0.32V，故 $VT_1 \sim VT_4$ 同时截止，v_{C1} 为高电平，而 v_{C2} 为低电平。

当输入端有一个（假定为 A）接至高电平时，VT_1 的基极为 $-0.92V$，高于 V_{BB}，所以 VT_1 一定导通，并将发射极电平钳位在 $v_E = V_i - V_{BE} = -0.92 - 0.77 = -1.69V$。此时加到 VT_5 发射结上的电压只有 0.4V，故 VT_5 截止，v_{C1} 为低电平，而 v_{C2} 为高电平。

由于 $VT_1 \sim VT_4$ 的输出回路是并联在一起的，所以只要其中有一个输入端接高电平，就能使 v_{C1} 为低电平而 v_{C2} 为高电平，因此 v_{C1} 与各输入端之间是**或非**的逻辑关系，v_{C2} 与各输入端之间是**或**的逻辑关系。

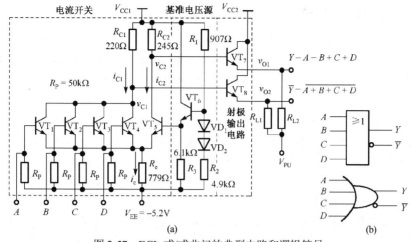

图 2-57 ECL 或/或非门的典型电路和逻辑符号

2. ECL 电路的主要特点

与 TTL 电路相比, ECL 电路有如下几个优点。

(1) 工作速度快。由于 $VT_1 \sim VT_5$ 导通时集电结电压 $V_{CB} \approx 0.3V$, 即导通时均未进入深饱和状态, 这就消除了由于深度饱和导通而产生的电荷储存效应。同时, 由于电路中电阻阻值取得很小, 则高、低逻辑电平的差值较小。这样有效地缩短了各节点电位的上升时间和下降时间, ECL 电路的传输延迟时间可缩短到 0.1ns 以下。

(2) 因为输出端采用了射极输出结构, 所以输出电阻很低, 带负载能力很强。国产 CE10K 系列门电路的扇出系数 (能驱动同类门电路的数目) 达 90 以上。

(3) 由于 $VT_1 \sim VT_5$ 的 i_C 几乎相等, 故电路开关过程中电源电流几乎没有变化, 电路内部的开关噪声很小。

(4) ECL 电路可以直接将输出端并联以实现 "线或" 的逻辑功能, 同时有 Y、$\overline{Y}$ 互补的输出端, 使用非常方便。

然而 ECL 电路的缺点也是很突出的, 这主要表现在以下几个方面。

(1) 功耗大。由于电路里的电阻阻值都很小, 而且三极管导通时又工作在非饱和状态, 所以功耗很大。每个门的平均功耗可达 100mW 以上。从一定的意义上说, 可以认为 ECL 电路的高速度是用多消耗功率的代价换取的。而且, 功耗过大也严重地限制了集成度的提高。

(2) 输出电平的稳定性较差。因为电路中的三极管导通时处于非饱和状态, 而且输出电平又直接与 VT_7、VT_8 的发射结压降有关, 所以输出电平对电路参数的变化以及环境温度的改变都比较敏感。

(3) 噪声容限比较低。ECL 电路的逻辑摆幅只有 0.8V, 直流噪声容限仅 200mV 左右, 因此抗干扰能力较差。

目前 ECL 电路的产品只有中、小规模的集成电路, 主要用在高速、超高速的数字系统和设备当中。

注: 按照关键词 PECL、LVECL、CML、LVDS 上网搜索一下它们的含义, 你会有更多的收获。

2.7.2 I^2L 电路

为了提高集成度以满足制造大规模集成电路的需要, 不仅要求每个逻辑单元的电路结构非常简单, 而且要求降低单元电路的功耗。显然, 无论 TTL 电路还是 ECL 电路都不具备这两个条件。而 20 世纪 70 年代初研制成功的 I^2L 电路则具备了电路结构简单、功耗低的特点, 因而特别适于制成大规模集成电路。

1. I^2L 电路的结构与工作原理

I^2L 电路的基本单元是由一只多集电极三极管构成的反相器，反相器的偏置电流由另一只三极管提供。图 2-58 所示为 I^2L 基本逻辑单元的结构示意图和电路的表示方法。图 2-58(a) 中虚线右边部分是作为反相器用的多集电极纵向 NPN 型三极管 VT，左边部分的横向 PNP 型三极管 VT′ 用于为反相器提供基极偏流 I_0。

由于 VT′ 的基极接地而发射极接到固定的电源 V_J 上，所以它工作在恒流状态。电源 V_J 向 VT′ 的发射极注入电流，然后经 VT′ 的集电极送到三极管 VT 的基极去。因此，把 e' 叫做注入端，把这种电路叫做集成注入逻辑电路。为了画图的方便，常常使用图 2-58(b) 所示的简化画法，即用恒流源 I_0 代替 VT′，有时连这个恒流源也省略不画。在实际的电路中，PNP 管也做成多集电极形式，以便用同一只多集电极的 PNP 管驱动多只 NPN 三极管。

NPN 管的基极作为信号输入端，当输入电压 $v_i = 0$ 时，I_0 从输入端流出，VT 截止，c_1、c_2、c_3 输出高电平（这里假定 c_1、c_2、c_3 分别经过负载电阻接至正电源）。反之，当输入端悬空或经过大电阻接地时，VT 饱和导通，c_1、c_2、c_3 输出低电平。可见，任何一个输出端与输入端之间都是反相的逻辑关系。

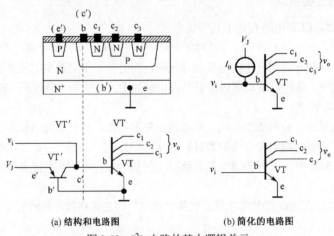

(a) 结构和电路图　　　　　　　　(b) 简化的电路图

图 2-58　I^2L 电路的基本逻辑单元

I^2L 电路的这种多集电极输出结构在构成复杂的逻辑电路时十分方便。可以通过线与的方式把几个门的输出端并联，以获得所需要的逻辑功能。图 2-59 所示为 I^2L 电路或/或非门的电路图。

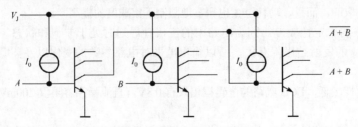

图 2-59　I^2L 或/或非门电路

2. I^2L 电路的主要特点

I^2L 电路的优点突出地表现在以下几个方面。

（1）它的电路结构简单。从上面的讨论中可以看到，I^2L 的基本逻辑单元仅包含一个 NPN 管和一个 PNP 管，而 PNP 管又能做成多集电极形式，为许多单元电路所公用。同时，电路中没有电阻元件，这样既节省了所占的硅片面积，又降低了电路的功耗。

此外，由于采用了图 2-58(a)所示的并合三极管结构（即在半导体硅片的同一区域里同时制作 NPN 和 PNP 三极管，而互相间不需要任何隔离和连线），进一步缩小了每个单元电路所占的面积。因此，也将 I²L 电路称为并合三极管逻辑（Merged Transistor Logic，简称 MTL）电路。

（2）各逻辑单元之间不需要隔离。从图 2-59 可以看到，I²L 电路中所有单元的 NPN 管的发射极是接在一起的。在制作这些单元电路时，只需在公共的 N 型衬底上分别制作 P 型区，再于每个 P 型区上制作几个 N 型区就行了。这样不仅简化了工艺，还节省了在单元之间设置隔离槽所占用的硅片面积。

（3）I²L 电路能够在低电压、微电流下工作。由图 2-58(a)可知，只要电压 V_J 大于 VT′ 的饱和导通压降 $V'_{CE(sat)}$ 和 VT 的发射结导通压降 V_{EE} 之和，电路就可以工作。因此，I²L 电路的最低工作电压为

$$V_{J(min)} = V'_{CE(sat)} + V_{BE} \approx 0.7 \sim 0.8 V$$

即可以在 1V 以下的电源电压下工作。

I²L 反相器的工作电流可小于 1nA，是目前双极型数字集成电路中功耗最低的一种。它的集成度可达到 500 门/mm 以上。

I²L 电路也有两个严重的缺点。

（1）抗干扰能力较差。I²L 电路的输出信号幅度比较小，通常在 0.6V 左右，所以噪声容限低，抗干扰能力也就很差了。

（2）开关速度较慢。因为 I²L 电路属于饱和型逻辑电路，这就限制了它的工作速度。I²L 反相器的传输延迟时间可达 20～30ns。

为了弥补在速度方面的缺陷，对 I²L 电路不断地做了改进。通过改进电路和制造工艺已成功地把每级反相器的传输延迟时间缩短到了几纳秒。另外，利用 I²L 与 TTL 电路在工艺上的兼容性，可以直接在 I²L 大规模集成电路芯片上制作与 TTL 电平相兼容的接口电路，这就有效地提高了电路的抗干扰能力。

目前，I²L 电路主要用于制作大规模集成电路的内部逻辑电路，很少用来制作中、小规模集成电路产品。

2.8 CMOS 门电路

2.8.1 CMOS 反相器的工作原理

（1）电路结构

CMOS 反相器的基本电路结构形式为图 2-60 所示的有源负载反相器。其中，VT₁ 是 P 沟道增强型 MOS 管，VT₂ 是 N 沟道增强型 MOS 管。

如果 VT₁ 和 VT₂ 的开启电压分别为 $V_{GS(th)P}$ 和 $V_{GS(th)N}$，同时令 $V_{DD} > V_{GS(th)N} + |V_{GS(th)P}|$，那么当 $v_i = V_{IL} = 0$ 时，有

$$\begin{cases} |v_{GS1}| = V_{DD} > |V_{GS(th)P}| & （且 v_{GS1} 为负） \\ v_{GS2} = 0 < V_{GS(th)N} \end{cases}$$

故 VT₁ 导通，而且导通内阻很低（在 $|v_{GS1}|$ 足够大时可小于 1kΩ）；而 VT₂ 截止，内阻很高（可达 $10^8 \sim 10^9 \Omega$），因此，输出为高电平 V_{OH}，且 $V_{OH} \approx V_{DD}$。

当 $v_i = V_{IH} = V_{DD}$ 时，则有

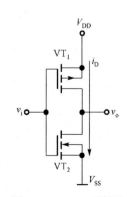

图 2-60 CMOS 反相器

$$\begin{cases} v_{GS1} = 0 < \left| V_{GS(th)P} \right| \\ v_{GS2} = V_{DD} > V_{GS(th)N} \end{cases}$$

故 VT_1 截止而 VT_2 导通，输出为低电平 V_{OL}，且 $V_{OL} \approx 0$。可见，输出与输入之间为逻辑非的关系。

无论 v_i 是高电平还是低电平，VT_1 和 VT_2 总是工作在一个导通而另一个截止的状态，即所谓互补状态，所以把这种电路结构形式称为互补对称式金属–氧化物–半导体电路（Complementary–Symmetery Metal–Oxide–Semiconductor Circuit，简称 CMOS 电路）。

由于静态下无论 v_i 是高电平还是低电平，VT_1 和 VT_2 总有一个是截止的，而且截止内阻又极高，流过 VT_1 和 VT_2 的静态电流极小，因而 CMOS 反相器的静态功耗极小，这是 CMOS 电路最突出的一大优点。

（2）电压传输特性和电流传输特性

在图 2-60 所示的 CMOS 反相器电路中，设 $V_{DD} > V_{GS(th)N} + |V_{GS(th)P}|$，且 $V_{GS(th)N} = V_{GS(th)P}$，$VT_1$ 和 VT_2 具有同样的导通内阻 R_{ON} 和截止内阻 R_{OFF}，则输出电压随输入电压变化的曲线，亦即电压传输特性如图 2-61 所示。

当反相器工作于电压传输特性的 *AB* 段时，由于 $v_i < V_{GS(th)N}$，而 $|V_{GS1}| > |V_{GS(th)P}|$，故 VT_1 导通并工作在低内阻的电阻区，VT_2 截止，分压的结果使 $v_o = V_{OH} \approx V_{DD}$。

在特性曲线的 *CD* 段，由于 $v_i > V_{DD} - |V_{GS(th)P}|$，故 VT_1 截止，而 $V_{GS2} > V_{GS(th)N}$，VT_2 导通，因此 $v_o = V_{OL} \approx 0V$。在 *BC* 段，即 $V_{GS(th)N} < v_i < V_{DD} - |V_{GS(th)P}|$ 的区间里，$V_{GS2} > V_{GS(th)N}$、$|V_{GS1}| > |V_{GS(th)P}|$，$VT_1$ 和 VT_2 同时导通。如果 VT_1 和 VT_2 的参数完全对称，则 $v_i = \frac{1}{2} V_{DD}$ 时两管的导通内阻相等，则 $v_o = \frac{1}{2} V_{DD}$，即工作于电压传输特性转折区的中点。因此，CMOS 反相器的阈值电压 $V_{TH} \approx \frac{1}{2} V_{DD}$。

从图 2-61 所示的曲线上还可以看到，CMOS 反相器的电压传输特性上不仅 $V_{TH} = \frac{1}{2} V_{DD}$，而且转折区的变化率很大，因此它更接近于理想的开关特性。这种形式的电压传输特性使 CMOS 反相器获得了更大的输入端噪声容限。

图 2-62 所示为漏极电流随输入电压变化的曲线，即所谓电流传输特性。这个特性也可以分成 3 个工作区。在 *AB* 段，因为 VT_2 工作在截止状态，内阻非常高，所以流过 VT_1 和 VT_2 的漏极电流几乎等于零。

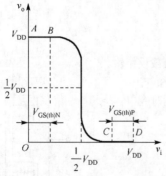

图 2-61 CMOS 反相器的电压传输特性

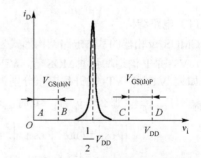

图 2-62 CMOS 反相器的电流传输特性

在 *CD* 段，因为 VT_1 为截止状态，内阻非常高，所以流过 VT_1 和 VT_2 的漏极电流也几乎为零。

在特性曲线的 *BC* 段，VT_1 和 VT_2 同时导通，有电流 i_D 流过 VT_1 和 VT_2，而且愈靠近 $\frac{1}{2} V_{DD}$ 处 i_D 就

愈大，在 $v_i = \dfrac{1}{2}V_{DD}$ 附近 i_D 达到最大。考虑到 CMOS 电路的这一特点，在使用这类器件时不应使之长期工作在电流传输特性的 BC 段（即 $V_{GS(th)N} < v_i < V_{DD} - |V_{GS(th)P}|$），以防止器件因功耗过大而损坏。

（3）输入端噪声容限

图 2-63 所示为 V_{DD} 为不同数值时 CMOS 反相器的电压传输特性。可以看出，随着 V_{DD} 的增大，V_{NH} 和 V_{NL} 也相应地增大，而且每个 V_{DD} 值下 V_{NH} 和 V_{NL} 始终保持相等。

国产 CC4000 系列（对应国际 CD4000 系列）CMOS 电路的性能指标中规定，在输出高、低电平的变化不大于 $10\%V_{DD}$ 的条件下，输入信号低、高电平允许的最大变化量为 V_{NL} 和 V_{NH}。测试结果表明，$V_{NH} = V_{NL} \geqslant 30\%V_{DD}$。图 2-63 中绘出了 V_{NH} 和 V_{NL} 随 V_{DD} 变化的情况。图中取 $V_{DD} - 0.05V$ 为 V_{IH} 的正常值，取 $0.05V$ 为 V_{IL} 的正常值。

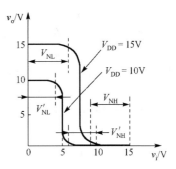

图 2-63　不同 V_{DD} 下 CMOS
反相器的噪声容限

为了提高 CMOS 反相器的输入端噪声容限，可以通过适当提高 V_{DD} 的方法实现，而这在 TTL 电路中是办不到的。另外与 TTL 电路相比，CMOS 的噪声容限明显要高得多。

2.8.2　CMOS 反相器的静态输入特性和输出特性

1. 输入特性

因为 MOS 管的栅极和衬底之间存在着以 SiO_2 为介质的输入电容，而绝缘介质又非常薄（约 1000Å），极易被击穿（耐压约 100V），所以必须采取保护措施。

在目前生产的 CMOS 集成电路中都采用了各种形式的输入保护电路，图 2-64 所示的保护电路就是常用的两种。在 CC4000 系列（对应国际 CD4000 系列）CMOS 器件中，多采用图 2-64(a) 的输入保护电路。图中的 VD_1 和 VD_2 都是双极型二极管，它们的正向导通压降 $V_{DF} = 0.5 \sim 0.7V$，反向击穿电压约为 30V。由于 VD_1 是在输入端的 P 型扩散电阻区和 N 型衬底间自然形成的，是一种所谓分布式二极管结构，所以在图 2-64(a) 中用一条虚线和两端的两个二极管表示。这种分布式二极管结构可以通过较大的电流。R_S 的阻值一般为 $1.5 \sim 2.5k\Omega$。C_1 和 C_2 分别表示 VT_1 和 VT_2 的栅极等效电容。

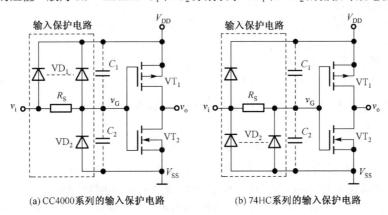

(a) CC4000 系列的输入保护电路　　　　　(b) 74HC 系列的输入保护电路

图 2-64　CMOS 反相器的输入保护电路

在输入信号电压的正常工作范围内（$0 \leqslant v_i \leqslant V_{DD}$），输入保护电路不起作用。

若二极管的正向导通压降为 V_{DF}，则当 $v_i > V_{DD} + V_{DF}$ 时，VD_1 导通，将 VT_1 和 VT_2 的栅极电位 v_G 钳

位在 $V_{DD}+V_{DF}$，保证加到 C_2 上的电压不超过 $V_{DD}+V_{DF}$。而当 $v_i<0.7V$ 时，VD_2 导通，将栅极电位 v_G 钳位在 $-V_{DF}$，保证加到 C_1 上的电压也不会超过 $V_{DD}+V_{DF}$。因为 4000 系列 CMOS 集成电路使用的 V_{DD} 不超过 18V，所以加到 C_1 和 C_2 上的电压不会超过允许的耐压极限。

在输入端出现瞬时的过冲电压使 VD_1 或 VD_2 发生击穿的情况下，只要反向击穿电流不过大，而且持续时间很短，那么在反向击穿电压消失后，VD_1 和 VD_2 的 PN 结仍可恢复工作。

当然，这种保护措施是有一定限度的。通过 VD_1 或 VD_2 的正向导通电流过大或反向击穿电流过大，都会损坏输入保护电路，进而使 MOS 管栅极被击穿。因此，在可能出现上述情况时，还必须（在管子外部）采取一些附加的保护措施，并注意器件的正确使用方法。

根据图 2-64(a)所示的输入保护电路，可以画出它的输入特性曲线如图 2-65(a)所示，在 $-V_{DF}<v_i<V_{DD}+V_{DF}$ 范围内，输入电流 $i_i \approx 0$。当 $v_i>V_{DD}+V_{DF}$ 以后，i_i 迅速增大。而在 $v_i<-V_{DF}$ 以后，VD_2 经 R_S 导通，i_i 的绝对值随 v_i 绝对值的增大而加大，二者绝对值的增大近似呈线性关系，变化的斜率由 R_S 决定。

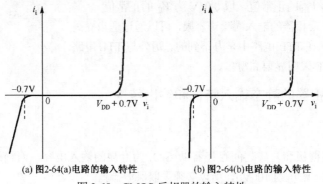

(a) 图2-64(a)电路的输入特性　　　　(b) 图2-64(b)电路的输入特性

图 2-65　CMOS 反相器的输入特性

图 2-64(b)所示是另一种常见于 74HC 系列 CMOS 器件中的输入保护电路，它的输入特性如图 2-65(b)所示。图 2-64(b)的输入端采用了改进的输入保护电路，由于多晶硅电阻 R_S 和分布二极管 VD_2 的引入，静电保护更为有效。

2．输出特性

（1）低电平输出特性

当输出为低电平，即 $v_o=V_{OL}$ 时，反相器的 P 沟道管（VT_1）截止，N 沟道管（VT_2）导通，工作状态如图 2-66 所示。这时负载电流 I_{OL} 从负载电路注入 VT_2（称为灌电流），输出电平随 I_{OL} 的增加而提高，如图 2-67 所示。因为这时的 V_{OL} 就是 v_{DS2}，I_{OL} 就是 i_{D2}，所以 V_{OL} 与 I_{OL} 的关系曲线实际上就是 VT_2 的漏极特性曲线。从曲线上还可以看到，由于 VT_2 的导通内阻（$R_{DS2(on)}$）与 v_{GS2} 的大小有关，v_{GS2} 越大，导通内阻 $R_{DS2(on)}$ 越小，所以同样的 I_{OL} 值下 V_{DD} 越高，VT_2 导通时的 v_{GS2} 越大，V_{OL} 也越低。

（2）高电平输出特性

当输出为高电平，即 $v_o=V_{OH}$ 时，P 沟道管 VT_1 导通而 N 沟道管 VT_2 截止，电路的工作状态如图 2-68 所示。这时的负载电流 I_{OH} 是从门电路的输出端流出的（称为拉电流），与规定的负载电流正方向相反（规定的参考正方向是由外向内的），在图 2-69 所示的输出特性曲线上为负值。

由图 2-68 可见，这时 V_{OH} 的数值等于 V_{DD} 减去 VT_1 的导通压降。随着负载电流的增加，VT_1 的导通压降加大，V_{OH} 下降。如前所述，因为 MOS 管的导通内阻与 v_{GS} 的大小有关，所以在同样的 I_{OH} 值下 V_{DD} 越高，则 VT_1 导通时 v_{GS1} 越负，它的导通内阻越小，V_{OH} 也就下降得越少，如图 2-69 所示。

CC4000 系列门电路的性能参数规定，当 $V_{DD}>5V$，而且输出电流不超出允许范围时，$V_{OH} \geqslant 0.95V_{DD}$，$V_{OL} \leqslant 0.05V_{DD}$，因此，可以认为 $V_{OH} \approx V_{DD}$，$V_{OL} \approx 0$。

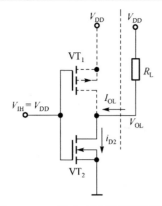

图 2-66 $v_o = V_{OL}$ 时 CMOS 反相器的工作状态

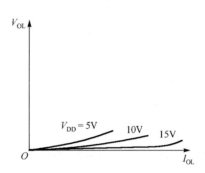

图 2-67 CMOS 反相器的低电平输出特性

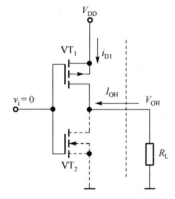

图 2-68 $v_o = V_{OH}$ 时 CMOS 反相器的工作状态

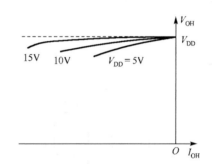

图 2-69 CMOS 反相器的高电平输出特性

2.8.3 CMOS 反相器的动态特性

1. 传输延迟时间

尽管 MOS 管的开关过程中不发生载流子的聚集和消散，但由于集成电路内部电阻、电容的存在以及负载电容的影响，输出电压的变化仍然滞后于输入电压的变化，产生传输延迟时间。尤其因为 CMOS 电路的输出电阻比 TTL 电路的输出电阻大得多，所以负载电容对传输延迟时间和输出电压的上升时间、下降时间的影响更为显著。

此外，由于 CMOS 反相器的输出电阻受 V_{IH} 大小的影响，而通常情况下 $V_{IH} \approx V_{DD}$，因而传输延迟时间也与 V_{DD} 有关，这一点也有别于 TTL 电路。

CMOS 电路的传输延迟时间 t_{PHL} 和 t_{PLH} 是以输入、输出波形对应边上等于最大幅度 50% 的两点间的时间间隔来定义的，如图 2-70 所示。

图 2-71 以 CC4009（六反相器）为例，画出了电源电压 V_{DD} 和负载电容 C_L 对传输延迟时间的影响。

2. 动态功耗

在 CMOS 反相器从一种稳定工作状态突然转变到另一种稳定状态的过程中，将产生附加的功耗，称为动态功耗。

动态功耗由两部分组成：一部分是因为 VT_1 和 VT_2 在短时间内同时导通所产生的瞬时导通功耗 P_T；另一部分是对负载电容 C_L 充、放电所消耗的功率 P_C。

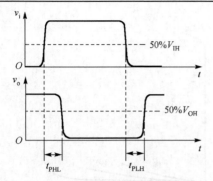

图 2-70　CMOS 反相器传输延迟时间的定义

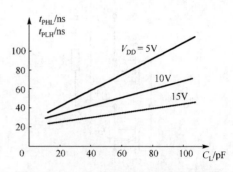

图 2-71　V_{DD} 和 C_L 对传输延迟时间的影响

首先来看负载电容 C_L 充、放电所消耗的功率 P_C。在实际使用 CMOS 反相器时，输出端不可避免地会接有负载电容 C_L，如图 2-72 所示。C_L 可能是下一级反相器的输入电容，也可能是其他负载电路的电容和接线电容。

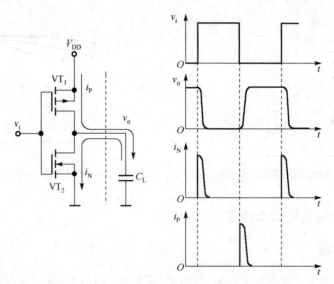

图 2-72　CMOS 反相器对负载电容的充、放电电流

当输入电压由高电平跳变为低电平时，VT_1 导通、VT_2 截止，V_{DD} 经 VT_1 向 C_L 充电，产生充电电流 i_P。而当输入电压由低电平跳变为高电平时，VT_2 导通、VT_1 截止，C_L 通过 VT_2 放电，产生放电电流 i_N。根据图 2-72 所示的波形（假设为方波），可以写出 i_N 和 i_P 所产生的平均功耗为

$$P_C = \frac{1}{T}\left[\int_0^{T/2} i_N v_o \mathrm{d}t + \int_{T/2}^{T} i_P (V_{DD} - v_o)\mathrm{d}t\right] \tag{2-20}$$

其中

$$i_N = -C_L \frac{\mathrm{d}v_o}{\mathrm{d}t} \tag{2-21}$$

$$i_P = C_L \frac{\mathrm{d}v_o}{\mathrm{d}t} = -C_L \frac{\mathrm{d}(V_{DD} - v_o)}{\mathrm{d}t} \tag{2-22}$$

故得到

$$P_C = \frac{1}{T}\left[C_L \int_{V_{DD}}^{0} -v_o dt + C_L \int_{V_{DD}}^{0} -(V_{DD}-v_o)d(V_{DD}-v_o) \right]$$

$$= \frac{C_L}{T}\left[\frac{1}{2}V_{DD}^2 + \frac{1}{2}V_{DD}^2 \right] \tag{2-23}$$

$$= C_L f V_{DD}^2$$

式中，$f = \dfrac{1}{T}$，为输入信号的重复频率。

式（2-23）说明，对负载电容充、放电所产生的功耗与负载电容的电容量、信号重复频率以及电源电压的平方成正比。

下面再来计算瞬时导通功耗 P_T。如果取 $V_{DD} > V_{GS(th)N} + |V_{GS(th)P}|$，$V_{IH} \approx V_{DD}$，$V_{IL} \approx 0$，那么在 v_i 从 V_{IL} 过渡到 V_{IH} 和从 V_{IH} 过渡到 V_{IL} 的过程中，都将经过短时间的 $V_{GS(th)N} < v_i < V_{DD} - |V_{GS(th)P}|$ 的状态。在此状态下，VT_1 和 VT_2 同时导通，有瞬时导通电流 i_T 流过 VT_1 和 VT_2，如图 2-73 所示。i_T 的平均值应为

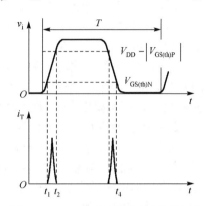

图 2-73　CMOS 反相器的瞬时导通电流

$$I_{TAV} = \frac{1}{T}\left(\int_{t_1}^{t_2} i_T dt + \int_{t_3}^{t_4} i_T dt \right) \tag{2-24}$$

由此可求出瞬时导通功耗为

$$P_T = V_{DD}I_{TAV} \tag{2-25-a}$$

从图 2-73 所示的电流波形图上可以看出，I_{TAV} 与输入信号的上升时间、下降时间和重复频率有关。输入信号重复频率越高，上升时间和下降时间越长，P_T 值越大。同时，V_{DD} 越高，P_T 也越大。

上文中关于瞬时导通功耗 P_T 的阐述见于较早的教材和资料中，从上文阐述可见，P_T 与输入信号频率有关，输入信号重复频率越高，P_T 也越大。而在较新的教材和资料中引入了功耗电容 C_{PD} 的概念，功耗电容 C_{PD} 的引入，也使上文中"I_{TAV} 与输入信号的上升时间、下降时间和重复频率有关。输入信号重复频率越高，上升时间和下降时间越长"这句话十分容易理解了。"功耗电容 C_{PD}"概念是近几年来从 CMOS 集成电路设计领域借鉴来的。

从图 2-73 可以看出，瞬时导通功耗 P_T 和电源电压 V_{DD}、输入信号 V_I 的重复频率 f 以及电路内部参数（即指功耗电容 C_{PD}）有关。仿照式（2-23）的推导，较新的关于瞬时导通功耗 P_T 的数值可以用式（2-25-b）计算

$$P_T = C_{PD} f V_{DD}^2 \tag{2-25-b}$$

C_{PD} 称为功耗电容，它的具体数值由器件制造商给出。需要说明的是，C_{PD} 并不是一个实际的电容，而仅是用来计算空载（没有外接负载）瞬时导通功耗的等效参数；而且，只有在输入信号的上升时间和下降时间小于器件手册中规定的最大值时，C_{PD} 的参数才是有效的。74HC 系列门电路的 C_{PD} 数值通常为 20pF 左右。

结论 1：比较式（2-25-a）和式（2-25-b）可见，式（2-25-b）的实际意义更明显——瞬时导通功耗 P_T 与功耗电容 C_{PD}、开关频率 f 以及电源电压 V_{DD} 的平方成正比。

如果用 P_D 表示总的动态功耗，则有

$$P_D = P_T + P_C \tag{2-26-a}$$

如果用式（2-25-b），则总的动态功耗 P_D 表示为

$$P_D = P_T + P_C$$
$$= (C_{PD} + C_L)fV_{DD}^2$$

（2-26-b）

结论 2：比较式（2-26-a）和式（2-26-b）可见，式（2-26-b）的实际意义更明显——总的动态功耗 P_D 与总电容（功耗电容 C_{PD}+负载电容 C_L）、开关频率 f 以及电源电压 V_{DD} 的平方成正比。

CMOS 反相器工作时的全部功耗 P_{TOT} 应等于动态功耗 P_D 和静态功耗 P_S 之和。前面已经讲过，静态下无论输入电压是高电平还是低电平，VT_1 和 VT_2 总有一个是截止的。因为 VT_1 或 VT_2 截止时的漏电流极小，所以这个电流产生的功耗可以忽略不计。由前述可知，在实际的反相器电路中不仅有输入保护二极管，还存在着寄生二极管。这些二极管的反向漏电流比 VT_1 或 VT_2 截止时的漏电流要大得多，它们构成了电源静态电流的主要成分。

因为这些二极管都是 PN 结型的，它们的反向电流受温度影响比较大，所以 CMOS 反相器的静态功耗也随温度的改变而变化。

静态功耗通常是以指定电源电压下的静态漏电流的形式给出的。按照规定，国产 CC4000 系列 CMOS 反相器在常温（+25℃）下的静态电源电流不超过 1μA。可见，在工作频率较高的情况下，CMOS 反相器的动态功耗要比静态功耗大得多，这时的静态功耗可以忽略不计。

【例 2-5】 计算 CMOS 反相器的总功耗 P_{TOT}。已知 V_{DD}=15V，静态电源电流 $I_{DD} \leqslant$ 1μA，负载电容 C_L=60pF。输入信号为理想的矩形波，重复频率 f= 100kHz。

解： 因为输入为理想矩形波，它的上升时间和下降时间均等于零，所以瞬时导通功耗 P_T 为零（注：实际应用中如果输入不是理想矩形波，则瞬时导通功耗 P_T 不能为零），故 $P_D = P_C$。

根据式（2-23）得到

$$P_C = C_L f V_{DD}^2$$
$$= 60 \times 10^{-12} \times 10^5 \times 15^2 \text{W}$$
$$= 1.35 \text{mW}$$

而静态功耗为

$$P_S = I_{DD} \times V_{DD}$$
$$= 10^{-6} \times 15 \text{W}$$
$$= 0.015 \text{mW}$$

故得到总的功耗为

$$P_{TOT} = P_D + P_S = 1.37 \text{mW}$$

可见，在本例的条件下，P_D 远大于 P_S，可以将 P_S 忽略不计。

2.8.4 其他类型的 CMOS 门电路

（1）其他逻辑功能的 CMOS 门电路

在 CMOS 门电路的系列产品中，除反相器外，常用的还有或非门、与非门、或门、与门、与或非门、异或门等几种。

为了画图的方便，并能突出电路中与逻辑功能有关的部分，以后在讨论各种逻辑功能的门电路时，就不再画出每个输入端的保护电路了。

图 2-74 所示是 CMOS 与非门的基本结构形式，它由两个并联的 P 沟道增强型 MOS 管 VT_1、VT_3 和两个串联的 N 沟道增强型 MOS 管 VT_2、VT_4 组成。

　　当 $A=1$、$B=0$ 时，VT_3 导通、VT_4 截止，故 $Y=1$。而当 $A=0$、$B=1$ 时，VT_1 导通、VT_2 截止，也使 $Y=1$。只有在 $A=B=1$ 时，VT_1 和 VT_3 同时截止、VT_2 和 VT_4 同时导通，才有 $Y=0$。因此，Y 和 A、B 间是与非关系，即 $Y=\overline{A \cdot B}$（简记：CMOS 与非门"上并下串"）。

　　图 2-75 所示是 CMOS 或非门的基本结构形式，它由两个并联的 N 沟道增强型 MOS 管 VT_2、VT_4 和两个串联的 P 沟道增强型 MOS 管 VT_1、VT_3 组成。

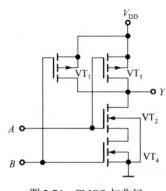
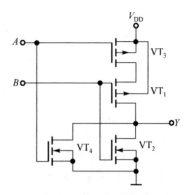

图 2-74　CMOS 与非门　　　　　　　　　　　图 2-75　CMOS 或非门

　　在这个电路中，只要 A、B 当中有一个是高电平，输出就是低电平。只有当 A、B 同时为低电平时，才使 VT_2 和 VT_4 同时截止、VT_1 和 VT_3 同时导通，输出为高电平。因此，Y 和 A、B 间是或非关系，即 $Y=\overline{A+B}$（简记：CMOS 或非门"上串下并"）。

　　利用与非门、或非门和反相器，又可组成与门、或非、与或非门、异或门等，这里就不一一列举了。

　　（2）带缓冲级的 CMOS 门电路

　　图 2-74 所示的与非门电路虽然结构很简单，但也存在着严重的缺点。

　　首先，它的输出电阻 R_O 受输入端状态的影响。假定每个 MOS 管的导通内阻均为 R_{ON}，截止内阻 $R_{OFF} \approx \infty$，则根据前面对图 2-74 的分析可知：

　　若 $A=B=1$，则 $R_O=R_{ON2}+R_{ON4}=2R_{ON}$；

　　若 $A=B=0$，则 $R_O=R_{ON1}//R_{ON3}=\dfrac{1}{2}R_{ON}$；

　　若 $A=1$、$B=0$，则 $R_O=R_{ON3}=R_{ON}$；

　　若 $A=0$、$B=1$，则 $R_O=R_{ON1}=R_{ON}$。

　　可见，输入状态的不同可以使输出电阻相差 4 倍之多。

　　其次，输出的高、低电平受器件输入端数目的影响。输入端数目越多，串联的驱动管数目也越多，输出的低电平 V_{OL} 也越高。而当输入全部为低电平时，输入端越多，负载管并联的数目越多，输出高电平 V_{OH} 也越高。

　　此外，输入端工作状态不同时，对电压传输特性也有一定的影响。在图 2-75 所示的或非门电路中也存在类似的问题。

　　为了克服这些缺点，在目前生产的 CC4000 系列和 74HC 系列 CMOS 电路中均采用带缓冲级的结构，就是在门电路的每个输入端、输出端各增设一级反相器。加进的这些具有标准参数的反相器称为缓冲器。

　　需要注意的一点是，输入、输出端加进缓冲器以后，电路的逻辑功能也发生了变化。图 2-76 所示的与非电路是在图 2-75 所示或非门电路的基础上增加了缓冲器以后得到的。在原来与非门的基础上增加缓冲级以后就得到了或非门电路，如图 2-77 所示。

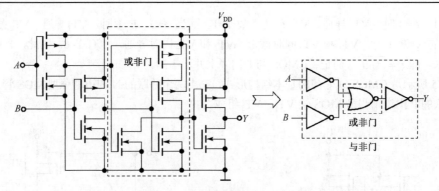

图 2-76　带缓冲级的 CMOS 与非门

这些带缓冲级的门电路其输出电阻、输出的高低电平以及电压传输特性将不受输入端状态的影响；而且，电压传输特性的转折区也变得更陡了。此外，前面讲到的 CMOS 反相器的输入特性和输出特性对这些门电路自然也适用。

注：观察图 2-76 右侧和图 2-77 右侧子图大虚线框与小虚线框的功能，可得到第 1 章所讲的"正逻辑"与"负逻辑"之间的关系。

正逻辑的"或非门" = 负逻辑的"与非门"，正逻辑的"与非门" = 负逻辑的"或非门"。

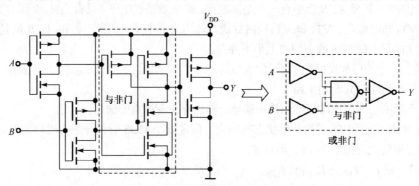

图 2-77　带缓冲级的 CMOS 或非门

（3）漏极开路的门电路（OD 门）

如同 TTL 电路中的 OC 门那样，CMOS 门的输出电路结构也可以做成漏极开路的形式。在 CMOS 电路中，这种输出电路结构经常用在输出缓冲/驱动器当中，或者用于输出电平的变换，以及满足吸收大负载电流的需要。此外也可用于实现线与逻辑。

图 2-78 所示是 CC40107 双 2 输入与非缓冲/驱动器的逻辑图，它的输出电路是一只漏极开路的 N 沟道增强型 MOS 管。在输出为低电平 $V_{OL} < 0.5V$ 的条件下，它能吸收的最大负载电流达 50mA。

如果输入信号的高电平 $V_{IH} = V_{DD1}$，而输出端外接电源为 V_{DD2}，则输出的高电平将为 $V_{OH} \approx V_{DD2}$。这样就把 V_{DD1}-0 的输入信号高、低电平转换成了 0-V_{DD2} 的输出电平了。

计算外接电阻 R_L 的方法已经在介绍 TTL 的 OC 门时讲过，此处不再重复。

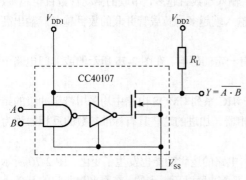

图 2-78　漏极开路输出的与非门 CC40107

注：在数字 IC 厂商实际提供的芯片中有一个"驱动器"的大类，这些驱动器的输出结构大多是采用 OC 门或 OD 门。有的是由几个构成阵列（Driver Array），例如，ULN2003 就是 7 个达林顿 OC 门输出结构，其最大驱动输出电流可达 500mA，输出驱动管的耐压可达 50V，这类"驱动器"的应用十分广泛。

（4）CMOS 传输门和双向模拟开关

利用 P 沟道 MOS 管和 N 沟道 MOS 管的互补性可以接成图 2-79 所示的 CMOS 传输门。CMOS 传输门如同 CMOS 反相器一样，也是构成各种逻辑电路的一种基本单元电路。

图 2-79 中的 VT_1 是 N 沟道增强型 MOS 管，VT_2 是 P 沟道增强型 MOS 管。因为 VT_1 和 VT_2 的源极和漏极在结构上是完全对称的，所以栅极的引出端画在栅极的中间。VT_1 和 VT_2 的源极和漏极分别相连，作为传输门的输入端和输出端，C 和 $\overline{C}$ 是一对互补的控制信号。

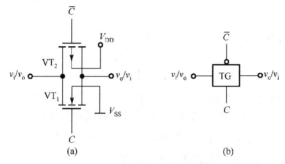

图 2-79　CMOS 传输门的电路结构和逻辑符号

如果传输门的一端接输入正电压 v_i，另一端接负载电阻 R_L，则 VT_1 和 VT_2 的工作状态如图 2-80 所示。

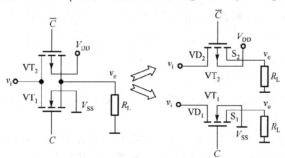

图 2-80　CMOS 传输门中两个 MOS 管的工作状态

设控制信号 C 和 $\overline{C}$ 的高、低电平分别为 V_{DD} 和 0V，那么当 $C = 0$、$\overline{C} = 1$ 时，只要输入信号的变化范围不超出 $0 \sim V_{DD}$，则 VT_1 和 VT_2 同时截止，输入与输出之间呈高阻态（$>10^9\Omega$），传输门截止。

反之，若 $C = 1$、$\overline{C} = 0$，而且在 R_L 远大于 VT_1、VT_2 的导通电阻的情况下，则当 $0 < v_i < V_{DD} - V_{GS(th)N}$ 时，VT_1 将导通，而当 $|V_{GS(th)P}| < v_i < V_{DD}$ 时，VT_2 导通。因此，v_i 在 $0 \sim V_{DD}$ 之间变化时，VT_1 和 VT_2 至少有一个是导通的，使 v_i 与 v_o 两端之间呈低阻态（小于 1kΩ），传输门导通。

由于 VT_1、VT_2 的结构形式是对称的，即漏极和源极可互易使用，因而 CMOS 传输门属于双向器件，它的输入端和输出端也可以互易使用。

利用 CMOS 传输门和 CMOS 反相器可以组合成各种复杂的逻辑电路，如数据选择器、寄存器、计数器等。

传输门的另一个重要用途是作为模拟开关，用来传输连续变化的模拟电压信号，这一点是无法用一般的逻辑门实现的。模拟开关的基本电路是由 CMOS 传输门和一个 CMOS 反相器组成的，如图 2-81 所示。和 CMOS 传输门一样，它也是双向器件，C 为模拟开关控制端。

假定接在模拟开关输出端的电阻为 R_L（如图 2-82 所示），双向模拟开关的导通内阻为 R_{TG}。当模拟开关控制端 $C=0$（低电平）时，开关截止，输出与输入之间的联系被切断，$v_o=0$。

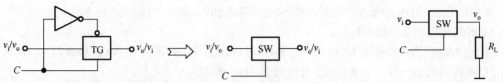

图 2-81　CMOS 双向模拟开关的电路结构和逻辑符号　　　　图 2-82　CMOS 模拟开关接负载电阻的情况

当模拟开关控制端 $C=1$（高电平）时，开关接通，输出电压为

$$v_o = \frac{R_L}{R_L + R_{TG}} v_i \qquad (2-27)$$

将 v_o 与 v_o 的比值定义为电压传输系数 K_{TG}，即

$$K_{TG} = \frac{v_o}{v_i} = \frac{R_L}{R_L + R_{TG}} \qquad (2-28)$$

为了得到尽量大而且稳定的电压传输系数，应使 $R_L \gg R_{TG}$，而且希望 R_{TG} 不受输入电压变化的影响。将式（2-4）重写为式（2-29），由式（2-29）可见，MOS 管的导通内阻 R_{ON} 是栅极电压 v_{GS} 的函数。从图 2-83 可见，VT_1 和 VT_2 的 v_{GS} 都是随 v_i 的变化而变化的。因而在不同的 v_i 值下 VT_1 的导通内阻 R_{ON1}、VT_2 的导通内阻 R_{ON2} 以及它们并联而成的 R_{TG} 皆非常数。

$$R_{DS(ON)}\Big|_{v_{DS}=0} = \frac{1}{2K(v_{GS} - V_{GS(th)})} \qquad (2-29)$$

图 2-83 所示为 R_{ON1}、R_{ON2} 和 R_{TG} 随 v_i 变化的曲线。由于 VT_1 和 VT_2 的互补作用，R_{TG} 的变化较 R_{ON1}、R_{ON2} 的变化明显地减小了。但由于曲线的非线性及不完全对称，还达不到 R_{TG} 基本不变的要求。为了进一步减小 R_{TG} 的变化，很多厂家对电路进行技术改进。采用改进电路的国产 CC4066 四双向模拟开关集成电路在 $V_{DD}=15V$ 下的 R_{TG} 值不大于 240Ω，而且在 v_i 变化时 R_{TG} 基本不变。现在厂家已经可以将 CMOS 模拟开关的导通电阻降低到 20Ω 以下，例如，ADG1612 的典型导通电阻只有 1Ω。

（5）三态输出的 CMOS 门电路

从逻辑功能和应用的角度上讲，三态输出的 CMOS 门电路和 TTL 电路中的三态输出门电路没有什么区别，但是在电路结构上，CMOS 的三态输出门电路要简单得多，而且 CMOS 三态门的高阻态（第三态）电阻要远比 TTL 的高得多。

三态输出的电路结构大体上有以下 3 种形式。

第一种电路结构是在反相器的基础上增加一对 P 沟道和 N 沟道的 MOS 管，如图 2-84 所示。

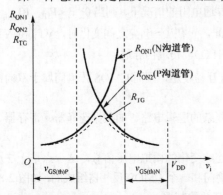

图 2-83　CMOS 模拟开关的电阻特性

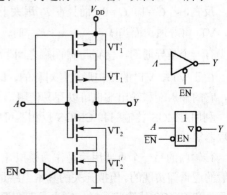

图 2-84　CMOS 三态门（反相器）电路结构之一

当控制端 $\overline{EN}$ =1 时，附加管 VT_1' 和 VT_2' 同时截止，输出呈高阻态。而当 $\overline{EN}$ =0（低有效）时，VT_1' 和 VT_2' 同时导通，反相器正常工作，$Y=\overline{A}$ 。

第二种电路结构是在反相器的基础上增加一个控制管和一个与非门或者或非门而形成的，如图 2-85 所示。

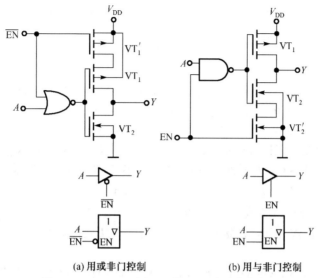

(a) 用或非门控制   (b) 用与非门控制

图 2-85　CMOS 三态门（反相器）电路结构之二

在图 2-85(a)所示电路中，若 $\overline{EN}$ =1，则控制管 VT_1' 截止。这时或非门的输出为 0，VT_2 亦为截止状态，故输出为高阻态。反之，若 $\overline{EN}$ =0，则 VT_1' 导通，门电路正常工作，$Y=A$ ，电路功能为同相器。

在图 2-85(b)所示电路是用与非门和控制管 VT_2' 实现三态控制的。当 EN=0 时，VT_2' 截止，由于这时与非门的输出为高电平，VT_1 也截止，所以输出为高阻态。而当 EN=1 时，VT_2' 导通，门电路正常工作，$Y=A$ ，电路功能为同相器。

第三种电路结构形式是在反相器的输出端串进一个 CMOS 模拟开关，作为输出状态的控制开关，如图 2-86 所示，具体又分为低有效使能和高有效使能两种。

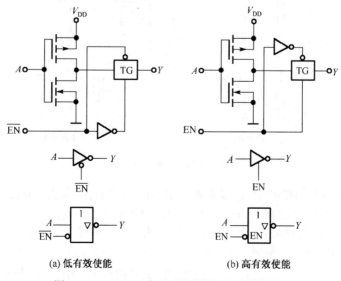

(a) 低有效使能   (b) 高有效使能

图 2-86　CMOS 三态门（反相器）电路结构之三

图 2-86(a)所示为低有效使能的三态反相器。当使能端 $\overline{EN}=1$ 时，传输门 TG 截止，输出为高阻态。而当 $\overline{EN}=0$ 时，TG 导通，反相器的输出通过模拟开关到达输出端，故 $Y=\overline{A}$。

图 2-86(b)为高有效使能的三态反相器。当使能端 EN= 0 时，传输门 TG 截止，输出为高阻态。而当 EN=1 时，TG 导通，反相器的输出通过模拟开关到达输出端，故 $Y=\overline{A}$。

在其他逻辑功能的门电路中也可以采用三态输出结构，这里就不一一列举了。

2.8.5　改进的 CMOS 门电路

（1）高速 CMOS 电路

自 CMOS 电路问世以来，便以其低功耗、高抗干扰能力等突出的优点引起了用户和生产厂商的普遍重视。然而早期生产的 CMOS 器件工作速度较低，使它的应用范围受到了一定的限制。

从早期 CMOS 器件的结构上可以看出，在 MOS 管中存在着一些寄生电容，因而降低了 MOS 管的开关速度。在这些电容中包括栅极对衬底的电容 C_{GB}、漏极对衬底的电容 C_{DB}、源极对衬底的电容 C_{SB}、栅极和漏极间的电容 C_{GD} 以及栅极和源极间的电容 C_{GS} 等。这些电容限制了速度的提高，各厂家采用各种先进技术和工艺来减小这些电容，从而提高器件工作速度。

高速 CMOS 门电路的通用系列为 54HC/74HC 系列。该系列产品的 $V_{DD}=2\sim6V$，可在 2～6V 的电源范围内工作。若使用+5V 电源，则输出的高、低电平与 TTL 电路兼容。

（2）Bi–CMOS 电路

Bi–CMOS 是双极型–CMOS（Bipolar-CMOS）电路的简称。这种门电路的特点是逻辑部分采用 CMOS 结构，输出级采用双极型三极管。因此，它兼有 CMOS 电路的低功耗和双极型电路低输出内阻的优点。

图 2-87 所示是 Bi–CMOS 反相器的两种电路结构形式。图 2-87(a)是结构最简单的一种，其中两个双极型输出管的基极接有下拉电阻。当 $v_i=V_{IH}$ 时，VT_2 和 VT_4 导通，VT_1 和 VT_3 截止，输出为低电平 V_{OL}。当 $v_i=V_{IL}$ 时，VT_1 和 VT_3 导通而 VT_2 和 VT_4 截止，输出为高电平 V_{OH}。

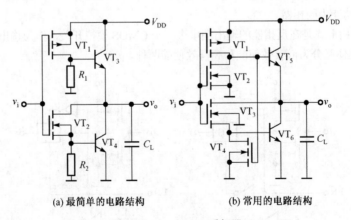

(a) 最简单的电路结构　　　　(b) 常用的电路结构

图 2-87　Bi–CMOS 反相器

为了加快 VT_3 和 VT_4 的截止过程，要求 R_1 和 R_2 的阻值尽量小，而为了降低功耗要求 R_1 和 R_2 的阻值应尽量大，两者显然是矛盾的。为此，目前的 Bi–CMOS 反相器多半采用图 2-87(b)所示的电路结构，以 VT_2 和 VT_4 取代图 2-87(a)中的 R_1 和 R_2，形成有源下拉式结构。当 $v_i=V_{IH}$ 时，VT_2、VT_3 和 VT_6 导通，VT_1、VT_4 和 VT_5 截止，输出为低电平 V_{OL}。当 $v_i=V_{IL}$ 时，VT_1、VT_4 和 VT_5 导通，VT_2、VT_3 和 VT_6 截止，输出为高电平 V_{OH}。由于 VT_5 和 VT_6 的导通内阻很小，所以负载电容 C_L 的充、放电时间

很短，从而有效地减小了电路的传输延迟时间。目前 Bi-CMOS 反相器的传输延迟时间可以减小到 1ns 以下。

Bi-CMOS 与非门、或非门以及其他门的电路原理可参考有关资料或厂家数据手册，自行分析。

2.8.6 CMOS 电路的正确使用

1. 输入电路的静电防护

虽然在 CMOS 电路的输入端内部已经设置了保护电路（保护二极管和限流电阻），但由于保护二极管和限流电阻的几何尺寸有限，它们所能承受的静电电压和脉冲功率均有一定的限度，故需要时可在芯片外部引脚处加接功率大一些的保护二极管，如图 2-88 所示。

CMOS 器件输入阻抗极高，很容易因静电感应将高压静电加到 CMOS 电路的输入端，足以使电路损坏。

为防止由静电电压造成的损坏，应注意以下几点：

（1）在储存和运输 CMOS 器件时，不要使用易产生静电高压的化工材料和化纤织物包装，最好采用金属屏蔽层、碳纤维材料或含碳粉的泡沫塑料等作为包装材料。

（2）组装、调试时，应使电烙铁和其他工具、仪表、工作台台面等良好接地。操作人员的服装和手套等应选用无静电的原料制作，且操作人员需要戴接地的腕带。

（3）不用的输入端不应悬空，应根据需要接 V_{DD} 或 GND。

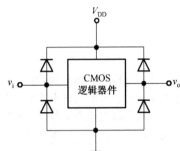

图 2-88 CMOS 电路的输入、输出钳位保护电路

2. 输入电路的过流保护

由于 CMOS 内部输入保护电路中钳位二极管的电流容量有限，一般为 1mA。所以在可能出现较大输入电流的场合必须采取以下保护措施。

（1）输入端接低内阻信号源时，应在输入端与信号源之间接保护电阻 R_P，保证输入保护电路中的二极管导通时电流不超过 1mA，如图 2-89(a) 所示。

（2）输入端接大电容时，亦应在输入端与电容之间接入保护电阻，如图 2-89(b) 所示。

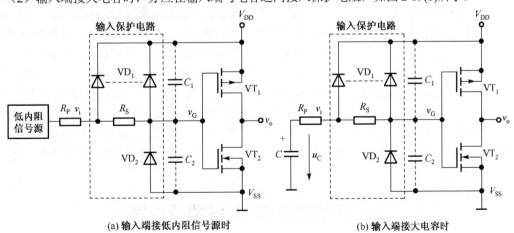

(a) 输入端接低内阻信号源时   (b) 输入端接大电容时

图 2-89 CMOS 输入端过流保护措施

在输入端接有大电容的情况下，若电源电压突然降低（$V_{DD}\downarrow$）或关掉（$V_{DD}=0V$），则电容 C 上积存的电荷将通过保护二极管 VD_1 向电源 V_{DD} 放电，形成较大的瞬态电流。串接进电阻 R_P 以后，可以

限制这个放电电流不超过 1mA。R_P 的阻值可按 $R_P=u_C / 1mA$ 计算。此处 u_C 表示输入端外接电容 C 上的电压（单位 V）。

（3）输入端经长线接入时，应在门电路的输入端接入保护电阻 R_P，如图 2-90 所示。

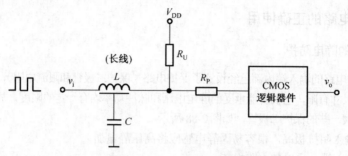

图 2-90　输入端经长线接入时的输入端保护

因为长线上不可避免地伴随有分布电容和分布电感，所以当输入信号发生突变时，只要门电路的输入阻抗与长线的阻抗不匹配，则必然会在 CMOS 电路的输入端产生附加的正、负振荡脉冲。尤其是当入射波与反射波叠加时，后果更加严重，因此，需串接 R_P 限流。根据经验，R_P 的阻值可按 $R_P=V_{DD} / 1mA$ 计算。输入端的长线长度大于 10m 以后，长度每增加 10m，R_P 的阻值应增加 $1k\Omega$。

3. CMOS 电路锁定效应的防护

锁定效应（Latch-up），或称为可控硅效应（Silicon Controlled Rectifier），是 CMOS 电路中的一个特有问题，发生锁定效应以后往往会造成器件的永久失效（详细机理分析此处略）。

现在的高速 CMOS 电路中，通过改进版图设计和生产工艺，已经能够基本消除锁定效应的发生。但在使用 CMOS 器件时还是小心谨慎为好，可采取以下防护措施。

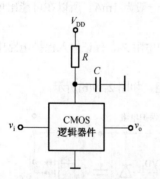

图 2-91　CMOS 电路的电源退耦保护

（1）在输入端和输出端设置钳位电路，以确保 v_i 和 v_o 不会超过上述的规定范围，如图 2-88 所示。图中的二极管通常选用导通压降较低的锗二极管或肖特基势垒二极管。

（2）若考虑经 V_{DD} 可能出现或引入瞬时高压时，在 CMOS 器件的电源输入端（电源引脚处）加退耦电路，如图 2-91 所示。在退耦电阻 R 选得足够大的情况下，还可以将电源电流限制在锁定状态的维持电流以下，即使有触发电流流入 VT_1 或 VT_2，自锁状态也不能维持下去，从而避免了锁定效应的发生。这种方法的缺点是降低了电源的利用率和增加了额外功耗。

（3）当系统由几个电源分别供电时，各电源的开、关顺序必须合理。启动时应先接通 CMOS 电路的供电电源，然后再接通输入信号和负载电路的电源。关机时应先关掉信号源和负载的电源，再切断 CMOS 电路的电源。

2.9　其他类型的 MOS 集成电路

若按照技术发展的先后时序，NMOS 和 PMOS 器件是先于 CMOS 器件出现的。但现在很少有 NMOS 和 PMOS 器件以及它们的应用，其中 NMOS 电路和器件的优点较 PMOS 的多，需要时可再进一步了解有关资料，此处不赘述。

习 题

2.1 图 P2-1(a)中门 G_1、G_2、G_3 输入端 A、B 的逻辑信号电压波形如图 P2-1(b)所示,试画出 G_1、G_2、G_3 各门输出端 Y_1、Y_2、Y_3 的电压信号波形。

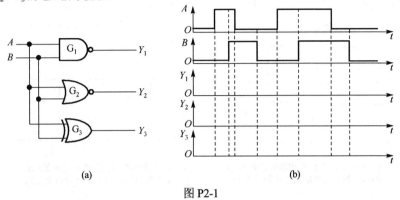

图 P2-1

2.2 图 P2-2(a)中门 G_1、G_2、G_3 输入端 A、B 的逻辑信号电压波形如图 P2-2(b)所示,请画出 G_1、G_2、G_3 各门输出端 Y_1、Y_2、Y_3 的电压信号波形。现在扩展一下思维,如果将 A 端看做信号输入端,B 端看做控制端,仔细观察 Y_1、Y_2、Y_3 与 A、B 的逻辑关系,可以得到什么结论(注:该结论在实际逻辑电路设计中是十分有用的)?

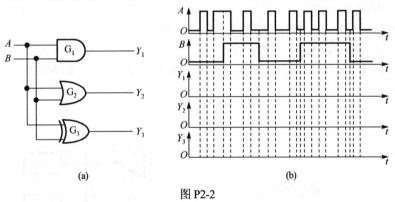

图 P2-2

2.3 写出图 P2-3 所示电路中输出 Y 和 F 的逻辑表达式。

2.4 如图 P2-4 所示,若仅使信号 A_1 传递到 Y 端,并且有 $Y=A_1$。问:两个三态反相器的使能端 E_1、E_2 和异或门的 C 端应该各自接什么电平?

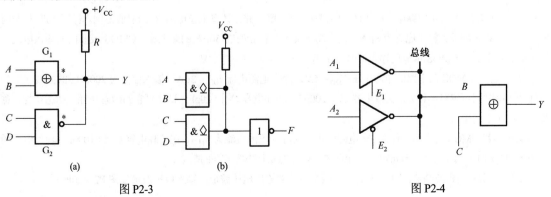

图 P2-3   图 P2-4

2.5　试画出图 P2-5(a)所示逻辑电路在两种情况下的输出电压波形：

（1）不考虑所有门的传输延迟时间 t_{pd}（画在图 P2-5(b)中）；

（2）考虑每个门都有传输延迟时间 t_{pd}（画在图 P2-5(c)中）。

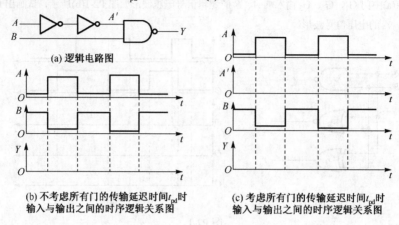

(a) 逻辑电路图

(b) 不考虑所有门的传输延迟时间 t_{pd} 时
输入与输出之间的时序逻辑关系图

(c) 考虑所有门的传输延迟时间 t_{pd} 时
输入与输出之间的时序逻辑关系图

图 P2-5

2.6　如图 P2-6 所示，用 OC 门反相器 7406 驱动发光二极管（LED），设 OC 门的输出级三极管饱和导通时压降 U_{CES}=0.3V，LED 的额定工作电流 I_D 为 10mA，压降 U_D 为 1.1V。求：

（1）LED 的限流电阻 R 的值；

（2）若要使 LED 点亮，输入逻辑信号 A 应为高电平还是低电平？

2.7　如图 P2-7 所示，若仅使信号 A_1 传递到 Y_2，问：

（1）三态门使能端 E_1、E_2 和传输门控制端 C_1、C_2 应该各自接什么电平（在图上标出即可）？

（2）Y_2 与 A_1 之间是什么逻辑关系？即 Y_2=?

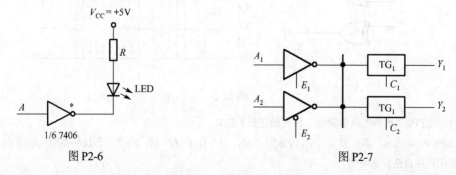

图 P2-6　　　　　　　　　　图 P2-7

2.8　在图 P2-8 所示电路中，用 TTL 电路驱动 CMOS 电路，计算上拉电阻 R_L 的取值范围。已知 TTL 与非门的 $V_{OL} \leqslant 0.3V$ 时的最大输出电流为 8μA，输出端下臂 VT_1 截止时有 50μA 的漏电流。CMOS 或非门的输入电流可以忽略。要求加到 CMOS 或非门输入端的电压满足 $V_{IH} \geqslant 4V$，$V_{IL} \leqslant 0.3V$。

2.9　已知 CMOS 门电路的电源电压 $V_{DD} = 5V$，静态电源电流 $I_{DD} = 2μA$，输入信号为 200kHz 的方波（上升时间和下降时间可忽略不计），负载电容 $C_L = 200pF$，功耗电容 $C_{PD} = 20pF$，试计算它的静态功耗、动态功耗、总功耗和电源平均电流。

2.10　若 CMOS 门电路工作在 5V 电源电压下的静态电源电流为 5μA，在负载电容 C_L 为 100pF、输入信号频率为 500kHz 时的总功耗为 1.56mW，试计算该门电路的功耗电容 C_{PD} 的数值。

2.11　试画出图 P2-9(a)、图 P2-9(b)所示两个电路的输出电压波形。输入电压波形如图 P2-9(c)所示。

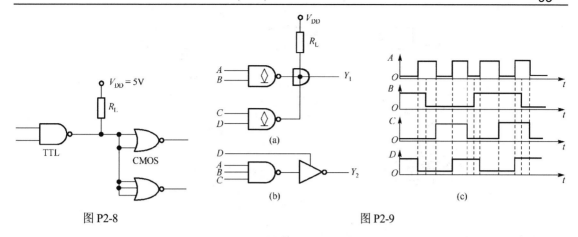

图 P2-8   图 P2-9

2.12　在图 P2-10 所示电路中，G_1 和 G_2 是两个 OD 输出结构的与非门 74HC03。74HC03 输出端 MOS 管截止时的漏电流 $I_{OH(max)}=5\mu A$；导通时允许的最大负载电流 $I_{OL(max)}=5.2mA$，这时对应的输出电压 $V_{OL(max)}=0.33V$。负载门 $G_3\sim G_5$ 是三输入端或非门 74HC27，每个输入端的高电平输入电流最大值 $I_{IH(max)}=1\mu A$，低电平输入电流最大值 $I_{IL(max)}=-1\mu A$。试求在 $V_{DD}=5V$ 且满足 $V_{OH}\geq 4.4V$、$V_{OL}\leq 0.33V$ 的情况下，R_L 取值的允许范围，并写出线与输出 Y 和输入 A、B、C、D 之间的逻辑关系。

2.13　在图 P2-11 所示的三极管开关电路中，若输入信号 v_i 的高、低电平分别为 $V_{IH}=5V$、$V_{IL}=0V$，试计算在图中标注的参数下能否保证 $v_i=V_{IH}$ 时三极管饱和导通、$v_i=V_{IL}$ 时三极管可靠地截止。三极管的饱和导通压降 $V_{CE(sat)}=0.1V$，饱和导通电阻 $R_{CE(sat)}=20\Omega$。如果参数配合不当，则在电源电压和 R_C 不变的情况下应如何修改电路参数？

2.14　在图 P2-12 所示的电路中，试计算当输入端 v_i 分别接 0V、5V 和悬空时输出电压 v_o 的数值，并指出三极管工作在什么状态。假定三极管导通以后 $V_{BE}\approx 0.7V$，电路参数如图中所注。

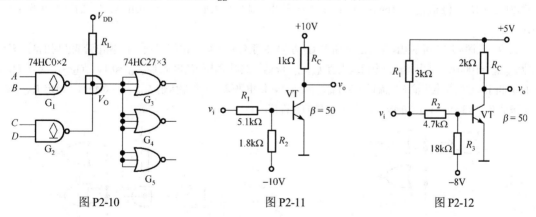

图 P2-10   图 P2-11   图 P2-12

2.15　指出图 P2-13 中各门电路的输出是什么状态（高电平、低电平或高阻态）。已知这些门电路都是 74 系列 TTL 电路。

2.16　说明图 P2-14 中各门电路的输出是高电平还是低电平？已知它们都是 74HC 系列的 CMOS 电路。

2.17　在图 P2-15 所示的由 74 系列 TTL 与非门组成的电路中，计算门 G_M 能驱动多少同样的与非门。要求 G_M 输出的高、低电平满足 $V_{OH}\geq 3.2V$，$V_{OL}\leq 0.4V$。与非门的输入电流 $I_{IL}\leq -1.6mA$，$I_{IH}\leq 40\mu A$。$V_{OL}\leq 0.4V$ 时输出电流最大值 $I_{OL(max)}=16mA$，$V_{OH}\geq 3.2V$ 时输出电流最大值 $I_{OH(max)}=-0.4mA$。G_M 的输出电阻可忽略不计。

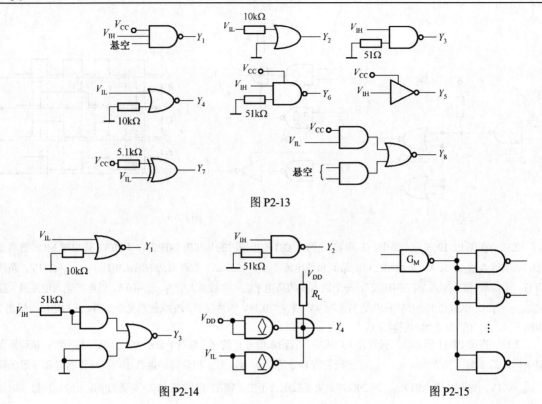

图 P2-13

图 P2-14　　　　　　　　　　　　　　图 P2-15

2.18　在图 P2-16 所示的由 74 系列或非门组成的电路中，试求门 G_M 能驱动多少同样的或非门。要求 G_M 输出的高、低电平满足 $V_{OH} \geqslant 3.2V$，$V_{OL} \leqslant 0.4V$。或非门每个输入端的输入电流 $I_{IL} \leqslant -1.6mA$，$I_{IH} \leqslant 40\mu A$，$V_{OL} \leqslant 0.4V$ 时输出电流的最大值 $I_{OL(max)} = 16mA$，$V_{OH} \geqslant 3.2V$ 时输出电流的最大值 $I_{OH(max)} = -0.4mA$。G_M 的输出电阻可忽略不计。

2.19　在图 P2-17 所示电路中，已知 G_1 和 G_2 为 74LS 系列 OC 输出结构的与非门，输出管截止时的漏电流最大值 $I_{OH(max)}=100\mu A$，低电平输出电流最大值 $I_{OL(max)}=8mA$，这时输出的低电平 $V_{OL(max)}=0.4V$。$G_3 \sim G_5$ 是 74LS 系列的或非门，它们高电平输入电流最大值 $I_{IH(max)}=20\mu A$，低电平输入电流最大值 $I_{IL(max)} = -0.4mA$。给定 $V_{CC}=5V$，要求满足 $V_{OH} \geqslant 3.4V$，$V_{OL} \leqslant 0.4V$，试求 R_L 取值的允许范围。

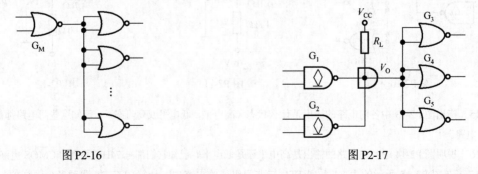

图 P2-16　　　　　　　　　　　　　　图 P2-17

2.20　图 P2-18 所示是一个继电器线圈 J 的驱动电路。要求在 $v_i = V_{IH}$ 时三极管 VT 截止，而 $v_i = 0V$ 时三极管 VT 饱和导通。已知 OC 门输出管截止时的漏电流 $I_{OH} \leqslant 100\mu A$，导通时允许流过的最大电流 $I_{OL(max)}=10mA$，管压降小于 0.1V，导通内阻小于 20Ω。三极管放大倍数 $\beta=50$，饱和导通压降 $V_{CE(sat)}=0.1V$，饱和导通内阻 $R_{CE(max)}=20\Omega$。继电器 J 的线圈内阻为 240Ω，电源电压 $V_{CC}= +12V$，$V_{EE}=-8V$，$R_2=3.2k\Omega$，$R_3=18k\Omega$，试求 R_1 的阻值范围。

2.21 图 P2-19 是用 TTL 电路驱动 CMOS 电路的实例，试计算上拉电阻 R_L 的取值范围。TTL 与非门在 $V_{OL} \leqslant 0.3V$ 时的最大输出电流为 8mA，输出端的 VT_5 截止时有 50μA 的漏电流。CMOS 或非门的高电平输入电流最大值和低电平输入电流最大值均为 1μA。要求加到 CMOS 或非门输入端的电压满足 $V_{IH} \geqslant 4V$，$V_{IL} \leqslant 0.3V$。给定电源电压 $V_{DD}=5V$。

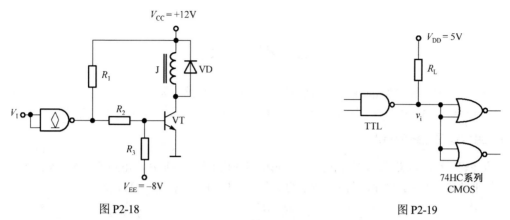

图 P2-18   图 P2-19

2.22 试说明在下列各种门电路中，哪些可以将输出端并联使用（输入端的状态不一定相同）：

（1）具有推拉（图腾柱）式输出级的 TTL 电路；

（2）TTL 电路的 OC 门；

（3）TTL 电路的三态输出门；

（4）互补输出结构的 CMOS 门；

（5）CMOS 电路的 OD 门；

（6）CMOS 电路的三态输出门。

第3章 组合逻辑电路

3.1 概 述

在数字系统中，根据逻辑功能的不同特点，可以将数字电路分为两大类：一类称为组合逻辑电路（简称组合电路），另一类称为时序逻辑电路（简称时序电路）。本章讨论组合逻辑电路的工作情况。

1. 组合逻辑电路的特点

组合逻辑电路的定义是：在任何时刻，逻辑电路的输出状态只取决于电路各输入状态的组合，而与电路原来的状态无关。例如，图 3-1 所示的组合逻辑电路图，其逻辑函数式为

$$Y_1 = \overline{\overline{AB} \cdot \overline{BC}}$$
$$Y_2 = \overline{BC}$$

在任何时刻，只要输入变量 A、B、C 取值确定，则输出 Y_1、Y_2 也随之确定，与以前的工作状态无关。

根据组合逻辑电路的输出状态与其原来的状态无关可推知：电路中不应该包含记忆性元器件，并且输出端与输入端之间没有任何反馈电路或者反馈连线。

对于任何一个如上所述的多输入、多输出的组合逻辑电路，都可以用图 3-2 所示的框图表示。图中 $A_1, A_2, \cdots, A_n$ 表示输入变量，$Y_1, Y_2, \cdots, Y_m$ 表示输出变量。输出与输入间的逻辑关系可以用一组逻辑函数表示

$$\begin{cases} Y_1 = f_1(A_1, A_2, \cdots, A_n) \\ Y_2 = f_2(A_1, A_2, \cdots, A_n) \\ \qquad \vdots \\ Y_m = f_m(A_1, A_2, \cdots, A_n) \end{cases} \qquad (3\text{-}1)$$

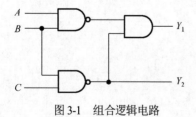

图 3-1 组合逻辑电路

图 3-2 组合逻辑电路示意框图

或者写成向量形式

$$Y = F[A] \qquad (3\text{-}2)$$

式（3-2）表示，任何时刻电路的稳定输出 Y 仅取决于该时刻的输入 A，Y 与 A 的函数关系用 $F[A]$ 来表示。也可以把 $F[A]$ 叫做组合逻辑函数，而把组合逻辑电路看成是这种函数的电路实现。

2. 组合逻辑电路的表示方法

从组合逻辑电路的特点可以看出，第 1 章介绍的逻辑函数都是组合逻辑函数。既然组合电路是逻

辑函数的电路实现，那么用来表示逻辑函数的几种方法——真值表、卡诺图、逻辑函数表达式及波形图等，显然都可以用来表示组合电路的逻辑功能，其中，真值表是最基本的表示方法。

3．组合电路的分类

（1）组合电路按照逻辑功能特点不同，可分为加法器、比较器、编码器、译码器、数据选择器、分配器和只读存储器等。

（2）按照使用的基本开关元件不同，可分为 MOS、TTL 等类型。

（3）按照集成度不同，又可以分为小规模集成电路（Small Scale Integration，SSI）、中规模集成电路（Medium Scale Integration，MSI）、大规模集成电路（Large Scale Integrated，LSI）、超大规模集成电路（Very Large Scale Integrated，VLSI）等，一般按下面的标准划分。

小规模集成电路（SSI）：指每个芯片中只有十几个门以下的集成电路，如一般的门电路等。

中规模集成电路（MSI）：指每个芯片中有几十个到一百个门的集成电路，如本章将要介绍的编码器、译码器、数据选择器及后面章节要学的计数器等。

大规模集成电路（LSI）和超大规模集成电路（VLSI）：指每个芯片中有一百个以上门，甚至多达数以千万个门的集成电路，如计算机的芯片及后面学习的可编程逻辑器件等。

3.2　组合逻辑电路的分析与设计

3.2.1　组合逻辑电路的分析

根据给定的组合逻辑电路，运用逻辑函数来描述它的工作状态，并研究其工作特性和逻辑功能的过程称为组合逻辑电路的分析。

1．组合逻辑电路分析的一般步骤

分析组合逻辑电路的一般步骤如下：

（1）根据给定的逻辑电路，从输入到输出逐级写出逻辑函数表达式，直到写出最后输出端与输入信号的逻辑函数表达式；

（2）利用公式化简法或卡诺图化简法对输出函数进行化简；

（3）根据化简后的逻辑函数表达式列出真值表；

（4）根据真值表和化简后的逻辑函数式对逻辑电路进行分析，最后确定该电路的逻辑功能。

2．组合逻辑电路分析实例

【例 3-1】 已知一个双端输入、双端输出的组合逻辑电路如图 3-3 所示，分析该电路的逻辑功能。

解：（1）根据图 3-3 写出逻辑函数式

$$F_1 = AB \qquad F_2 = \overline{A} + F_1 = \overline{A} + AB \qquad F_3 = \overline{B} + F_1 = \overline{B} + AB$$

$$S = \overline{F_2 F_3} = \overline{(\overline{A} + AB)(\overline{B} + AB)} = A \oplus B$$

$$C = F_1 = AB$$

（2）根据逻辑函数式列出其相应的真值表，如表 3-1 所示。

（3）由真值表 3-1 可知：

当 A、B 都是 0 时，S 为 0，C 为 0；

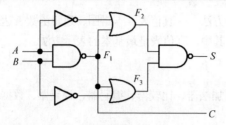

图 3-3　例 3-1 的逻辑电路图

表 3-1　例 3-1 的真值表

A	B	S	C
0	0	0	0
0	1	1	0
1	0	1	0
1	1	0	1

当 A、B 中有一个为 1 时，S 为 1，C 为 0；

当 A、B 都是 1 时，S 为 0，C 为 1。

可知，该电路满足两个数半加的概念：A、B 是两个加数，S 为和数，C 为向高位的进位。所以该电路实现半加的功能。

（4）根据其逻辑函数式或逻辑电路图，可以画出其相应的波形图，如图 3-4 所示。

【例 3-2】　已知逻辑电路如图 3-5 所示，分析该电路的功能。

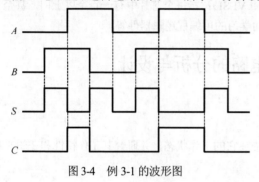

图 3-4　例 3-1 的波形图

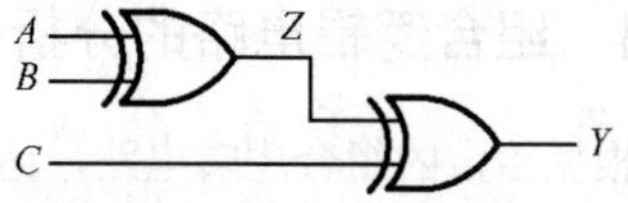

图 3-5　例 3-2 的逻辑电路

表 3-2　例 3-2 的真值表

A	B	C	Z	Y
0	0	0	0	0
0	0	1	0	1
0	1	0	1	1
0	1	1	1	0
1	0	0	1	1
1	0	1	1	0
1	1	0	0	0
1	1	1	0	1

解：（1）首先根据逻辑电路，写出输出端的逻辑函数表达式

$$Z = A \oplus B$$
$$Y = Z \oplus C = (A \oplus B) \oplus C$$

（2）该表达式无须化简和变换，可直接列出真值表，如表 3-2 所示。将 3 个输入变量的 8 种可能的组合一一列出。分别将每一组变量的取值代入逻辑函数表达式，然后算出中间变量 Z 值和输出 Y 值，填入表中。

（3）确定逻辑功能。分析真值表后可知，当输入变量 A、B、C 的取值中有奇数个 1 时，Y 为 1，否则 Y 为 0。

该电路可用于检查 3 位二进制码的奇偶性，当输入电路的二进制码中含有奇数个 1 时，输出为 1，所以称为奇校验电路。

如果在上述电路的输出端再加一级反相器，当输入电路的二进制码中含有偶数个 1 时，输出为 1，则称此电路为偶校验电路。

上面介绍了由小规模集成电路构成的组合电路的分析方法及实例，对于其他器件构成的组合逻辑电路的分析方法相同，在后面讲述有关器件时再一并介绍。

3.2.2　组合逻辑电路的设计

组合逻辑电路的设计是分析的逆过程，它是根据实际给出的逻辑问题，按照一定的设计要求，设计出能够实现这一逻辑功能的逻辑电路。

通常要求设计的电路简单，所用器件的种类和每种器件的数量尽可能少，这就是第 1 章中介绍的用代数法和卡诺图法化简逻辑函数以获得最简的逻辑表达式。为了使用指定的门电路，还可对表达式进行转换。这样设计出来的电路结构紧凑，工作可靠而且经济。

设计选用的器件可以是小规模集成门电路、中规模组合逻辑器件或可编程逻辑器件。本节只以小规模的集成门电路为例进行介绍，其他的器件在介绍相关知识时一并介绍。

1. 组合逻辑电路设计的一般步骤

组合逻辑电路的设计通常按如下步骤进行。

（1）对实际问题进行逻辑抽象，其内容包括：① 根据实际问题的因果关系确定输入、输出变量。一般总是把引起事件的原因定为输入变量，而把事件的结果作为输出变量；② 定义输入、输出变量逻辑状态的含义，定义逻辑状态也叫逻辑赋值，就是将输入变量和输出变量的两种不同状态分别用 0、1 表示，这里 0、1 的具体含义由设计者人为选定。

（2）根据对电路逻辑功能的要求，列出真值表。

（3）由真值表写出逻辑函数表达式，或者直接画出函数的卡诺图。

（4）根据对电路的具体要求和器件的资源情况，选定采用的器件类型。

（5）把逻辑函数化简（一般针对 SSI）或变换（一般针对 MSI），得到所需的最简表达式。

（6）按照最简表达式画出逻辑电路图。

2. 组合逻辑电路设计实例

【例 3-3】 设计一个宿舍灯的控制电路，要求实现的功能是：当宿舍管理员的电源开关闭合时，安装在宿舍每个床位旁的 3 个开关都能独立地将灯打开或熄灭；当宿舍管理员的电源开关断开时，灯不亮。

解：（1）逻辑抽象

输入信号是 4 个开关的状态，输出信号是灯的亮、灭。设用 S 表示宿舍管理员的电源开关，用 A、B、C 表示每个床位旁的 3 个开关，用 0 表示开关断开，用 1 表示开关闭合；灯用 Y 表示，用 0 表示灯不亮，用 1 表示灯亮。

（2）列出真值表

由题意可知，一般地说，4 个开关是不会在同一时刻动作的，反映在真值表中，任何时刻都只会有一个变量改变取值，因此按循环码排列 S、A、B、C 的取值，如表 3-3 所示。

（3）画出卡诺图

从图 3-6 的卡诺图可以看出，只能画独立的圈，即逻辑函数已不能化简。函数表达式为

$$Y = SA\overline{BC} + SABC + S\overline{A}B\overline{C} + S\overline{A}\overline{B}C$$

（4）变换逻辑表达式

$$Y = S(A\overline{\overline{BC}} + ABC + \overline{A}B\overline{C} + \overline{A}\overline{B}C)$$

$$= S[A(\overline{\overline{BC}} + BC) + \overline{A}(B\overline{C} + \overline{B}C)]$$

$$= S(A \oplus B \oplus C)$$

（5）画出逻辑电路图，如图 3-7 所示。

表 3-3　例 3-3 的真值表

S	A	B	C	Y
0	0	0	0	0
0	0	0	1	0
0	0	1	1	0
0	0	1	0	0
0	1	1	0	0
0	1	1	1	0
0	1	0	1	0
0	1	0	0	0
1	1	0	0	1
1	1	0	1	0
1	1	1	1	1
1	1	1	0	0
1	0	1	0	1
1	0	1	1	0
1	0	0	1	1
1	0	0	0	0

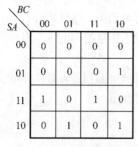

图 3-6　例 3-3 的卡诺图

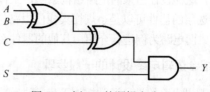

图 3-7　例 3-3 的逻辑电路

【例 3-4】 某工厂有 A、B、C 三台设备，其中 A 和 B 的功率相等，C 的功率是 A 的两倍。这些设备由 X 和 Y 两台发电机供电，发电机 X 的最大输出功率等于 A 的功率，发电机 Y 的最大输出功率是 X 的 3 倍。要求设计一个逻辑电路，能够根据各台设备的运转和停止状态，以最节约能源的方式启、停发电机。

解：（1）逻辑抽象

由题意可知，逻辑电路有 3 个输入变量和两个输出变量。假设 A、B、C 为输入信号，分别表示 A、B、C 三台设备的状态，并设定为 1 时表示设备运转，为 0 时表示设备处于停止状态；输出变量为 X 和 Y，分别表示 X 和 Y 两台发电机的供电状况，并设定为 1 时表示发电机启动，为 0 时表示发电机停止。

（2）根据对电路逻辑功能的要求，列出真值表

由设备功率和发电机输出功率可知，只有 A 或 B 运转时，才需要 X 发电；A、B、C 同时运转时，需要 X 和 Y 同时发电；其他情况只需要 Y 发电。由此得到真值表如表 3-4 所示。

（3）画出卡诺图

由真值表画出卡诺图，如图 3-8 所示。

表 3-4　例 3-4 的真值表

A	B	C	X	Y
0	0	0	0	0
0	0	1	0	1
0	1	0	1	0
0	1	1	0	1
1	0	0	1	0
1	0	1	0	1
1	1	0	0	1
1	1	1	1	1

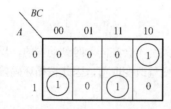

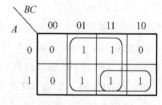

图 3-8　例 3-4 的卡诺图

（4）如果使用与门和或门实现电路，可以用圈 1 法化简得

$$X = \overline{A}B\overline{C} + A\overline{B}\,\overline{C} + ABC$$

$$Y = AB + C$$

（5）根据 X 和 Y 的逻辑表达式，可以画出逻辑电路图如图 3-9 所示。如想全部用与非门实现，则只需将 X 和 Y 的逻辑表达式变换为与非–与非即可。

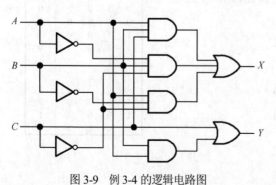

图 3-9　例 3-4 的逻辑电路图

3.3　常用中规模集成组合逻辑电路

前面所述的基本门电路和复合门电路都属于小规模集成电路（SSI），它是在 1960 年出现的，在一块硅片上包含 10～100 个元件或 1～10 个逻辑门。中规模集成电路（MSI）是在 1966 年出现的，在一块硅片上包含 100～1000 个元件或 10～100 个逻辑门。中规模集成电路器件具有标准化程度高、通用性强、体积小、功耗低、设计灵活等特点，广泛应用于数字电路和数字系统的设计中。这类器件主要有编码器、译码器、数据选择器、数据分配器、数值比较器、算术/逻辑运算单元等。下面着重分析它们的工作原理及基本应用方法。

3.3.1　编码器

在数字系统里，常常需要用二进制代码来表示具有特定意义的信息，如十进制数（0、1、2、…、9），字符（A、B、C、D、…、a、b、c、d、…），运算符号（+、−、=）等。用二进制代码表示特定的信息的过程称为编码，实现编码功能的电路称为编码器（Encoder）。编码器分为普通编码器和优先编码器。

1. 普通编码器

普通编码器就是在任何时刻只允许输入一个有效编码信号，否则输出将发生混乱。能够实现用 n 位二进制代码对 2^n 个输入信号进行编码的电路，称为二进制编码器。二进制编码器有 4 线–2 线编码器、8 线–3 线编码器和 16 线–4 线编码器等。下面以 8 线–3 线编码器为例，说明其工作原理。

8 线–3 线编码器有 8 个输入端，3 个输出端。输入有 8 个需要编码的信息，用 I_0、I_1、I_2、…、I_7 表示，高电平有效，输出是 3 位二进制代码 $Y_2 Y_1 Y_0$。图 3-10 所示是 8 线–3 线编码器的结构框图。

当 I_0、I_1、I_2、…、I_7 分别为 1 时，$Y_2 Y_1 Y_0$ 对应输出为 000、001、010、011、100、101、110、111。根据以上逻辑要求，列出真值表如表 3-5 所示。

表 3-5　8 线–3 线编码器真值表

输　　入								输　　出		
I_0	I_1	I_2	I_3	I_4	I_5	I_6	I_7	Y_2	Y_1	Y_0
1	0	0	0	0	0	0	0	0	0	0
0	1	0	0	0	0	0	0	0	0	1
0	0	1	0	0	0	0	0	0	1	0
0	0	0	1	0	0	0	0	0	1	1
0	0	0	0	1	0	0	0	1	0	0
0	0	0	0	0	1	0	0	1	0	1
0	0	0	0	0	0	1	0	1	1	0
0	0	0	0	0	0	0	1	1	1	1

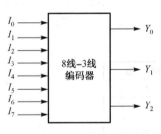

图 3-10　8 线–3 线编码器结构框图

由表 3-5 可以得到对应的逻辑函数式为

$$Y_2 = \overline{I_0}\,\overline{I_1}\,\overline{I_2}\,\overline{I_3}\,I_4\,\overline{I_5}\,\overline{I_6}\,\overline{I_7} + \overline{I_0}\,\overline{I_1}\,\overline{I_2}\,\overline{I_3}\,\overline{I_4}\,I_5\,\overline{I_6}\,\overline{I_7} + \overline{I_0}\,\overline{I_1}\,\overline{I_2}\,\overline{I_3}\,\overline{I_4}\,\overline{I_5}\,I_6\,\overline{I_7} + \overline{I_0}\,\overline{I_1}\,\overline{I_2}\,\overline{I_3}\,\overline{I_4}\,\overline{I_5}\,\overline{I_6}\,I_7$$

$$Y_1 = \overline{I_0}\,\overline{I_1}\,I_2\,\overline{I_3}\,\overline{I_4}\,\overline{I_5}\,\overline{I_6}\,\overline{I_7} + \overline{I_0}\,\overline{I_1}\,\overline{I_2}\,I_3\,\overline{I_4}\,\overline{I_5}\,\overline{I_6}\,\overline{I_7} + \overline{I_0}\,\overline{I_1}\,\overline{I_2}\,\overline{I_3}\,\overline{I_4}\,\overline{I_5}\,I_6\,\overline{I_7} + \overline{I_0}\,\overline{I_1}\,\overline{I_2}\,\overline{I_3}\,\overline{I_4}\,\overline{I_5}\,\overline{I_6}\,I_7$$

$$Y_0 = \overline{I_0}\,I_1\,\overline{I_2}\,\overline{I_3}\,\overline{I_4}\,\overline{I_5}\,\overline{I_6}\,\overline{I_7} + \overline{I_0}\,\overline{I_1}\,\overline{I_2}\,I_3\,\overline{I_4}\,\overline{I_5}\,\overline{I_6}\,\overline{I_7} + \overline{I_0}\,\overline{I_1}\,\overline{I_2}\,\overline{I_3}\,\overline{I_4}\,I_5\,\overline{I_6}\,\overline{I_7} + \overline{I_0}\,\overline{I_1}\,\overline{I_2}\,\overline{I_3}\,\overline{I_4}\,\overline{I_5}\,\overline{I_6}\,I_7$$

根据编码的唯一性，即任何时刻只能对一个输入信号编码，所以，在任何时刻，I_0、I_1、I_2、…、I_7 当中仅有一个取值为 1，其余都为 0，这样就很容易写出输出端 Y_2、Y_1、Y_0 的逻辑表达式。

$$\begin{cases} Y_2 = I_4 + I_5 + I_6 + I_7 \\ Y_1 = I_2 + I_3 + I_6 + I_7 \\ Y_0 = I_1 + I_3 + I_5 + I_7 \end{cases} \tag{3-3}$$

由式（3-3）可以得出编码器的逻辑电路图，如图 3-11 所示。

上述编码器存在几个问题：①I_0 的编码是隐含的，当 I_1、I_2、$\cdots$、I_7 均为 0 时，电路的输出 $Y_2Y_1Y_0 =000$ 就是 I_0 的编码，这与 $I_0 =1$ 时电路的输出 $Y_2Y_1Y_0 =000$ 的情况一样，无法区分；②I_0、I_1、I_2、$\cdots$、I_7 中有两个或两个以上的取值同时为 1，输出会出现错误编码，例如，当 I_1、I_2 同时为 1 时，$Y_2Y_1Y_0 =011$，编码出错。

2. 优先编码器

在实际应用中，常常要求几个输入端同时加输入信号，编码器能够根据事先安排好的优先次序，只对优先级别最高的输入信号进行编码。能根据优先顺序进行编码的电路称为优先编码器（Priority Encoder）。它不必对输入信号提出严格要求，而且使用可靠、方便，所以应用最为广泛。

（1）优先编码器概念

图 3-12 所示为一个 3 位二进制优先编码器的结构框图，$I_0 \sim I_7$ 是要进行优先编码的 8 个输入信号，$Y_0 \sim Y_2$ 是用来进行优先编码的 3 位二进制代码。

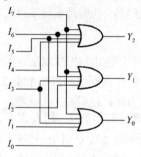

图 3-11　8 线–3 线编码器

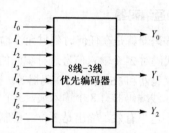

图 3-12　8 线–3 线优先编码器结构框图

$I_0 \sim I_7$ 这 8 个输入信号中，假设 I_7 的优先级别最高，I_6 次之，以此类推，I_0 的级别最低，用 $Y_2Y_1Y_0$ 取值为 000、001、$\cdots$、111 来表示 I_0、I_1、$\cdots$、I_7 的编码，可列出优先编码器的简化真值表，如表 3-6 所示。表中的符号"×"表示取值可为 1，也可为 0。

表 3-6　8 线–3 线优先编码器真值表

输　入								输　出		
I_0	I_1	I_2	I_3	I_4	I_5	I_6	I_7	Y_2	Y_1	Y_0
×	×	×	×	×	×	×	1	1	1	1
×	×	×	×	×	×	1	0	1	1	0
×	×	×	×	×	1	0	0	1	0	1
×	×	×	×	1	0	0	0	1	0	0
×	×	×	1	0	0	0	0	0	1	1
×	×	1	0	0	0	0	0	0	1	0
×	1	0	0	0	0	0	0	0	0	1
1	0	0	0	0	0	0	0	0	0	0

从表 3-6 可以得到对应的逻辑函数式为

$$
\begin{cases}
Y_2 = I_7 + \overline{I}_7 I_6 + \overline{I}_7\overline{I}_6 I_5 + \overline{I}_7\overline{I}_6\overline{I}_5 I_4 = I_7 + I_6 + I_5 + I_4 \\
Y_1 = I_7 + \overline{I}_7 I_6 + \overline{I}_7\overline{I}_6\overline{I}_5\overline{I}_4 I_3 + \overline{I}_7\overline{I}_6\overline{I}_5\overline{I}_4\overline{I}_3 I_2 \\
\quad\ = I_7 + I_6 + \overline{I}_5\overline{I}_4 I_3 + \overline{I}_5\overline{I}_4 I_2 \\
Y_0 = I_7 + \overline{I}_7\overline{I}_6 I_5 + \overline{I}_7\overline{I}_6\overline{I}_5\overline{I}_4 I_3 + \overline{I}_7\overline{I}_6\overline{I}_5\overline{I}_4\overline{I}_3\overline{I}_2 I_1 \\
\quad\ = I_7 + \overline{I}_6 I_5 + \overline{I}_6\overline{I}_4 I_3 + \overline{I}_6\overline{I}_4\overline{I}_2 I_1
\end{cases}
\tag{3-4}
$$

根据式（3-4）即可画出图 3-13 所示的逻辑电路图。在该图中，I_0 的编码是隐含着的，当 I_1、I_2、$\cdots$、I_7 均为 0 时，电路的输出 $Y_2Y_1Y_0 =000$ 就是 I_0 的编码。

（2）集成 8 线–3 线优先编码器

集成的 8 线–3 线优先编码器商业芯片，还要考虑其他一些辅助功能。图 3-14 所示为 74HC148 8 位二进制优先编码器的内部电路。它实际上是在图 3-13 的基础上加一些辅助电路而得到的。

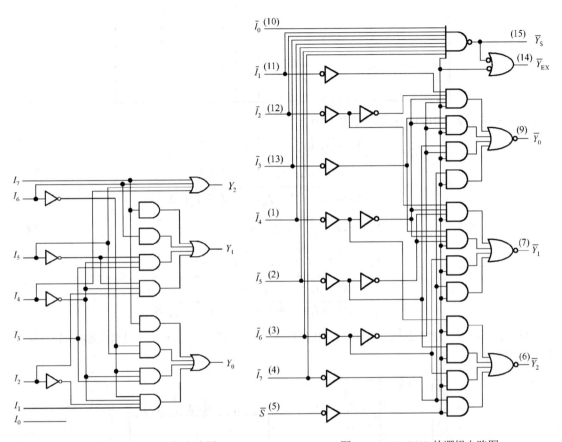

图 3-13　8 线–3 线优先编码器逻辑电路图　　　　　　图 3-14　74HC148 的逻辑电路图

电路中有 8 个输入端 $\bar{I}_0$、$\bar{I}_1$、$\bar{I}_2$、$\cdots$、$\bar{I}_7$，输入低电平有效，$\bar{I}_7$ 的优先级别最高，$\bar{I}_6$ 次之，以此类推，$\bar{I}_0$ 的级别最低；有 3 个输出端 $\bar{Y}_2$、$\bar{Y}_1$、$\bar{Y}_0$，以反码的形式输出编码，而不以原码的形式输出编码。如 $\bar{I}_7$ 输入有效，输出端 $\bar{Y}_2\bar{Y}_1\bar{Y}_0$ 的状态为 7 的反码，即 000；$\bar{I}_6$ 输入有效，输出端 $\bar{Y}_2\bar{Y}_1\bar{Y}_0$ 的状态为 6 的反码，即 001，$\cdots$，以此类推。为了强调说明以低电平作为有效输入信号，有时也将反相器图形符号中表示反相的小圆圈画在输入端，如图 3-14 左边一列反相器的画法。

电路设有输入端 $\bar{S}$，称为使能输入端，当 $\bar{S} =0$ 时，允许电路编码，当 $\bar{S} =1$ 时，禁止电路编码，所有输出端的输出均为高电平。电路在输出端还设有使能输出端 $\bar{Y}_S$ 和扩展端 $\bar{Y}_{EX}$，当编码输入端有低电平输入（有有效输入信号）时，$\bar{Y}_S =1$，$\bar{Y}_{EX} =0$；而当所有的编码输入端都输入高电平（即没有有效输入信号）时，$\bar{Y}_S =0$，$\bar{Y}_{EX} =1$。其真值表如表 3-7 所示。

表 3-7 74HC148 优先编码器真值表

输 入									输 出				
$\bar{S}$	$\bar{I}_0$	$\bar{I}_1$	$\bar{I}_2$	$\bar{I}_3$	$\bar{I}_4$	$\bar{I}_5$	$\bar{I}_6$	$\bar{I}_7$	$\bar{Y}_2$	$\bar{Y}_1$	$\bar{Y}_0$	$\bar{Y}_{EX}$	$\bar{Y}_S$
1	×	×	×	×	×	×	×	×	1	1	1	1	1
0	1	1	1	1	1	1	1	1	1	1	1	1	0
0	×	×	×	×	×	×	×	0	0	0	0	0	1
0	×	×	×	×	×	×	0	1	0	0	1	0	1
0	×	×	×	×	×	0	1	1	0	1	0	0	1
0	×	×	×	×	0	1	1	1	0	1	1	0	1
0	×	×	×	0	1	1	1	1	1	0	0	0	1
0	×	×	0	1	1	1	1	1	1	0	1	0	1
0	×	0	1	1	1	1	1	1	1	1	0	0	1
0	0	1	1	1	1	1	1	1	1	1	1	0	1

由图 3-14 得到 74HC148 的函数表达式为

$$\begin{cases} \bar{Y}_2 = \overline{(I_7 + I_6 + I_5 + I_4)S} \\ \bar{Y}_1 = \overline{(I_7 + I_6 + \bar{I}_5\bar{I}_4I_3 + \bar{I}_5\bar{I}_4I_2)S} \\ \bar{Y}_0 = \overline{(I_7 + \bar{I}_6I_5 + \bar{I}_6\bar{I}_4I_3 + \bar{I}_6\bar{I}_4\bar{I}_2I_1)S} \end{cases} \tag{3-5}$$

$$\bar{Y}_S = \overline{\bar{I}_7\bar{I}_6\bar{I}_5\bar{I}_4\bar{I}_3\bar{I}_2\bar{I}_1\bar{I}_0S} \tag{3-6}$$

$$\begin{aligned} \bar{Y}_{EX} &= \overline{\bar{Y}_S S} = \overline{\overline{\bar{I}_7\bar{I}_6\bar{I}_5\bar{I}_4\bar{I}_3\bar{I}_2\bar{I}_1\bar{I}_0S} \cdot S} \\ &= \overline{(I_7 + I_6 + I_5 + I_4 + I_3 + I_2 + I_1 + I_0 + \bar{S}) \cdot S} \\ &= \overline{(I_7 + I_6 + I_5 + I_4 + I_3 + I_2 + I_1 + I_0) \cdot S} \end{aligned} \tag{3-7}$$

与 74HC148 同类的产品还有 74148、74LS148 等。图 3-15 所示为 8 线–3 线优先编码器的引脚排列图和逻辑符号图。

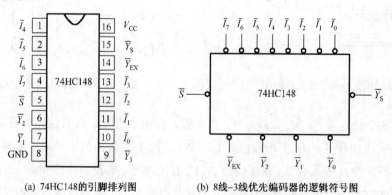

(a) 74HC148 的引脚排列图 (b) 8线–3线优先编码器的逻辑符号图

图 3-15 8 线–3 线优先编码器的引脚排列图和逻辑符号图

（3）优先编码器的扩展

利用两片 74HC148 可构成 16 线–4 线优先编码器，如图 3-16 所示。该图可将 16 个输入端 $\bar{A}_0 \sim \bar{A}_{15}$ 的低电平输入信号编码为 0000～1111 共 16 个 4 位二进制代码，其中 $\bar{A}_{15}$ 的优先级别最高，$\bar{A}_0$ 的优先级别最低。

当 $\bar{A}_{15} \sim \bar{A}_8$ 中任意一个输入端为低电平时，如 $\bar{A}_{10}=0$，则片（1）的 $\bar{Y}_{EX}=0$，$L_3=1$，$\bar{Y}_2\bar{Y}_1\bar{Y}_0=101$，同时片（1）的 $\bar{Y}_S=1$，加到片（2）的输入使能端 $\bar{S}$，将片（2）封锁，使它的输出 $\bar{Y}_2\bar{Y}_1\bar{Y}_0=111$，于是

在最后的输出端得到 $L_3L_2L_1L_0$ =1010。如果 $\overline{A}_{15} \sim \overline{A}_8$ 中同时有几个输入端为低电平，则只对其中优先级别最高的信号编码。

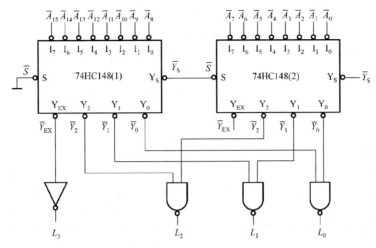

图 3-16　用两片 74HC148 构成的 16 线–4 线优先编码器

当 $\overline{A}_{15} \sim \overline{A}_8$ 全部为高电平（没有编码输入信号）时，片（1）的 $\overline{Y}_S$ =0，故片（2）的 $\overline{S}$ =0，处于编码工作状态，对 $\overline{A}_7 \sim \overline{A}_0$ 输入的低电平信号中优先级别最高的一个输入端进行编码。例如，$\overline{A}_4$ =0，则片（2）的 $\overline{Y}_2\overline{Y}_1\overline{Y}_0$ =011，而此时片（1）的 $\overline{Y}_{EX}$ =1，$L_3 = 0$，片（1）的输出 $\overline{Y}_2\overline{Y}_1\overline{Y}_0$ =111，于是在最后的输出端得到 $L_3L_2L_1L_0$ =0100，完成对 $\overline{A}_4$ 进行编码。

在常用的优先编码器电路中，除了二进制编码器以外，还有一类称为二–十进制优先编码器，它是将 10 个输入信号 $\overline{I}_0 \sim \overline{I}_9$ 分别编码成对应的 BCD 码的电路。

最常用的二–十进制优先编码器是具有高位优先编码功能的 8421BCD 编码器，如中规模集成器件 74LS147、74HC147 等。74HC147 的逻辑电路图如图 3-17 所示。图中 $\overline{I}_1 \sim \overline{I}_9$ 为编码输入端，$\overline{Y}_3$、$\overline{Y}_2$、$\overline{Y}_1$、$\overline{Y}_0$ 为 8421BCD 码输出端。由图 3-17 得到

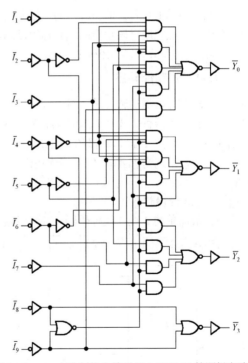

图 3-17　二–十进制优先编码器 74HC147 的逻辑电路图

$$\begin{cases} \overline{Y}_3 = \overline{I_8 + I_9} \\ \overline{Y}_2 = \overline{I_7\overline{I}_8\overline{I}_9 + I_6\overline{I}_8\overline{I}_9 + I_5\overline{I}_8\overline{I}_9 + I_4\overline{I}_8\overline{I}_9} \\ \overline{Y}_1 = \overline{I_7\overline{I}_8\overline{I}_9 + I_6\overline{I}_8\overline{I}_9 + I_3\overline{I}_4\overline{I}_5\overline{I}_8\overline{I}_9 + I_2\overline{I}_4\overline{I}_5\overline{I}_8\overline{I}_9} \\ \overline{Y}_0 = \overline{I_9 + I_7\overline{I}_8\overline{I}_9 + I_5\overline{I}_6\overline{I}_8\overline{I}_9 + I_3\overline{I}_4\overline{I}_6\overline{I}_8\overline{I}_9 + I_1\overline{I}_2\overline{I}_4\overline{I}_6\overline{I}_8\overline{I}_9} \end{cases} \qquad (3\text{-}8)$$

将式（3-8）化为真值表的形式，即得到表 3-8。由表可知，编码器的输出是反码形式的 BCD 码。此外，这种编码器中没有 $\bar{I}_0$ 输入端，这是因为 $\bar{I}_0$ 信号的编码同其他 9 条输入线均无输入信号，即与表 3-7 中第一行为全 1 的情况是等效的，故在电路中省去了 $\bar{I}_0$ 线。

表 3-8　二-十进制编码器 74HC147 的真值表

输　入									输　出			
$\bar{I}_1$	$\bar{I}_2$	$\bar{I}_3$	$\bar{I}_4$	$\bar{I}_5$	$\bar{I}_6$	$\bar{I}_7$	$\bar{I}_8$	$\bar{I}_9$	Y_3	Y_2	Y_1	Y_0
1	1	1	1	1	1	1	1	1	1	1	1	1
×	×	×	×	×	×	×	×	0	0	1	1	0
×	×	×	×	×	×	×	0	1	0	1	1	1
×	×	×	×	×	×	0	1	1	1	0	0	0
×	×	×	×	×	0	1	1	1	1	0	0	1
×	×	×	×	0	1	1	1	1	1	0	1	0
×	×	×	0	1	1	1	1	1	1	0	1	1
×	×	0	1	1	1	1	1	1	1	1	0	0
×	0	1	1	1	1	1	1	1	1	1	0	1
0	1	1	1	1	1	1	1	1	1	1	1	0

3.3.2　译码器

译码是编码的逆过程，即将输入的二进制代码或 BCD 码进行辨别，并转换成对应的输出信号或另外一个代码。能完成译码功能的电路称为译码器（Decoder）。常用的译码器有自然二进制译码器、二-十进制译码器和数码显示译码器 3 类。

1. 自然二进制译码器

自然二进制译码器的输入是一组二进制代码，输出是一组与输入代码一一对应的高、低电平信号。常见的二进制译码器有 2 线–4 线译码器、3 线–8 线译码器、4 线–16 线译码器等。

图 3-18 所示为二进制译码器的一般结构图，它具有 n 个输入端，2^n 个输出端。对应每一组输入代码，只有一个输出端为有效电平，其余输出端为相反电平。输出信号可以是高电平有效，也可以是低电平有效。

（1）2 线-4 线译码器

先讨论最简单的 2 线-4 线译码器，有两根输入线 A_0、A_1，输入的 2 位二进制代码共有 4 种状态，因而译码器共有 4 根输出信号线 $\bar{Y}_0$、$\bar{Y}_1$、$\bar{Y}_2$ 和 $\bar{Y}_3$，并且输出为低电平有效，真值表如表 3-9 所示。

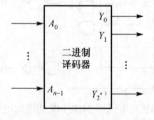

图 3-18　二进制译码器一般结构图

表 3-9　2 线-4 线译码器真值表

输　入			输　出			
$\bar{E}$	A_1	A_0	$\bar{Y}_0$	$\bar{Y}_1$	$\bar{Y}_2$	$\bar{Y}_3$
1	×	×	1	1	1	1
0	0	0	0	1	1	1
0	0	1	1	0	1	1
0	1	0	1	1	0	1
0	1	1	1	1	1	0

另外设置了使能控制端 $\bar{E}$，当 $\bar{E}$ 为 1 时，无论 A_1、A_0 为何种状态，输出全为 1，译码器处于封锁状态。而当 $\bar{E}$ 为 0 时，对应于 A_1、A_0 的某种状态组合，其中只有一个输出量为 0，其余各输出量均为 1。例如，当输入为 $A_1A_0 = 01$ 时，只有 $\bar{Y}_1$ 的输出为 0，其余几个的输出均为 1。由此可见，译码器是通过输出端的逻辑电平以识别不同的代码的。

根据表 3-9 所示的真值表可写出各输出端的逻辑表达。

$$\begin{cases} \overline{Y}_0 = \overline{\overline{E}\ \overline{A_1}\ \overline{A_0}} \\ \overline{Y}_1 = \overline{\overline{E}\ \overline{A_1} A_0} \\ \overline{Y}_2 = \overline{\overline{E}\ A_1 \overline{A_0}} \\ \overline{Y}_3 = \overline{\overline{E}\ A_1 A_0} \end{cases} \qquad (3\text{-}9)$$

根据式（3-9）可画出逻辑电路图，如图 3-19 所示。

2 线-4 线译码器的集成芯片有 TTL 系列的 74LS139 和 CMOS 系列的 74HC139。一个集成芯片中封装两个 2 线-4 线译码器。2 线-4 线译码器的逻辑符号如图 3-20 所示。

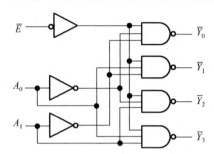

图 3-19　2 线-4 线译码器逻辑电路图

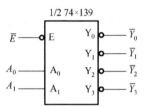

图 3-20　74×139 的逻辑符号

图 3-20 的符号框内部的输入、输出变量表示其内部的逻辑关系，符号框外部的 $\overline{E}$、$\overline{Y}_0 \sim \overline{Y}_3$ 表示外部输入或输出信号名称，字母上面的"－"号说明输入或输出是低电平有效。符号框外部逻辑变量 $\overline{E}$、$\overline{Y}_0 \sim \overline{Y}_3$ 的逻辑状态与符号框内相应的 E、$Y_0 \sim Y_3$ 的逻辑状态相反。

（2）3 线-8 线译码器

74HC138 是 3 线-8 线译码器，其逻辑功能表如表 3-10 所示。该译码器有 3 位二进制输入 A_2、A_1、A_0，它们共有 8 种状态的组合，可译出 8 个输出信号 $\overline{Y}_0 \sim \overline{Y}_7$，输出为低电平有效。此外，还设置了 3 个使能输入端 $\overline{E}_1$、$\overline{E}_2$ 和 E_3，为电路功能的扩展提供了方便。

表 3-10　74HC138 译码器的逻辑功能表

输　　入						输　　出							
$\overline{E}_1$	$\overline{E}_2$	E_3	A_2	A_1	A_0	$\overline{Y}_0$	$\overline{Y}_1$	$\overline{Y}_2$	$\overline{Y}_3$	$\overline{Y}_4$	$\overline{Y}_5$	$\overline{Y}_6$	$\overline{Y}_7$
1	×	×	×	×	×	1	1	1	1	1	1	1	1
×	1	×	×	×	×	1	1	1	1	1	1	1	1
×	×	0	×	×	×	1	1	1	1	1	1	1	1
0	0	1	0	0	0	0	1	1	1	1	1	1	1
0	0	1	0	0	1	1	0	1	1	1	1	1	1
0	0	1	0	1	0	1	1	0	1	1	1	1	1
0	0	1	0	1	1	1	1	1	0	1	1	1	1
0	0	1	1	0	0	1	1	1	1	0	1	1	1
0	0	1	1	0	1	1	1	1	1	1	0	1	1
0	0	1	1	1	0	1	1	1	1	1	1	0	1
0	0	1	1	1	1	1	1	1	1	1	1	1	0

由表 3-10 可知，当 3 个使能端的状态为 $\overline{E}_1 = \overline{E}_2 = 0$，$E_3 = 1$ 时，译码器处于工作状态，否则，译码器被封锁，所有的输出端均为高电平。这 3 个控制端也称为"片选"输入端，利用片选的作用可以将多片连接起来以扩展译码器的功能。由表 3-10 可得

$$\begin{cases} \overline{Y}_0 = \overline{\overline{\overline{E}_1\ \overline{E}_2\ E_3} \cdot \overline{A}_2\ \overline{A}_1\ \overline{A}_0} \\ \overline{Y}_1 = \overline{\overline{\overline{E}_1\ \overline{E}_2\ E_3} \cdot \overline{A}_2\ \overline{A}_1\ A_0} \\ \overline{Y}_2 = \overline{\overline{\overline{E}_1\ \overline{E}_2\ E_3} \cdot \overline{A}_2\ A_1\ \overline{A}_0} \\ \overline{Y}_3 = \overline{\overline{\overline{E}_1\ \overline{E}_2\ E_3} \cdot \overline{A}_2\ A_1\ A_0} \\ \overline{Y}_4 = \overline{\overline{\overline{E}_1\ \overline{E}_2\ E_3} \cdot A_2\ \overline{A}_1\ \overline{A}_0} \\ \overline{Y}_5 = \overline{\overline{\overline{E}_1\ \overline{E}_2\ E_3} \cdot A_2\ \overline{A}_1\ A_0} \\ \overline{Y}_6 = \overline{\overline{\overline{E}_1\ \overline{E}_2\ E_3} \cdot A_2\ A_1\ \overline{A}_0} \\ \overline{Y}_7 = \overline{\overline{\overline{E}_1\ \overline{E}_2\ E_3} \cdot A_2\ A_1\ A_0} \end{cases} \tag{3-10}$$

当使能端满足 $\overline{E}_1 = \overline{E}_2 = 0$，$E_3 = 1$ 时，式（3-10）可以表示为

$$\begin{cases} \overline{Y}_0 = \overline{m}_0 \\ \overline{Y}_1 = \overline{m}_1 \\ \overline{Y}_2 = \overline{m}_2 \\ \overline{Y}_3 = \overline{m}_3 \\ \overline{Y}_4 = \overline{m}_4 \\ \overline{Y}_5 = \overline{m}_5 \\ \overline{Y}_6 = \overline{m}_6 \\ \overline{Y}_7 = \overline{m}_7 \end{cases} \tag{3-11}$$

由式（3-11）可以看出，$\overline{Y}_0 \sim \overline{Y}_7$ 又是 A_2、A_1、A_0 这 3 个变量的全部最小项的译码输出，所以也将这种译码器称为最小项译码器。它的逻辑电路图如图 3-21 所示，引脚排列图如图 3-22 所示。

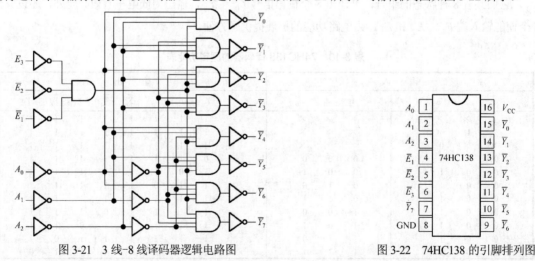

图 3-21　3 线-8 线译码器逻辑电路图　　　　图 3-22　74HC138 的引脚排列图

【例 3-5】　试用两片 3 线-8 线译码器 74HC138 组成 4 线-16 线译码器，将输入的 4 位二进制代码 $D_3D_2D_1D_0$ 译成 16 个独立的低电平输出信号 $L_0 \sim L_{15}$。

解： 因为 74HC138 仅有 3 个译码输入端，所以如想对 4 位二进制代码进行译码，只能利用使能控制端（$\overline{E}_1$、$\overline{E}_2$、E_3 当中的一个）作为第 4 个译码输入端。

取第（1）片 74HC138 的 $\overline{E}_1$、$\overline{E}_2$ 作为它的第 4 个译码输入端（同时令 $E_3 = 1$），取第（2）片 74HC138 的 E_3 作为它的第 4 个译码输入端（同时令 $\overline{E}_1 = \overline{E}_2 = 0$），如图 3-23 所示。于是得到两片 74HC138 的输出分别为

$$\begin{cases} \overline{L}_0 = \overline{\overline{D}_3 \overline{D}_2 \overline{D}_1 \overline{D}_0} \\ \overline{L}_1 = \overline{\overline{D}_3 \overline{D}_2 \overline{D}_1 D_0} \\ \qquad \vdots \\ \overline{L}_7 = \overline{\overline{D}_3 D_2 D_1 D_0} \end{cases} \tag{3-12}$$

$$\begin{cases} \overline{L}_8 = \overline{D_3 \overline{D}_2 \overline{D}_1 \overline{D}_0} \\ \overline{L}_9 = \overline{D_3 \overline{D}_2 \overline{D}_1 D_0} \\ \qquad \vdots \\ \overline{L}_{15} = \overline{D_3 D_2 D_1 D_0} \end{cases} \tag{3-13}$$

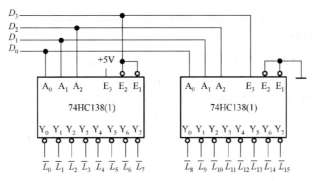

图 3-23　两片 74HC138 组成 4 线-16 线译码器

当 $D_3 = 0$ 时，片（1）正常工作，片（2）被封锁，将 $D_3 D_2 D_1 D_0$ 的 0000～0111 这 8 个代码译成 $\overline{L}_0 \sim \overline{L}_7$ 这 8 个低电平信号。

当 $D_3 = 1$ 时，片（2）正常工作，片（1）被封锁，将 $D_3 D_2 D_1 D_0$ 的 1000～1111 这 8 个代码译成 $\overline{L}_8 \sim \overline{L}_{15}$ 这 8 个低电平信号。

这样就用两片 74HC138 构成了 4 线-16 线译码器。

4 线-16 线译码器除了可用两片 3 线-8 线译码器组成外，也有专门的商品集成芯片，如集成芯片 74HC154，其逻辑符号图如图 3-24 所示，其功能表如表 3-11 所示。输入端有 4 个 A_3、A_2、A_1、A_0，输出端有 16 个 $\overline{Y}_0 \sim \overline{Y}_{15}$，逻辑 0 有效。只有在使能输入 $\overline{E}_1 = \overline{E}_2 = 0$ 时，译码器才能正常工作，否则处于封锁状态，输出端 $\overline{Y}_0 \sim \overline{Y}_{15}$ 全部为 1。

图 3-24　4 线-16 线译码器逻辑符号图

表 3-11　74HC154 的功能表

$\bar{E}_1$	$\bar{E}_2$	A_3	A_2	A_1	A_0	$\bar{Y}_0$	$\bar{Y}_1$	$\bar{Y}_2$	$\bar{Y}_3$	$\bar{Y}_4$	$\bar{Y}_5$	$\bar{Y}_6$	$\bar{Y}_7$	$\bar{Y}_8$	$\bar{Y}_9$	$\bar{Y}_{10}$	$\bar{Y}_{11}$	$\bar{Y}_{12}$	$\bar{Y}_{13}$	$\bar{Y}_{14}$	$\bar{Y}_{15}$
1	1	×	×	×	×	1	1	1	1	1	1	1	1	1	1	1	1	1	1	1	1
1	0	×	×	×	×	1	1	1	1	1	1	1	1	1	1	1	1	1	1	1	1
0	1	×	×	×	×	1	1	1	1	1	1	1	1	1	1	1	1	1	1	1	1
0	0	0	0	0	0	0	1	1	1	1	1	1	1	1	1	1	1	1	1	1	1
0	0	0	0	0	1	1	0	1	1	1	1	1	1	1	1	1	1	1	1	1	1
0	0	0	0	1	0	1	1	0	1	1	1	1	1	1	1	1	1	1	1	1	1
0	0	0	0	1	1	1	1	1	0	1	1	1	1	1	1	1	1	1	1	1	1
0	0	0	1	0	0	1	1	1	1	0	1	1	1	1	1	1	1	1	1	1	1
0	0	0	1	0	1	1	1	1	1	1	0	1	1	1	1	1	1	1	1	1	1
0	0	0	1	1	0	1	1	1	1	1	1	0	1	1	1	1	1	1	1	1	1
0	0	0	1	1	1	1	1	1	1	1	1	1	0	1	1	1	1	1	1	1	1
0	0	1	0	0	0	1	1	1	1	1	1	1	1	0	1	1	1	1	1	1	1
0	0	1	0	0	1	1	1	1	1	1	1	1	1	1	0	1	1	1	1	1	1
0	0	1	0	1	0	1	1	1	1	1	1	1	1	1	1	0	1	1	1	1	1
0	0	1	0	1	1	1	1	1	1	1	1	1	1	1	1	1	0	1	1	1	1
0	0	1	1	0	0	1	1	1	1	1	1	1	1	1	1	1	1	0	1	1	1
0	0	1	1	0	1	1	1	1	1	1	1	1	1	1	1	1	1	1	0	1	1
0	0	1	1	1	0	1	1	1	1	1	1	1	1	1	1	1	1	1	1	0	1
0	0	1	1	1	1	1	1	1	1	1	1	1	1	1	1	1	1	1	1	1	0

2. 二-十进制译码器（4/10 译码器）

二-十进制译码器也称为 BCD 译码器，它的逻辑功能是将输入的 1 位 BCD 码译成 10 个高、低电平输出信号。这种译码器有 4 个 BCD 码输入端，10 个输出端对应输入的 10 个代码。图 3-25 所示是二-十进制译码器 74HC42 的引脚图和逻辑符号图，它的真值表如表 3-12 所示。

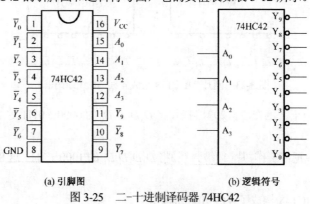

(a) 引脚图　　　　　　　　　　(b) 逻辑符号

图 3-25　二-十进制译码器 74HC42

表 3-12　74HC42 的真值表

A_3	A_2	A_1	A_0	$\bar{Y}_0$	$\bar{Y}_1$	$\bar{Y}_2$	$\bar{Y}_3$	$\bar{Y}_4$	$\bar{Y}_5$	$\bar{Y}_6$	$\bar{Y}_7$	$\bar{Y}_8$	$\bar{Y}_9$
0	0	0	0	0	1	1	1	1	1	1	1	1	1
0	0	0	1	1	0	1	1	1	1	1	1	1	1
0	0	1	0	1	1	0	1	1	1	1	1	1	1
0	0	1	1	1	1	1	0	1	1	1	1	1	1
0	1	0	0	1	1	1	1	0	1	1	1	1	1
0	1	0	1	1	1	1	1	1	0	1	1	1	1
0	1	1	0	1	1	1	1	1	1	0	1	1	1
0	1	1	1	1	1	1	1	1	1	1	0	1	1
1	0	0	0	1	1	1	1	1	1	1	1	0	1
1	0	0	1	1	1	1	1	1	1	1	1	1	0
1	0	1	0	1	1	1	1	1	1	1	1	1	1
1	0	1	1	1	1	1	1	1	1	1	1	1	1
1	1	0	0	1	1	1	1	1	1	1	1	1	1
1	1	0	1	1	1	1	1	1	1	1	1	1	1
1	1	1	0	1	1	1	1	1	1	1	1	1	1
1	1	1	1	1	1	1	1	1	1	1	1	1	1

由真值表 3-12 可看出：

① 译码器的输入为 4 位 8421BCD 码；

② 当输入为 8241BCD 码 "0"（0000）～ "9"（1001）时，译码器输出 $\overline{Y}_0 \sim \overline{Y}_9$ 之一为 0（低电平有效），其余为 1（高电平，无效）。例如，当输入为 $A_3A_2A_1A_0$ =0110 时，仅有输出 $\overline{Y}_6$ =0，其他输出均是高电平；

③ 当输入 $A_3A_2A_1A_0$ 为 8421BCD 以外的代码（即 1010～1111 等 6 个代码）时，$\overline{Y}_0 \sim \overline{Y}_9$ 均为高电平，即没有有效电平输出，译码器拒绝译码，所以 74HC42 具有拒绝伪码的功能。

3. 数码显示译码器

数码显示译码器与上述的译码器有所不同，它的主要功能是译码驱动数码显示器件。在数字系统中，经常需要将数字、文字、符号等直观地在数码显示器件上显示出来，供用户读取和监测。

（1）数码显示器

按发光物质的不同，数码显示器可分为以下 4 类：① 半导体显示器，亦称为发光二极管显示器；② 荧光数字显示器，如荧光数码管、场致发光数字板等；③ 液体数字显示器，如液晶显示器、电泳显示器等；④ 气体放电显示器，如辉光数码管、等离子体显示板等。

数码的显示方式一般有 3 种。① 字形重叠式。它是将不同字符的电极重叠起来，要显示某字符，使相应的电极发亮即可，如辉光放电管、边光显示管等。② 分段式。数码由分布在同一平面上若干段发光的笔画组成，如荧光数码管等。③ 点阵式。它由一些按一定规律排列的可发光的点阵组成，利用光点的不同组合，便可显示不同的数码，如场致发光记分牌。

七段式数码显示器是目前使用最广泛的一种数码显示器，常见的七段字符数码显示器有半导体数码管和液晶显示器两种，这里只介绍前者。半导体数码管的每个线段都是一个发光二极管（Light Emitting Diode，LED），因而也将它称为 LED 数码管或 LED 七段显示器。一般在数码管的右下角还增设了一个小数点，形成了所谓的八段数码管。LED 显示器有两种：共阴极显示器和共阳极显示器，如图 3-26 所示。共阴极显示器中，7 个发光二极管和小数点的阴极连在一起接低电平，需要哪一段发光，就将相应段的二极管的阳极接高电平。共阳极显示器则刚好相反。

BS201A 为共阴极接法的 LED 数码管显示器，如图 3-27 所示。LED 数码管的特点是清晰悦目、工作电压低（1.5～3V）、工作电流为 5～20mA、体积小、寿命长（大于 1000h）、响应速度快（1～100ns），颜色丰富（有红、绿、黄等色）、可靠等。

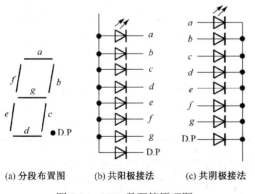

(a) 分段布置图　(b) 共阳极接法　(c) 共阴极接法

图 3-26　LED 数码管原理图

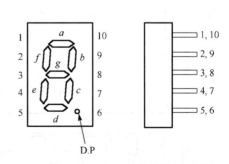

图 3-27　BS201A 外形图及引脚图

（2）BCD–七段显示译码器

为了使数码管能显示十进制数，需要使用显示译码器将 BCD 码译成数码管所需要的驱动信号，以便使数码管用十进制数字显示出 BCD 码所表示的数值。例如，对于 8421BCD 码的 0101 状态，对应的十进制数为 5，则显示译码器应使 a、d、e、f、g 各段点亮。

常用的集成七段显示译码器有两类，一类译码器输出高电平有效信号，用来驱动共阴极显示器，另一类输出低电平有效信号，以驱动共阳极显示器。下面介绍能配合共阴极显示器 BS201A 工作的 BCD–七段显示译码器 74LS48，74LS48 BCD–七段显示译码器的引脚图和逻辑符号如图 3-28 所示。

74LS48 BCD–七段显示译码器的真值表如表 3-13 所示。当输入 8421BCD 码时，输出高电平有效，用以驱动共阴极显示器。表中除列出了 BCD 代码的 10 个状态与 Y_a～Y_g 状态的对应关系以外，还规定了输入为 1010～1111 这 6 个状态下显示的字形，如图 3-29 所示。

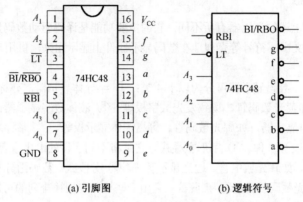

(a) 引脚图　　　　(b) 逻辑符号

图 3-28　74LS48 BCD–七段显示译码器的引脚图和逻辑符号

表 3-13　74LS48 的真值表

数字	$\overline{LT}$	$\overline{RBI}$	A_3	A_2	A_1	A_0	$\overline{BI}/\overline{RBO}$	Y_a	Y_b	Y_c	Y_d	Y_e	Y_f	Y_g
0	1	1	0	0	0	0	1	1	1	1	1	1	1	0
1	1	×	0	0	0	1	1	0	1	1	0	0	0	0
2	1	×	0	0	1	0	1	1	1	0	1	1	0	1
3	1	×	0	0	1	1	1	1	1	1	1	0	0	1
4	1	×	0	1	0	0	1	0	1	1	0	0	1	1
5	1	×	0	1	0	1	1	1	0	1	1	0	1	1
6	1	×	0	1	1	0	1	0	0	1	1	1	1	1
7	1	×	0	1	1	1	1	1	1	1	0	0	0	0
8	1	×	1	0	0	0	1	1	1	1	1	1	1	1
9	1	×	1	0	0	1	1	1	1	1	0	0	1	1
10	1	×	1	0	1	0	1	0	0	0	1	1	0	1
11	1	×	1	0	1	1	1	0	0	1	1	0	0	1
12	1	×	1	1	0	0	1	0	1	0	0	0	1	1
13	1	×	1	1	0	1	1	1	0	0	1	0	1	1
14	1	×	1	1	1	0	1	0	0	0	1	1	1	1
15	1	×	1	1	1	1	1	0	0	0	0	0	0	0
$\overline{BI}$	×	×	×	×	×	×	0	0	0	0	0	0	0	0
$\overline{RBI}$	1	0	0	0	0	0	0	0	0	0	0	0	0	0
$\overline{LT}$	0	×	×	×	×	×	1	1	1	1	1	1	1	1

图 3-29　不同输入的 LED 发光段组合图

由表 3-13 可以看到，现在与每个输入代码对应的输出不是某一根输出线上的高、低电平了，而是另一个 7 位的代码。所以它已经不是前面所定义的那种译码器了，但从广义上讲，都可以称为译码器。

从表 3-13 考虑正常工作时可以画出表示 $Y_a \sim Y_g$ 的卡诺图，如图 3-30 所示。采用圈 0 法画圈，得到化简后的函数为

$$
\begin{cases}
Y_a = \overline{\overline{A_3\,\overline{A_2}\,\overline{A_1}\,A_0} + A_3 A_1 + A_2\,\overline{A_0}} \\
Y_b = \overline{A_3 A_1 + A_2 A_1\,\overline{A_0} + A_2\,\overline{A_1}\,A_0} \\
Y_c = \overline{A_3 A_2 + \overline{A_2}\,A_1\,\overline{A_0}} \\
Y_d = \overline{A_2\,\overline{A_1}\,A_0 + A_2\,\overline{A_1}\,\overline{A_0} + \overline{A_2}\,A_1\,A_0} \\
Y_e = \overline{A_2\,\overline{A_1} + A_0} \\
Y_f = \overline{A_3\,\overline{A_2}\,A_0 + \overline{A_2}\,A_1 + A_1 A_0} \\
Y_g = \overline{A_3\,\overline{A_2}\,A_1 + A_2 A_1 A_0}
\end{cases}
\qquad (3\text{-}14)
$$

式（3-14）与图 3-31 所示的逻辑电路图是一致的，图 3-31 中还增加了一些附加控制电路，$\overline{LT}$、$\overline{RBI}$、$\overline{BI}/\overline{RBO}$ 是使能端，可起辅助控制作用，其作用如下。

① $\overline{LT}$：灯测试输入端

当 $\overline{LT}=0$ 时，只要 $\overline{BI}/\overline{RBO}$ 端不输入低电平，输出端 $Y_a \sim Y_g$ 全部输出高电平，数码管七段全亮，显示"8"字形。利用这一功能，可以检测数码管发光段的好坏。平时，$\overline{LT}$ 端应置为高电平。

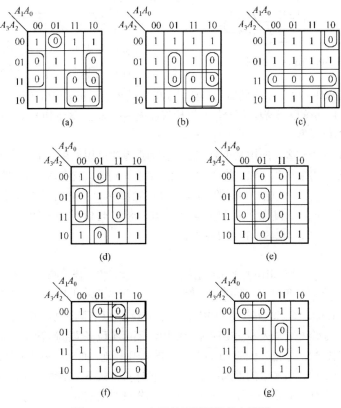

图 3-30　BCD-七段显示译码器的卡诺图

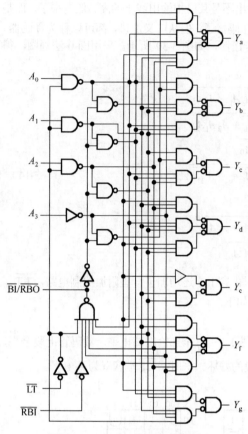

图 3-31　74LS48 的逻辑电路图

② $\overline{\text{RBI}}$：灭零输入端

当 $\overline{\text{RBI}}$ =0 时，只要 $\overline{\text{BI}}/\overline{\text{RBO}}$ 端不作为输入使用且 $\overline{\text{LT}}$ =1，则当输入 $A_3A_2A_1A_0$ =0000 时，输出端 $Y_a \sim Y_g$ 全为 0，使数码管全灭，不显示 0 数码，同时 $\overline{\text{RBO}}$（$\overline{\text{BI}}/\overline{\text{RBO}}$ 作输出用）输出 0，表示该芯片正处于灭"0"状态；而当输入 $A_3A_2A_1A_0 \neq$ 0000 时，则照常译码显示。利用这一功能，必要时可使数码管灭不需要显示的 0 字形。例如，有一个 6 位的数码显示电路，整数部分为 4 位，小数部分为 2 位，在显示 12.8 这个数时会出现 0012.80 字样，如果将前后多余的零熄灭，则显示的结果将更清晰。

③ $\overline{\text{BI}}/\overline{\text{RBO}}$：灭灯输入/灭零输出

$\overline{\text{BI}}/\overline{\text{RBO}}$ 是一个双功能的输入/输出端，当作为输入端使用时，称为灭灯输入控制端。只要输入 $\overline{\text{BI}}$ =0，无论输入 $A_3A_2A_1A_0$ 的状态为多少，输出端 $Y_a \sim Y_g$ 全为 0，使数码管熄灭。利用这一功能，可降低显示系统的功耗。

$\overline{\text{BI}}/\overline{\text{RBO}}$ 作为输出端使用时，称为灭零输出端。由图 3-30 可知

$$\overline{\text{RBO}} = \overline{\overline{A_3\ \overline{A_2}\ \overline{A_1}\ \overline{A_0}} \cdot \text{LT} \cdot \overline{\text{RBI}}} \qquad (3\text{-}15)$$

式（3-15）表明，只有当输入为 $A_3 = A_2 = A_1 = A_0 = 0$，且有灭零输入信号（$\overline{\text{RBI}}$ =0）时，$\overline{\text{RBO}}$ 才会给出低电平，因此 $\overline{\text{RBO}}$ =0 表示译码器已将要显示的零熄灭了。在多位数码管显示时，$\overline{\text{RBO}}$ 输出的低电平可作为相邻的一位的灭零输入信号，允许相邻位灭零；反之，若 $\overline{\text{RBO}}$ =1，则说明译码器处于显示状态，不允许相邻位灭零。

由于显示器件的种类较多，应用又十分广泛，因而厂家生产用于显示驱动的译码器也有各种不同的规格和品种。例如，用来驱动 LED 的 BCD-七段字形译码器，就有适用于共阳极 LED 管的产品——OC 输出、无上拉电阻、低电平驱动的 74247、74LS247 等，有适用于共阴极 LED 管的产品——OC 输出、有 2kΩ 上拉电阻、高电平驱动的 7448、74LS48、74248、74LS248 等和 OC 输出、无上拉电阻、高电平驱动的 7449、74249、74LS249 等。

（3）74LS48 的应用

用 74LS48 可以直接驱动共阴极的半导体数码管，单个数码管与译码驱动器的电路连接如图 3-32 所示，图中 V_{CC} 为+5V。在+5V 条件下，驱动器一般只能提供 2mA 左右的电流，如果数码管需要的电流大于这个数值，就需要在驱动输出端并接上拉电阻（7 个 1kΩ），以增强驱动电流，使数码管正常发光。

将 74LS48 的灭零输入端与灭零输出端配合使用，还可实现多位数码管显示系统的灭零控制，如图 3-33 所示。只需在整数部分把高位的 $\overline{\text{RBO}}$ 与低位的 $\overline{\text{RBI}}$ 相连，而在小数部分将低位的 $\overline{\text{RBO}}$ 与高位的 $\overline{\text{RBI}}$ 相连，就可以把前、后多余的零熄灭了。在这种连接方式下，整数部分只有高位是零，而且被熄灭的情况下，低位才有灭零输入信号。同理，小数部分只有在低位是零，而且被熄灭时，高位才有灭零输入信号。

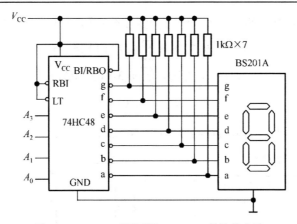

图 3-32　74LS48 译码器与 BS201A 的连接方法

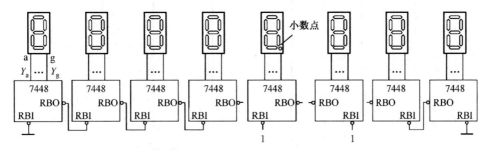

图 3-33　有命令控制的 8 位数码显示系统

4. 译码器应用举例

【例 3-6】　用一片 74HC138 实现函数 $Y = AB + B\overline{C}$。

解： 首先将函数变换为最小项之和的形式

$$Y = AB(C + \overline{C}) + (A + \overline{A})B\overline{C}$$

$$= ABC + AB\overline{C} + AB\overline{C} + \overline{A}B\overline{C}$$

$$= ABC + AB\overline{C} + \overline{A}B\overline{C}$$

$$= m_2 + m_6 + m_7$$

将输入变量 A、B、C 分别接入 A_2、A_1、A_0 端，并将使能端接有效电平。由于 74HC138 是低电平有效输出，所以将最小项变换为反函数的形式

$$Y = \overline{\overline{m_2 + m_6 + m_7}} = \overline{\overline{m_2} \cdot \overline{m_6} \cdot \overline{m_7}}$$

$$= \overline{\overline{Y_2} \cdot \overline{Y_6} \cdot \overline{Y_7}}$$

在译码器的输出端加一个与非门，即可实现给定的组合逻辑函数，如图 3-34 所示。

【例 3-7】　某项竞赛由 4 位裁判通过投票决定成功与否，若判成功至少需要 3 票，若是两票赞成，两票反对，则竞赛必须重来；若至多有一票赞成，则竞赛失败。试用译码器设计这种竞赛判决电路。

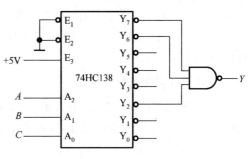

图 3-34　例 3-6 的逻辑电路图

解： 设输入 A、B、C、D 代表 4 位裁判的投票，以 1 表示赞成，0 表示反对。判决器应有 3 个输出，即 F_1 表示竞赛成功，F_2 表示重做，F_3 表示失败。

这样，可列出表 3-14 所示的真值表，由表可见，3 个输出函数是互不兼容的，可以写成

$$\begin{cases} F_1(A,B,C,D) = \sum m(7,11,13,14,15) \\ F_2(A,B,C,D) = \sum m(3,5,6,9,10,12) \\ F_3(A,B,C,D) = \sum m(0,1,2,4,8) \end{cases} \qquad (3\text{-}16)$$

仿照例 3-6 的方法，用 4 线-16 线译码器 74HC154 实现，如图 3-35 所示。

表 3-14　例 3-7 的真值表

A	B	C	D	F_1	F_2	F_3
0	0	0	0	0	0	1
0	0	0	1	0	0	1
0	0	1	0	0	0	1
0	0	1	1	0	1	0
0	1	0	0	0	0	1
0	1	0	1	0	1	0
0	1	1	0	0	1	0
0	1	1	1	1	0	0
1	0	0	0	0	0	1
1	0	0	1	0	1	0
1	0	1	0	0	1	0
1	0	1	1	1	0	0
1	1	0	0	0	1	0
1	1	0	1	1	0	0
1	1	1	0	1	0	0
1	1	1	1	1	0	0

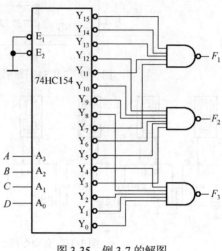

图 3-35　例 3-7 的解图

本例也可以用两个 3 线-8 线译码器实现，具体电路读者自己去设计。

另外译码器在计算机的存储器结构中，常用做地址译码器或指令译码器，译码器输入为地址代码，输出是存储单元的地址。n 位地址线可以寻址 2^n 个存储单元，其详细的介绍请参考有关文献。

3.3.3　数据选择器

在数字信号的传输过程中，能够根据需要在地址选择信号的控制下，从多路数据中选择出一路数据作为输出信号，实现这一逻辑功能的电路称为数据选择器（Data Selector）。数据选择器又称为多路选择器或多路开关（Multiplexer），其示意图如图 3-36 所示。

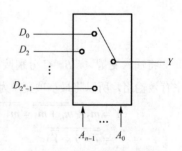

其逻辑功能是：在 n 个地址选择输入信号控制下，从 2^n 路数据输入信号中选择一路作为输出。若 $n=2$，则从 4 路信号中选择一路作为输出，称为 4 选 1 数据选择器，选择哪一路作为输出由地址选择线决定；同样地，当 $n=3$ 时，称为 8 选 1 数据选择器；当 $n=4$ 时，称为 16 选 1 数据选择器。

图 3-36　数据选择器示意图

1．4 选 1 数据选择器

4 选 1 数据选择器的输入数据有 4 个，分别为 D_0、D_1、D_2、D_3，选择哪一路作为输出由地址信号线 A_1、A_0 决定，当地址信号 $A_1A_0 = 00$ 时，输出 $Y = D_0$；当 $A_1A_0 = 01$ 时，输出 $Y = D_1$；当 $A_1A_0 = 10$ 时，输出 $Y = D_2$；当 $A_1A_0 = 11$ 时，输出 $Y = D_3$。典型的 4 选 1 数据选择器有双 4 选 1 数据选择器 74153、74LS153 和 74HC153 等。其中，74HC153 的芯片引脚图如图 3-37 所示，其逻辑符号如图 3-38 所示，其真值表如表 3-15 所示。

由真值表 3-15 得到逻辑函数表达式为

$$Y = \overline{A_1}\,\overline{A_0}D_0 + \overline{A_1}A_0D_1 + A_1\overline{A_0}D_2 + A_1A_0D_3 \tag{3-17}$$

$$= m_0D_0 + m_1D_1 + m_2D_2 + m_3D_3 \tag{3-18}$$

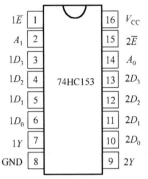

图 3-37　74HC153 芯片引脚图

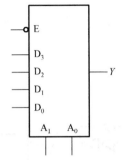

图 3-38　1/2 74HC153 逻辑符号

表 3-15　4 选 1 数据选择器真值表

输　　入			输　出
使　能	地　　址		输　出
$\overline{E}$	A_1	A_0	Y
1	×	×	0
0	0	0	D_0
0	0	1	D_1
0	1	0	D_2
0	1	1	D_3

根据逻辑函数表达式画出逻辑图，如图 3-39 所示。图中，$\overline{E}$ 为使能端，当 $\overline{E}=0$ 时，各与门打开，数据选择器正常工作；当 $\overline{E}=1$ 时，与门被封锁，$Y=0$。

2. 8 选 1 数据选择器

8 选 1 数据选择器有 8 个数据输入端，需要 3 根地址译码线。典型的 8 选 1 数据选择器有 74151、74LS151 和 74HC151 等。其中，74HC151 的芯片引脚图如图 3-40 所示，其逻辑符号如图 3-41 所示，它是具有互补输出的数据选择器，有原码和反码两种输出形式，其真值表如表 3-16 所示。

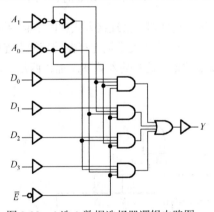

图 3-39　4 选 1 数据选择器逻辑电路图

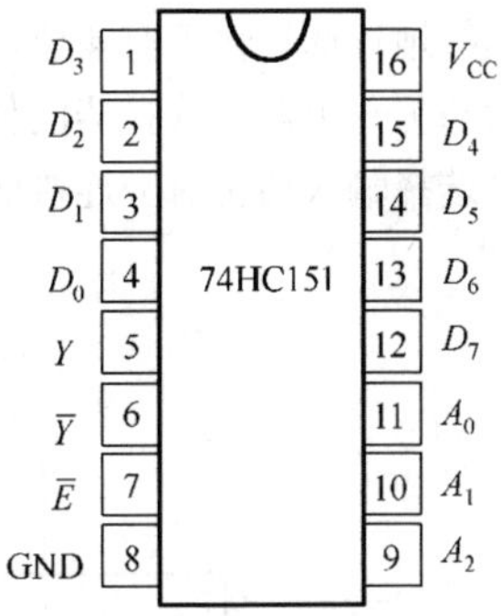

图 3-40　74HC151 芯片引脚图

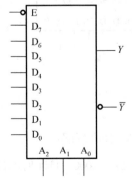

图 3-41　74HC151 逻辑符号

表 3-16　8 选 1 数据选择器真值表

输　　入				输　　出	
$\overline{E}$	A_2	A_1	A_0	Y	$\overline{Y}$
1	×	×	×	0	1
0	0	0	0	D_0	$\overline{D_0}$
0	0	0	1	D_1	$\overline{D_1}$
0	0	1	0	D_2	$\overline{D_2}$
0	0	1	1	D_3	$\overline{D_3}$
0	1	0	0	D_4	$\overline{D_4}$
0	1	0	1	D_5	$\overline{D_5}$
0	1	1	0	D_6	$\overline{D_6}$
0	1	1	1	D_7	$\overline{D_7}$

根据真值表可得 8 选 1 数据选择器的逻辑函数式为

$$Y = m_0D_0 + m_1D_1 + m_2D_2 + m_3D_3 + m_4D_4 + m_5D_5 + m_6D_6 + m_7D_7 \qquad (3\text{-}19)$$

其逻辑电路图如图 3-42 所示。

3. 16 选 1 数据选择器

16 选 1 数据选择器的典型芯片有 74150 等，其逻辑符号如图 3-43 所示。

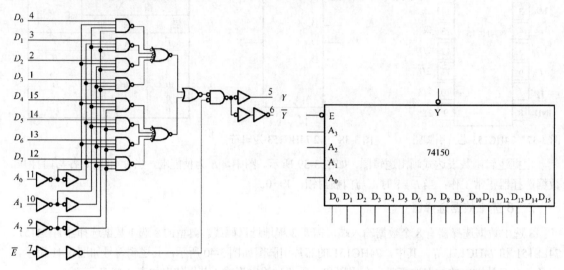

图 3-42　8 选 1 数据选择器 74HC151 的逻辑电路图　　　　　图 3-43　74150 的逻辑符号

　　也可以使用两片 8 选 1 的数据选择器组成 16 选 1 的数据选择器，其连接方式如图 3-44 所示。16 选 1 的数据选择器的地址选择输入有 4 位，其最高位 A_3 与一个 8 选 1 的数据选择器的使能端连接，经过一反相器反相后与另一个数据选择器的使能端连接。低 3 位地址选择输入端 $A_2A_1A_0$ 由两片 8 选 1 的数据选择器的地址选择输入端相对应连接而成。

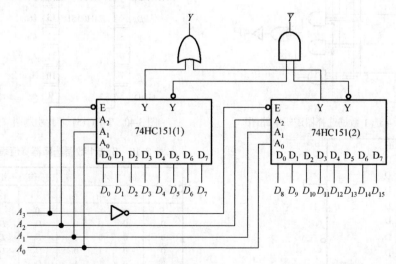

图 3-44　用两片 8 选 1 数据选择器构成 16 选 1 数据选择器的连接图

　　当 $A_3A_2A_1A_0 = 0000 \sim 0111$ 时，左边的数据选择器工作，当 $A_3A_2A_1A_0 = 1000 \sim 1111$ 时，右边的数据选择器工作，输出函数的表达式为

$$Y = (\overline{A}_3\overline{A}_2\overline{A}_1\overline{A}_0)D_0 + (\overline{A}_3\overline{A}_2\overline{A}_1A_0)D_1 + (\overline{A}_3\overline{A}_2A_1\overline{A}_0)D_2 + (\overline{A}_3\overline{A}_2A_1A_0)D_3 +$$
$$(\overline{A}_3A_2\overline{A}_1\overline{A}_0)D_4 + (\overline{A}_3A_2\overline{A}_1A_0)D_5 + (\overline{A}_3A_2A_1\overline{A}_0)D_6 + (\overline{A}_3A_2A_1A_0)D_7 +$$
$$(A_3\overline{A}_2\overline{A}_1\overline{A}_0)D_8 + (A_3\overline{A}_2\overline{A}_1A_0)D_9 + (A_3\overline{A}_2A_1\overline{A}_0)D_{10} + (A_3\overline{A}_2A_1A_0)D_{11} +$$
$$(A_3A_2\overline{A}_1\overline{A}_0)D_{12} + (A_3A_2\overline{A}_1A_0)D_{13} + (A_3A_2A_1\overline{A}_0)D_{14} + (A_3A_2A_1A_0)D_{15}$$

即

$$Y = m_0D_0 + m_1D_1 + m_2D_2 + m_3D_3 + m_4D_4 + m_5D_5 + m_6D_6 + m_7D_7 +$$
$$m_8D_8 + m_9D_9 + m_{10}D_{10} + m_{11}D_{11} + m_{12}D_{12} + m_{13}D_{13} + m_{14}D_{14} + m_{15}D_{15}$$

4. 数据选择器应用举例

【例 3-8】 用数据选择器实现逻辑函数 $Y(A,B,C) = AB + BC + AC$。

解： 首先将逻辑函数化成标准与或式

$$Y(A,B,C) = AB + BC + AC$$
$$= AB(C + \overline{C}) + (A + \overline{A})BC + A(B + \overline{B})C$$
$$= ABC + AB\overline{C} + ABC + \overline{A}BC + ABC + A\overline{B}C$$
$$= \sum m(3,5,6,7)$$

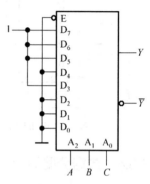

选用 8 选 1 的数据选择器 74HC151，将变量 A、B、C 作为地址码，其中 A 接地址码高位。再将与函数最小项序号对应的数据输入端接逻辑 1 或高电位，其余输入端则接逻辑 0 或低电平，电路如图 3-45 所示。

【例 3-9】 用 8 选 1 数据选择器实现例 3-7 的电路设计。

解： 从例 3-7 的式（3-16）得到 3 个函数之间还有一个关系

$$F_2 = \overline{F_1 + F_3} = \overline{F_1} \cdot \overline{F_3}$$

图 3-45 例 3-8 解图

故采用有互补输出的 74HC151 芯片实现的电路更简单。选用两片 74HC151 得到函数 F_1 和 F_3，再从 $\overline{F_1}$ 和 $\overline{F_3}$ 得到函数 F_2。

用 8 选 1 的数据选择器实现 4 变量的函数的方法为：把 A、B、C 作为地址码，而 D 可以作为输入变量，则 F_1 和 F_3 可以变换为

$$F_1(A,B,C,D) = (\overline{A}BC)D + (A\overline{B}C)D + (AB\overline{C})D + (ABC)\overline{D} + (ABC)D$$
$$= (\overline{A}BC)D + (A\overline{B}C)D + (AB\overline{C})D + (ABC) \cdot 1$$
$$F_3(A,B,C,D) = (\overline{A}\,\overline{B}C)\overline{D} + (\overline{A}\,\overline{B}C)D + (\overline{A}B\overline{C})\overline{D} + (A\overline{B}\,\overline{C})\overline{D} + (A\overline{B}C)\overline{D}$$
$$= (\overline{A}\,\overline{B}C) \cdot 1 + (\overline{A}B\overline{C})\overline{D} + (A\overline{B}\,\overline{C})\overline{D} + (A\overline{B}C)\overline{D}$$

实现的电路图如图 3-46 所示。

【例 3-10】 74HC151 构成的数据选择电路如图 3-47(a)所示，其中 8 个数据输入端 $D_0 \sim D_7 =$ 01101101，地址输入信号 S_2、S_1、S_0 和使能输入 S 的波形如图 3-47(b)所示，试画出输出端 Y 的波形。

解： 由波形图看出，从 $t_0 \sim t_9$ 时段，$S=0$，使能输入为有效状态，在地址 S_2、S_1、S_0 从 000 递增到 111，输出 Y 将依次为 D_0、D_1、…，直到 D_7 的电平值；在 $t_8 \sim t_9$ 时段，$Y = D_0 = 0$；在 $t_9 \sim t_{11}$ 时段，$S=1$，使能输入为无效电平，无论 S_2、S_1、S_0 为何状态，输出 Y 始终为 0。由此可画出输出 Y 的波形，如图 3-47(b)所示。

由本例可见，数据选择器能将多路信号分时地传送到输出端，实现数据的并行输入到串行输出的转换。

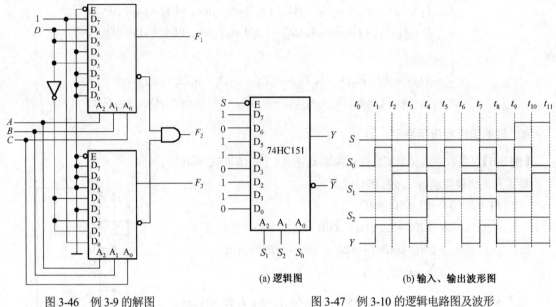

图 3-46　例 3-9 的解图　　　　　　　　　　图 3-47　例 3-10 的逻辑电路图及波形

　　　　　　　　　　　　　　　　　　　　　　　　　　　(a) 逻辑图　　　　　　　　(b) 输入、输出波形图

3.3.4　数据分配器

　　数据分配器（Data Distributor）又称为多路分配器，它能够根据需要在地址选择信号的控制下，将一路输入数据分配到多个输出端的电路，其功能正好与数据选择器相反，其示意图如图 3-48 所示。

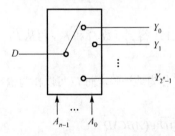

图 3-48　数据分配器示意图

　　其逻辑功能是：在 n 个地址选择输入信号控制下，把一路数据分配给 2^n 个数据输出端。若 $n=2$，则把一个数据分配给 4 个输出端，称为 1 路-4 路数据分配器，分配给哪一路输出端由地址选择线决定；同样地，当 $n=3$ 时，称为 1 路-8 路数据分配器；当 $n=4$ 时，称为 1 路-16 路数据分配器。下面以 1 路-4 路数据分配器为例进行介绍。

　　1 路-4 路数据分配器输入数据只有 1 路，为 D；数据输出端有 4 路 Y_0、Y_1、Y_2、Y_3，选择哪一路作为输出由地址信号线 A_1、A_0 决定。当地址信号 $A_1A_0 = 00$ 时，选中输出端 Y_0，即 $Y_0 = D$；当 $A_1A_0 = 01$ 时，选中输出端 Y_1，即 $Y_1 = D$；当 $A_1A_0 = 10$ 时，选中输出端 Y_2，即 $Y_2 = D$；当 $A_1A_0 = 11$ 时，选中输出端 Y_3，即 $Y_3 = D$。其真值表如表 3-17 所示。

　　由表 3-17 写出逻辑函数表达式

$$\begin{cases} Y_0 = D \cdot \overline{A_1}\,\overline{A_0} = D \cdot m_0 \\ Y_1 = D \cdot \overline{A_1} A_0 = D \cdot m_1 \\ Y_2 = D \cdot A_1 \overline{A_0} = D \cdot m_2 \\ Y_3 = D \cdot A_1 A_0 = D \cdot m_3 \end{cases} \qquad (3-20)$$

表 3-17　1 路-4 路数据分配器真值表

输　　入			输　　出			
	A_1	A_0	Y_0	Y_1	Y_2	Y_3
D	0	0	D	0	0	0
	0	1	0	D	0	0
	1	0	0	0	D	0
	1	1	0	0	0	D

　　从式（3-20）可以画出逻辑电路图，如图 3-49 所示。由图 3-49 所示电路可以看出，数据分配器和译码器有着相同的电路结构形式（与图 3-19 所示的电路比较），由与门组成阵列。在数据分配器中，

D 是数据输入端，A_1、A_0 是选择信号控制端；在译码器中，与 D 相应的是使能控制端，A_1、A_0 是输入的二进制代码。所以，带使能端的二进制集成译码器就是数据分配器，因此，市场上没有现成的数据分配器集成芯片。

当需要使用数据分配器时，可以用集成译码器改接外部线路来构成。例如，74LS139 是集成 2 线–4 线译码器，可用做集成 1 路–4 路数据分配器；74LS138 是集成 3 线–8 线译码器，可用做集成 1 路–8 路数据分配器；74LS154 是集成 4 线–16 线译码器，可用做集成 1 路–16 路数据分配器等。

图 3-50 所示为一个由 74HC138 译码器构成的数据分配器，该电路的功能如表 3-18 所示。

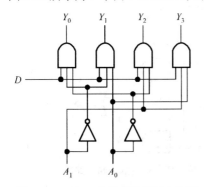

图 3-49　1 路–4 路分配器逻辑电路图

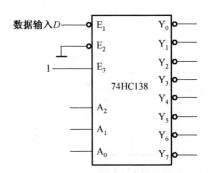

图 3-50　用 74HC138 译码器构成数据分配器

表 3-18　74HC138 译码器用做数据分配器时的真值表

输　　入						输　　出							
$\overline{E_1}$	$\overline{E_2}$	E_3	A_2	A_1	A_0	$\overline{Y_0}$	$\overline{Y_1}$	$\overline{Y_2}$	$\overline{Y_3}$	$\overline{Y_4}$	$\overline{Y_5}$	$\overline{Y_6}$	$\overline{Y_7}$
$\times$	0	0	$\times$	$\times$	$\times$	1	1	1	1	1	1	1	1
D	0	1	0	0	0	D	1	1	1	1	1	1	1
D	0	1	0	0	1	1	D	1	1	1	1	1	1
D	0	1	0	1	0	1	1	D	1	1	1	1	1
D	0	1	0	1	1	1	1	1	D	1	1	1	1
D	0	1	1	0	0	1	1	1	1	D	1	1	1
D	0	1	1	0	1	1	1	1	1	1	D	1	1
D	0	1	1	1	0	1	1	1	1	1	1	D	1
D	0	1	1	1	1	1	1	1	1	1	1	1	D

数据分配器的用途比较多，如用它将一台计算机与多台外部设备连接，将计算机的数据分送到外部设备中。它还可以与计数器结合组成脉冲分配器，用它与数据选择器连接组成分时数据传送系统。

3.3.5　数值比较器

在数字系统中特别是在计算机中，常需要对两个数的大小进行比较，完成这一功能的逻辑电路称为数值比较器（Comparator）。比较器的输入是待比较的两个二进制数 A 和 B，输出是比较的结果（$A>B$ 或 $A<B$ 或 $A=B$）。

1. 一位数值比较器

当两个待比较的数都是 1 位二进制数时，现用 A_i、B_i 表示，输出信号是比较的结果，有 3 种情况：$A_i > B_i$、$A_i < B_i$、$A_i = B_i$，分别用 $Y_{A>B}$、$Y_{A<B}$、$Y_{A=B}$ 表示。且约定：当 $A_i > B_i$ 时，$Y_{A>B}=1$；当 $A_i < B_i$ 时，$Y_{A<B}=1$；当 $A_i = B_i$ 时，$Y_{A=B}=1$。故可得两数比较的真值表，如表 3-19 所示。

由表 3-19 可得到逻辑函数表达式为

$$\begin{cases} Y_{A>B} = A_i \overline{B_i} \\ Y_{A<B} = \overline{A_i} B_i \\ Y_{A=B} = \overline{A_i}\, \overline{B_i} + A_i B_i = A_i \odot B_i = \overline{\overline{A_i \overline{B_i}} + \overline{\overline{A_i} B_i}} \end{cases} \tag{3-21}$$

对式（3-21）进行变换得到

$$\begin{cases} Y_{A>B} = A_i \overline{B_i} + A_i \overline{A_i} = A_i \cdot \overline{A_i B_i} \\ Y_{A<B} = \overline{A_i} B_i + B_i \overline{B_i} = B_i \cdot \overline{A_i B_i} \\ Y_{A=B} = \overline{A_i \overline{B_i} + \overline{A_i} B_i} = \overline{A_i \cdot \overline{A_i B_i} + B_i \cdot \overline{A_i B_i}} \end{cases} \tag{3-22}$$

由式（3-22）可以画出一位数值比较器的逻辑电路图，如图 3-51 所示。

表 3-19 一位数值比较器的真值表

输入		输出		
A_i	B_i	$Y_{A>B}$	$Y_{A<B}$	$Y_{A=B}$
0	0	0	0	1
0	1	0	1	0
1	0	1	0	0
1	1	0	0	1

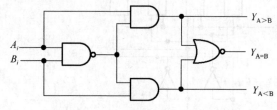

图 3-51 一位数值比较器的逻辑电路图

2. 两位数值比较器

两位数值比较器比较的是两个 2 位二进制数 $A = A_1 A_0$、$B = B_1 B_0$，比较结果用 $Y_{A>B}$、$Y_{A<B}$、$Y_{A=B}$ 表示。

当高位（A_1、B_1）不相等时，无须比较低位（A_0、B_0），两个数的比较结果就是高位比较的结果；当高位相等时，两数的比较结果由低位比较的结果决定。利用一位数值比较器的分析结果，可以列出两位数值比较器的简化的真值表，如表 3-20 所示。

由表 3-20 可以写出如下逻辑函数式

$$\begin{cases} F_{A>B} = (A_1 > B_1) + (A_1 = B_1)(A_0 > B_0) \\ F_{A<B} = (A_1 < B_1) + (A_1 = B_1)(A_0 < B_0) \\ F_{A=B} = (A_1 = B_1)(A_0 = B_0) \end{cases} \tag{3-23}$$

根据式（3-23）画出逻辑电路图，如图 3-52 所示。该电路利用了一位数值比较器的输出作为中间结果，它依据的原理如下。① 如果两位数 $A = A_1 A_0$、$B = B_1 B_0$ 的高位不相等，则高位的比较结果就是两数比较的结果，与低位无关。此时，高位比较器的输出端 $Y_{A_1 = B_1}$ 输出低电平，使与门 G_1、G_2、G_3 均封锁，而或门都打开，低位比较结果不影响或门，高位比较结果则从或门直接输出。② 如果高位相等，即 $Y_{A_1 = B_1}$ 输出高电平，使与门 G_1、G_2、G_3 均打开，同时由于 $Y_{A_1 = B_1}$ 和 $Y_{A_1 = B_1}$ 的作用，或门也打开，低位的比较结果直接送到输出端，即此时低位的比较结果直接送达输出端，低位的比较结果决定两数谁大、谁小或者相等。

表 3-20 两位数值比较器的真值表

输入				输出		
A_1	B_1	A_0	B_0	$Y_{A>B}$	$Y_{A<B}$	$Y_{A=B}$
$A_1 > B_1$		$\times$		1	0	0
$A_1 < B_1$		$\times$		0	1	0
$A_1 = B_1$		$A_0 > B_0$		1	0	0
$A_1 = B_1$		$A_0 < B_0$		0	1	0
$A_1 = B_1$		$A_0 = B_0$		0	0	1

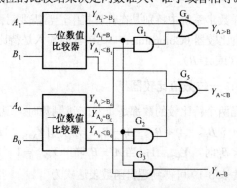

图 3-52 两位数值比较器的逻辑电路图

用类似的方法可以设计出更多位的数值比较器。

3. 集成数值比较器

常用的中规模集成数值比较器有 CMOS 和 TTL 的产品。74××85 是四位数值比较器，74×682 是 8 位数值比较器，这里主要介绍 74HC85。

图 3-53 所示是 74HC85 的芯片引脚图，逻辑符号如图 3-54 所示。它比较两个四位二进制数值 $A=A_3A_2A_1A_0$ 和 $B=B_3B_2B_1B_0$，两个数值的输入端有 8 个，输出端有 3 个，分别为 $Y_{A>B}$ $Y_{A<B}$ $Y_{A=B}$。另外还扩展了 3 个输入端 $I_{A>B}$、$I_{A<B}$、$I_{A=B}$，称为扩展输入端，扩展输入端与其他数值比较器的输出连接，便于组成位数更多的数值比较器。

74HC85 的功能如表 3-21 所示，其逻辑电路图如图 3-55 所示。

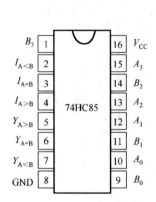

图 3-53　74HC85 的芯片引脚图

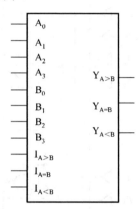

图 3-54　74HC85 的逻辑符号

表 3-21　74HC85 的真值表

比 较 输 入				扩 展 输 入			输　出		
$A_3\ B_3$	$A_2\ B_2$	$A_1\ B_1$	$A_0\ B_0$	$I_{A>B}$	$I_{A<B}$	$I_{A=B}$	$Y_{A>B}$	$Y_{A<B}$	$Y_{A=B}$
$A_3>B_3$	×	×	×	×	×	×	1	0	0
$A_3<B_3$	×	×	×	×	×	×	0	1	0
$A_3=B_3$	$A_2>B_2$	×	×	×	×	×	1	0	0
$A_3=B_3$	$A_2<B_2$	×	×	×	×	×	0	1	0
$A_3=B_3$	$A_2=B_2$	$A_1>B_1$	×	×	×	×	1	0	0
$A_3=B_3$	$A_2=B_2$	$A_1<B_1$	×	×	×	×	0	1	0
$A_3=B_3$	$A_2=B_2$	$A_1=B_1$	$A_0>B_0$	×	×	×	1	0	0
$A_3=B_3$	$A_2=B_2$	$A_1=B_1$	$A_0<B_0$	×	×	×	0	1	0
$A_3=B_3$	$A_2=B_2$	$A_1=B_1$	$A_0=B_0$	1	0	0	1	0	0
$A_3=B_3$	$A_2=B_2$	$A_1=B_1$	$A_0=B_0$	0	1	0	0	1	0
$A_3=B_3$	$A_2=B_2$	$A_1=B_1$	$A_0=B_0$	0	0	1	0	0	1
$A_3=B_3$	$A_2=B_2$	$A_1=B_1$	$A_0=B_0$	×	×	1	0	0	1
$A_3=B_3$	$A_2=B_2$	$A_1=B_1$	$A_0=B_0$	1	1	0	0	0	0
$A_3=B_3$	$A_2=B_2$	$A_1=B_1$	$A_0=B_0$	0	0	0	1	1	0

从真值表可以看出，两个 4 位二进制数进行比较时，必须自高至低地逐位比较，而且只有在高位相等时，才需要进行低位比较。即首先比较 A_3 和 B_3，若 $A_3>B_3$，那么不管其他几位数值为何值，肯定 $A>B$；反之，若 $A_3<B_3$，则 $A<B$；若 $A_3=B_3$，就必须通过比较 A_2 和 B_2 的大小了，以此类推。显然，如果两数相等，那么比较结果必须在比较进行到最低位才能得到。若仅对 4 位数进行比较时，应对 $I_{A>B}$、$I_{A<B}$、$I_{A=B}$ 进行适当处理，使 $I_{A>B}=I_{A<B}=0$、$I_{A=B}=1$，表示不考虑低位。除了特殊要求外，尽量不要使 $I_{A>B}$、$I_{A<B}$ 和 $I_{A=B}$ 出现真值表中最后两行的状态。

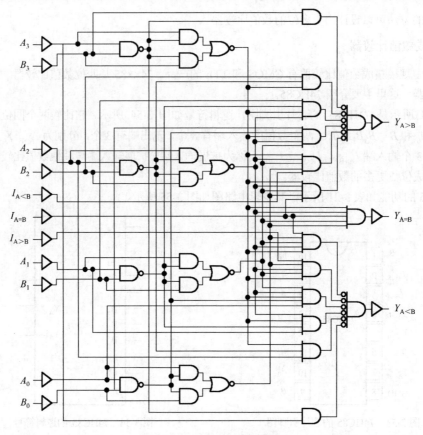

图 3-55 74HC85 逻辑电路图

4. 数值比较器的位数扩展

数值比较器的位数扩展方式有串联和并联两种。图 3-56 所示为两个 4 位数比较器串联而成为一个 8 位的数值比较器。对于两个 8 位数，若高 4 位相同，它们的大小则由低 4 位的比较结果确定。因此，低 4 位的比较结果应作为高 4 位的条件，即低 4 位比较器的输出端应分别与高 4 位比较器的 $I_{A>B}$、 $I_{A<B}$ 和 $I_{A=B}$ 端连接。

当要比较的数值位数较多且要满足一定的速度要求时，可以采取并联方式。图 3-57 所示为 16 位并联数值比较器的原理图。这里采用两级比较方式，将 16 位按高低位次序分成 4 组，每组 4 位，各组的比较是并行进行的。将每组的比较结果再经 4 位比较器进行比较后得出结果。显然，从数据输入到稳定输出需要两倍的 4 位比较器的延迟时间，而若串联的方式，则 16 位的数值比较器从输入到稳定输出需要约 4 倍的 4 位比较器的延迟时间。

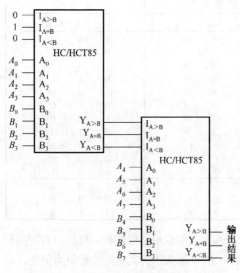

图 3-56 串联方式扩展数值比较器的位数

目前生产的数值比较器产品中，也有采用其他电路结构形式的。因为电路结构不同，扩展输入端的用法也不完全一样，使用时注意加以区别。

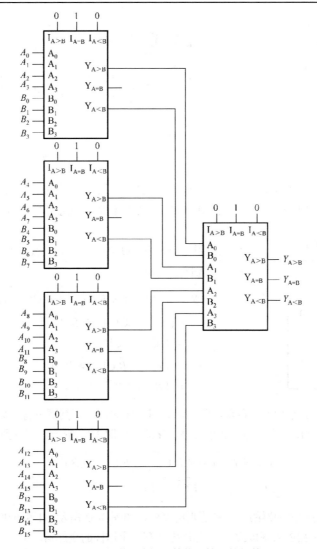

图 3-57　并联方式扩展数值比较器的位数

3.3.6　加法器

从第 1 章的内容可以知道：两个二进制数之间的算术运算无论是加、减、乘、除，目前在数字计算机中都是化做若干步加法运算进行的，因此，加法器是构成算术运算的基本单元。

1. 一位加法器

（1）半加器

实现半加运算的逻辑电路称为半加器。设半加器的两个 1 位二进制加数分别为 A_i 和 B_i，相加的和为 S_i，进位输出为 CO_i。根据半加的概念可得半加器的真值表，如表 3-22 所示。

由真值表可写出逻辑函数表达式为

$$\begin{cases} S_i = \overline{A_i}B_i + A_i\overline{B_i} = A_i \oplus B_i \\ CO_i = A_iB_i \end{cases} \tag{3-24}$$

因此可以得到由异或门和与门组成的半加器，如图 3-58(a)所示。图 3-58(b)所示是半加器的逻辑符号。

表 3-22　半加器真值表

输入		输出	
A_i	B_i	S_i	CO_i
0	0	0	0
0	1	1	0
1	0	1	0
1	1	0	1

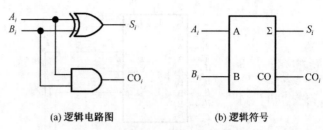

(a) 逻辑电路图　　　　　　　　　(b) 逻辑符号

图 3-58　半加器

（2）全加器

实现全加运算的逻辑电路称为全加器。设全加器的两个 1 位二进制加数分别为 A_i 和 B_i，低位来的进位输入为 CI_i，相加的和为 S_i，进位输出为 CO_i。根据全加的概念可得全加器的真值表，如表 3-23 所示。

表 3-23　全加器真值表

输　　入			输　　出	
A_i	B_i	CI_i	S_i	CO_i
0	0	0	0	0
0	0	1	1	0
0	1	0	1	0
0	1	1	0	1
1	0	0	1	0
1	0	1	0	1
1	1	0	0	1
1	1	1	1	1

由真值表画出 S_i 和 CO_i 的卡诺图，如图 3-59 所示。采用多输出函数化简法尽量圈公共项，可得

$$
\begin{cases}
\begin{aligned}
S_i &= \overline{A_i}\,\overline{B_i}\mathrm{CI}_i + \overline{A_i}B_i\overline{\mathrm{CI}_i} + A_i\overline{B_i}\,\overline{\mathrm{CI}_i} + A_iB_i\mathrm{CI}_i \\
&= \overline{(A_i \oplus B_i)}\mathrm{CI}_i + (A_i \oplus B_i)\overline{\mathrm{CI}_i} \\
&= A_i \oplus B_i \oplus \mathrm{CI}_i \\
\mathrm{CO}_i &= A_iB_i + A_i\overline{B_i}\mathrm{CI}_i + \overline{A_i}B_i\mathrm{CI}_i \\
&= A_iB_i + (A_i \oplus B_i)\mathrm{CI}_i
\end{aligned}
\end{cases}
\tag{3-25}
$$

由式（3-25）可得到全加器的逻辑电路图，如图 3-60(a)所示，其逻辑符号如图 3-60(b)所示。

图 3-59 所示的卡诺图如果按照圈 0 求反进行化简，如图 3-61 所示，则得到

$$
\begin{cases}
S_i = \overline{\overline{A_i}\,\overline{B_i}\,\overline{\mathrm{CI}_i} + A_i\overline{B_i}\mathrm{CI}_i + \overline{A_i}B_i\mathrm{CI}_i + A_iB_i\overline{\mathrm{CI}_i}} \\
\mathrm{CO}_i = \overline{\overline{A_i}\,\overline{B_i} + \overline{B_i}\,\overline{\mathrm{CI}_i} + \overline{A_i}\,\overline{\mathrm{CI}_i}}
\end{cases}
\tag{3-26}
$$

由式（3-26）可得到全加器的另一种逻辑电路图，如图 3-62 所示。1 位全加器集成芯片 74LS183 的逻辑电路图就是按照图 3-62 构成的，在芯片内部有两个这样的全加器。

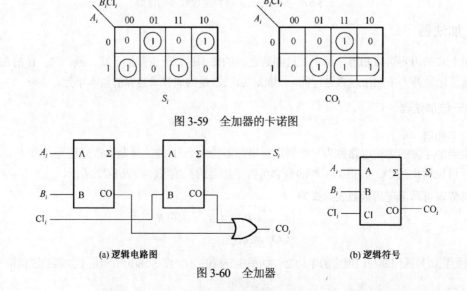

图 3-59　全加器的卡诺图

(a) 逻辑电路图　　　　　　　　　　　　　　　(b) 逻辑符号

图 3-60　全加器

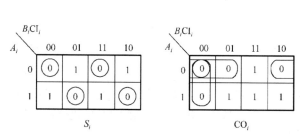

图 3-61 全加器的卡诺图的另一种化简法

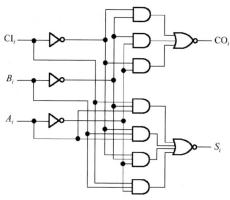

图 3-62 双全加器 74LS183 逻辑电路图

2. 多位加法器

（1）串行进位加法器

多位二进制数的相加可采用并行相加串行进位的方式来完成。例如，有两个 4 位二进制数 $A = A_3A_2A_1A_0$ 和 $B = B_3B_2B_1B_0$ 相加，可以采用两块集成芯片 74LS183 即 4 个全加器构成 4 位数加法器，其原理图如图3-63 所示。将低位的进位输出信号 CO_{i-1} 接到高位的进位输入端 CI_i，因此，任意 1 位的加法运算必须在低 1 位的运算完成之后才能进行，因此将这种结构的电路称为串行进位加法器（或称为行波进位加法器）。

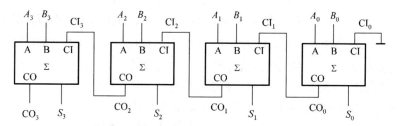

图 3-63 4 位串行进位加法器

这种加法器的逻辑电路比较简单，但它的最大缺点是运算速度慢，做一次加法运算需要经过 4 个加法器的传输延迟时间。

（2）超前进位加法器

为克服串行进位加法器由于受到进位信号的限制使得运算速度慢的缺点，人们又设计了一种多位数超前进位加法逻辑电路，使每位的进位只由被加数和加数决定，而与低位的进位无关。采用这种结构的加法器称为超前进位（Carry Look-ahead）加法器，也称为快速进位（Fast Carry）加法器。下面介绍超前进位信号的产生原理。

从表 3-23 所示的全加器的真值表，可以画出卡诺图的另一种化简法，如图 3-64 所示。

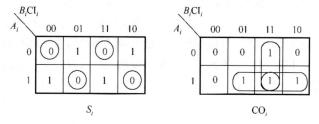

图 3-64 全加器卡诺图的第 3 种化简法

由图 3-64 得到全加器的逻辑函数表达式为

$$S_i = A_i \oplus B_i \oplus \text{CI}_i \tag{3-27}$$

$$\text{CO}_i = A_i B_i + (A_i + B_i)\text{CI}_i \tag{3-28}$$

定义两个中间函数 G_i 和 P_i

$$G_i = A_i B_i \tag{3-29}$$

$$P_i = A_i + B_i \tag{3-30}$$

当 $A_i = B_i = 1$ 时，$G_i = 1$，由式（3-28）得 $\text{CO}_i = 1$，即产生进位，所以 G_i 称为进位产生函数。若 $P_i = 1$，则 $G_i = A_i B_i = 0$，由式（3-28）得 $\text{CO}_i = \text{CI}_i$，即 $P_i = 1$ 时，低位的进位能传送到高位的进位输出端，故 P_i 称为进位传送函数。这两个函数都与进位信号无关。

将式（3-29）和式（3-30）代入式（3-28）和式（3-27），得

$$S_i = P_i \oplus \text{CI}_i \tag{3-31}$$

$$\text{CO}_i = G_i + P_i \text{CI}_i \tag{3-32}$$

由式（3-32）得各位进位输出信号的逻辑表达式如下

$$\text{CO}_0 = G_0 + P_0 \text{CI}_0 \tag{3-33}$$

$$\text{CO}_1 = G_1 + P_1 \text{CI}_1 = G_1 + P_1 \text{CO}_0 = G_1 + P_1 G_0 + P_1 P_0 \text{CI}_0 \tag{3-34}$$

$$\text{CO}_2 = G_2 + P_2 \text{CI}_1 = G_2 + P_2 G_1 + P_2 P_1 G_0 + P_2 P_1 P_0 \text{CI}_0 \tag{3-35}$$

$$\text{CO}_3 = G_3 + P_3 \text{CI}_2 = G_3 + P_3 G_2 + P_3 P_2 G_1 + P_3 P_2 P_1 G_0 + P_3 P_2 P_1 P_0 \text{CI}_0 \tag{3-36}$$

由式（3-33）～式（3-36）可知，因为进位信号只与函数 G_i、P_i 和 CI_0 有关，而 CI_0 是向最低位的进位信号，其值为 0，所以各位的进位信号都只与两个加数有关，它们是可以并行产生的。用与门和或门电路即可实现式（3-33）～式（3-36）所表示的超前进位产生电路。

根据超前进位概念构成的集成 4 位加法器 74LS283 的引脚图和逻辑符号如图 3-65 所示，其逻辑电路图如图 3-66 所示。

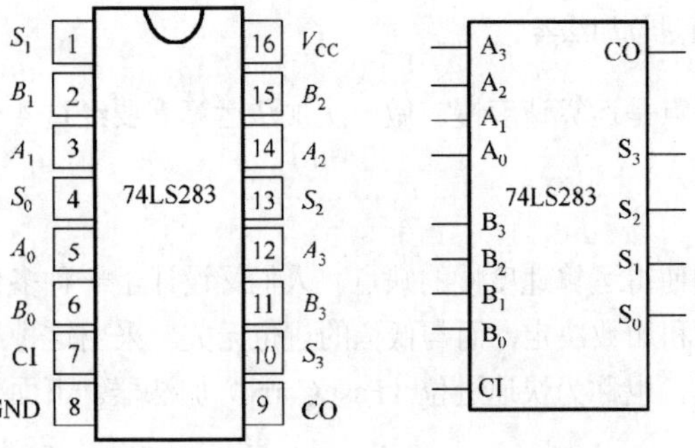

图 3-65　4 位超前进位加法器 74LS283

现以第 1 位（$i=1$）为例，分析它的逻辑功能。门 G_{22} 的输出 X_1、门 G_{23} 的输出 Y_1 及和 S_1 分别为

$$X_1 = \overline{\overline{A_1 B_1}(A_1 + B_1)} = A_1 \oplus B_1$$

$$Y_1 = \overline{\overline{A_0 + B_0} + \overline{A_0 B_0} \cdot \text{CI}_0} = A_0 B_0 + (A_0 + B_0)\text{CI}_0$$

$$= G_0 + P_0 \text{CI}_0 = \text{CO}_0 = \text{CI}_1$$

$$S_1 = X_1 \oplus Y_1 = A_1 \oplus B_1 \oplus \text{CI}_1$$

可见，S_1 和 CO_0 的结果和式（3-27）和式（3-33）完全相符。

从图 3-66 还可以看出，从两个加数送到输入端到完成加法运算只需三级门电路的传输延迟时间，而获得超前进位输出信号仅需一级反相器和一级与或非门的传输延迟时间，所以超前进位加法器大大提高了运算速度。但是这是用增加电路复杂程度的代价换取的，当加法器的位数增加时，电路的复杂程度也随之急剧上升。为了解决这一矛盾，设计出了专用的超前进位产生器，读者可参考有关文献。

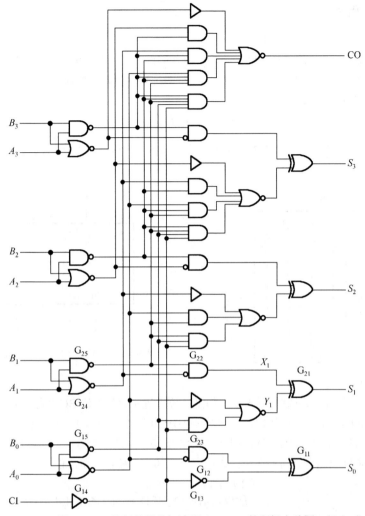

图 3-66　4 位超前进位加法器 74LS283 的逻辑电路图

（3）加法器位数的扩展

上面讨论了 4 位数加法器 74LS283 可以实现 4 位二进制数的相加，如果进行更多位数的加法，则需要扩展。例如，将低位芯片的进位输出 CO 接到高位芯片的进位输入端，便可实现 8 位二进制数的求和运算，其电路如图 3-67 所示。需要注意的是，低位芯片 74LS283（1）的进位输入端一定要接逻辑 0。

图 3-67 所示的电路级联是串行进位方式，当级联数目增加时，会影响运算速度。

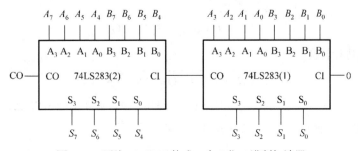

图 3-67　两片 74LS283 构成一个 8 位二进制加法器

3. 加法器应用举例

（1）8421BCD 码到余 3 码的转换

【例 3-11】 设计一个代码转换电路，将十进制代码的 8421BCD 码转换为余 3 码。

解： 以 8421BCD 码为输入，以余 3 码为输出，即可列出代码转换真值表，如表 3-24 所示。从表中可以发现，输出与输入存在如下关系

$$Y_3 Y_2 Y_1 Y_0 = A_3 A_2 A_1 A_0 + 3$$

其实这也正是余 3 码的特征。用一片 4 位加法器 74LS283 便可接成所要求的代码转换电路，如图 3-68 所示。

表 3-24　真值表

输　　入				输　　出			
A_3	A_2	A_1	A_0	Y_3	Y_2	Y_1	Y_0
0	0	0	0	0	0	1	1
0	0	0	1	0	1	0	0
0	0	1	0	0	1	0	1
0	0	1	1	0	1	1	0
0	1	0	0	0	1	1	1
0	1	0	1	1	0	0	0
0	1	1	0	1	0	0	1
0	1	1	1	1	0	1	0
1	0	0	0	1	0	1	1
1	0	0	1	1	1	0	0

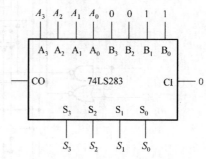

图 3-68　8421BCD 码到余 3 码的转换电路

（2）十进制数加法器

1 位 BCD 码要用 4 位二进制数来表示，但是 4 位二进制数与 1 位 BCD 码并不完全对应。例如，对 4 位二进制数 1001，若加 1 则为 1010，而对 8421BCD 码 1001（9_D），再加 1 后则为 10000（10_D），即用 4 位二进制数表示 1 位 8421BCD 码时应禁止出现 1010～1111 这 6 个码组。因此，用 74LS283 二进制全加器进行 BCD 码运算时需要在组间进位方式上加一个校正电路，使原来的逢 16 进 1 自动校正为逢 10 进 1。

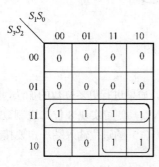

图 3-69　表 3-20 的卡诺图

所以，对两个 BCD 码 $A = A_3 A_2 A_1 A_0$ 和 $B = B_3 B_2 B_1 B_0$，用二进制全加器 74LS283 进行加法运算时分为两步：第一步将 BCD 码按二进制加法运算规则进行；第二步对运算结果进行判断，若和数大于 9 或有进位 CO=1，则电路加 6（0110），并在组间产生进位；若和数小于或等于 9，则保留该运算结果，即加 0（0000）。加 6 还是加 0 实际上只有中间两位数据不同，可以用 0PP0 表示，用校正电路使 P=1 或 0 来产生 6 或 0，P 与全加器的输出结果的关系如表 3-25 所示。由表 3-25 可得到卡诺图，如图 3-69 所示，经卡诺图化简得到表达式

$$P = S_3 S_2 + S_3 S_1 + \mathrm{CO} \tag{3-37}$$

对式（3-37）进行转换

$$P = \overline{\overline{S_3 S_2 + S_3 S_1 + \mathrm{CO}}} = \overline{\overline{S_3 S_2} \cdot \overline{S_3 S_1} \cdot \overline{\mathrm{CO}}} \tag{3-38}$$

可得到逻辑电路图，如图 3-70 所示。输出两位 BCD 码共 8 位，低 4 位是 $S_3 S_2 S_1 S_0$，高 4 位由于两个 BCD 码相加最大是 18，高位不会大于 1，故用 1 位 V 表示即可。

表 3-25　74LS283 的加法结果与校正位 P 的关系

CO	S_3	S_2	S_1	S_0	P
1	×	×	×	×	1
0	0	0	0	0	0
0	0	0	0	1	0
0	0	0	1	0	0
0	0	0	1	1	0
0	0	1	0	0	0
0	0	1	0	1	0
0	0	1	1	0	0
0	0	1	1	1	0
0	1	0	0	0	0
0	1	0	0	1	0
0	1	0	1	0	1
0	1	0	1	1	1
0	1	1	0	0	1
0	1	1	0	1	1
0	1	1	1	0	1
0	1	1	1	1	1

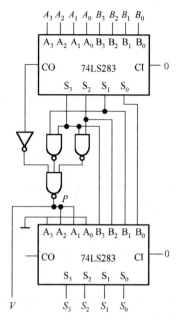

图 3-70　1 位 BCD 加法器逻辑电路图

（3）二进制数减法运算

由第 1 章介绍的二进制数算术运算可知，减法运算的原理是将减法运算变成加法运算进行的。上面介绍的二进制全加器 74LS283 既能实现加法运算，又可实现减法运算，从而可以简化数字系统结构。

由第 1 章的式（1-15）可知：

$$[A-B]_补=[A]_补+[-B]_补 \tag{3-39}$$

而减数取负的补码即变补或求负，变补或求负的规则是对 $[B]_补$ 的每一位（包括符号位）都按位取反，然后再加 1，结果就是 $[-B]_补$，故式（3-39）可写为

$$[A-B]_补=[A]_补+[B]_反+1 \tag{3-40}$$

根据式（3-40）可以画出减法运算的电路，如图 3-71 所示，其原理如下。

由 4 个反相器将 B 的各位反相（求反），并将进位输入端 CI 接逻辑 1 以实现加 1，加法器相加的结果为 $[A]_补+[B]_反+1$，是两数之差的补码，要通过 CO 来判别结果的正负。例如，7−3（原码 0111−0011）转化为补码相加 0111+1100+1=10100，这里 CO=1，结果为正数，补码 0100 等于原码，即结果为+4；而 3−7（原码 0011−0111）转化为补码相加 0011+1000+1=01100，这里 CO=0，结果为负数，补码 1100还要再求补一次才能得到。

正确的原码，1100 求补为 0100，即结果为−4。按习惯，把 CO 通过非门作为符号位。所以，如果想得到原码输出，还需将上述输出的补码再进行转换变成原码，如图 3-72 所示。补码转换为原码的过程也可以再用一级 74LS283 实现，补码转换为原码的方法是：如果上述减法的结果是正数，即 $V=0$，则原码就是补码，一个数与 0 异或该数值不变，如上述的+4（+0100），通过异或门后数值不变，还是0100，此时 74LS283 的进位输入端为 0，输出端的结果仍是 0100（+4）；如果结果是负数，即 $V=1$，则对结果求反加 1 得到原码，电路上将该数与 1 异或，相当于该数值求反，如上述的−4（1100）通过异或门后数值变成 0011，此时 74LS283 的进位输入端为 1，输出端的结果为 0100（−4）。

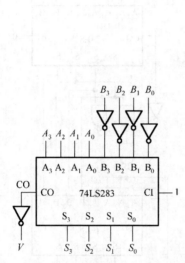

图 3-71　输出为补码的 4 位减法运算电路

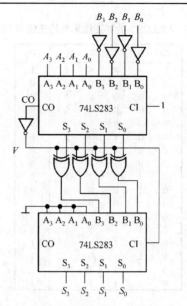

图 3-72　输出为原码的 4 位减法运算电路

3.4　组合逻辑电路的竞争冒险现象

3.4.1　竞争冒险的概念与原因分析

前面对组合电路的分析都是在输入、输出处于稳定的逻辑电平下进行的，而且没有考虑逻辑门的延迟时间对电路产生的影响。而由第 2 章的内容可以知道，由于半导体元件都有开关时间，所以当信号经过逻辑门电路时会产生一定的延迟。因此，由于输入信号经过的途径不同，在电路中传输时所经逻辑门的级数不同，或者各逻辑门的平均延迟时间不同等，所以输入到同一个门的一组信号到达的时间亦不同，这种现象叫做"竞争"。

在图 3-73 所示的组合逻辑电路中，变量 B 有两条路径可以到达 G_4 门（一条是经过 G_1 门、G_3 门到 G_4 门；另一条是经过 G_2 门到 G_4 门），两条路径所用的时间不同，即同一信号到达 G_4 门的时间不同，因此说变量 B 具有竞争能力。而变量 A 和变量 C 因为只有一条路径到达 G_4 门，故无竞争能力。

如果由于在门的输入有竞争而导致输出端电路的逻辑混乱，从而导致逻辑电路瞬时输出出现错误信号，这一现象称为"冒险"（或称为险象）。下面通过几个简单的例子分析冒险现象。

在图 3-74(a)所示的组合逻辑电路中，变量 A 可以通过两条路途到达 G_2 门，G_2 与门的输入是 A 与 $\overline{A}$ 两个互补信号，G_2 门的输出函数表达式为

$$Y = A \cdot \overline{A} = 0 \qquad\qquad (3\text{-}41)$$

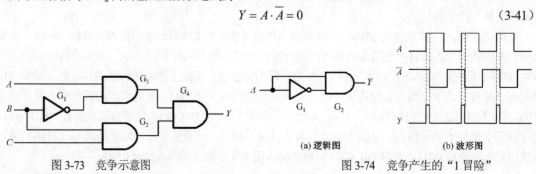

图 3-73　竞争示意图

(a) 逻辑图　　　　　(b) 波形图

图 3-74　竞争产生的"1 冒险"

由于 G_1 门的传输延迟，$\overline{A}$ 波形的下降沿与 A 波形的上升沿不能同时出现，而是滞后于 A 波形的上升沿，从而导致输出波形出现一个高电平的窄脉冲，如图 3-74(b) 所示，这与式（3-41）的结果矛盾。由此可知，同一信号到达同一地点所用时间不同，即竞争现象造成了逻辑电路输出瞬时的高电平的错误信号，这种冒险称为"1 冒险"。

在图 3-75(a) 所示的组合逻辑电路中，变量 A 可以通过两条路途到达 G_2 门，G_2 或门的输入是 A 与 $\overline{A}$ 两个互补信号，G_2 门的输出函数表达为

$$Y = A + \overline{A} = 1 \qquad\qquad (3\text{-}42)$$

G_1 门的传输延迟使 $\overline{A}$ 的变化滞后于 A 的变化，导致 Y 的波形出现低电平窄脉冲的错误，这与式（3-42）的逻辑分析结果矛盾，这也是由于竞争引起电路出现的冒险，这种冒险称为"0 冒险"。

对于数字系统，当前一级出现冒险现象时，如果后一级系统对窄脉冲信号敏感的话，就会对系统发出错误指令，导致误操作。因此，设计电路时应该尽量避免冒险现象的发生。但值得注意的是，竞争经常发生，但并不是所有的竞争都能产生冒险，有一些竞争是不会产生冒险的。

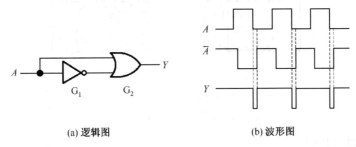

(a) 逻辑图	(b) 波形图

图 3-75 竞争产生的"0 冒险"

3.4.2 冒险现象的判别方法

由上述的例子可以看到，当逻辑电路的输出表达式在一定的输入取值下可以化为 $Y = A \cdot \overline{A}$ 和 $Y = A + \overline{A}$ 的形式时，A 的变化将会引起冒险。下面介绍几种常用的判断冒险现象的方法。

1. 代数法

首先找出具有竞争能力的变量，然后逐次改变其他变量，判断是否存在冒险现象。

【例 3-12】 判断图 3-76 所示电路是否存在冒险，如有冒险，请指出冒险类型。

解： 首先根据电路图写出逻辑函数表达式

$$Y = \overline{\overline{AC} \cdot \overline{B\overline{C}}} = AC + B\overline{C}$$

当 $A=B=1$ 时，$Y = C + \overline{C}$，C 可以引起 0 冒险，A 和 B 则无竞争能力。

【例 3-13】 判断图 3-77 所示电路是否存在冒险，如有冒险，请指出冒险类型。

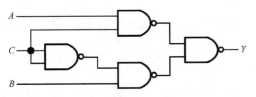

图 3-76 例 3-12 的逻辑电路图

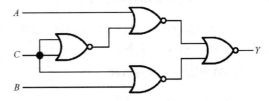

图 3-77 例 3-13 的逻辑电路图

解： 首先根据电路图写出逻辑函数表达式

$$Y = \overline{\overline{A + \overline{C}} + \overline{B + C}} = (A + \overline{C})(B + C)$$

当 $A=B=0$ 时，$Y = C \cdot \overline{C}$，C 可以引起 1 冒险，A 和 B 则无竞争能力。

2. 卡诺图法

将例 3-12 和例 3-13 分别用卡诺图表示出来，如图 3-78 所示。

由图 3-78(a)可知：在 AC 与 $B\overline{C}$ 两个卡诺圈相切处，$A=B=1$，当 C 发生变化时，则会出现冒险现象。

由图 3-78(b)可知：在 $A + \overline{C}$ 与 $B + C$ 两个卡诺圈相切处，$A=B=0$，当 C 发生变化时，则会出现冒险现象。

由此可见，在卡诺图中，若卡诺圈之间存在着相切而相切处又未被其他卡诺圈包围，则会发生冒险现象。

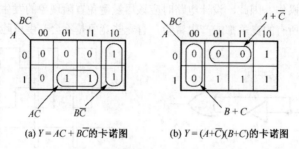

(a) $Y = AC + B\overline{C}$ 的卡诺图　　　(b) $Y = (A+\overline{C})(B+C)$ 的卡诺图

图 3-78　卡诺图法判别是否有冒险

3. 计算机辅助分析法

上面两种方法虽然简单，但有很大的局限性。因为实际逻辑电路的输入变量通常会比较多，并且有可能多个输入变量同时发生变化，这时很难利用它们找出所有的冒险现象。

计算机辅助分析方法是通过在计算机上运行数字电路的模拟程序，迅速地查出电路是否会存在竞争-冒险现象。目前已有这类成熟的程序可供选用。

由于计算机软件设计采用的是标准化的典型参数，而且某些地方还采用了一些必要的近似。所以，用计算机软件模拟数字电路的工作情况，与实际的数字电路工作情况会有一些差异。因此，用计算机辅助方法检查过的电路，还需要用实验的方法再次检验确定是否可能引起冒险现象。

4. 实验法

实验法是检验电路是否存在冒险现象的最有效、最可靠的方法。实验法是利用实验手段检查冒险的方法，即在逻辑电路的输入端加入包含输入变量的所有可能发生的状态变化，用逻辑分析仪或示波器捕捉输出端可能产生的冒险现象。只有实验检验的结果才能算是最终的结果。

3.4.3　冒险现象的消除方法

当逻辑电路存在冒险现象时，会对电路的正常工作造成威胁。因此，必须设法消除，常用的消除冒险现象的方法有以下几种。

1. 输出端接入滤波电容

由于冒险现象产生的窄脉冲（毛刺）都很窄（多在几十纳秒以内），所以消除冒险现象最简单的方法就是：只要在可能产生冒险现象的输出端并接一个很小的滤波电容，就足以把尖峰脉冲的幅度削弱到门电路的阈值电压以下。在 TTL 电路中，电容的数值通常在几十至几百皮法的范围内。

例如，对图 3-74 所示的电路，在输出端并接一个小电容后，如图 3-79 所示。由于小电容的作用，使 1 冒险的脉冲幅度变得很小，起到平波的作用，使输出端不会出现逻辑错误，但同时使输出波形的上升沿或下降沿变得缓慢。

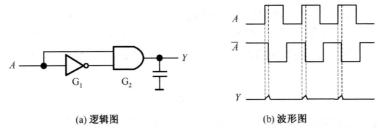

(a) 逻辑图   (b) 波形图

图 3-79   输出端并接小电容消除 1 冒险

2. 引入选通脉冲

第二种常用的方法是在电路中引入一个选通脉冲 P，如图 3-80(a)所示。因为 P 的高电平（作用时间）取在电路到达新的稳定状态之后，所以 $G_0 \sim G_3$ 每个门的输出端都不会出现窄脉冲（毛刺）。不过，这时 $G_0 \sim G_3$ 门正常的输出信号的宽度就是选通脉冲 P 的高电平持续时间。例如，当输入信号 A、B 变为 01 后，Y_1 并不马上变为 1，而要等到 P 出现高电平时才给出一个正脉冲。

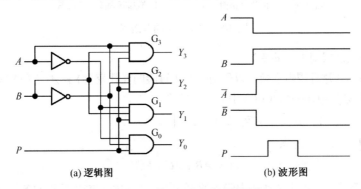

(a) 逻辑图   (b) 波形图

图 3-80   引入选通脉冲消除冒险

3. 修改逻辑设计

（1）增加冗余项

在逻辑表达式中添加多余项，可以消除冒险现象。

【例 3-14】 试判断图 3-81(a)所示电路是否存在冒险，若有，请消除。

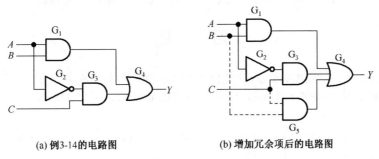

(a) 例3-14的电路图   (b) 增加冗余项后的电路图

图 3-81   例 3-14 的逻辑电路图

解： 图 3-81(a)所示电路的输出函数表达式为

$$Y = AB + \overline{A}C$$

其卡诺图如图 3-82(a)所示，在卡诺图中，卡诺圈之间存在着相切，因此当 $B=C=1$，且 A 发生变化时，则会出现冒险现象。增加冗余项则意味着在相切处多画一个卡诺圈 BC（虚线所示圈），使相切变为相交，从而消除了冒险现象，如图 3-82(b)所示。在化简时，为了简化逻辑电路，冗余项通常会被舍去。在图 3-82(b)中，为了保证逻辑电路能够可靠地工作，需要添加冗余项消除冒险现象。此时输出函数变为

$$Y = AB + \overline{A}C + BC$$

增加冗余项后的电路如图 3-81(b)所示，这说明最简设计并不一定是最可靠的设计。

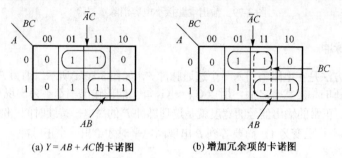

(a) $Y = AB + \overline{A}C$ 的卡诺图　　　　(b) 增加冗余项的卡诺图

图 3-82　例 3-14 的卡诺图

（2）变换逻辑表达式消去互补变量

对逻辑函数表达式进行逻辑变换，以便消掉产生冒险的互补变量 $Y = A \cdot \overline{A}$ 和 $Y = A + \overline{A}$ 的形式。

【例 3-15】 消除 $Y = (A+B)(\overline{B}+C)$ 中的冒险现象。

解： 在 $A=C=0$ 时，$Y = B \cdot \overline{B}$，B 可以引起 1 冒险。

若将其变换为

$$Y = A\overline{B} + AC + BC$$

在上述逻辑变换过程中，消去了表达式中隐含的 $B \cdot \overline{B}$ 项，则在原来产生冒险的条件 $A=C=0$ 时，$Y \equiv 0$，不会产生冒险。

将上述几种方法比较一下可以看出，接滤波电容的方法简单易行，但输出电压的波形随之变坏，因此，只适用于对输出波形的前、后沿无严格要求的场合；引入选通脉冲的也比较简单，且不需要增加电路元件，但要求选通脉冲与输入信号同步，而且对选通脉冲的宽度、极性、作用时间均有严格要求；修改逻辑设计的方法简便，有时可以收到令人满意的效果，但局限性较大，不适合于输入变量较多及较复杂的电路。如要很好地解决这一问题，还需在实践中积累和总结经验。

习　　题

3.1　分析图 P3-1 所示电路的逻辑功能，写出输出的逻辑函数式，列出真值表。

3.2　分析图 P3-2 所示电路的逻辑功能，写出 Y_1、Y_2 的逻辑函数式，列出真值表，指出电路完成什么逻辑功能。

3.3　设计一个代码转换电路，输入为 4 位二进制代码，输出为 4 位格雷码（如表 1-4 所示）。可以采用各种逻辑功能的门电路来实现。

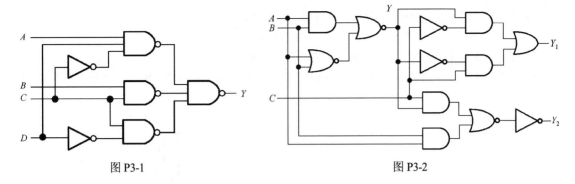

图 P3-1　　　　　　　　　　　　　　　　　　　图 P3-2

3.4　设计一交通灯故障检测电路。要求 R、G、Y 3 只灯只有并一定有一灯亮时，输出 $L=0$；无灯亮或有两灯以上亮时，均为故障，此时输出 $L=1$。要求列出逻辑真值表，试将逻辑函数化简，用与非门实现电路。

3.5　某建筑物的自动电梯系统有 5 个电梯，其中 3 个是主电梯，两个是备用电梯。当上下人员拥挤，主电梯全被占用时，才允许使用备用电梯。现设计一个监控主电梯的逻辑电路，当任何两个主电梯运行时，产生一个信号（L_1），通知备用电梯准备运行；当 3 个主电梯都在运行时，则产生另一个信号（L_2），使备用电梯主电源接通，处于可运行状态。

3.6　试写出图 P3-3 所示电路的输出函数，并化简成与或式。

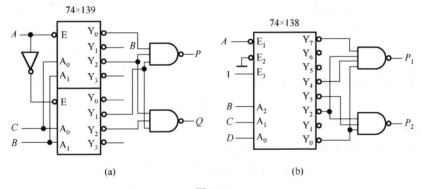

图 P3-3

3.7　试用 3 线-8 线译码器 74HC138 和门电路产生如下多输出函数的逻辑图。

$$P_1(A,B,C) = \sum m(1,3,5,6)$$
$$P_2(A,B,C) = \sum m(0,2,5,7)$$

3.8　试用 3 线-8 线译码器 74HC138 和门电路产生如下多输出函数的逻辑图。

$$Y_1(A,B,C) = \sum m(0,1,4,6)$$
$$Y_2(A,B,C,D) = AB\overline{C} + ABD + \overline{A}\,\overline{B}D + BC\overline{D}$$

3.9　试用 4 线-16 线译码器 74HC154 和门电路产生如下多输出函数的逻辑图。

$$Y_1(A,B,C,D) = A\overline{B}C + AB\overline{D} + \overline{A}CD + \overline{B}CD$$
$$Y_2(A,B,C,D) = \sum m(0,2,5,6,7,12,13,15)$$

3.10　用 3 线-8 线译码器 74HC138 和门电路设计 1 位二进制全加器电路。输入为被加数、加数和来自低位的进位；输出为两数之和及向高位的进位信号。

3.11　8 选 1 数据选择器 74HC151 组成图 P3-4 所示的电路图。

（1）分析电路功能，分别写出输出函数 Y_1 和 Y_2 的最简与或式；

（2）若改用或非门实现函数 Y_1，写出函数 Y_1 的最简或非-或非式。

3.12　双 4 选 1 数据选择器 74HC153 组成的电路图如图 P3-5 所示。分析电路功能，写出函数 Y_1 和 Y_2 的逻辑表达式，用最小项之和形式表示。

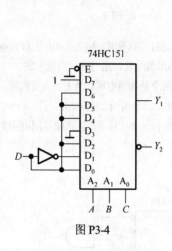

图 P3-4

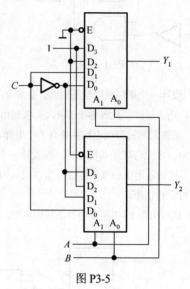

图 P3-5

3.13　试用 4 选 1 数据选择器产生逻辑函数

$$Y = A\overline{BC} + \overline{AC} + BC$$

画出其逻辑电路图。

3.14　用 8 选 1 数据选择器 74HC151 产生逻辑函数

$$Y = AB\overline{C} + A\overline{B}D + \overline{A}CD + BC\overline{D}$$

画出其逻辑电路图。

3.15　设计用 3 个开关控制一个电灯的逻辑电路，要求改变任何一个开关的状态都能控制电灯由亮变灭或由灭变亮。要求用数据选择器来实现。

3.16　试用两个数值比较器组成 3 个数的判断电路。要求能够判断 3 个 4 位二进制数 $A(a_3a_2a_1a_0)$、$B(b_3b_2b_1b_0)$、$C(c_3c_2c_1c_0)$ 是否相等，A 是否最大，A 是否最小，并分别给出"3 个数相等"、"A 最大"、"A 最小"的输出信号，可以附加必要的门电路。

3.17　试用 4 位并行加法器 74LS283 设计一个加/减运算电路。当控制信号 $M=0$ 时它将两个无符号的 4 位二进制数相加，而 $M=1$ 时它将两个无符号的 4 位二进制数相减。两数相加的绝对值不大于 15，允许附加必要的门电路。

第 4 章　触　发　器

4.1　概　　述

在前面章节里，我们学习了组合电路，包括编码器、译码器、数据选择器等器件，这些电路是没有记忆性的，即电路的输出由即时输入决定，而与电路的状态无关。从电路的结构上看，信号是单向性的，电路没有反馈，那么，逻辑电路中增加反馈后，情况又会怎样呢？现在给出电路，如图 4-1 所示。

假设两个反相器串联，然后增加一条反馈线，可以得到电压传输特性如图 4-2 所示，图中用一条曲线来描述两个反相器的传输特性，一条直线是指反馈特性，可以看到图中显示它们有 3 个交点，即 S_0、S_1、S_2，其中 S_1 称为亚稳定状态，即电路如果处在 S_1 状态时，信号稍微有点变化，电路就向 S_0 或 S_2 状态靠拢，而 S_0、S_2 称为稳定状态，即电路能够维持（或者稳定）在 S_0 或者 S_2 状态。所以，电路有了反馈后，引出了新的基本特性——状态的保持，将这种能使电路稳定在 S_0 或 S_2 状态的基本单元定义为触发器（Flip Flop，FF），有时也称为双稳单元（Bistable）。

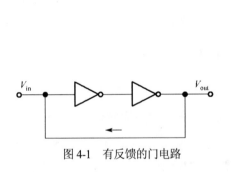

图 4-1　有反馈的门电路

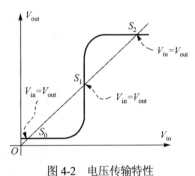

图 4-2　电压传输特性

4.2　基本 RS 触发器

如上所述，触发器能够具有两个稳定状态，就说电路存在记忆功能，两个稳定状态分别定义为置位（set）和复位（reset），在置位状态时，触发器记忆二进制数 1，在复位状态时，触发器记忆二进制数 0，我们从最简单的电路开始讨论。

4.2.1　用与非门组成的基本 RS 触发器

可以从图 4-1 引申出一个最基本的触发器，如图 4-3 所示，图 4-1 两个非门改为与非门，门之间的连接线和反馈线变为交叉连接，这样 G_1、G_2 门就画成并列了，该电路设有两个输入端口 R（复位端）、S（置位端），所以称为基本 RS 触发器，也即置位复位触发器。R、S 输入端通过两个非门分别接入 G_1、G_2，这里的非门逻辑上起到改变电平的作用，可以对应后面的触发器，同时电路设有两个输出端口 Q、$\bar{Q}$，是互补输出，就是正常输出只有 $Q\bar{Q}$=01 或 10 两种情况，通常把 Q 的状态作为触发器的状态，如 Q=1（$\bar{Q}$=0），则称触发器处于 1 状态（触发器记忆"1"），反之，如 Q=0（$\bar{Q}$=1），则称触发器处于 0 状态（触发器记忆"0"）。

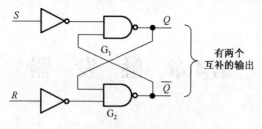

图 4-3 基本 RS 触发器

这个基本 RS 触发器是如何工作的呢？现在讨论基本 RS 触发器工作原理。

（1）$S=0$，$R=0$ 时

为了便于说明触发器工作状态的变化，现假设触发器的初始状态为 $Q=0$（$\overline{Q}=1$），则可以在图 4-3 上相应位置标注设定的状态，这样状态确定后的情况如图 4-4 所示。现在设定 $S=0$、$R=0$，同样在相应位置上标注状态，如图 4-5 所示，工作过程为 S、R 通过非门输出为 1，则门 G_1、G_2 输出状态不变，即 Q（$\overline{Q}$）保持不变，如图 4-5 所示，也就是说，输出保持原来的结果不变。

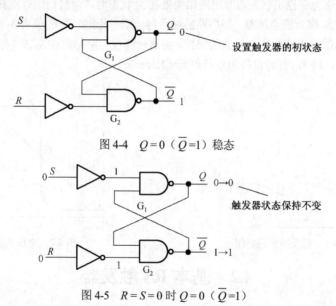

图 4-4 $Q=0$（$\overline{Q}=1$）稳态

图 4-5 $R=S=0$ 时 $Q=0$（$\overline{Q}=1$）

（2）$S=1$，$R=0$ 时

现在 S 改为 1，则 S 通过非门输出为 0，使门 G_1 输出状态为 1（$Q=1$），同时反馈后和 $\overline{R}$（$=1$）进行"与非"逻辑，使门 G_2 输出状态为 0（$\overline{Q}=0$），如图 4-6 所示，所以 $S=1$ 表示置位起作用，使触发器输出强制为 1。

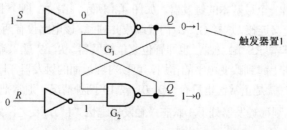

图 4-6 $R=0$、$S=1$ 时 $Q=1$（$\overline{Q}=0$）置位

（3）$S=0$，$R=1$ 时

如果在图 4-6 所示的电路输出 $Q\overline{Q}$ =10 的基础上，使 $S=0$、$R=1$，则电路又有与图 4-6 不同的变化，因为 $R=1$ 使得 R 通过非门输出得到 $\overline{R}$ =0，即使 G_2 门输出状态从 0 变为 1（$\overline{Q}$ =1），而 $\overline{Q}$ =1 又反馈从而使 G_1 门输出状态从 1 变化为 0（Q =0），如图 4-7 所示，也即 $R=1$ 表示复位起作用，使触发器输出强制为 0。

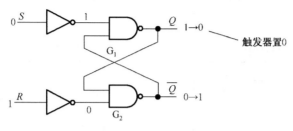

图 4-7　$R=1$、$S=0$ 时 Q=0（$\overline{Q}$=1）复位

（4）$S=1$，$R=1$ 时

按设计要求，S 和 R 是不能同时为 1 的，这里特别说明一下，如果出现了这种情况，结果会怎样？如图 4-8 所示，当 $S=R=1$ 时，则 G_1 和 G_2 门的输出都为 1（$Q=\overline{Q}$ =1），这是违反输出状态逻辑设定的。所以，设计要求输入 S 和 R 不能同时为 1。但是，电路出现 $Q=\overline{Q}$ =1 的情况是可能发生的，即一旦输入 $R=S$=1 时就会发生 $Q=\overline{Q}$ =1，这个不符合逻辑设定的状态也会保持，关键是然后 S 和 R 中有一个发生变化时，则会使输出的 Q 或者 $\overline{Q}$ 变为 0，从而回到正确的逻辑设定。不过，输入 S 和 R 同时变化时会出现竞争现象，则输出状态结果要看哪一个变化在先，才能最后确定触发器的输出状态，而 S 和 R 的变化先后若是不确定的，则这时输出的结果就不能确定了，要根据实际电路的结果确定输出值，图 4-9 和图 4-10 所示为两种不同的输入值变化引起不同的输出结果。

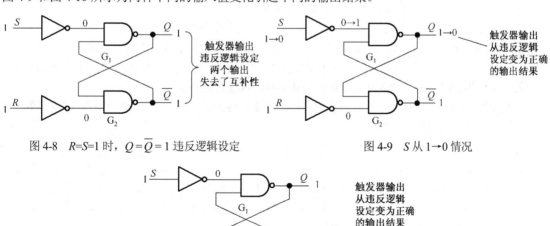

图 4-8　$R=S$=1 时，$Q=\overline{Q}$ =1 违反逻辑设定　　　　图 4-9　S 从 1→0 情况

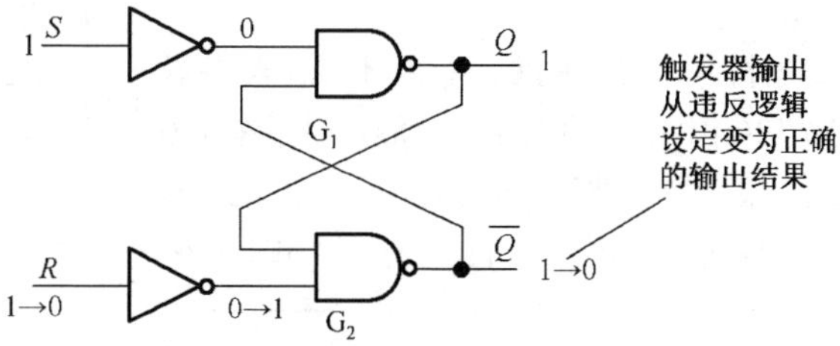

图 4-10　R 从 1→0 情况

1．触发器的描述

由基本原理分析可知 RS 触发器的输出变化情况，可以把这种变化情况用一个表格来描述，这个表格称为状态转换真值表（也称为触发器功能表），如表 4-1 所示，在表格中输出的结果 Q 分为变化前

（用 Q^n 表示，称为现态）和变化后（用 Q^{n+1} 表示，称为次态）两种，这样输入由 S、R、Q^n 表示，输出 Q^n 在 S、R 的输入条件下得到 Q^{n+1}，注意当 $S=R=1$ 时，Q 和 $\overline{Q}$ 都为 1，所以这个 1 用星号标记，以示区别，实际上由以上基本原理分析可知，S 和 R 不能同时为 1，所以以 Q^{n+1} 和 $\overline{Q^{n+1}}$ 的结果理论上可以作为任意处理，将表 4-1 简化得到表 4-2。根据状态转移真值表（也称为触发器功能表），通过卡诺图可以化简得到逻辑表达式，如图 4-11 所示。

表 4-1　RS 触发器功能表

S	R	Q^n	Q^{n+1}
0	0	0	0
0	0	1	1
0	1	0	0
0	1	1	0
1	0	0	1
1	0	1	1
1	1	0	1*
1	1	1	1*

表 4-2　RS 触发器功能简表

S	R	Q^{n+1}
0	0	Q^n
0	1	0
1	0	1
1	1	×

这个表达式称为触发器的特性方程，注意有约束条件：S 和 R 不能同时为 1。

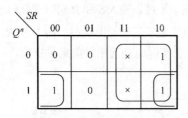

图 4-11　基本 RS 触发器卡诺图

$$\begin{cases} Q^{n+1}=S+\overline{R}Q^n \\ 约束条件 RS=0 \end{cases} \quad (4\text{-}1)$$

式（4-1）一定要附带约束条件，否则 $S=R=1$ 时结果为 $Q^{n+1}=1$，就会导致逻辑混乱。

从表 4-1 还可以引申出另外一种表格，称为激励表，是描述输出的变化需要输入的配合情况，如表 4-3 所示，这可以由表 4-1 推导得到，即把输出作为条件，写出输入的结果。如果输入没有要求，该输入就可作为任意状态。把激励表用图的形式表现，这就是激励图，如图 4-12 所示。图中用 0、1 表示状态，用带箭头的线表示状态的变化，线的边上标注变化条件。

表 4-3　RS 触发器激励表

Q^n	Q^{n+1}	S	R
0	0	0	×
0	1	1	0
1	0	0	1
1	1	×	0

激励表和激励图常用于时序电路的逻辑设计，所以这里只做说明，后面章节还会叙述其应用。

为了简化逻辑图，需要用符号来描述触发器，基本 RS 触发器的符号如图 4-13 所示，图 4-13(a)中符号输入端有小圈，表示逻辑 0 有效，同时变量上加一横线，表示取"非"；输出端有小圈，表示输出的反相输出。图 4.13(b)中符号输入端没有小圈，表示逻辑 1 有效，同时变量上不加横线。

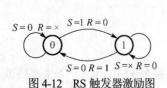

图 4-12　RS 触发器激励图

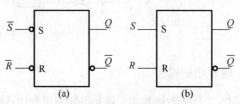

图 4-13　RS 触发器符号

2. RS 触发器的时序图

由以上 RS 触发器特性分析可以得到时序图，也就是当输入 R、S 随时间而变化得到 Q、$\overline{Q}$ 的即时输出值，如图 4-14 所示，图中的输入 S、R 出现 0、1 的变化，根据基本 RS 触发器的功能表等性质可以得到触发器的输出值，这里画出了 Q 和 $\overline{Q}$ 的波形，便于分析学习，实际上除非特别强调，一般只要分析 Q 波形即可。图中假设电路是理想化的，也即不考虑时延及跳变时间。时序图是时序电路分析和设计的常用方法，所以需要熟练掌握。

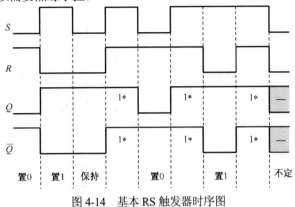

图 4-14　基本 RS 触发器时序图

3. RS 触发器的应用

RS 触发器有一种典型应用是可以克服机械开关的抖动。机械开关在转换时，接触的瞬间由于线路不稳定会产生电信号的抖动，这种抖动有时会使电路产生误动作，而通过一个 RS 触发器后，输出的结果就克服了开关抖动。如图 4-15 所示，开关 S 在从 A 向 B 转换时，S 离开 A 和接触 B 时都有不稳定现象，但是触发器输出 Q 一直为 1，只有在 B 第一次上跳后稳定为 0，而不会有抖动的现象。

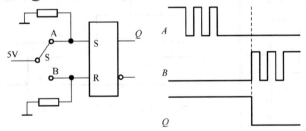

图 4-15　基本 RS 触发器应用——消除开关抖动

4.2.2　用或非门组成的基本 RS 触发器

把图 4-3 的与非门改为或非门也可以构成触发器，不过为了描述一致，要把两个非门去掉，如图 4-16 所示。

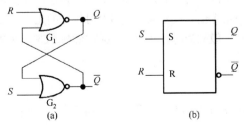

图 4-16　基本 RS 触发器及其输入高电平有效的 RS 触发器符号

分析就同用与非门实现的 RS 触发器完全一致，不同输入条件下的不同输出变化如图 4-17 所示，各种描述方法完全可以用前面所述的结果。要注意的是，当 R、S 输入都为 1 时，输出全为 0，所以原来的 1 加星号改为 0 加星号。状态能转换真值表如表 4-4 所示，时序图如图 4-18 所示，描述也是如此，相同的不再叙述。

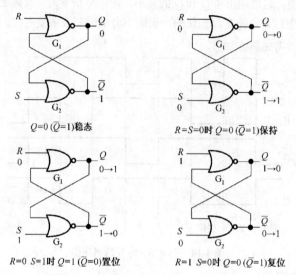

图 4-17 不同输入条件下的不同输出变化

表 4-4 RS 触发器功能表

S	R	Q^n	Q^{n+1}
0	0	0	0
0	0	1	1
0	1	0	0
0	1	1	0
1	0	0	1
1	0	1	1
1	1	0	0*
1	1	1	0*

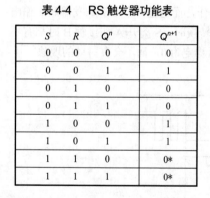

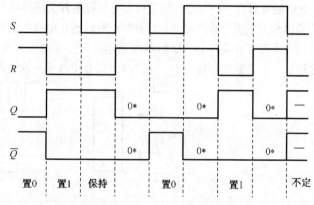

图 4-18 基本 RS 触发器时序图

4.3 同步触发器

基本触发器电路简单，操作方便，但输入信号的变化直接影响到输出，所以当有多个基本触发器一起工作时，输出稳定的结果可能会有先后，不能做到同步输出，就要影响电路的稳定性。在实际的应用时往往要加入一个统一的指令信号，用来控制多个触发器的工作一致性，即只有在控制信号有效时才允许输入，这个控制信号一般称为时钟脉冲（Clock Pulse，CP），CP 信号也作为输入部分，这种触发器称为同步触发器。

4.3.1 同步 RS 触发器

同步 RS 触发器门电路结构如图 4-19 所示，图 4-19(b) 是其符号（端口 $\overline{S_D}$ 和 $\overline{R_D}$ 的作用后面将叙述），它与图 4-3 的基本 RS 触发器相比非常类似。所以根据前面的分析可知，CP=0 时，相当于基本 RS 触发器

的 $R=S=0$，触发器保持原状态不变，CP=1 时，为基本触发器，所以，其工作原理及触发器的描述如下。

特性方程 CP=1

$$\begin{cases} Q^{n+1}=S+\overline{R}Q^n \\ 约束条件 RS=0 \end{cases} \tag{4-2}$$

特征方程 CP=0

$$Q^{n+1} = Q^n \tag{4-3}$$

状态转移真值表（CP=1）如表 4-5 所示，而表 4-6 所示为功能简表。

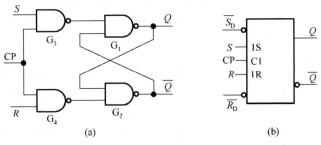

图 4-19　同步 RS 触发器及其符号

表 4-5　同步 RS 触发器功能表

S	R	Q^n	Q^{n+1}
0	0	0	0
0	0	1	1
0	1	0	0
0	1	1	0
1	0	0	1
1	0	1	1
1	1	0	1*
1	1	1	1*

表 4-6　同步 RS 触发器功能简表

S	R	Q^{n+1}
0	0	Q^n
0	1	0
1	0	1
1	1	×

也可以画出时序图（设触发器初态为 0，即 $Q\overline{Q}=01$），如图 4-20 所示。

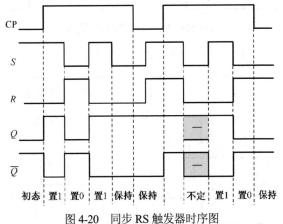

图 4-20　同步 RS 触发器时序图

一般触发器都有两个异步输入（Asynchronous Input）控制端口，异步置位端 $\overline{S}_D$ 以及异步复位端 $\overline{R}_D$，如图 4-19(b)所示，它们是低电平有效的，优先权最大，一旦 $\overline{S}_D$ 或 $\overline{R}_D$ 为 0，触发器就直接置 1 或置 0 了，而与其他输入端的输入无关，即

$$\begin{cases} \overline{S_D}=0、\overline{R_D}=1 \text{ 时,起置位作用,使输出 } Q=1、\overline{Q}=0; \\ \overline{S_D}=1、\overline{R_D}=0 \text{ 时,起复位作用,使输出 } Q=0、\overline{Q}=1; \\ \text{不允许 } \overline{S_D} \text{ 和 } \overline{R_D} \text{ 同时为 } 0, \text{ 正常工作时,} \overline{S_D} \text{ 和 } \overline{R_D} \text{ 应为 } 1。 \end{cases}$$

4.3.2　同步 D 触发器

D 触发器,又称为迟延(delay)触发器、锁存器(latch),它可由图 4-19 改进而得,如图 4-21 所示,其中,令 $D=S=\overline{R}$,则为 D 触发器。所以,D 触发器的特性表现为

$$Q^{n+1}=S+\overline{R}Q^n=D+DQ^n=D \tag{4-4}$$

约束条件自然满足。状态转移真值表如表 4-7 所示。

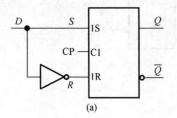

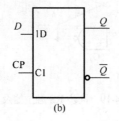

表 4-7　D 触发器功能简表

D	Q^{n+1}
0	0
1	1

图 4-21　同步 D 触发器及其符号

D 触发器是一种较为常用的实际触发器,它电路简单,应用方便,例如,给定输入 CP 及 D 信号,可以很方便地得到输出,时序图如图 4-22 所示(设初态为 0)。从图中可以看出,当 CP=1 时,输入等于输出,所以又可以称为透明触发器。

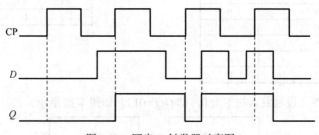

图 4-22　同步 D 触发器时序图

图 4-23 所示为带有异步置位、复位端的时序图。

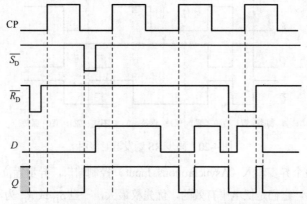

图 4-23　带有异步置位、复位端的同步 D 触发器的时序图

4.4 边沿触发器

前面所述的触发器都是在 CP=1 时有效，所以又称为电平触发器，当 CP=1 的时间过长时，就可能有不稳定情况出现，为了克服这种错误现象，就设计了边沿触发器。边沿触发器（Edge-triggered FF）是一种脉冲型触发器，因为其输入和输出的变化只在控制信号 CP 脉冲的边沿发生，即 CP 的上升沿或下降沿，所以有上升沿触发的边沿触发器和下降沿触发的边沿触发器两种。因为边沿触发器的状态只可能在 CP 的跳变沿才会发生改变，所以触发器的稳定性大大提高。

4.4.1 边沿 D 触发器

边沿 D 触发器是上升沿触发的 D 触发器（Positive-edge-triggered DFF），又称为维持阻塞触发器，因为在电路上有称为维持线和阻塞线的连线，它们保证信号在边沿的作用，如图 4-24 所示，其工作原理如下。

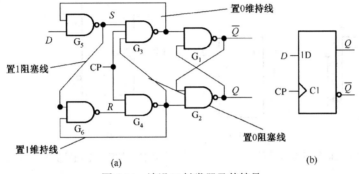

图 4-24　边沿 D 触发器及其符号

当 CP=0 时，G_3、G_4 输出为 1，G_1、G_2 输出保持不变。G_5 输出为 D，G_6 输出为 $\overline{D}$。

设 $D=0$，CP 从 0→1 时，G_3 输出从 1→0，反馈线封锁了输入，维持 G_3 输出为 0，而 G_4 输出不变，则 $Q=0$，$\overline{Q}=1$。如果 CP 为 1 后，D 发生变化，由于有置 1 阻塞线，也不会改变输出了，置 0 维持线保证输出为 0。

设 $D=1$，CP 从 0→1 时，G_3 输出为 1 不变，而 G_4 输出从 1→0，反馈线封锁 G_3 和 G_6，维持 G_4 为 0，则 $Q=1$，$\overline{Q}=0$。如果 CP 为 1 后，D 发生变化，由于有置 0 阻塞线，也不会改变输出了，置 1 维持线保证输出为 1。

触发器的特性方程为

$$Q^{n+1} = [D] \cdot \text{CP} \uparrow \tag{4-5}$$

状态转移真值表如表 4-8 所示。式中的 CP↑表示在 CP 的上升沿有效，符号中的 CP 输入端有"▷"的符号也表示边沿触发的意思，称为动态输入指示符号（Dynamic-input Indicator）。图 4-24 所示的时序图中可以明确看到边沿触发器的特点。

表 4-8　边沿 D 触发器功能简表

D	CP	Q^{n+1}
0	↑	0
1	↑	1

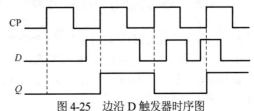

图 4-25　边沿 D 触发器时序图

4.4.2　边沿 JK 触发器

JK 触发器也是从 RS 触发器改进而得到的，如图 4-26 所示，特性方程可以由式（4-6）推得。

边沿 JK 触发器是下降沿触发的 JK 触发器（Negative-edge-triggered JK FF），又称为利用传输迟延的边沿触发器，它是利用门电路的传输时间的不同来实现边沿触发的，虽然工作原理不同，但是实际的效果是一样的，都在时钟的边沿输入、输出，符号如图 4-27 所示，图 4-26(b)是引自 Altera 软件的符号，表示双 JK 触发器，型号是 74112，EDA 课程会用到，逻辑结构可以参阅相关资料，特性方程如式（4-7）所示，状态转移真值表如表 4-9 所示。

$$Q^{n+1} = S + \overline{R}Q^n = J\overline{Q^n} + \overline{K}Q^nQ^n = J\overline{Q^n} + \overline{K}Q^n \tag{4-6}$$

$$Q^{n+1} = [J\overline{Q^n} + \overline{K}Q^n] \cdot \text{CP}\downarrow \tag{4-7}$$

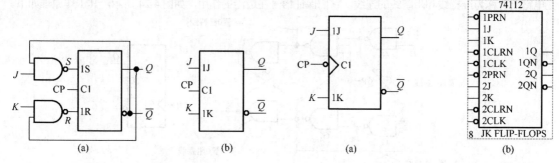

图 4-26　JK 触发器及其符号　　　　　图 4-27　边沿 JK 触发器的符号及其 EDA 符号

式中的 CP↓表示 CP 的下降沿有效，符号中的 CP 输入端有"─◁"的符号也是这个意思。图 4-28 所示为边沿 JK 触发器的时序图。

表 4-9　边沿 JK 触发器功能简表

J	K	CP	Q^{n+1}
0	0	↓	Q^n
0	1	↓	0
1	0	↓	1
1	1	↓	$\overline{Q^n}$

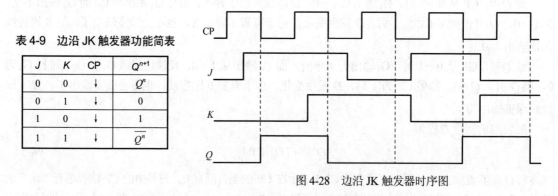

图 4-28　边沿 JK 触发器时序图

4.5　触发器的功能分类、功能表示方法及转换

从前面所述看，触发器按逻辑功能分为 RS 触发器、D 触发器、JK 触发器，而 RS 触发器是最基本的，现在再介绍一种触发器，可以由 JK 触发器转换得到，把 J 和 K 连接在一起作为一个输入端口，命名为 T（toggle），则触发器就成为 T 触发器，如图 4-29 所示，因为 T 触发器的构成很容易由其他触发器转换而来，所以 T 触发器没有是商品的。

T 触发器的特性方程为

$$Q^{n+1} = [T\overline{Q^n} + \overline{T}Q^n] \cdot CP\!\downarrow = [T \oplus Q^n] \cdot CP\!\downarrow \tag{4-8}$$

状态转换真值表如表 4-10 所示。

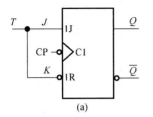 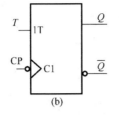

图 4-29　边沿 T 触发器及其符号

表 4-10　T 触发器功能简表

T	CP	Q^{n+1}
0	↓	Q^n
1	↓	$\overline{Q^n}$

令 $T=1$，则 $Q^{n+1} = [\overline{Q^n}] \cdot CP\!\downarrow$，又称为翻转触发器，记为 T′触发器。

分析以上 4 种触发器的逻辑功能，如表 4-11 所示，触发器的逻辑功能有保持、清 0、置 1、翻转，JK 触发器包含了触发器的所有输出变化，所以把 JK 触发器称为触发器之王，这也是 J(Jack)和 K(King)的本意。

表 4-11　触发器功能比较

触发器	逻辑功能			
	保持 $Q^{n+1} = Q^n$	清 0 $Q^{n+1} = 0$	置 1 $Q^{n+1} = 1$	翻转 $Q^{n+1} = \overline{Q^n}$
RS	√	√	√	×
D	×	√	√	×
JK	√	√	√	√
T	√	×	×	√

描述触发器的方式有特性方程、状态转换表、状态转换图、激励表和逻辑符号等，不同的描述各有其用途，比较列表分为表 4-12、表 4-13 和表 4-14。

表 4-12　触发器状态转换表比较

输　　入		输　　出			
S D J T	R K	RS 触发器 Q^{n+1}	D 触发器 Q^{n+1}	JK 触发器 Q^{n+1}	T 触发器 Q^{n+1}
0	0	Q^n	0	Q^n	Q^n
0	1	0	0	0	Q^n
1	0	1	1	1	$\overline{Q^n}$
1	1	×	1	$\overline{Q^n}$	$\overline{Q^n}$

表 4-13　触发器激励表比较

输　　出		输　　入			
Q^n	Q^{n+1}	RS 触发器 S　R	D 触发器 D	JK 触发器 J　K	T 触发器 T
0	0	0　×	0	0　×	0
0	1	1　0	1	1　×	1
1	0	0　1	0	×　1	1
1	1	×　0	1	×　0	0

表 4-14　触发器特性方程、状态转换图、逻辑符号比较

触发器	特性方程	状态转换图	逻辑符号
RS 触发器	$\begin{cases} Q^{n+1}=S+\overline{R}Q^n \\ 约束条件 RS=0 \end{cases}$	$S=0\ R=\times$　　$S=1\ R=0$ ⓪→①　$S=0\ R=1$　$S=\times\ R=0$	S—1S　Q CP—C1 R—1R　$\overline{Q}$
D 触发器	$Q^{n+1}=D$	$D=0$　$D=1$ ⓪→①　$D=0$　$D=1$	D—1D　Q CP—C1　$\overline{Q}$
JK 触发器	$Q^{n+1}=J\overline{Q^n}+\overline{K}Q^n$	$J=0\ K=\times$　$J=1\ K=\times$ ⓪→①　$J=\times\ K=1$　$J=\times\ K=0$	J—1J　Q CP—C1 K—1K　$\overline{Q}$
T 触发器	$Q^{n+1}=T\oplus Q^n$	$T=0$　$T=1$ ⓪→①　$T=1$　$T=0$	T—1T　Q CP—C1　$\overline{Q}$

　　从上面的分析可知，各种触发器相互之间是密切联系的，是可以相互转换的。例如，现在有下降沿触发的边沿 JK 触发器，要实现边沿 D 触发器的功能，可以这么做：列出两种触发器的特性方程，令其相等，注意现在的 D 触发器也是 CP 下降沿触发了，由式（4-9）求出对应输入的关系，由式（4-10）求得 $J=D$、$K=\overline{D}$，由此可得下降沿触发的 JK 边沿触发器构成的 D 边沿触发器，如图 4-30 所示。

$$Q^{n+1}=[J\overline{Q^n}+\overline{K}Q^n]\cdot CP\downarrow=[D]\cdot CP\downarrow \tag{4-9}$$

$$J\overline{Q^n}+\overline{K}Q^n=D=D(Q^n+\overline{Q^n})=DQ^n+D\overline{Q^n} \tag{4-10}$$

　　其时序图如图 4-31 所示，与图 4-25 比较可见，只是 CP 触发边沿不同，其余都是一样的。

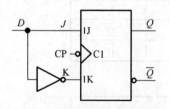

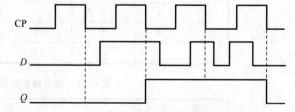

图 4-30　JK 触发器转换成 D 触发器　　　　图 4-31　由 JK 触发器转换 D 触发器的时序图

　　还有另外的转换方法，就是根据状态转换真值表和激励表的对应写出转换方程，如表 4-15 所示，图 4-32 所示为求 J、K 激励的卡诺图，由卡诺图可得 $J=D$、$K=\overline{D}$。

　　其他的转换方法不再一一叙述，要注意的是转换后完成了设定的触发器功能，但触发器的特性还

要看器件本身的触发器特性，就像前面所述，用 JK 触发器完成的 D 触发器还是下降沿触发，不会变成上升沿触发器。

表 4-15　JK 触发器转换为 D 触发器

D	$Q^n \rightarrow Q^{n+1}$		J	K
0	0	0	0	$\times$
0	1	0	$\times$	1
1	0	1	1	$\times$
1	1	1	$\times$	0

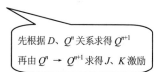

先根据 D、Q^n 关系求得 Q^{n+1}
再由 $Q^n \rightarrow Q^{n+1}$ 求得 J、K 激励

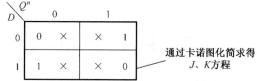

通过卡诺图化简求得 J、K 方程

图 4-32　由激励表得到 JK 触发器卡诺图

4.6　触发器的电气特性

前面所述触发器的工作是理想化的，实际上触发器是由门电路构成的，所以，脉冲信号通过门电路需要时间，脉冲信号的跳变也需要时间，这种时间因素就是触发器的电气特性。

4.6.1　静态特性

因为触发器是由门电路构成的，所以触发器的静态参数与门电路类似，有输入、输出信号的电平、扇出等，具体可参阅相关资料。

4.6.2　动态特性

动态特性方面主要指时间迟延，例如，基本 RS 触发器考虑了门电路的迟延，设为 Δt，则有图 4-33 所示的变化情况，Q 从 0→1 比 $\bar{S}$ 从 1→0 的变化迟延了 Δt，而 $\bar{Q}$ 从 1→0 又比 Q 从 0→1 的变化迟延了 Δt，即比 $\bar{S}$ 从 1→0 的变化迟延了 $2\Delta t$，这种输出变化比输入信号变化迟延的时间称为翻转时间。另外，钟控触发器加入时钟控制单元，所以输入的变化又比 CP 有了迟延，这种输入信号变化比时控信号变化迟延的时间称为更新时间。

边沿触发器尤其要注意信号的迟延，否则就不能正常工作，如边沿 D 触发器就要求 D 输入信号在 CP 的上升沿前后有一段稳定时间，其中，输入信号比时控信号提前稳定的持续时间，称为建立时间 t_s（Setup Time），在时控信号跳变后输入信号继续保持稳定的最少时间称为保持时间 t_h（Hold Time）。或者说建立时间是指在触发器的时钟信号上升沿到来以前，数据稳定不变的时间，如果建立时间不够，数据将不能在这个时钟上升沿被输入触发器；保持时间是指在触发器的时钟信号上升沿到来以后，数据稳定不变的时间，如果保持时间不够，数据同样不能被输入触发器。图 4-34 所示的数据稳定传输必须满足建立时间和保持时间的要求，当然在一些情况下，保持时间的值可以为零。

触发器的参数具体可以查手册，一般静态参数和门电路相似，而动态参数较多，在选择器件时必须特别注意。

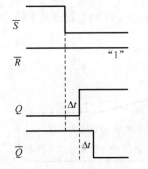
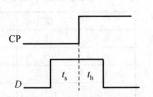

图 4-33 考虑门电路迟延的时序图　　　　　图 4-34 边沿触发器的时间参数

4.7 本 章 小 结

触发器是记忆的单元器件，也是数字电路的基本组成部分。

触发器具有两个稳定状态，记为"0 状态"和"1 状态"。在不同的输入条件下，输出的状态可以相互转换，或者强制清 0、置 1。

触发器的电路结构和逻辑结构有基本 RS 触发器、同步 RS 触发器、D 触发器，边沿 D 触发器、JK 触发器。各种触发器是相互联系的，所以可以相互转换。

习　题

4.1　根据图 P4-1 所示电路图中输入波形画出输出波形。

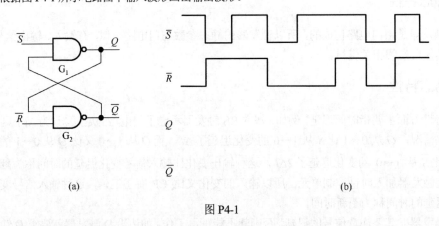

图 P4-1

4.2　已知触发器特性方程，列出其状态转移真值表。

$$\begin{cases} Q^{n+1} = S + \overline{R}Q^n \\ \text{约束条件} SR = 0 \end{cases}$$

S	R	Q^n	Q^{n+1}

4.3　写出图 P4-2 所示触发器的输入激励方程，并写出触发器特性方程。

4.4　在什么情况下发生空翻现象？画出图 P4-3 所示电路的输出波形，指出有否空翻（设初态为 0）。

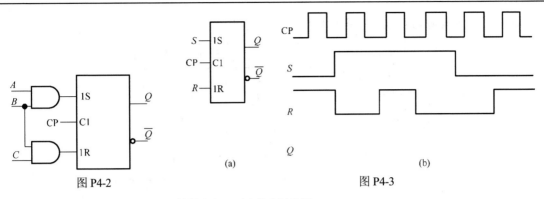

图 P4-2

(a)

(b)

图 P4-3

4.5 写出图 P4-4 所示触发器的特性方程，画出状态转移图。

4.6 根据图 P4-5 所示输入画出波形（设初态为 0）。

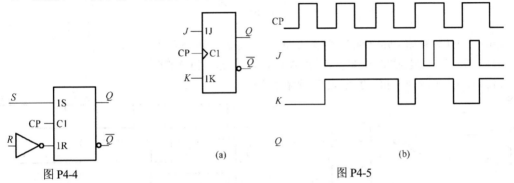

图 P4-4

(a)

(b)

图 P4-5

4.7 画出图 P4-6 所示边沿 D 触发器的输出波形（设初态为 0）。

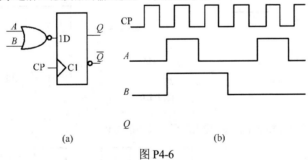

(a)

(b)

图 P4-6

4.8 画出图 P4-7 所示边沿 JK 触发器的输出波形。

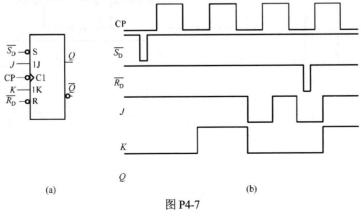

(a)

(b)

图 P4-7

4.9 画出图 P4-8 所示边沿 JK 触发器的输出波形（设初态为 0）。

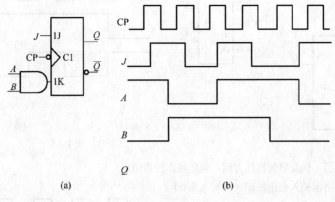

(a)   (b)

图 P4-8

4.10 用上升沿触发的边沿 D 触发器实现 T 触发器的功能，画出逻辑图。

4.11 用下降沿触发的边沿 JK 触发器实现 D 触发器的功能，画出逻辑图。

4.12 画出图 P4-9 所示电路的输出波形（设初态为 0）。

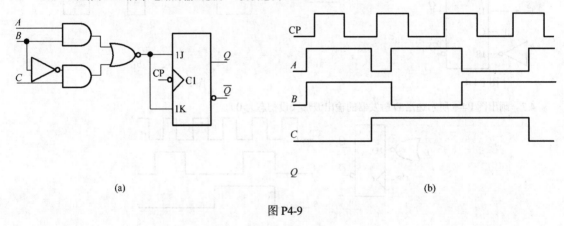

(a)   (b)

图 P4-9

4.13 画出图 P4-10 所示电路的 Q_1、Q_2 输出波形（设初态为 0）。

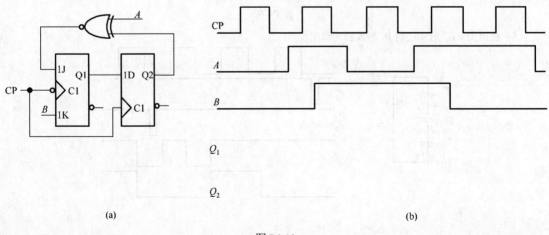

(a)   (b)

图 P4-10

4.14　画出图 P4-11 所示电路 Q_1、Q_2 输出波形（设初态为 0）。

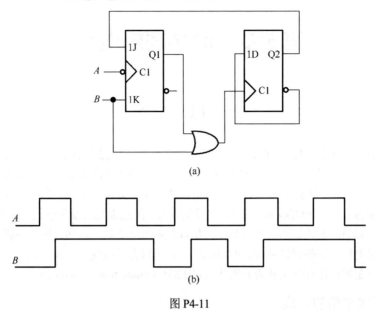

(a)

(b)

图 P4-11

第 5 章　时序逻辑电路

5.1　概　　述

组合逻辑电路的输出仅由即时输入决定，所以如果不考虑门电路的迟延，只要输入一确定，就立即出现输出结果了。但是对于相对复杂的任务，仅通过组合逻辑电路来得到输出结果，则电路会相当复杂，或实际上无法实现。因此需要把这个任务分解成几步，分步完成，最后获取输出结果，这就是时序逻辑电路（Sequence Logic Circuit）。因为分步完成的中间结果是需要记忆的，即电路有记忆器件，这是不同于组合逻辑电路的关键点，可以把每一步过程称为一个状态，那么时序逻辑电路就是按状态进行工作的，其控制信号就是时钟脉冲，时钟脉冲决定了状态的改变。因为完成一个任务的状态总是有限的，所以时序逻辑电路有时又称为有限状态机 FSM（Finite State Machine）。

5.1.1　时序逻辑电路的组成

时序逻辑电路包含组合电路和记忆电路两部分，记忆电路就是触发器，所以时序逻辑电路的输出不仅由即时输入决定，还由电路的状态决定，其逻辑框图如图 5-1 所示，其中图 5-1(a)所示为摩尔（moore）型，图 5-1(b)所示为米里（mealy）型，从图中可以看出，摩尔型是米里型的特例。

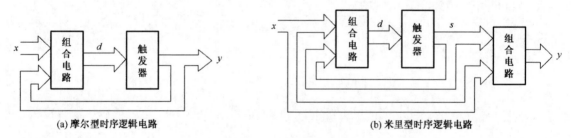

(a) 摩尔型时序逻辑电路　　　　　　　　　(b) 米里型时序逻辑电路

图 5-1　时序逻辑电路框图

5.1.2　时序逻辑电路的分类

时序逻辑电路是数字电路的核心，数字电路种类繁多，但可以按控制信号来分类，时序逻辑电路的控制信号如果是唯一的，则是同步时序电路，如果是不唯一的，则是异步时序电路。也可以按功能来分类，能完成数量统计功能的是计数器，只进行信息存储的是寄存器，不管哪一种分类，都有摩尔型和米里型两种类型。

5.1.3　时序逻辑电路功能的描述方法

在理论上可以用 3 个方程来描述时序逻辑电路。
（1）输出方程 $y = f_1(x,s)$。表示了现时刻电路输出与电路输入及触发器现态的关系。
（2）激励方程 $d = f_2(x,s)$。表示了现时刻触发器输入与电路输入及触发器现态的关系。
（3）状态方程 $s(n+1) = f_3(d, s(n))$。即触发器的特性方程，注意这个方程有时序关系。

当然，也可以用状态转移真值表或者状态转移图来描述，后面将一一叙述。随着数字电路集成度的不断提高，还有软件程序的辅助手段描述。

5.2　时序逻辑电路的分析

时序逻辑电路的分析实际上就是给定逻辑电路，求出逻辑功能。

5.2.1　时序逻辑电路的分析方法

一般时序逻辑电路的分析可分为如下几步：

（1）根据逻辑电路写出构成该电路的触发器的输入方程及时钟方程和电路的输出方程；

（2）根据所使用的触发器的特征方程，求出状态方程；

（3）列出输入及电路的原态与输出次态的状态真值表；

（4）根据真值表画出该电路的状态图；

（5）根据状态图说明其功能。

5.2.2　同步时序逻辑电路的分析举例

【例5-1】　分析图 5-2 所示的时序电路的逻辑功能。

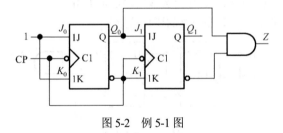

图 5-2　例 5-1 图

解：

（1）写相关方程式：

时钟方程
$$CP_0 = CP_1 = CP \downarrow$$

驱动方程
$$J_0 = K_0 = 1$$
$$J_1 = Q_0 \qquad K_1 = \overline{Q_0}$$

输出方程
$$Z = \overline{Q_1}\, Q_0$$

（2）求各触发器的状态方程

JK 触发器特性方程为
$$Q^{n+1} = [J\overline{Q^n} + \overline{K}Q^n] \cdot CP \downarrow$$

将对应驱动方程分别代入特性方程，进行变换可得状态方程

$$Q_1^{n+1} = J_1\overline{Q_1^n} + \overline{K_1}Q_1^n = Q_0^n\overline{Q_1^n} + \overline{\overline{Q_0^n}}Q_1^n = Q_0^n$$

$$Q_0^{n+1} = J_0\overline{Q_0^n} + \overline{K_0}Q_0^n = 1 \cdot \overline{Q_0^n} + \overline{1} \cdot Q_0^n = \overline{Q_0^n}$$

列状态表　　　　　　　　　　　　　　　　　　　画状态图

表 5-1　例 5-1 状态表

编码	Q_1	Q_0	Z
0	0	0	0
1	0	1	1
2	1	0	0
1	0	1	0
3	1	1	0
2	1	0	0

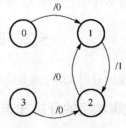

图 5-3　例 5-1 状态图

（3）归纳上述分析结果，确定该时序电路的逻辑功能：

从时钟方程可知，该电路是同步时序电路。

表 5-1 中的编码是指 Q_1Q_0 的二进制编码，下表中的 No 也表示这个意思。从图 5-3 所示的状态图可知，电路的状态在 1、2 之间循环，所以可以说电路功能是模值=2 的计数器，另外 0、3 状态在 CP 作用下能进入循环，所以说电路能够自启动。0、3 状态称为无效状态，1、2 称为有效状态。

5.2.3　异步时序逻辑电路的分析举例

把例 5-1 电路中的 CP 做一点改变，则是异步时序逻辑电路。

【例 5-2】　分析图 5-4 所示的时序电路的逻辑功能。

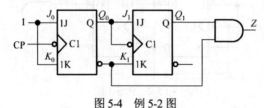

图 5-4　例 5-2 图

解：

（1）写相关方程式：

时钟方程

$$CP_0 = CP \downarrow \qquad CP_1 = Q_0 \downarrow$$

驱动方程

$$J_0 = K_0 = 1$$
$$J_1 = Q_0 \qquad K_1 = \overline{Q_0}$$

输出方程

$$Z = Q_1 \overline{Q_0}$$

（2）求各触发器的状态方程

JK 触发器特性方程为

$$Q^{n+1} = [J\overline{Q^n} + \overline{K}Q^n] \cdot CP \downarrow$$

将对应驱动方程分别代入特性方程，进行变换可得状态方程

$$Q_1^{n+1} = J_1\overline{Q_1^n} + \overline{K_1}Q_1^n = Q_0^n\overline{Q_1^n} + \overline{\overline{Q_0^n}}Q_1^n = Q_0^n \cdot [Q_0^n \downarrow]$$

$$Q_0^{n+1} = J_0\overline{Q_0^n} + \overline{K_0}Q_0^n = 1 \cdot \overline{Q_0^n} + \overline{1} \cdot Q_0^n = \overline{Q_0^n} \cdot [CP \downarrow]$$

列状态表 画状态图

表 5-2 例 5-2 状态表

No	Q_1	Q_0	Z
0	0	0	0
1	0	1	0
2	1	0	1
3	1	1	0
2	1	0	1

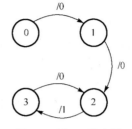

图 5-5 例 5-2 状态图

（3）归纳上述分析结果，确定该时序电路的逻辑功能：

从时钟方程可知，该电路是异步时序电路。

从图 5-5 所示的状态图可知，电路的状态在 2、3 之间循环，所以可以说电路功能是模值=2 的计数器，另外 0、1 状态在 CP 作用下能进入循环，所以说电路能够自启动。0、1 状态称为无效状态，2、3 称为有效状态。

5.3 寄 存 器

第 4 章已经说明触发器有记忆功能，但是只能记忆一位数据，当要记忆多位数据时，就需要多个触发器，这种多个触发器的组合，通称为寄存器（Register）。对需要记忆的数据就可以用寄存器来准确存储，寄存器分成数码寄存器和移位寄存器两大类。

5.3.1 数码寄存器

数码寄存器往往由多个触发器在统一的时钟下工作，这样可以对存储的数据统一进行存入（写入）或取出（读出）。如图 5-6 所示的数码寄存器，有 4 个 D 触发器，当写入信号有效时，在 CP 作用下 d_i 同时分别存入各触发器 Q_i，在输出信号有效时（不能和 CP 边沿同时发生），Q_i 被同时分别输出，假设数据 $d_0d_1d_2d_3=1010$，数据存储工作时序图如图 5-7 所示。

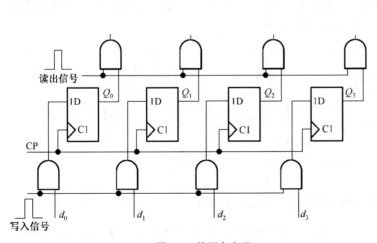

图 5-6 数码寄存器

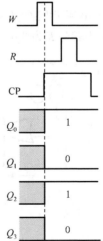

图 5-7 数码寄存器工作时序图

从数据动作看，只要控制信号允许，多位数据可以并行输入寄存器或者并行从寄存器输出，因此，这种工作方式简称为并入并出，这就是数据寄存器的工作模式。

5.3.2 移位寄存器

移位寄存器不仅可以存储数据，而且可以对数据进行移动处理，所以移位寄存器的工作模式较多，有串行输入串行输出，串行输入并行输出，并行输入串行输出 3 种，要注意构成移位寄存器的触发器必须是边沿型的，否则会出现数据传输错误。

图 5-8 所示为一种数据移位形式，即串入串出，在 CP 作用下，串入数据 D 在每一个 CP 的上升沿送入一位二进制数，经过 4 个 CP，则 4 位数据存入 4 个触发器，假设数据 $D=d_0d_1d_2d_3=1010$，时序图如图 5-9 所示，如果是并行输出，则在数据存入后作用一个读出信号，即可并行输出 1010，如果是串行输出，则还需要 4 个 CP 才能一一输出 4 位数据。

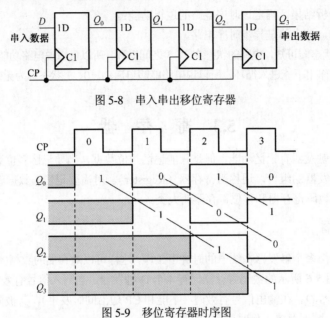

图 5-8　串入串出移位寄存器

图 5-9　移位寄存器时序图

图 5-10 所示电路的移位寄存器，工作模式中包含了并入或串入，其输入端的激励较前面几种略显复杂，控制信号 K 为低电平时并入，K 为高电平时右移。

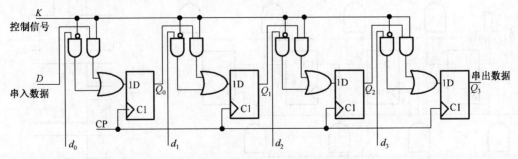

图 5-10　可并入或串入的移位寄存器

例如，进行并入，首先控制信号 K 为低电平，在 CP 的作用下，数据并行输入（设 $d_0d_1d_2d_3=1010$），然后控制信号 K 变为高电平，在 CP 作用下，数据逐渐从 Q_3 输出（设串入数据为 0），时序图如图 5-11 所示。

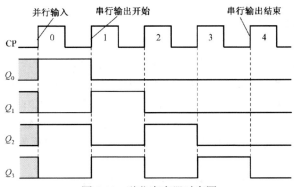

图 5-11 移位寄存器时序图

当然，也可以设计每个触发器的输入激励，使得工作模式不仅可以是左移或者右移的，还可以是其他的工作方式。器件 74LS194 是一片集数据多种工作模式的移位寄存器集成芯片，其图形符号如图 5-12(a)所示，惯用符号如图 5-12(b)所示，功能表如表 5-3 所示，表中为了与描述的左移、右移术语一致，变量的排列是 Q_0、Q_1、Q_2、Q_3，与计数器的变量排列不同。

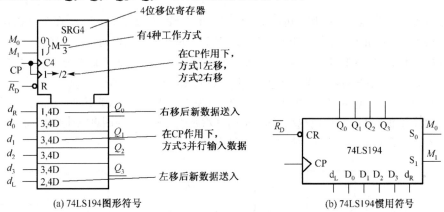

图 5-12 多种工作模式的移位寄存器 74LS194

表 5-3 74LS194 功能表

$\overline{R_D}$	M_1	M_0	CP	Q_0	Q_1	Q_2	Q_3	功能
0	—	—	—	0	0	0	0	清 0
1	0	0	↑	Q_0	Q_1	Q_2	Q_3	保持
1	0	1	↑	d_R	Q_0	Q_1	Q_2	右移
1	1	0	↑	Q_1	Q_2	Q_3	d_L	左移
1	1	1	↑	D_0	d_1	d_2	d_3	并入

5.4 计 数 器

我们的日常生活和工作已经离不开计数了，所谓计数，就是统计所关注对象的数目，时序逻辑电路的计数器（Counter）所统计的数目是脉冲的个数，它通过状态之间的算术运算来达到计数的目的。计数器不仅可以用来计数，有时也可以用做分频和定时。计数器的分类可以按计数体制分，有二进制计数器和非二进制计数器，也可按状态趋势分，有加法计数器和减法计数器，当然按时序电路的不同，计数器也有同步和异步之分。

5.4.1 二进制计数器

计数器的电路核心就是触发器，假设有一个 JK 触发器其输入 $J=K=1$，如图 5-13 所示，则在时钟 CP 的作用下，每来一个 CP，触发器状态就会翻转一次，即输出 Q 状态呈现 0，1，0，1 的变化现象，列出状态转移真值表如表 5-4 所示，从表中可以看出，输出状态只有两个：0 或者 1，也可画出状态转移图，如图 5-14 所示。所以从计数器的角度看，就是二进制，它只能计数 0 和 1 两个数，超出了两个数就要重新计数，所以就称其为二进制计数器，记做 $M=2$，这里 M 称为计数器的模值。

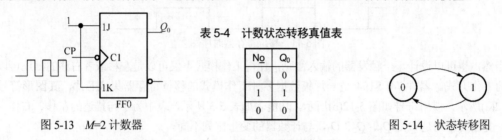

表5-4   计数状态转移真值表

No	Q_0
0	0
1	1
0	0

图 5-13 $M=2$ 计数器   图 5-14 状态转移图

如果要计更多的数该怎么办呢？可以增加触发器的个数，如图 5-15 所示，在图中 FF0 即图 5-13 的计数器，接上的 FF1 的时钟同为 CP 的下降沿，所以，两个触发器的时钟是一样的，所以是同步计数器，设 $Q_1Q_0=00$，则在 CP 脉冲作用下，Q_0 发生翻转为 1，而 Q_1 因 $Q_0=0$ 而不变，所以 $Q_1Q_0=01$，再来一个 CP 脉冲，Q_0 又发生翻转为 0，而 Q_1 因 $Q_0=1$ 就发生翻转为 1，所以 $Q_1Q_0=10$，来第 3 个 CP 脉冲，Q_0 又发生翻转为 1，Q_1 因 $Q_0=0$ 而不变，所以 $Q_1Q_0=11$，来第 4 个 CP 脉冲，Q_0 又发生翻转为 0，Q_1 因 $Q_0=1$ 就发生翻转为 0，所以 $Q_1Q_0=00$，周而复始循环，则称其为四进制计数器，记做 $M=4$，状态转移真值表如表 5-5 所示，状态转移图如图 5-16 所示。

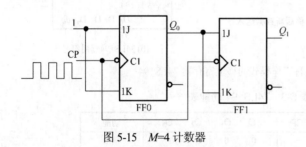

图 5-15 $M=4$ 计数器

表5-5   计数状态转移真值表

No	Q_1	Q_0
0	0	0
1	0	1
2	1	0
3	1	1
0	0	0

依照这样的方法再加上一个触发器，如图 5-17 所示，可以分析得到为 $M=8$ 计数器，状态转移真值表如表 5-6 所示，状态转移图如图 5-18 所示。

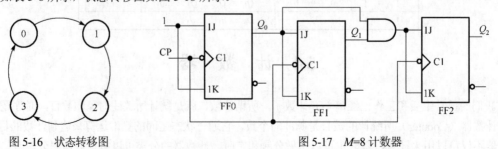

图 5-16 状态转移图   图 5-17 $M=8$ 计数器

从表 5-6 可以看到 Q_0 为 $M=2$，但是 Q_1Q_0 则为 $M=4$，而 $Q_2Q_1Q_0$ 则为 $M=8$，所以每接上一个触发器 M 值就乘以 2，可以设想再加上一个触发器，$M=8\times2=16$，因此理想情况下可以接上 n 个触发器，

可以实现 $M=2^n$ 进制计数器，其逻辑符号可用图 5-19 表示，其中 CTR 表示计数器，n 表示触发器的个数，也即计数器的位数，这里也表示计数模值为 2^n，图中 R 端口表示清 0 端，计数时 R 值必须为 1。另一方面根据表 5-6 也可以得到时序图，如图 5-20 所示，时序图能够很清楚地表示触发器和 CP 时钟的触发关系及状态的变化，所以后面经常要用到时序图来分析设计，从时序图中还可以得到这样的关系，即 Q_0 和 CP 比，频率下降为一半，Q_1 和 CP 比，频率下降为四分之一，Q_2 和 CP 比，频率下降为八分之一，所以 Q_0 称为 2 分频，Q_1 称为 4 分频，Q_2 称为 8 分频，这里注意要跟计数的概念区别，因为计数是指全部触发器的输出（编码），而分频往往指某个触发器的输出（比例），而且最高分频往往指最后一个触发器。

表 5-6   计数状态转移真值表

No	Q_2	Q_1	Q_0
0	0	0	0
1	0	0	1
2	0	1	0
3	0	1	1
4	1	0	0
5	1	0	1
6	1	1	0
7	1	1	1
0	0	0	0

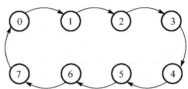

图 5-18   状态转移图

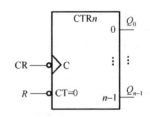

图 5-19   计数器逻辑符号

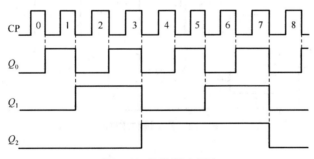

图 5-20   计数器时序图

5.4.2 十进制计数器

以上所述计数器的模值是 2 的指数倍，称为二进制计数器。如果计数模值是 10 则称为十进制计数器，分析图 5-21 所示电路，可以求得相关方程式：

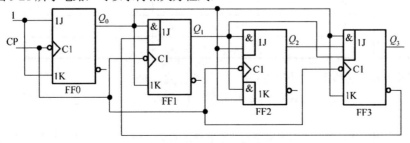

图 5-21 $M=10$ 计数器

表 5-7　计数状态转移真值表

No	Q_3	Q_2	Q_1	Q_0
0	0	0	0	0
1	0	0	0	1
2	0	0	1	0
3	0	0	1	1
4	0	1	0	0
5	0	1	0	1
6	0	1	1	0
7	0	1	1	1
8	1	0	0	0
9	1	0	0	1
0	0	0	0	0
10	1	0	1	0
11	1	0	1	1
4	0	1	0	0
12	1	1	0	0
13	1	1	0	1
4	0	1	0	0
14	1	1	1	0
15	1	1	1	1
0	0	0	0	0

时钟方程

$$CP_0 = CP_1 = CP_2 = CP_3 = CP \downarrow$$

驱动方程

$$J_0 = K_0 = 1$$
$$J_1 = \overline{Q_3}\,Q_0 \qquad K_1 = Q_0$$
$$J_2 = K_2 = Q_1 Q_0$$
$$J_3 = Q_2 Q_1 Q_0 \qquad K_3 = Q_0$$

由逻辑方程得到状态转移表：

从表 5-7 得到该电路是 $M=10$ 的同步加法计数器，可以自启动。

5.4.3　任意进制计数器

实际上计数器的进制可以是任意的，如图 5-22 所示电路，可以得到结果。

相关方程：

$$CP_1 = CP \downarrow \qquad J_1 = \overline{Q_3} \qquad K_1 = 1$$
$$CP_2 = Q_1 \downarrow \qquad J_2 = K_2 = 1$$
$$CP_3 = CP \downarrow \qquad J_3 = Q_2 Q_1 \qquad K_3 = 1$$

由此可以得到状态转移真值表，如表 5-8 所示。

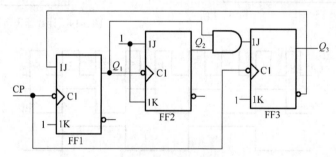

图 5-22　任意进制计数器

表 5-8　计数状态转移真值表

No	Q_3^n	Q_2^n	Q_1^n	CP_3	CP_2	CP_1	Q_3^{n+1}	Q_2^{n+1}	Q_1^{n+1}
0	0	0	0	√	×	√	0	0	1
1	0	0	1	√	√	√	0	1	0
2	0	1	0	√	×	√	0	1	1
3	0	1	1	√	√	√	1	0	0
4	1	0	0	√	×	√	0	0	0

这样就可得到状态转移图，如图 5-23 所示，显然计数器 $M=5$。

其逻辑符号如图 5-24 所示，图中 CTR 后面增加了 DIV，表示计数状态，紧跟的数字即为计数器模值 $M=5$。

由于计数器应用广泛，所以有很多现成的计数器件，本文将介绍几种常见的中规模器件，后有叙述。

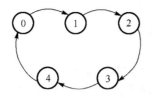

图 5-23　状态转移图

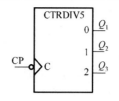

图 5-24　计数器逻辑符号

5.5　序列信号的产生与检测

所谓序列信号，实际上就是一组设定排列顺序的串行脉冲数字信号，在很多场合的数字电路及数字系统中存在着序列信号。产生序列信号的电路就是序列信号发生器，接收序列信号的电路就是序列信号检测器。

5.5.1　序列信号发生器

序列信号发生器的实现有计数器＋组合电路、移位寄存器＋反馈回路两种方法，如图 5-25 所示，电路是第二种方法。

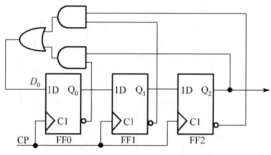

图 5-25　序列信号发生器

相关方程式：

$$CP_0 = CP_1 = CP_2 = CP \uparrow$$

$$D_0 = \overline{Q_2} \cdot \overline{Q_1} + Q_2 \overline{Q_0}$$

$$D_1 = Q_0 \qquad D_2 = Q_1$$

状态转移表如表 5-9 所示，可得到工作循环为 6，跟前面所述计数器的区别是状态编码不是加法或减法，是移位码。看输出 Q_2 的循环是 001101，这就是产生的序列。因为是移位码，所以每个 Q 都可以输出相同序列，只不过相差一个 CP 而已。

表 5-9　状态转移表

No	Q_2	Q_1	Q_0	D_0
0	0	0	0	1
1	0	0	1	1
3	0	1	1	0
6	1	1	0	1
5	1	0	1	0
2	0	1	0	0
4	1	0	0	1
1	0	0	1	
7	1	1	1	0
6	1	1	0	

5.5.2　序列信号检测器

数字电路在接收序列信号时需要检测，这个序列信号是否是要求的序列信号，或是得到序列信号的排列，这时就要用到序列信号检测器，相关内容后有详细叙述。

5.6 顺序脉冲发生器

在序列信号发生器的相关叙述里我们得到序列信号的概念，顺序脉冲信号其实也是一种序列信号，它是一组在时间上按规定次序要求排列的脉冲信号，有时也称为节拍脉冲发生器。顺序脉冲发生器在一些控制系统中有应用。顺序脉冲发生器从电路结构上可分为计数型顺序脉冲发生器和移位型顺序脉冲发生器。

5.6.1 计数型顺序脉冲发生器

图 5-26 所示的电路是由一个 4 进制计数器和几个与门构成的。相关方程组：

$$Z_0 = \overline{Q_1} \cdot \overline{Q_0}$$
$$Z_1 = \overline{Q_1} \cdot Q_0$$
$$Z_2 = Q_1 \cdot \overline{Q_0}$$
$$Z_3 = Q_1 \cdot Q_0$$

时序图如图 5-27 所示。从图中可以看出，每一个 Z 每隔 4 个 CP 周期出现一个 CP 周期的"1"，而且 $Z_0 Z_1 Z_2 Z_3$ 的"1"依次出现，这就是计数型顺序脉冲发生器。

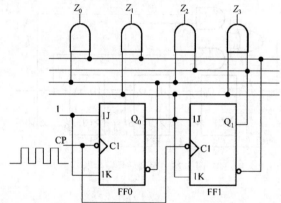

图 5-26　计数型顺序脉冲发生器

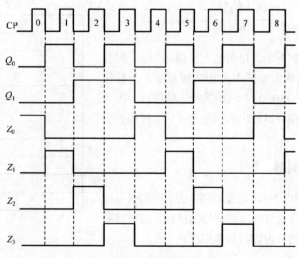

图 5-27　时序图

5.6.2　移位型顺序脉冲发生器

首先介绍环形计数器，就是说移位寄存器也可以用做计数器，这种计数器的状态转换与前述的计数器有很大的不同，这里特别称为移存型计数器。如图 5-28 所示（图 5-28(a)和图 5-28(b)是等效的），74LS194 器件把 Q_3 直接反馈到 d_R，而工作方式为右移，可以分析，由初始状态的不同得到不同的循环，状态转移情况如状态转移表 5-10 所示，状态转移图如图 5-29 所示。

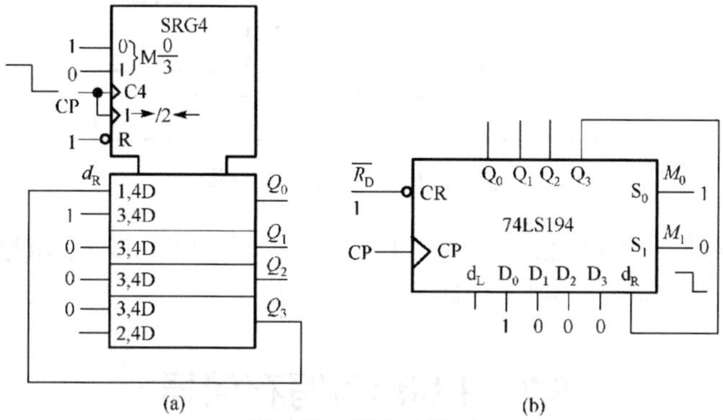

图 5-28　环形计数器

表 5-10　计数状态转移表

No	Q_3	Q_2	Q_1	Q_0
0	0	0	0	0
1	0	0	0	1
2	0	0	1	0
4	0	1	0	0
8	1	0	0	0
3	0	0	1	1
6	0	1	1	0
9	1	1	0	0
12	1	0	0	1
5	0	1	0	1
10	1	0	1	0
7	0	1	1	1
14	1	1	1	0
13	1	1	0	1
11	1	0	1	1
15	1	1	1	1

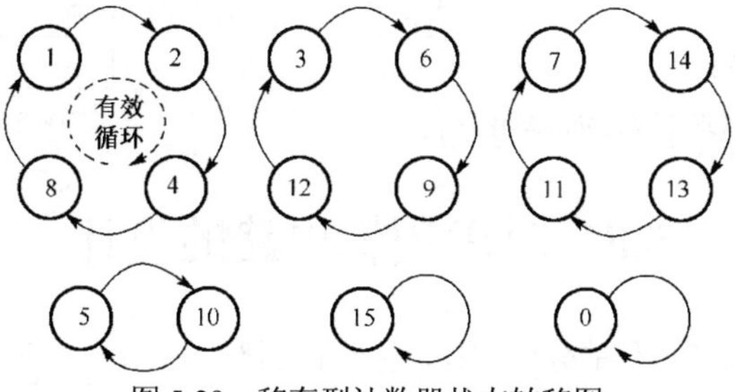

图 5-29　移存型计数器状态转移图

如果设定起始状态为 $Q_0Q_1Q_2Q_3 = 1000$，则进行如图 5-29 所示的有效循环。可以画出时序图，如图 5-30 所示。

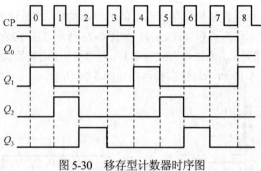

图 5-30　移存型计数器时序图

从时序图可以看出每一个 Q 都只有一个"1"，这个"1"的出现按 $Q_0Q_1Q_2Q_3$ 次序依次持续一个 CP 节拍，所以是一个移位型顺序脉冲发生器。

5.7　1 bit 读/写存储器

1 bit 读/写存储器是存储器的单元，电路可以分为双极型和 MOS 型，工作模式有动态和静态。图 5-31 所示为 6 管 CMOS 静态存储单元。其中 VT$_1$～VT$_4$ 构成基本触发器，可以记忆 1bit 信息。门控 VT$_5$、VT$_6$ 可以控制触发器输出和位线之间的联系，X 信号决定门控 VT$_5$、VT$_6$ 的状态。门控 VT$_7$、VT$_8$ 可以控制触发器输出和位线之间的联系，Y 信号决定门控 VT$_7$、VT$_8$ 的状态。

图 5-32 所示为存储单元简图，表示数据的存入和取出情况，当 X=1、Y=1 时选中单元，而 $\overline{SE} = 0$，则单元的数据 Q 可经三态门输出，若同时 $\overline{WR} = 0$，则输入数据 D_1 可存入触发器。

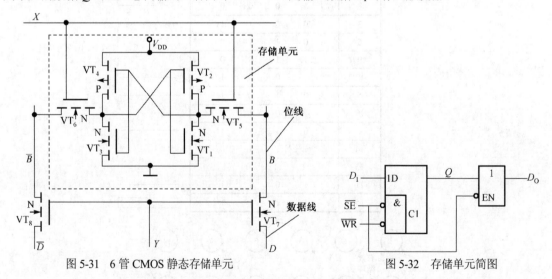

图 5-31　6 管 CMOS 静态存储单元　　　　　图 5-32　存储单元简图

5.8　时序逻辑电路的设计

前面讲述了时序电路及其器件的分析过程，主要是对器件的应用，有时现有的器件不能满足要求，则需要设计人员独立设计电路，随着计算机技术的发展和大规模集成电路的完善，设计过程也将程序化，这里通过几个典型范例对时序电路的设计过程进行说明，伴随计算机辅助的设计在后续课程叙述。对同步时序逻辑电路的设计，有 SSI 和 MSI 不同集成度的器件分别。

5.8.1　同步时序逻辑电路的设计

SSI 设计过程具体步骤：

（1）根据设计任务设定变量、状态；

（2）建立原始状态图并进行化简；

（3）建立状态转换表并进行状态编码；

（4）确定状态方程；

（5）确定触发器和门电路，求出激励方程和输出方程，注意能否自启动；

（6）完成电路，实现产品。

上述步骤也不是一成不变的，设计是灵活的，下面分别举例说明。

【例 5-3】　设计 $M=3$ 同步加法计数的计数器。

因为计数器状态已确定，所以状态设置不存在多或少的问题，$M=3$ 肯定是 3 个状态，设为 A、B、C，画出状态转移图如图 5-33 所示，因为有 3 个状态，所以取两位二进制数，设为 Q_1Q_0，采用二进制编码，则为 $A \rightarrow 00$、$B \rightarrow 01$、$C \rightarrow 10$，再列出状态转移真值表，如表 5-11 所示，图 5-34 通过卡诺图化简，得到状态方程：

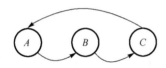

图 5-33　状态转移图

表 5-11　状态转移真值表

No	Q_1^n	Q_0^n	Q_1^{n+1}	Q_0^{n+1}
0	0	0	0	1
1	0	1	1	0
2	1	0	0	0

$$Q_1^{n+1} = Q_0 \qquad Q_0^{n+1} = \overline{Q_1} \cdot \overline{Q_0}$$

自启动检查：由状态方程 Q_1Q_0 11 → 01，因此可以自启动。

选择触发器：如果确定为 D 触发器：因为 $Q^{n+1}=D$，则

$$D_1 = Q_0 \qquad D_0 = \overline{Q_1} \cdot \overline{Q_0}$$

画出逻辑图：

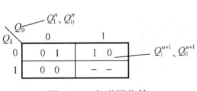

图 5-34　卡诺图化简

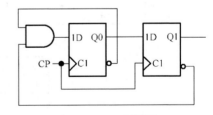

图 5-35　$M=3$ 逻辑图

【例 5-4】　设计一个 111 串行序列检测器。

序列检测器的设计与前面计数器的设计是有区别的，题意是指电路能够在连续收到串行信号 3 个或 3 个以上的 "1" 时输出为 1，否则输出为 0。首先因为不能确定状态数，所以画出相应状态转移图时，要画一个状态分析一个状态，直到状态数满足要求为止，根据题意，设一个串行输入信号 X，一个输出信号 Z，用状态 A 表示等待状态、状态 B 表示记忆一个 "1"、状态 C 表示记忆两个 "1"、状态

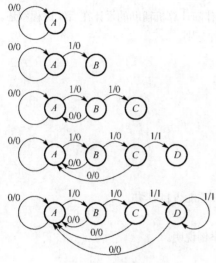

图 5-36　状态转移图

D 表示记忆 3 个 "1"，设计过程如图 5-36 所示，在状态 A 收到一个 "0" 时，还是在状态 A，继续等待，收到一个 "1"，则到状态 B，在状态 B 收到一个 "0"，就回到状态 A，继续等待，收到一个 "1"，则到状态 C，在状态 C 收到一个 "0"，就回到状态 A，继续等待，收到一个 "1"，则到状态 D，这时已经收到 3 个 "1" 了，输出就为 1，在状态 D 收到一个 "0"，就回到状态 A，继续等待，收到一个 "1"，还是回到状态 D，这表示这是可重叠的序列检测器，图中箭头线上的标注是指收到串行信号情况以及输出信号结果 X/Z，从图中看有 4 个状态就可以了，那么这 4 个状态是不是必须的呢？根据状态转移图列出状态转移真值表如表 5-12 所示。

从表中观察，C 和 D 状态在 $X=0$ 时，输出为 0 相同，转换为 A 相同，$X=1$ 时，输出为 1 相同，转换为 D 相同，那么 C 和 D 是等价状态，等价状态是可以合并作为一个状态的，取 $C=D$，则表 5-12 改为表 5-13，现在没有等价状态，所以不能合并了，说明电路必须有 3 个状态，现按二进制编码需要两位 Q_1Q_0，设 $A=00$、$B=01$、$C=10$，如表 5-14 所示，通过卡诺图化简后如图 5-37 所示，得到状态方程和输出方程：

表 5-12　状态转移真值表

S_i^n	$X=0$	$X=1$
A	$A,0$	$B,0$
B	$A,0$	$C,0$
C	$A,0$	$D,1$
D	$A,0$	$D,1$

指 S_i^{n+1} 状态，输出结果 Z

表 5-13　状态转移真值表

S_i^n	$X=0$	$X=1$
A	$A,0$	$B,0$
B	$A,0$	$C,0$
C	$A,0$	$C,1$

表 5-14　编码后的状态转移真值表

Q_1Q_0	$X=0$	$X=1$
00	00,0	01,0
01	00,0	10,0
10	00,0	10,1

X \ Q_1Q_0	00	01	11	10
0	0　0,0	0　0,0	×	0　0,0
1	0　1,0	1　0,0	×	1　0,1

图 5-37　卡诺图化简

$$Q_1^{n+1} = X \cdot Q_1 + X \cdot Q_0 \qquad Q_0^{n+1} = X \cdot \overline{Q_1} \cdot \overline{Q_0} \qquad Z = X \cdot Q_1$$

自启动检查：由状态方程 $XQ_1Q_0\ 011 \rightarrow 000$，$111 \rightarrow 110$ 因此可以自启动。

选择触发器：如果确定为 D 触发器因为 $Q^{n+1}=D$，则

$$D_1 = X \cdot Q_1 + X \cdot Q_0 \qquad D_0 = X \cdot \overline{Q_1} \cdot \overline{Q_0}$$

画出逻辑图如图 5-38 所示。

如果采用 MSI，可以选用相关器件，在外围增加一些门电路，这样实现规定要求，而设计过程大大简化。若将例 5-4 改用移位寄存器，则电路如图 5-39 所示。

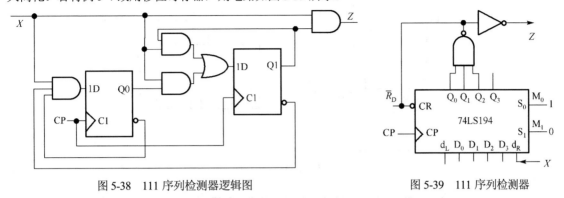

图 5-38　111 序列检测器逻辑图　　　　　　　　　图 5-39　111 序列检测器

同样，实现计数器也可以选用相关器件。这里介绍 74LS161，如图 5-40 所示，图 5-40(a)为国标符号，图 5-40(b)为惯用符号。

由表 5-15 可知，$\overline{R_D}$ 为清 0 端口，$\overline{LD}$ 为置位端口，有这些控制端口，就可以利用 74LS161 实现多种模值的同步计数，如果要实现例 5-3 的要求，根据表 5-11 所示的状态转移真值表转写表 5-16，可按图 5-41 所示的接法完成，这种方法称为反馈清 0 法，时序图如图 5-42 所示，输出波形 Q_1 有毛刺，这是异步清 0 导致的，现采用同步置位方法实现，可以消除这些不稳定状态，如图 5-43 所示的逻辑图接法，这种方法称为反馈置位法。因为是同步置数，所以没有毛刺。也可以用进位反馈置数，如图 5-44 所示。

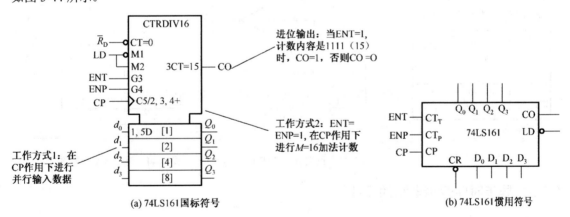

图 5-40　74LS161 符号

表 5-15　74LS161 功能表

$\overline{R_D}$	$\overline{LD}$	ENT	ENP	CP	Q_3	Q_2	Q_1	Q_0
0	—	—	—	—	0	0	0	0　（清 0）
1	0	—	—	↑	d_3	d_2	d_1	d_0　（并入）
1	1	1	1	↑		M=16 加法计数		
1	1	0	1	—		保持（CO=0）		
1	1	1	0	—		保持（CO 保持）		

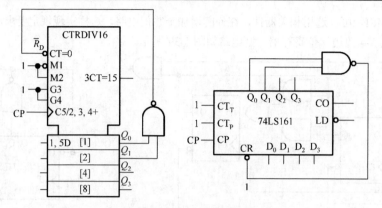

图 5-41　M=3 逻辑图

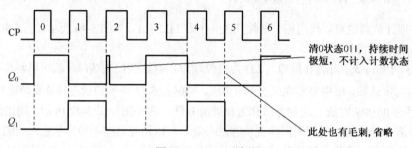

图 5-42　M=3 时序图

表 5-16　计数状态转移表

No	Q_3	Q_2	Q_1	Q_0
0	0	0	0	0
1	0	0	0	1
2	0	0	1	0
0	0	0	0	0

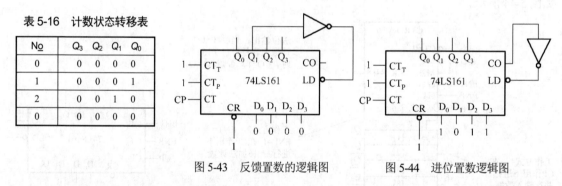

图 5-43　反馈置数的逻辑图　　　图 5-44　进位置数逻辑图

5.8.2　异步时序逻辑电路的设计

异步时序逻辑电路的设计比同步时序逻辑电路的设计要多考虑一个参数，就是时钟 CP，其他基本和同步时序逻辑电路的设计一样。对 SSI 异步时序逻辑电路的设计，首先要看采取什么信号作为 CP。

【例 5-5】　设计 M=4 异步加法计数的计数器。

列出状态转移真值表，如表 5-17 所示。通过图 5-45 所示的卡诺图化简，得到状态方程。从中选择：

$$CP_0 = CP \downarrow$$
$$CP_1 = Q_0 \downarrow$$
$$Q_1^{n+1} = \overline{Q_1} \qquad Q_0^{n+1} = \overline{Q_0}$$

自启动检查：没有多余状态，可以自启动。

选择触发器：如果确定为 JK 触发器，因为 $Q^{n+1} = J \cdot \overline{Q^n} + \overline{K} \cdot Q^n$，则

$$Q_1^{n+1} = J_1 \cdot \overline{Q_1^n} + \overline{K_1} \cdot Q_1^n$$
$$J_1 = 1$$
$$K_1 = 1$$
$$Q_0^{n+1} = J_0 \cdot \overline{Q_0^n} + \overline{K_0} \cdot Q_0^n$$
$$J_0 = 1$$
$$K_0 = 1$$

表 5-17　计数状态转移表

No	Q_1^n	Q_0^n	Q_1^{n+1}	Q_0^{n+1}
0	0	0	0	1
1	0	1	1	0
2	1	0	1	1
3	1	1	0	0

画出逻辑图：

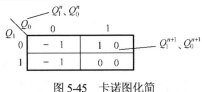

图 5-45　卡诺图化简

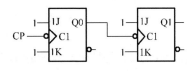

图 5-46　$M=4$ 逻辑图

如果采用 MSI，可以选用相关器件，这里介绍 74LS290，其逻辑示意图如图 5-47 所示，实际上该芯片就是一片二进制计数器和一片五进制计数器的集合，这两片计数器连接起来可以构成 $M=10$ 的计数。其计数连接方式有两种：（1）CP 送入 CP_A，CP_B 接 Q_0，这时输出变量按 $Q_3Q_2Q_1Q_0$ 排列，计数状态如表 5-18 所示，计数模值为 10，编码是 8421BCD 码；（2）CP 送入 CP_B，CP_A 接 Q_3，这时输出变量按 $Q_0Q_3Q_2Q_1$ 排列，计数状态如表 5-19 所示，计数模值仍然为 10，编码是 5421BCD 码，而编号还是按 8421 码编码，所以从 4 一下跳到 8。

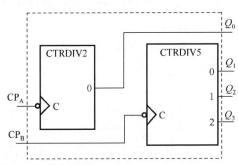

图 5-47　74LS290 逻辑示意图

表 5-18　8421BCD 码计数

No	Q_3	Q_2	Q_1	Q_0
0	0	0	0	0
1	0	0	0	1
2	0	0	1	0
3	0	0	1	1
4	0	1	0	0
5	0	1	0	1
6	0	1	1	0
7	0	1	1	1
8	1	0	0	0
9	1	0	0	1

表 5-19　5421BCD 码计数

No	Q_0	Q_3	Q_2	Q_1
0	0	0	0	0
1	0	0	0	1
2	0	0	1	0
3	0	0	1	1
4	0	1	0	0
8	1	0	0	0
9	1	0	0	1
10	1	0	1	0
11	1	0	1	1
12	1	1	0	0

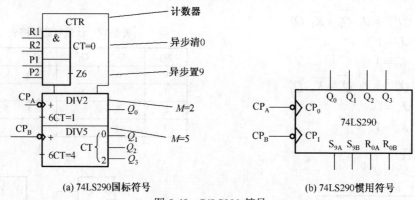

(a) 74LS290国标符号   (b) 74LS290惯用符号

图 5-48 74LS290 符号

74LS290 的国标符号如图 5-48(a)所示，上方具有缺口的方块是共用控制单元，左边有些控制端口可以用来实现多种计数模式。其中，R1、R2 为清零端，经与逻辑后进入单元，高电平有效，当 R1、R2 同时为 1 时，计数器清 0，P1、P2 为置位端，经与逻辑后进入单元，高电平有效，当 P1、P2 同时为 1 时，计数器置 9（8421BCD 码 $Q_3Q_2Q_1Q_0$=1001，5421BCD 码 $Q_0Q_3Q_2Q_1$=1100），所以计数时 R1、R2 及 P1、P2 不能为 1，符号下方的方块分为两个单元，各是 M=2 和 M=5 两个计数器，其中二进制计数器的时钟是 CP_A，输出是 Q_0，五进制计数器的时钟是 CP_B，输出是 Q_3、Q_2、Q_1（高低位按 $Q_3Q_2Q_1$ 顺序排列），该图形符号和过去一直使用的惯用符号有较大不同，所以使用者也可以用熟悉的传统符号来描述，如图 5-48(b)所示，74 LS290 的功能表如表 5-20 所示。

利用 74LS290 来实现各种计数，方法多种多样，可以根据实际情况具体问题具体分析，以下分别举例介绍。

表 5-20 74LS290 功能表

R1	R2	P1	P2	CP_A	CP_B	Q_3	Q_2	Q_1	Q_0	
1	1	0	×	×	×	0	0	0	0	
1	1	×	0	×	×	0	0	0	0	
0	×	1	1	×	×	1	0	0	1	
×	0	1	1	×	×	1	0	0	1	
×	0	×	0	↓	0			Q_0		M=2 计数
×	0	0	×	0	↓		$Q_3 \sim Q_1$			M=5 计数
0	×	×	0	↓	Q_0		8421BCD 码 M=10 计数			
0	×	0	×	Q_3	↓		5421BCD 码 M=10 计数			

【例 5-6】 利用 R 端口来实现 M=3 计数。

如果 M < 5，只要利用五进制计数器即可，所以 $CP \rightarrow CP_B$，计数状态转移表如表 5-21 所示。

表 5-21 状态转移表

No	Q_3	Q_2	Q_1
0	0	0	0
1	0	0	1
2	0	1	0
3	0	1	1
4	1	0	0

从表中发现，计数状态到 010 后清 0，则 M=3，但是要注意用哪个状态清 0。

　　74LS290 采用的是异步清 0，如果用 010 清 0，则计数状态只有 000 和 001 两个状态，010 一出现就清 0 了，则 010 不计入状态，所以，必须用 011 清 0，这种计数方法称为反馈清 0 法，接线图如图 5-49 所示，这里 011 作为清 0 状态，不计入计数状态，反馈清 0 函数为 $\overline{Q_3Q_2Q_1}$，可以通过逻辑化简，只要原变量反馈即可，所以为 Q_2Q_1，正好有两个清 0 端口，就不需要用门电路了。输出波形如图 5-50 所示，第 2 个 CP 下降沿来到后出现 011 状态，但持续时间极短，所以不计入计数状态，画计数时序图时这个状态就不画出来了，见第 5 个 CP 下降沿来到后的波形。

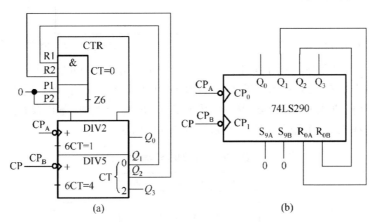

图 5-49　M=3 逻辑图

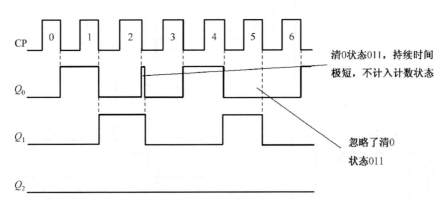

图 5-50　M=3 时序图

　　正因为有一个短暂的 011 状态，所以为准确起见，该电路不称为计数器，而称为分频器，因为可以用 Q_2 作为 3 分频输出，占空比为 1/3。要注意最好不要用 Q_1 作为 3 分频输出，因为输出有毛刺——011 这个短暂的"1"状态。

　　【例 5-7】　计数模值增加为 6，采用 8421BCD 码该如何连接电路？

　　若为 8421BCD 码，计数状态转移表如表 5-22 所示，显然计数状态从 0000→0101，为 6 个状态，清 0 状态为 0110，所以反馈函数为 Q_2Q_1，逻辑接线图如图 5-51 所示，时序图如图 5-52 所示，因为 Q_1 有毛刺，所以用 Q_2 作为 6 分频输出，占空比为 2/6=1/3。

表 5-22　计数状态转移表

No	Q_3	Q_2	Q_1	Q_0
0	0	0	0	0
1	0	0	0	1
2	0	0	1	0
3	0	0	1	1
4	0	1	0	0
5	0	1	0	1
6	0	1	1	0

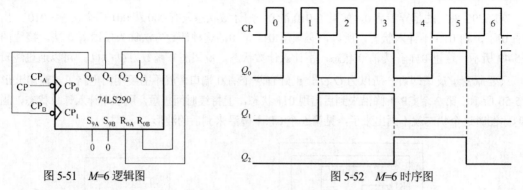

图 5-51　$M=6$ 逻辑图　　　　　　　　　　　　图 5-52　$M=6$ 时序图

【例 5-8】 改变设计条件，采用 5421BCD 码进行 $M=6$ 计数，该如何实现？

计数状态转移表如表 5-23 所示，计数状态从 $0000 \rightarrow 1000$，清 0 状态用 1001，反馈清 0 函数为 $Q_0 Q_1$，逻辑图如图 5-53 所示，时序图如图 5-54 所示，从时序图看出 Q_1 有毛刺，输出取 Q_0 或 Q_3 作为 6 分频，其占空比为 1/6，也可以取 Q_2 输出作为 6 分频，其占空比为 1/3 。

表 5-23　计数状态转移表

No	Q_0	Q_3	Q_2	Q_1
0	0	0	0	0
1	0	0	0	1
2	0	0	1	0
3	0	0	1	1
4	0	1	0	0
5	1	0	0	0
6	1	0	0	1

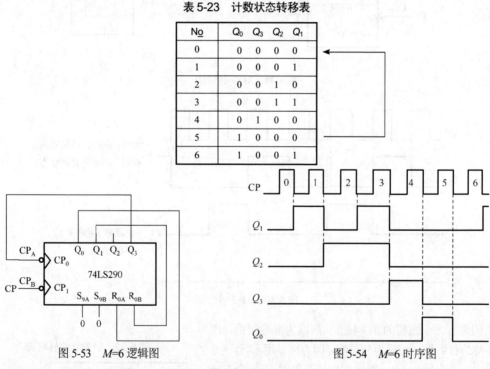

图 5-53　$M=6$ 逻辑图　　　　　　　　　　　　图 5-54　$M=6$ 时序图

【例 5-9】 如果 $M=6$ 采用置 9 端来实现，该如何实现？

显然设计过程应该是相似的，只不过起始状态要从 1001 开始，状态转移表如表 5-24 所示，所以计数状态从 $1001 \rightarrow 0100$，清 0 状态为 0101，反馈清 0 函数为 $Q_2 Q_0$，逻辑图如图 5-55 所示，时序图如图 5-56 所示，输出没有毛刺，所以可以作为计数器，也可以作为分频器，作为分频器从 Q_3、Q_2 输出，则占空比为 1/6，从 Q_1 输出，则占空比为 1/3。

那么，如果计数模值超过 10，则必须用一片以上芯片。如设为 $M=15$，首先必须确定芯片的数量以及芯片之间的连接，如图 5-57 所示，每一片芯片构成 8421BCD 码的十进制，但是右边的 CP_A 接左边的 Q_3，这样 $Q_7 \sim Q_0$ 就构成两位十进制计数，最多可以有 $M=100$ 个计数状态，状态转移表如表 5-25 所示。这种芯片之间的连接也是异步的，所以要注意各芯片之间时钟连接的准确，否则不能正常控制计数。

表 5-24 计数状态转移表

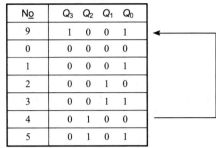

No	Q_3	Q_2	Q_1	Q_0
9	1	0	0	1
0	0	0	0	0
1	0	0	0	1
2	0	0	1	0
3	0	0	1	1
4	0	1	0	0
5	0	1	0	1

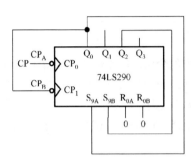

图 5-55 $M=6$ 逻辑图

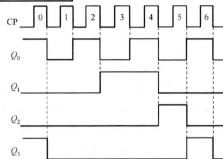

图 5-56 $M=6$ 时序图

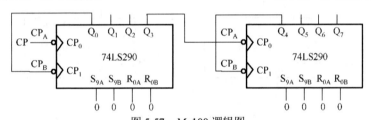

图 5-57 $M=100$ 逻辑图

表 5-25 计数状态转移表

No	Q_7	Q_6	Q_5	Q_4	Q_3	Q_2	Q_1	Q_0
0	0	0	0	0	0	0	0	0
1	0	0	0	0	0	0	0	1
...				...				
9	0	0	0	0	1	0	0	1
10	0	0	0	1	0	0	0	0
11	0	0	0	1	0	0	0	1
...				...				
14	0	0	0	1	0	1	0	0
15	0	0	0	1	0	1	0	1
...				...				
19	0	0	0	1	1	0	0	1
20	0	0	1	0	0	0	0	0
...				...				
99	1	0	0	1	1	0	0	1

构成一百进制后再来实现 $M=15$，方法就同前面类似了，只要到 15 状态时（00010101）清 0 即可，这里有 3 个 1，所以要一个与门，同时送到两个芯片的清 0 端就能实现，如图 5-58 所示。由于 Q_0 有毛刺，所以还是作为分频器应用。当然也可以用置 9 端实现，可以自己练习（见习题）。

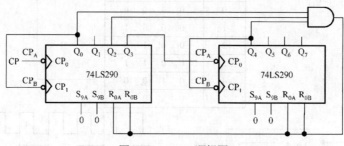

图 5-58 $M=15$ 逻辑图

多芯片异步连接的灵活性很大，从表 5-25 可以看到状态的变化，低 4 位芯片每循环 10 个状态，高 4 位芯片加 1，所以实现状态为 10×10=100，那么现在要实现 $M=15$，也可以用 3×5 实现，如图 5-59 所示。其状态转移表如表 5-26 所示，从图可以看出只用到两个五进制计数器，一个构成三进制，一个构成五进制，合成 $M=15$ 计数循环，当然可以用 5×3 实现 $M=15$（见习题）。这种方法称为串接的方法，还有并接的方法这里不再叙述，有兴趣可以参阅其他相关资料。

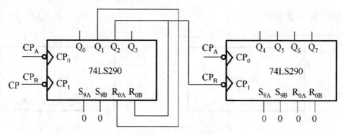

图 5-59 $M=15$ 逻辑图

异步计数器的实现方法灵活多变，电路简单易行，但考虑门电路的迟延和信号的脉冲特性，有时会产生误差，而同步计数器就没有这种现象，因为各触发器都是在同一时钟下工作的。

表 5-26 计数状态转移表

CP	Q_7	Q_6	Q_5	Q_3	Q_2	Q_1
0	0	0	0	0	0	0
1	0	0	0	0	0	1
2	0	0	0	0	1	0
3	0	0	1	0	0	0
4	0	0	1	0	0	1
5	0	0	1	0	1	0
6	0	1	0	0	0	0
7	0	1	0	0	0	1
8	0	1	0	0	1	0
9	0	1	1	0	0	0
10	0	1	1	0	0	1
11	0	1	1	0	1	0
12	1	0	0	0	0	0
13	1	0	0	0	0	1
14	1	0	0	0	1	0

5.9　时序逻辑模块之间的时钟处理技术

在任何数字电路设计中，可靠的时钟是非常关键的。时钟一般可分为全局时钟、门控时钟和多级逻辑时钟等几种类型。

全局时钟或同步时钟是最简单、可靠的时钟。只要有可能，就应尽量在设计项目中采用全局时钟。FPGA 都具有专门的全局时钟引脚，它直接连到器件中的每一个寄存器。在器件中，这种全局时钟能提供最短的时钟延时（数据输入到数据到达输出的时间）。

FPGA 的片内工作频率可以达到 500MHz，并且具有强大的并行处理能力，而芯片间接口速度已经成为高性能系统的瓶颈。高速系统主要有 3 种时钟结构，即全局时钟系统、源同步时钟系统和自同步时钟系统。全局时钟系统属于经典时钟结构，工作频率一般在 200MHz 以下，远远不能满足现代数字系统的性能要求。现代高性能系统主要使用源同步时钟技术和自同步时钟技术。

在许多应用中，都采用外部的全局时钟是不实际的，通常要用阵列时钟构成门控时钟。门控时钟常同微处理器接口有关，每当用组合函数钟控触发器时，通常都存在着门控时钟。如果符合下述条件，门控时钟可以像全局时钟一样可靠地工作：（1）驱动时钟的逻辑必须只包含一个"与"门或"或"门；（2）逻辑门的一个输入是实际的时钟，而该逻辑门的所有其他输入必须是地址或控制线，它们约束时钟的建立时间和保持时间。当然也可以将门控时钟转换成全局时钟，以改善设计项目的可靠性。

5.9.1　异步时钟的同步化技术

许多应用要求在同一个 FPGA 内采用多个时钟，如两个异步微处理器之间的接口或微处理器和异步通信通道的接口。由于两个时钟信号之间要求一定的建立时间和保持时间，所以引进了附加的定时约束条件，将某些异步信号同步化。在许多系统中只将异步信号同步化是不够的，当系统中有两个或两个以上非同源时钟时，数据的建立时间和保持时间很难得到保证，最好的解决办法是将所有非同源时钟同步化。使用 FPGA 内部的锁相环（PLL）模块是一个很好的方法。如果不用 PLL，当两个时钟的频率比是整数时，同步的方法比较简单；当两个时钟的频率比不是整数时，处理方法要复杂得多。这时需要使用带使能端的 D 触发器，并引入一个高频时钟来实现。稳定可靠的时钟是系统稳定可靠的重要条件，不能将任何可能含有毛刺的输出作为时钟信号，并且尽可能只使用一个全局时钟，对多时钟系统要注意同步、异步信号和非同源时钟。

5.9.2　同步时钟的串行化技术

如今，串行技术已成为计算机总线的主导技术，无论磁盘接口、系统总线、芯片互连还是诸如 USB、IEEE1394 等外部总线，无一例外引入了串行技术以提高性能，而这股潮流并不会很快停滞，内存及前端串行总线成为新的发展方向。凭借速度快、发展潜力大的优势，串行总线在短短数年内几乎全盘取代了传统的并行技术，成为计算机系统的绝对主导。

5.10　本章小结

时序逻辑电路是数字电路的核心，学好本章不仅能够掌握数字电路的精髓，更是为以后数字系统的学习做准备。时序逻辑电路的特点是输出由即时输入和电路状态决定，就是说，电路有记忆器件，所以，时序逻辑电路的结构是组合电路和触发器。

描述时序逻辑电路可以用逻辑图、逻辑方程、状态转换真值表、状态转移图和时序图，5 种方法各有特点，但是能够相互转换。时序逻辑电路分析理论上是从逻辑图到状态图的转换，反之就是时序逻辑电路的设计。这些过程已经程序化，所以可以借助计算机辅助完成。

时序逻辑电路的基本单元是计数器和寄存器。计数器是应用最广泛的时序逻辑电路，种类繁多，有 TTL 和 MOS、同步和异步、加法和减法之分，还可以分为二进制、十进制和 N 进制计数器。MSI 计数器有清 0、置数等控制功能，只要知道功能表就可以方便使用。寄存器是另一类常用的时序逻辑电路，有数码寄存器和移位寄存器之分，特别是移位寄存器可以构成移位计数器，在某些场合有重要作用。利用计数器和寄存器以及适当的组合电路，还可以实现更复杂的时序逻辑电路，如顺序脉冲发生器等。

SSI 时序逻辑电路的设计过程用现在的 EDA 技术已经完全可以实现，中大规模器件也大量涌现，所以在学习本章的同时可以阅读相关资料，为以后真正的应用打下基础。

习　题

5.1　分析图 P5-1 所示的异步计数器电路，指出计数模值，画出状态转移图（按 $Q_2Q_1Q_0$ 排列）。

5.2　分析图 P5-2 所示的同步计数器电路，指出计数模值，列出状态转移真值表（按 $Q_2Q_1Q_0$ 排列）。

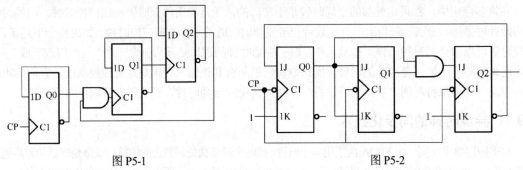

图 P5-1　　　　　　　　　　　　　　　图 P5-2

5.3　分析图 P5-3 所示的由 74LS290 构成的逻辑图，指出计数模值，画出一个周期的时序图。

5.4　分析图 P5-4 所示的由 74LS290 构成的逻辑图，指出计数模值，画出状态转移图。

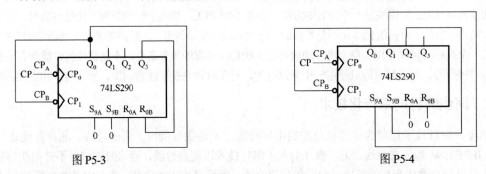

图 P5-3　　　　　　　　　　　　　　　图 P5-4

5.5　分析图 P5-5 所示的由 74LS290 构成的逻辑图，指出计数模值，列出状态转移真值表。

5.6　试用图 P5-6 所示的 74LS290 及适当门电路完成 M=6 分频，画出逻辑图，指出输出端口。

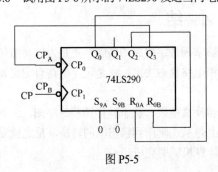

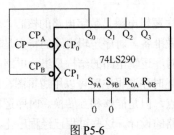

图 P5-5　　　　　　　　　　　　　　　图 P5-6

5.7 试用图 P5-7 所示的 74LS290 及适当门电路完成 M=26 分频,画出逻辑图,指出输出端口。

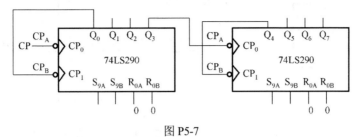

图 P5-7

5.8 试用图 P5-8 所示的两片 74LS290 及适当门电路完成用 5×3 实现 M=15 分频,画出逻辑图,指出输出端口。

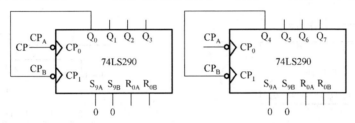

图 P5-8

5.9 分析图 P5-9 所示的由 74LS161 构成的逻辑图,指出计数模值,列出状态转移真值表。

5.10 分析图 P5-10 所示的由 74LS161 构成的逻辑图,指出计数模值,画出状态转移图。

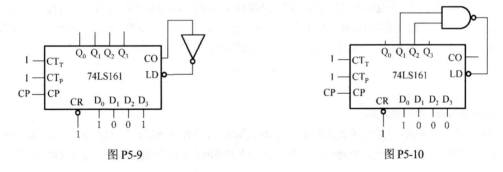

图 P5-9   图 P5-10

5.11 分析图 P5-11 所示的由 74LS161 构成的逻辑图,指出计数模值。

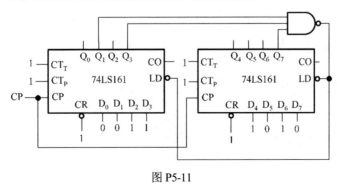

图 P5-11

5.12 试用图 P5-12 所示的 74LS161 及适当门电路完成 M=9 分频,画出逻辑图,指出输出端口。

5.13 试用图 P5-13 所示的 74LS161 及适当门电路完成 M=34 分频,画出逻辑图,指出输出端口。

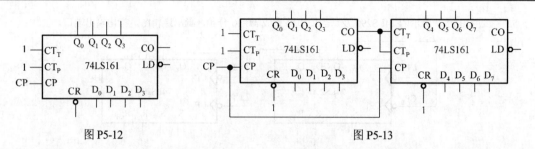

图 P5-12   图 P5-13

5.14 分析由 74LS194 构成的计数器，如图 P5-14 所示，指出计数模值，画出状态转移图（按 $Q_0Q_1Q_2Q_3$ 排列）。

5.15 分析由 74LS194 构成的计数器，如图 P5-15 所示，指出计数模值，画出状态转移图（按 $Q_0Q_1Q_2Q_3$ 排列）。

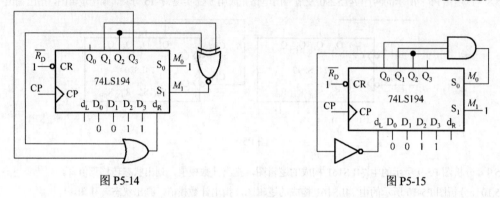

图 P5-14   图 P5-15

5.16 试用下降沿触发的边沿 JK 触发器及适当门电路构成 $M=6$ 同步加法计数器，写出设计过程，画出逻辑图。

5.17 试用上升沿触发的边沿 D 触发器及适当门电路构成 $M=6$ 同步减法计数器，写出设计过程，画出逻辑图。

5.18 试用下降沿触发的边沿 JK 触发器及适当门电路构成可控同步加法计数器

$$\begin{cases} X=0 & M=2 \\ X=1 & M=3 \end{cases}$$

写出设计过程，画出逻辑图。

5.19 试用下降沿触发的边沿 JK 触发器及适当门电路构成 101 串行序列检测器，写出设计过程，画出逻辑图。

5.20 试用上升沿触发的边沿 D 触发器及适当门电路构成 010 串行序列检测器，写出设计过程，画出逻辑图。

第6章 脉冲波形的产生和整形

6.1 概 述

前面讲到的器件，很多都要用到各种形式的时钟信号、输入信号和控制信号等，这些信号通常都是矩形波脉冲，简称矩形波。如何得到该信号是本章要讨论的内容。

数字电路中使用的信号大多是矩形脉冲波，它是一个二进制数字信号或二状态的逻辑信号。二进制数字信号只有 0、1 两个数字符号，二状态逻辑信号只有 0、1 两种取值，都具有二值特点，用波形图表示就是矩形脉冲，如图 1-4 所示，它是一个理想的矩形脉冲信号，可用脉冲幅度 V_m、脉冲周期 T 或 f、脉冲宽度 t_w、占空比 q 等几个参数来描绘。

实际的波形发生器所产生的波形往往达不到图 1-4 所示的理想要求，经常如图 1-5 所示，但矩形脉冲波形的好坏将直接影响数字电路的正常工作。为了描述一个波形的好坏，又定义了上升时间 t_r、下降时间 t_f、脉冲宽度 t_w 等几个参数。

此外，在将脉冲整形或产生电路用于具体的数字系统时，有时还可能有一些特殊的要求，如脉冲周期和幅度的稳定性等。这时还需要增加一些相应的性能参数来说明。

获得矩形波的途径一般有两种：一种是直接由各种结构形式的振荡器产生，由于所产生的矩形波中含有多种频率（也称为谐波）成分，所以这类振荡器称为多谐振荡器；另一种是将各种已有的非矩形信号变换为符合要求的矩形波，这类电路统称为脉冲整形电路。因此，本章将主要介绍这两种电路，如多谐波振荡器、单稳态触发器、施密特触发器和 555 定时器等。

6.2 单稳态电路

前面介绍的触发器等电路有 0、1 两个稳定的状态，因此这种电路也称为双稳态电路，一个双稳态触发器可以保存 1 位二值信息。在数字电路中，还有另一种只有一个稳定状态的电路，这种电路称为单稳态电路。单稳态电路具有如下显著特点：

（1）具有稳态和暂稳态两个不同的工作状态；

（2）在外界触发脉冲的作用下，电路的状态能从稳态翻转到暂稳态，在暂稳态维持一段时间以后，再自动返回稳态；

（3）暂稳态维持时间的长短与外界触发脉冲的宽度和幅度无关，仅取决于电路本身的参数。

由于具备这些特点，单稳态电路被广泛地应用于定时（产生一定宽度的方波）、整形（把不规则的波形转换成宽度、幅度都相等的脉冲）以及延时（将输入信号延时一定的时间之后输出）等。

6.2.1 用门电路或触发器组成的单稳态电路

单稳态电路可由逻辑门和 RC 电路组成，也可以由 D 触发器和 RC 电路组成。前者根据 RC 电路连接方式的不同，可以分为微分型单稳态电路和积分型单稳态电路。

1. 微分型单稳态电路

（1）电路组成

图 6-1 所示为由门电路和 RC 微分电路构成的微分型单稳态电路。图中，RC 电路均按微分电路的方式连接在 G_1 门的输出端和 G_2 门的输入端，由于所用逻辑门不同，电路的触发方式和输出脉冲也不一样。

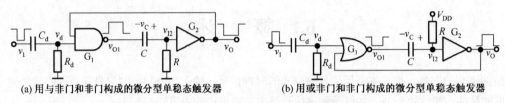

(a) 用与非门和非门构成的微分型单稳态触发器   (b) 用或门和非门构成的微分型单稳态触发器

图 6-1　CMOS 门电路组成的微分型单稳态电路

（2）工作原理

下面以图 6-1(b) 所示电路为例进行分析，说明微分型单稳态电路的工作原理，图中门电路采用 CMOS 门电路。对于 CMOS 门电路，为了便于讨论，本章将 CMOS 门电路的电压传输特性理想化，且设定 CMOS 反相器的阈值电压 $V_{TH} \approx \dfrac{V_{DD}}{2}$ ，可以近似地认为 $V_{OH} \approx V_{DD}$、$V_{OL} \approx 0V$。

① v_I 没有外界触发信号时，电路处于稳定状态

v_I 为低电平，由于 G_2 门的输入端经电阻 R 接 V_{DD}，$v_O \approx 0$；这样，G_1 门两输入端均为 0，$v_{O1} \approx V_{DD}$，电容 C 两端的电压接近 0V，电路处于稳定状态。只要没有正脉冲触发，电路就一直保持这一稳态不变。

② v_I 外加触发信号，电路由稳态翻转到暂稳态

输入外界触发脉冲，在 v_I 的上升沿，R_d、C_d 微分电路输出正的窄脉冲 v_d，当 v_d 上升到 G_1 门的阈值电压 V_{TH} 以后，将引发如下的正反馈过程

$$v_d \uparrow \ \rightarrow \ v_{O1} \downarrow \ \rightarrow \ v_{I2} \downarrow \ \rightarrow \ v_O \uparrow$$

这一正反馈过程使 G_1 瞬间导通，v_{O1} 迅速从高电平跳变为低电平。由于电容 C 两端的电压不能突变，v_{I2} 也同时跳变为低电平，使输出 v_O 跳变为高电平，电路进入暂稳态。这时即使 v_d 回到低电平（触发信号 v_I 撤除，即 v_I 重新变为低电平），v_O 的高电平仍将维持。暂稳态时 $v_{O1} \approx 0V$，$v_O \approx V_{DD}$。

③ 电容 C 充电，电路自动从暂稳态返回稳态

暂稳态期间，电源 V_{DD} 经电阻 R 和 G_1 门导通的输出端 MOS 管对电容 C 充电，v_{I2} 按指数规律升高，当 v_{I2} 达到 V_{TH} 时，电路又产生另外一个正反馈过程

$$v_{I2} \uparrow \ \rightarrow \ v_O \downarrow \ \rightarrow \ v_{O1} \uparrow$$

如果此时触发脉冲已消失（v_I 已回到低电平，v_d 也为低电平），上述正反馈使 G_1 门迅速截止，G_2 门迅速导通，v_{O1}、v_{I2} 跳变为高电平，并使输出返回 $v_O \approx 0\,V$ 的状态。此后电容 C 通过电阻 R 和门 G_2 的输入保护电路向 V_{DD} 放电，直至电容 C 上的电压恢复到稳定状态时的初始值 0V，电路从暂稳态返回到稳态。

（3）工作波形与参数计算

根据上述分析，可画出工作过程中单稳态触发器各点电压的波形，如图 6-2 所示。

为了定量地描述单稳态触发器的性能，经常使用输出脉冲宽度 t_W、输出脉冲幅度 V_m、恢复时间 t_{re} 和分辨时间 t_d 等几个参数。

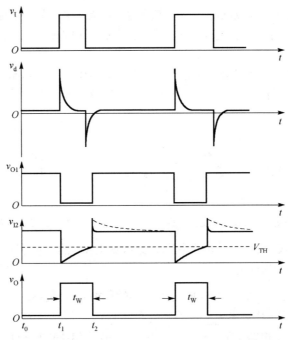

图 6-2　微分型单稳态触发器中各点的工作电压波形图

① 输出脉冲宽度 t_W

由图 6-2 可见，触发信号作用后，RC 充电过程决定了暂稳态持续时间。输出脉冲宽度 t_W 就是从
电容 C 开始充电到 v_{I2} 上升至 V_{TH} 的这段时间。电容 C 充电的等
效电路如图 6-3 所示。图中的 R_{ON} 是或非门 G_1 输出低电平时的
输出电阻。在 $R_{ON} \ll R$ 的情况下，R_{ON} 等效电路可以简化为简
单的 RC 串联电路。

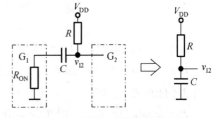

根据对 RC 电路过渡过程的分析可知，在电容充、放电
过程中，电容上的电压 v_C 从充、放电开始到变化至某一数值
V_{TH} 所经历的时间可以用式（6-1）计算

图 6-3　电容 C 充电的等效电路

$$t = RC \ln \frac{v_C(\infty) - v_C(0)}{v_C(\infty) - V_{TH}} \tag{6-1}$$

式中，$v_C(0)$ 是电容电压的起始值，$v_C(\infty)$ 是电容电压充、放电的终了值。

由图 6-2 的波形图可见，电容 C 上的电压从 0 充到 V_{TH} 的时间就是 t_W。将 $v_C(0) = 0$、$v_C(\infty) = V_{DD}$、
$V_{TH} = V_{DD}/2$ 代入式（6-1），得到

$$t_W = RC \ln \frac{V_{DD} - 0}{V_{DD} - V_{TH}} = RC \ln 2 \tag{6-2}$$

$$t_W \approx 0.693RC \tag{6-3}$$

② 输出脉冲的幅度 V_m

输出脉冲的幅度为

$$V_m = V_{OH} - V_{OL} \approx V_{DD} \tag{6-4}$$

③ 恢复时间 t_{re}

对于图 6-2，在暂稳态结束瞬间（$t = t_2$），在 v_O 返回低电平瞬间，门 G_2 的输入电压 v_{I2} 较高，达

到 $V_{DD} + V_{TH}$ ，这时可能会损坏 CMOS 门。为了避免这种现象发生，在 CMOS 器件内部设有保护二极管 VD，如图 6-4 中虚线所示。故在电容 C 充电期间，二极管 VD 截止；而当 $t = t_2$ 时，二极管 VD 导通，于是 v_{I2} 被钳位在 $V_{DD} + 0.7V$ 的电位上。

在 v_O 返回低电平以后，暂稳态结束后还要等到电容 C 放电完毕，电路才恢复为起始的稳态。恢复时间一般为 $(3 \sim 5)\tau$ ，τ 为图 6-5 所示的电容 C 放电的等效电路的时间常数。

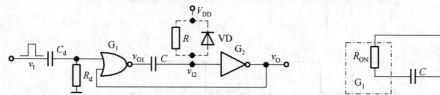
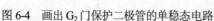
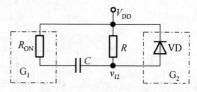

图 6-4　画出 G_2 门保护二极管的单稳态电路　　　　　图 6-5　电容 C 放电的等效电路

图中的 VD 是反相器 G_2 输入保护电路中的二极管，如果 VD 的正向导通电阻 R_f 比 R 和门 G_1 的输出电阻 R_{ON} 小得多，则恢复时间为

$$t_{re} \approx (3 \sim 5)(R_{ON} + R // R_f)C \approx (3 \sim 5)R_{ON}C \qquad (6-5)$$

④ 分辨时间 t_d 和最高工作频率 f_{max}

分辨时间 t_d 是指在保证电路正常工作的前提下，允许两个相邻脉冲之间的最小时间间隔，故有

$$t_d = t_W + t_{re} \qquad (6-6)$$

因此，单稳态触发器的最高工作频率为

$$f_{max} = \frac{1}{T_{min}} < \frac{1}{t_W + t_{re}} \qquad (6-7)$$

微分型单稳态电路可以用窄脉冲触发。在 v_d 的脉冲宽度大于输出脉冲宽度的情况下，电路仍能工作，但是输出脉冲的下降沿较差。因为在 v_O 返回低电平的过程中，v_d 输入的高电平还存在，所以电路内部不能形成正反馈。

为了改善输出波形，一般在图 6-1(b) 所示电路的输出端再加一级反相器 G_3 ，如图 6-6 所示。

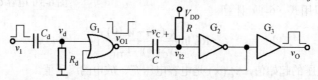

图 6-6　宽脉冲触发的单稳态电路

若采用由 TTL 与非门构成的如图 6-1(a) 所示的单稳态触发器，考虑 TTL 逻辑门存在输入电流，为了保证稳态时 G_2 的输入为低电平，电阻 R 要小于 $0.7k\Omega$ ；R_d 的数值则应大于 $2k\Omega$ ，才能保证稳态时 G_1 门的输入电压大于其开门电平 V_{ON} 。由于 CMOS 门不存在输入电流，用 CMOS 门组成的单稳态触发器中，R、R_d 不受此限制。

2. 积分型单稳态电路

（1）电路组成

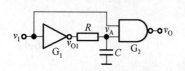

图 6-7　积分型单稳态电路

图 6-7 所示为由 TTL 与非门、反相器以及 RC 积分电路组成的积分型单稳态电路。为了保证 v_{O1} 为低电平时 v_A 在 V_{TH} 以下，R 的阻值不能取得很大。这个电路用正脉冲触发。

（2）工作原理

① 没有触发信号时，电路处于一种稳定状态

稳态时，v_I 为低电平，所以 $v_{O1} = V_{OH}$，$v_A = v_{O1} = V_{OH}$。

② v_I 外加触发信号，电路由稳态翻转到暂稳态

输入触发脉冲，在 v_I 的上升沿以后，v_{O1} 跳变为低电平，但由于电容 C 上的电压不能突变，所以在一段时间里 v_A 仍在 V_{TH} 以上。因此，在这段时间里 G_2 的两个输入端电压同时高于 V_{TH}，使 $v_O = V_{OL}$，电路进入暂稳态。同时，电容 C 开始放电。

③ 电容 C 放电，电路自动从暂稳态返回至稳态

上述暂稳态不能长久地维持下去，随着电容 C 的放电 v_A 不断降低，至 $v_A = V_{TH}$ 后，v_O 回到高电平。待 v_I 返回低电平以后，v_{O1} 又重新变成高电平 V_{OH}，并向电容 C 充电。经过恢复时间 t_{re}（从 v_I 回到低电平的时刻算起）以后，v_A 恢复为高电平，电路达到稳态。

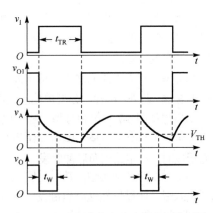

图 6-8　积分型单稳态电路的电压波形图

（3）工作波形与参数计算

电路中各点的电压波形如图 6-8 所示。

① 输出脉冲宽度 t_W

由图 6-8 可知，输出脉冲的宽度 t_W 等于从电容 C 开始放电的一刻到 v_A 下降到 V_{TH} 的时间。为了计算 t_W，需要画出电容 C 放电的等效电路，如图 6-9(a) 所示。

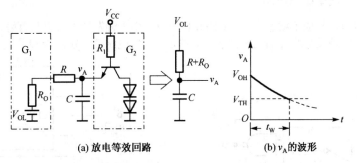

(a) 放电等效回路　　　　(b) v_A 的波形

图 6-9　积分型单稳态触发器中电容 C 的放电等效回路和 v_A 的波形

在 v_A 高于 V_{TH} 期间，G_2 的输入电流非常小，可以忽略不计，因而电容 C 放电的等效电路可以简化为 $(R + R_O)$ 与 C 串联。这里的 R_O 是 G_1 输出为低电平时的输出电阻。

将图 6-9(b) 曲线给出的 $v_C(0) = V_{OH}$、$v_C(\infty) = V_{OL}$ 代入式（6-1）即可得到

$$t_W = (R + R_O)C \ln \frac{V_{OL} - V_{OH}}{V_{OL} - V_{TH}} \qquad (6\text{-}8)$$

② 输出脉冲的幅度 V_m

输出脉冲的幅度为

$$V_m = V_{OH} - V_{OL} \qquad (6\text{-}9)$$

③ 恢复时间 t_{re}

恢复时间等于 v_{O1} 跳变为高电平后电容 C 充电至 V_{OH} 所经历的时间。若取充电时间常数的 3～5 倍时间为恢复时间，则得

$$t_{re} \approx (3 \sim 5)(R + R'_O)C \qquad (6\text{-}10)$$

式中，R'_O 是 G_1 输出为高电平时的输出电阻。这里为简化计算，没有计入 G_2 输入电路对电容充电过程的影响，所以算出的恢复时间是偏于安全的。

④ 分辨时间 t_d 和最高工作频率 f_{max}

这个电路的分辨时间应为触发脉冲的宽度 t_{TR} 和恢复时间 t_{re} 之和，即

$$t_d = t_{TR} + t_{re} \qquad (6\text{-}11)$$

（4）电路的特点与改进

与微分型单稳态电路相比，积分型单稳态电路具有抗干扰能力较强的优点。因为数字电路中的噪声多为尖峰脉冲的形式（即幅度较大而宽度极窄的脉冲），而积分型单稳态电路在这种噪声作用下不会输出足够宽度的脉冲。

积分型单稳态电路的缺点是输出波形的边沿比较差，这是由于电路的状态转换过程中没有正反馈作用的缘故。此外，这种积分型单稳态电路必须在触发脉冲的宽度大于输出脉冲宽度时方能正常工作。

如果想使图 6-7 中的积分型单稳态电路在窄脉冲的触发下能够正常工作，可以采用图 6-10 所示的改进电路。不难看出，这个电路是在图 6-7 所示电路的基础上增加了与非门 G_3 和输出至 G_3 的反馈连线而形成的，该电路用负脉冲触发。

当负触发脉冲加到输入端时，使 v_{O3} 变为高电平、v_O 变为低电平，电路进入暂稳态。由于 v_O 反馈到了输入端，所以虽然这时负触发脉冲很快消失了，在暂稳态期间 v_{O3} 的高电平也将继续维持，直到 RC 电路放电到 $v_A = V_{TH}$ 以后，v_O 才返回高电平，电路回到稳态。

3. 用触发器构成单稳态电路

利用触发器也可以构成单稳态电路，如图 6-11 所示。由于触发器本身已具有触发及复位（或置位）功能，所以只要把外触发脉冲 v_I 加在时钟端，而将定时 RC 电路接在输出端 Q 和复位端 R 之间即可。

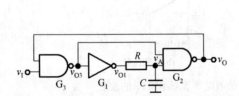

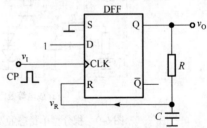

图 6-10　窄脉冲可以触发的积分型单稳态电路　　　　图 6-11　用触发器构成单稳态电路

设在 t_1 时刻，v_I 加入正触发脉冲，因 $D = 1$，故 Q 端跃升为 1，经 RC 电路延迟 t_W 后，使复位波形 v_R 达到阈值电平，迫使触发器复零。这样，在 Q 和 $\overline{Q}$ 端分别获得正负脉冲，$t_W \approx 0.693RC$，波形图如图 6-12 所示。

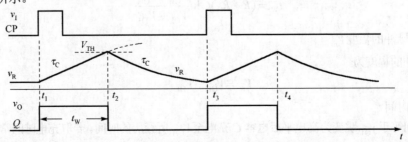

图 6-12　用触发器构成的单稳态电路的波形图

6.2.2　集成单稳态电路

由门电路或触发器构成的单稳态电路，优点是电路结构简单，但共同的缺点是输出脉宽稳定性差，调节范围小，触发方式不够灵活等。虽然可采用多种补偿和隔离措施来改进性能，但将使电路变得复杂，给调试及维护带来困难。利用集成技术制成的单片单稳态电路，在性能上有很大的改进，给使用带来了方便。其常用的集成芯片有 74121、74122、74LS221、74HC123、MC14098 和 MC14528 等。

从触发脉冲的连续性来看，集成的单稳态电路可以分为可重复触发和不可重复触发两类，可重复触发的概念可用图 6-13(b)来说明。

图 6-13(a)所示为不可重复触发的单稳态电路符号，在框内，总定性记号 1Д 表示只有待第一次触发引起的暂态过程结束后，才能实现有效的第二次触发，因而输出脉冲的宽度 t_W 是稳定的。图 6-13 (b)所示为可重复触发的单稳态电路符号，框内的总定性记号仅为Д，它表明在第一次触发引起的暂态过程尚未结束前，若又有触发脉冲输入，则输出脉冲将以最近一次触发为准，再延长 t_W 时间。因此，可重复触发的单稳态电路的输出脉宽可能是不固定的，视触发脉冲的间隔是否大于单稳态电路预定输出脉宽 t_W 而定。应该说明，所有的集成单稳态电路都是采用边沿触发方式的，在图 6-13(a)中，假定是正边沿触发，而在图 6-13(b)中，则假定是负边沿触发。其实，这两类触发器都是既可正边沿触发，又可负边沿触发。

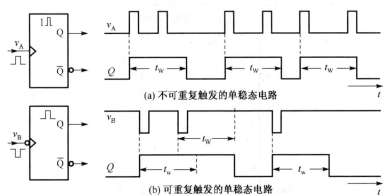

图 6-13　两种集成单稳态电路的工作波形

1. 不可重复触发的单稳态电路

TTL 集成器件 74121 是一种不可重复触发的集成单稳态电路，其内部逻辑电路图和引脚图如图 6-14(a)、图 6-14(b)所示。内部电路由触发信号控制电路、微分型单稳态电路和输出缓冲电路组成。

（1）工作原理

在图 6-14(a)中，门 G_5、G_6、G_7 和外接电阻 R_{ext} （或内部电阻 R_{int}）、外接电容 C_{ext} 组成微分型单稳态电路，其工作原理与前面所述的微分型单稳态电路相似。电路只有一个稳态 $v_O = 0$，$\overline{v_O} = 1$。当 v_{I5} 点有正脉冲触发时，电路进入暂态，$v_O = 1$，$\overline{v_O} = 0$。$\overline{v_O}$ 的低电平使触发信号控制电路中 SR 锁存器的 G_2 门输出为低电平，于是 G_4 门被封锁，此时即使有触发信号输入，在 v_{I5} 点也不会得到触发信号。只有在电路返回稳态后，触发信号才能使电路再次被触发。由以上分析可知，电路具有边沿触发的性质，且属于不可重复触发的单稳态电路，输出脉冲的宽度由 R_{ext} 和 C_{ext} 的大小决定，为

$$t_W \approx R_{ext} C_{ext} \ln 2 = 0.693 R C_{ext} \qquad (6\text{-}12)$$

（2）电路连接图

在使用单稳态电路 74121 时，要在芯片的 10、11 引脚之间接定时电容，若采用电解电容时，电容

C 的正极端接 10 引脚。根据输出脉宽的要求，定时电阻 R 可采用外接电阻 R_{ext} 或芯片内部电阻 R_{int}（2kΩ）。如果要求输出脉冲较宽，通常 R 采用外接电阻，取值为 2～30kΩ，C 的数值则为 10pF～10μF。采用外部电阻和内部电阻组成单稳态电路，电路连接如图 6-15 所示。

（3）逻辑功能表

74121 的功能表如表 6-1 所示。由功能表可见，在下述情况下，电路有正脉冲输出：

① 当 A_1、A_2 两个输入中有一个或两个为低电平，B 产生由 0 到 1 的正跳变时；

② 当 B 为高电平，A_1、A_2 中有一个或两个产生由 1 到 0 的负跳变时。

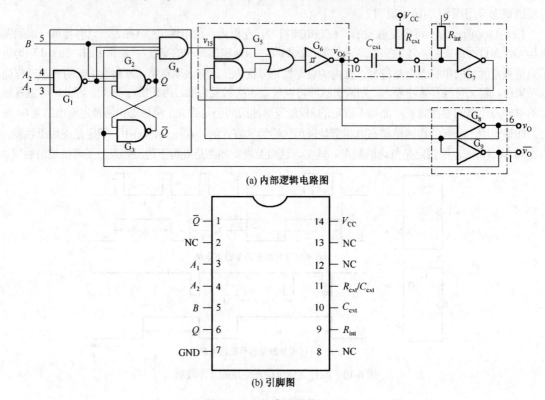

(a) 内部逻辑电路图

(b) 引脚图

图 6-14　TTL 集成器件 74121

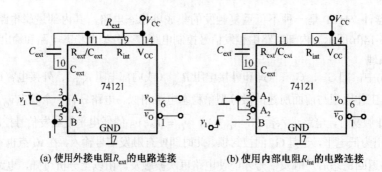

(a) 使用外接电阻 R_{ext} 的电路连接　　(b) 使用内部电阻 R_{int} 的电路连接

图 6-15　74121 的定时电容、电阻的连接

（4）工作波形

根据 74121 的功能表，可画出 6-15(a)所示电路的工作波形图，如图 6-16 所示。

表 6-1　74121 功能表

输入			输出	
A_1	A_2	B	v_O	$\overline{v_O}$
0	×	1	0	1
×	0	1	0	1
×	×	0	0	1
1	1	×	0	1
1	↘	1	⊓	⊔
↘	1	1	⊓	⊔
↘	1	1	⊓	⊔
0	×	↗	⊓	⊔
	0	↗	⊓	⊔

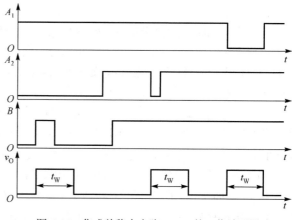

图 6-16　集成单稳态电路 74121 的工作波形图

2. 可重复触发的单稳态电路

　　CMOS 集成器件 MC14528 是一种可重复触发的集成单稳态电路，其内部逻辑电路图和引脚图如图 6-17(a)、图 6-17(b)所示。内部电路由触发信号控制电路、微分型单稳态电路和输出缓冲电路组成。

　　MC14528 内部电路包含 3 部分：门 G_{10}、G_{11}、G_{12} 和 VT_1（P 沟道）、VT_2（N 沟道）组成的三态门；门 $G_1 \sim G_9$ 组成的输入控制电路；门 $G_{13} \sim G_{16}$ 组成的输出缓冲电路。A 为下降沿触发输入端，B 为上升沿触发输入端，R_D 为置零输入端，v_O 和 $\overline{v_O}$ 是两个互补输出端。

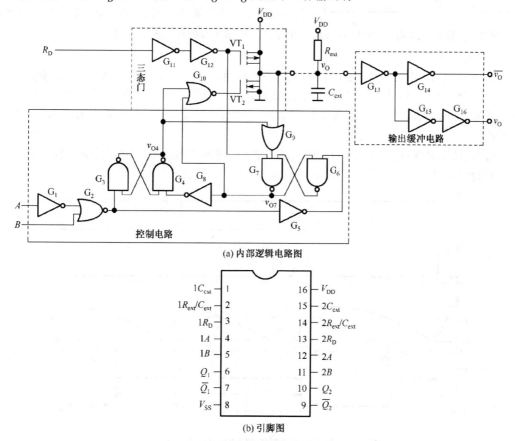

(a) 内部逻辑电路图

(b) 引脚图

图 6-17　集成单稳态电路 MC14528

（1）工作原理

电路的核心部分是由积分电路（R_{ext} 和 C_{ext}）、三态门和三态门的控制电路构成的积分型单稳态电路。

在没有触发信号时（$A=1$、$B=0$），电路处于稳态，门 G_4 的输出 v_{O4} 一定是高电平：如果接通电源后 G_3 和 G_4 组成的锁存器的输出 v_{O4} 处于低电平状态，由于电容上的电压 v_C 在开始接通电源的瞬间也是低电平，所以门 G_9 输出低电平并使 G_7 输出高电平、G_8 输出为低电平，于是 v_{O4} 被置成高电平；如果接通电源后 v_{O4} 已为高电平，则由门 G_6 和 G_7 组成的锁存器一定处于 v_{O7} 为低电平的状态，故 G_8 的输出为高电平，v_{O4} 的高电平状态将保持不变。这时 G_{10} 输出低电平，而 G_{12} 输出为高电平，因而 VT_1 和 VT_2 同时截止，C_{ext} 通过 R_{ext} 被充电，最终稳定在 $v_C = V_{DD}$，所以输出 $v_O = 0$、$\overline{v_O} = 1$。

当 A 保持为高电平时，从 B 加入正的触发脉冲，G_3 和 G_4 组成的锁存器的输出 v_{O4} 立即被置成低电平状态，从而使 G_{10} 的输出变为高电平，VT_2 导通，C_{ext} 开始放电。当 v_C 下降到 G_{13} 的转换电平 V_{TH13} 时，输出状态改变，$v_O = 1$、$\overline{v_O} = 0$，电路进入暂稳态。

但这种状态不会一直持续下去，当 v_C 进一步下降，降到 G_9 的阈值电压 V_{TH9} 时，G_9 的输出变成低电平，并通过 G_7、G_8 将 v_{O4} 置成高电平，于是 VT_2 截止，C_{ext} 又重新开始充电。当 v_C 充电到 V_{TH13} 时，输出端返回到 $v_O = 0$、$\overline{v_O} = 1$ 的状态。C_{ext} 继续充电到 V_{DD}，电路又恢复到稳态。

（2）功能表

表 6-2 所示为 MC14528 的功能表，只有最下面两种情况才可实现有效的触发。直接复位端 R_D 用于提前结束暂稳态，使波形 v_O 复零，或对 A、B 触发端起禁止作用，正常工作时应维持在高电平。

表 6-2　MC14528 的功能表

R_D	A	B	v_O	$\overline{v_O}$
0	—	—	0	1
1	0	↑	0	1
1	↓	1	0	1
1	1	↑	⊓	⊔
1	↓	0	⊓	⊔

（3）工作波形

图 6-18 所示为单稳态触发器 MC14528 的工作波形图，当 A 为高电平时，B 的上升沿使输出产生触发信号，如 t_1、t_3、t_4 时刻，由于是可重复触发的单稳态触发器，t_3 时刻触发后，还没到脉冲宽度 t_W，又在 t_4 时刻再次被触发，使输出 v_O 为高电平的时间超过脉冲宽度 t_W，实际上 v_O 从 t_4 时刻算起的高电平时间是 t_W。

t_5 时刻以后，B 保持为低电平，A 端输入高电平，t_6 时刻 A 端输入负的触发脉冲，输出 v_O 产生宽度为 t_W 的脉冲信号。

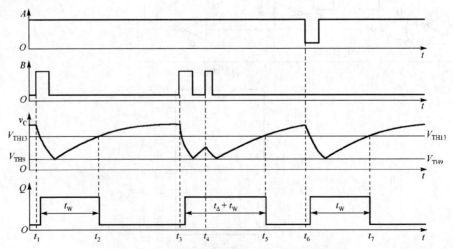

图 6-18　集成单稳态触发器 MC14528 的工作波形

输出脉冲的宽度是

$$t_{\mathrm{W}} \approx 0.693RC \tag{6-13}$$

6.2.3　单稳态电路的应用

单稳态电路的特点是在外界触发信号作用下由稳态进入暂稳态，暂稳态持续一定的时间后自动返回稳态。利用单稳态电路的这种特点，可应用于脉冲整形、定时和延时、高低通滤波电路等方面。

1．脉冲整形

单稳态电路输出脉冲波形的脉宽 t_{W} 取决于电路本身的参数，输出脉冲的幅值 V_{m} 取决于输出高低电平之差。因此，单稳态电路输出的脉冲波形的脉宽和幅值是一定的。当某个脉冲波形的脉宽或幅值不符合使用要求时，可用单稳态电路进行整形，得到脉宽和幅值符合要求的脉冲波形。

图 6-19 所示为用单稳态电路对脉冲进行整形的电路。图 6-19(a)是利用单稳态电路的定时元件进行定时，由暂稳态自动返回稳态，将触发脉冲的宽度展宽为 t_{W}；图 6-19(b)是单稳态电路把不规则的输入信号 v_{I} 整形为幅度、宽度都同的"干净"的矩形脉冲波形 v_{O}。

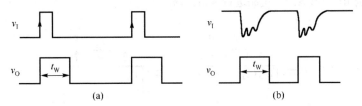

图 6-19　单稳态电路用于脉冲整形

2．构成定时电路

图 6-20 所示为利用不可重复触发的单稳态电路定时，使其后接的与门定时打开或封锁，打开时可定时让测量脉冲通过。若与门后面增加计数显示电路，则可测量在定时时间内被测信号 v_{F} 通过的脉冲的个数，进而测量被测信号的频率。这也是构成数字频率计的一个基本电路。

3．构成延时电路

用不可重复触发的单稳态电路 74121 构成的精密单稳态延时电路如图 6-21(a)所示，工作波形图如图 6-21(b)所示。

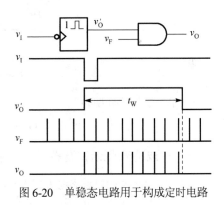

图 6-20　单稳态电路用于构成定时电路

图 6-21　用 74121 构成延时电路

由图可知，输出脉冲 E 对输入触发脉冲 v_I 的延时时间 t_W 由下式计算

$$t_W = 0.693 R_{ext} C_{ext}$$

输出脉冲 E 的宽度 t_p 则由 R_{ext} 和 C_{ext} 组成的微分电路的时间常数决定。

该电路的延迟时间比较精确，外界电容 C_{ext} 的取值范围是 $10pF \sim 10\mu F$，外接电阻 R_{ext} 的取值范围是 $2 \sim 30k\Omega$，因此延迟时间 $t_W = 200ns$。

4. 构成多谐振荡器

用两片不可重复触发的单稳态触发器 74121 可以构成多谐振荡器，如图 6-22 所示。当输入触发脉冲 v_{I1} 和 v_{I2} 均为高电平时，由 74121 的功能表可知，都处于稳态，即 $Q_1 = 0$，$\overline{Q_1} = 1$，$Q_2 = 0$，$\overline{Q_2} = 1$。在稳态条件下，若 v_{I2} 保持高电平，而 v_{I1} 产生负跳变，则第一片满足触发条件，由稳态进入暂稳态，Q_1 输出正脉冲，脉宽为 $t_{W1} = 0.693 R_1 C_1$；当第一片暂稳态结束时，Q_1 由高电平变为低电平，第二片满足触发条件，由稳态进入暂稳态，Q_2 端输出正脉冲，$\overline{Q_2}$ 端输出负脉冲，脉冲宽度 $t_{W2} = 0.693 R_2 C_2$。当该脉冲消失时，$\overline{Q_2}$ 由低变高，而 $\overline{Q_2}$ 反馈至第一片的 B 端，第一片又满足触发条件，电路就反复振荡，输出端 Q_1 和 Q_2 均输出矩形脉冲，电路进行多谐振荡。

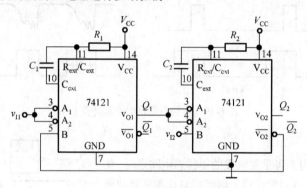

图 6-22 用 74121 构成多谐振荡器

该电路的振荡周期为

$$t_W = t_{W1} + t_{W2} = 0.693(R_1 C_1 + R_2 C_2)$$

5. 构成高通/低通滤波器

用可重复触发的单稳态触发器 MC14528 构成高通/低通滤波器，如图 6-23 所示。

若输入信号 v_I 是含有不同频率成分的信号，其中高频信号的周期为 T_H，低频信号的周期为 T_L。如果使电路满足 $T_H < 0.693RC < T_L$，则当 v_I 为低频时，触发器工作在不可重复触发方式，输出脉宽为 t_{W1}；当 v_I 为高频时，触发器工作在可重复触发方式，输出脉宽为 t_{W2}。输出端 Q 的波形图如图 6-24 所示。再将 Q、$\overline{Q}$ 和输入信号 v_I 分别经过两个与门组成的组合逻辑电路，使其输出 $v_{O1} = Q \cdot v_I$ 和输出 $v_{O2} = \overline{Q} \cdot v_I$，则其 v_{O1} 输出的是输入信号 v_I 中的高频信号，v_{O2} 输出的是输入信号 v_I 中的低频信号。

值得特别指出的是，在应用单稳态触发器时，必须使输入信号的脉宽小于单稳态触发器的输出信号的脉宽，也就是说，单稳态触发器定时元件确定的脉宽必须大于输入信号的脉宽。这一条无论对不可重复触发型和可重复触发型都是适用的。

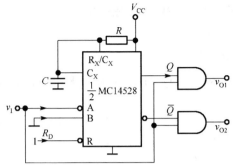

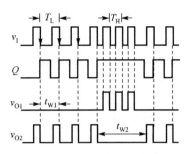

图 6-23　用 MC14528 构成高通/低通滤波器　　　图 6-24　用 MC14528 构成的高通/低通滤波器的波形图

6.3　施密特触发器

施密特触发器在数字电路中应用广泛，它是一种脉冲信号整形电路，它能够把变化非常缓慢的输入脉冲波形（如正弦波、锯齿波等）整形成为数字电路需要的矩形脉冲；另外，对正向和负向增长的输入信号，电路有不同的阈值电平，具有滞回特性，所以抗干扰能力也很强。

施密特触发器有同相输出和反相输出两种电路形式，其电压传输特性曲线及逻辑符号如图 6-25 所示。电路的特性曲线类似于铁磁材料的磁滞回线。

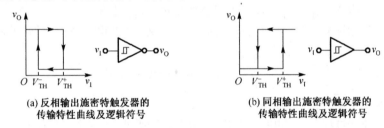

(a) 反相输出施密特触发器的　　　　　(b) 同相输出施密特触发器的
　　传输特性曲线及逻辑符号　　　　　　　传输特性曲线及逻辑符号

图 6-25　施密特触发器的传输特性

6.3.1　由门电路组成的施密特触发器

1. 电路组成

图 6-26 所示为由 CMOS 门电路组成的施密特触发器。它将两级反相器串接起来，分压电阻 R_1、R_2 将输出端的电压 v_O 反馈到 G_1 门的输入端，并对电路产生影响。

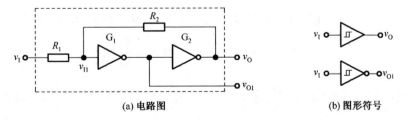

(a) 电路图　　　　　　　　　(b) 图形符号

图 6-26　由 CMOS 反相器组成的施密特触发器

2. 工作原理

因为是 CMOS 门电路，假定 G_1、G_2 的阈值电压为 $V_{TH} \approx \frac{1}{2} V_{DD}$，电路中取 $R_1 < R_2$。

由图 6-26 可知，G_1 门的输入电平 v_{I1} 决定了电路的输出状态，根据叠加原理有

$$v_{I1} = \frac{R_2}{R_1 + R_2} \cdot v_I + \frac{R_1}{R_1 + R_2} \cdot v_O \tag{6-14}$$

当 $v_I = 0V$ 时，因 G_1、G_2 接成了正反馈电路，所以 $v_{I1} \approx 0V$，G_1 门截止，$v_{O1} = V_{OH} \approx V_{DD}$，$G_2$ 门导通，$v_O = V_{OL} \approx 0V$。

当 v_I 从 0 逐渐升高时，只要 $v_{I1} < V_{TH}$，电路保持 $v_O \approx 0V$ 不变；当 v_I 上升到 $v_{I1} = V_{TH}$ 时，G_1 门进入其电压传输特性转折区（放大区），此时 v_{I1} 的增加在电路中产生如下正反馈过程

$$v_I \uparrow \rightarrow v_{I1} \uparrow \rightarrow v_{O1} \downarrow \rightarrow v_O \uparrow$$

于是电路的状态很快从低电平跳变为高电平，$v_O = V_{OH} \approx V_{DD}$。

输入信号 v_I 在上升过程中，使电路的输出电平发生跳变所对应的输入电压称为正向阈值电压，用 V_{TH}^+ 表示，即由式（6-14）得

$$v_{I1} = V_{TH} = \frac{R_2}{R_1 + R_2} V_{TH}^+ \tag{6-15}$$

即

$$V_{TH}^+ = \left(1 + \frac{R_1}{R_2}\right) V_{TH} \tag{6-16}$$

当 v_I 继续上升，电路在 $v_{I1} > V_{TH}$ 后，输出状态维持 $v_O \approx V_{DD}$ 不变。

当 v_I 从高电平开始逐渐下降，降到 $v_{I1} = V_{TH}$ 时，G_1 门又进入其电压传输特性转折区，电路中产生如下正反馈过程

$$v_I \downarrow \rightarrow v_{I1} \downarrow \rightarrow v_{O1} \uparrow \rightarrow v_O \downarrow$$

电路迅速从高电平跳变为低电平，$v_O \approx 0V$。

输入信号 v_I 在下降过程中，使电路的输出电平发生跳变所对应的输入电压称为负向阈值电压，用 V_{TH}^- 表示，即由式（6-14）得

$$v_{I1} \approx V_{TH} = \frac{R_2}{R_1 + R_2} V_{TH}^- + \frac{R_1}{R_1 + R_2} V_{DD} \tag{6-17}$$

将 $V_{DD} = 2V_{TH}$ 代入式（6-17）可得

$$V_{TH}^- = \left(1 - \frac{R_1}{R_2}\right) V_{TH} \tag{6-18}$$

将 V_{TH}^+ 与 V_{TH}^- 之差定义为回差电压，记做 ΔV_{TH}，由式（6-16）和式（6-18）可得

$$\Delta V_{TH} = V_{TH}^+ - V_{TH}^- \approx 2\frac{R_1}{R_2} V_{TH} = \frac{R_1}{R_2} V_{DD} \tag{6-19}$$

式（6-19）表明，电路的回差电压与 $\frac{R_1}{R_2}$ 成正比，改变 R_1、R_2 的比值可调节回差电压的大小。

3. 工作波形

根据以上分析，设输入电压 v_I 为三角波，则电路的工作波形和电压传输特性如图 6-27 所示。从图 6-27(a)可知，以 v_O 作为电路的输出，电路为同相输出施密特触发器，以 v_{O1} 作为电路的输出，电路为反相输出施密特触发器，它们的电压传输特性曲线如图 6-27(b)、图 6-27(c)所示。

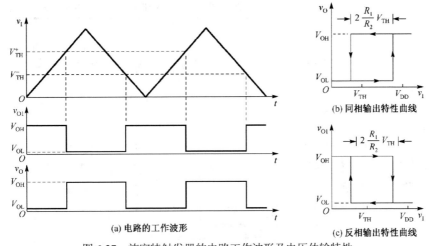

图 6-27 施密特触发器的电路工作波形及电压传输特性

6.3.2 集成施密特触发器

集成施密特触发器性能稳定，应用十分广泛。集成施密特触发器有 TTL 和 CMOS 集成施密特触发器两大类，无论是 CMOS 还是 TTL 电路，都有单片的集成施密特触发器产品。TTL 集成施密特触发器的典型产品有 7413、7432 等，CMOS 集成施密特触发器有 CC40106 等。

1. TTL 集成施密特触发器 7413

TTL 集成施密特触发器 7413 是带施密特触发器的双 4 输入与非门，其中每个 4 输入与非门的电路结构如图 6-28 所示。在电路的输入部分附加了与的逻辑功能，同时在输出端附加了反相器，所以也将这个电路称为施密特触发的与非门。

由图可见，每个与非门由 4 部分构成。

① 二极管 $VD_1 \sim VD_4$ 和电阻 R_1 构成与门输入级，实现与逻辑功能。$VD_5 \sim VD_8$ 是阻尼二极管，防止负脉冲干扰。

② VT_1、VT_2 和 $R_2 \sim R_4$ 构成施密特触发器，VT_1 和 VT_2 通过射极电阻 R_4 耦合实现正反馈，加速状态转换。

③ VT_3、VD_9、$R_5 \sim R_6$ 构成电平偏移级，其主要作用是在 VT_2 饱和时，利用 V_{BE3} 和 VD_9 的电平偏移，保证 VT_4 截止。

④ VT_5、VT_6、VD_{10} 和 $R_7 \sim R_9$ 构成有推拉输出级结构，既可实现逻辑非的功能，又可增强其带负载的能力。

施密特电路是通过公共发射极电阻耦合的两级正反馈放大器。假定三极管发射结的导通压降和二极管的正向导通压降均为 0.7V，那么当输入端的电压使得

$$v_{B1} - v_E = v_{BE1} < 0.7V$$

则 VT_1 将截止，而 VT_2 饱和导通。

若 v_{B1} 逐渐升高并使 $v_{BE1} > 0.7V$ 时，VT_1 进入导通状态，并有如下的正反馈过程发生

$$v_{B1} \uparrow \rightarrow i_{C1} \uparrow \rightarrow v_{C1} \downarrow \rightarrow i_{C2} \downarrow$$
$$v_{BE1} \uparrow \leftarrow v_E \downarrow$$

从而使电路迅速转为 VT_1 饱和导通、VT_2 截止的状态。

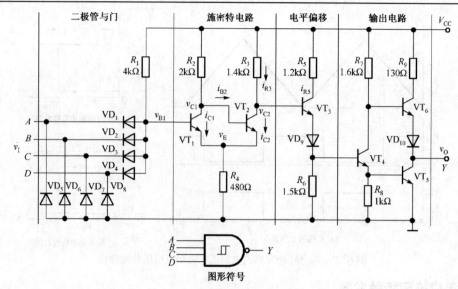

图 6-28　带施密特触发器的 4 输入与非门

若 v_{B1} 从高电平逐渐下降，并且降到 v_{BE1} 只有 0.7V 左右时，i_{C1} 开始减小，于是又引发了另一个正反馈过程

$$v_{B1} \downarrow \rightarrow i_{C1} \downarrow \rightarrow v_{C1} \uparrow \rightarrow i_{C2} \uparrow$$
$$v_{BE1} \downarrow \leftarrow v_E \uparrow$$

使电路迅速返回 VT_1 截止、VT_2 饱和导通的状态。

可见，无论 VT_2 由导通变为截止还是由截止变为导通，都伴随正反馈过程的发生，使输出端电压 v_{C2} 的上升沿和下降沿都很陡。

同时，由于 $R_2 > R_3$，所以 VT_1 饱和导通时的 v_E 值必然低于 VT_2 饱和导通时的 v_E 值。因此，VT_1 由截止变为导通时的输入电压 V_{B1}^+ 高于 VT_1 由导通变为截止时的输入电压 V_{B1}^-，这样就得到了施密特触发特性。若以 V_{TH}^+ 和 V_{TH}^- 分别表示与 V_{B1}^+ 和 V_{B1}^- 相对应的输入端电压，则 V_{TH}^+ 同样也一定高于 V_{TH}^-。

由图 6-28 可以写出 VT_1 截止、VT_2 饱和导通时电路的方程为

$$\begin{cases} R_2 i_{B2} + V_{BE(sat)2} + R_4(i_{B2} + i_{C2}) = V_{CC} \\ R_3 i_{R3} + V_{CE(sat)2} + R_4(i_{B2} + i_{C2}) = V_{CC} \end{cases} \tag{6-20}$$

式中，$V_{BE(sat)2}$、$V_{CE(sat)2}$ 分别表示 VT_2 饱和导通时 b-e 间和 c-e 间的压降。假定 $i_{R3} \approx i_{C2}$，则可从式（6-20）求出

$$i_{C2} = \frac{R_4(V_{CC} - V_{BE(sat)2}) - (R_2 + R_4)(V_{CC} - V_{CE(sat)2})}{R_4^2 - (R_2 + R_4)(R_3 + R_4)} \tag{6-21}$$

$$i_{B2} = \frac{R_4(V_{CC} - V_{CE(sat)2}) - (R_2 + R_4)(V_{CC} - V_{BE(sat)2})}{R_4^2 - (R_2 + R_4)(R_3 + R_4)} \tag{6-22}$$

将图 6-28 中给定的参数代入式（6-21）和式（6-22），并取 $V_{BE(sat)2} = 0.8\,\text{V}$，$V_{CE(sat)2} = 0.2\,\text{V}$，于是得到

$$i_{C2} \approx 2.2\text{mA}$$
$$i_{B2} \approx 1.3\text{mA}$$

$$v_{E2} = R_4(i_{B2} + i_{C2}) \approx 1.7\text{V}$$

$$V_{B1}^+ = v_{E2} + 0.7\text{V} \approx 2.4\text{V}$$

另一方面，当 v_{B1} 从高电平下降至仅比 R_4 上的压降高 0.7V 以后，VT_1 开始脱离饱和，v_{CE1} 开始上升。至 v_{CE1} 大于 0.7V 以后，VT_2 开始导通并引起正反馈过程，因此转换时 R_4 上的压降为

$$v_{E1} = (V_{CC} - v_{CE1})\frac{R_4}{R_2 + R_4} \qquad (6\text{-}23)$$

将 $v_{CE1} = 0.7\text{V}$，$R_2 = 2\text{k}\Omega$、$R_4 = 0.48\text{k}\Omega$ 代入式（6-23），计算后得到

$$v_{E1} \approx 0.8\text{V}$$

$$V_{B1}^- = v_{E1} + 0.7\text{V} \approx 1.5\text{V}$$

因为整个电路的输入电压 v_I 等于 v_{B1} 减去输入端二极管的压降 V_D，故得

$$V_{TH}^+ = V_{B1}^+ - V_D \approx 1.7\text{V}$$

$$V_{TH}^- = V_{B1}^- - V_D \approx 0.8\text{V}$$

$$\Delta V_T = V_{TH}^+ - V_{TH}^- \approx 0.9\text{V}$$

为了降低输出电阻以提高电路的驱动能力，在整个电路的输出部分设置了倒相级和推拉式输出级电路。

由于 VT_2 导通时施密特电路输出的低电平较高（约为 1.9V），若直接将 v_{C2} 与 VT_4 的基极相连，将无法使 VT_4 截止，所以必须在 v_{C2} 与 VT_4 的基极之间串进电平偏移电路。这样就使得 $v_{C2} \approx 1.9\text{V}$ 时电平偏移电路的输出仅为 0.5V 左右，保证 VT_4 能可靠地截止。

图 6-29 所示为集成施密特触发器 7413 的电压传输特性。对每个具体的器件而言，它的 V_{TH}^+ 和 V_{TH}^- 都是固定的，不能调节。

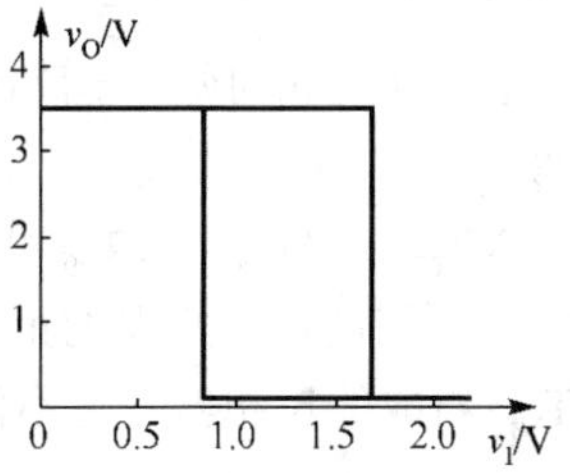

图 6-29　集成施密特触发器 7413 的电压传输特性

2. CMOS 集成施密特触发器 CC40106

图 6-30 所示为 CMOS 集成施密特触发器 CC40106 的电路图，其内部电路由施密特电路、整形电路和输出电路 3 部分组成，其核心部分是施密特电路。

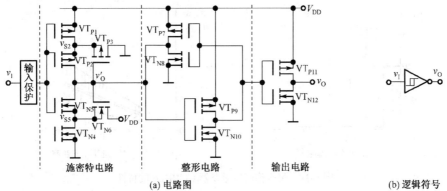

(a) 电路图　　　　　　　　　　　　　　　　　　(b) 逻辑符号

图 6-30　CMOS 集成施密特触发器 CC40106

对于施密特触发器部分，如果没有 VT_{P3} 和 VT_{N6} 存在，那么 VT_{P1}、VT_{P2}、VT_{N4} 和 VT_{N5} 仅是一个反相器，无论输入信号 v_I 从高电平降低时还是从低电平升高时，转换电平均在 $v_I = \frac{1}{2}V_{DD}$ 附近。

接入 VT_{P3} 和 VT_{N6} 以后的情况就不同了。设 P 沟道 MOS 管的开启电压为 V_{TP}，N 沟道 MOS 管的开启电压为 V_{TN}。当 $v_I = 0$ 时，VT_{P1}、VT_{P2} 导通，VT_{N4} 和 VT_{N5} 截止，电路中 v_O 为高电平（$v_O \approx V_{DD}$），VT_{P3} 截止，VT_{N6} 导通，电路为源极跟随器。因此 VT_{N5} 的源极电位 v_{S5} 较高，$v_{S5} \approx V_{DD} - V_{GSN6}$，$v_O = V_{OH}$。在 v_I 逐渐升高的过程中，当 $v_I > V_{TN}$ 时，VT_{N4} 导通，由于 VT_{N5} 的源极电压 v_{S5} 较大，即使 $v_I > \frac{1}{2} V_{DD}$，VT_{N5} 仍不会导通。当 v_I 继续升高，直至 VT_{P1}、VT_{P2} 的栅源电压减小，使 VT_{P1}、VT_{P2} 趋于截止，其内阻开始急剧增大，从而使 v_{O1} 和 v_{S5} 开始下降，最终达到 $v_I - v_{S5} \geq V_{TN}$ 时，VT_{N5} 才开始导通，并引起如下正反馈过程：

$$v_{O1} \downarrow \rightarrow v_{S5} \downarrow \rightarrow v_{GS5} \uparrow \rightarrow R_{ON5}（VT_{N5}\text{导通电阻}）\downarrow$$

于是，VT_{N5} 迅速导通，v_{O1} 随之也急剧下降，致使 VT_{P3} 很快导通，并带动 v_{S2} 下降，VT_{P2} 截止，v_{O1} 下降为低电平。v_I 继续升高，最终使 VT_{P1} 也完全截止，输出电压 v_O 从高电平跳变为低电平 $v_O = V_{OL}$。因此，在 $V_{DD} \gg V_{TN} + |V_{TP}|$ 的条件下，v_I 上升过程的转换电平 V_{TH}^+ 要比 $\frac{1}{2} V_{DD}$ 高得多，而且 V_{DD} 越高，V_{TH}^+ 也随之升高。同理，在 v_I 逐渐下降的过程中，在 $|v_I - v_{S2}| > |V_{TP}|$ 时，与 v_I 上升过程类似，电路也会出现一个急剧变化的工作过程，使电路转换为 v_{O1} 为高电平，$v_O = V_{OH}$ 的状态。在 v_I 下降过程中，转换电平 V_{TH}^- 也远低于 $\frac{1}{2} V_{DD}$。

由以上分析可知，电路在 v_I 上升和下降过程中有两个不同的阈值电压，电路为反相输出的施密特触发器。

VT_{P7}、VT_{N8}、VT_{P9} 和 VT_{N10} 组成的整形电路是两个首尾相连的反相器。在 v_{O1} 上升和下降过程中，利用两级反相器的正反馈作用，可使输出波形的上升沿和下降沿陡直。输出电路为 VT_{P11} 和 VT_{N12} 组成的反相器，它不仅能起到与负载隔离的作用，而且也可提高电路的带负载能力。

图 6-31 所示为 CC40106 的电压传输特性以及 V_{DD} 对 V_{TH}^+ 和 V_{TH}^- 影响的关系曲线。由于集成电路内部器件参数差异较大，电路的 V_{TH}^+ 和 V_{TH}^- 的数值有较大的差异，不同的 V_{DD} 有不同的 V_{TH}^+、V_{TH}^- 值，即使 V_{DD} 相同，不同的器件也有不同的 V_{TH}^+ 和 V_{TH}^- 值。

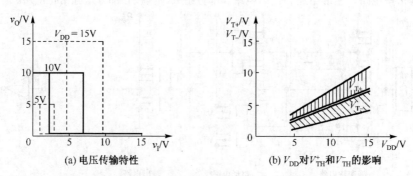

图 6-31　集成施密特触发器 CC40106 的特性

6.3.3　施密特触发器的应用

施密特触发器的应用很广泛，下面是几个典型的应用。

1. 波形的变换与整形

利用施密特触发器可以把输入的正弦波转换为同频率的矩形波,如图 6-32 所示; 改变施密特触发器的 V_{TH}^+ 和 V_{TH}^- 就可调节输出 v_O 的脉宽。因此将非矩形波变换为矩形波,也可以采用施密特触发器。

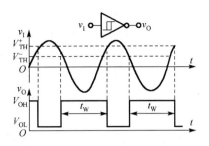

图 6-32　用施密特触发器实现波形的变换

在数字系统中,矩形脉冲经传输后往往发生波形畸变, 图 6-33 所示为几种常见的情况。当传输线上电容较大时, 波形的上升沿和下降沿明显地被延缓,如图 6-33(a)所示。

当传输线较长,而且接收端的阻抗与传输线的阻抗不匹配时,则在波形的上升沿和下降沿还会产生阻尼振荡,如图 6-33(b)所示。当其他脉冲信号通过导线间的分布电容或公共电源线叠加到矩形脉冲信号上时,信号上将出现附加的噪声,如图 6-33(c)所示。无论出现上述的哪一种情况,都可以用施密特触发器通过选择适当的阈值电压 V_{TH}^+ 和 V_{TH}^- 进行整形而获得比较理想的矩形脉冲波形。

采用施密特触发器消除干扰,回差电压大小的选择很重要,例如,要消除图 6-34(a)所示信号的顶部干扰,回差电压 ΔV_{T1} 取小了,顶部干扰没有消除,输出波形如图 6-34(b)所示; 调大回差电压为 ΔV_{T2}, 才能消除干扰,得到图 6-34(c)所示的理想波形。

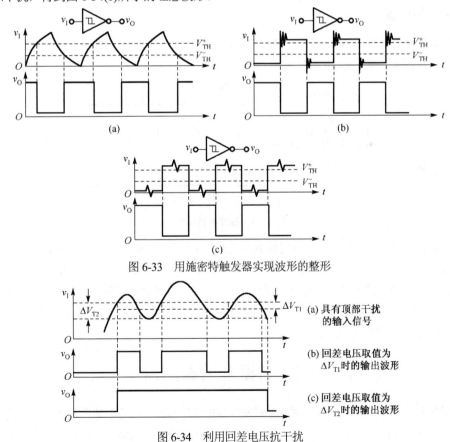

图 6-33　用施密特触发器实现波形的整形

图 6-34　利用回差电压抗干扰

2. 脉冲幅度鉴别

施密特触发器输出状态决定于输入信号 v_I 的幅值,只有当输入信号 v_I 的幅值大于 V_{TH}^+ 的脉冲时,电路才输出一个脉冲时，而若幅度小于 V_{TH}^+ 的脉冲，电路则无脉冲输出。根据这一工作特点，可以用施密特触发器作为幅度鉴别电路。例如，输入信号为幅度不等的一串脉冲，如图 6-35(a)、6-35(b)所示。要鉴别幅度大于 V_{TH}^+ 的脉冲，只需将施密特触发器的正向阈值电压 V_{TH}^+ 调整到规定的幅度，这样，只有幅度大于 V_{TH}^+ 的那些脉冲才会使施密特触发器翻转，v_O 有相应的脉冲输出；而对于幅度小于 V_{TH}^+ 的脉冲，施密特触发器不翻转，v_O 就没有相应的脉冲输出。

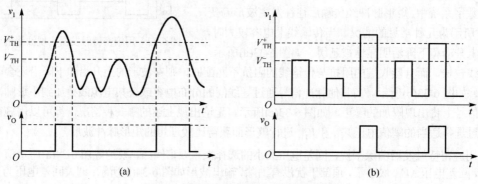

图 6-35　用施密特触发器进行幅度鉴别

3. 脉冲展宽电路

脉冲展宽电路的原理图和工作波形图如图 6-36(a)、图 6-36(b)所示。电容 C 与集电极开路门反相器的输出端并联到施密特触发器的输入端，与 R 组成积分电路。

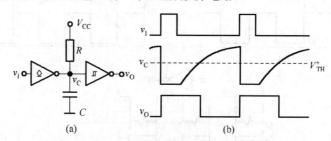

图 6-36　脉冲展宽电路

当输入 v_I 为高电平时，集电极开路门输出为低电平，电容 C 不能充电，$v_C = 0$，施密特触发器输出 v_O 为高电平。若 v_I 为低电平，集电极开路门输出为高电平，但电容电压 v_C 不能跳变，V_{CC} 通过 R 对 C 充电，v_C 按指数规律上升。当 v_C 上升至稍大于 V_{TH}^+ 时，施密特触发器输出才能从高电平跳变为低电平。显然 v_O 的脉宽比 v_I 的脉宽展宽了。展宽的大小与 R、C 值有关。改变 R、C 值的大小，就可以改变施密特触发器输出脉冲的宽度。

6.4　自激多谐振荡器

多谐振荡器是一种自激振荡器，在接通电源后不需要外加触发信号便能自动地产生一定频率和一定幅值的矩形波，常作为脉冲信号源。由于矩形波中含有丰富的高次谐波分量，所以习惯上又把矩形波振荡器叫做多谐振荡器。由于多谐振荡器在工作过程中没有稳定状态，故又称为无稳态电路。

多谐振荡器有多种电路形式，但它们都具有以下的结构特点：电路由开关电路和反馈延时环节组成，如图 6-37 所示。

开关电路可以是逻辑门、电压比较器、定时器等，其作用是产生脉冲信号的高、低电平。反馈延迟环节一般为 RC 电路，RC 电路将输出电压延迟后，恰当地反馈到开关电路器件输入端，以改变其输出状态。

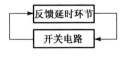

图 6-37 多谐振荡器的组成

6.4.1 由门电路组成的多谐振荡器

1. 电路组成及工作原理

图 6-38 所示为由 CMOS 门电路组成的多谐振荡器及原理图，图中 VD_1、VD_2、VD_3、VD_4 均为保护二极管。

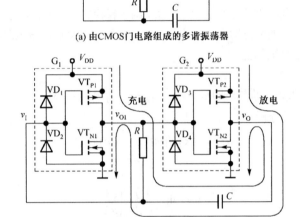

(a) 由CMOS门电路组成的多谐振荡器

(b) 多谐振荡器原理图

图 6-38   CMOS 门电路组成的多谐振荡器及其原理图

（1）第一暂稳态及电路自动翻转的过程

假定在 $t = 0$ 时接通电源，电容 C 尚未充电，电路初始状态为第一暂稳态，$v_{O1} = V_{OH}$，$v_I = v_O = V_{OL}$。此时，电源经 G_1 的 VT_{P1}、R 和 G_2 的 VT_{N2} 给电容 C 充电，如图 6-38(b)所示。随着充电时间的增加，v_I 的值不断上升，当 v_I 达到 V_{TH} 时，电路发生下述正反馈过程

$$v_I \uparrow \rightarrow v_{O1} \downarrow \rightarrow v_O \uparrow$$

这一正反馈过程使 G_1 很快导通，G_2 迅速截止，电路进入第二暂稳态，$v_{O1} = V_{OL}$，$v_O = V_{OH}$。

（2）第二暂稳态及电路自动翻转的过程

电路进入第二暂稳态瞬间，v_O 从 0V 上跳至 V_{DD}，由于电容两端的电压不能突变，则 v_I 也上跳至 V_{DD}。v_I 本应升至 $V_{DD} + V_{TH}$，但由于保护二极管的钳位作用，v_I 仅上跳至 $V_{DD} + \Delta V_+$，其中 ΔV_+ 是二极管正向导通时两端的压降。随后，电容 C 通过 G_2 的 VT_{P2}、电阻 R 和 G_1 的 VT_{N1} 放电，使 v_I 下降，当 v_I 降到 V_{TH} 后，电路又产生如下正反馈过程

$$v_I \downarrow \rightarrow v_{O1} \uparrow \rightarrow v_O \downarrow$$

从而使 G_1 迅速截止，G_2 迅速导通，电路又返回到第一暂稳态，$v_{O1} = V_{OH}$，$v_I = v_O = V_{OL}$。此后，电路重复上述过程，周而复始地从一个暂稳态翻转到另一个暂稳态，在 G_2 的输出端得到方波。电路的工作波形图如图 6-39 所示。

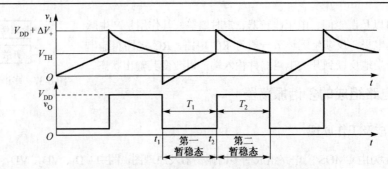

图 6-39　CMOS 门电路组成的多谐振荡器波形图

2. 振荡周期的计算

多谐振荡器的振荡周期与两个暂稳态时间有关，两个暂稳态时间分别由电容的充、放电时间决定。设电路的第一暂稳态和第二暂稳态时间分别为 T_1、T_2，根据以上分析所得电路状态转换时 v_I 的几个特征值，可以计算电路振荡周期的值。

（1）T_1 的计算

将图 6-39 中的 t_1 作为第一暂稳态的起点，$T_1 = t_2 - t_1$，$v_I(0^+) = -\Delta V_- \approx 0\text{V}$，$v_I(\infty) = V_{DD}$，$\tau = RC$，根据对 RC 电路过渡过程的分析

$$v(t) = v(\infty) + [v(0^+) - v(\infty)]e^{-t/\tau}$$

即

$$t = \tau \ln \frac{v(0^+) - v(\infty)}{v(t) - v(\infty)} \tag{6-24}$$

可知，v_I 由 0V 变化到 V_{TH} 所需要的时间为

$$T_1 = RC \ln \frac{V_{DD}}{V_{DD} - V_{TH}} \tag{6-25}$$

（2）T_2 的计算

同理，将 t_2 作为第二暂稳态时间起点，$v_I(0^+) = V_{DD} + \Delta V_+ \approx V_{DD}$，$v_I(\infty) = 0\text{V}$，$\tau = RC$，由此可求出

$$T_2 = RC \ln \frac{V_{DD}}{V_{TH}} \tag{6-26}$$

所以

$$T = T_1 + T_2 = RC \ln \left[\frac{V_{DD}^2}{(V_{DD} - V_{TH}) \cdot V_{TH}} \right] \tag{6-27}$$

将 $V_{TH} = \dfrac{V_{DD}}{2}$ 代入式（6-27）有

$$T = RC \ln 4 \approx 1.386 RC \tag{6-28}$$

上面所述的振荡器是一种最简型多谐振荡器，式（6-27）仅适于 $R \gg (R_{ON(P)} + R_{ON(N)})$（其中 $R_{ON(P)}$、$R_{ON(N)}$ 分别为 CMOS 门中 NMOS、PMOS 管的导通电阻）、C 远大于电路分布电容的情况。当电源电压波动时，会使振荡频率不稳定，在 $V_{TH} \neq V_{DD}/2$ 时，影响尤为严重。

一般可在图 6-38 所示电路中增加一个补偿电阻 R_S，如图 6-40 所示。R_S 可减小电源电压变化对振荡频率的影响。当 $V_{TH} \neq V_{DD}/2$ 时，有 $R_S \gg R$，一般取 $R_S = 10R$。经 R_S 补偿后，电路振荡频率的不稳定度可以做到 5%，而周期 $T \approx (1.4 \sim 2.2)RC$。

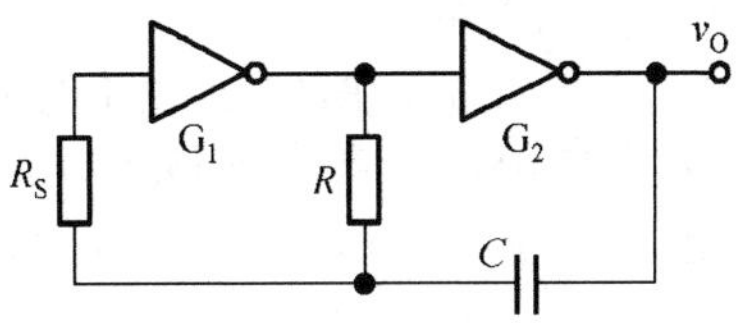

图 6-40　加补偿电阻的 CMOS 多谐振荡器

6.4.2　环形振荡器

利用闭合回路中的正反馈作用可以产生自激振荡，利用闭合回路中的延迟负反馈作用同样也能产生自激振荡，只要负反馈信号足够强即可。环形振荡器就是利用延迟负反馈产生振荡的。它是利用门电路的传输延迟时间将奇数个反相器首尾相接而构成的。

图 6-41 所示的电路是一个最简单的环形振荡器，它由 3 个反相器首尾相连而组成。不难看出，这个电路是没有稳定状态的，因为在静态（假定没有振荡时）下任何一个反相器的输入和输出都不可能稳定在高电平或低电平，而只能处于高、低电平之间，所以处于放大状态。

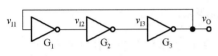

图 6-41　最简单的环形振荡器

假定由于某种原因 v_{I1} 产生了微小的正跳变，则经过 G_1 的传输延迟时间 t_{pd} 之后，v_{I2} 产生一个幅度更大的负跳变，再经过 G_2 的传输延迟时间 t_{pd}，v_{I3} 得到更大的正跳变。然后又经过 G_3 的传输延迟时间 t_{pd} 在输出端 v_O 产生一个更大的负跳变，并反馈到 G_1 的输入端。因此，经过 $3t_{pd}$ 的时间以后，v_{I1} 又自动跳变为低电平。可以推想，再经过 $3t_{pd}$ 以后，v_{I1} 又将跳变为高电平。如此周而复始，就产生了自激振荡。

图 6-42 是根据以上分析得到的图 6-41 所示电路的工作波形图。由图可见，振荡周期为 $T = 6t_{pd}$。

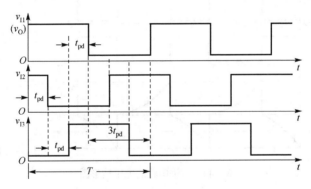

图 6-42　环形振荡器的工作波形图

根据上述原理可知，将任何大于、等于 3 的奇数个反相器首尾相连地接成环形电路，都能产生自激振荡，而且振荡周期为

$$T = 2nt_{pd} \tag{6-29}$$

式中，n 为串联反相器的个数。

用这种方法构成的振荡器虽然很简单，但不实用。因为门电路的传输延迟时间极短，TTL 电路只有几十纳秒，CMOS 电路也不过一二百纳秒，所以想获得稍低一些的振荡频率是很困难的，而且频率不易调节。为了克服上述缺点，可以在图 6-41 所示电路的基础上附加 RC 延迟环节，组成带 RC 延迟电路的环形振荡器，如图 6-43(a) 所示。

接入 RC 延迟电路以后，不仅增加了门 G_2 的传输延迟时间 t_{pd2}，有助于获得较低的振荡频率，而且通过改变 R 和 C 的数值可以很容易实现对振荡频率的调节。然而由于 RC 延迟电路每次充、放电的持续时间很短，还不能有效地增加信号从 G_2 的输出端到 G_3 输入端的传输延迟时间，所以图 6-43(a)也不是一个实用电路。

为了进一步加大 RC 延迟电路的充、放电时间，在实用的环形振荡器电路中将电容 C 的接地端改接到 G_1 的输出端上，如图 6-43(b)所示。例如，当 v_{I2} 处发生负跳变时，经过电容 C 使 v_{I3} 首先跳变到一个负电平，然后再从这个负电平开始对电容 C 充电，这就加长了 v_{I2} 从开始充电到上升为 V_{TH} 的时间，等于加长了 v_{I2} 到 v_{I3} 的传输延迟时间。

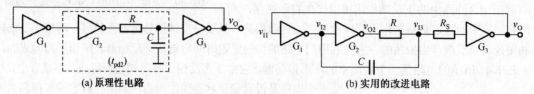

(a) 原理性电路   (b) 实用的改进电路

图 6-43   带 RC 延迟电路的环形振荡器

通常 RC 延迟电路产生的延迟时间远大于门电路本身的传输延迟时间，所以在计算振荡周期时可以只考虑 RC 延迟电路的作用，而将门电路固有的传输延迟时间忽略不计。

另外，为防止 v_{I3} 发生负突变时流过反相器 G_3 输入端钳位二极管的电流过大，还在 G_3 输入端串接了保护电阻 R_S。电路中各点的电压波形图如图 6-44 所示。

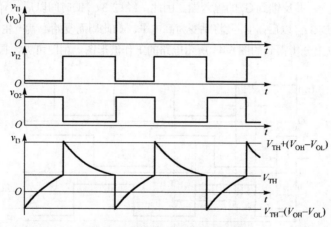

图 6-44   改进电路的电压波形图

图 6-45 所示为电容 C 充、放电的等效电路，图中忽略了反相器的输出电阻。求得电容 C 的充电时间 T_1 和放电时间 T_2 各为

$$T_1 = R_E C \ln \frac{V_E - [V_{TH} - (V_{OH} - V_{OL})]}{V_E - V_{TH}} \tag{6-30}$$

$$T_2 = RC \ln \frac{V_{TH} + (V_{OH} - V_{OL}) - V_{OL}}{V_{TH} - V_{OL}} = RC \ln \frac{V_{OH} + V_{TH} - 2V_{OL}}{V_{TH} - V_{OL}} \tag{6-31}$$

式中

$$V_E = V_{OH} + (V_{CC} - V_{BE} - V_{OH}) \frac{R}{R + R_1 + R_S} \tag{6-32}$$

$$R_E = \frac{R(R_1 + R_S)}{R + R_1 + R_S} \tag{6-33}$$

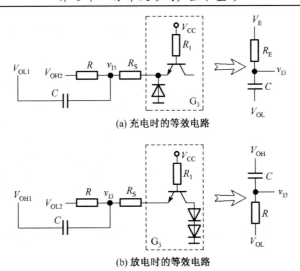

(a) 充电时的等效电路

(b) 放电时的等效电路

图 6-45　改进电路中电容 C 的充、放电等效电路

若 $R_1 + R_S \gg R$，$V_{OL} \approx 0$，则 $V_E \approx V_{OH}$，$R_E \approx R$，这时式（6-30）和式（6-31）可简化为

$$T_1 \approx RC \ln \frac{2V_{OH} - V_{TH}}{V_{OH} - V_{TH}} \tag{6-34}$$

$$T_2 \approx RC \ln \frac{V_{OH} + V_{TH}}{V_{TH}} \tag{6-35}$$

故图 6-45(b)所示电路的振荡周期近似等于

$$T = T_1 + T_2 \approx RC \ln \left(\frac{2V_{OH} - V_{TH}}{V_{OH} - V_{TH}} \cdot \frac{V_{OH} + V_{TH}}{V_{TH}} \right) \tag{6-36}$$

假定 $V_{OH} = 3V$，$V_{TH} = 1.4V$，代入式（6-36）后得到

$$T \approx 2.2RC \tag{6-37}$$

式（6-37）可用于近似估算振荡周期，但使用时应注意它的假定条件是否满足，否则计算结果会有较大的误差。

6.4.3　用施密特触发器构成的多谐振荡器

施密特触发器的突出特点是它的电压传输特性有一个滞回区，有 V_{TH}^+ 和 V_{TH}^- 两个不同的阈值电压。如果能使其输入电压在 V_{TH}^+ 和 V_{TH}^- 之间不停地反复变化，就可以在它的输出端得到矩形波。

1. 电路组成及工作原理

用施密特触发器得到矩形波的方法很简单，只要将施密特触发器的反相输出端经 RC 积分电路接回输入端即可，如图 6-46 所示。

设在接通电源电压瞬间，电容 C 上的初始电压为零，输出电压 v_O 为高电平。v_O 通过电阻 R 对电容 C 充电，当 v_I 充到输入电压为 $v_I = V_{TH}^+$ 时，施密特触发器翻转，输出 v_O 跳变为低电平，电容 C 又经过电阻 R 开始放电。

当放电到 $v_I = V_{TH}^-$ 时，触发器又发生翻转，输出电位 v_O 又由低电平跳变为高电平，C 又被重新充电。如此周而复始，电路便不停地振荡，在电路的输出端就得到了矩形波。v_I 和 v_O 的波形图如图 6-47 所示。

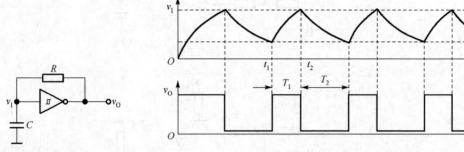

图 6-46 用施密特触发器构成的多谐振荡器   图 6-47 多谐振荡器的电压波形图

2. 振荡周期的计算

若图 6-46 采用的是 CMOS 施密特触发器 CC40106，而且 $V_{OH} \approx V_{DD}$，$V_{OL} \approx 0V$，则依据图 6-47 所示的电压波形得到输出电压 v_O 的振荡周期为 $T = T_1 + T_2$，计算如下。

（1）T_1 的计算

以图 6-47 中 t_1 作为时间起点，根据 RC 电路暂态过渡过程的公式有

$$v_I(0^+) = V_{TH}^-，\quad v_I(\infty) = V_{DD}，\quad v_I(T_1) = V_{TH}^+，\quad \tau = RC$$

于是可求出

$$T_1 = RC \ln \frac{V_{DD} - V_{TH}^-}{V_{DD} - V_{TH}^+} \tag{6-38}$$

（2）T_2 的计算

以图 6-47 中 t_2 作为时间起点，则有

$$v_I(0^+) = V_{TH}^+，\quad v_I(\infty) = 0V，\quad v_I(T_2) = V_{TH}^-，\quad \tau = RC$$

根据 RC 电路暂态过渡过程的公式有

$$T_2 = RC \ln \frac{V_{TH}^+}{V_{TH}^-} \tag{6-39}$$

（3）振荡周期 T 的计算

$$T = T_1 + T_2 = RC \left(\ln \frac{V_{DD} - V_{TH}^-}{V_{DD} - V_{TH}^+} + \ln \frac{V_{TH}^+}{V_{TH}^-} \right) = RC \ln \left(\frac{V_{DD} - V_{TH}^-}{V_{DD} - V_{TH}^+} \cdot \frac{V_{TH}^+}{V_{TH}^-} \right) \tag{6-40}$$

通过调节 R 和 C 的大小，即可改变振荡周期。

此外，在这个电路的基础上稍加修改就能实现对输出脉冲占空比的调节，电路的接法如图 6-48 所示。在这个电路中，因为电容的充电和放电分别经过两个电阻 R_2 和 R_1，所以只要改变 R_2 和 R_1 的比值，就能改变占空比。

如果使用 TTL 施密特触发器构成多谐振荡器，在计算振荡周期时应考虑施密特触发器输入电路对电容充、放电的影响，因此得到的计算公式要比式（6-40）稍微复杂一些。

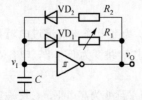

图 6-48 输出脉冲占空比可调的多谐振荡器

【例 6-1】在图 6-46 所示的电路中，$R=10\text{k}\Omega$，$C=0.022\mu\text{F}$，

施密特触发器为 CMOS 电路 CC40106，V_{DD}=10V，试求该电路的振荡周期和占空比。

解：当 V_{DD}=10V 时，CC40106 的阈值电压为 $V_{TH}^+ = 6.3\text{V}$，$V_{TH}^- = 2.7\text{V}$。由式（6-38）～式（6-40）可得

$$T_1 = RC \ln \frac{V_{DD} - V_{TH}^-}{V_{DD} - V_{TH}^+} = 10\text{k}\Omega \times 0.022\mu\text{F} \times \ln \frac{10 - 2.7}{10 - 6.3} = 149.5\mu\text{s}$$

$$T_2 = RC \ln \frac{V_{TH}^+}{V_{TH}^-} = 10\text{k}\Omega \times 0.022\mu\text{F} \times \ln \frac{6.3}{2.7} = 186.4\mu\text{s}$$

振荡周期 T 为

$$T = T_1 + T_2 = 149.5 + 186.4 = 335.9\mu\text{s}$$

占空比为

$$q = \frac{T_1}{T} = \frac{149.5}{335.9} \times 100\% = 44.5\%$$

6.4.4　石英晶体多谐振荡器

上述用门电路组成的多谐振荡器的振荡周期不仅与时间常数 R、C 有关，而且还取决于门电路的阈值电压 V_{TH}。由于 V_{TH} 容易受温度、电源电压及干扰的影响，因此频率稳定性较差，只能应用于对频率稳定性要求不高的场合。

而在许多应用场合下都对多谐振荡器的振荡频率稳定性有严格的要求。例如，在将多谐振荡器作为数字钟的脉冲源使用时，它的频率稳定性直接影响着计时的准确性。在微机、数字式频率计等设备中，都需要频率准确又稳定的时钟信号源。

1. 石英晶体的选频特性

目前普遍采用的一种稳频方法是在多谐振荡器电路中接入石英晶体，组成石英晶体多谐振荡器。石英晶体的电路符号和阻抗频率特性如图 6-49(a)、图 6-49(b)所示。石英晶体的选频特性非常好，它有一个极为稳定的串联谐振频率 f_0，它的谐振频率由石英晶体的结晶方向和外形尺寸所决定，具有极高的频率稳定性。它的频率稳定度（$\Delta f_0 / f_0$）可达 $10^{-11} \sim 10^{-10}$，足以满足大多数数字系统对频率稳定度的要求。具有各种谐振频率的石英晶体已被制成标准化和系列化的产品出售。

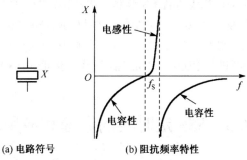

(a) 电路符号　　　　　　(b) 阻抗频率特性

图 6-49　石英晶体的电路符号及阻抗频率特性

2. 石英晶体多谐振荡器

图 6-50 所示为几种石英振荡器的电路图。石英晶体多谐振荡器的振荡频率取决于石英晶体的固有谐振频率 f_0，而与外接电阻、电容无关。

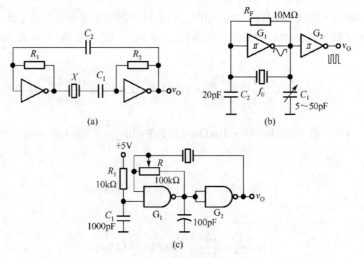

图 6-50　石英晶体多谐振荡器的电路图

图 6-50(a)所示为一种典型的石英晶体振荡电路，电路中 R_1、R_2 的作用是保证两个反相器在静态时都能工作在转折区，使每一个反相器都成为具有很强放大能力的放大电路。对 TTL 反相器，常取 $R_1 = R_2 = R = 0.7 \sim 2\text{k}\Omega$，若是 CMOS 门电路，则常取 $R_1 = R_2 = R = 10 \sim 100\text{M}\Omega$；$C_1 = C_2 = C$ 是耦合电容，它们的容抗在石英晶体振荡频率 f_0 时可以忽略不计，C_1、C_2 也可以不要，而采取直接耦合方式，石英晶体构成选频环节。

由于串联在两级放大电路中间的石英晶体具有极好的选频特性，只有频率为 f_0 的信号才能够顺利通过，满足振荡条件，所以一旦接通电源，电路就会在频率 f_0 形成自激振荡。实际使用时，常在图 6-50(a)所示电路的输出端再加一个反相器，它既起整形作用——使输出脉冲更接近矩形波，又起缓冲隔离作用。

图 6-50(b)所示的电路更简单、更典型。G_1、G_2 是两个 CMOS 反相器，G_1 与 R_F、晶振、C_1、C_2 构成电容三点式振荡电路。R_F 是偏置电阻，取值常在 $10 \sim 100\text{M}\Omega$ 之间，它的作用是保证在静态时，G_1 能工作在其电压传输特性的转折区——线性放大状态。C_1、晶体、C_2 组成 π 选频反馈网络，电路只能在晶体振荡频率 f_0 处产生自激振荡。反馈系数由 C_1、C_2 之比决定，改变 C_1 可以微调振荡频率，C_2 是温度补偿用电容。G_2 是整形缓冲用反相器，因为振荡电路输出接近于正弦波，经 G_2 整形之后才会变成矩形脉冲，同时 G_2 也可以隔离负载对振荡电路工作的影响。

图 6-50(c)所示为用 CMOS 门构成的晶体振荡器，晶振串在门 G_2 的输出至门 G_1 输入的反馈电路内，晶体的频率决定了输出方波 v_O 的频率。反馈电阻 R 用 100kΩ 电位器充当，以便 G_1 门的输入有恰当的偏置，使电路有良好的振荡波形。门 G_1 的另一个输入端 B 上接有开机启动电路 $R_1 - C_1$，当电源接通后，C_1 充电，使门 G_1 逐渐进入导通区，引发电路振荡。也可在 B 端加上外控方波，以便控制图中电路振荡波形的启停。

6.5　555 定时器的原理和应用

6.5.1　555 定时器原理

1. 555 定时器简介

555 定时器是一种集模拟、数字于一体的中规模集成电路。555 定时器大量应用于电子控制、电子检测、仪器仪表、家用电器、音响报警和电子玩具等诸多方面，可用做振荡器、脉冲发生器、延时发生器、定时器、方波发生器、单稳态触发振荡器、双稳态多谐振荡器、自由多谐振荡器、锯齿波产生器、脉宽调制器和脉位调制器等。

555 定时器之所以得到广泛的应用，在于它具有如下几个特点。

① 555 在电路结构上是由模拟电路和数字电路组合而成的，它将模拟功能与逻辑功能兼容为一体，能够产生精确的时间延迟和振荡。它拓宽了模拟集成电路的应用范围。

② 该电路采用单电源。双极型 555 的电压范围为 5～16V；而 CMOS 型的电源适应范围更宽，为 3～18V。这样，它就可以与模拟运算放大器和 TTL 或 CMOS 数字电路共用一个电源。

③ 555 可独立构成一个定时电路，且定时精度高。

④ 双极型 555 的最大输出电流达 200mA，带负载能力强，可直接驱动小电机、扬声器、继电器等负载；CMOS 型 7555 的最大输出电流在 4mA 以下。

由于 555 定时器的广泛应用，Signetics 公司于 1972 年推出这种产品以后，国际上各主要的电子器件公司也都相继生产了各自的 555 定时器产品。尽管产品型号繁多，但所有双极型产品型号最后的 3 位数码都是 555，所有 CMOS 型产品型号最后的 4 位数码都是 7555，而且它们的功能和外部引脚的排列完全相同，如图 6-51(a)所示。为了提高集成度，随后又生产了双定时器产品 556（双极型）和 7556（CMOS 型）。

2. 电路结构

图 6-51(b)所示为双极型 555 定时器的电路结构图。它由分压器、比较器 C_1 和 C_2、SR 锁存器（由 G_1、G_2 构成）、集电极开路的放电三极管 VT 以及驱动器 G_4 组成。图中的 1～8 为器件引脚的编号。

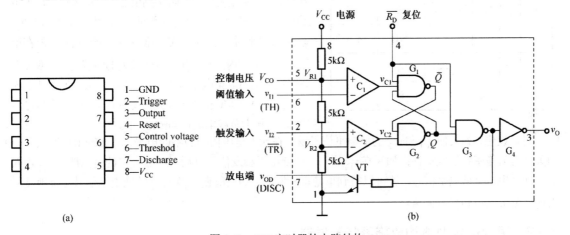

图 6-51 555 定时器的电路结构

3 个误差极小的 5kΩ 电阻串联组成分压器，这也是 555 名称的由来。分压器为比较器 C_1、C_2 提供参考电压。

v_{I1} 是比较器 C_1 的信号输入端，称为阈值输入端，用 TH 标注；v_{I2} 是比较器 C_2 的信号输入端，称为触发输入端，用 $\overline{TR}$ 标注。控制电压端 5 既可以悬空（或对地接 0.01μF 左右的滤波电容），也可以外接固定电压 V_{CO}。当控制电压端 5 悬空时，比较器 C_1、C_2 的基准电压分别为 $V_{R1} = \frac{2}{3}V_{CC}$ 和 $V_{R2} = \frac{V_{CC}}{3}$；

当控制电压端 5 外接固定电压 V_{CO} 时，则 $V_{R1} = V_{CO}$，$V_{R2} = \frac{1}{2}V_{CO}$。

$\overline{R_D}$ 是置零输入端。只要在 $\overline{R_D}$ 端加上低电平，不管其他输入端的状态如何，输出端 v_O 立即被置为低电平，不受其他输入端状态的影响。正常工作时必须使 $\overline{R_D}$ 处于高电平。

假设控制电压端 5 悬空，分析过程如下。

当 $v_{I1} > \dfrac{2V_{CC}}{3}$，$v_{I2} > \dfrac{V_{CC}}{3}$ 时，比较器 C_1 的输出 $v_{C1} = 0$，比较器 C_2 的输出 $v_{C2} = 1$，SR 锁存器的 Q 端被置 0，放电三极管 VT 导通，同时输出端 v_O 为低电平。

当 $v_{I1} < \dfrac{2V_{CC}}{3}$，$v_{I2} < \dfrac{V_{CC}}{3}$ 时，比较器 C_1 的输出 $v_{C1} = 1$，比较器 C_2 的输出 $v_{C2} = 0$，SR 锁存器的 Q 端被置 1，放电三极管 VT 截止，同时输出端 v_O 为高电平。

当 $v_{I1} < \dfrac{2V_{CC}}{3}$，$v_{I2} > \dfrac{V_{CC}}{3}$ 时，比较器 C_1 的输出 $v_{C1} = 1$，比较器 C_2 的输出 $v_{C2} = 1$，SR 锁存器的 Q 端的状态保持不变，因而放电三极管 VT 和输出端 v_O 的状态也维持不变。

当 $v_{I1} > \dfrac{2V_{CC}}{3}$，$v_{I2} < \dfrac{V_{CC}}{3}$ 时，比较器 C_1 的输出 $v_{C1} = 0$，比较器 C_2 的输出 $v_{C2} = 0$，SR 锁存器的 Q 端和 $\overline{Q}$ 的状态都为 1，因而放电三极管 VT 截止，同时输出端 v_O 为高电平。

表 6-3　555 定时器的功能表

输入			输出	
$\overline{R_D}$	v_{I1}	v_{I1}	v_O	VT 状态
0	×	×	低	导通
1	$> \dfrac{2}{3}V_{CC}$	$> \dfrac{1}{3}V_{CC}$	低	导通
1	$< \dfrac{2}{3}V_{CC}$	$> \dfrac{1}{3}V_{CC}$	不变	不变
1	$< \dfrac{2}{3}V_{CC}$	$< \dfrac{1}{3}V_{CC}$	高	截止
1	$> \dfrac{2}{3}V_{CC}$	$< \dfrac{1}{3}V_{CC}$	高	截止

3．555 定时器功能

综合上述分析，可得 555 定时器的功能表如表 6-3 所示。

在输出端设置驱动器 G_4 是为了提高电路的带负载能力。如果将 v_{OD} 端经过电阻接到电源上，那么只要这个电阻的阻值足够大，v_O 为高电平时，v_{OD} 也一定为高电平，v_O 为低电平时，v_{OD} 也一定为低电平。555 定时器能在很宽的电源范围内工作，并可承受较大的负载电流。双极型 555 定时器的电源电压范围为 5～16V，最大的负载电流可达 200mA。CMOS 型 7555 定时器的电源电压范围为 3～18V，但最大负载电流在 4mA 以下。

可以设想，如果使 v_{C1} 和 v_{C2} 的低电平信号发生在输入电压信号的不同电平，那么输出与输入之间的关系将为施密特触发特性；如果在 v_{I2} 加入一个低电平触发信号以后，经过一定的时间能在 v_{C1} 输入端自动产生一个低电平信号，就可以得到单稳态触发器；如果能使 v_{C1} 和 v_{C2} 的低电平信号交替地反复出现，就可以得到多谐振荡。

6.5.2　用 555 定时器构成施密特触发器

1．电路组成

将 555 定时器的阈值输入端 v_{I1} 和触发输入端 v_{I2} 连在一起作为信号输入端，如图 6-52 所示，即可得到施密特触发器。为了提高比较器参考电压 V_{R1} 和 V_{R2} 的稳定性，通常在 V_{CO} 端连接 0.01μF 左右的滤波电容。

2．工作原理

如果 v_I 从 0V 开始逐渐增大，当 $v_I < \dfrac{V_{CC}}{3}$ 时，根据表 6-3 所示的 555 定时器功能表可知，输出 v_O 为高电平；v_I 继续增加，如果 $\dfrac{V_{CC}}{3} < v_I < \dfrac{2V_{CC}}{3}$，输出 v_O 维持高电平不变；v_I 再增加，当 $v_I > \dfrac{2V_{CC}}{3}$ 时，v_O 就由高电平跳变为低电平；之后 v_I 即使再增加，v_O 也保持低电平不变。

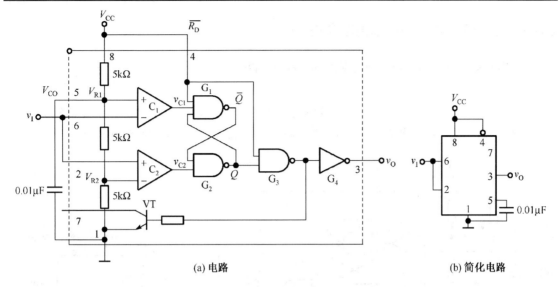

(a) 电路　　　　　　　　　　　　　(b) 简化电路

图 6-52　用 555 定时器构成的施密特触发器

如果 v_I 由大于 $\dfrac{2V_{CC}}{3}$ 的某个电压值逐渐下降，只要 $\dfrac{V_{CC}}{3} < v_I < \dfrac{2V_{CC}}{3}$，则电路输出状态不变，仍为低电平；只有当 $v_I < \dfrac{V_{CC}}{3}$ 时，电路才再次翻转，v_O 就由低电平跳变为高电平。

3. 工作波形

若 v_I 是输入缓慢变化的三角波，则输出波形如图 6-53 所示。施密特触发器的正、负向阈值电压分别为 $V_{TH}^+ = \dfrac{2}{3}V_{CC}$ 和 $V_{TH}^- = \dfrac{1}{3}V_{CC}$，回差电压为 $\Delta V_T = V_{TH}^+ - V_{TH}^- = \dfrac{1}{3}V_{CC}$。

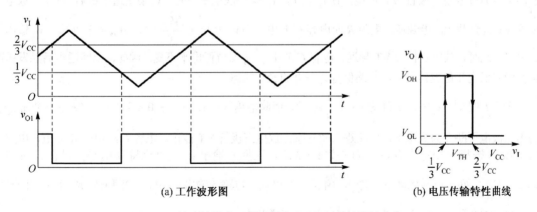

(a) 工作波形图　　　　　　　　　　　(b) 电压传输特性曲线

图 6-53　施密特触发器的工作波形及电压传输特性曲线

如果将施密特触发器的控制电压端 5 接 V_{CO}，则可以看出这时 $V_{TH}^+ = V_{CO}$，$V_{TH}^- = \dfrac{1}{2}V_{CO}$，$\Delta V_T = \dfrac{1}{2}V_{CO}$。通过改变 V_{CO} 值可以调节回差电压的大小。

6.5.3 用 555 定时器构成单稳态电路

1. 用 555 定时器构成不可重复触发的单稳态电路

（1）电路组成

图 6-54 所示为用 555 定时器构成的不可重复触发的单稳态电路。图中将 555 的 v_{I2} 端作为触发信号 v_I 的输入端，并将由 VT 和 R 组成的反相器的输出电压 v_{OD} 接到 v_{I1} 端，同时在 v_{I1} 对地接入电容 C。

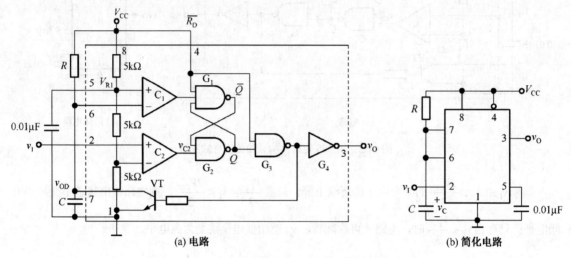

图 6-54　用 555 定时器构成的不可重复触发的单稳态电路

（2）工作原理

设起始状态，触发脉冲 v_I 处于高电平 V_{CC}（$v_I > \frac{1}{3}V_{CC}$），如果接通电源后 $Q = 0$，$v_O = 0$，VT 导通，电容通过放电三极管 VT 放电，使 $v_C = 0$，v_O 保持低电平不变；如果接通电源后 $Q = 1$，放电三极管 VT 就会截止，电源通过电阻 R 向电容 C 充电，当 v_C 上升到 $\frac{2V_{CC}}{3}$ 时，由表 6-3 可知，v_O 输出为低电平，此时，放电三极管 VT 导通，电容 C 放电，v_O 保持低电平不变。因此，电路通电后触发脉冲 v_I 在没有低电平触发信号时，电路保持 $v_O = 0$ 的稳定状态。

若在 t_1 时刻，v_I 输入负跳变（$v_I < \frac{1}{3}V_{CC}$），而阈值输入端 $v_{I1} = v_C = 0 < \frac{2}{3}V_{CC}$，由表 6-3 可知，$v_O$ 输出由低电平跳变为高电平，电路进入暂稳态，放电三极管 VT 截止。电容 C 经电阻 R 充电，电容上的电压 v_C 按指数规律上升，时间常数 $\tau = RC$，这期间输出 v_O 一直维持高电平。设在 t_2 时刻，$v_C \geq \frac{2}{3}V_{CC}$，而 v_I 已回到高电平 V_{CC}，由表 6-3 可知，电路的输出 v_O 由高电平翻转为低电平，同时放电三极管 VT 导通，电容 C 放电，电路返回到稳定状态。

（3）工作波形

电路的工作波形如图 6-55 所示。输出脉冲的宽度 t_W 等于暂稳态的持续时间，而暂稳态的持续时间取决于外接电阻 R 和电容 C 的大小。由图 6-55 可知，如果忽略放电三极管 VT 的饱和压降，则 v_C 从零电平上升到 $\frac{2}{3}V_{CC}$ 的时间即为输出电压 v_O 的脉宽 t_W。

$$t_{\mathrm{W}} = RC \ln \dfrac{V_{\mathrm{CC}} - 0}{V_{\mathrm{CC}} - \dfrac{2}{3}V_{\mathrm{CC}}} = RC \ln 3 = 1.1RC \tag{6-41}$$

通常 R 的取值范围为几百欧姆到几兆欧姆，电容的取值范围为几百皮法到几百微法，t_{W} 的取值范围为几微秒到几分钟，精度可达 0.1%。但必须注意，随着 t_{W} 的宽度增加，它的精度和稳定度也将下降。

由图 6-55 可知，如果在电路的暂稳态持续时间内，加入新的触发脉冲（如图 6-55 中的虚线所示），则该脉冲对电路不起作用，电路为不可重复触发的单稳态电路。

2. 用 555 定时器构成可重复触发的单稳态电路

（1）电路组成

用 555 定时器也可构成可重复触发的单稳态电路，如图 6-56 所示。

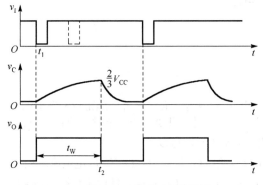

图 6-55 电压工作波形图

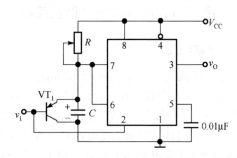

图 6-56 用 555 定时器构成的可重复触发的单稳态电路

（2）工作原理

与上述相同，当 v_{I} 没有触发信号时，电路处于稳定状态，$v_{\mathrm{O}} = 0$。当 v_{I} 输入负向脉冲后，电路进入暂稳态，同时三极管 VT_1 导通，电容 C 放电，根据表 6-3 可得输出 $v_{\mathrm{O}} = 1$。输入负脉冲撤除后，电容 C 充电，在 v_{C} 未充到 $\dfrac{2}{3}V_{\mathrm{CC}}$ 时，电路处于暂稳态。如果在此期间，又加入新的触发脉冲，三极管 VT_1 又导通，电容 C 再次放电，输出仍然维持在暂稳态。只有在触发脉冲撤除后且在输出脉宽 t_{W} 时间内没有新的触发脉冲时，电路才返回到稳定状态。该电路可用做失落脉冲检测，也可对电机转速或人体的心律进行监视，当转速不稳或人体的心律不齐时，v_{O} 的低电平可用做报警信号。

（3）工作波形图

工作波形图如图 6-57 所示。

3. 用 555 定时器构成的脉冲宽度调制器

由 555 定时器组成的不可重复触发的单稳态电路，它的输出脉冲的宽度实际上是电容 C 从低电平充电到 $\dfrac{2}{3}V_{\mathrm{CC}}$（或 V_{R1}）所需要的时间，所以如果在 555 定时器的电压控制端加入一个变化电压，如图 6-58(a)所示，当控制电压升高时，电路的阈值电压升高，输出的脉冲宽度随之增加；而当控制电压

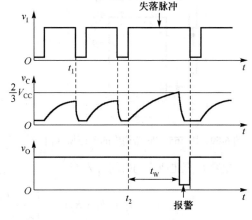

图 6-57 工作波形图

降低时，电路的阈值电压也降低，单稳的输出脉宽则随之减小。如果加入的控制电压是图 6-58(b)所示的三角波，则在单稳的输出端便可得到一串随控制电压变化的脉冲宽度调制波形。

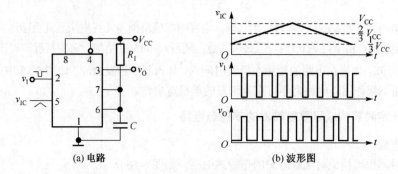

图 6-58　脉冲宽度调制器

6.5.4　用 555 定时器构成多谐振荡器

1. 电路组成

用 555 定时器可以很方便地连接成施密特触发器，如图 6-52 所示，而之前曾用施密特触发器的输出端经 RC 积分电路接回到它的输入端，就构成了多谐振荡器。因此，只要将 555 定时器的 v_{I1} 和 v_{I2} 连在一起接成施密特触发器，然后再将 v_O 经 RC 积分电路接回输入端就可以了。

为了减轻门 G_4 的负载，在电容 C 的容量较大时，不宜直接由 G_4 提供电容的充、放电电流。为此，在图 6-59 所示电路中将 VT 与 R_1 接成了一个反相器，它的输出 v_{OD} 与 v_O 在高、低电平状态上完全相同。将 v_{OD} 经 R_2 和 C 组成的积分电路接到施密特触发器的输入端，同样也能构成多谐振荡器。

2. 工作原理

接通电源后，电容 C 被充电，当 v_C 上升到 $\frac{2}{3}V_{CC}$ 时，由表 6-3 可知，v_O 为低电平，同时放电三极管 VT 导通，此时电容 C 通过 R_2 和 VT 放电，v_C 下降。当 v_C 下降到 $\frac{2}{3}V_{CC}$ 时，由表 6-3 可知，v_O 翻转为高电平，同时三极管 VT 截止，电容 C 重新充电。如此周而复始，其波形图如图 6-60 所示。

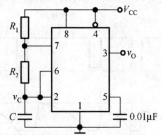

图 6-59　用 555 定时器构成的多谐振荡器

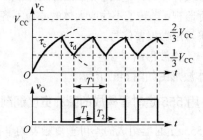

图 6-60　555 定时器构成的多谐振荡器的电压波形图

电容 C 充电所需的时间 T_1 为

$$T_1 = (R_1 + R_2)C \ln \frac{V_{CC} - V_{TH}^-}{V_{CC} - V_{TH}^+} = (R_1 + R_2)C \ln 2 \approx 0.693(R_1 + R_2)C \qquad （6-42）$$

电容 C 放电所需的时间为

$$T_2 = R_2 C \ln \frac{0 - V_{TH}^+}{0 - V_{TH}^-} = R_2 C \ln 2 \approx 0.693 R_2 C \tag{6-43}$$

故电路的振荡周期为

$$T = T_1 + T_2 = 0.693(R_1 + 2R_2)C \tag{6-44}$$

振荡频率为

$$f = \frac{1}{T} \approx \frac{1.443}{(R_1 + 2R_2)C} \tag{6-45}$$

通过改变 R 和 C 的参数，即可改变振荡频率。用 GB555 组成的多谐振荡器的最高振荡频率约为 500kHz，用 CB7555 组成的多谐振荡器的最高振荡频率只有 1MHz。因此用 555 定时器构成的振荡器在频率范围方面有较大的局限性，高频的多谐振荡器仍然需要使用高速门电路构成。

图 6-59 所示电路中的多谐振荡器的 $T_1 \neq T_2$，且占空比固定不变，为

$$q = \frac{T_1}{T} = \frac{R_1 + R_2}{R_1 + 2R_2} \tag{6-46}$$

如果要实现占空比可调，可采用图 6-61 所示的改进电路。由于接入了二极管 VD_1 和 VD_2，电容的充电电流和放电电流流经不同的路径，充电电流只流经 R_A，V_{CC} 通过 R_A、VD_1 向电容 C 充电，充电时间为

$$T_1 \approx 0.693 R_A C \tag{6-47}$$

放电电流只流经 R_B，电容通过 VD_2、R_B 及 555 中的三极管 VT 放电，放电时间为

$$T_2 \approx 0.693 R_B C \tag{6-48}$$

故振荡电路的周期为

$$T = T_1 + T_2 \approx 0.693(R_A + R_B)C \tag{6-49}$$

振荡频率为

$$f = \frac{1}{T} = \frac{1.443}{(R_A + R_B)C} \tag{6-50}$$

电路输出波形的占空比为

$$q = \frac{R_A}{R_A + R_B} \tag{6-51}$$

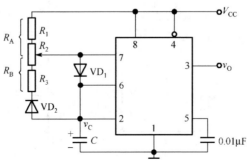

图 6-61　占空比可调的方波发生器

习　题

6.1　在图 P6-1 所示的单稳态电路中，为加大输出脉冲宽度，应采用下列哪些措施？

（A）加大 R；

（B）减小 R；

（C）加大 C；

（D）增加输入脉冲低电平部分的宽度；

（E）降低输入脉冲的重复频率。

6.2　图 P6-2 所示为单稳态电路，画出在触发信号 v_I 作用下电路的各级波形，设时间常数 RC 小于 v_I 的低电平脉冲宽度。

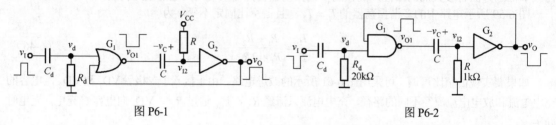

图 P6-1　　　　　　　　　　　　　　　　　　图 P6-2

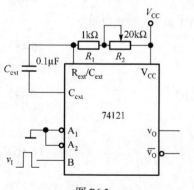

图 P6-3

6.3　由集成单稳态电路 74121 组成的延时电路及输入波形如图 P6-3 所示。

（1）计算输出脉冲宽度的调节范围；

（2）电阻 R_1 的作用是什么？

6.4　集成单稳态电路 74121 组成图 P6-4 所示的电路，v_I 的波形如图所示。要求：

（1）在输入信号 v_I 作用下，计算 v_{O1}、v_{O2} 输出脉冲的宽度；

（2）画出对应于 v_I 的输出信号 v_{O1}、v_{O2} 的波形图。

6.5　集成单稳态电路 MC14528 和 D 触发器组成图 P6-5 所示的电路。

（1）若 $R=100\text{k}\Omega$，$C=0.1\mu\text{F}$，在 v_I 作用下，计算 MC14528 的输出 v_{O1} 的脉宽 T_W 值；

（2）若 v_I 的波形如图 P6-5 所示，画出相应的 v_{O1} 和 v_O 的波形。

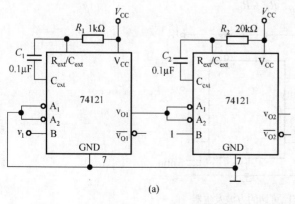

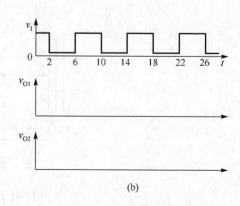

(a)　　　　　　　　　　　　　　　　　　　(b)

图 P6-4

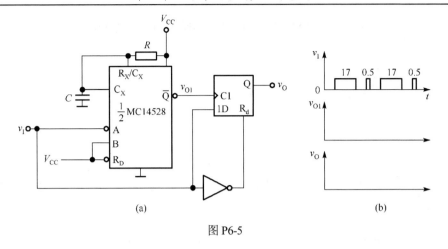

图 P6-5

6.6　图 P6-6 所示为 CMOS 的集成单稳态电路 MC14528，试在给定输入波形 A、B 及 R_D 情况下，画出相应的输出波形 Q，设电路的脉冲宽度 $t_W = 10\mu s$。

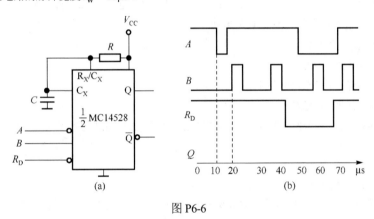

图 P6-6

6.7　简述单稳态电路的工作特点和主要用途。试用 555 定时器设计一个单稳态电路，要求输出脉冲宽度在 1～10s 的范围内连续可调（设定时电容 $C=10\,\mu F$ ）。

6.8　单稳态电路是一种脉冲_____电路，用 555 定时器组成的单稳态电路其脉冲宽度 $t_W \approx$ _____。施密特触发器常用于对脉冲波形的_____。

6.9　试说明多谐振荡器的工作特点，并说明该电路的主要用途。

6.10　将一方波信号变为相同重复周期的矩形窄脉冲，例如，将脉冲宽度为 10ms 的方波信号变为脉冲宽度为 1ms 的矩形脉冲，可采用_____。

（A）施密特触发器　　　　　　　　（B）十进制加法器
（C）十进制计数器　　　　　　　　（D）单稳态电路

6.11　下列说法正确的是（　　）。

（A）施密特触发器的回差电压 $\Delta V_{TH} = V_{TH}^+ - V_{TH}^-$

（B）施密特触发器的回差电压越大，电路的抗干扰能力越弱

（C）施密特触发器的回差电压越小，电路的抗干扰能力越强

6.12　用两个 CMOS 非门设计一个施密特触发器电路，要求阈值电压 $V_{TH}^+ =2.6V$，$V_{TH}^- =2.4V$，电源电压=5V。

6.13　已知施密特反相器的输入信号如图 P6-7 所示，试作出对应的输出波形。

6.14　图 P6-8(a)所示为一个脉冲展宽电路。图中前面的非门是 OC 门，后面的非门是具有施密特触发器特性

的反相器。若已知输入信号 v_I 的波形如图 P6-8(b)所示，并假定它的低电平持续时间比时间常数 RC 大得多，试定性画出 v_C 和输出电压 v_O 对应的波形。

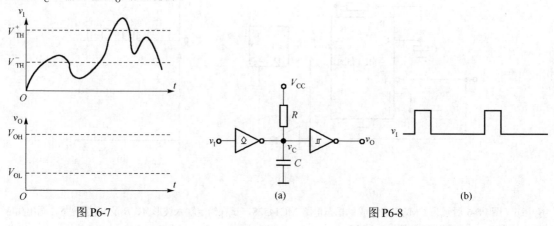

图 P6-7 　　　　　　　　　　　　　　　　　(a) 　　　　　　　(b)　　　图 P6-8

6.15　简述施密特触发器的主要工作特点及主要用途。用 555 定时器构成的施密特触发器的上限触发电平 V_{TH}^+，下限触发电平 V_{TH}^- 及回差电压 ΔV_{TH} 的数值各为多少？

6.16　下列说法正确的是（　　　）。

（A）多谐振荡器有两个稳态

（B）多谐振荡器有一个稳态和一个暂稳态

（C）多谐振荡器有两个暂稳态

6.17　在图 P6-9 所示的多谐振荡器电路中，为提高振荡频率，应采用的措施是（　　　）。

（A）加大 C

（B）减小 R

（C）提高直流供电电源电压

6.18　图 P6-10(a)、图 P6-10(b)所示为多谐振荡器电路，试画出 v_A、v_B 和 v_{O1}、v_{O2} 的波形，并推导出振荡周期 T 的一般表达式。

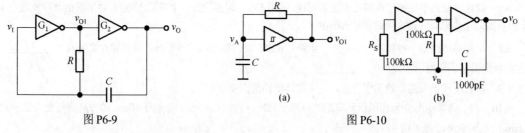

图 P6-9 　　　　　　　　　　(a) 　　　　　　(b)　　　图 P6-10

6.19　图 P6-11 所示为由 CMOS 门构成的多谐振荡器，v_I 是输入控制电压，试画出相应的 v_C 及 v_O 的波形，并计算输出波形的脉宽及周期。设电源 $V_{DD} = 5V$，阈值 $V_{TH}^+ = 2.75V$，$V_{TH}^- = 1.67V$。

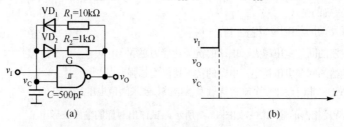

图 P6-11

6.20　下列说法正确的是（　　）。

（A）555 定时器在工作时清零端应接高电平

（B）555 定时器在工作时清零端应接低电平

（C）555 定时器没有清零端

6.21　用 555 定时器设计一个单稳态电路。要求定时宽度 T_W =11ms，选择电阻、电容参数，并画出连线图。

6.22　用 555 定时器设计一个多谐振荡器，要求输出的振荡频率为 20kHz，占空比为 25%。

6.23　在图 P6-12 所示的用 555 定时器接成的施密特触发器电路中：

（1）当 V_{CC} =12V 而没有外接控制电源时，V_{TH}^+、V_{TH}^- 及 ΔV_{TH} 各为多少伏？

（2）当 V_{CC} =9V 而控制电源 V_{CO} =5V 时，V_{TH}^+、V_{TH}^- 及 ΔV_{TH} 各为多少伏？

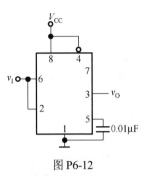

图 P6-12

6.24　图 P6-13 所示为用 555 定时器构成的多谐振荡器，试分析其工作原理，写出两个暂稳态持续时间的计算式，画出波形 v_C 及 v_O，并标注周期等时间参数。设 $R_A = R_B = 27\text{k}\Omega$，$C = 4700\text{pF}$。

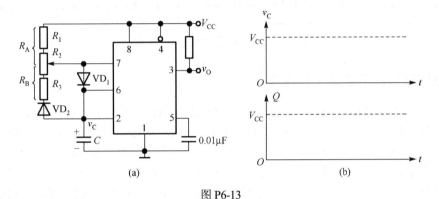

图 P6-13

6.25　分析图 P6-14 所示的电路，说明电路的组成及工作原理。若要求扬声器在开关 S 按下后以 1kHz 的频率连续响 8s，试确定图中 R_1、R_2 的阻值。

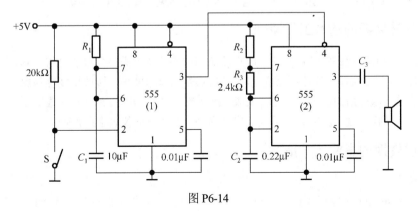

图 P6-14

第7章 数模转换和模数转换电路

7.1 数模转换和模数转换基本概念

随着数字信号处理理论和DSP（数字信号处理器）技术的飞速发展，越来越多的产品采用了数字化处理技术，如传统的语音和图像大量使用数字处理技术提高产品性能，遗憾的是，在数字处理的前端的和后端的很多场合，模拟信号是唯一的选择，而模数转换器和数模转换器是模拟信号和数字信号的桥梁（图7-1所示为一个卡拉OK语音处理的典型流程），合理使用模数转换器和数模转换器可以发挥系统最好的性能。所谓模数转换，即将模拟信号变成数字信号，便于数字设备处理；所谓数模转换，即将数字信号转换为模拟信号，便于与外部模拟信号接口。

麦克风 → 信号调理 → 模/数转换 → 数字处理 → 数/模转换 → 功率放大 → 扬声器

图7-1 卡拉OK语音处理典型流程

7.1.1 数模转换器的基本工作原理

数字量是用代码按数位组合起来表示的，对于有权码，每位代码都有一定的位权。为了将数字量转换成模拟量，必须将每一位的代码按其位权的大小转换成相应的模拟量，然后将这些模拟量相加，即可得到与数字量成正比的总模拟量，从而实现了数模转换，这就是组成D/A转换器的基本指导思想。

D/A转换器的内部电路构成具有相似性，一般按输出是电流还是电压、能否作乘法运算等进行分类。大多数D/A转换器由电阻阵列和n个电流开关（或电压开关）构成。按数字输入值切换开关，产生比例于输入的电流（或电压）。此外，也有为了改善精度而把恒流源放入器件内部的，一般来说，由于电流开关的切换误差小，大多采用电流开关型电路，电流开关型电路如果直接输出生成的电流，则为电流输出型D/A转换器，如果输出为电压，则为电压输出型D/A转换器。

7.1.2 模数转换器的基本工作原理

模数转换器ADC电路的工作原理分成直接法和间接法两大类：直接法是将一套基准电压与取样保持电压进行比较，从而直接转换成数字量，其特点是工作速度高，转换精度容易保证，调准也比较方便，间接法是将取样后的模拟信号先转换成时间t或频率f，再将t或f转换成数字量，其特点是工作速度较低，但转换精度可以较高，且抗干扰性强，一般在测试仪表中用得较多。

7.1.3 数模转换的主要技术指标

（1）分辨率

分辨率（Resolution）指最小模拟输出量（对应输入数字量仅最低有效位为"1"，其余各位都是"0"）与最大量（对应输入数字量所有有效位全为"1"）之比。输入数字量的位数越多，输出电压可分离的等级就越多，即分辨率越高。n位D/A转换器的分辨率可表示为$\dfrac{1}{2^n-1}$。在实际应用中，往往也用输入数字量的位数表示D/A转换器的分辨率。分辨率表示D/A转换器在理论上可以达到的精度。

例如，一个 8 位 DAC 输出电压的台阶数为 $2^8 = 256$，能够分辨的最小输出电压（即台阶的大小）为满值（即输入二进制数各位全为 1 时的最大输出电压）的 $\frac{1}{2^8-1} \times 100\% \approx 0.39\%$。

（2）转换误差

转换误差的来源很多，如转换器中各元件参数值的误差、基准电源不够稳定或运算放大器的零漂的影响等。D/A 转换器的绝对误差（或绝对精度）是指输入端加入最大数字量（输入数字代码全为"1"）时，D/A 转换器的理论值与实际值之差，该误差值应低于 LSB/2。

例如一个 8 位的 D/A 转换器，对应最大数字量（0FFH）的模拟理论输出值为 $\frac{255}{256}V_{\text{REF}}$，$\frac{1}{2}\text{LSB} = \frac{1}{512}V_{\text{REF}}$，所以实际值不应超过 $\left(\frac{255}{256} \pm \frac{1}{512}\right)V_{\text{REF}}$。

（3）转换速度

① 建立时间（t_{set}）——指输入数字量变化时，输出电压变化到相应稳定电压值所需的时间。一般 D/A 转换器输入的数字量从全"0"变为全"1"，输出电压达到规定的误差范围（$\pm$LSB/2）时所需的时间表示。D/A 转换器的建立时间较快，单片集成 D/A 转换器建立时间可达 0.1μs 以内。

② 转换速率（SR）——大信号工作状态下（输入信号由全 1 到全 0 或由全 0 到全 1）模拟电压的变化速率。

（4）温度系数

温度系数指在输入不变的情况下，输出模拟电压随温度变化产生的变化量。一般用满刻度输出条件下温度每升高 1℃，输出电压变化的百分数作为温度系数，常用 ppm 作为单位。

7.1.4　模数转换的主要技术指标

（1）模拟电压输入范围和分辨率

模拟电压输入范围也称为量程，指能够转换的模拟输入电压的变化范围。模数转换器（ADC）的模拟输入电压分为单极性和双极性两种。

单极性：模拟输入电压范围为 0～+5V，0～+10V 等，极性相同的模拟电压。

双极性：模拟输入电压范围为 –5～+5V，–10～+10V 等，允许有正、负两种极性模拟电压输入。

分辨率（Resolution）指 ADC 能够分辨的最小输入信号，也就是数字量变化一个最小量时模拟信号的变化量，它说明了 ADC 对输入信号的分辨能力。理论上讲，n 位二进制的 ADC 可分辨 2^n 个不同等级的模拟量，这些模拟量的最小差别为满刻度与 2^n 的比值。因此，分辨率表示的是 ADC 在理论上能达到的精度。

例如，8 位 ADC 的输入模拟电压范围为 0～5V，则其分辨率为

$$分辨率 = \frac{5}{2^8} = 19.53\,\text{mV}$$

而对于输入同样模拟电压的 10 位 ADC，其分辨率为

$$分辨率 = \frac{5}{2^{10}} = 4.88\,\text{mV}$$

可见 ADC 的位数越多，分辨率也越高，因此通常用数字信号的位数来表示分辨率的高低，如 8 位、10 位、12 位、14 位和 16 位等。因为位数越多，量化单位越小，对输入信号的分辨能力就越高。

（2）转换速率（Conversion Rate）

转换速率是指完成一次从模拟到数字的 A/D 转换所需的时间的倒数。积分型 A/D 的转换时间是毫

秒级，属低速 A/D，逐次比较型 A/D 是微秒级，属中速 A/D，全并行/串并行型 A/D 可达到纳秒级。采样时间则是另外一个概念，是指两次转换的间隔，即从转换控制信号到来开始，到输出端得到稳定的数字信号所经历的时间。为了保证转换的正确完成，采样速率（Sample Rate）必须小于或等于转换速率。因此有人习惯上将转换速率在数值上等同于最高采样速率，也是可以接受的。常用单位是 ksps 和 Msps，表示每秒采样千/百万次（kilo / Million samples per second）。

（3）转换误差（Conversion Error）

由 A/D 的有限分辨率而引起的误差，即有限分辨率 A/D 的阶梯状转移特性曲线与无限分辨率 A/D（理想 A/D）的转移特性曲线（直线）之间的最大偏差。也就是指实际输出的数字量与理论上应该输出的数字量之间的差值，通常以最大值的形式给出，表示为最低位的倍数。通常是一个或半个最小数字量的模拟变化量，表示为 1LSB 或 LSB/2。

例如，给出转换误差 $\leqslant \pm \text{LSB}/2$，表示 ADC 实际值与理论值之间的差别最大不超过半个最低有效位。

有时也用最大输入模拟信号（FSR）的百分数来表示转换误差，如 $\pm 0.05\text{FSR}$。

（4）偏移误差（Offset Error）

当输入信号为零时输出信号不为零的值，可外接电位器调至最小。

（5）满刻度误差（Full Scale Error）

满刻度输出时对应的输入信号与理想输入信号值之差，可以通过放大器增益补偿。

（6）线性度（Linearity）

实际转换器的转移函数与理想直线的最大偏移，不包括以上（3、4、5）3 种误差。

7.2   数模转换电路

7.2.1   权电阻网络数模转换工作原理

图 7-2 所示为 4 位权电阻网络 DAC。主要包括 4 部分：参考电压源 V_{REF}、模拟开关 $S_3 \sim S_0$、电阻译码网络、求和放大器。

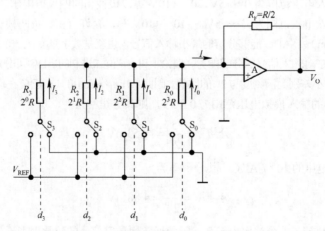

图 7-2   4 位权电阻网络 DAC 示意图

设在该电路输入端输入一个 4 位二进制代码 $D = d_3 d_2 d_1 d_0$，$S_3 \sim S_0$ 是受 d_3、d_2、d_1、d_0 控制的双向模拟开关。根据图 7-2，流入求和放大器输入端的电流 I 为

$$I = I_3 + I_2 + I_1 + I_0 = \frac{V_{REF}}{R}d_3 + \frac{V_{REF}}{2R}d_2 + \frac{V_{REF}}{2^2 R}d_1 + \frac{V_{REF}}{2^3 R}d_0 = \frac{V_{REF}}{2^3 R}(2^3 d_3 + 2^2 d_2 + 2^1 d_1 + 2^0 d_0) \quad (7\text{-}1)$$

取求和放大器反馈电阻 $R_F = R/2$，则该电路输出电压为

$$V_O = -IR_F = -\frac{V_{REF}}{2^4}(2^3 d_3 + 2^2 d_2 + 2^1 d_1 + 2^0 d_0) = KDV_{REF} \quad (7\text{-}2)$$

所以，电路输出电压 V_O 与输入 4 位二进制代码 D 成正比，$K = -1/2^4$。

依次类推，n 位权电阻网络 DAC 的求和放大器输入端电流、输出端电压表达式分别为

$$V_O = -\frac{V_{REF}}{2^n}(2^{n-1} d_{n-1} + 2^{n-2} d_{n-2} + \cdots + 2^1 d_1 + 2^0 d_0) = \frac{V_{REF}}{2^n}D = KDV_{REF} \quad (7\text{-}3)$$

式中，D 为 n 位二进制代码，比例系数 $K = -1/2^n$。

若输入的 4 位二进制代码 $D = d_3 d_2 d_1 d_0 = 1000$，转换成十进制数为 8，根据上述权电阻网络 DAC 电路转换原则，电路输出电压为

$$V_O = -IR_F = -\frac{V_{REF}}{2^4}(2^3) = -\frac{1}{2}V_{REF} \quad (7\text{-}4)$$

由此可知，输入 n 位二进制代码的取值范围为 $\underbrace{0\cdots0}_{n} \sim \underbrace{1\cdots1}_{n}$，相应输出电压 V_O 的取值范围为 $0 \sim$

$-\dfrac{2^n - 1}{2^n}V_{REF}$（当 n 较大时约为 $-V_{REF}$）。

权电阻网络 DAC 电路的优点是电路结构简单，使用电阻数量较少；各位数码同时转换，速度较快。缺点是电阻译码网络中的电阻种类较多、取值相差较大，随着输入信号位数的增多，权电阻网络中电阻取值的差距加大；在相当宽的范围内保证电阻取值的精度较困难，对电路的集成化不利。该电路比较适用于输入信号位数较低的场合。

7.2.2　权电流网络数模转换工作原理

为了克服权电阻网络 DAC 对精密电阻的要求和降低模拟开关导通对精度的影响，提出了权电流网络 DAC，由于采用了恒流源，对模拟开关导通电阻的要求降低，同时集成电路中实现比例电流比实现电阻更容易，权电流网络 DAC 应用更加广泛。图 7-3 所示为 4 位权电流网络 DAC 示意图，恒流源从高位到低位电流的大小依次为 $I/2$、$I/4$、$I/8$、$I/16$。

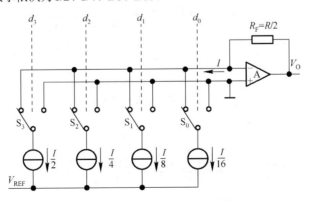

图 7-3　权电流网络 DAC 示意图

当输入数字量的某一位代码 $d_i = 1$ 时，开关 S_i 接运算放大器的反相输入端，相应的权电流流入求和电路；当 $d_i = 0$ 时，S_i 开关接地。分析该电路可得出

$$V_O = IR_F$$

$$= R_F \left(\frac{I}{2} d_3 + \frac{I}{4} d_2 + \frac{I}{8} d_1 + \frac{I}{16} d_0 \right)$$

$$= \frac{I}{2^4} \cdot R_F (d_3 \cdot 2^3 + d_2 \cdot 2^2 + d_1 \cdot 2^1 + d_0 \cdot 2^0) \qquad (7\text{-}5)$$

$$= \frac{I}{2^4} \cdot R_F D$$

$$= KDR_F$$

依次类推，仿照权电阻网络 DAC，n 位权电流的求和放大器的输入端电流、输出电压表达式请读者自行推导。

采用了恒流源电路后，各支路权电流的大小均不受开关导通电阻和压降的影响，这就降低了对开关电路的要求，提高了转换精度，同时，比例电流源更适合集成电路工艺的实现。

7.2.3　R-2R 电阻网络数模转换工作原理

4 位 T 形电阻网络 D/A 转换器的原理图如图 7-4 所示，S_3、S_2、S_1、S_0 为模拟开关，R-2R 电阻解码网络呈 T 形，运算放大器 A 构成求和电路。S_i 由输入数码控制，当 $d_i = 1$ 时，S_i 接运放反相输入端（"虚地"），该路电流流入求和电路，当 $d_i = 0$ 时，S_i 将电阻 2R 接地。

无论模拟开关 S_i 处于何种位置，与 S_i 相连的 2R 电阻均等效接"地"（地或虚地）。这样流经 2R 电阻的电流与开关位置无关，为确定值。

分析 R-2R 电阻解码网络不难发现，从每个节点向左看的二端网络等效电阻均为 R，流入每个 2R 电阻的电流从高位到低位按 2 的整倍数递减。设基准电压源提供的总电流为 I（$I = V_{REF}/R$），则流过各开关支路（从右到左）的电流分别为 $I/2$、$I/4$、$I/8$ 和 $I/16$。

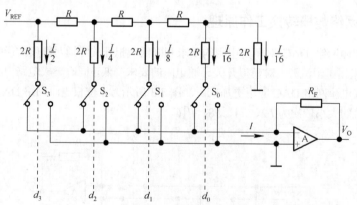

图 7-4　倒 T 形电阻网络 D/A 转换器

于是可得总电流

$$I = \frac{V_{REF}}{R} \left(\frac{d_0}{2^4} + \frac{d_1}{2^3} + \frac{d_2}{2^2} + \frac{d_3}{2^1} \right) = \frac{V_{REF}}{2^4 \times R} \sum_{i=0}^{3} (d_i \cdot 2^i) \qquad (7\text{-}6)$$

输出电压

$$V_O = -IR_F = -\frac{R_F}{R} \cdot \frac{V_{REF}}{2^4} \sum_{i=0}^{3} (d_i \cdot 2^i) \qquad (7\text{-}7)$$

将输入数字量扩展到 n 位，可得 n 位倒 T 形电阻网络 D/A 转换器输出模拟量与输入数字量之间的一般关系式如下：

$$V_O = -\frac{R_F}{R} \cdot \frac{V_{REF}}{2^n} \left[\sum_{i=0}^{n-1} (d_i \cdot 2^i) \right] \tag{7-8}$$

设 $K = \frac{R_F}{R} \cdot \frac{V_{REF}}{2^n}$，$N_B$ 表示括号中的 n 位二进制数，则

$$V_O = -K N_B \tag{7-9}$$

要使 D/A 转换器具有较高的精度，对电路中的参数有以下要求。

（1）基准电压稳定性好；

（2）倒 T 形电阻网络中，R 和 $2R$ 电阻的比值精度要高；

（3）每个模拟开关的开关电压降要相等，为实现电流从高位到低位按 2 的整倍数递减，模拟开关的导通电阻也相应地按 2 的整倍数递增。

由于在倒 T 形电阻网络 D/A 转换器中，各支路电流直接流入运算放大器的输入端，它们之间不存在传输上的时间差。电路的这一特点不仅提高了转换速度，而且也减少了动态过程中输出端可能出现的尖脉冲。它是目前广泛使用的 D/A 转换器中速度较快的一种。常用的 CMOS 开关倒 T 形电阻网络 D/A 转换器的集成电路有 DAC0832（8 位）、AD7520（10 位）、DAC1210（12 位）和 AD7521（12 位）等。

7.2.4 PWM 型数模转换器工作原理

在电子和自动化技术的应用中，单片机和数模转换器是经常使用的，然而很多单片机内部没有集成 DAC，即使有些集成了 DAC，DAC 的精度也不够高，在高精度的应用中需要外接 DAC，这样增加了成本。但是几乎所有的单片机都提供定时器或 PWM 输出的功能。如果能应用单片机的 PWM 输出（或通过定时器和软件一起来实现 PWM 输出），经过简单的变换电路就可以实现 DAC，这将大量降低电子设备的成本，减少体积，并容易提高精度。

应用周期一定的高低电平、占空比可调的 PWM 方波信号，可以实现 PWM 信号到 D/A 转换输出，其方法是：采用模拟低通滤波器滤掉 PWM 输出的高频部分，保留低频的直流分量，即可得到对应的 D/A 转换输出，如图 7-5 所示。低通滤波器的带宽决定了 D/A 转换输出的带宽范围。

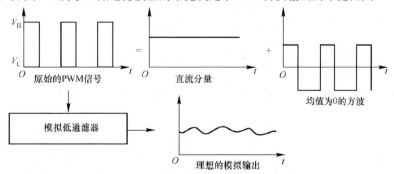

图 7-5　PWM 输出实现 D/A 转换原理示意图

PWM 信号可以用分段函数表示为

$$f(t) = \begin{cases} V_H, & kNT \leqslant t \leqslant nT + kNT \\ V_L, & kNT + nT \leqslant t \leqslant NT + kNT \end{cases} \tag{7-10}$$

式中，T 是单片机中计数脉冲的基本周期，即单片机每隔 T 时间计一次数（计数器的值增加或减少 1），N 是 PWM 波一个周期的计数脉冲个数；n 是 PWM 波一个周期中高电平的计数脉冲序号；V_H 和 V_L 分别是 PWM 波中高、低电平的电压值；k 为整个周期波序号；t 为时间。为了对 PWM 信号的频谱进行分析，以下提供了一个设计滤波器的理论基础。傅里叶变化理论指出，任何一个周期为 T 的连续信号，都可以表达为频率是基频的整数倍的正、余弦分量之和。把式（7-10）所表示的函数展开成傅里叶级数，得到

$$f(t) = \left[\frac{n}{N}(V_H - V_L) + V_L\right] + 2\frac{V_H - V_L}{\pi}\sin\left(\frac{n}{N}\pi\right)\cos\left(\frac{2\pi}{NT}t - \frac{n\pi}{N}k\right) +$$
$$\sum_{k=2}^{\infty} 2\frac{V_H - V_L}{\pi}\left|\sin\left(\frac{n}{N}\pi\right)\right|\cos\left(\frac{2\pi}{NT}kt - \frac{n\pi}{N}k\right) \qquad (7\text{-}11)$$

从式（7-11）可见，第一个中括号中的是直流分量，第二个乘积项为一次谐波分量，第三个乘积项为二次及以上的高次谐波分量。随着 n 从 0 到 N，直流分量在 $V_L \sim V_L + V_H$ 范围内变化，这正是电压输出的 D/A 转换器所需要的。如果把直流分量的谐波过滤掉，就可以得到从 PWM 波到电压输出 D/A 转换器的转换。因此可设计低通滤波器，把一次及以上谐波全部滤掉，从而得到一个相应的直流分量，即对应的 D/A 转换模拟量。该过程如图 7-6 所示。在单片机或其他应用当中，可通过软件的方法进行精度、误差校正。

图 7-6　从 PWM 到 D/A 转换器输出的信号处理方框图

7.2.5　集成数模转换器介绍

单片集成 D/A 转换器产品的种类繁多，性能指标各异，按其内部电路结构的不同，一般分为两类：一类集成芯片内部只集成了电阻网络（或恒流源网络）和模拟电子开关，另一类则集成了组成 D/A 转换器的全部电路。集成 D/A 转换器 AD7520 属于前一类，下面以它为例，介绍集成 D/A 转换器的结构及其应用。

AD7520 是 10 位 CMOS 数模转换器，其具有结构简单、转换容易控制、通用性好等特点，得到了广泛的应用。由 AD7520 采用内部反馈电阻组成的 D/A 转换电路如图 7-7 所示，图中虚线内部分为 AD7520 的内部电路。AD7520 芯片外引脚图如图 7-8 所示。

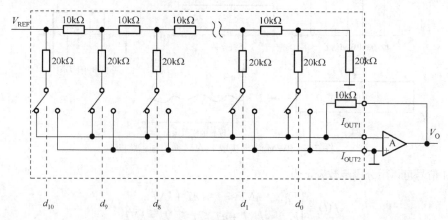

图 7-7　AD7520 内部电路

AD7520 芯片内只含有倒 T 形电阻网络（$R=10\text{k}\Omega$、$2R=20\text{k}\Omega$）、CMOS 电流开关和反馈电阻（$R_\text{F}=10\,\text{k}\,\Omega$），不含运算放大器，输出端为电流输出。因此，该集成 D/A 转换器在应用时必须外接参考电压源 V_REF 和运算放大器。由图 7-7 可知，输出模拟电压 V_O 为

$$V_\text{O} = -\frac{V_\text{REF}}{2^{10}}(2^9 d_9 + 2^8 d_8 + \cdots + 2^1 d_1 + 2^0 d_0) \qquad (7\text{-}12)$$

AD7520 的参考电压 V_REF 可正可负。当 V_REF 为正时，输出电压 V_O 为负；当 V_REF 为负时，输出电压 V_O 为正。I_OUT1 和 I_OUT2 为电流输出端。

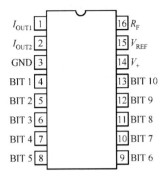

图 7-8　AD7520 芯片外引脚图

7.2.6　数模转换的简单应用

D/A 转换器在实际电路中应用很广，它不仅常作为接口电路用于嵌入式系统，而且还可利用其电路结构特征和输入、输出电量之间的关系，构成数控电流源/电压源、数字式可编程增益控制电路和波形产生电路等。下面以数字式可编程增益控制电路和波形产生电路为例说明它的应用。

（1）数字式可编程增益控制电路

由于 AD7520 是四象限乘法 DAC，数字式可编程增益控制电路如图 7-9 所示。电路中运算放大器接成普通的反相比例放大形式，AD7520 内部的反馈电阻 R 为运算放大器的输入电阻，而由数字量控制的倒 T 形电阻网络的等效电阻便随之改变。这样，反相比例放大器在其输入电阻一定的情况下便可得到不同的增益。

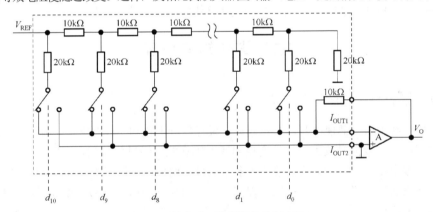

图 7-9　数字式可编程增益控制电路

根据运算放大器的"虚地"原理，可以得到

$$V_\text{O} = -\frac{R_\text{F}}{R} \cdot \frac{V_\text{REF}}{2^n}\left[\sum_{i=0}^{n-1}(D_i \cdot 2^i)\right] \qquad (7\text{-}13)$$

所以

$$A_\text{V} = -\frac{V_\text{O}}{V_\text{I}} = \frac{1}{2^n}\left[\sum_{i=0}^{n-1}(D_i \cdot 2^i)\right] \qquad (7\text{-}14)$$

如将 AD7520 芯片中的反馈电阻 R 作为反相运算放大器的反馈电阻，数控 AD7520 的倒 T 形电阻网络连接成运算放大器，不难推断出该电路为数字式可编程衰减器。

（2）波形产生电路

由 D/A 转换器 AD7520、10 位可逆计数器及加减控制电路组成的波形产生电路如图 7-10 所示。

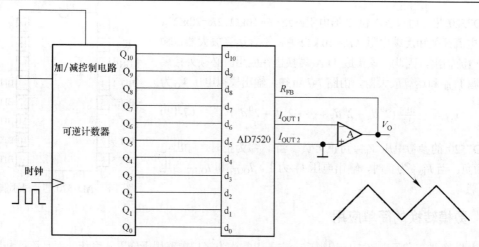

图 7-10 由 AD7520 组成的波形产生电路

加/减控制电路与 10 位二进制可逆计数器配合工作，当计数器加到全"1"时，加/减控制电路复位，使计数器进入减法计数状态，而当减到全"0"时，加/减控制电路置位，使计数器再次处于加法计数状态，如此周而复始，可得 D/A 转换器的输出电压为三角波。当可逆计数器是加计数器时，输出为正向锯齿波，而当可逆计数器是减计数器时，输出为负向锯齿波，在 ROM 器件内部放入适当数据，可以方便输出正弦波、方波等波形，这就是 DDS（直接数字合成）的原理。目前已经有基于这种原理的专用器件，如 AD9851、AD9854 等，可以方便地利用数字方法产生各种波形。

7.3 模数转换电路

7.3.1 数据采集系统的一般构成方式

数据采集系统由信号调理电路、多路开关、采样保持电路和 ADC 等部分构成，如图 7-11 所示。信号调理电路完成信号放大、极性变换和滤波等功能，经过信号调理电路后，各种信号的幅度等参数和后级电路相匹配；多路开关完成多路信号的切换，可以提高采样和 ADC 的利用效率，可以用一套电路实现多路信号采集；采样保持电路可以保证信号在 ADC 变换过程中幅度保持不变，采样保持电路可以大大提高输入信号的最高频率，详见 7.3.2 节；ADC 实现模拟信号到数字信号的转换。

图 7-11 数据采集系统的构成

将模拟量转换成数字量，需要经过采样保持和量化编码两部分电路。采样是将时间上连续变化的模拟量转换成时间上离散的模拟量的过程；保持是保持取样信号，以便有充分时间转换为数字信号。而量化编码是将输入的信号转换为数字量输出。其过程如图 7-12 所示。

模拟电子开关 S 在采样脉冲 CP_S 的控制下重复接通、断开。S 接通时，$u_i(t)$ 对 C 充电，为采样过程；S 断开时，C 上的电压保持不变，为保持过程。在保持过程中，采样的模拟电压经过数字化编码电路转换成一组 n 位的二进制数输出。

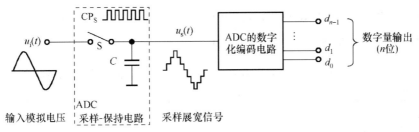

图 7-12　A/D 转换采样-保持及编码量化示意图

1. 奈奎斯特采样定理

采样是在一系列选定的瞬间抽取模拟信号 $u_i(t)$ 的瞬间值作为样品，将时间上连续变化的模拟信号变换为时间上离散的信号——采样信号 $u_s(t)$。

为了能正确地用采样信号 $u_s(t)$ 表示输入模拟信号 $u_i(t)$，采样信号必须有足够高的频率。根据奈奎斯特采样定理（Nyquist Sampling Theorem），为了保证从采样信号中将原来的被采样信号恢复，必须满足：

$$f_s \geqslant 2f_{i(\max)} \tag{7-15}$$

式中，f_s 为采样频率，$f_{i(\max)}$ 为输入模拟信号 $u_i(t)$ 的最高频率分量的频率。该定理也称为香农采样定理。采样频率提高后，留给每次进行转换的时间也相应缩短了，这就要求转换电路必须具备更快的工作速度。因此不能无限制地提高采样频率，在实践中通常取 $f_s = (3 \sim 5)f_{i(\max)}$ 即可。

2. 量化和编码

为了使采样得到的离散的模拟量与 n 位有限的 2^n 个数字量一一对应，还需要选取一个量化单位，将采样后离散的模拟量归并到 2^n 个离散电平中的某一个电平上，这样的一个过程称为量化。量化后的值再按照数制要求进行编码，以作为转换完成后的数字代码。

完成量化编码工作的电路是 ADC。量化编码电路是 ADC 的核心电路，实现信号幅度上的离散化。转换的方法分为直接法和间接法两类，具体的实现电路在 7.3.4 节说明。这里先说明量化和编码的原理。

由于数字信号不仅在时间上是离散的，而且数值大小的变化也是不连续的，因此，任何一个数字量的大小只能是某个规定最小数量单位的整数倍。在进行 A/D 转换时，必须将取样电压表示为这个最小单位的整数倍。这个转换的过程称为量化，所取得的最小数量单位称为量化单位，用 Δ 表示。显然数字信号最低有效位（LSB）的 1 所代表的数量大小就等于 Δ。

将量化的结果转化为对应的二进制代码或其他形式的代码，称为编码。这些代码就是 ADC 输出的数字信号。

既然模拟电压是连续的，那么它就不一定是 Δ 的整数倍，因此量化过程不可避免会引入误差，这种误差称为量化误差。不同的量化方法产生的误差也不一样。

对采样-保持电路的输出信号进行量化，一般有两种方法：舍去小数量化法和四舍五入量化法。

（1）舍去小数量化法

舍去小数直接取整，最大量化误差为 Δ。

若将 0～1V 的模拟电压信号转换成 3 位二进制代码，用舍去小数量化法，取 $\Delta = \dfrac{1}{8}$V，并规定凡数字在 $0 \sim \dfrac{1}{8}$V 之间的模拟电压都当做 $0 \cdot \Delta$ 对待，用二进制数 000 表示；凡数值在 $\dfrac{1}{8} \sim \dfrac{2}{8}$V 之间的模拟

电压都当做 $1 \cdot \Delta$ 对待，用二进制数 001 表示，……，依次类推，如图 7-13 所示。可见，这种量化方法采用简单均等分配，可能带来的最大量化误差为 Δ，即 $\frac{1}{8}$V。

若对输入信号 U_I 进行量化，其最大幅值为 U_m，量化后二进制编码位数为 N，舍去小数量化法的量化单位 $\Delta = \dfrac{U_m}{2^n}$。当 $K \cdot \Delta \leqslant U_I < (K+1) \cdot \Delta$ 时，量化值为 $K \cdot \Delta$。这种量化方法产生的最大量化误差为 Δ，而且量化误差总是大于或等于 0。

（2）四舍五入量化法

同样的例子，若将 0～1V 的模拟电压信号转换成 3 位二进制代码，用四舍五入量化法量化，将减小量化误差。量化方式如图 7-14 所示。在这种划分量化电平的方法中，取量化电压 $\Delta = \dfrac{2}{15}$V，并将输出代码 000 对应的模拟电压范围规定为 $0 \sim \dfrac{1}{15}$V，即 $0 \sim \dfrac{1}{2}\Delta$，这样可以将最大量化误差减小到 $\dfrac{1}{2}\Delta$，即 $\dfrac{1}{15}$V。这是由于将每个输出二进制代码所表示的模拟电压值规定为它所对应的模拟电压范围的中间值，所以量化误差自然不会超过 $\dfrac{1}{2}\Delta$。

可见，此方法的量化单位 $\Delta = \dfrac{2U_m}{2^{n+1}-1}$，当 $\dfrac{2K-1}{2} \cdot \Delta \leqslant U_I < \dfrac{2K+1}{2} \cdot \Delta$ 时，量化值为 $K \cdot \Delta$。这种量化方法产生的最大误差为 $\dfrac{1}{2}\Delta$，而且量化误差可正，可负或等于 0。

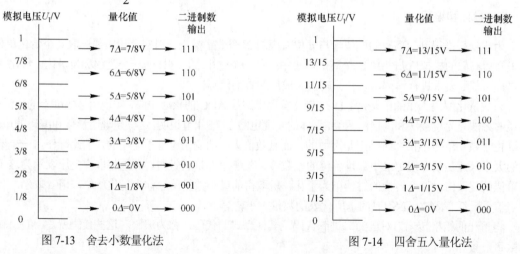

图 7-13 舍去小数量化法　　　　　图 7-14 四舍五入量化法

以上两种不同的量化方法产生的量化误差相差将近一半，同时，编码位数越多，量化误差越小，准确度越高。

7.3.2 采样保持器的工作原理

模拟信号进行 A/D 转换时，从启动转换到转换结束输出数字量，需要一定的转换时间，当输入信号的频率较高时，会造成很大的转换误差。那么就需要在 A/D 转换时保持住输入信号电平，在 A/D 转换结束后跟踪输入信号的变化，能实现这种功能的器件就是采样保持器（S/H）。在 A/D 转换过程中，采样保持对保证 A/D 转换的精确度具有重要作用。

采样保持电路的基本原理如图 7-15 所示，主要由保持电容 C、输入缓冲放大器 A_1、输出缓冲放

大器 A_2 以及控制开关 S 组成。图中，两个放大器均接成跟随器形式，采样期间，开关闭合，输入跟随器 A_1 的输出给电容 C 快速充电。由于跟随器 A_1、A_2 的增益都是 1，此时输出和输入相同，并跟随输入变化。当开关断开，采样阶段结束，进入保持期间，由于输出缓冲放大器 A_2 的输入阻抗极高，电容上存储的电荷将基本维持不变，则充电时的最终值不变，从而保持电路输出端的电压维持不变。

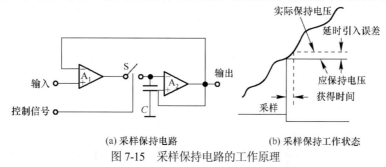

(a) 采样保持电路　　　　　　　(b) 采样保持工作状态

图 7-15　采样保持电路的工作原理

采样保持器的工作状态由外部控制信号控制，由于开关状态的切换需要一定的时间，因此实际保持的信号电压会存在一定的误差，如图 7-16 所示。这种时间滞后称为采样保持器的孔径时间，显然，它必须远小于 A/D 的转换时间，同时也必须远小于信号的变化时间。

图 7-16 所示为采样保持的波形。其中 u_s 为采样脉冲，u_i 为被采样的输入模拟信号，u_o 为采样保持器的输出信号。在 t_1 时刻前，控制电路的驱动信号为高电平，模拟开关 S 闭合，模拟输入信号 u_i 通过模拟开关加到电容 C 上，使得 C 端电压 u_C 跟随 u_i 的变化而变化。在 t_1 时刻，驱动信号为低电平，模拟开关 S 断开，此时电容 C 上的电压 u_C 保持模拟开关断开瞬间的 u_i 值不变，并等待 A/D 转换器转换。而在 t_2 时刻，保持结束，新一个跟踪时刻到来，此时驱动信号又为高电平，模拟开关 S 重新闭合，C 端电压 u_C 又跟随 u_i 的变化而变化；t_3 时刻，驱动信号为低电平，模拟开关 S 断开，进入保持状态，……，之后重复上述过程。

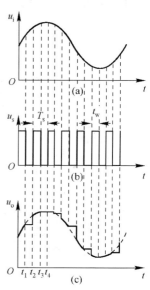

图 7-16　采样保持波形

实际系统中，是否需要采样保持电路取决于模拟信号的变化频率和 A/D 转换时间，通常对直流或缓变低频信号进行采样时可不用采样保持电路。

无采样保持电路时对 ADC 上限频率的讨论：假设输入信号为 $f(t) = V_m \sin \omega t$，ADC 采样频率为 f，ADC 的 LSB 为 ΔV，在不接采样保持电路的条件下，为了实现 ADC 的最大分辨率，要求输入信号在采样周期内变化小于 ΔV，即 $dV/dt \leqslant \Delta Vf$，这就对输入信号的频率提出要求。对输入信号求导并求最大值，$f'(t)|_{\max} = \omega V_m \cos \omega t|_{\omega=0} = \omega V_m$，由 $dV/dt \leqslant \Delta Vf$ 得，$\omega V_m \leqslant \Delta Vf$，因此为了达到 ADC 的最高分辨率，输入信号的上限频率和 ADC 的采样频率必须满足 $\omega V_m \leqslant \Delta Vf$ 约束条件。以常见的 8 位逐次逼近式 ADC0809 为例，典型转换时间为 100μs，保证精度条件下最大信号输入频率约为 6Hz，和采样定理中的奈奎斯特频率差异巨大。由此可见，保证精度条件下，不使用采样保持电路时，性能牺牲很大。而采用保持电路，同样的电路，忽略孔径时间，上限频率为奈奎斯特频率。

7.3.3　模拟多路开关的工作原理

模拟多路开关又称为模拟多路复用器（Analog Multiplexer），其作用是将多路输入的模拟信号，按照时分多路（TDM）的原理，分别与输出端连接，以使得多路信号可以复用（共用）一套后端的装置。

在实际应用中，如果是多个模拟信号源共有一个 A/D 转换器，则需要"多到一"开关来分时切换模拟量的输入。如果一个 D/A 转换器把模拟量分时送给多个接收端，则需要"一到多"开关来切换模拟量的输出。

例如，在多路被测信号共用一路 A/D 转换器的数据采集系统中，通常用来将多路被测信号分别传送到 A/D 转换器进行转换，以便计算机能对多路被测信号进行处理。如此，既节省了硬件开销，又不影响对系统的监测与控制。

许多 A/D 转换芯片内部具备多路转换开关，一片 A/D 转换芯片可以轮流采集多路模拟输入信号，如果 A/D 转换芯片不具有多路转换功能，则可在 A/D 转换之前外加模拟多路转换开关。

模拟多路开关的核心是电控开关，电控开关的类型主要有两类。

（1）机电式：如各种类型的继电器，主要用于大电流、高电压、低速切换场所；

（2）电子式：包括双极型、MOS 型和集成电路开关，主要用于小电流、低电压、高速切换场所。

电子多路开关由于是一种集成化无触点开关，不仅寿命长、体积小，而且对系统的干扰小，因而在数据采集系统中得到了广泛应用。

CD4051B 就是一种单端 8 通道多路开关，具有低导通阻抗和很低的漏电流。幅值为 4.5～20V 的数字信号可控制峰-峰值为 20V 的模拟信号。其引脚图、逻辑符号分别如图 7-17、图 7-18 所示。

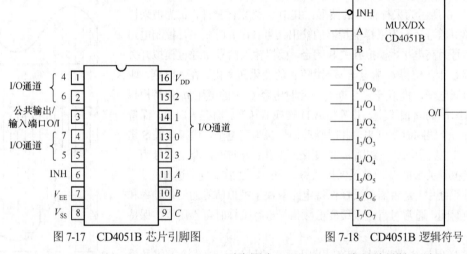

图 7-17 CD4051B 芯片引脚图　　　　图 7-18 CD4051B 逻辑符号

引脚图中，9、10、11 脚是地址输入端口 C、B、A；13、14、15、12、1、5、2、4 是输入/输出通道 $I_0/O_0 \sim I_7/O_7$；INH 为禁止端；3 脚是公共输出/输入端口 O/I；16 脚 V_{DD} 是正电源；7 脚 V_{EE} 为模拟信号地；8 脚 V_{SS} 为数字信号地。它的真值表如表 7-1 所示。

由真值表可见，当 INH 输入端为"1"时，所有通道截止。当 INH 为"0"时，3 位二进制信号选通 8 通道中的指定通道，可连接至输出。

7.3.4 几种典型模数转换器及实际器件介绍

（1）并联比较型 A/D 转换器

所谓直接比较型 A/D 转换，是指模拟信号直接与基准电压（参考电压）相比较而得到数字输出的一种转换。

表 7-1 CD4051B 真值表

输入状态				接通通道
INH	C	B	A	
1	×	×	×	None
0	0	0	0	I_0/O_0
0	0	0	1	I_1/O_1
0	0	1	0	I_2/O_2
0	0	1	1	I_3/O_3
0	1	0	0	I_4/O_4
0	1	0	1	I_5/O_5
0	1	1	0	I_6/O_6
0	1	1	1	I_7/O_7

　　并联比较型 A/D 转换器属于直接转换器，图 7-19 所示为并联比较型 A/D 转换电路的原理图，它由电阻分压器、电压比较器、寄存器和优先编码器等部分组成。输入为 $0\sim V_{REF}$ 之间的模拟电压，输出为 3 位二进制数 $d_2d_1d_0$。这里略去了采样-保持电路，假定输入的模拟电压 v_I 已经是采样-保持电路的输出电压。

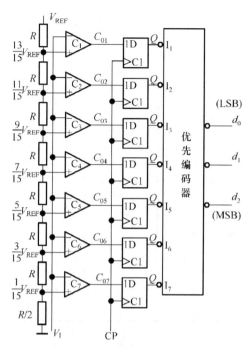

图 7-19　并联比较型 A/D 转换电路

　　8 个分压电阻将基准电压 V_{REF} 分成 8 个等级，其中 7 个等级 $\frac{1}{15}V_{REF}$、$\frac{3}{15}V_{REF}$、$\cdots$、$\frac{11}{15}V_{REF}$、$\frac{13}{15}V_{REF}$ 分别和电压比较器 C_7、C_6、$\cdots$、C_2、C_1 的反相端相连接，作为比较基准电压。同时，输入的模拟电压加到每个比较器的另一个输入端口上，与这 7 个比较基准进行比较。从分压电阻的电平划分方式看，该量化采用了四舍五入量化法。

　　当输入电压 $V_I < \frac{1}{15}V_{REF}$ 时，所有电压比较器的输出都是低电平 0，在脉冲 CP 上升沿到来后，寄存器中所有触发器 $FF_1\sim FF_7$ 都被置 0，此时优先编码器对 $\overline{I}_7 = Q_7 = 0$ 进行编码，输出 $D_2D_1D_0$=000。

　　当输入电压 $\frac{1}{15}V_{REF} \leqslant V_I < \frac{3}{15}V_{REF}$ 时，电压比较器只有 C_7 输出高电平 1，$C_1\sim C_6$ 输出都是低电平 0，在脉冲 CP 上升沿到来后，寄存器中 FF_7 置 1，其他触发器 $FF_1\sim FF_6$ 都被置 0，此时优先编码器对 $\overline{I}_6 = Q_6 = 0$ 进行编码，输出 $D_2D_1D_0$=001。依次类推，可以得到 V_I 为不同电压时寄存器的状态和输出二进制代码，如表 7-2 所示。

　　直接比较型 A/D 转换速率是常见 A/D 转换器中转换速度最快的，但是随着数据位数的增加，直接比较型 A/D 的内部比较器个数呈指数规律增加，大大增加集成电路体积，市面上很少有超过 8 位的直接比较型 A/D 转换器，实际应用中往往采用折中的方案。以 8 位为例，高 4 位采用直接比较型 A/D 转换器，低 4 位采用其他方式，可以大大减少比较器的使用数量。

　　（2）逐次逼近型 A/D 转换器

　　逐次逼近型 A/D 转换器是目前采用最多的一种直接型 A/D 转换器。逐次逼近转换过程与用天平称物重的过程非常相似。天平称重的过程是：从最重的砝码开始试放，与被称物体进行比较，若物体重于砝码，则该砝码保留，否则移去；再加上第二个次重砝码，由物体的重量是否大于砝码的重量决定第二个砝码是保留还是移去。照此一直加到最小一个砝码为止。将所有保留的砝码重量相加，就得到了物体的重量。

表 7-2　并联比较型 A/D 转换电路的代码转换表

输入电压 V_I	寄存器状态							输出二进制代码		
	Q_1	Q_2	Q_3	Q_4	Q_5	Q_6	Q_7	D_2	D_1	D_0
$\left(0 \sim \dfrac{1}{15}\right)V_{REF}$	0	0	0	0	0	0	0	0	0	0
$\left(\dfrac{1}{15} \sim \dfrac{3}{15}\right)V_{REF}$	0	0	0	0	0	0	1	0	0	1
$\left(\dfrac{3}{15} \sim \dfrac{5}{15}\right)V_{REF}$	0	0	0	0	0	1	1	0	1	0
$\left(\dfrac{5}{15} \sim \dfrac{7}{15}\right)V_{REF}$	0	0	0	0	1	1	1	0	1	1
$\left(\dfrac{7}{15} \sim \dfrac{9}{15}\right)V_{REF}$	0	0	0	1	1	1	1	1	0	0
$\left(\dfrac{9}{15} \sim \dfrac{11}{15}\right)V_{REF}$	0	0	1	1	1	1	1	1	0	1
$\left(\dfrac{11}{15} \sim \dfrac{13}{15}\right)V_{REF}$	0	1	1	1	1	1	1	1	1	0
$\left(\dfrac{13}{15} \sim 1\right)V_{REF}$	1	1	1	1	1	1	1	1	1	1

逐次比较型 A/D 转换器仿照这一思路，将输入模拟信号与不同的参考电压做多次比较，使转换所得的数字量在数值上逐次逼近输入模拟量对应值。4 位逐次比较型 A/D 转换器的逻辑电路如图 7-20 所示。

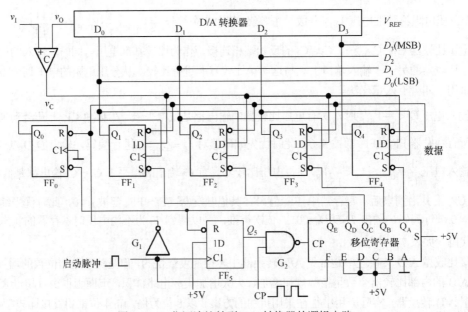

图 7-20　4 位逐次比较型 A/D 转换器的逻辑电路

图中 5 位移位寄存器可进行并入/并出或串入/串出操作，其输入端 F 为并行置数使能端，高电平有效。其输入端 S 为高位串行数据输入。数据寄存器由 D 边沿触发器组成，数字量从 $Q_4 \sim Q_1$ 输出。

电路工作过程如下：当启动脉冲上升沿到达后，$FF_0 \sim FF_4$ 被清零，Q_5 置 1，Q_5 的高电平开启与门 G_2，时钟脉冲 CP 进入移位寄存器。在第一个 CP 脉冲作用下，由于移位寄存器的置数使能端 F 已由 0 变为 1，并行输入数据 A、B、C、D、E 置入，$Q_A Q_B Q_C Q_D Q_E = 01111$，$Q_A$ 的低电平使数据寄存器的最高位（Q_4）置 1，即 $Q_4 Q_3 Q_2 Q_1 = 1000$。D/A 转换器将数字量 1000 转换为模拟电压 v_o，送入比较器 C 与输入模拟电压 v_i 比较，若 $v_i > v_o$，则比较器 C 输出 v_C 为 1，否则为 0。比较结果送 $D_3 \sim D_0$。

第二个 CP 脉冲到来后，移位寄存器的串行输入端 S 为高电平，Q_A 由 0 变为 1，同时最高位 Q_A 的 0 移至次高位 Q_B。于是数据寄存器的 Q_3 由 0 变为 1，这个正跳变作为有效触发信号加到 FF_4 的 CP 端，使 v_C 的电平得以在 Q_4 保存下来。此时，由于其他触发器无正跳变触发脉冲，v_C 的信号对它们不起作用。Q_3 变为 1 后，建立了新的 D/A 转换器的数据，输入电压再与其输出电压 v_o 进行比较，比较结果在第三个时钟脉冲作用下存于 Q_3，……。如此进行，直到 Q_E 由 1 变为 0 时，使触发器 FF_0 的输出端 Q_0 产生由 0 到 1 的正跳变，作为触发器 FF_1 的 CP 脉冲，使上一次 A/D 转换后的 v_C 电平保存于 Q_1。同时使 Q_5 由 1 变为 0 后将 G_2 封锁，一次 A/D 转换过程结束。于是电路的输出端 $D_3 D_2 D_1 D_0$ 得到与输入电压 v_i 成正比的数字量。

由以上分析可见，逐次比较型 A/D 转换器完成一次转换所需时间与其位数和时钟脉冲频率有关，位数越少，时钟频率越高，转换所需时间越短。这种 A/D 转换器具有转换速度快，精度高的特点。

常用的集成逐次比较型 A/D 转换器有 ADC0808/0809 系列（8 位）、AD575（10 位）和 AD1674A（12 位）等。

（3）双积分型 A/D 转换器

双积分型 A/D 转换器是一种间接 A/D 转换器。它的基本原理是：对输入模拟电压和参考电压分别进行两次积分，将输入电压平均值变换成与之成正比的时间间隔，然后利用时钟脉冲和计数器测出此时间间隔，进而得到相应的数字量输出。这种 A/D 转换器多称为电压-时间变换型（简称 VT 型）。由于该转换电路是对输入电压的平均值进行转换，所以它具有很强的抗工频干扰能力，在数字测量中得到广泛应用。

图 7-21 所示为这种转换器的原理电路，它由积分器（由集成运放 A 和 RC 积分电路组成）、过零比较器（C）、时钟脉冲控制门（G）和定时器/计数器（$FF_0 \sim FF_n$）等几部分组成。

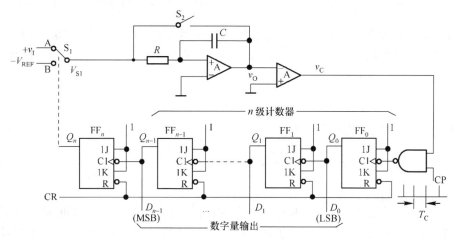

图 7-21　双积分型 A/D 转换器

积分器：积分器是转换器的核心部分，它的输入端所接开关 S_1 由定时信号 Q_n（触发器 FF_n 状态）控制。当 $Q_n = 0$ 时，开关接 v_I，使积分器对输入电压进行积分；当 $Q_n = 1$ 时，开关接 $-V_{REF}$，使积分器对基准电压进行积分，输入电压是正值，而基准电压是负值。因此，在一次 A/D 转换过程中，当 Q_n 为不同电平时，极性相反的输入电压 v_I 和参考电压 V_{REF} 将分别加到积分器的输入端，进行两次方向相反的积分，使这种 A/D 转换器得到了双积分的名称。积分时间常数 $\tau = RC$。

过零比较器：过零比较器用来确定积分器输出电压 v_O 的过零时刻。当 $v_O \geq 0$ 时，比较器输出 v_C 为低电平；当 $v_O < 0$ 时，v_C 为高电平。比较器的输出信号接至时钟控制门（G），作为关门和开门信号。

计数器/定时器：它由 $n+1$ 个接成计数型的触发器 $FF_0 \sim FF_n$ 串联组成。触发器 $FF_0 \sim FF_{n-1}$ 组成 n 级计数器，对输入时钟脉冲 CP 计数，以便把与输入电压平均值成正比的时间间隔转变成数字信号输出。

当计数到 $2n$ 个时钟脉冲时，$FF_0 \sim FF_{n-1}$ 均回到 0 状态，而 FF_n 反转为 1 状态，$Q_n = 1$ 后，开关 S_1 从位置 A 转接到 B。

时钟脉冲控制门：时钟脉冲源标准周期 T_C，作为测量时间间隔的标准时间。当 $v_C = 1$ 时，与门打开，时钟脉冲通过与门加到触发器 FF_0 的输入端。

下面以输入正极性的直流电压 v_I 为例，说明电路将模拟电压转换为数字量的基本原理。A/D 转换器各点工作波形如图 7-22 所示。电路工作过程分为以下几个阶段进行。

① 准备阶段

首先控制电路提供 CR 信号使计数器清零，同时使开关 S_2 闭合，待积分电容放电完毕，再使 S_2 断开。

② 第一次积分阶段

在转换过程开始时（$t=0$），开关 S_1 与 A 端接通，正的输入电压 v_I 加到积分器的输入端，积分器从 0V 开始对 v_I 积分：

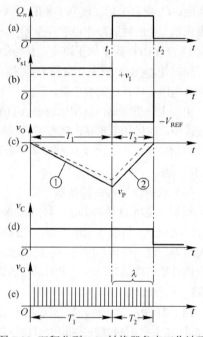

图 7-22 双积分型 A/D 转换器各点工作波形

$$v_O = -\frac{1}{\tau}\int_0^t v_I \mathrm{d}t \qquad (7\text{-}16)$$

由于 $v_O < 0$V，过零比较器输出端 v_C 为高电平，时钟脉冲控制门 G 被打开。于是，计数器在 CP 作用下从 0 开始计数。经过 2^n 个时钟脉冲后，触发器 $FF_0 \sim FF_{n-1}$ 都翻转到 0 状态，而 $Q_n = 1$，使得开关 S_1 由 A 点转到 B 点，第一次积分结束。第一次积分时间为

$$t = T_1 = 2^n T_C \qquad (7\text{-}17)$$

在第一次积分结束时积分器的输出 v_O 电压值 v_P 为

$$v_P = \frac{1}{C}\int_0^{T_1} -\frac{v_I}{R}\mathrm{d}t = -\frac{T_1}{RC}v_I = -\frac{2^n T_C}{\tau}v_I \qquad (7\text{-}18)$$

③ 第二次积分阶段

当 $t = t_1$ 时，S_1 转接到 B 点，具有与 v_I 相反极性的基准电压 $-V_{REF}$ 加到积分器的输入端；积分器开始向相反进行第二次积分；当 $t = t_2$ 时，积分器输出电压 $v_O > 0$V，比较器输出 $v_C = 0$，时钟脉冲控制门 G 被关闭，计数停止。在此阶段结束时，v_O 的表达式可写为

$$v_O(t_2) = v_P - \frac{1}{\tau}\int_{t_1}^{t_2}(-V_{REF})\mathrm{d}t = 0 \qquad (7\text{-}19)$$

设 $T_2 = t_2 - t_1$，于是有

$$\frac{V_{\text{REF}} T_2}{\tau} = \frac{2^n T_C}{\tau} v_I \qquad\qquad (7\text{-}20)$$

令计数器在 T_2 这段时间里对固定频率为 f_C（ $f_C = \dfrac{1}{T_C}$ ）的时钟脉冲 CP 计数。设在此期间计数器所累计的时钟脉冲个数为 λ，则

$$T_2 = \lambda T_C \qquad\qquad (7\text{-}21)$$

$$T_2 = \frac{2^n T_C}{V_{\text{REF}}} v_I \qquad\qquad (7\text{-}22)$$

可见，T_2 与 v_I 成正比，T_2 就是双积分 A/D 转换过程的中间变量。

$$\lambda = \frac{T_2}{T_C} = \frac{2^n}{V_{\text{REF}}} v_I \qquad\qquad (7\text{-}23)$$

式（7-23）表明，在计数器中所计得的数 λ（ $\lambda = Q_{n-1} \cdots Q_1 Q_0$ ）与在取样时间 T_1 内输入电压的平均值 v_I 成正比。只要 $v_I < V_{\text{REF}}$，转换器就能将输入电压转换为数字量，并能从计数器读取转换结果。如果取 $V_{\text{REF}} = 2^n$ V，则 $\lambda = v_I$，计数器所计的数在数值上就等于被测电压。也就是说，A/D 转换结束后，计数器的状态 $Q_{n-1} \cdots Q_1 Q_0$ 就是 v_I 对应转换的数字量 $D_{n-1} D_{n-2} \cdots D_1 D_0$。

由于双积分型 A/D 转换器在 T_1 时间内采的是输入电压的平均值，因此具有很强的抗工频干扰能力。尤其对周期等于 T_1 或几分之一 T_1 的对称干扰（所谓对称干扰是指整个周期内平均值为零的干扰），从理论上来说，有无穷大的抑制能力。即使当工频干扰幅度大于被测直流信号，使输入信号正负变化时，仍有良好的抑制能力。在工业系统中经常碰到的是工频（50Hz）或工频的倍频干扰，故通常选定采样时间 T_1 总是等于工频电源周期的倍数，如 20ms 或 40ms 等。另一方面，由于在转换过程中，前后两次积分所采用的是同一积分器，因此，在两次积分期间（一般在几十至数百毫秒之间），R、C 和脉冲源等元器件参数的变化对转换精度的影响均可以忽略。

最后必须指出，在第二次积分阶段结束后，控制电路又使开关 S_2 闭合，电容 C 放电，积分器回零。电路再次进入准备阶段，等待下一次转换开始。双积分型 A/D 转换器属于低速 A/D 转换器。

单片集成双积分式 A/D 转换器有 ICL7106、ICL7109、ICL7135 和 ICL7129 等。

（4）Σ–$\triangle$ 型 A/D 转换器

Σ–$\triangle$ 模数转换器主要由两部分构成：Σ–$\triangle$ 调制器以及数字抽取滤波器。它不是根据信号的幅度进行量化编码的，而是根据前一采样值与后一采样值之差（即所谓的增量）进行量化编码的。

Σ–$\triangle$ 模数转换器的工作原理简单地讲，就是将模数转换过后的数字量再做一次窄带低通滤波处理。当模拟量进入转换器后，先在调制器中做求积处理，并将模拟量转为数字量，在这个过程中会产生一定的量化噪声，这种噪声将影响输出结果，因此，采用将转换过的数字量以较低的频率一位一位地传送到输出端，同时在这之间加一级低通滤波器的方法，就可将量化噪声过滤掉，从而得到一组精确的数字量。

（5）V–F 型 A/D 转换器

V–F 型 ADC 的组成框图如图 7-23 所示。它由压控振荡器（Voltage Controlled Oscillator，VCO）、寄存器、计数器和时钟控制等部分组成。

图 7-23　V–F 型 ADC 组成框图

压控振荡器是一种频率可控的振荡器，其输出信号的频率 f 随输入模拟电压 v_I 的变化而变化。

当控制信号 v_G 为高电平时，VCO 输出频率为 f 的脉冲信号并由计数器计数。由于 v_G 的脉宽固定为 t_G，所以在 t_G 时间里通过与门控制电路的脉冲个数与 f 成正比，亦与输入的模拟电压 v_I 成正比。在一个转换过程结束后，对应于 v_G 脉冲信号的下降沿，将计数器中存储的转换结果存入寄存器中。

V–F 型 ADC 的转换精度首先取决于 V–F 变换器的精度。其次，还受计数器容量的影响，计数器容量越大，转换误差越小。

V–F 型 ADC 的特点是抗干扰能力较强，但转换精度较低，转换速度较慢。

（6）串并联型 A/D 转换器

串并联型 A/D 转换器是在并联比较型 A/D 转换器基础上发展起来的。通过将两个并联比较型 A/D 转换器串联，简化电路，得到串并联型 A/D 转换器。

它的工作原理是首先通过第一级 A/D 转换器进行粗略的 A/D 变换，确定高位；再将这个信号输入到 DAC，还原为模拟值，取出与输入信号的差并放大；再将这个信号通过第二个 A/D 转换器进行 A/D 转换，决定低位，最后和之前得到的高位合成，得出 A/D 转换器的输出。

以一个 6 位 A/D 转换器为例，若采用并联比较型 A/D 转换器，需要 63 个电压比较器、63 个 D 触发器及复杂的编码网络。若将两个 3 位并联比较型 A/D 转换器串联起来，加上必要的附加电路，就构成一个串并联型 A/D 转换器，如图 7-24 所示。

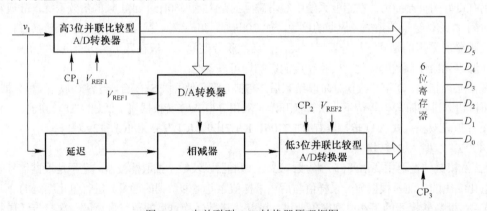

图 7-24　串并联型 A/D 转换器原理框图

图中，基准电压 $V_{REF2} = \dfrac{1}{8} V_{REF1}$。采样–保持模拟信号 v_I 加到高 3 位并联比较型 A/D 转换器的输入端，在时钟 CP_1 作用下，高 3 位并联比较型 A/D 转换器完成 3 位数字代码的转换。高 3 位输出的二进制信号加至 3 位 D/A 转换器，转换成对应的模拟电压，与经过延迟后同一模拟输入信号 v_I 相减，其差值加到低 3 位并联比较型 A/D 转换器，经 CP_2 时钟的作用，完成对差值的 A/D 转换，输出低 3 位数字信号。高 3 位和低 3 位数字信号在时钟 CP_3 作用下，同时存入 6 位寄存器，从而实现 6 位 A/D 转换。

其中的延迟电路是将输入信号 v_I 延迟，然后加到相减器，使得在相减器中的模拟信号 v_I 是同一采样点的信号。

现举例说明串并联型 A/D 转换器的工作过程。假设$V_{REF1}=8V$，$V_{REF2}=1V$，输入采样-保持电路的模拟信号 v_I= 6.55V。

根据表 7-2 可以得出，在 CP_1 节拍脉冲作用下，V_{REF1}=8V，而$\frac{11}{15}V_{REF1}\leqslant 6.55V<\frac{13}{19}V_{REF1}$，则高 3 位转换器的输出二进制代码为 $D_2D_1D_0$=110。二进制码 110 加到 DAC 上，若 DAC 是倒 T 形 DAC，则根据式（7-7）可以求出 DAC 输出的模拟电压为 6V。经过相减器相减后，输出的差值为 0.55V。0.55V 加到低 3 位 ADC，由于 V_{REF2}=1V，所以$\frac{7}{15}V_{REF2}\leqslant 0.55V<\frac{9}{19}V_{REF2}$，由表 7-2 可以看出，在 CP_2 时钟作用下，低 3 位 A/D 转换器输出的二进制代码为 $D_2D_1D_0$=100。最后，在 CP_3 时钟作用下，将高 3 位、低 3 位 A/D 转换器的输出代码同时存入到 6 位寄存器，从而得到 6 位二进制代码的输出 110100。完成对模拟信号 v_I 的 A/D 转换。

可见，采用串并联型 A/D 转换器，所需的硬件数目比并联比较型 A/D 转换器的要少，而转换速度是比较快的。

7.4　本 章 小 结

随着系统数字化的到来，微处理器和微型计算机在各种检测、控制和信号处理系统中广泛应用，促进了 A/D 和 D/A 转换技术的迅速发展。随着计算机计算精度的不断提高，对 ADC、DAC 转换精度和转换速度提出了更高的要求。ADC 和 DAC 已经成为现代数字系统不可缺少的重要组成部分。

D/A 转换器是将数字量转换成模拟量的器件。它的种类繁多，结构各不相同，但主要由数码寄存器、模拟电子开关电路、解码电路、求和电路和基准电压几部分组成。权电阻 D/A 转换器的最大特点是转换速度快，但随着转换精度的提高，电路结构趋于复杂。而且，权电阻组织分布的范围宽，制造精度和稳定性不容易保证，对转换精度有一定影响。R-2R、T 形电阻同路 DAC 只使用两种阻值的电阻，最适合于集成工艺，因此，集成 DAC 普遍采用这种电路结构。该结构中输入数字量 d_3、d_2、d_1、d_0，分别控制模拟电子开关 K_3、K_2、K_1、K_0 的工作状态，所以两只电阻支路上流过的电压呈二进制“权”关系，不因模拟开关接通的位置而改变，因而模拟开关上没有电压波动，对转换精度影响较小，并且参考电源负载电流恒定不变。

A/D 转换器是将模拟量转换成数字量的器件。它一般包括采样、保持、量化和编码 4 个过程。ADC 的类型很多，按照工作原理有并行比较型 ADC、逐次比较型 ADC 和双积分型 ADC 等；从转换过程看，可分为直接 A/D 转换器和间接 A/D 转换器。并行比较型 ADC 的转换速度快，主要缺点是要用的比较器和触发器很多，随着分辨率的提高，所需元件数目按几何级数增加。双积分型 ADC 的性能比较稳定，转换精度高，具有很高的抗干扰能力，电路结构简单，其缺点是工作速度较低，在对转换精度要求较高而对转换速度要求较低的场合，如数字万用表等检测仪器中，得到了广泛的应用。逐次逼近型 ADC 的分辨率较高、误差较低、转换速度较快，在一定程度上兼顾了以上两种转换器的优点，因此得到了普遍应用。

D/A 转换器和 A/D 转换器的种类很多，本章重点是了解几种典型转换电路的基本工作原理、输出量和输入量之间的定量关系、主要特点，了解转换精度和转换速度的概念。

习　　题

7.1　某 8 位 D/A 转换器，试回答下述问题：

（1）若最小输出电压增量为 0.02V，当输入二进制码 01010001 时，输出电压 V_O 为多少？

（2）该 D/A 转换器的分辨率用百分数表示为多少？

（3）若某系统要求 D/A 转换器的转换精度优于 0.3%，这个 D/A 转换器能否应用？

7.2 某控制系统中有一个 D/A 转换器，若系统要求 D/A 转换器的转换精度小于 0.25%，试问应选多少位的 D/A 转换器？

7.3 电阻网络 D/A 转换器如图 P7-1 所示，当 $R_F=R$ 时：

（1）求输出电压的取值范围；

（2）若要求输入数字量为 200H 时输出电压 $V_O=5V$，V_{REF} 应如何取值？

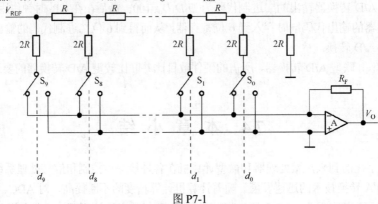

图 P7-1

7.4 电阻网络 D/A 转换器如图 P7-2 所示，各电阻比例如图所示，试求：

（1）电路输出 V_O 与输入量 $d_3d_2d_1d_0$ 的关系式；

（2）若设 $R=8M\Omega$，$V_{REF}=12.0V$，$R_F=60k\Omega$，求 V_O 的输出范围；

（3）在条件（2）下，若测得 $V_O=3.4V$，求输入 $d_3d_2d_1d_0$ 状态。

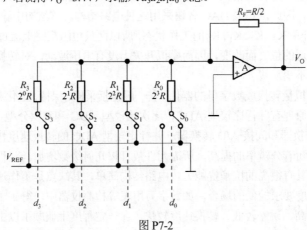

图 P7-2

7.5 已知 12 位二进制 D/A 转换器满输出为 10V，求它的分辨率和对应于一个最低位的电压。

7.6 在图 P7-3 所示的 8 位 R-2R 电阻网络 DAC 中，$R_F=3R$，若 $d_7d_6d_5d_4d_3d_2d_1d_0=00000001$ 时，$V_O=0.04V$，那么输入为 00100111 和 11111111 时 V_O 各为多少？

7.7 4 位 T 形电阻网络 D/A 转换器电路如图 P7-4 所示。

（1）根据电路工作原理，写出 V_O 的表达式。

（2）若 $V_{REF}=-10V$，$R=20k\Omega$，$R_F=60k\Omega$，求 V_O 的输出范围。

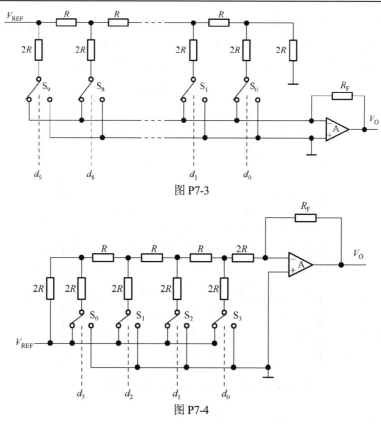

图 P7-3

图 P7-4

7.8　若将图 P7-4 所示的 T 形电阻网络 D/A 转换器扩展为 8 位，已知 $V_{REF}=-10V$，$R=50k\Omega$，$R_F=150k\Omega$，已测得输出电压 $V_O=7.03V$。

（1）求输入 D 的状态。

（2）当输入数字量 $D=(00100101)_2$ 时，求 V_O 的值。

7.9　AD7520、运算放大器和 74LS161 组成图 P7-5 所示的电路。图中 AD7520 的 $d_5\cdots d_1d_0$ 都接地，V_{REF} 接 $-10V$。讨论在时钟 CLK 作用下输出 V_O 的变化情况，画出相应的波形图。

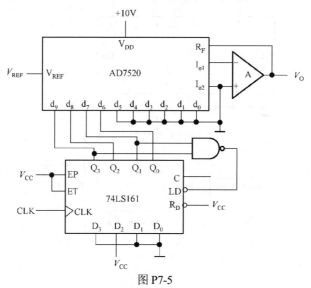

图 P7-5

7.10 AD7520、运算放大器、RAM 和 74LS161 组成图 P7-6 所示的电路,画出输出电压 V_o 的波形图。表 P7-1 所示为 RAM 16 个地址单元中所存的数据。高 6 位地址 $A_9 \sim A_4$ 始终为 0,在表中没有列出,RAM 的输出数据只用了低 4 位,作为 AD7520 的输入。因 RAM 的高 4 位数据没有使用,故表中也未列出。

表 P7-1　RAM 数据表

A_3	A_2	A_1	A_0	D_3	D_2	D_1	D_0
0	0	0	0	1	1	1	1
0	0	0	1	0	1	1	1
0	0	1	0	0	0	1	1
0	0	1	1	0	0	0	1
0	1	0	0	0	0	0	0
0	1	0	1	0	0	0	1
0	1	1	0	0	0	1	1
0	1	1	1	0	1	1	1
1	0	0	0	1	1	1	1
1	0	0	1	0	1	1	1
1	0	1	0	0	0	1	1
1	0	1	1	0	0	0	1
1	1	0	0	0	0	0	0
1	1	0	1	0	0	0	1
1	1	1	1	0	0	1	1

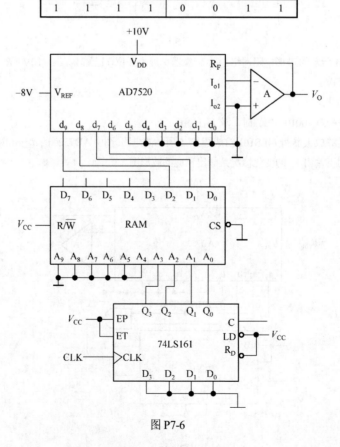

图 P7-6

7.11 有一个 12 位 ADC 电路，它的输入满量程是 $U_m = 5V$，试计算分辨率。

7.12 对于满刻度为 10V，分辨率达到 1mV 的 A/D 转换器，其位数应是多少？当模拟输入电压为 5.2V 时，输出数字量是多少？

7.13 将图 7-19 所示的 3 位并联比较型 A/D 转换器输出数字量增至 8 位，采用图 7-14 所示的四舍五入量化法，试问最大的量化误差为多少？在保证 V_{REF} 变化引起的误差 $\leqslant \frac{1}{2}$LSB 的条件下，V_{REF} 的相对稳定度 $\left(\dfrac{\Delta V_{REF}}{V_{REF}}\right)$ 应为多少？

7.14 一个 10 位逐次逼近型 A/D 转换电路，其最小量化单位电压为 0.005V。试求：

（1）基准电压 V_{REF}；

（2）可转换的最大模拟电压；

（3）若输入电压 $V_1 = 3.568V$，其转换成数字量为多少？

第 8 章　半导体存储器

8.1　半导体存储器概述

半导体存储器是微型计算机的重要组成部分，是微型计算机的重要记忆元件，常用于存储程序、常数、原始数据、中间结果和最终结果等数据。半导体存储器按照掉电后数据是否具有存储能力，分为 ROM（Read Only Memory）和 RAM（Random Access Memory）两大类。ROM 在系统停止供电时仍然可以保持数据，常用来存储程序、常数等，而 RAM 通常都是在掉电之后就丢失数据，常用来存储变量和中间结果等。按照制造工艺，又可分为双极性存储器和 MOS 型存储器。根据数据的输入/输出方式，可分为串行存储器和并行存储器。下面首先介绍几个与半导体存储器有关的基本概念。

位（bit）：计算机中表示信息的基本单元是位，它用来表达一个二进制信息"1"或"0"。在存储器中，位信息是由具有记忆功能的半导体电路（如触发器）实现的。

字节（Byte）：计算机中的信息大多是以字节形式存放的。一个字节由 8 个信息位组成，通常把一个字节作为一个存储单元。

字（Word）：字是计算机进行数据处理时，存取、加工和传递的一组二进制位，它的长度叫做字长。字长通常和处理器的位数有关，对于 32 位系统，1 个字由 4 字节组成，而对于 16 位系统，一个字由两个字节组成。常用的存储器的字长有 1 位（bit，b）、4 位、8 位和 16 位。一般把 8 位字长称为 1 字节（Byte，B），16 位字长称为 1 字（Word）。

容量：存储器芯片的容量是指在一块芯片中所能存储的信息位数总和。例如，8K×8b 的芯片，其容量为 8×1024×8=65536b 信息。存储器容量一般以字节的数量表示，如上述芯片的存储容量为 8KB。

地址：字节所处的物理空间位置是以地址标识的。可以通过地址码访问某一字节，即一个字节对应一个地址。

对于 16 位地址线的微机系统来说，地址码是由 4 位十六进制数表示的。16 位地址线所能访问的最大地址空间为 64KB。64KB 存储空间的地址范围是 0000H～FFFFH，第 0 个字节的地址为 0000H，第 1 个字节的地址为 0001H，……，第 65535 个字节的地址为 FFFFH。

8.2　只读存储器

只读存储器（ROM）的种类很多，从编程工艺和擦除方法上可以分为固定只读存储器、可编程只读存储器（Programmable Read Only Memory，PROM）、紫外线擦除可编程只读存储器（Ultra-Violet Erasable Programmable Read Only Memory，UVEPROM）、电可擦除只读存储器（Electrically Erasable Programmable Read Only Memory，E^2PROM）和闪速存储器（Flash Memory）。近年来，Flash Memery 技术发展非常迅速，在存储容量、寿命和价格方面均取得较大突破，在 U 盘、SD 卡、嵌入式、IT 等领域应用非常普遍，是当今 ROM 中非常有发展前景的一员。

（1）半导体只读存储器中的存储单元为一个半导体器件，如二极管、双极型晶体管或 MOS 型晶体管，它位于字线和位线交叉处。以增强型 N 沟道 MOS 晶体管为例，其栅极引出线接字线，漏极引出线接位线，源极引出线接地。当字线为高电平时，晶体管导通，位线输出低电平（逻辑"0"）。若交叉点处没有连接晶体管，则位线被负载晶体管拉向高电平（逻辑 1）。其他未选中的字线都处于低电平，所有挂在字线上的晶体管都是不导通的，所以不影响位线的输出电平。这样，以字线和位线交叉点是否连有晶体管来确定该点（存储单元）存储的数据是 0 还是 1。

（2）掩模型只读存储器（mask ROM）所存储的数据功能，是以在制造过程中所用的掩模决定的，所以也称为掩模只读存储器。实际应用中除了少数品种的只读存储器（如字符发生器、中文字库等）可以通用之外，不同用户所需只读存储器的内容是不相同的。为便于用户使用，又适于工业化大批量生产，后来出现了可编程的只读存储器。其电路设计是在每个存储单元（如肖特基二极管）上都串接一个熔丝。正常工作状态下，熔丝起导线作用；当在与之相连的字线、位线上加大工作偏压时，熔丝被熔断。用这种办法，用户可以自己编写并存储所需的数据。

（3）可编程只读存储器（PROM）的任一单元都只能写一次，这是很不方便的。为了解决这一问题，又出现了可擦除可编程只读存储器（UVEPROM）。这种存储器采用最多的是浮栅雪崩注入 MOS 单元。当在选定单元的源引出线或漏引出线上加足够高的电压使器件发生雪崩击穿时，高能热电子穿过栅氧化层注入到悬浮栅上去，使浮栅带电，从而改变沟道导通状态，达到写入的目的。擦去是通过紫外光照射完成的。紫外光的照射使浮栅上的电子能得到足够能量并穿透栅氧化层势垒，从而使浮栅消除带电状态，可擦除可编程存储器的写入速度比较慢，每位写入速度为几十至几百毫秒，写完整片存储器需要几十到几百秒，擦去速度则更慢，在一般紫外光源照射下需几十分钟。

（4）电可擦除的只读存储器（E²PROM）只需在高压脉冲或工作电压下进行擦除，而无须借助紫外线照射，所以比 EPROM 更灵活方便，而且它还有字擦除（只擦一些或一个字）功能。它的原理是在强电场作用下，通过隧道效应将电子注入到浮栅上去，或反过来将电子从浮栅上拉走。这样，就可以通过电学方法方便地对存储器进行擦和写。电可擦除的只读存储器擦写速度约几毫秒，相比读出速度要慢好几个数量级。

（5）闪速存储器（Flash Memory）是新一代用电信号的可擦除的可编程 ROM。它既具有 EPROM 结构简单、编程可靠的优点，又具有 E²PROM 擦除快捷、集成度高的特点。由于其集成度高、容量大、成本低和使用方便，应用日益广泛，如用于数码相机、MP3 随身听等。

8.2.1　掩模只读存储器

掩模只读存储器（mask ROM）因在制造过程中，将资料以一特制光罩（mask）烧录于线路中而得名，其资料内容在写入后就不能更改，所以有时又称为光罩式只读内存。mask ROM 的制造成本较低，免去了生产企业日后生产时编程的麻烦，通常 mask ROM 适用于使用量较大且内容固定不需要修改的场合，如显卡内的字符发生器、16 点阵汉字点阵宋体字库、24 点阵汉字点阵宋体字库和早期计算机显卡 BIOS 等。掩模存储器不仅在常规 ROM 中大量使用，而且在嵌入式单片机中也经常使用。

ROM 主要由地址译码器、存储矩阵和输出缓冲器 3 部分组成，其基本结构如图 8-1 所示。

存储单元可以由二极管、双极型三极管或 MOS 管构成。每个存储单元可存储一位二值信息（"0" 或 "1"）。按 "字" 进行存放、读取数据，每个 "字" 由若干存储单元组成，即包含若干 "位"。字的位数称为 "字长"。

地址译码器的作用是将输入的地址代码 $A_{n-1}A_{n-2}\cdots A_0$ 译成相应的控制信号，利用这个控制信号从存储矩阵中把指定的单元选出，并把其中的数据送到输出缓冲器输出 $D_{m-1}D_{m-2}\cdots D_0$。也就是说，每当给定

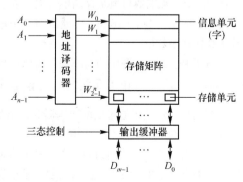

图 8-1　ROM 的内部结构示意图

一组输入地址时，地址译码器选中某一条输出字线 W_i，该字线对应存储矩阵中的某个"字"，并将该字中的 m 位信息通过位线送至输出缓冲器进行输出。这样，每个地址码对应存储矩阵中的一个字。

输出缓冲器可以提高存储器的带负载能力，也可以对输出状态进行三态控制，以便于与系统总线连接。

图 8-2 所示为由二极管构成的存储矩阵电路结构图。这是一个具有两位地址输入码和 4 位数据输出的 ROM 电路，它的存储矩阵和译码器均由二极管阵列构成。输入地址是 A_1A_0，经过地址译码器（由与阵列构成）分别译成 $W_3W_2W_1W_0$，称为字线。经过存储矩阵（由或阵列构成）、输出缓冲器后的输出数据为 $D_3D_2D_1D_0$，称为位线（或数据线）。此外，A_1A_0 称为地址线，信号 $\overline{EN}$ 实现对输出的三态控制。

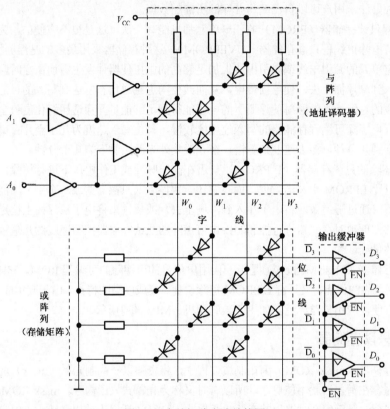

图 8-2　存储矩阵电路结构图

字线和位线的每个交叉点都是一个存储单元。图 8-2 中接二极管相当于存 1，没有接二极管相当于存 0。交叉点的数目就是存储单元数，表示存储器的容量，即存储器的容量=字线×位线。图 8-2 中的 ROM 容量 $= 4×4 = 16$ 位，更通常的写法是 4×4 位或 $2^2×4$ 位，这样可以直观地表示存储器的地址线数量和数据线数量。

分析 ROM 电路图中的与阵列，可以得到与阵列的输出表达式：

$$W_0 = \overline{A_1}\,\overline{A_0} \qquad W_1 = \overline{A_1}A_0 \qquad W_2 = A_1\overline{A_0} \qquad W_3 = A_1A_0$$

很明显，地址码通过地址译码器的输出是最小项的形式，每个字线对应一个最小项，而且字线的编号方式与最小项的编号方式相同，例如，$W_0 = m_0$，$W_1 = m_1$ 等。因此，每次指定地址输入后，有且只有一条指定的字线输出为高电平。从而存储矩阵的该字线和位线交叉点所对应的二极管导通，对应数据线输出高电平；反之，没有二极管的交叉口数据线仍为低，认为存 0。

分析 ROM 电路图中的存储矩阵，得到或阵列的输出表达式：

$$D_0 = W_0 + W_2 \qquad D_1 = W_1 + W_2 + W_3$$

$$D_2 = W_0 + W_2 + W_3 \qquad D_3 = W_1 + W_3$$

表 8-1 ROM 输出信号真值表

A_1	A_0	D_3	D_2	D_1	D_0
0	0	0	1	0	1
0	1	1	0	1	0
1	0	0	1	1	1
1	1	1	1	1	0

该 ROM 输出信号的真值表如表 8-1 所示。从存储器角度看，A_1A_0 是地址码，$D_3D_2D_1D_0$ 是数据。表 8-1 说明：在 00 地址中存放的数据是 0101；01 地址中存放的数据是 1010，10 地址中存放的数据是 0111，11 地址中存放的数据是 1110。只要输入地址码，就会输出指定位置存放的数据。

从函数发生器角度看，A_1、A_0 是两个输入变量，D_3、D_2、D_1、D_0 是 4 个输出函数。表 8-1 说明：当变量 A_1、A_0 取值为 00 时，函数 $D_3=0$、$D_2=1$、$D_1=0$、$D_0=1$；当变量 A_1、A_0 取值为 01 时，函数 $D_3=1$、$D_2=0$、$D_1=1$、$D_0=0$；……

从译码编码角度看，与阵列先对输入的二进制代码 A_1A_0 进行译码，得到 4 个输出信号 W_0、W_1、W_2、W_3，再由或阵列对 $W_0 \sim W_3$ 4 个信号进行编码。表 8-1 说明：W_0 的编码是 0101；W_1 的编码是 1010；W_2 的编码是 0111；W_3 的编码是 1110。

从图 8-2 可见，ROM 的电路结构很简单，所以集成度可以做得很高，而且一般都是批量生产，价格便宜。

为简化电路图，图 8-2 所示的 ROM 可以画成图 8-3 所示的阵列图。在阵列图中，每个交叉点表示一个存储单元。有二极管的存储单元用一黑点表示，意味着存储的数据是 1；没有二极管的存储单元不用黑点表示，意味着存储的数据是 0。

除了用二极管制作 ROM 外，还可以用 MOS 工艺，如图 8-4 所示，用 N 沟道增强型 MOS 管代替原来图 8-2 中的二极管。在大规模集成电路中，MOS 管多制作成对称结构。它的工作方式和图 8-2 所示的结构类似，通过给定地址代码，经地址译码器选中某根字线为高电平，从而使接在这根字线上的 MOS 管导通，并使这些与 MOS 管漏极连接的位线为低电平，经输出缓冲器反向后，在数据输出端得到高电平。

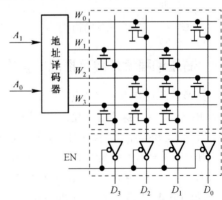

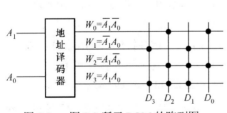

图 8-3 图 8-2 所示 ROM 的阵列图　　　　图 8-4 由 MOS 管构成的 ROM

那么位线交叉点上接 MOS 管的相当于存 1，没有接 MOS 管的相当于存 0。图 8-3 所示存储矩阵中所存的数据与表 8-1 中的数据相同。

8.2.2 一次可编程只读存储器（PROM）

只读存储器所存的数据，一般是在装入整机前事先写好的，整机工作过程中只能从只读存储器中读出事先存储的数据，而不像随机存储器那样能快速、方便地加以改写。由于 ROM 所存的数据比较稳定，不易改变，即使在断电后所存数据也不会改变，而且它的结构也比较简单，读出又比较方便，因而常用于存储各种固定程序、表格和数据。

OTP PROM 的总体结构和 mask ROM 一样，同样由地址译码器、存储矩阵和输出缓冲器组成。不过在出厂时，存储的内容为全 0（或全 1），用户根据需要，可将某些单元改写为 1（或 0）。

在熔丝型 PROM 的存储矩阵中，每个存储单元都接有一个存储管，但每个存储管的一个电极都通过一根易熔的金属丝接到相应的位线上，如图 8-5 所示。熔丝用很细的低熔点合金丝或多晶硅导线制成。

用户对 PROM 的编程是逐字逐位进行的。PROM 采用熔丝或 PN 结击穿的方法编程，首先通过字线和位线选择需要编程的存储单元，然后通过规定宽度和幅度的脉冲电流，将该存储管的熔丝熔断，这样就将该单元的内容改写了。由于熔丝熔断或 PN 结击穿后不能再恢复，因此 PROM 只能改写一次。一旦编程之后，信息就永久性地固定下来。用户可以读出其内容，但是无法改变它的内容。

与存储元件相比，熔丝的结构较大，而且为了保证熔丝熔断时产生的金属物质不影响器件的其他部分，设计时还必须留出较大的保护空间，因此熔丝占的芯片面积较大。

采用 PN 结击穿法 PROM 的存储单元原理图如图 8-6(a)所示，字线与位线相交处由两个肖特基二极管反向串联而成。正常工作时两个二极管由于总有一个二极管不导通，因此字线和位线断开，相当于存储了 0。若要将该单元改写为 1，可使用恒流源产生 100～150mA 的电流使 VD_2 击穿短路（击穿短路的 PN 结不可恢复），存储单元只剩下一个正向连接的二极管 VD_1（如图 8-6(b)所示），相当于该单元存储了 1，未击穿 VD_2 的单元仍存储 0。

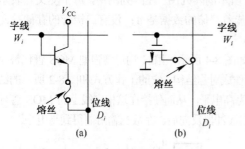

图 8-5　常见的熔丝结构

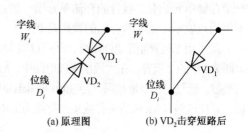

图 8-6　PN 结击穿法 PROM

8.2.3　高压编程紫外线可擦除的多次可编程只读存储器

上述两种芯片存放的信息只能读出而无法修改，这给许多方面的应用带来不便，由此又出现了可擦除的 ROM 芯片。这类芯片允许用户通过一定的方式多次写入数据或程序，也可根据需要修改和擦除其中所存储的内容，且写入的信息不会因为掉电而丢失。由于具有这些特性，可擦除的 PROM 芯片在系统开发、科研等领域得到了广泛的应用。可擦除的 PROM 芯片有紫外线可擦除可编程只读存储器 UVEPROM、电可擦除可编程只读存储器 E^2PROM 以及闪速存储器（Flash Memory）。

UVEPROM 通常简称为 EPROM，它采用叠栅注入 MOS 管（Stacked-gate Injection Metal-Oxide-Semiconductor，即 SIMOS 管），其结构示意图和符号如图 8-7 所示。

SIMOS 管本身是一个 N 沟道增强型 MOS 管，与普通 MOS 管的区别在于它有两个重叠的栅极：控制栅 G_c 和浮栅 G_f。上面的控制栅用于控制读/写操作；下面的浮栅被包围在绝缘材料 SiO_2 中，用于长期保存注入的电荷。当浮栅上没有电荷时，给控制栅加上正常的高电平（由字线输入），能够使 MOS 管导通；而在浮栅上注入负电荷以后，则衬底表面感应出正电荷，这使得 MOS 管的开启电压变高，正常的高电平不会使 MOS 管导通。由此可见，PROM 是利用 SIMOS 管的浮栅上有无负电荷来存储二进制数据的，有负电荷表示存储的是 1，无负电荷表示存储的是 0。

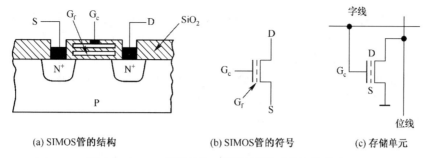

(a) SIMOS管的结构　　　　(b) SIMOS管的符号　　　　(c) 存储单元

图 8-7　SIMOS 管的结构、符号及其构成的存储单元

在写入数据之前，浮栅上都是不带电荷的，相当于存储的信息全部为 0。在写入数据时，用户通过编程器在 SIMOS 管的漏极-源极间加以较高的电压（20～25V），使之发生雪崩击穿现象。如果此时再在控制栅上加上高压脉冲，就会有一些电子在高压电场的作用下穿过 SiO_2 层，被浮栅俘获，从而实现了电荷注入，也就是向存储单元写入了 1。在断电后，浮栅上的电子没有放电回路，所以信息可以长久保存。

在紫外线的照射下，SiO_2 层中会产生电子-空穴对，为浮栅上的电荷提供放电通路，使之放电，这个过程称为擦除，擦除时间为 10～30min。在所有的数据都被擦除后又可以重新写入数据。EPROM 器件外壳上的玻璃窗就是为紫外线擦除数据而设置的。在编程完毕后，通常用不透明的胶带将玻璃窗遮住，以防数据丢失。紫外线可擦除存储器芯片和窗口图如图 8-8 所示。

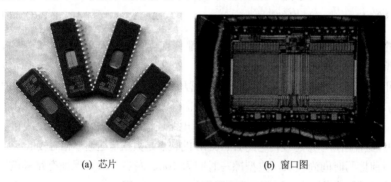

(a)　芯片　　　　　　　　　　(b)　窗口图

图 8-8　EPROM 芯片和窗口图

尽管 EPROM 芯片既可读出所存储的内容，也可以对其进行编程写入和擦除，但它们和 RAM 还是有本质区别的。首先它们不能够像 RAM 芯片那样快速地写入和修改，它们的写入需要一定的条件（高电压）；另外，RAM 中的内容在掉电之后会丢失，而 EPROM（E^2PROM）则不会，其上的内容一般可保存几十年。EPROM 常见的是 27 系列，其中 27C 系列采用 CMOS 工艺，功耗较低。

8.2.4　电擦除的多次可编程只读存储器

紫外线可擦除的 EPROM 虽然具备了可擦除的功能，但是擦除操作复杂，擦除速度很慢。为了克服这些缺点，又研制了电擦除可编程只读存储器 E^2PROM（Electrically Erasable PROM）。

电擦除可编程只读存储器 E^2PROM 的主要优点是能在应用系统中进行在线电擦除和在线电写入（写入时不需要高压），并能在断电情况下保持修改的结果。它比紫外线擦除的 EPROM 方便，因此，在智能仪表、控制装置、分布式监测系统子站和开发装置中得到广泛应用。

E^2PROM 的存储单元采用浮栅隧道氧化层 MOS 管（Floating gate Tunnel Oxide，Flotox 管），它的结构和符号如图 8-9 所示。Flotox 管与 SIMOS 管相似，也属于 N 沟道增强型 MOS 管，并且有两个栅极：控制栅 G_c 和浮置栅 G_f。所不同的是，Flotox 管的浮置栅与漏极直接有一个氧化层极薄（厚度在 2×10^{-8} m 以下）的区域。这个区域称为隧道区。当隧道区的电场强度达到一定程度（$> 10^7$ V/cm）时，便在漏区和浮置栅之间出现导电隧道，电子可以双向通过，形成电流，这种现象称为隧道效应。

加到控制栅 G_c 和漏极 D 上的电压是通过浮置栅–漏极间的电容和浮置栅–控制栅间的电容分压到隧道区上的。为了使加到隧道区上的电压尽量大，需要尽可能减小浮置栅和漏极间的电容，因而要求把隧道区的面积制作得非常小。可见，在制作 Flotox 管时对隧道区氧化层的厚度、面积和耐压的要求都很严格。

为了提高擦写的可靠性，并保护隧道区的超薄氧化层，在 E^2PROM 的存储单元中除了 Flotox 管以外，还附加了一个选通管，如图 8-10 所示。图中 VT_1 为 Flotox 管（也称为存储管），VT_2 为普通的 N 沟道增强型 MOS 管（也称为选通管），根据浮置栅上是否有负电荷来区分存储单元的 1 或 0 状态。

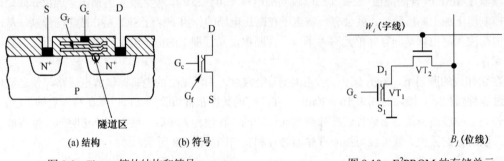

图 8-9　Flotox 管的结构和符号　　　　图 8-10　E^2PROM 的存储单元

E^2PROM 的擦写是有一定寿命的，现在的产品都具有较好的耐久性，典型擦写寿命为 100 000 次，高可靠的产品寿命达 1 000 000 次。

E^2PROM 可作为程序存储器使用，也可作为数据存储器使用，连接方式较灵活。E^2PROM 器件大多是并行总线传送的，常见的有 28C××，其中××表示容量。也有采用串行总线传送的 E^2PROM，常见的有 24C××（××表示容量），串行 E^2PROM 具有体积小、成本低、电路连接简单、占用系统地址线和数据线少的优点，在嵌入式系统中广泛使用，串行总线传送的 E^2PROM 的缺点是数据传送速率相对较低。

E^2PROM 目前擦写时间尚较长，典型擦写时间为 10ms 左右，故要保证有足够的写入时间，有的 E^2PROM 芯片设有写入结束标志，可供中断或查询。

8.2.5　闪速只读存储器

闪速只读存储器（Flash Memory）是新型的非易失性的存储器 NVM（Non-Volatile Memory），即使在供电电源关闭后仍能保持片内信息。闪速只读存储器是在 EPROM 与 E^2PROM 的基础上发展起来的，它与 EPROM 一样，用单管来存储一位信息。它与 E^2PROM 相同之处是用电来擦除和可重复编程，但是它只能擦除整个区域或整个器件。它结合了 ROM 和 RAM 的长处，不仅具备 E^2PROM 的性能，还不会断电丢失数据，同时可以快速读取数据。

快速擦除读/写存储器于 1983 年推出，1988 年商品化，它兼有 ROM 和 RAM 两者的性能，又有 DRAM 一样的高密度，目前价格已低于 DRAM，芯片容量已接近于 DRAM 的容量，是唯一具有大存储量、非易失性、低价格、可在线改写和高速度读等特性的存储器，它是近年来发展最快、最有前途的存储器。闪存被广泛地运用于各领域，包括嵌入式系统，如计算机及外设、电信交换机、蜂窝电话、网络互联设备、仪器仪表和汽车器件，同时还包括新兴的语音、图像、数据存储类产品，如数字相机、数字录音机和个人数字助理（PDA）等。

目前 Flash 技术主要分为两种：NOR Flash 和 NAND Flash。

NOR Flash 分为 NOR 技术（也称为 Linear 技术）和 DINOR（Divided bit-line NOR）两类。基于 NOR 技术的存储器读取和常见的 SDRAM 读取一样，用户可以直接运行装载在 NOR Flash 里的代码，可以减少 SRAM 的容量，从而节约成本。采用这种技术的 Flash 比较廉价，目前仍是多数供应商支持的技术构架。具有可靠性高、随机读取速度快的优势，在查处和编程操作较少而直接执行代码的场合，尤其是纯代码存储的应用中广泛使用，如计算机的 BIOS 固件、移动电话、硬盘控制器的控制存储器等。而 DINOR 是 Mitsubishi 和 Hitachi 公司发明的专利技术，从一定程度上改善了 NOR 技术在写性能上的不足。它和 NOR 技术一样具有快速随机读取的功能，按字节随机编程的速度略低于 NOR，而块擦除速度高于 NOR。

NAND 结构能提供极高的单元密度，可以达到高存储密度，而且写入和擦除的速度也很快。NAND Flash 没有采取内存的随机读取技术，它的读取是以一次读取一页的形式来进行的，通常是一次读取 512B。这种结构的闪速存储器适合于纯数据存储和文件存储，主要作为 SmartMedia 卡、CompactFlash 卡、PCMCIA-ATA 卡和固态盘的存储介质，并正成为闪速磁盘技术的核心。

因此，一般小容量用 NOR Flash，因为其读取速度快，多用来存储操作系统等重要信息，而大容量用 NAND Flash，适合数据存储。常见的 NAND Flash 应用是嵌入式系统采用的 DOC（Disk on Chip）和常用的"闪盘"，可以在线擦除。

8.2.6　ROM 应用举例

分析 ROM 的逻辑结构示意图可知，只读存储器的基本部分是与阵列和或阵列。与阵列实现对输入变量的译码，译码输出为输入变量的全部最小项。或阵列完成有关最小项的或运算，从而形成了各输出逻辑函数。因此，从原则上讲，利用 ROM 可实现任何用真值表表示的各类函数。

用 ROM 来实现组合逻辑函数的本质就是将待实现函数的真值表存入 ROM 中，即将输入变量的值对应存入 ROM 的地址译码器（与阵列）中，将输出函数的值对应存入 ROM 的存储单元（或阵列）中。电路工作时，根据输入信号（即 ROM 的地址信号）从 ROM 中将所存函数值再读出来，这种方法称为查表法。ROM 具有的这种特性使之应用十分广泛。

数学运算是数控装置和数字系统中需要经常进行的操作，如果事先把要用到的基本函数变量在一定范围内的取值和相应的函数值列成表格，写入只读存储器中，则在需要时只要给出规定"地址"就可快速地得到相应的函数值。这种 ROM 实际上已经成为函数运算表电路。具体来说，可以应用于下面几种应用场合。

1. 查 ROM 表

如对于对数、指数、乘方和三角函数等常规计算，可以设计一个 ROM 表，它的输入与输出有固定的函数关系，将自变量以地址码的形式输入至 ROM，在其输出端便得到相应的函数值。显然，凡是能写出真值表的任何计算都可以用 ROM 表来实现。

2. 码制转换

ROM 可看成一个代码转换系统。如图 8-11 所示，该系统有 M 位输入代码，转换为 N 位代码输出，其中 N 可以小于、等于或者大于 M，对于一个确定的 M 位代码，可以通过 ROM 得到对应的 N 位输出代码。图 8-11 中，ROM 的字线为 $2^M = m$，即地址线有 m 条（$W_0 \sim W_m$），把存储矩阵作为编码器，将每一个字线编成所希望的输出代码，就实现了码制转换。

如何用 ROM 实现二进制码转换至格雷码，具体实现过程将在 8.6 节描述。

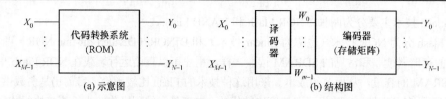

图 8-11　码制转换

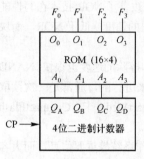

图 8-12　脉冲序列发生器

3. 脉冲序列发生器

在数字系统中，为了进行调试或控制，经常需要特定的脉冲序列，可以用 ROM 和二进制计数器来实现脉冲序列发生器。

图 8-12 所示为一个 4 位同步脉冲序列发生器，由 4 位二进制计数器和 16×4 位的 ROM 构成。随着计数器状态从 0000 到 1111 循环变化，字线选通顺序按 $W_0 \to W_1 \to \cdots \to W_{15} \to W_0$ 循环变化，如此 ROM 的输出端可得到 4 个同步的脉冲序列 $F_0 \sim F_3$，每个脉冲序列最多有 16 个状态。

除此以外，ROM 还常用于波形变换、构成字符发生器等，这里不一一列举。

8.3　随机存取存储器

随机存取存储器简称 RAM，也叫做读/写存储器，RAM 主要用来存放各种输入/输出数据、中间运算结果及堆栈等，其存储的内容既可随时读出，也可随时写入和修改。RAM 的缺点是数据的易失性：即一旦掉电，所存的数据全部丢失。本节将先介绍存储器单元的工作原理，再从应用的角度出发，以几种常用的典型芯片为例，详细介绍两类 MOS 型读/写存储器 SRAM 和 DRAM 的特点、外部特性以及它们的应用。RAM 的存储单元是存储器的核心部分，按工作方式的不同，可分为静态和动态两类；按所用元件类型的不同，又可分为双极型和 MOS 型两种，因此存储单元的电路形式多种多样。

8.3.1　RAM 的基本结构

随机存取存储器由存储矩阵、地址译码器和输入/输出控制器 3 部分组成，其结构如图 8-13 所示，由此看出，进出存储器有 3 类信号线：地址线、数据线和控制线。可见，RAM 的基本结构和 ROM 类似，但是多了读/写控制线，输出缓冲器改成了输入/输出控制器。

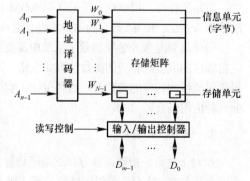

图 8-13　RAM 的基本结构

8.3.2　静态 RAM

（1）静态 RAM（SRAM）的地址译码单元

通常 RAM 以字节为单位进行数据的读出与写入（每次写入或读出一字节）。为区别各不同的字节，将存放同一字节的存储单元编为一组，并赋予一个号码，称为地址。不同的字节单元有不同的地址，从而在进行读/写操作时，可以按照地址选择要访问的单元。

地址译码电路实现地址的选择。在大容量的存储器中，通常采用双译码结构，即将输入地址分为行地址和列地址两部分，分别由行、列地址译码电路译码。行、列地址译码电路的输出作为存储矩阵的行、列地址选择线，由它们共同确定欲选择的地址单元。地址单元的个数 N 与二进制地址码的位数 n 满足关系式 $N = 2^n$。

对于图 8-13 所示的存储矩阵，256 字节需要 8 位二进制地址码（$A_7 \sim A_0$）。地址码有多种形式，例如，可以将地址码 $A_7 \sim A_0$ 的低 5 位 $A_4 \sim A_0$ 作为行地址，经过 5 线 32 线译码电路，产生 32 根行地址选择线；地址码的高 3 位 $A_7 \sim A_5$ 作为列译码输入，产生 8 根列地址选择线（如图 8-14 所示）。只有被行地址选择线和列地址选择线同时选中的单元才能被访问。例如，当输入地址码 $A_7 \sim A_0$ 为 01111111B 时，X_{31} 和 Y_3 输出有效电平，位于 X_{31} 和 Y_3 交叉处的字单元被选中，可以进行读出或写入操作，而其余任何字单元都不会被选中。

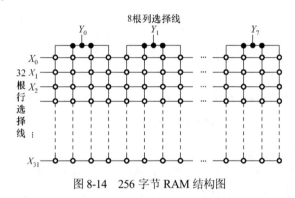

图 8-14　256 字节 RAM 结构图

（2）静态 RAM 的存储单元

RAM 的存储阵列由许多基本存储单元（8 个存储单元为一字节）构成，每个基本存储单元存放一位二进制数码（1 或 0）。基本存储单元若采用双稳态触发器结构，则形成静态 RAM（SRAM）；若采用动态的 MOS 基本存储单元或电容充、放电原理构造基本存储单元，则形成动态 RAM（DRAM）。RAM 存储的数据不像 ROM 那样是预先固定的，而是取决于外部输入情况，并且可以快速读/写。

SRAM 的存储矩阵由许多存储单元构成，每个存储单元存放一位二进制码 0 或 1。与 ROM 存储单元不同的是，RAM 存储单元的数据不是预先固定的，而是由外部的信息决定的。要存储这些信息，RAM 存储单元必须由具有记忆功能的电路如触发器等电路构成。

静态 RAM 的存储单元如图 8-15 所示，图 8-15(a) 是由 6 个 NMOS 管（$VT_1 \sim VT_6$）组成的存储单元。VT_1、VT_3 构成的反相器与 VT_2、VT_4 构成的反相器交叉耦合组成一个 RS 触发器，可存储一位二进制信息。Q 和 $\overline{Q}$ 是 RS 触发器的互补输出。VT_5、VT_6 是行选通管，受行选线 X（相当于字线）控制，行选线 X 为高电平时，Q 和 $\overline{Q}$ 的存储信息分别送至位线 D 和 $\overline{D}$。VT_7、VT_8 是列选通管，受列选线 Y 控制，列选线 Y 为高电平时，位线 D 和 $\overline{D}$ 上的信息被分别送至输入输出线 I/O 和 $\overline{I/O}$，从而使位线上的信息同外部数据线相通。

进行读出操作时，行选线 X 和列选线 Y 同时为"1"，则存储信息 Q 和 $\overline{Q}$ 被读到 I/O 线和 $\overline{I/O}$ 线上。进行写入操作时，X、Y 线也必须都为"1"，同时要将写入的信息加在 I/O 线上，经反相后 $\overline{I/O}$ 线上有其相反的信息，信息经 VT_7、VT_8 和 VT_5、VT_6 加到触发器的 Q 端和 $\overline{Q}$ 端，也就是加在了 VT_3 和 VT_4 的栅极，从而使触发器触发，即信息被写入。

由于 CMOS 电路具有微功耗的特点，目前大容量的静态 RAM 几乎都采用 CMOS 存储单元，其电路如图 8-15(b) 所示。CMOS 存储单元结构形式和工作原理与图 8-15(a) 相似，不同的是，图 8-15(b)

中，两个负载管 VT_1、VT_2 改用了 P 沟道增强型 MOS 管，图中用栅极上的小圆圈表示 VT_1、VT_2 为 P
沟道 MOS 管，栅极上没有小圆圈的为 N 沟道 MOS 管。

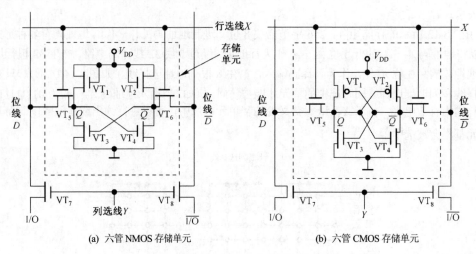

(a) 六管 NMOS 存储单元   (b) 六管 CMOS 存储单元

图 8-15　SRAM 存储单元

（3）静态 RAM 的读/写控制单元

图 8-16 所示为一个简化的读/写控制电路。在系统中为了便于控制，电路不仅有读/写控制信号
$R/\overline{W}$，还有片选控制信号 $\overline{CS}$。当片选信号有效时，芯片被选中，可以进行读/写操作，否则芯片不
工作。片选信号仅解决芯片是否工作的问题，而芯片的读、写操作则由读/写控制信号 $R/\overline{W}$ 决定。

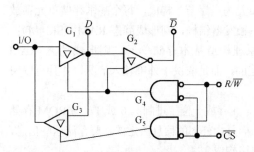

图 8-16　静态 RAM 的读/写控制单元简化示意图

在图 8-16 中，当片选信号 $\overline{CS}$ =1 时，G_5、G_4 输出
为 0，三态门 G_1、G_2、G_3 均处于高阻状态，输入/输出
（I/O）端与存储器内部完全隔离，存储器禁止读/写操作；
而当 $\overline{CS}$ =0 时，芯片被选通，根据读/写控制信号 $R/\overline{W}$
的高低执行读或写操作。当 $R/\overline{W}$ =1 时，G_5 输出高电
平，G_3 被打开，于是被选中的单元所存储的数据出现
在 I/O 端，存储器执行读操作；反之，当 $R/\overline{W}$ =0 时，
G_4 输出高电平，G_1、G_2 被打开，此时加在 I/O 端的数
据以互补的形式出现在内部数据上，并被存入到所选中
的存储单元，存储器执行写操作。

（4）静态 RAM 工作原理

静态 RAM 和 ROM 一样，具有地址输入、控制输入以及数据输出，除此之外也可具有数据输入。
存储器的每次访问（数据输入或输出）都是以字节为单位进行的，一旦将一字节写入某个存储位置，
只要电源不被切断，其存储内容将保持不变，除非该存储位置被重新写入数据。

图 8-17 所示为一个 1024×4 b RAM 2114 的结构框图，包括 4096 个存储单元，排列成 64 行×64
列的矩阵，图中的每个方块代表一个二进制存储单元，用编号表示其位置；10 根输入地址线 $A_9 \sim A_0$
（2^{10}=1024）；4 根数据线 I/O$_3 \sim$ I/O$_0$；片选信号线 $\overline{CS}$；读/写控制线 $R/\overline{W}$ 以及电源端 V_{DD}、GND。

10 位地址线 $A_9 \sim A_0$ 分成两组译码：$A_8 \sim A_3$ 作为行地址线，通过行地址译码器选择 64 行存储单元
中的指定一行；其他 4 位地址线作为列地址线，通过列地址译码器配合行地址线选择指定行里要读/
写的 4 个存储单元，这样 4096 个存储单元分成 1024×4b。例如，当 $A_8 \sim A_3$ 为 000101，$A_9 A_2 A_1 A_0$ 为 1001
时，表示存储矩阵 X_5 行、Y_9 列地址线所对应的 4 个存储单元被选中。

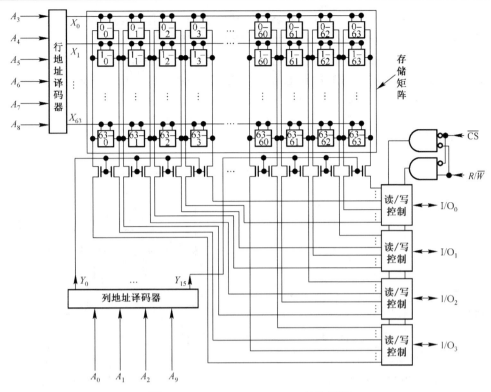

图 8-17 1024×4 b RAM 2114 结构框图

　　4 根数据线 I/O₃～I/O₀ 可输入输出共用，称为双向数据线。其读/写操作由片选信号线 $\overline{CS}$、读/写控制信号 $R/\overline{W}$ 控制。当 $\overline{CS}=0$，且 $R/\overline{W}=1$ 时，存储器工作在读出状态，由地址译码器选中 4 个存储单元中的数据送到 I/O₃～I/O₀；当 $\overline{CS}=0$，且 $R/\overline{W}=0$ 时，存储器工作在写入状态，数据由 I/O₃～I/O₀ 送到地址译码器指定的 4 个存储单元；当 $\overline{CS}=1$ 时，所有的 I/O 端口处于高阻态，存储器与外部连线隔离。因此，可将双向数据线和系统总线相连，利用片选信号线进行多片 2114 的扩展。

8.3.3 动态 RAM

（1）动态 RAM（DRAM）的存储单元

　　动态 MOS 存储单元存储信息的原理，是利用 MOS 管栅极电容具有暂时存储信息的作用。由于漏电流的存在，栅极电容上存储的电荷不可能长久保持不变，因此为了及时补充漏掉的电荷，避免存储信息丢失，需要定时地给栅极电容补充电荷，通常把这种操作称为刷新或再生。动态 RAM 的基本存储电路主要有六管、四管、三管和单管等几种形式。

　　单管动态 RAM 基本存储电路只有一个电容和一个 MOS 管，是最简单的存储元件结构，如图 8-18 所示。它由一个 MOS 管 VT 和位于其栅极上的分布电容 C_S 构成。当栅极电容 C_S 上充有电荷时，表示该存储单元保存信息 1。反之，当栅极电容上没有电荷时，表示该单元保存信息 0。由于栅极电容上的充电与放电是两个对立的状态，因此，它可以作为一种基本的存储单元。

　　当执行写操作时，字线为高电平，VT 导通，写信号通过位线存入电容 C_S 中。当执行读操作时，字选线仍为高电平，存储在电容 C_S 上的电荷，通过 VT 输出到数据线上的电容 C_0 提供电荷，使位线获得读出的信号电平。通过读出放大器即可得到所保存的信息。当执行刷新操作时，动态 RAM 存储单元实质上是依靠 VT 栅极电容的充、放电原理来保存信息的。时间一长，电容上所保存的电荷就会泄漏，造成了信息的丢失。因此，在动态 RAM 的使用过程中，必须及时地向保存 1 的那些存储单元补充电荷，以维持信息的存在。这一过程称为动态存储器的刷新操作。

图 8-19 所示是四管动态 MOS 存储单元电路。VT_1 和 VT_2 交叉连接，信息（电荷）存储在 C_1、C_2 上。C_1、C_2 上的电压控制 VT_1、VT_2 的导通或截止。当 C_1 充有电荷（电压大于 VT_1 的开启电压），C_2 没有电荷（电压小于 VT_2 的开启电压）时，VT_1 导通、VT_2 截止，称此时存储单元为"0"状态；当 C_2 充有电荷，C_1 没有电荷时，VT_2 导通、VT_1 截止，则称此时存储单元为"1"状态。VT_3 和 VT_4 是门控管，控制存储单元与位线的连接。

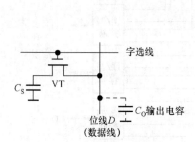

图 8-18　单管动态 MOS 存储单元

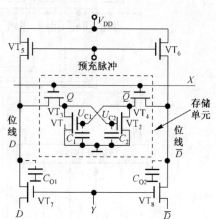

图 8-19　四管动态 MOS 存储单元

VT_5 和 VT_6 组成对位线的预充电电路，并且为一列中所有存储单元所共用。在访问存储器开始时，VT_5 和 VT_6 栅极上加"预充"脉冲，VT_5、VT_6 导通，位线 D 和 $\overline{D}$ 被接到电源 V_{DD} 而变为高电平。当预充脉冲消失后，VT_5、VT_6 截止，位线与电源 V_{DD} 断开，但由于位线上分布电容 C_{O1} 和 C_{O2} 的作用，可使位线上的高电平保持一段时间。

在位线保持为高电平期间，当进行读操作时，X 线变为高电平，VT_3 和 VT_4 导通，若存储单元原来为"0"态，即 VT_1 导通、VT_2 截止，Q 点为低电平，$\overline{Q}$ 点为高电平，此时 C_{O1} 通过导通的 VT_3 和 VT_1 放电，使位线 D 变为低电平，而由于 VT_2 截止，虽然此时 VT_4 导通，位线 $\overline{D}$ 仍保持为高电平，这样就把存储单元的状态读到位线 D 和 $\overline{D}$ 上。如果此时 Y 线亦为高电平，则 D、$\overline{D}$ 的信号将通过数据线被送至 RAM 的输出端。

位线的预充电电路起什么作用呢？在 VT_1、VT_2 导通期间，如果位线没有事先进行预充电，那么位线 $\overline{D}$ 的高电平只能靠 C_1 通过 VT_4 对 C_{O2} 充电建立，这样 C_1 上将损失一部分电荷。由于位线上连接的元件较多，C_{O2} 甚至比 C_1 还大，这就有可能在读一次后便破坏了 C_1 的高电平，使存储的信息丢失。采用了预充电电路后，由于位线 $\overline{D}$ 的电位比 V_{C1} 的电位还要高一些，所以在读出时，C_1 上的电荷不但不会损失，反而还会通过 VT_4 对 C_1 再充电，使 C_1 上的电荷得到补充，即进行一次刷新。

当进行写操作时，RAM 的数据输入端通过数据线、位线控制存储单元改变状态，把信息存入其中，详细时序请自行分析。

（2）动态 RAM 存储单元的刷新

所谓刷新，是指将存储单元的内容重新原样再置一遍，而不是将所有单元都清零。DRAM 是以 MOS 管栅极和衬底间的电容上的电荷来存储信息的，由于 MOS 管栅极上的电荷会因漏电而泄放，故存储单元中的信息只能保持若干毫秒。为此，要求在 1～3ms 中周期性地刷新存储单元，但 DRAM 本身不具有刷新功能，必须附加刷新逻辑电路。随着技术的发展，已经有厂家把 DRAM 和自动刷新电路集成到一个芯片中去，既实现 DRAM 的低成本，又可以像 SRAM 一样使用方便。

（3）动态 RAM 的基本结构和工作原理

动态 RAM 利用 MOS 管的栅极电容存储电荷的原理来存储信息。因电容的充电、放电、泄漏和补充是一个动态的过程，所以称为动态随机存储器（DRMM）。由于电容有泄漏，必须不断地补充电荷，这种补充电荷的过程即为动态 RAM 的刷新。

和静态 RAM 一样，动态 RAM 也是由基本存储电路按照行、列组成的。这种二维矩阵结构也使得 DRAM 的地址线总是分成行地址线和列地址线两部分，芯片内部设置有行、列地址锁存器。在对 DRAM 进行访问时，总是先由行地址选通信号 $\overline{RAS}$（CPU 产生）把行地址送入内置的行地址锁存器，随后再由列地址选通信号 $\overline{CAS}$ 把列地址送入内置的列地址锁存器，再由读/写控制信号控制数据的读出/写入。所以，访问 DRAM 时，访问地址需要分两次输入。行、列地址的分时工作可以减少 DRAM 芯片对外地址线的引脚，从而减少芯片对外封装引脚数目。此外，DRAM 芯片都设计成位结构形式，如 4K×1b、8K×1b、16K×1b 等。

下面以典型的动态存储芯片 Intel 2164A 为例，说明动态 RAM 的构成和工作原理。Intel 2164A 容量为 64K×1b，包括 8 条地址线 $A_7 \sim A_0$，行地址选通信号 $\overline{RAS}$，列地址选通信号 $\overline{CAS}$，写信号 $\overline{WE}$，数据输入/输出线 D_{IN}、D_{OUT}。其引脚与逻辑符号如图 8-20 所示，它的基本存储单元就采用单管存储电路。

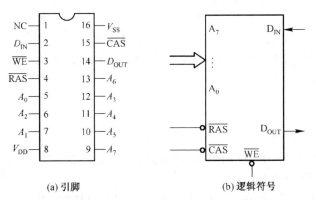

图 8-20　Intel 2164A 引脚与逻辑符号

该芯片共有 65536 个存储单元，需要 16 位地址线寻址。为了减少地址线的数目，采用行、列地址线复用 8 条地址线 $A_7 \sim A_0$，分两次送入 16 位地址进行寻址。利用多路开关，首先由行地址选通信号 $\overline{RAS}$ 把 8 位行地址选通，送入芯片内部行地址锁存器锁存；再由列地址选通信号 $\overline{CAS}$ 把 8 位列地址选通，送入内置的列地址锁存器。

如图 8-21 所示，64Kb 存储体本应构成一个 256×256 的存储矩阵，为提高工作速度（需减少行、列线上的分布电容），将存储矩阵分为 4 个 128×128 矩阵，每个 128×128 的存储矩阵由 7 条行地址线和 7 条列地址线进行选择。7 条行地址线经过译码产生 128 条选择线，分别选择 128 行；7 条列地址线经过译码产生 128 条选择线，分别选择 128 列。每个 128×128 矩阵配有 128 个读出放大器，各有一套 I/O 控制（读/写控制）电路。

锁存在行地址锁存器的 7 位行地址 $A_6 \sim A_0$ 同时加到 4 个存储矩阵上，在每个矩阵中选中一行，则共有 512 个存储电路被选中，它们存放的信息被选通至 512 个读出放大器，进行锁存和重写，从而实现刷新。

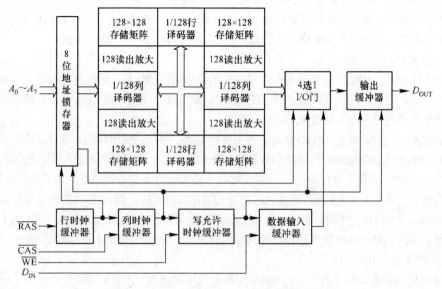

图 8-21　Intel 2164A DRAM 芯片内部结构图

锁存在列地址锁存器的 7 位列地址 $A_6 \sim A_0$，在每个矩阵中都选中一列，则共有 4 个存储电路被选中，最后经过 1/4 I/O 电路（由 RA_7 和 CA_7 控制）选中一个单元，进行读写。

芯片的输入输出数据线是分开的，由 $\overline{WE}$ 信号控制读写。当 $\overline{WE} = 0$ 时，由 D_{IN} 引脚经输入三态缓冲器对选中单元写入；当 $\overline{WE} = 1$ 时，经输出三态缓冲器在 D_{OUT} 引脚读出。Intel 2164A 芯片没有单设片选信号，可用行地址选通信号 $\overline{RAS}$、列地址选通信号 $\overline{CAS}$ 兼做片选信号。可见，片选信号已分解为行选信号与列选信号两部分。

8.3.4　双口 RAM

（1）双口 RAM 的工作原理

双口 RAM 是在基本静态 RAM 的基础上扩展而成的，是常见的共享式多端口存储器，为多处理器之间提供了一条快速通信通道。

以图 8-22 所示的通用双口静态 RAM 为例，来说明双口 RAM 的工作原理和仲裁逻辑控制。双口 RAM 最大的特点是存储数据共享。一个存储器配备两套独立的地址、数据和控制线，允许两个独立的 CPU 或控制器同时异步地访问存储单元。既然数据共享，就必须存在访问仲裁控制。内部仲裁逻辑控制提供以下功能：对同一地址单元访问的时序控制；存储单元数据块的访问权限分配；信令交换逻辑（如中断信号）等。

对于单个 CPU 而言，双口 RAM 同普通 RAM 没有什么明显区别，只有当多个 CPU 对同一地址进行操作时，才会出现争用现象。

下面以典型的芯片 IDT7132 为例，来说明双口 RAM 的工作原理。IDT7132 是 IDT 公司的高速 2K×8b 的双端口 CMOS 静态 RAM，CPU 对 IDT7132 的读写时间小于 120ns，通常为几十纳秒。具有以下性能特点。

① 两套完全独立的数据线、地址线、读/写控制线，允许两个 CPU 对双端口存储器的同一单元进行存取；

② 有两套完全独立的中断逻辑，可实现两个 CPU 之间的握手控制；

③ 具有两套独立的"忙"逻辑，可保证两个 CPU 同时对同一单元进行读/写操作的正确性；

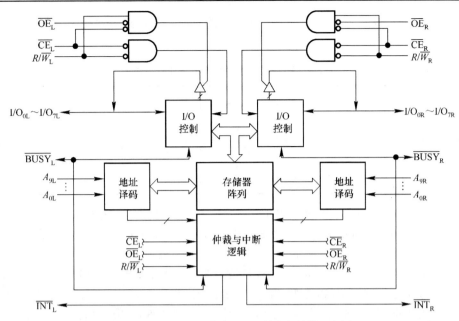

图 8-22　通过双口静态 RAM 的内部结构示意图

④ 兼容性强，读/写时序与普通单端口存储器完全一样，存取速度几乎可以满足各种 CPU 的要求。

因此，采用双口 RAM（IDT7132）可实现双 CPU 之间的高速通信。IDT7132 有多种封装形式，其双列直插式封装的引脚图如图 8-23 所示，其内部结构如图 8-22 所示。

各引脚功能如下：

$A_{0L} \sim A_{10L}$、$A_{0R} \sim A_{10R}$ 分别为左、右端口地址线；

$I/O_{0L} \sim I/O_{7L}$、$I/O_{0R} \sim I/O_{7R}$ 分别为左、右端口数据线；

$\overline{CE_L}$、$\overline{CE_R}$ 分别为左、右端口的片选线，低电平有效；

$\overline{OE_L}$、$\overline{OE_R}$ 分别为左、右端口的输出允许线，低电平有效；

$R/\overline{W}_L$、$R/\overline{W}_R$ 分别为左、右端口的读/写控制信号，高电平时为"读"有效，低电平时为"写"有效；

$\overline{BUSY_L}$、$\overline{BUSY_R}$ 分别为左、右端口的状态信号，用来解决两个端口的访问竞争。

从 IDT7132 的内部结构可看出，该芯片的核心部分是双端口存储阵列，左右两个端口可以共用该存储阵列，并拥有各自的控制线，当两个端口分别进行读/写操作时，存在 4 种情况：

① 两个端口不同时不对一个地址单元读/写数据；

② 两个端口同时对不同地址单元读数据；

③ 两个端口同时对同一个地址单元写数据；

④ 两个端口同时对同一地址单元操作，一个端口写数据，另一个端口读数据。

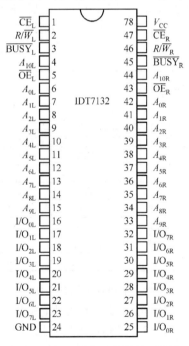

图 8-23　双列直插式封装的引脚图

对于第①、②种情况，两个端口的读/写操作不会出现错误，属于非竞争模式；对于第③、④种情况，读/写会发生错误，属于竞争模式，其中第③种情况会发生写数据错误，第④种情况会发生读数据错误。也就是说，在单独存取数据时和普通的 RAM 相同。同时读取不同存储空间的数据和相同数据空间的数据时，左右端口可同时进行。非竞争的读/写控制如表 8-2 所示，竞争的读/写控制如表 8-3 所示。

表 8-2　IDT7132 非竞争读/写逻辑真值表

左边或右边端口（$A_{10L} \sim A_{0L} \neq A_{10R} \sim A_{0R}$）				功能
$R/\overline{W}$	$\overline{CE}$	$\overline{OE}$	$D_{0 \sim 7}$	
×	H	×	Z	掉电保护方式
L	L	×	数据输入	端口数据读入存储单元
H	L	L	数据输出	存储单元数据输出至端口
×	L	H	Z	输出呈高阻状态

只有当多个处理器对同一地址进行工作时，才会出现竞争。为防止读写数据冲突，IDT7132 内部有硬件端口总线仲裁电路，提供了 BUSY 总线仲裁方式，可以允许双机同步地读或写存储器中的任何单元。

在双口 RAM 的两套控制线中，各有一个 $\overline{BUSY}$ 引脚，当微处理器 1 对该 RAM 的地址进行读/写时，双口 RAM 会将这一端的 $\overline{BUSY}$ 引脚置高（$\overline{BUSY}$ 为忙信号，该端为高时，允许对 RAM 读/写操作，低电平，RAM 处于忙状态，读/写操作无效），而将另一端 BUSY 引脚置低；同时，当另一端的微处理器也要对 RAM 进行读/写操作时，它会检测自己端的 $\overline{BUSY}$ 信号，如果为低，则不能读取，而要等待一个时钟周期再检测 $\overline{BUSY}$ 信号，直到高电平才进行存储操作。这就是用忙信号 $\overline{BUSY}$ 来指示竞争仲裁结果。同时竞争仲裁电路用于判定双口地址匹配或片选使能信号匹配时差最小达 5ns 以上的竞争胜负。双口竞争仲裁表如表 8-3 所示。

表 8-3　IDT7132 双口竞争仲裁表

左端口		右端口		$\overline{BUSY}$		功能	说明
$\overline{CE}_L$	$A_{0L} \sim A_{10L}$	$\overline{CE}_R$	$A_{0R} \sim A_{10R}$	$\overline{BUSY}_L$	$\overline{BUSY}_R$		
×	×	×	×	H	H	无竞争	
L	LV5R	L	LV5R	H	L	左口胜	左、右端口 $\overline{CE}$ 同时有效
L	RV5L	L	RV5L	L	H	右口胜	
L	SAME	L	SAME	H	L	待定	
L	SAME	L	SAME	L	H	待定	
LL5R	同右地址	LL5R	同左地址	H	L	左口胜	左、右端口地址同时有效
RL5L	同右地址	RL5L	同左地址	L	H	右口胜	
LW5R	同右地址	LW5R	同左地址	H	L	待定	
LW5R	同右地址	LW5R	同左地址	L	H	待定	

表格中字符代表的含义如下。

LV5R：左地址比右地址先有效 5ns 以上。

RV5L：右地址比左地址先有效 5ns 以上。

SAME：左、右地址有效时间差在 5ns 以内。

LL5R：左片选信号比右片选信号先有效 5ns 以上。

RL5L：右片选信号比左片选信号先有效 5ns 以上。

LW5R：左、右片选信号有效时间差在 5ns 以内。

待定：如果左、右地址或片选信号有效时间差在 5ns 以内，那么 $\overline{BUSY}_L$ 或 $\overline{BUSY}_R$ 变低，无法预测。

为了防止无法判定的情况出现，使用时要注意信号的时序。

（2）双口 RAM 的应用介绍

双口 RAM 具有通信速率高、接口设计简单的特点，在多 CPU 交换的系统中广泛应用于数据交换场合。例如，在高速率数据采集系统中，一般的数据传送系统在大数据量的情况下会造成数据堵塞现象。或者在一些实时控制场合，实时算法经常需要几个 DSP 串行或者并行工作以提高系统的运行速度和实时性，由双口 RAM 构成的数据接口可以在两个处理器之间进行高速可靠的信息传递。此外，双口 RAM 可以在智能总线适配卡、网络适配卡中作为高速数据传输的接口。

以 IDT7132 芯片为例，双口 RAM 的一种典型应用如图 8-24 所示。该图是计算机与多只下位机通过双口进行数据传输的示意图。计算机和双口 RAM、单片机和双口 RAM 都通过总线相连；而单片机和下位机通过串行通信，对数据进行采集或其

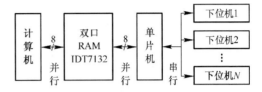

图 8-24　计算机与多只下位机通过双口传输示意图

他操作。这样，计算机可以通过总线将双口 RAM 扩展成计算机的一块内存来进行数据读/写，实现并行口通信。这样的通信方式既加大了通信的负载能力，又增大了通信的数据吞吐量，而且加快了通信的速率。

以上只介绍了双口 RAM 存储器。随着电子工艺的飞速发展，出现了三端口及以上的存储器，并且在存储深度和宽度上得到很大发展，仲裁逻辑控制更加复杂，这里不一一详述。

8.3.5　铁电存储器

传统的主流半导体存储器可以分为两类——易失性和非易失性。易失性的存储器包括静态存储器 SRAM 和动态存储器 DRAM。SRAM 和 DRAM 在掉电时都会失去保存的数据。RAM 类型的存储器易于使用、性能好，但是会在掉电时失去所保存的数据。非易失性存储器在掉电时不会丢失所存储的数据，如只读存储器 ROM，包括 EPROM（现在基本已经淘汰）、E^2PROM 和 Flash。这些存储器只能进行有限次的擦写，写入速度较慢，功耗较大。非易失性记忆体掉电后数据不丢失。可是所有的非易失性记忆体均源自 ROM 技术。铁电存储器（FRAM）产品将 ROM 的非易失性数据存储特性和 RAM 的无限次读/写、高速读/写以及低功耗等优势结合在一起，是一种非易失性随机存取存储器，具有高速度、高密度、低功耗和抗辐射等优点。

（1）铁电材料存储原理

如果晶体在某个温度范围内不仅具有自发极化强度（无外加电场时的极化强度），而且自发极化强度的方向能随外电场的作用而重新取向，这类晶体称为铁电体，晶体的这种性质称为铁电性（Ferroelectricity）。

铁电体的极化强度与外加电场之间呈现一种非线性关系，称为电滞回线（Hysteresis Loop），如图 8-25 所示。电滞回线是铁电体的重要物理特征之一，也是判别铁电性的一个重要标志。描述电滞回线最重要的参数是电场等于零时的自发极化强度 P_r 和使极化反转的矫顽场强 E_c。从图 8-25 中可以看出，当外电场 $E = 0$ 时，铁电材料的极化强度 P 并不是 0，而是 $\pm P_r$，称为剩余极化强度。电滞回线是铁电材料区别于其他材料的标志，图中所显示的双稳态性质也是铁电材料应用于存储器的基础。

从本质上来说，铁电材料总是具有压电性和热释电性。成为压电体的必要条件是晶体在构造上不具有对称中心，而热释电体则具有自发极化，在 32 种晶体点群中，不具有对称中心的共有 21 种，其中只有 10 种含单一对称轴的点群可能产生自发极化，其中只有铁电体的自发极化能被外电场重新定向，这是铁电体最重要的特征，也是导致铁电体具有一系列特殊性质的原因。

铁电材料的典型结构为钙钛矿（Perovskite）结构，如图 8-26 所示，它是由 ABO_3 型四方结构构成的。A、B 都不是单一的元素，都有可能是几种元素，但这些元素的原子百分比之和必须满足 ABO_3

的关系。在晶体的中央有一个可动的原子，外加一个穿过晶面的电场，会引起这个原子沿电场方向移动，外加反向的电场，会引起原子沿相反方向移动。原子在晶体顶部或底部的位置是稳定的，而且当外加电场被移开时仍保持这些状态。由于铁电材料不需要外加电场或电流来保持这两种状态，因此，可以用它制作一个存储器件来存储数字数据，该存储器件不需要电源就可以保持存储在其中的信息了。

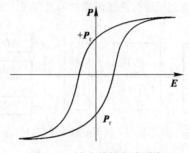

图 8-25　铁电体的电滞回线

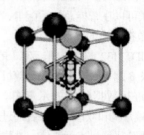

图 8-26　铁电材料典型结构

在铁电体中，极化束缚电荷在晶体内部和外部建立起退极化场，既然铁电体的自发极化是能被电场重新定向的，晶体内部在退极化场的作用下就会分裂出一系列自发极化方向不同的小区域，使其各自所建立的退极化电场互相补偿，直到整个晶体对内、对外均不呈现电场为止。这些由自发极化方向相同的晶胞所组成的小区域便称为电畴，分隔相邻的电畴的界面称为畴壁。在铁电晶体中，电畴不能任意取向，只能沿着晶体的某几个特定方向。铁电体在外电场作用下，通过新畴成核长大及畴壁移动的过程实现极化转向。在外加电场去掉后，铁电材料仍具有两个稳定的极化状态，即对应正、负两个极化状态的剩余极化强度 $\pm P_r$。这两种稳定的极化状态可以用来表示作为数字计算基础的布尔代码中的"1"和"0"两种状态，这就是非挥发性铁电存储器的工作原理。

也就是说，当一个电场被加到铁电晶体时，晶体中心原子在电场的作用下运动。当原子移动时，它通过一个能量壁垒，从而引起电荷击穿，内部电路感应到电荷击穿并设置存储器。移去电场后，中心原子保持不动，存储器的状态也得以保存。这是由于晶体中间层是一个高能阶，中心原子在没有获得外部能量时不能越过高能阶到达另一稳定位置，因此铁电体保持数据不需要电压，也不需要像DRAM一样周期性刷新。由于铁电效应是铁电晶体所固有的一种偏振极化特性，与电磁作用无关，所以 FRAM 存储器的内容不会受到外界条件（如磁场因素）的影响，能像普通 ROM 存储器一样使用，具有非易失性的存储特性。

图 8-27 表示在不同电场作用下极化，中心原子的两种稳定偏移状态，用来表示二进制数字系统中的"1"和"0"状态。

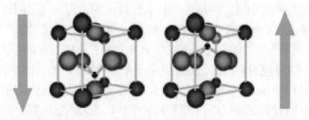

图 8-27　铁电晶体中心原子的两种稳定偏移状态（箭头表示电场方向）

铁电存储器的核心技术是铁电晶体材料，FRAM 利用铁电晶体的铁电效应实现数据存储。

（2）铁电存储器基本原理及其工作模式

铁电存储器的存储原理是基于铁电薄膜的剩余极化，即当外加电场或电压撤去后，铁电薄膜仍存在着剩余极化电荷。铁电存储单元无须外电场或电压的维持，仍能保持原有的极化信息，这种双稳态操作不同于需要维持电源才能保持原有信息的半导体动态随机存储器（DRAM）。

铁电存储器按其基本工作模式分为两种。

一种是破坏性读出铁电存储器，它是以铁电薄膜电容取代常规的存储电荷的电容，利用铁电薄膜的极化反转来实现数据的写入与读出。在这种破坏性的读出后需重新写入数据，所以这种铁电存储器在信息读取过程中伴随着大量的擦除/重写的操作。随着读/写次数的增加，铁电存储器会发生疲劳失效等可靠性问题。目前，市场上的铁电存储器全部采用这种工作模式。

另一种是非破坏性读出铁电存储器，它是以铁电薄膜取代常规 MOS 场效应晶体管的栅介质层而构成的铁电场效应晶体管 FFET（Ferroelectric Field Effect Transistor）作为存储单元。FFET 以金属-铁电体-半导体结构作为基本存储单元，它是以铁电薄膜取代常规 MOS 场效应晶体管中的栅极二氧化硅层，通过栅极极化状态 $\pm P_r$ 实现对源-漏电流的调制，使沟道导通或关闭，根据源-漏电流的相对大小来实现信息的存取。这一过程无须使栅极的极化状态反转，因此对所存信息的读出是非破坏性的，无须刷新。FFET 提供了一种近乎理想的存储方式，极具研发前景。基于非破坏性读出工作模式的铁电场效应晶体管（FFET）是理想的存储方式，但迄今为止，这种铁电存储器尚处于实验室研究阶段，还不能达到实用程度。

破坏性读出铁电存储器是将新型铁电材料应用到标准 CMOS 电路中，构成一种新型非挥发性存储器。在这种存储器中，用一个铁电电容中自发极化"向上"和"向下"表示"1"和"0"两种状态。铁电随机存取存储器是破坏性工作模式。在这种破坏性的读出后需重新写入数据，所以 FRAM 在信息读取过程中伴随着大量的擦除/重写的操作。随着大量的读写，FRAM 会发生疲劳失效等可靠性问题。目前，市场上的铁电存储器全部都是采用这种工作模式。铁电存储技术早在 1921 年就已经被提出来了，但直到 1993 年，美国 Ramtron 国际公司才成功开发出第一个 4Kb 的铁电存储器 FRAM 产品。目前，所有的 FRAM 产品均由 Ramtron 公司制造或授权。

按照存储单元具体的电路实现，FRAM 基本单位主要分成以下 3 种：2 晶体管–2 电容（2T2C）、1 晶体管–2 电容（1T2C）、1 晶体管–1 电容（1T1C）。图 8-28 和图 8-29 所示分别为 2T2C 和 1T1C 结构的 FRAM 存储单元结构示意图。

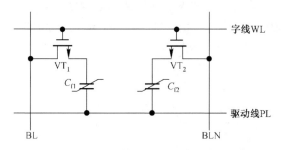

图 8-28　2T2C 结构的 FRAM 存储单元示意图

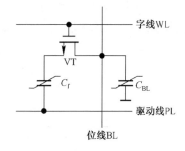

图 8-29　1T1C 结构的 FRAM 存储单元示意图

由图可见，无论是哪种结构，FRAM 的存储单元主要由电容和场效应管构成，但这个电容不是一般的电容，它的两个电极板中间沉淀了一层晶态的铁电晶体薄膜。铁电存储器的工作原理是建立在铁电电容具有两个互补的极化状态基础上的。当加在铁电电容上的电场强度变化时，会随之在两个不同的极化状态之间来回跳变。如图 8-30 所示，铁电电容在加不同电场的情况下有着不同的极性，即铁电介质的极化

图 8-30　铁电电容不同的极化状态

强度随电场强度的变化而变化。铁电存储单元则利用这两个状态来分别存储"0"和"1"。可见，FRAM保存数据不是通过电容上的电荷，而是由存储单元电容中铁电晶体的中心原子位置进行记录的。

前期的 FRAM 的每个存储单元使用两个场效应管和两个电容（2T2C），每个存储单元包括数据位和两个相反的电容互为参考，因此可靠性比较好，但是所占面积太大，不适合高密度的应用。类似的这种结构包括 2T2C 单元、耗尽型铁电存储器（DeFeRAM）单元、6T2C 单元、6T4C 单元。简化的2T2C 存储单元结构如图 8-28 所示。2001 年 Ramtron 设计开发了更先进的 1T1C 存储单元。1T1C 的FRAM 的所有数据位使用同一个参考位，而不是对于每一数据位使用各自独立的参考位，类似的这种结构包括 1T1C 单元，链式铁电存储器（Chain FRAM）。1T1C 的 FRAM 产品成本更低，而且容量更大，但是可靠性差。简化的 1T1C 存储单元结构如图 8-29 所示。1T2C 结构是这两种结构的折中。1T1C结构的集成密度较高，但是可靠性较差，目前，为了获得高密度的存储器，大多采用 1T1C 的结构。

以 FRAM 的 1T1C 结构为例，说明铁电存储器的工作原理。如图 8-29 所示，该结构中铁电电容C_f通过一个 MOS 管接位线 BL，另一端接驱动线 PL，MOS 管的通断受字线 WL 控制，C_{BL} 为位线 BL上的寄生电容。

图 8-31 所示为对铁电存储单元进行写操作的时序图以及写操作过程中铁电电容极化状态的变化示意图。PRE 为位线平衡信号，当 PRE 为高电压时，BL 上电压强制为零。进行写操作时，首先 PRE上的电压将为零，并在 BL 上加相应电压表示待写入的数据，V_{CC} 表示"1"，0 表示"0"；然后 WL 电压升高，MOS 管导通，此时写"1"的铁电电容会被+V_{CC} 极化，电容极化状态为负向饱和状态；接下来在 PL 上加一个 V_{CC} 脉冲，于是，写"0"的铁电电容会被-V_{CC} 极化，电容极化状态为正向饱和状态；最后 PRE 上的电压再次上升至 V_{CC}，BL 放电，电压回零，WL 电压回零，MOS 管关闭，写操作过程结束。可以看出，写入"1"的铁电电容，最后极化状态停留在-P_r 处，而写入"0"的铁电电容，最后极化状态停留在+P_r 处。

图 8-32 所示为对铁电存储单元进行读操作的时序图以及读操作过程中铁电电容极化状态的变化示意图。进行读操作时，首先 PRE 上的电压降为零，此时 BL 上电压仍为零，然后 WL 电压升高，MOS 管导通，紧接着 PL 上的 V_{CC} 脉冲上升沿到达，这时无论原来铁电电容存储的信息是"0"或是"1"，铁电电容的极化状态都将达到正向饱和状态，同时铁电电容上的电荷将在位线电容 C_{BL} 上进行电荷再分配过程，从而使"0"单元和"1"单元在位线上产生不同的电压 V_0 和 V_1；然后灵敏放大器开始工作，将 BL 上的电压与参考电压 V_{ref}（$V_0<V_{ref}<V_1$）进行比较后，将"0"单元和"1"单元的 BL 电压分别放

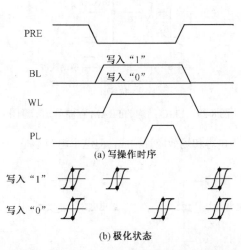

图 8-31　FRAM 存储单元写操作时序和极化状态

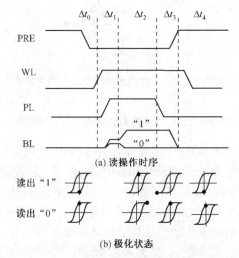

图 8-32　FRAM 存储单元读操作时序和极化状态

大至 0 和 V_{CC}，此时从电容极化状态可以看出原来存 "1" 的存储单元的数据被破坏，而存 "0" 的存储单元的数据被刷新；放大过程结束以后，PL 上 V_{CC} 的脉冲下降沿到达，原来存 "1" 的存储单元的电容将被 $+V_{CC}$ 极化，电容极化状态再次为负向饱和状态，从而完成对读出过程中数据受到破坏的 "1" 单元的数据回写过程；最后，PRE 上的电压再次上升至 V_{CC}，位线 BL 放电，电压回零，WL 电压回零。MOS 管关闭，读操作过程结束。可以看出，最终铁电电容的存储信息保存完好。

（3）铁电存储器的应用介绍

铁电存储技术早在 1921 年提出，直到 1993 年 Ramtron 国际公司才成功开发出第一个 4Kb 的铁电存储器 FRAM 产品。Ramtron 是当今领先的铁电存储器技术和产品供应商，绝大部分重要的半导体存储器制造商都向 Ramtron 申请授权专利来做铁电存储器的研究，包括日本的 Toshiba、Hitachi、Fujistu、Rohm、Asahi，韩国的 Samsung 和德国的 Infineon。

由于 FRAM 有 SRAM 的速度快和擦写次数多的特点，又有 Flash 和 E^2PROM 的非易失性的特点，掉电后数据能保存，同时多功能的 FRAM 芯片还有电源管理功能，所以用 FRAM 首先可以简化系统的电路，降低系统的成本，另外 FRAM 的诸多特点提高了系统的可靠性，因此 FRAM 应用非常广泛，具体应用场合包括以下几部分。

（1）数据采集和记录

铁电存储器的出现使工程师可以运用非易失性的特点进行多次高速写入。在这以前，在只有 E^2PROM 的情况下，大量数据采集和记录对工程师来说是一件非常头疼的事。

数据采集包括记录和存储数据。更重要的是能在失去电源的情况下，不丢失任何资料。数据采集的过程中，数据需要不断高速写入，对旧资料进行更新。E^2PROM 的写入寿命和速度往往不能满足要求。

典型应用包括仪表（电力表、水表、煤气表、暖气表和计程车表等）、测量、医疗仪表、非接触式聪明卡（RFID）、门禁系统和汽车记录仪（了解汽车事故的黑匣子）等。

（2）存储配置参数

以往在只有 E^2PROM 的情况下，由于写入次数的限制，工程师们只能在侦测到掉电的时候，才把更新了的配置参数（Configuration/Setting Data）及时地存进 E^2PROM 里，很明显这种做法存在着可靠性的问题。铁电存储器的推出使工程师们可以有更大的发挥空间去选择实时记录最新的配置参数，免去是否能在掉电时写入的忧虑。

典型应用包括电话里的电子电话簿、影印机、打印机、工业控制、机顶盒（Set Top Box）、网络设备、TFT 屏显、游戏机和自动贩卖机等。

（3）非易失性缓冲记忆

铁电存储器的无限次快速擦写令这种产品十分适合担当重要系统里的暂存（buffer）记忆体。在一些重要系统里，往往需要把资料从一个子系统非实时地传到另一个子系统中。由于资料具有重要性，缓冲区内的数据在掉电时不能丢失。以往工程师们只能通过 SRAM 加后备电池的方法去实现。但这种方法隐藏着电池耗尽、化学液体泄出等安全和可靠性问题。铁电存储器的出现为业界提供了一个高可靠性、低成本的方案。

典型应用包括银行自动提款机（ATM）、税控机、商业结算系统（POS）和传真机等。

（4）SRAM 的取代和扩展

铁电存储器无限次快速擦写和非易失性的特点，令系统工程师可以把线路板上分离的 SRAM 和 E^2PROM 器件整合到一个铁电存储器里。为整个系统节省功耗、成本和空间，同时增加了整个系统的可靠性。

　　典型应用包括用铁电存储器加一个便宜的单片机（Microcontroller）来取代一个较贵的 SRAM 嵌入式单片机和外围 E²PROM。

　　一般用 E²PROM 来存储设置资料和启动程序，用 SRAM 来暂存系统或运算变量。如果掉电后这些数据仍需保留的话，则会通过加上后备电池的方法去实现。铁电存储器的出现为大家提供了一个简洁而高性能的一体化存储技术。

　　图 8-33 所示为传统的单片机应用系统结构——两片存储器方案，在有了 FRAM 之后，类似的系统就可以采用图 8-34 所示的一片存储器方案。

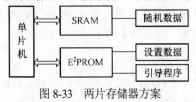
图 8-33　两片存储器方案

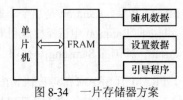
图 8-34　一片存储器方案

8.4　顺序存取存储器

　　按存取方式的不同，存储器可分为：只读存储器（ROM）、随机存储器（RAM）和顺序存取存储器（SAM，Serial Access Merory，又称为时序存储器）。在前面所讲的 ROM 和 RAM 中，允许随时对任何一个地址的存储单元进行访问，这与存储单元在存储器中的位置无关。而顺序存取存储器的存取方式与上述 RAM 不同，它里面的数据是依照一定顺序写入和读出的，所以每个存储单元的写入和读出的时间与它在存储器中的位置有关。

　　串行寄存器、CCD 器件、软盘、硬盘和磁带系统都是顺序存取存储器的范例。下面介绍半导体做成的顺序存取存储器：静态串行存储器、MOS 动态移位寄存器和电荷耦合器件（CCD）移位寄存器。

8.4.1　顺序存取存储器的基本结构和工作原理

　　顺序存取存储器由移位寄存器和控制电路两部分组成，分为先进先出型 FIFO（First In First Out）和后进先出型 LIFO（Last In First Out）两种。

　　图 8-35 所示为一个 FIFO 型 $8 \times 1b$ 顺序存取存储器电路结构图。在写入数据时，必须从单一的数据端 D_i 逐位输入；在读出数据时，必须将要读出的一位数据移位至输出端 D_o，方可读出。因此，数据的读/写速度不仅很慢，而且所需要的时间与数据在寄存器中所处的位置有关。将数据写入寄存器的最高位 F_8 所用的写入时间最长，为 8 个时钟周期；将数据写入最低位 F_1 所需的写入时间最短，仅需要一个时钟周期。读出 F_1 中的数据所用的时间最长，要 7 个时钟周期；读出 F_8 中的数据所用的时间最短，可立即输出。

　　存储器的移位寄存器中的触发器个数越多（存储器的位数越多），最长的读出、写入时间就越长。为了实现非破坏性读出，采用数据循环的方式，在读出的同时进行数据刷新（即重写）。当 $R/\overline{W}=1$ 时，进行读操作，数据从 D_o 输出的同时又经过门 G_3 和 G_4 返回到移位寄存器的输入端，从而实现了数据的循环。如果时钟信号的周期为 T_c，则 n 位顺序存储器完成一次读/写的时间为 $T=nT_c$。

　　如图 8-35 所示的顺序存取存储器，先存入的数据在读出时也先到达输出端，因而这种结构的存储器称为先进先出型顺序存取存储器。

　　另一种结构形式的顺序存取存储器为后进先出型（或称为先进后出型）。如图 8-36 为后进先出型顺序存取存储器的结构框图，它由双向移位寄存器和输入/输出控制电路（I/O 控制电路）组成。双向移位寄存器的输入和输出全部从最低位（图中最左边一位）触发器上引入和引出。

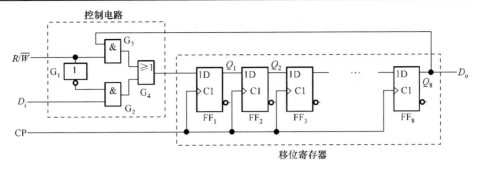

图 8-35　用静态移位寄存器组成的先进先出型顺序存取存储器

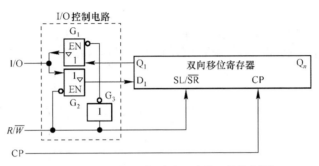

图 8-36　后进先出型顺序存取存储器结构框图

在写入数据时，$R/\overline{W} = 0$，具有双向传输功能的 I/O 控制电路中三态缓冲器 G_1 禁止、G_2 工作，加到 I/O 端上的输入数据经 G_2 送到移位寄存器的输入端。同时，左/右移控制信号 $SL/\overline{RL}$ 为低电平，使寄存器工作在右移状态，于是在时钟信号作用下，输入端的数据便被逐位写入移位寄存器中。最先送入的一位数据存在 Q_n，最后送入的一位数据存在 Q_1。

在读出数据时，$R/\overline{W} = 1$，缓冲器 G_1 工作、G_2 禁止。同时 $SL/\overline{RL} = 1$，使移位寄存器工作在左移状态。在时钟信号作用下，移位寄存器里的数据一次通过 G_1 被送至 I/O 端。而且，最后写入的数据最先输出，最先写入的数据最后输出，因此称为"后进先出型"。

当需要存储 n 个 m 位的数据时，可以采用串、并联的结构，构成 $n \times m$ 位的顺序存取存储器。图 8-37 所示为是先进先出型 $n \times m$ 位顺序存取存储器的结构框图，它包含 m 个与图 8-35 电路结构相同的顺序存取存储器，每个移位寄存器中只存放 n 个数据的

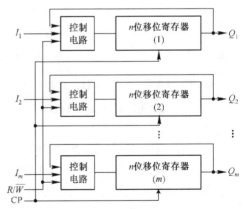

图 8-37　串、并联结构的先进先出型顺序存取存储器

同一位。整个存储器共存放 n 个 m 位的数据（即 n 个字，每个字 m 位）。写入时，每个字的 m 位数据从 $I_1 \sim I_m$ 并行输入；读出时，每个字的 m 位数据从 $Q_1 \sim Q_m$ 并行输出。它们的读/写控制端、时钟信号输入端分别并联在一起。

同理，也可将若干后进先出型的顺序存取存储器并联起来，组成串、并联结构的后进先出型的顺序存取存储器。

顺序存取存储器可以由两种移位寄存器构成：动态 MOS 移位寄存器和电荷耦合器件移位寄存器，下面做简要介绍。

8.4.2 顺序存取存储器中的动态 MOS 移位寄存器

之前在分析动态 RAM 中曾讲到，利用 MOS 管栅极电容存储电荷的功能，可以制作成结构非常简单的动态存储单元，不过为了不断刷新，需要有比较复杂的外围控制电路。而在顺序存取存储器中，运用其顺序输入/输出方式实现数据的刷新很方便，省去了许多外围控制电路，这样就可以制作集成度很高的 MOS 顺序存取存储器。

动态 MOS 移位寄存单元的几种主要结构形式为：两相有比型动态 MOS 移位寄存单元、两相无比型 MOS 移位寄存单元和动态 CMOS 移位寄存单元。它们都是将不同类型的动态 MOS 反相器或 CMOS 反相器采用不同的电路连接方式而构成的。下面主要介绍性能优良的动态 CMOS 移位寄存单元。

把两级 CMOS 反相器经 CMOS 传输门串接起来，就构成了动态 CMOS 移位寄存单元，如图 8-38(a) 所示。它是在单相的互补时钟 ϕ、$\bar{\phi}$ 控制下工作的，电路的电压波形图如图 8-38(b) 所示。

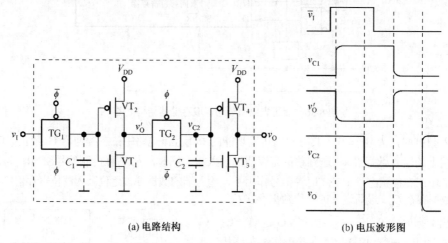

(a) 电路结构   (b) 电压波形图

图 8-38 动态 CMOS 移位寄存单元

当时钟信号 $\phi=1$，$\bar{\phi}=0$ 时，传输门 TG_1 导通、TG_2 截止，输入信号存入第一级反相器的输入电容 C_1 中，并使它的输出 $v'_O = \overline{v_I}$。待 $\phi=0$，$\bar{\phi}=1$ 以后，TG_1 截止，但由于 C_1 的存储作用，使得 v'_O 的状态得以保持。

与此同时，TG_2 导通，v'_O 的状态被送入第二级反向器的输入电容 C_2 中，于是在输出端得到 $v_O = \overline{v'_O} = v_I$。当 ϕ 重新变成高电平，$\bar{\phi}$ 重新变成低电平以后，TG_2 截止，由于 C_2 的存储作用，v_{C2} 和 v_O 的状态将继续保持，直到 ϕ 再次变为低电平为止。

从图 8-38(b) 的工作波形图中可以看到，每经过一个时钟周期以后，数据便从输入端转移到输出端。如果将若干这样的移位寄存单元串接成移位寄存器，那么每经过一个时钟脉冲周期以后，移位寄存器的所有数据都将依次右移一位。

若将若干动态移位寄存单元连接起来，即可构成大规模动态移位寄存器，若再配上适当的控制逻辑电路，就可以组成顺序存取存储器。

8.4.3 电荷耦合器件移位寄存器

电荷耦合器件（Charge-Coupled Device，CCD），这是 20 世纪 70 年代出现的一种器件。目前，除了双极型和 MOS 型两类器件外，CCD 也是相当重要的一类半导体器件。与 ROM 和 RAM 器件相比，

CCD 最突出的特点是它以电荷作为信号的载体，而不是以电流或电压作为信号的载体。因此，它具有集成度更高、功耗更低、设计简单、制造工序少等明显优点。

MOS-CCD 可在一般的 MOS 集成电路流水线上制造，因此它一出现就受到普遍重视。目前，CCD 已在摄像、信号处理和存储器等方面得到应用。CCD 的主要缺点是速度较低，低于普通半导体存储器的速度。

组成 CCD 的基本单元是 MOS 电容，其基本结构如图 8-39 所示。它是由一系列间隙很小的 MOS 电容（在半导体技术中通常称为电荷流动沟道）和相应的栅极排列而成的。这些电容可作为存储单元，并以其中有、无电荷来表示逻辑 1 和 0。存储电荷可以由外界注入，在栅极逻辑信号 C_1、C_2、C_3、C_4、C_5、C_6、C_7、C_8 的协调控制下，被注入的电荷可以从一个电容转移到另一个电容，非常类似于移位寄存器中电位信号的移动，因此，CCD 的基本结构就是一个动态移位寄存器，它具有 MOS 动态移位寄存器的基本功能。

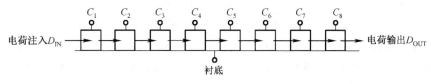

图 8-39　CCD 的基本结构

在 CCD 器件中，信息电荷是连续传输的，因此，由 CCD 器件构成的存储器不太可能作为行、列选址形式。CCD 存储器是一种顺序存取存储器，在信息被移至输出端口之前是不能读出的。它的访问时间与地址位置有关，最坏情况下的访问时间又叫做等待时间，它与 CCD 的电荷转移效率、工作频率以及存储阵列的结构有关。CCD 存储器有 3 种结构形式，即同步式（或螺旋形式的 S 形）、串-并-串型和按行寻址结构。

8.4.4　顺序存取存储器的应用介绍

按照数据写入和读出的顺序，顺序存取存储器分为先进先出型 FIFO（First In First Out）和后进先出型 LIFO（Last In First Out）两类。

FIFO 型顺序存取存储器在数字系统中有十分广泛的应用，它是系统的缓冲环节，主要有以下几方面的功能：

（1）对连续数据流进行缓存，防止在读取和存储操作时丢失数据；

（2）数据集中进行读取和存储，可避免频繁的总线操作，减轻 CPU 的负担；

（3）允许系统进行直接内存存取（Direct Memory Access，DMA）操作，提高数据的传输速度。

因此，FIFO 存储器常用做并行数据延迟线、数据缓冲存储器以及速率变换器，以便实现数据的缓存和容纳异步信号的频率或相位的差距。

FIFO 用于不同时钟域之间的数据传输时，如 FIFO 的一端是 AD 数据采集，另一端是计算机的 PCI 总线，假设其 AD 采集的速率为 16 位 100Kbps，那么每秒的数据量为 100K×16b=1.6Mbps，而 PCI 总线的速度为 33MHz，总线宽度为 32b，其最大传输速率为 1056Mbps，在两个不同的时钟域间就可以采用 FIFO 来作为数据缓冲。另外，对于不同宽度的数据接口也可以用 FIFO，如单片机为 8 位数据输出，而 DSP 可能是 16 位数据输入，在单片机与 DSP 连接时就可以使用 FIFO 来达到数据匹配的目的。

LIFO 型顺序存取存储器的典型应用就是堆栈。堆栈在所有的微处理器中都起到了重要的作用——用来暂时存放数据，为程序保存返回地址。

8.5　存储器容量的扩展

8.5.1　存储器的位扩展

当所用的单片 RAM 的字数满足了要求而位数不够时，需要进行位扩展。字数满足了要求，即地址线不用增加。扩展位数，只需把几片位数相同的 RAM 芯片地址线共用，让它们共用地址码，读/写控制线 $R/\overline{W}$ 线共用，各位的片选信号线也共用，每个 RAM 的 I/O 端并行输出即可。下面用一个具体的例子说明位扩展的过程。

【例 8-1】　试将 4 片 6264 扩展成 8K×32b 的存储器。

分析：即将 8K×8b 扩展为 8K×32b，需要 8K×8b RAM 的片数为

$$N = \frac{总存储量}{单片存储量} = \frac{8K \times 32b}{8K \times 8b} = 4$$

只要把 4 片 RAM 的地址线并联在一起，$R/\overline{W}$ 线并联在一起，片选信号 $\overline{CS}$ 也并联在一起，每片 RAM 的 I/O 端并行输出到 1024×16 存储器的 I/O 端作为数据线 $I/O_0 \sim I/O_{31}$，即实现了位扩展，其扩展连接图如图 8-40 所示。

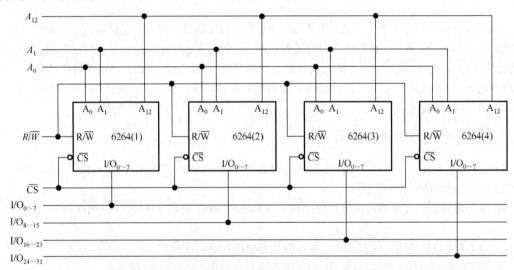

图 8-40　4 片 6264 扩展成 8K×32b 的存储器

如果是对 ROM 进行位扩展，由于它没有读/写控制端口，不需要考虑，其他引脚的连接方法和 RAM 完全相同。

8.5.2　存储器的字扩展

当单片存储器的数据位数满足要求而它的字数达不到要求时，就要进行字扩展。字扩展的特点是地址线位数增加，数据线位数不变。由于地址码比芯片需要的地址码多，多出的部分是高位地址码。用增加的高位地址码通过片选信号选中不同的芯片，从而实现多片存储器的寻址，其他引脚并联即可。

具体来说，字扩展就是把几片相同 RAM 的数据线并接在一起，作为共用输入/输出端，读/写控制线 $R/\overline{W}$ 线也并接在一起共用，把地址线加以扩展，去控制各片的片选 $\overline{CS}$。扩展的位数为 n 时，可以

将原来的字扩展成 $2^n = N$ 倍。字数若增加，地址线需要相应地增加，增加的地址线与全译码器的输入相连，译码器的低电平输出分别接到各片 RAM 的片选输入端 $\overline{CS}$，下面举例说明实现方法。

　　【例 8-2】　试将 8K×8b 存储器扩展成 32K×8b 存储器。

　　分析：需用 8K×8b 芯片的数量为

$$N = \frac{总存储量}{单片存储量} = \frac{32K \times 8b}{8K \times 8b} = 4$$

可见，需要增加两位地址码控制 4 片芯片，需使用 2-4 线译码器，其电路连接图如图 8-41 所示。

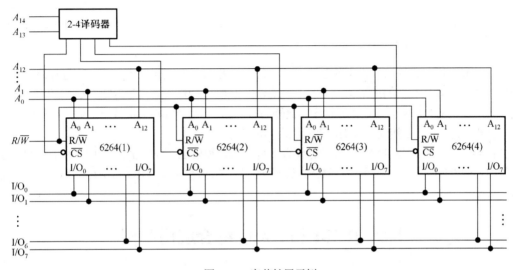

图 8-41　字节扩展示例

　　当 $A_{14}A_{13}A_{12} \sim A_0$ 为 $000\underset{15个0}{\underline{\cdots\cdots00}} \sim 00\underset{13个1}{\underline{111\cdots\cdots11}}$ 时，芯片 1 的 $\overline{CS} = 0$，被选中，可以对该片的 8192 字节进行读/写操作；当 $A_{14}A_{13}A_{12} \sim A_0$ 为 $01\underset{13个0}{\underline{000\cdots\cdots00}} \sim 01\underset{13个1}{\underline{111\cdots\cdots11}}$ 时，芯片 2 的 $\overline{CS} = 0$，被选中，可以对该片的 8192 字节进行读/写操作；当 $A_{14}A_{13}A_{12} \sim A_0$ 为 $10\underset{13个0}{\underline{000\cdots\cdots00}} \sim 10\underset{13个1}{\underline{111\cdots\cdots11}}$ 时，芯片 3 的 $\overline{CS} = 0$，被选中，可以对该片的 8192 字节进行读/写操作；当 $A_{14}A_{13}A_{12} \sim A_0$ 为 $11\underset{13个0}{\underline{000\cdots\cdots00}} \sim 11\underset{13个1}{\underline{111\cdots\cdots11}}$ 时，芯片 4 的 $\overline{CS} = 0$，被选中，可以对该片的 8192 字节进行读/写操作。

　　需要指出的是，如果地址码仅增加一位，高位地址译码器仅用一个反向器即可。上述的字扩展方法也同样适用于 ROM 电路。

　　如果一片 RAM 或 ROM 的位数和字数都不够用，就需要同时采用位扩展和字扩展方法，用多片器件组成一个大的存储系统，以满足对存储容量的要求。

8.5.3　单片机系统中常用的存储器扩展技术

　　在单片机系统中，含有一定单元的程序存储器 ROM（用于存放编好的程序、表格和常数）和数据存储器 RAM。但在实际应用中，大多数情况仅靠片内资源是不够的，需要扩展存储器。

　　一般微机的 CPU 外部都有单独的地址总线、数据总线和控制总线，而 MCS-51 系列单片机由于受引脚数量的限制，数据总线和地址总线都复用 P0 口，为了将它们分开，以便同外围芯片正确连接，需要在单片机外部增加地址锁存器，从而构成片外三总线。

图 8-42 和图 8-43 所示分别为外部程序存储器和外部数据存储器扩展示意图。存储器扩展主要是地址线、数据线和控制信号线的连接。

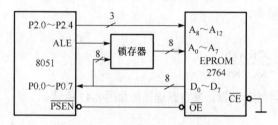

图 8-42　用 EPROM 2764 作为外部
程序存储器的单片机系统

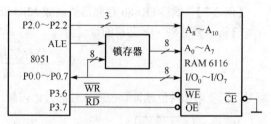

图 8-43　用 6116 作为外部数据存储器的单片机系统

如图 8-42 所示，EPROM 2764 的存储容量是 8KB，需要 13 位地址（$A_{12} \sim A_0$）进行存储单元的选择，所以把 $A_7 \sim A_0$ 的引脚与地址锁存器的 8 位地址输出对应连接，剩下的引脚与 P2 口的 P2.4～P2.0 相连。将单片机的 $\overline{\text{PSEN}}$ 端口连接到程序存储器的 $\overline{\text{OE}}$ 端，作为存储单元的读出选通。当外部程序存储器只需要一片时，$\overline{\text{CE}}$ 接地；否则，将其作为片选信号。

如图 8-43 所示，静态 RAM 6116 的存储容量是 2KB，需要 11 位地址线，数据线和地址线的连接方法和图 8-42 的方式一致。与程序存储器扩展不同的是，数据存储器用 $\overline{\text{RD}}$ 和 $\overline{\text{WR}}$ 分别作为读、写选通信号。

8.6　ROM 和 RAM 综合应用举例

存储器是数字系统和电子计算机的重要组成部分，ROM 和 RAM 是半导体介质类的器件。由于 ROM 和 RAM 的或阵列具有可进行一次或多次编程的特性，除了在单片机和微型计算机中存储运行程序、存储数据外，还有多种用途。

8.6.1　用存储器实现组合逻辑函数

ROM 除了用做存储器外，还可以用来实现各种组合逻辑函数。

由 ROM 的电路结构可知，ROM 译码器的输出包含了输入变量的全部最小项，而每一位数据输出又都是若干最小项之和。因此，通过编程可从 ROM 的位线输出端得到任意标准的与–或式。由于所有组合逻辑函数均可用标准与–或式表示，故理论上可用 ROM 实现任意组合逻辑函数。

具有 n 位输入地址，m 位数据输出的 ROM 可以获得一组（最多为 m 个）任何形式的 n 变量组合逻辑函数，但必须按不同逻辑函数的需要，在 ROM 的相应逻辑存储单元中存储相应的"0"和"1"。这个方法同样适用于 RAM。用 ROM 实现逻辑函数一般按以下步骤进行：

（1）根据逻辑函数的输入、输出变量数目，确定 ROM 的容量，选择合适的 ROM；

（2）写出逻辑函数的最小项表达式，画出 ROM 的阵列图；

（3）根据阵列图对 ROM 进行编程。

下面举例说明。

【例 8-3】　用 ROM 设计一个将 4 位二进制码转换为格雷码的代码转换电路。

解：（1）分析题意，逻辑函数的输入为 4 位二进制码 $B_3 \sim B_0$，输出为 4 位格雷码 $G_3 \sim G_0$，则需要输入地址为 4 位、输出数据为 4 位（$2^4 \times 4$ 位）的 ROM 来实现。

（2）列出 4 位二进制码 $B_3 \sim B_0$ 转换为 4 位格雷码 $G_3 \sim G_0$ 的真值表，如表 8-4 所示。

表 8-4　二进制码转换为格雷码的真值表

字	二进制码				格雷码				字	二进制码				格雷码			
	B_3	B_2	B_1	B_0	G_3	G_2	G_1	G_0		B_3	B_2	B_1	B_0	G_3	G_2	G_1	G_0
W_0	0	0	0	0	0	0	0	0	W_8	1	0	0	0	1	1	0	0
W_1	0	0	0	1	0	0	0	1	W_9	1	0	0	1	1	1	0	1
W_2	0	0	1	0	0	0	1	1	W_{10}	1	0	1	0	1	1	1	1
W_3	0	0	1	1	0	0	1	0	W_{11}	1	0	1	1	1	1	1	0
W_4	0	1	0	0	0	1	1	0	W_{12}	1	1	0	0	1	0	1	0
W_5	0	1	0	1	0	1	1	1	W_{13}	1	1	0	1	1	0	1	1
W_6	0	1	1	0	0	1	0	1	W_{14}	1	1	1	0	1	0	0	1
W_7	0	1	1	1	0	1	0	0	W_{15}	1	1	1	1	1	0	0	0

由于 ROM 的输出是最小项的形式，由真值表可写出输出函数的最小项之和表达式：

$$G_3 = \sum m(8, 9, 10, 11, 12, 13, 14, 15)$$

$$G_2 = \sum m(4, 5, 6, 7, 8, 9, 10, 11)$$

$$G_1 = \sum m(2, 3, 4, 5, 10, 11, 12, 13)$$

$$G_0 = \sum m(1, 2, 5, 6, 9, 10, 13, 14)$$

（3）若有一个 $16 \times 4b$ 的掩模 ROM，把它的地址输入端 $A_3 \sim A_0$ 作为二进制代码的 $B_3 \sim B_0$ 输入端，数据输出端 $D_3 \sim D_0$ 作为格雷码 $G_3 \sim G_0$ 的输出端，如图 8-44 所示，实现了题目所要求的码制转换。

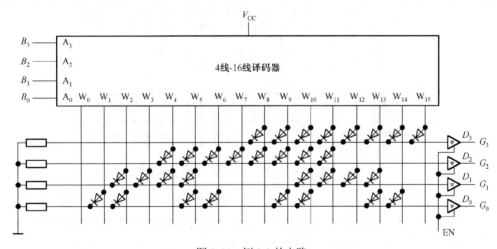

图 8-44　例 8-3 的电路

图中在节点上接入二极管表示存入 1。分析真值表可以看出当数据中 0 的数目比 1 的数目少很多时，可以采用二极管表示存入 0，节省器件。

【例 8-4】　试用 ROM 产生如下一组多输出函数：

$$\begin{cases} Y_1 = AB\overline{C}D + ABC\overline{D} \\ Y_2 = \overline{A}\overline{B}CD + AB\overline{D} + ABCD \\ Y_3 = \overline{A}BD + BCD \\ Y_4 = B\overline{C}D \end{cases}$$

解：将该函数化成最小项之和的形式：

$$\begin{cases} Y_1 = AB\overline{C}D + ABC\overline{D} \\ Y_2 = \overline{A}\,\overline{B}CD + ABC\overline{D} + AB\overline{C}\overline{D} + ABCD \\ Y_3 = \overline{A}BCD + \overline{A}B\overline{C}D + ABCD \\ Y_4 = AB\overline{C}D + \overline{A}B\overline{C}D \end{cases}$$

也可以写成

$$\begin{cases} Y_1 = m_{13} + m_{14} \\ Y_2 = m_3 + m_{12} + m_{14} + m_{15} \\ Y_3 = m_5 + m_7 + m_{15} \\ Y_4 = m_5 + m_{13} \end{cases}$$

分析可知，需要有 4 位地址输入、4 位数据输出的 $16 \times 4b$ ROM，将 4 个输入变量 $ABCD$ 分别接至输入端 $A_3A_2A_1A_0$，按照逻辑函数的要求存入相应的数据，即可在数据输出端 $D_3D_2D_1D_0$ 得到 $Y_3Y_2Y_1Y_0$。根据之前的 ROM 原理，ROM 的与阵列输出，即字线是地址输入端对应变量的最小项，那么或逻辑阵列可将所需要的最小项选中，在数据输出端以最小项之和的形式输出。得到 ROM 的点阵图如图 8-45 所示。

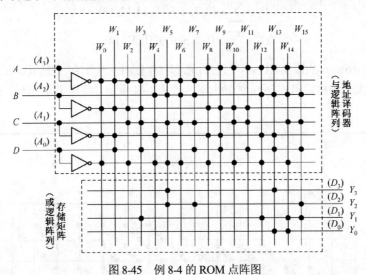

图 8-45 例 8-4 的 ROM 点阵图

ROM 由与逻辑阵列和或逻辑阵列构成，地址译码器等效于"与"逻辑，存储矩阵可等效于"或"逻辑。为了方便显示，图 8-44 的逻辑图简化为图 8-45 所示的点阵图，与逻辑阵列中的小圆点表示各逻辑变量之间的"与"运算，或逻辑阵列的小圆点表示各最小项之间的"或"运算。

地址译码器的输出是固定的，由前面的分析或对照图可以得到字线输出和地址输入的对应关系：

$$W_0 = \overline{A}_3\overline{A}_2\overline{A}_1\overline{A}_0 = \overline{A}\,\overline{B}\,\overline{C}\,\overline{D} = m_0$$

$$W_1 = \overline{A}_3\overline{A}_2\overline{A}_1A_0 = \overline{A}\,\overline{B}\,\overline{C}D = m_1$$

$$W_2 = \overline{A}_3\overline{A}_2A_1\overline{A}_0 = \overline{A}\,\overline{B}C\overline{D} = m_2$$

$$W_3 = \overline{A}_3\overline{A}_2A_1A_0 = \overline{A}\,\overline{B}CD = m_3$$

$$\vdots$$

$$W_{13} = A_3A_2\overline{A}_1A_0 = AB\overline{C}D = m_{13}$$

$$W_{14} = A_3 A_2 A_1 \overline{A_0} = AB C\overline{D} = m_{14}$$

$$W_{15} = A_3 A_2 A_1 A_0 = ABCD = m_{15}$$

那么，用户可根据需要定制存储矩阵即或逻辑阵列，就可在 ROM 的数据输出端得到指定最小项之和（如 Y_1 保留了 W_{13} 和 W_{14} 两个字线的连接），实现了题目所要求的逻辑函数。

上述从"与"运算、"或"运算的角度说明了存储器多输出组合逻辑函数的实现。存储器对外的基本行为功能可描述为保存数据，根据多位输入决定多位输出。基于这种行为功能，存储器实现组合逻辑函数可以认为是存储对应逻辑函数的真值表，通过查表实现相应功能。

8.6.2 用存储器实现时序逻辑功能

之前讲述过，时序逻辑电路包括组合逻辑电路和存储电路。8.6.1 节说明了用 ROM/RAM 怎么实现组合逻辑电路，既然存储器能够实现组合逻辑，那么存储器加存储电路就能实现时序逻辑电路，其结构框图如图 8-46 所示。

下面举例说明存储器如何实现时序逻辑电路。

【例 8-5】 图 8-47 所示为一个由 ROM 和两个 D 触发器构成的电路，试分析该电路实现了什么功能。

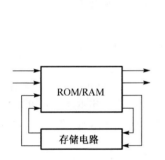

图 8-46 用存储器实现时序逻辑电路结构框图　　　　　　图 8-47　例 8-5 的电路图

解： 分析这个电路，这是一个同步的时序逻辑电路，X 为输入且没有输出的米里型的时序逻辑电路。触发器的输入 $D_1 D_0$ 和 ROM 的位线相连，而触发器的输出 $Q_1 Q_0$ 作为反馈信号和输入 X 一同输入到 ROM 的地址输入端，X 为地址线最高位。根据前面学过的分析同步时序电路的方法，先写出触发器的驱动方程和时序电路的状态方程。

经过地址译码器，字线输出就是地址输入变量的最小项，那么驱动方程：

$$\begin{cases} D_0 = \sum m(1,3,4,6) \\ D_1 = \sum m(2,3,5,6) \end{cases}$$

化简后得到时序电路的状态方程：

$$\begin{cases} Q_0^{n+1} = D_0 = \overline{X}Q_0 + X\overline{Q_0} \\ Q_1^{n+1} = D_1 = X\overline{Q_1}Q_0 + \overline{X}Q_1 + Q_1\overline{Q_0} \end{cases}$$

根据状态方程，可得到电路状态转换表和状态转换图，状态转换表如表 8-5 所示。由状态转换表可以看出，当 $X=0$ 时，电路状态保持；当 $X=1$ 时，该电路是一个四进制的加法计数器。

可见，用 RAM/ROM 实现时序逻辑电路的原理是它能够实现组合逻辑电路，从而和存储电路组合实现时序逻辑功能。然而，RAM/ROM 的优势更多的是数据存储。例如，把原理计数器和数据选择器的组合修改成计数器和 ROM 的组合，从而构成序列信号发生器，计数器的输出作为 RAM/ROM 的地址输入，通过查表方式确定输出。用这种方式更容易通过编程的方式修改存储矩阵，使之能生成不同序列，同时实现了多路序列信号输出。

表 8-5　例 8-5 的状态转换表

X \ $Q_1^n Q_0^n$ / $Q_1^{n+1} Q_0^{n+1}$	00	01	11	10
0	00	01	11	10
1	01	10	00	11

8.7　本 章 小 结

数字信息在运算或处理过程中，需要使用专门的存储器进行较长时间的数据存储。用来存储二进制数据的器件称为存储器。正是因为有了存储器，计算机才有了对信息的记忆功能。存储器作为各种信息存储和交流的中心，是微机系统不可或缺的组成部分。存储器的种类很多，本章主要讨论半导体存储器。半导体存储器以其品种多、容量大、速度快、耗电省、体积小、操作方便、维护容易等优点，在数字设备中得到广泛应用。

按照存储器的存取方式的不同，存储器可分为只读存储器 ROM、随机存取存储器 RAM、静态随机存取存储器 SRAM 和动态随机存取存储器 DRAM。

ROM 是一种非易失性的存储器，它存储的是固定数据，一般只能被读出，一般用来存放微机的系统管理程序、监控程序等。根据数据写入方式的不同，ROM 又可分成固定 ROM 和可编程 ROM。后者又可细分为 PROM、EPROM、E^2PROM 和闪速存储器等，特别是 E^2PROM 和闪速存储器可以进行电擦写，已兼有了 RAM 的特性。

RAM 是一种时序逻辑电路，具有记忆功能。其他存储的数据随电源的断电而消失，因此是一种易失性的读/写存储器。它包含 SRAM 和 DRAM 两种类型，前者用触发器记忆数据，后者靠 MOS 管栅极电容存储数据。因此，在不停电的情况下，SRAM 的数据可以长久保持，而 DRAM 则必须定期刷新。

从逻辑电路构成的角度看，ROM 是由与阵列和或阵列构成的组合逻辑电路。ROM 的输出是输入最小项的组合，因此采用 ROM 可方便地实现各种逻辑函数。随着大规模集成电路成本的不断下降，利用 ROM 可构成各种组合、时序电路，愈来愈具有吸引力。

除了常见的 ROM、RAM 外，有些场合也要用到一些特殊的存储器，如顺序存取存储器 RAM 只能按照某种次序存取，存取时间与存储单元的物理位置有关，工作速度较慢，常用做外部存储器。

衡量存储器的性能指标主要有存储容量、存取速度和性价比。通常希望存储器容量大，存取速度高，性价比高。在实际应用中可以根据不同场合以及系统要求加以合理配置选用。

习　题

8.1　指出下列容量的半导体存储器的字数、具有的数据线数和地址线数。

（1）512×8 b。

（2）1kB×4 b。

（3）64kB×1 b。

（4）256kB×4 b。

8.2 设存储器的起始地址全为 0，试指出下列存储系统的最高地址为多少。

（1）2K×1b　　（2）16K×4b　　（3）256K×32b

8.3 二极管存储矩阵如图 P8-1 所示，字线低电平有效。试画出其简化阵列图，并列表说明其存储的内容。

8.4 试用 4 片 2114（1024×4b 静态 RAM）接成 1024×16b 存储器。

8.5 试用 2 片 4K×8b 的 RAM 接成 8K×8b 的存储器。

8.6 试用 16 片 2114（1024×4b 静态 RAM）和 3 线-8 线译码器 74LS138 接成一个 8K×8b 的 RAM。

8.7 已知 ROM 如图 P8-2 所示，试列表说明该 ROM 存储的内容，并写出所实现的逻辑函数表达式。

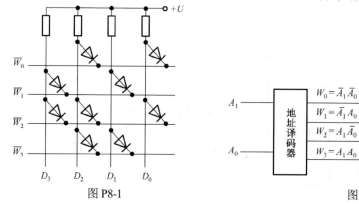

图 P8-1　　　　　　　　　　　　图 P8-2

8.8 图 P8-3 所示为用 PROM 实现的组合逻辑电路。

（1）分析电路功能，写出逻辑表达式；

（2）说明该电路存储矩阵容量大小。

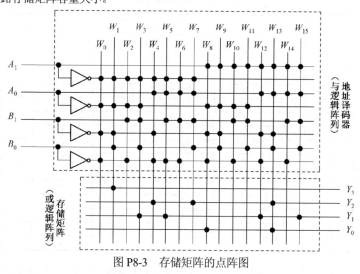

图 P8-3　存储矩阵的点阵图

8.9 用 16×4b EPROM 实现下列各逻辑函数，画出存储矩阵的连线图。

（1）$Y_1 = ABC + \overline{A}(B + C)$

（2）$Y_2 = A\overline{B} + \overline{A}B$

（3）$Y_3 = \overline{(A+B)(\overline{A}+\overline{C})}$

（4）$Y_4 = ABC + \overline{ABC}$

8.10 用一片 PROM 产生如下一组组合逻辑函数。

（1）$Y_1 = A\bar{B}C + BCD + AC\bar{D}$

（2）$Y_2 = A\bar{B}D + \bar{A}B + CD + BC$

（3）$Y_3 = AC + AD + ABCD$

（4）$Y_4 = AB\bar{C} + BD + \bar{A}CD + A\bar{B}\bar{D}$

8.11　用 ROM 设计两位数值判断电路。要求能够判别 3 个两位二进制数 A（a_1a_0）、B（b_1b_0）、C（c_1c_0）是否相等、A 是否最大、A 是否最小，并分别给出"3 个数相等"、"A 最大"、"A 最小"的输出信号。

（1）为实现题目的要求，ROM 的容量至少为多少？

（2）列出能实现题目所需的 ROM 的数据表，画出电路连线图。

8.12　利用 ROM 构成的任意波形发生器如图 P8-4 所示，改变 ROM 的内容即可改变输出波形。当 ROM 的内容如表 P8-1 所示时，画出输出端电压随 CP 脉冲变化的波形。

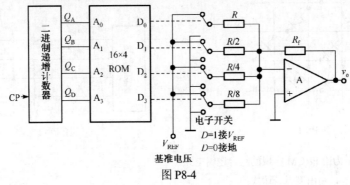

图 P8-4

表 P8-1　ROM 的内容

CP	A_3	A_2	A_1	A_0	D_3	D_2	D_1	D_0
0	0	0	0	0	0	1	0	0
1	0	0	0	1	0	1	0	1
2	0	0	1	0	0	1	1	0
3	0	0	1	1	0	1	1	1
4	0	1	0	0	1	0	0	0
5	0	1	0	1	0	1	1	1
6	0	1	1	0	0	1	1	0
7	0	1	1	1	0	1	0	1
8	1	0	0	0	0	1	0	0
9	1	0	0	1	0	0	1	1
10	1	0	1	0	0	0	1	0
11	1	0	1	1	0	0	0	1
12	1	1	0	0	0	0	0	0
13	1	1	0	1	0	0	0	1
14	1	1	1	0	0	0	1	0
15	1	1	1	1	0	0	1	1

8.13　已知某电路在图 P8-5 所示的时钟信号 CP 作用下，输出波形为 Z_3、Z_2、Z_1，试用 ROM 和 74LS161 实现电路。

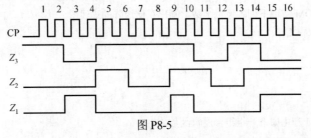

图 P8-5

第9章 可编程逻辑器件简介

9.1 电子器件分类和可编程逻辑器件概述

9.1.1 电子器件分类

电子元器件是元件和器件的总称。电子元件是指在工厂生产加工时不改变分子成分的器件，如电阻器、电容和电感器。因为它本身不产生电子，它对电压、电流无控制和变换作用，所以又称为无源器件。电子器件是指在工厂生产加工时改变了分子结构的器件，如晶体管、电子管和集成电路。因为它本身能产生电子，对电压、电流有控制和变换作用，所以又称为有源器件。电子器件可分为真空电子器件和半导体器件两大类。

真空电子器件指借助电子在真空或气体中与电磁场发生相互作用，将一种形式电磁能量转换为另一种形式电磁能量的器件。其具有真空密封管壳和若干电极，管内抽成真空，残余气体压力为 $10^{-4}\sim$ 10^{-8}Pa。有些在抽出管内气体后，再充入所需成分和压强的气体。真空电子器件广泛用于广播、通信、电视、雷达、导航、自动控制、计算机终端显示和医学诊断治疗等领域。

半导体器件通常由半导体材料硅、锗或砷化镓制成，分为分立器件和集成电路两大类。二极管、双极型晶体管、场效应晶体管都属于半导体分立器件；集成电路是指通过掺杂、光刻、腐蚀等工艺，把一个电路中所需的晶体管、二极管、电阻、电容和电感等元件及布线互连在一起，制作在一小块或几小块半导体晶片或介质基片上，然后封装在一个管壳内，成为具有所需电路功能的微型结构。相比分立器件，集成电路有许多显著的优点，如体积小、耗电省、重量轻、可靠性高等，所以集成电路一出现就受到了人们的重视并得到了广泛的应用。集成电路的通用性和大批量生产，使电子产品成本大幅度下降，推进了计算机通信和电子产品的普及。

集成电路按应用领域的不同可分为标准通用集成电路和专用集成电路 ASIC（Application Specific Integrated Circuit）。相比通用集成电路，ASIC 以用户参加设计为特征，它能实现整机系统的优化设计，性能优越，保密性强，是专门为了满足某种电子产品或系列产品特定应用需求的硬接线硅芯片，应用于各种消费电子和工业产品中。

9.1.2 可编程逻辑器件概述

当今社会是数字化的社会，是数字集成电路广泛应用的社会。数字集成电路本身在不断地更新换代，它由早期的电子管、晶体管、小中规模集成电路、超大规模集成电路，发展到特大规模集成电路。随着微电子技术的发展，设计与制造集成电路的任务已不完全由半导体厂商来独立承担。系统设计师们更愿意自己设计专用集成电路芯片，而不是仅使用通用集成电路，这样可以更好地满足实际的电路需求，如超高速应用和实时测控领域。这就希望 ASIC 的设计变得容易，并且周期也尽可能短，最好是在实验室里就能设计出合适的 ASIC 芯片，可以立即投入实际应用之中。可编程逻辑器件 PLD（Programmable Logic Device）可以满足这些需求。

可编程逻辑器件 PLD 是半定制的通用性器件，用户可以通过对 PLD 器件进行编程来实现所需的逻辑功能。与专用集成电路 ASIC 相比，PLD 具有灵活性高、设计周期短、成本低、风险小等优势，因而得到了广泛应用，各项相关技术也迅速发展起来，PLD 目前已经成为数字系统设计的重要硬件基础。

PLD 从 20 世纪 70 年代发展到现在，已经形成了许多类型的产品，其结构、工艺、集成度、速度等方面都在不断完善和提高。随着数字系统规模和复杂度的增长，许多简单 PLD 产品已经逐渐退出市场。目前使用最广泛的可编程逻辑器件有两类：现场可编程门阵列 FPGA（Field Programmable Gate Array）和复杂可编程逻辑器件 CPLD（Complex Programmable Logic Device）。

早期的可编程逻辑器件只有可编程只读存储器（PROM）、紫外线可擦除只读存储器（EPROM）和电可擦除只读存储器（E^2PROM）3 种。由于结构的限制，它们只能完成简单的数字逻辑功能。

其后，出现了一类结构上稍复杂的可编程芯片，即可编程逻辑器件 PLD，它能够完成各种数字逻辑功能。典型的 PLD 由一个"与"阵列和一个"或"阵列组成，而任意一个组合逻辑都可以用"与–或"表达式来描述，所以，PLD 能以乘积和的形式完成大量的组合逻辑功能。

这一阶段的产品主要有可编程阵列逻辑（PAL）和通用阵列逻辑（GAL）。PAL 由一个可编程的"与"阵列和一个固定的"或"阵列构成，或门的输出可以通过触发器有选择地被置为寄存状态。PAL 器件是现场可编程的，它的实现工艺有反熔丝技术、EPROM 技术和 E^2PROM 技术。还有一类结构更为灵活的逻辑器件是可编程逻辑阵列（PLA），它也由一个"与"阵列和一个"或"阵列构成，这两个阵列都是可编程的。PLA 器件既有现场可编程的，也有掩模可编程的。在 PAL 的基础上，又发展了一种 GAL（Generic Array Logic），它采用了 E^2PROM 工艺实现了电可擦除、电可改写，其输出结构是可编程的逻辑宏单元，因而它的设计具有很强的灵活性，至今仍有许多人使用。这些早期的 PLD 器件被称为简单可编程逻辑器件（SPLD），它们的共同特点是可以实现速度特性较好的逻辑功能，但其过于简单的结构也使它们只能实现规模较小的电路。

为了弥补这一缺陷，20 世纪 80 年代中期，Altera 和 Xilinx 公司分别推出了类似于 PAL 结构的扩展型 CPLD 和与标准门阵列类似的 FPGA，它们都具有体系结构和逻辑单元灵活、集成度高以及适用范围广等特点。几乎所有应用门阵列、PLD 和中小规模通用数字集成电路的场合均可应用 FPGA 和 CPLD 器件。这两种器件兼容了 PLD 和通用门阵列的优点，现在可以做到的集成规模非常大。利用先进的 EDA（Electronic Design Automation）技术可以在很短的时间内在 FPGA/CPLD 上完成复杂的数字系统设计。与门阵列等其他 ASIC 相比，它们又具有设计开发周期短、设计制造成本低、投资风险小、硬件升级回旋余地大、开发工具先进、标准产品无须测试、质量稳定以及可实时在线检验等优点，因此被广泛应用于产品的原型设计和产品生产（一般在 10 000 件以下）之中。而且，当产品定型和产量扩大后，可将生产中达到充分验证的 FPGA/CPLD 编程文件利用 EDA 工具转换成版图，迅速实现 ASIC 投产。

9.1.3　本章内容与 EDA 技术的关系

由于条件的制约，早期的数字系统设计并不涉及计算机软件工具。如在前面章节所学的简单组合电路、时序逻辑电路设计，只利用基本门电路、中小规模集成电路，通过手工画出电路原理图，再利用 PCB（Printed Circuit Board）焊接连线成所需的数字系统。这只能实现简单的数字电路设计。

今天，计算机软件成为数字设计的重要部分。EDA 技术就是以计算机为工作平台，以 EDA 软件工具为开发环境，以硬件描述语言为设计语言，以可编程器件为实验载体，以 ASIC、SoC 芯片为目标器件，以电子系统设计为应用方向的电子产品自动化设计过程。由于能以大规模可编程逻辑器件 PLD 为实验载体，使得通过软件开发工具完成硬件电路设计成为现实，同时由于 EDA 软件工具的飞速发展，亦使得通过硬件描述语言最终得到芯片版图成为现实。因此，EDA 技术在各类电子系统设计工作中所占的技术含量越来越高，电子类高新技术项目的开发也日益依赖 EDA 技术。数字电子技术的发展方向就是 EDA 技术，本章通过简单介绍 PLD 的发展和分类，了解 EDA 技术的概况，为后续 EDA 课程的学习起到抛砖引玉的作用。

从事 EDA 行业的公司大体可分两类：一类是 EDA 专业软件公司，业内最著名的 3 家公司是 Cadence、Synopsys 和 Mentor Graphics；另一类是 PLD 器件厂商，为了销售其 PLD 产品而开发 EDA 工具，较著名的公司有 Altera、Xilinx 等。

采用 EDA 技术设计数字系统大体上分为设计输入（Design Entry）、逻辑综合（Synthesis）、功能仿真（Simulation，前仿真）、布局布线（Placement & Routing）、时序仿真（后仿真）、编程下载（Programming）/版图综合（Layout Synthesis）6 个步骤。

（1）设计输入

有两种输入方法，HDL（Hardware Descript Language）输入和传统的原理图输入，两者的关系好比高级语言和汇编语言的关系。HDL 的可移植性好，使用方便，但不如原理图效率高。通常在较复杂的设计开发中，HDL 输入和原理图输入两者结合使用。对于 HDL 输入，可以采用文本编辑器或 HDL 编辑环境，对于原理图输入，可以采用 Protel 或 EDA 工具的原理图输入环境。

（2）功能仿真

将设计输入调进 EDA 工具进行仿真，检查逻辑功能的正确性，由于没有涉及具体器件的硬件特性，也称为前仿真。

（3）逻辑综合

将输入的源文件在 EDA 工具中进行综合，所谓综合，就是生成最简单的布尔表达式和信号连接关系，生成.edf 的 EDA 工业标准文件。

（4）布局布线

将.edf 文件调进 EDA 工具进行布线，在 CPLD/FPGA 开发时指的是将设计好的逻辑编程写入器件内。

（5）时序仿真

利用布局布线中获得的器件延迟、连线延时等精确参数，再通过 EDA 工具进行仿真，也称为后仿真，是一种接近真实器件运行的仿真。

（6）编程下载/版图综合

仿真无误后，利用 EDA 工具将.edf 文件自动转换成版图，完成布图设计，最终实现整个数字系统设计。

9.2　可编程逻辑器件

9.2.1　PLD 的基本结构、表示方法

（1）PLD 的基本结构（与阵列、或阵列、输出形式）

根据前面章节的学习，我们知道，数字电路分为组合逻辑电路和时序逻辑电路，时序逻辑电路在结构上是由组合逻辑电路和具有记忆功能的触发器组成的，而组合逻辑电路总可以用一组与–或逻辑表达式来描述，进而可用一组与门和或门来实现。正因为如此，PLD 的主体是由与门和或门构成的与阵列和或阵列，其结构如图 9-1 所示。为了适应各种输入情况，门阵列的输入端（包括内部反馈信号的输入端）都设有输入缓冲电路，从而使输入信号有足够的驱动能力，并产生互补的原变量和反变量。PLD 可以由或阵列直接输出（组合方式），也可以通过寄存器输出（时序方式）。输出可以是高电平有效，也可以是低电平有效。输出端一般都采用三态输出结构，而且设有内部通路，可以把输出信号反馈到与阵列的输入端。

图 9-1　PLD 结构示意图

（2）PLD 的表示方法（双缓冲输入、连接方式等）

由于 PLD 的阵列连接规模十分庞大，采用通用的逻辑门符号表示会比较繁杂，为方便起见，在绘制 PLD 的逻辑图时常采用图 9-2 所示的简化画法。图 9-2(a)所示为互补输入缓冲器的画法，输入信号 A 经过缓冲器后，在输出端产生互补的原变量 A 和反变量。图 9-2(b)所示为三态输出缓冲器在 PLD 中的表示。图 9-2(c)所示为 PLD 中与阵列的简化画法，表示的是一个四输入端的与门，竖线为 4 个输入信号 A、B、C、D，用与横线相交叉点的状态表示相应输入信号是否接到了该与门的输入端上。交叉点上画黑点"●"表示连上了且为固定连接，即在 PLD 出厂时已连接，不能通过编程改变；交叉点上画叉"×"表示编程连接，可以通过编程将其断开；既无黑点也无叉者表示断开。由图 9-2(c)可知，该与门的输出为 $Y=ACD$。同样，图 9-2(d)所示是一个四输入端的或门，交叉点状态的约定与多输入端与门相同。显然，图 9-2(d)所示或门的输出为 $Y=A+C+D$。

在表示复杂阵列时，经常省略与门和或门符号，采用简单阵列表示。

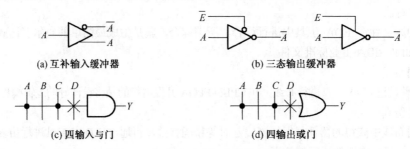

(a) 互补输入缓冲器　　　　　　　　　　(b) 三态输出缓冲器

(c) 四输入与门　　　　　　　　　　　(d) 四输出或门

图 9-2　PLD 电路中门电路的常用画法

9.2.2　作为可编程逻辑器件使用的只读存储器（PROM）

（1）PROM 作为可编程逻辑器件的特点

PROM 除了可以用做只读存储器外，还可作为 PLD 使用，属于最早的 PLD 器件，其内部结构包含一个固定的地址全译码器（与阵列，用来选择存储单元）和一个可编程的存储矩阵（或阵列，用来存放代码或数据）。也就是说，PROM 是与阵列固定、或阵列可编程的 PLD 器件，对于有大量输入信号的 PROM，比较适合作为存储器来存放数据，它在计算机系统和数据自动控制等方面起着重要的作用。对于由较少的输入信号组成的与阵列固定、或阵列可编程的器件，也可以很方便地实现任意组合逻辑函数。

（2）PROM 的可编程单元（programmable cell）

PROM 芯片同普通 ROM 一样，是由记忆行与记忆列相交而成的栅格组成的。区别在于，PROM 芯片中记忆行与记忆列的每一个交点都是靠熔丝将它们连接起来的。电势会沿记忆列导向接地的记忆行，电流会流经存储单元处的熔丝，这表示存储单元取 1 值。由于全部的存储单元都有熔丝，因而 PROM 芯片所有存储单元的初始（空白）状态都是 1 值。若想将单元值变为 0，必须使用编程器向存储单元发送一定量的电流。更高的电压能烧断熔丝，并导致记忆行与记忆列之间形成开路，这一过程称为烧制 PROM。

PROM 只能进行一次编程，它们比 ROM 更娇气。静电电击很容易就能烧断 PROM 中的熔丝，从而使得关键位元的取值由 1 变为 0。但是空白 PROM 价格低廉，是在将元件交付高成本的 ROM 制造过程之前，打造数据原型的极佳选择。

图 9-3 所示为一个简单 PROM 的阵列结构，它有 3 个地址输入端 A_2、A_1、A_0，经地址译码器译码后产生 8 条字线，存储矩阵有 3 个数据输出端 D_2、D_1、D_0，所以该 PROM 的存储容量为 8×3。PROM 一般用来存储计算机程序和数据，它的输入是计算机存储器地址，输出是存储单元的内容。由图 9-3 可知，PROM 的与阵列是一个全译码的阵列，即对于某一组特定的输入 A_2、A_1、A_0，只能产生唯一的乘积项。因为是全译码，当输入地址为 n 时，阵列的规模为 2^n，所以 PROM 的规模一般较大。其或阵列在出厂时全部存 1。

（3）用 PROM 实现组合逻辑功能

PROM 最初只是作为计算机中的存储器，并不是用来实现逻辑电路的，但是根据 PROM 的内部组成不难发现，可以非常方便地用它来实现组合逻辑电路。

在用 PROM 来实现组合逻辑函数时，输入信号从 PROM 的地址输入端加入，输出信号由 PROM 的数据输出端产生。用 PROM 实现组合逻辑函数的方法与 ROM 相同，即首先列出要实现逻辑函数的真值表或写出其最小项和的逻辑式，然后再根据真值表或逻辑式画出用 PROM 实现这些逻辑函数的阵列图。因为 PROM 阵列的规模是以输入变量的 2 的幂次增加的，所以多输入变量的组合函数不适合用单个 PROM 来实现。

【例 9-1】 用 PROM 实现一位全加器。

解： 一位全加器有 3 个输入端 A、B、CI 和两个输出端 S、CO。输入输出的函数式可表示为

$$S(A,B,CI) = \sum m(1,2,4,7)$$

$$CO(A,B,CI) = \sum m(3,5,6,7)$$

可以采用 8×2 的 PROM 来实现，实现的阵列结构如图 9-4 所示。

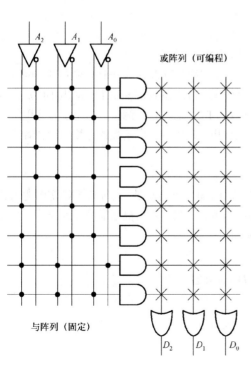

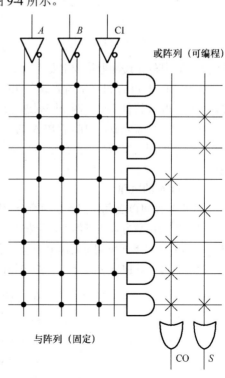

图 9-3　PROM 阵列结构　　　　　图 9-4　一位全加器的 PROM 阵列结构

9.2.3 可编程逻辑阵列（PLA）

PLA 是在 PROM 的基础上发展起来的 PLD，它出现于 20 世纪 70 年代的后期，由一个可编程的"与"阵列和一个输出可编程的"或"阵列组成。

（1）PLA 的特点

虽然用户能对 PROM 所存储的内容进行编程，但 PROM 的全译码阵列中的所有输入组合，有相当多的一部分在实现逻辑功能时并没有用到，当输入信号较多时，用 PROM 实现函数的效率极低。产生上述现象的原因在于 PROM 并不是专门用来设计逻辑电路的。

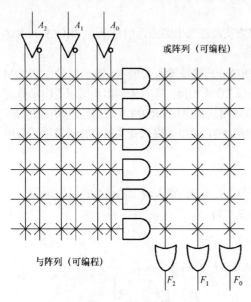

图 9-5 PLA 结构

PLA 就是为了设计逻辑电路而专门开发的可编程逻辑器件，它的出现弥补了 PROM 的不足。PLA 的与阵列和或阵列都可由用户进行编程，如三变量的 PLA，其结构如图 9-5 所示。PROM 的与阵列是全译码的形式，而 PLA 则根据需要产生乘积项，从而减小了阵列的规模。PROM 实现的逻辑函数采用最小项表达式来描述；而用 PLA 实现逻辑函数时，则运用简化后的最简与或式。在 PLA 中，对多输入、多输出的逻辑函数可以利用公共的与项，因而提高了阵列的利用率。这也意味着设计者可以控制 PLA 的全部输入和输出，为逻辑功能的处理提供了更有效的方法。PLA 的规模比 PROM 小，工作速度快，更节省硬件，使用设计逻辑电路 PLA 比 PROM 更合理。

PLA 的组成单元有熔丝型和叠栅注入式 MOS 管两种，它们的单元结构和 PROM 的存储单元一样，组成的原理和方法也相同。PLA 的输出端一般都接有输出缓冲器，其输出缓冲器结构主要有三态输出和集电极开路输出两种形式。

但是，由于 PLA 只产生函数最简与或式中所需要的与项，因此 PLA 在编程前必须先进行函数化简。另外，PLA 器件需要对两个阵列进行编程，编程难度较大，PLA 器件的开发工具应用不广泛，编程一般由生产厂家完成，限制了 PLA 的应用。现在，现成的 PLA 芯片已被淘汰。但由于其实现组合逻辑函数时面积利用率高，在全定制的 ASIC 设计中还在使用，这时，逻辑函数的化简由设计者手工完成。

（2）PLA 的原理

采用 PLA 可以实现任何复杂的组合逻辑和时序逻辑设计。其设计方法是：首先根据给定的逻辑关系，推导逻辑函数方程或真值表，再将逻辑函数化为最简与或表达式，然后根据最简与或表达式画出 PLA 的阵列图。下面举例说明用 PLA 实现逻辑函数的原理。

【例 9-2】 用 PLA 实现下列一组逻辑函数。

$$Y_1 = A\overline{B} + AB + ABC\overline{D} + ABCD$$
$$Y_2 = \overline{A}B + B\overline{C} + AC$$
$$Y_3 = AB\overline{D} + A\overline{C}D + AC + AD$$
$$Y_4 = \overline{A}\,\overline{B}C + \overline{A}BC + AB\overline{C} + ABC$$

解： ① 将函数化为最简与或式。

$$Y_1 = A$$
$$Y_2 = B + AC$$
$$Y_3 = AB + AC + AD$$
$$Y_4 = AB + \overline{A}C$$

② 画阵列图。根据最简与或式，只需 6×4 的 PLA（含 6 个与门和 4 个或门）便可实现这一组逻辑函数。画阵列图时，先在与阵列中按所需的与项编程，再在或阵列中按各函数的最简与或表达式编程，图 9-6 所示为采用 PLA 实现的阵列结构。

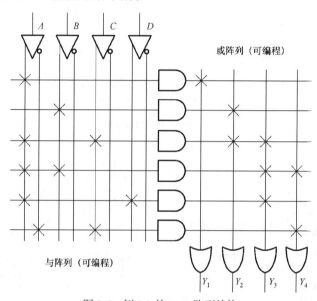

图 9-6 例 9-2 的 PLA 阵列结构

9.2.4 可编程阵列逻辑（PAL）

PAL 是 20 世纪 70 年代末在 PROM 和 PLA 的基础上发展起来的一种可编程逻辑器件，由可编程的与逻辑阵列、固定的或逻辑阵列和输出电路 3 部分组成。利用 PAL 器件可以方便地构成组合逻辑电路和时序逻辑电路。

（1）PAL 的特点和原理

尽管用 PLA 实现逻辑电路的效率要远高于 PROM，但 PLA 也存在一些缺点。一是与阵列、或阵列都能编程意味着与阵列、或阵列均采用可编程开关，而可编程开关需占用较多的芯片面积，并会引入较大的信号延迟，因此，PLA 的结构不利于提高器件的集成度和工作速度；二是由于 PLA 实现函数的最简与或表达式，而函数最简与或表达式中的与项数一般都较少，所以可编程或阵列的利用率较低。因此，较为合理的阵列结构应是与阵列可编程，以便产生函数最简式所需的与项，而或阵列固定，这便是 PAL 的阵列特点。

相对于 PROM 而言，由于 PAL 是与阵列可编程，且输出结构种类很多，给逻辑设计带来很大的灵活性，易于完成多种逻辑功能，同时 PAL 又比 PLA 工艺简单，芯片功能密度大，易于实现。PAL 一般采用熔丝编程方式，双极型工艺制造，因而器件的工作速度很高。PAL 的主要缺点是只能一次编程，使用者仍然要承担一定的风险。

（2）PAL 的基本电路结构

PAL 的典型结构如图 9-7 所示，其中图 9-7(a)所示为 PAL 电路的组成结构，图 9-7(b)和图 9-7(c)

所示为 PAL 编程前后的可编程的与阵列和不可编程的或阵列，不包括其他的输出电路，这也是 PAL 器件中最简单的一种结构形式。由图 9-7(b)可见，在编程之前，与阵列的所有交叉点上的熔丝均接通。通过编程将有用的熔丝保留，将无用的熔丝烧断，即得到所需的电路，图 9-7(c)所示为编程后的阵列结构。输出函数表达式为

$$Y_0 = ABC + \overline{AC}$$

$$Y_1 = A\overline{BC} + \overline{AB}$$

$$Y_2 = \overline{ABC} + AB$$

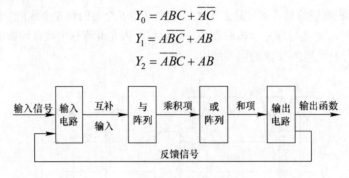

(a) PAL的电路组成结构

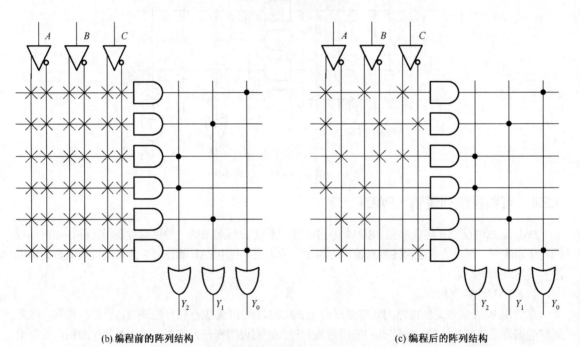

(b) 编程前的阵列结构　　　　　　　　　　　　(c) 编程后的阵列结构

图 9-7　PAL 器件的结构和基本阵列

　　为适应某些特殊函数最简与或表达式中与项数较多的情况，PAL 中或门的输入端数一般不做成一样，而是有多有少，以适应不同函数的需要。目前在常用的 PAL 器件中，输入变量最多可达 20 个，与项的数目由制造厂固定，最多可达 80 个，或逻辑阵列的输出最多可达 10 个，每个或门输入端最多的达 16 个。为了扩展 PAL 的逻辑功能并增加其使用灵活性，不同型号的 PAL 器件增加了各种形式的输出电路。

　　（3）PAL 的输出结构

　　PAL 器件具有多种输出结构，根据其反馈形式和输出电路结构的不同，大致可分为专用输出结构、可编程输入/输出结构、寄存器输出结构、异或输出结构和运算选通反馈结构等类型。这些输出结构配

合 PAL 基本的与、或阵列，不仅可以构成组合逻辑电路，也可以构成时序逻辑电路。一种型号的 PAL 芯片对应一种固定的输出结构，这在芯片出厂时就固定了。

1）专用输出结构，如图 9-8 所示，其特点如下。

① 其输出端是一个与或门、与或非门或者是互补输出结构；

② 其共同特点是此结构只能用做输出使用；

③ 该结构的 PAL 器件只能用来产生组合逻辑函数。

2）可编程输入/输出结构，如图 9-9 所示，其特点如下。

① 其输出端是一个具有可编程控制端的三态缓冲器，控制端由与逻辑阵列的一个乘积项给出。同时，输出端又经过一个互补输出的缓冲器反馈到与逻辑阵列上。

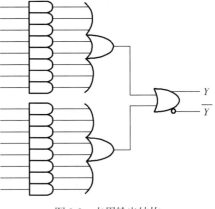

图 9-8　专用输出结构

② 在与或逻辑阵列的输出和三态缓冲器之间还可设置可编程的异或门，从而控制输出的极性。可应用在组合逻辑电路中求反函数的情况。

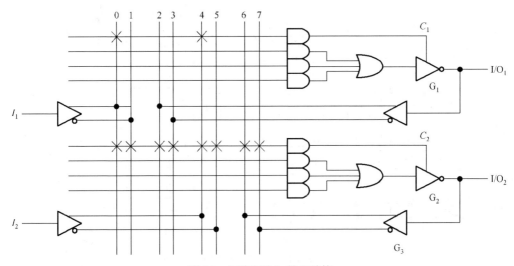

图 9-9　可编程输入/输出结构

3）寄存器输出结构，如图 9-10 所示，其特点如下。

① 该结构在输出三态缓冲器和与–或逻辑阵列的输出之间串进了由 D 触发器组成的寄存器。同时，触发器的状态又经过互补输出的缓冲器反馈到与逻辑阵列的输入端。

② 该结构不仅可以存储与或逻辑阵列的输出状态，而且能很方便地组成各种时序逻辑电路。

4）异或输出结构，如图 9-11 所示，其特点如下。

① 其电路结构与寄存器输出结构类似，只是在与–或逻辑阵列的输出端又增设了异或门。

② 该结构不仅方便对与、或逻辑阵列输出的函数求反，还可以实现对寄存器状态进行保持的操作。

5）运算选通反馈结构，如图 9-12 所示，其特点如下。

① 其电路是在异或输出结构的基础上再增加一组反馈逻辑电路。

② 通过对与逻辑阵列的编程，能产生反馈变量和输入变量的多种算术运算和逻辑运算的结果。

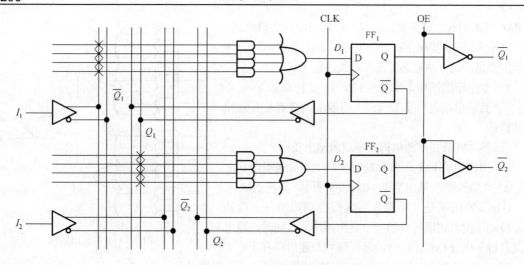

图 9-10 寄存器输出结构

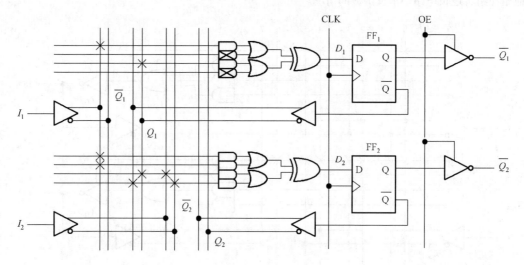

图 9-11 异或输出结构

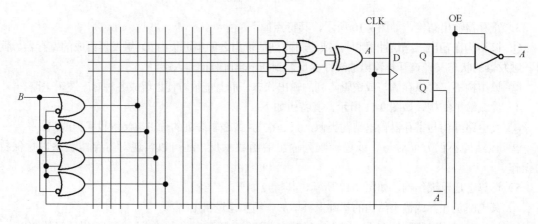

图 9-12 运算选通反馈结构

9.2.5 通用可编程逻辑器件（GAL）

9.2.4 节所述的 PAL 输出结构太多，往往一种类型的 PAL 器件就有几种结构，PAL 种类变得十分丰富，也带来了使用和生产的不便。现今 PAL 已被淘汰，在中小规模可编程应用领域，PAL 已经被 GAL 取代。

（1）GAL 的特点和原理

1985 年，Lattice 公司在 PAL 的基础上设计生产了 GAL 器件。GAL 同样包含与阵列和或阵列，但在输出端引入了可编程的输出逻辑宏单元 OLMC（Output Logic Macro Cell）。OLMC 可被编程为不同的工作状态，具有不同的电路结构，从而可用同一种类型的 GAL 器件实现 PAL 器件的各种输出电路，具有很强的通用性。

GAL 首次在 PLD 上采用电可擦除的 CMOS（E^2CMOS）工艺制造，可重新配制逻辑，重新组态各可编程单元，使 GAL 具有电可擦除重复编程的特点，彻底解决了熔丝型可编程器件的一次编程问题。

GAL 的特点如下。

① 有较高的通用性和灵活性：它的每个逻辑宏单元都可以根据需要任意组态，既可实现组合电路，又可实现时序电路。

② 100%可编程：GAL 采用浮栅编程技术，使与阵列以及逻辑宏单元可以反复编程，当编程或逻辑设计有错时，可以擦除重新编程、反复修改，直至得到正确的结果，因而每个芯片可 100%编程。

③ 100%可测试：GAL 的逻辑宏单元接成时序状态，可以通过测试软件对它们的状态进行预置，从而可以随意将电路置于某一状态，以缩短测试过程，保证电路在编程以后，对编程结果 100%可测。

④ 高性能的 E^2COMS 工艺：使得 GAL 高速度、低功耗，编程数据可保存 20 年以上。正是由于这些良好的特性，GAL 器件成为数字系统设计的初期理想器件。

（2）GAL 的基本电路结构

目前 GAL 器件有很多分类，包括普通型、通用型、异步型、在线可编程型，可灵活适用于不同的需求。这里以普通型 GAL16V8 为例给出 GAL 器件的基本结构组成。GAL16V8 器件有 20 个引脚，其中 20 脚和 10 脚是电源和地端。其内部结构如图 9-13 所示，GAL16V8 左边 2～9 脚是 8 个输入缓冲器端，可以对输入信号提供原变量和反变量，并送到与阵列。右边 12～19 脚是 8 个三态输出缓冲端，可提供输出信号和反馈信号。中间有 8 个反馈/输入缓冲器，可以将本级输出或相邻级输出作为输入信号送到与门阵列，以便产生乘积项。最左上角的 1 脚是时钟输入信号缓冲器，最右下角的 11 脚是输出选通信号缓冲器，用来提供输出三态门的控制使能信号。内部有一个 32×64b 的可编程与逻辑阵列，共有 2048 个可编程点，8 个输出逻辑宏单元。

（3）GAL 的可编程输出结构（OLMC）

GAL 与 PAL 相比，结构上的不同之处就在于 OLMC，GAL16V8 提供了 8 个 OLMC，OLMC 的结构示于图 9-14，图中的(n)表示 OLMC 的编号。

OLMC 中的或门完成或操作，有 8 个输入端，固定接收来自"与"逻辑阵列的输出，或门输出端只能实现不大于 8 个乘积项的与-或逻辑函数；或门的输出信号送到一个受 XOR(n)信号控制的异或门，完成极性选择，当 XOR(n)=0 时，异或门输出与输入（或门输出）同相，当 XOR(n)=1 时，异或门输出与输入反相。

OLMC 中的 4 个多路选择器分别是输出数据选择器 OMUX、乘积项数据选择器 PTMUX、三态数据选择器 TSMUX 和反馈数据选择器 FMUX，它们在控制信号 AC0 和 AC1(n)的作用下，可实现不同的输出电路结构形式。

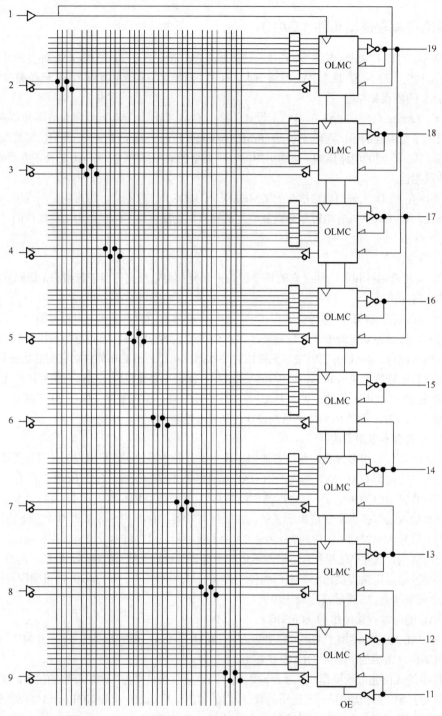

图 9-13　GAL16V8 结构图

（4）GAL 的结构控制字

图 9-14 中提到的 OLMC 控制信号 XOR(n)、AC0 和 AC1(n)都是 GAL 结构控制字中的一位数据。GAL16V8 由一个 82 位的结构控制字控制着器件的各种功能组合状态，该结构控制字的功能如表 9-1 所示。

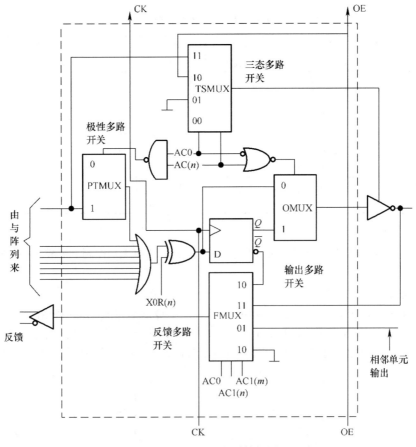

图 9-14　OLMC 的结构框图

表 9-1　GAL 的结构控制字

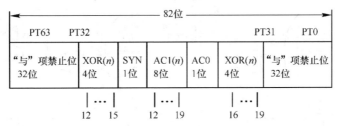

结构控制字中各位的功能如下。

同步位 SYN：确定器件是具有寄存器输出能力还是纯粹的组合输出。当 SYN=0 时，GAL 器件具有寄存器输出能力；当 SYN=1 时，GAL 为一个纯粹的组合逻辑器件。

结构控制位 AC0：该位对于 8 个 OLMC 是公共的，它与 AC1(n)配合控制各 OLMC(n)中的多路选择器。

结构控制位 AC1(n)：共有 8 位，每个 OLMC(n)有单独的 AC1(n)，此处 n 为 12～19。

极性控制位 XOR(n)：它通过 OLMC(n)中的异或门控制逻辑操作结果的输出极性。XOR(n)=0 时，输出信号 $O(n)$低电平有效；XOR(n)=1 时，输出信号 $O(n)$高电平有效。

"与"项（PT）禁止位：共 64 位，分别控制"与"阵列的 64 行，以屏蔽某些不用的"与"项。

通过对结构控制字编程，便可确定 OLMC 的 5 种结构。表 9-2 列出了 OLMC 输出配置控制表。

表 9-2   OLMC 输出配置控制表

SYN	AC0	AC1(n)	XOR(n)	配置功能	输出极性	备注
1	0	1	/	专用输入模式	/	1 脚和 11 脚为数据输入，三态门不通
1	0	0	0	专用组合输出	低电平有效	1 脚和 11 脚为数据输入，三态门总是选通
1	0	0	1		高电平有效	
1	1	1	0	组合输入/输出	低电平有效	1 脚和 11 脚为数据输入，三态门选通，信号为第一乘积项
1	1	1	1		高电平有效	
0	1	1	0	时序电路的组合输入/输出	低电平有效	1 脚为 CK，11 脚为 $\overline{OE}$，至少另有一个 OLMC 是寄存器输出
0	1	1	1		高电平有效	
0	1	0	0	寄存器输出	低电平有效	1 脚为 CK，11 脚为 $\overline{OE}$
0	1	0	1		高电平有效	

（5）GAL 的工作模式

由上述 OLMC 的输出配置可见，OLMC 在 SYN、AC0 和 AC1(n)控制下形成 5 种结构，可以归纳为 3 种工作模式。

① 简单模式

工作在简单模式下的 GAL 器件用来实现组合逻辑设计，OLMC 可配置成两种结构：专用输入结构和专用输出结构，如图 9-15(a)和图 9-15(b)所示。此时 1 脚和 11 脚只作为输入使用，无须公共时钟引脚和公共选通引脚。图中，两种结构的反馈并非直接从该单元反馈到与阵列，而是通过相邻单元反馈的。

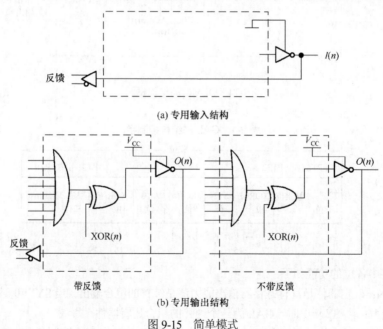

(a) 专用输入结构

(b) 专用输出结构

图 9-15   简单模式

② 寄存器模式

寄存器模式下的输出逻辑宏单元包括寄存器输出和时序电路的组合输入/输出。任何一个 OLMC 都可以独立配置成上述两种结构中的一种。

寄存器输出结构如图 9-16(a)所示。图中，时钟 CK 和输出选通 OE 是公共的，分别连接到公共时钟引脚 1 和公共选通引脚 11，由时钟信号 CK 将组合逻辑输入寄存器，并由 OE 选通三态门进行输出。

时序电路的组合输入/输出结构如图 9-16(b)所示。OLMC 中输出三态门受与阵列控制，可以编程为使能/禁止三态门，从而确定 I/O 引脚的输入、输出功能。这个 OLMC 构成一个时序逻辑电路中组合逻辑部分的输出，其余的 OLMC 中至少有一个会是寄存器输出结构，时钟 CK 和公共选通引脚供给寄存器输出模式下的那些 OLMC 用。当 8 个 OLMC 都配置成组合输入/输出结构时，由于没有使用寄存器，该器件实现的是纯组合逻辑。此时公共时钟引脚 CK 和公共选通引脚没有任何逻辑功能。

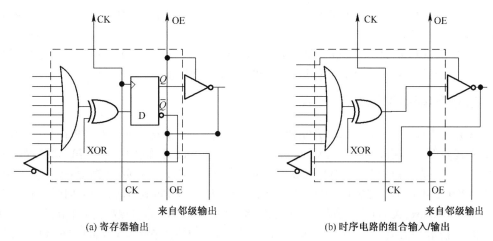

(a) 寄存器输出　　　　　　　　　(b) 时序电路的组合输入/输出

图 9-16　寄存器模式

③ 复合模式

复合模式下 OLMC 只有一种结构，即组合输入/输出结构，如图 9-17 所示。这种模式适用于实现三态门的输入/输出缓冲器等双向组合逻辑电路。

（6）GAL 器件的开发工具

GAL 器件的开发工具包括硬件开发工具和软件开发工具。硬件开发工具有编程器，软件开发工具有 ABEL-HDL 程序设计语言和相应的编译程序。编程器的主要用途是将开发软件生成的熔丝图文件按 JEDEC 格式的标准代码写入选定的 GAL 器件。该文件包含了对 OLMC 输出结构和工作模式以及可编程与阵列的选择信息。

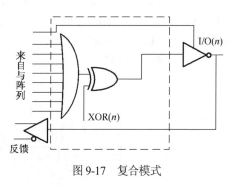

图 9-17　复合模式

9.3　复杂可编程逻辑器件（CPLD）简介

9.3.1　复杂可编程逻辑器件概述

前面曾提到，多种 SPLD 器件（包括 PLA、PAL、GAL）因为规模小、片内寄存器资源不足、编程不便等原因，在大规模数字电路设计应用中已逐渐被淘汰，退出了历史舞台，取而代之的是 CPLD。

CPLD 最早出现于 20 世纪 80 年代后期，由于其高速、设计灵活、成本低、延时可预测等特点，一经面世便得到了广泛的应用。世界各主要 PLD 厂商都纷纷推出了自己的 CPLD 产品，如 Altera 公司的 MAX 系列，Xilinx 公司的 XC9500 和 Spartan 系列，Lattice 公司的 ispLSI 系列等。这些产品从结构上分为两类，一类是在 PAL、GAL 基础上扩展或者改进而成的阵列型高密度 PLD 器件，基本结构和 PAL、GAL 类似，均由可编程的与阵列、固定的或阵列和逻辑宏单元组成，但集成度大得多，在下面的章节中，我们还把这类器件称为 CPLD。它将许多逻辑块（每个逻辑块相当于一个 GAL 器件）连同可编程的内部连线集成在单块芯片上，通过编程修改内部连线即可改变器件的逻辑功能。另外一类与前面介绍的阵列型可编程器件结构完全不同，不是基于与、或阵列的结构，而是基于查找表 LUT（Look Up Table）结构，被称为 FPGA。

FPGA 和 CPLD 的内部结构稍有不同。通常，FPGA 中的寄存器资源比较丰富，适合同步时序电路较多的数字系统；CPLD 中的组合逻辑资源比较丰富，适合组合电路较多的控制应用。在这两类可编程逻辑器件中，CPLD 提供的逻辑资源较少，而 FPGA 提供了最高的逻辑密度、最丰富的特性和极高的性能，已经在通信、消费电子、医疗、工业和军事等各应用领域中占据重要地位。

9.3.2 现场可编程门阵列（FPGA）

FPGA 是在 PAL、GAL、CPLD 等可编程器件的基础上进一步发展的产物。FPGA 是一类高集成度的可编程逻辑器件，起源于美国的 Xilinx 公司，该公司于 1985 年推出了世界上第一块 FPGA 芯片。在之后近三十年的发展过程中，FPGA 的硬件体系结构和软件开发工具都在不断地完善，日趋成熟。从最初的 1200 个可用门，到 20 世纪 90 年代几十万个可用门，再发展到目前数百万门至上千万门的单片 FPGA 芯片，Xilinx、Altera 等世界顶级厂商已经将 FPGA 器件的集成度提高到一个新的水平。FPGA 结合了微电子技术、电路技术、EDA 技术，使设计者可以集中精力进行所需逻辑功能的设计，缩短了设计周期，提高了设计质量。

（1）FPGA 的基本结构

目前 FPGA 的品种很多，有 Xilinx 的 XC 系列、Spartan 系列，TI 公司的 TPC 系列，Altera 公司的 FIEX、Cyclone、Stratix 系列等。典型的 FPGA 基本结构如图 9-18 所示，包括可配置逻辑模块 CLB（Configurable Logic Block）、输入输出模块 IOB（Input Output Block）和内部连线（Interconnect）3 部分，这 3 部分都是可编程的。

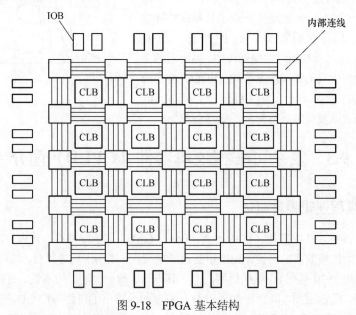

图 9-18 FPGA 基本结构

CLB 是实现用户功能的基本单元，多个逻辑功能块通常规则地排成一个阵列结构，分布于整个芯片，能完成用户指定的逻辑功能；IOB 完成芯片内部逻辑与外部引脚之间的接口，围绕在逻辑单元阵列四周；内部连线包括各种长度的连线线段和一些可编程连接开关，它们将各可编程逻辑块或输入/

输出块连接起来，构成特定功能的电路。用户可以通过编程决定每个单元的功能以及它们的互连关系，从而实现所需的逻辑功能。不同厂家或不同型号的 FPGA，在可编程逻辑块的内部结构、规模、内部互连的结构等方面经常存在较大的差异。

（2）FPGA 中的互连资源

FPGA 中的可编程互连资源提供布线通路，将 IOB、CLB 的输入和输出连接到逻辑网络上，实现系统的逻辑功能。块间互连资源由两层金属线段构成。开关晶体管形成了可编程互连点和开关矩阵 SM，以便实现金属线段和块引脚的连接。

FPGA 中有 3 种类型的可编程互连线（PI）：通用 PI 将 CLB 的输出送往其他 CLB 或 IOB；直接 PI 将每个 CLB 与相邻的 CLB 之间连接；长线 PI 则是贯穿整个芯片的连接线。这 3 种 PI 与各 CLB 和 IOB 之间靠可编程开关连接，而这些开关的通断靠对应的可组态存储器（SRAM）控制。一旦断电，SRAM 中的信息会丢失。因此 FPGA 必须配上一块 EPROM，将所有编程信息保存在 EPROM 中。每次通电时，首先将 EPROM 中的编程信息传到 SRAM 中，然后才能投入运行。

（3）FPGA 中的可编程资源

FPGA 的基本可编程逻辑单元是由查找表（LUT）和寄存器（Register）组成的，查找表完成纯组合逻辑功能。FPGA 内部寄存器可配置为带同步/异步复位和置位、时钟使能的触发器，也可以配置为锁存器。FPGA 依赖寄存器完成同步时序逻辑设计。一般来说，比较经典的基本可编程单元的配置是一个寄存器加一个查找表，但不同厂商的寄存器和查找表的内部结构有一定的差异，而且寄存器和查找表的组合模式也不同。

学习底层配置单元的 LUT 和 Register 比率的一个重要意义在于器件选型和规模估算。由于 FPGA 内部除了基本可编程逻辑单元外，还有嵌入式的 RAM、PLL 或者 DLL、专用的 Hard IP Core 等，这些模块也能等效出一定规模的系统门，所以简单科学的方法是用器件的 Register 或 LUT 的数量衡量。

（4）编程数据的装载

FPGA 是由存放在片内 RAM 中的程序来设置其工作状态的，因此，工作时需要对片内的 RAM 进行编程。用户可以根据不同的配置模式，采用不同的编程方式。

加电时，FPGA 芯片将 EPROM 中的数据读入片内编程 RAM 中，配置完成后，FPGA 进入工作状态。掉电后，FPGA 恢复成白片，内部逻辑关系消失，因此，FPGA 能够反复使用。FPGA 的编程无须专用的 FPGA 编程器，只需用通用的 EPROM、PROM 编程器即可。这样，同一片 FPGA，不同的编程数据，可以产生不同的电路功能，因此，FPGA 的使用非常灵活。

FPGA 有多种配置模式：并行主模式为一片 FPGA 加一片 EPROM 的方式；主从模式可以支持一片 EPROM 编程多片 FPGA；串行模式可以采用串行 EPROM 编程 FPGA；外设模式可以将 FPGA 作为微处理器的外设，由微处理器对其编程。

9.3.3　复杂可编程逻辑器件（CPLD）

（1）常见 CPLD 的基本结构

我们知道，CPLD 是在 PAL、GAL 基础上扩展或者改进而成的阵列型高密度 PLD 器件。与 PAL、GAL 相比，CPLD 的集成度更高，有更多的输入端、乘积项和更多的宏单元。CPLD 器件内部含有多个逻辑块，每个逻辑块都相当于一个 GAL 器件。每个块之间可以使用可编程内部连线（或者称为可编程的开关矩阵）实现相互连接。CPLD 的结构是基于乘积项（Product Term）的，如图 9-19 所示，CPLD 可分为 3 部分：功能逻辑块（Function Block）、快速互连矩阵和 I/O 控制模块。每个功能逻辑块包括可编程与阵列、乘积项分配器和若干宏单元；快速互连矩阵负责信号传递，连接所有的功能模块；I/O 控制模块负责输入输出的电气特性控制，如可以设定集电极开路输出、三态输出等。

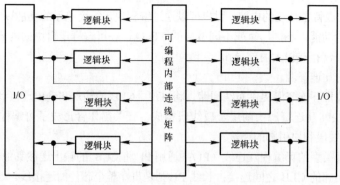

图 9-19　CPLD 结构图

（2）CPLD 中的互连资源

与 FPGA 相比，CPLD 最大的特点在于其延迟可预测性。在互连特性上，CPLD 采用连续互连方式，即用固定长度的金属线实现逻辑单元之间的互连，避免了分段式互连结构中的复杂的布局布线和多级实现问题，能够方便地预测设计时序，同时保证了 CPLD 的高速性能。用户的仿真与实际系统集成后无太大的时间差异，不会给系统造成性能的波动，即系统具有稳定的可编程性，这使得软件控制下硬件的改变不受器件的影响。

（3）CPLD 和 FPGA 的区别

尽管 FPGA 和 CPLD 都是复杂可编程 PLD 器件，有很多共同特点，但由于 CPLD 和 FPGA 结构上的差异，它们又具有各自的特点。

① CPLD 更适合完成各种算法和组合逻辑，FPGA 更适合完成时序逻辑。换句话说，FPGA 更适合于触发器丰富的结构，而 CPLD 更适合于触发器有限而乘积项丰富的结构。

② CPLD 的连续式布线结构决定了它的时序延迟是均匀的和可预测的，而 FPGA 的分段式布线结构决定了其延迟的不可预测性。

③ 在编程上，FPGA 比 CPLD 具有更大的灵活性。CPLD 通过修改具有固定内连电路的逻辑功能来编程，FPGA 主要通过改变内部连线的布线来编程；FPGA 可在逻辑门下编程，而 CPLD 是在逻辑块下编程的。

④ FPGA 的集成度比 CPLD 高，具有更复杂的布线结构和逻辑实现。

⑤ CPLD 比 FPGA 使用起来更方便。CPLD 的编程采用 E²PROM 或 FAST Flash，无须外部存储器芯片，使用简单。而 FPGA 的编程信息需存放在外部存储器上，使用方法复杂。

⑥ CPLD 的速度比 FPGA 快，并且具有较大的时间可预测性。这是由于 FPGA 是门级编程，并且 CLB 之间采用分布式互连，而 CPLD 是逻辑块级编程，并且其逻辑块之间的互连是集总式的。

⑦ 在编程方式上，CPLD 主要是基于 E²PROM 或 Flash 存储器编程，编程次数可达一万次，优点是系统断电时编程信息也不丢失。CPLD 又可分为在编程器上编程和在系统编程两类。FPGA 大部分是基于 SRAM 编程，编程信息在系统断电时丢失，每次上电时，需从器件外部将编程数据重新写入 SRAM 中。其优点是可以编程任意次，可在工作中快速编程，从而实现板级和系统级的动态配置。

⑧ CPLD 保密性好，FPGA 保密性差。

⑨ 一般情况下，CPLD 的功耗要比 FPGA 大，且集成度越高越明显。

9.3.4　常用 FPGA 和 CPLD 器件及其厂家介绍

随着可编程逻辑器件应用的日益广泛，许多 IC 制造厂家涉足 PLD/FPGA 领域。目前世界上有十几家生产 CPLD/FPGA 的公司，其中 Altera 和 Xilinx 占有了 80% 以上的市场份额。通常来说，在欧洲和美国用 Xilinx 的人多，在日本和亚太地区用 Altera 的人多。可以说，Altera 和 Xilinx 共同决定了 PLD 技术的发展方向。

Xilinx：FPGA 的发明者，老牌 FPGA 公司，是最大可编程逻辑器件供应商之一。产品种类较全，主要有 XC9500/4000、Coolrunner、Spartan、Virtex 等。开发软件为 Fundation 和 ISE。Xilinx 一直是传统的硅技术的领导者，其宗旨是在不惜额外复杂度的代价下提供尽可能全面的功能、最大最灵活（全功能）型的器件、最复杂的架构、最高性能的器件。

Altera：20 世纪 90 年代以后发展很快，是最大可编程逻辑器件供应商之一。主要产品有 MAX3000/7000、FLEX10K、APEX20K、ACEX1K、Stratix、Cyclone 等。开发软件为 Quartus II。Alera 的宗旨是在保持其器件易用性的前提下提供最大多数人需要的功能、精益而有效的产品架构、高性能器件。

Lattice：ISP 技术的发明者，ISP 技术极大地促进了 PLD 产品的发展，与 Altera 和 Xilinx 相比，开发工具略逊一筹，其中小规模 PLD 比较有特色。

常用的 FPGA 芯片有：Xilinx 的低成本 Spartan3 E/A/AN/ADSP 系列，高性能 Virtex-II Pro/Virtex-4/Virtex-5 系列等；Altera 的 Cyclone III/II 系列，Stratix III/IIGX 系列及 Atria OX 系列等；Lattice 公司高性能 LatticeSC 系列，低成本 LatticeBC/ECPZ/TCP-DSP 系列，基于 Flash 的 LatticeXP2/MachX0 系列等。基于 Flash 的 FPGA，由于不需要外接配置芯片，上电即可启动，所以安全性最高。

9.4　在系统编程技术和可编程逻辑器件

9.4.1　在系统可编程概念和 ISP 技术特点

传统的样机设计，首先根据功能选定某种重要逻辑构件，进行系统级逻辑设计、电路板设计、装配调试。如果要增减逻辑或修改逻辑，必须首先推倒原来设计的电路板，重新设计新的电路板，之后再进行装配调试，直至样机设计工作完毕。很显然，用这种方法所实现的可编程逻辑器件装入电路板后，很难再对它的功能进行修改或升级。

在系统可编程 ISP（In-System Programmabile）技术是 20 世纪 80 年代末 Lattice 公司首先提出的一种先进的编程技术。所谓"在系统编程"，是指对器件、电路板或整个电子系统的逻辑功能可随时进行修改或重构。这种修改或重构可以在产品设计、制造过程中的每个环节，甚至在交付用户之后进行。支持 ISP 技术的可编程逻辑器件称为在系统可编程逻辑器件（isp-PLD）。isp-PLD 不需要使用编程器，只需要通过计算机接口和编程电缆直接在目标系统或印刷线路板上进行编程。使用常规的 PLD 进行设计是先编程后装配，而采用 ISP 技术的 PLD 则是先装配后编程，并且在成为产品之后仍可根据需要反复编程，因此 ISP 技术有利于提高系统的可靠性，便于系统板的调试和维修。

ISP 技术的应用，对数字系统硬件设计方法、设计环境、系统调试周期、测试与维护、系统的升级以及器件的充分利用等均产生了重要影响。ISP 技术为用户提供了传统的 PLD 技术无法达到的灵活性，带来了巨大的时间效益和经济效益，是可编程逻辑技术的实质性飞跃，因此被称为 PLD 设计技术的一次革命。归纳起来，有如下主要特点。

（1）全面实现了硬件设计与修改的软件化

ISP 技术使硬件设计变得和软件设计一样方便。设计时可由用户按编程方法构建各种逻辑功能，并且对器件实现的逻辑功能可以像软件一样随时进行修改和重构。这不仅实现了数字系统中硬件逻辑功能的软件化，而且实现了硬件设计和修改方法的软件化。从根本上改变了传统的硬件设计方法与步骤，成功地实现了硬、软件技术的有机结合，形成了一种全新的硬件设计方法。

（2）简化了设计与调试过程

由于采用了 ISP 技术，所以在用器件实现预定功能时，省去了利用专门的编程设备对器件进行单独编程的环节，从而简化了设计过程。并且在利用 ISP 技术进行功能修改时，能够在不从系统中取下器件的情况下直接对芯片进行重新编程，故方案调整验证十分方便，可及时处理那些设计过程中无法预料的逻辑变动，因此，可大大缩短系统的设计与调试周期。

（3）容易实现系统硬件的现场升级

采用常规逻辑设计技术构造的系统，要想对安装在应用现场的系统进行硬件升级，一般是非常困难的，往往要付出很高的代价。但采用 ISP 技术设计的系统，则可利用系统本身的资源和 ISP 软件，通过新的器件组态程序，由微处理器 I/O 端口产生 ISP 控制信号及数据，立即实现硬件现场升级。

（4）可降低系统成本，提高系统可靠性

ISP 技术不仅使逻辑设计技术产生了变革，而且推动了生产制造技术的发展。利用 ISP 技术可以实现多功能硬件设计，即将一种硬件设计成可以实现多种系统级功能，从而大大减少在同一系统中使用不同部件的数目，使系统成本显著下降；由于 ISP 器件支持为系统测试而进行的功能重构，因此，可以在不浪费电路板资源或电路板面积的情况下进行电路板级的测试，从而提高电路板级的可测试性，使系统可靠性得以改善。此外，利用 ISP 技术还可以简化标准 PLD 制造流程，降低生产成本等。

（5）器件制造工艺先进

由于 ISP 逻辑器件采用 E^2CMOS 工艺制造，因此，具有集成度高、可靠性高、速度高、功耗低、可反复改写等优点。器件的擦除与改写时间为秒数量级，而且有 100% 的参数可测试性及 100% 的编程正确率。编程或擦除次数可达 1000 次以上，编程内容 20 年不丢失。ISP 器件还具有加密功能，用来防止对片内编程模式的非法复制。

9.4.2 ISP 逻辑器件分类

根据器件的规模和集成度，isp-PLD 可分为低密度和高密度两种类型。具体来说，市场上提供的商品化 ISP 逻辑器件可分为 ispLSI、ispGAL 和 ispGDS 3 种类型。

（1）ispLSI 逻辑器件

ispLSI（在系统编程大规模集成）逻辑器件具有集成度高、速度快、可靠性好、灵活方便等优点，能满足在高性能系统中实现各种复杂逻辑功能的需要，被广泛应用于数据处理、图形处理、空间技术、军事装备及通信、自动控制等领域，属于高密度 isp-PLD。

我们知道，ISP 技术是美国 Lattice 公司率先推出的，该公司将 ISP 技术应用到高密度可编程逻辑器（HDPLD）中，形成了 ispLSI 系列高密度在系统可编程逻辑器件。ispLSI 器件是最早问世的 ISP 器件，目前，该公司生产的 ispLSI 器件有 5 个系列。

① 基本系列 ispLSI1000：适用于高速编码、总线管理等；

② 高速系列 ispLSI2000：该系列 I/O 端口数较多，适用于高速计数、定时等场合，并可用做高速 RISC/CISC 微处理器的接口；

③ 高密系列 ispLSI3000：该系列集成密度高，能实现非常复杂的逻辑功能，适用于数字信号处理、图形处理、数据压缩以及数据加密、解密等；

④ 模块化系列 ispLSI6000：该系列带有存储器和寄存器/计数器，适用于数据处理、数据通信等；

⑤ 超高密度系列 ispLSI8000：该系列是 Lattice 公司的高性能产品，特别适合于微处理器接口、数据通信、数据处理、数字系统控制器设计等灵活多变的应用场合。

这里以 ispLSI1032 为例，简单介绍 ispLSI 器件的基本组成结构。

如图 9-20 所示，ispLSI1032 由通用逻辑块 GLB、输入/输出单元 I/O、可编程的内部布线区 GRP 和编程控制电路组成。从结构上说，ispLSI1032 属于 CPLD。

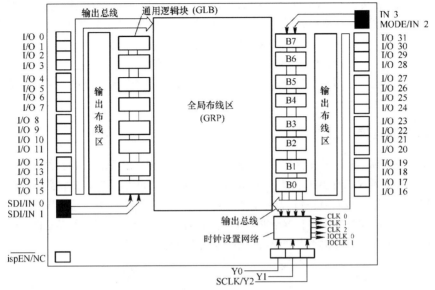

图 9-20 ispLSI1032 结构图

ispLSI1032 的通用逻辑块由可编程的与逻辑阵列、乘积项共享的或逻辑序列和输出逻辑宏序列 3 部分组成。这种结构形式与 GAL 类似，但又在 GAL 的基础上做了改进。

ispLSI1032 的输入/输出单元由三态输出缓冲器、输入缓冲器、输入寄存器/锁存器和几个可编程的数据选择器组成。

ispLSI1032 中有全局布线区和输出布线区。这些布线区都是可编程的矩阵网络，每条纵线和每条横线的交叉点接通与否受一位编程单元状态的控制。ispLSI 的编程是在计算机的控制下进行的。计算机用户根据用户编写的源程序运行开发系统软件，产生相应的编程数据和编程命令，通过五线编程接口与 ispLSI 连接。

（2）ispGAL 器件

ispGAL 系列器件是把 ISP 技术引入到标准的低密度系列可编程逻辑器件中所形成的 ISP 器件。ispGAL 属于低密度 isp-PLD。

例如，ispGAL22V10 就是把 GAL22V10 与 ISP 技术相结合所形成的产品，在功能和结构上与 GAL22V10 完全相同。ispGAL22V10 的传输时延低于 7.5ns，系统速度为 111MHz，不仅适合于高速图形处理和高速总线管理，而且由于它的每个输出单元平均能容纳 12 个乘积项，最多的单元可达 16 个乘积项，因而更适用于状态控制、数据处理、通信工程、测量仪器等。此外，用它还可以非常容易地实现诸如地址译码器之类的基本逻辑功能。ispGAL22V10 的 4 个在系统编程控制信号 SDI（串行数据输入）、MODE（方式选择）、SDO（串行数据输出）和 SCLK（串行时钟）巧妙地利用了 GAL22V10 的 4 个空引脚，从而使两种器件的引脚相互兼容。

ispGAL22V10 的在系统编程电源为+5V，无须外接编程高压电源。在系统编程次数可达一万次以上。

（3）ispGDS 器件

在一个由多片 isp-PLD 构成的数字系统中，为了改变电路的逻辑功能，有时不仅要重新设置每个 isp-PLD 的组态，而且需要改变它们之间的连接以及它们与外围电路的连接。为满足这一需要，Lattice 公司生产了在系统可编程通用数字开关，简称 ispGDS。

ispGDS 是 ISP 技术与开关矩阵相结合的产物。它标志着 ISP 技术已从系统逻辑领域扩展到系统互连领域。ispGDS 器件能提供的一种独特功能是在不拨动机械开关或不改变系统硬件的情况下，快速地改变或重构印制电路板的连接关系。ispGDS 系列器件非常适合于重构目标系统的连接关系，它使系统硬件可以通过软件控制进行重构而无须人工干预。此外，由于这种器件的传输时延短（仅 7.5ns），所以，还非常适用于高性能的信号分配与布线。ispGDS 系列产品具有多种矩形尺寸和封装形式，使用十分方便。

ispGDS22 是在系统可编程通用数字开关的典型器件。在系统可编程逻辑器件和在系统可编程通用数字开关的应用不仅为数字电路的设计提供了很大的方便，而且很大程度上改变了以往从事数字系统设计、调试、运行的工作方式。

9.4.3 在系统编程原理及方式

在系统编程与普通编程的基本操作一样，都是逐行编程。图 9-21 所示的阵列结构共有 n 行，其地址用一个 n 位的地址移位寄存器来选择。对起始行（地址为全 0）编程时，先将欲写入该行的数据串行移入水平移位寄存器，并将地址移位寄存器中与 0 行对应的位置置 1，其余位置置 0，让该行被选中。在编程脉冲作用下，将水平移位寄存器中的数据写入该行。然后将地址移位寄存器移动一位，使阵列的下一行被选中，并在水平移位寄存器中换入下一行编程数据。

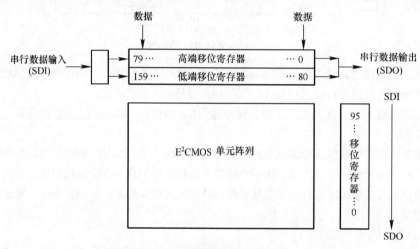

图 9-21 ispLSI 器件的编程结构转换示意图

由于器件是插在目标系统中或线路板上的，各端口与实际的电路相连，编程时系统处于工作状态，因而在系统编程的最关键问题就是编程时如何与外系统脱离。

以 ispLSI 器件为例，它有两种工作模式，即正常模式和编辑模式。工作模式的选择是用在系统编程使能信号 ispEN 来控制的：当使能信号 ispEN 为高电平时，器件处于正常模式；当 ispEN 为低电平时，器件所有 I/O 端的三态缓冲电路皆处于高阻状态，内部 $100\text{k}\Omega$ 上拉电阻发挥作用，从而切断了芯片与外电路的联系，避免了编程芯片与外电路的相互影响。

ispLSI 器件的编程接口有 5 根信号线：ispEN、SDI、MODE、SDO 和 SCLK。一旦器件处于编辑状态，则编程由 SDI、MODE、SDO 和 SCLK 信号控制。在编辑模式下，串行输入端 SDI 完成两种功能，一是作为串行移位寄存器的输入；二是作为编程状态机的一个控制信号。SDI 由方式控制信号 MODE 控制：当 MODE 为低电平时，SDI 作为串行移位寄存器的输入；当 MODE 为高电平时，SDI 作为控制信号。器件在编程时还应将水平移位寄存器的输出反馈给计算机，以便对编程数据进行校验，所以器件上还有一个串行数据输出端 SDO。串行（移位寄存器）时钟 SCLK 提供串行移位寄存器和片内时序机的时钟信号。应注意只有 ispEN 为低电平时才能接收编程电缆送来的编程信息。当 ispEN 为高电平即正常模式时，编程控制脚 SDI、MODE、SDO、SCLK 可作为器件的直通输入端。

对 ISP 器件的编程可利用计算机进行。如图 9-22 所示，利用计算机并行口可向用户目标板提供编程信号的环境，它利用一条编程电缆将确定的编程信号（SDI、MODE、SDO、SCLK、ispEN）提供给 ISP 器件。该电缆是一根 7 芯传输线，除了 5 根信号线外，还有一根地线和对目标板电源的检测线。

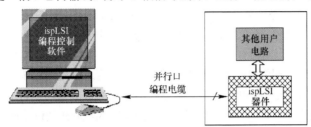

图 9-22　用计算机并行口进行 ISP 编程

如果一块电路板上装有多块 ISP 器件，可对它们总地安排一个接口即可。可采用并联方式，各 ISP 器件的编程控制信号并行接在一起，但信号对各器件分别使能，使它们逐个进入编程状态。在这种情况下，处于正常模式下的器件仍可继续完成正常的系统工作，而处于编程模式下的器件则处于编程状态。

除了并联方式外，还有一种串联方式，其特点是各种不同芯片共用一套 ISP 编程接口。每片的 SDI 输入端和前面一片的 SDO 输出端相连，最前面一片的 SDI 端和最后一片的 SDO 端与 ISP 编程接口相连，构成一个类似移位寄存器的链形结构。链中的器件数可以很多，只要不超过接口的驱动能力即可。各器件的编程状态机受 MODE 和 SDI 信号的控制。当 MODE 为高电平时，器件内的移位寄存器被短路，SDI 直通 SDO 端，由接口送出的控制信号可以从一个器件传到下一个器件，使各器件的状态机同时处于闲置状态、移位状态或执行状态。至于每个器件执行什么操作，则由各器件所接收的指令来决定。当 MODE 为低电平时，各器件中的移位寄存器都嵌入链中，相互串联在一起，可以将指令或数据从 SDI 输入，移位传送到此链中的某一位置。也可以将某一器件读出的数据经此链移位送到最后一个器件的 SDO 端，供校验使用。用户对某个器件编程时，应知道该器件在链中的位置。每种 ISP 器件都有一个 8 位识别码，只要将这些识别码装入移位寄存器，通过移位传递送入计算机即可。

9.4.4　isp-PLD 的开发工具

目前，常用的 ISP 器件开发软件有 PDS 软件、Synario 软件、ISP Synario System 软件等。

（1）PDS 软件

PDS 是设计工具软件，它向用户提供基于计算机的设计输入与器件之间的映射关系。该软件可以单独使用，也可以和 ABEL、ViewLogic、Synario 等工具软件配合作用。

利用 PDS 进行设计时，可以采用逻辑描述方式或宏方式，为了简化设计过程，应尽量使用宏方式。逻辑描述方式是最基本的，也是最低一级（门、触发器级）的方式。而宏（Macro）是一组预先编好，存放在库中的逻辑方程，每个宏器件代表一个逻辑模块，在设计中可作为逻辑器件调用。宏可分为标准宏和用户宏，它们存于不同的库中。

PDS 有 3 种库：系统库、设计库和用户库。系统库中存放了诸如计数器、寄存器、译码器、选择器和算术运算电路等各种标准宏两百多个。设计库是建于某个设计文件中的临时库，它所保存的宏是该设计中用到的宏。用户宏是用户自建的宏，它们是一些使用者在设计中需要多次用到的非标准电路。用户宏存于用户库中，设计时再调入设计库，从而达到节省时间、简化设计过程的目的。

（2）Synario 软件

Synario 是美国 Lattice 公司和 Data I/O 公司合作开发的一种运行于计算机 Windows 环境下的通用

电子设计工具软件。该软件继承和发扬了 PLD 器件开发软件 ABEL 的特点。它有一个包括各种常用逻辑器件和模块的较完善的宏库。设计中能进行逻辑图输入和 ABEL 硬件描述语言输入，并包括功能模拟显示和波形显示。此外，该软件还具有将多个 ABEL 设计文件编译成高密度 PLD 设计的能力，从而开拓出一条将多个低密度 PLD 设计升级成为高密度 PLD 设计的捷径。

（3）ISP Synario System 软件

ISP Synario System 软件是一个基于 Synario 完整的在系统编程设计系统，它具有设计输入、编译、逻辑模拟等功能，支持 ispLSI 器件、ispGAL 器件、ispGDS 器件以及全系列 GAL 器件。该软件系统包括了 Synario 的全部功能，同样有一个较为完善的宏库，库中的宏是用 ABEL 语言编写的。调用宏通常采用逻辑图输入方式，即将这些宏做成电路符号，然后像逻辑元件那样画在逻辑图中，并绘出它们之间的连线以及各输入/输出缓冲电路。此外，ISP Synario System 采用混合输入方式，允许在同一器件的设计中同时采用逻辑图、逻辑方程、真值表和状态图输入，从而使设计输入十分方便。

9.5　EDA 技术

EDA 技术的核心在于其工具软件，因此学习 EDA 技术必须对其工具软件有一定的了解，为此，本节介绍一些目前较为流行的 EDA 工具软件。

9.5.1　硬件描述语言介绍

硬件描述语言 HDL 是一种用形式化方法来描述数字电路和系统的语言。数字电路系统的设计者可以利用硬件描述语言从上层到下层描述自己的设计思想、设计电路。然后利用电子设计自动化 EDA 工具逐层进行仿真验证，再把其中需要变成具体物理数字电路的模块组成经由自动综合工具转换到门级电路网表。接着再用专用集成电路 ASIC 或现场可编程门阵列 FPGA 自动布局布线工具把网表转换为具体电路布线结构的实现。因为其逻辑功能和延时特性与真实的物理元件完全一致，所以在仿真工具的支持下能验证复杂数字系统物理结构的正确性，使投片的成功率达到 100%。

硬件描述语言发展至今已有 30 年的历史，并成功应用于集成电路设计的各阶段：建模、仿真、验证和综合。20 世纪 80 年代，出现了多种硬件描述语言，它们对设计自动化曾经起了极大的促进和推动作用。但是，这些语言一般面向各自特定的设计领域与层次，而且众多的语言使用户无所适从。因此需要一种面向设计的多领域、多层次并得到普遍认同的标准硬件描述语言。进入 20 世纪 80 年代后期，硬件描述语言向着标准化的方向发展。最终，VHDL 和 Verilog HDL 语言适应了这种趋势的要求，先后成为 IEEE 标准。

Verilog HDL 是 1983 年由 GDA（GateWay Design Automation）公司的 Phil Moorby 首创的。1989 年，另外一家著名的公司 Cadence 收购了 GDA 公司，Verilog HDL 成为 Cadence 公司的私有财产。1990 年，Cadence 公司决定公开 Verilog HDL 语言，成立了 OVI（Open Verilog International）组织，负责促进 Verilog HDL 语言的发展。基于 Verilog HDL 优越的性能，IEEE 于 1995 年制定了 Verilog HDL 的 IEEE 标准，即 Verilog HDL1364-1995；2001 年发布了 Verilog HDL1364-2001 标准。

VHDL 是美国军方组织开发的，在 1987 年成为 IEEE 标准，即 IEEE-1076 标准，后于 1993 年更新为 IEEE-1164。

Verilog HDL 和 VHDL 作为描述硬件电路设计的语言，其共同的特点在于：能形式化抽象表示电路的行为和结构；支持逻辑设计中层次和范围的描述；可借用高级语言的精巧结构来简化电路行为的描述；具有电路仿真和验证机制，以保证设计的正确性；支持电路描述由高层到低层的综合转换；硬件描述与实现工艺无关；便于文档管理；易于理解和设计重用。

但是 Verilog HDL 和 VHDL 又各有其特点。Verilog HDL 是从一个民间公司的私有财产转换而来的，因为其拥有优越的性能才成为 IEEE 标准, 所以 Verilog HDL 具有广泛的设计群体, 丰富的成熟资源, 并且也是一种非常容易掌握的硬件描述语言。而掌握 VHDL 设计技术就比较困难, 需要进行专业培训。从各自性能上说, 一般认为 Verilog HDL 在系统级抽象方面比 VHDL 略差一些, 而在门级开关电路描述方面比 VHDL 强。

9.5.2　常用 EDA 工具

下面将着重从工具的特点、功能及使用几个方面介绍常用 EDA 工具。目前比较流行的 EDA 工具软件, 大体上可以分为 3 类。

（1）仿真软件

仿真软件可以对已实现的设计进行完整测试, 模拟实际物理环境下的工作情况。对于较复杂的设计, 都使用这些专业的仿真工具, 而不使用 PLD/FPGA 厂家的集成开发软件中自带的仿真器。

① ModelSim

Mentor 子公司 Model Tech 出品, 使用较复杂, 工业上最通用的仿真器之一, 可做 Verilog HDL 和 VHDL 仿真, 基本的使用步骤是: 建立库→映射库到物理目录→编译源代码→启动仿真器→执行仿真。

② NC-Verilog/NC-VHDL

Cadence 公司很好的 Verilog HDL/VHDL 仿真工具, 其中 NC-Verilog 的前身是著名的 Verilog HDL 仿真软件: Verilog-XL, 用于 Verilog HDL 仿真; NC-VHDL 用于 VHDL 仿真; NC-SIM 用于 Verilog HDL/VHDL 的混合仿真。

③ VCS

Synopsys 公司出品。仿真速度快, 支持多种调用方式, 要先做编译, 再调用仿真。

（2）综合软件

这类软件的作用就是把设计输入翻译成最基本的与或非门的连接关系（网表）, 输出后缀为 edf 的文件。为了优化结果, 在进行复杂的设计时, 基本上都使用这些专业的逻辑综合软件。

① Synplify/Synplify Pro

Synplify 公司出品的有限状态机 VHDL/Verilog HDL 综合软件。其特点是具有很好的从行为级描述综合得到门级网表的能力。

② FPGAexpress

Synopsys 公司出品的 VHDL/Verilog HDL 综合软件, 是 Altera 架构的 OEM 版本, 目前已停止发展, 而转到了 FPGA CompilerII 平台。该软件的使用分为 4 个步骤: Analyze Files→Select Device→Enter Constraints→Optimize。

（3）集成的 PLD/FPGA 开发工具

集成的 PLD/FPGA 开发工具, 基本上都可以完成所有的设计输入（原理图或 HDL）、仿真、综合、布线、下载等工作。在使用时基本上都遵循上述的 EAD 技术开发流程: Design Entry→Compile→Simulation→Programming。然而许多集成的开发软件由于只支持 VHDL/Verilog HDL 的子集, 可能造成少数语法不能编译, 这时采用专用的综合、仿真软件执行, 效果更好。

① ISE

Xilinx 公司的 PLD 开发软件, 使用者也较多。该系列软件的特点是支持状态图图形、原理图、文本及原理图和文本的混合输入等多种输入方法; 同时由于集成了 Synopsys 公司出品的 VHDL/Verilog HDL 综合器, 所以其综合功能较强。

② Quartus II

Altera 公司的新一代 PLD 开发软件, 特别适合于大规模 FPGA 的开发。支持模块图表、原理图、文本及原理图和文本的混合输入等多种输入方法, 其开发流程与 ISE 大同小异。

9.6 本章小结

可编程逻辑器件 PLD 是 20 世纪 70 年代后迅速发展起来的一种新型半导体数字集成电路，它的最大特点是可以通过编程的方法来设置逻辑功能。PLD 的出现使数字系统的设计过程和电路结构都大大简化，同时也使电路的可靠性得到提高。到目前为止，已经开发出来的 PLD 器件分为 3 类：简单可编程逻辑器件 SPLD、复杂可编程逻辑器件 CPLD 和在系统可编程逻辑器件 isp-PLD。简单可编程逻辑器件 SPLD 的集成度比较低，也叫做低密度 PLD，包括 PLA、PAL、GAL。复杂可编程逻辑器件 CPLD 的集成度都比较高，也称为高密度 PLD，主要包括 FPGA 和 CPLD。

PLA 和 PAL 是早期的两种 PLD，多采用双极性、熔丝工艺或 UVCMOS 工艺制成，电路的基本结构是与、或逻辑阵列。PLA 的与、或逻辑阵列都可以编程；PAL 的与逻辑阵列是可以编程的，或逻辑阵列式是固定的。采用熔丝工艺的器件不能改写，采用 UVCMOS 工艺的擦除和改写也不方便。

GAL 是在 PLA 和 PAL 之后出现的 PLD 器件，采用 E^2CMOS 工艺，可以用电擦除和改写。电路的基本结构仍是与、或逻辑阵列，但输出是具有可编程的逻辑宏单元，可以由用户定义所需要的输出状态。与 PLA 和 PAL 相比，具有擦写方便、功耗低、集成度高、输出电路通用性较强的特点。

CPLD 和 FPGA 是复杂可编程逻辑器件，集成度高，可达万门以上。它们在电路结构形式和工作方式上有所不同，CPLD 是在 GAL 上发展起来的，采用 UVCMOS 工艺或 E^2COMS 工艺制作。它由若干大的可编程逻辑块、输入/输出模块和可编程的连线阵列组成，每个可编程块类似于一个 PAL 或 GAL，器件的传输延时是确定可预知的。

FPGA 采用 CMOS-SRAM 工艺制作，电路结构不是逻辑阵列结构，而是逻辑单元阵列形式。每个逻辑单元是可编程的，可以组成时序电路或者组合电路。单元之间可以灵活地互相连接，没有与-或阵列结构的局限性，主要是通过改变内部连线来编程，最大的特点是可实现现场编程。FPGA 中的编程数据是存放在器件内部的 SRM 中的，一旦停电这些数据就会丢失，需要重新装载，并且传输延时不可预知。

在系统可编程逻辑器件（ispPLD）是指在编程时不需要使用编程器，可以在系统编程，不用将器件从电路板上取下。ispPLD 的应用进一步提高了数字系统设计自动化的水平，同时也为系统的安装、调试、修改提供了更大的方便和灵活性。

习 题

9.1 可编程逻辑器件主要有哪些种类？

9.2 比较 PLA 和 PAL 的异同。

9.3 可编程逻辑阵列（PLA）和触发器组成的时序电路如图 P9-1 所示。根据 PLA 输入、输出的关系，写出各触发器的驱动方程、状态方程。

9.4 试分析图 P9-2 所示的 PAL 构成的时序逻辑电路，写出电路的驱动方程、状态方程、输出方程。

9.5 试用图 P9-3 所示的 PAL 产生如下一组逻辑函数：

$$\begin{cases} Y_3 = ABC + CD \\ Y_2 = AC\overline{D} + ACD + \overline{A}B \\ Y_1 = BCD + ABCD + B\overline{D} \\ Y_0 = A\overline{B}CD + ABCD + \overline{A}BCD + A\overline{B}C\overline{D} \end{cases}$$

9.6 FPGA 在结构上可分为哪几个部分？各部分的主要功能是什么？

9.7 FPGA 具有什么优点和缺点？

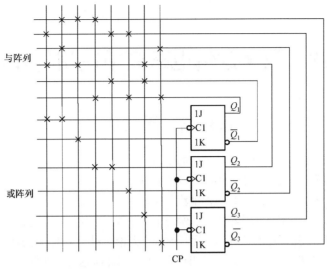

图 P9-1

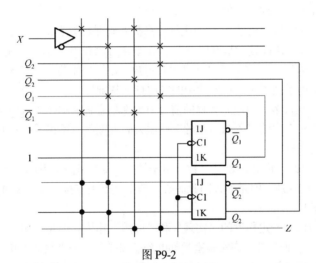

图 P9-2

图 P9-3

第10章 数字逻辑电路简单应用与知识扩展

10.0 本章引言

不知如何应用的学习是一种很痛苦很郁闷的学习！

理论与实际之间还有一段路要走，还有一座桥要过！

希望本章的内容对你能有所助益！为你铺路搭桥！

任何知识的学习与应用都是相辅相成的。学习主要是为了应用，而合适的应用活动会增强和巩固所学的知识，促进对所学知识点的理解和掌握。这一点无论是对于学生还是教师，都是适用的。

固然，"数字逻辑电路"课程是专业基础课程，但是因此而忽视该课程的实践与应用，甚至刻意强调该课程的"入门与基础"性质，那是错误的认识！即使二极管这样的简单器件，要想学好也是需要很多应用实例来支撑的，更遑论其他。

2004年秋天在"教育部电子信息科学与电气信息类基础课程教学指导分委员会"的主持下，重新修订了"数字电子技术基础课程教学基本要求"。基本要求再次强调了本门课程的性质是"电子技术方面入门性质的技术基础课"，其任务在于"使学生获得数字电子技术方面的基本知识、基本理论和基本技能，为深入学习数字电子技术及其在专业中的应用打下基础"。

似乎说得没错！而且很多《数电》教材的前言中也都刻意强调这个"入门与基础"的性质。很多讲授者也都以"基本要求"中的"入门与基础"性质为尚方宝剑，不讲或刻意回避应用方面的内容，或以其为由规避学生的质疑。

不错，"数字逻辑电路"也好，还是"数字电子技术基础"也罢，因为它们是专业基础课程，固然具有"入门和基础"的性质。但是如果因此而心安理得地不去安排、编写和讲授有关知识的（适度）应用，那就大错特错了！

与课程对应的实验课有一定程度的"实践"和"应用"作用。但是"实验"和"试验"不是一个概念，"实验"在于其"实证"性，在实验室教师的刻意安排下，去"验证"和巩固所学的知识。而合适的应用实践例子不但可以帮助理解、掌握和巩固所学的知识，还可以使学生了解和掌握如何利用所学的知识来完成实际任务要求，还可以延伸扩展学生们的知识面。

本章的内容取舍、例子选择都颇费心思。基本想法（或主旨或原则）如下。

① 内容围绕课程大纲所要求的主要知识点来组织；

② 结合实际要适度：太难、太偏、太宽泛的应用例子都不宜采用；

③ 内容例子要有"双向延展"性：既可巩固所学知识，又可一定程度上扩展延伸知识面；

④ 容易找到的且不是很重要的例子不讲。

另外，一个稍具规模的实际应用例子单靠数字电子电路和技术（或单靠模拟电子电路和技术）是不能完成的，一般至少要包含数字电路和逻辑电路，甚至还要采用单片机。仅含有数字电路或模拟电路的往往是较大应用电路中的一个功能子模块。

由此可见，"合适"的应用实例是多么难找啊！但为了使学生能够更好地掌握所学的知识内容并扩展延伸知识面，以及提高动手能力和解决实际问题的能力，笔者还是尝试着来编写这一章的内容，希望本章内容能够对学生的学习和将来的工作有所助益。

让我们从基本的门电路应用开始讲起吧。

10.1　与门（与非门）和或门（或非门）的应用基础

在第 1、2 章就学过与门、与非门、或门、或非门的内容：

与门：$Y = A \cdot B$；与非：$Y = \overline{A \cdot B}$；

或门：$Y = A + B$；或非：$Y = \overline{A + B}$。

它们在实际电路中是如何应用的呢？当然最直接最基本的应用就是在电路中对输入的两个逻辑信号进行"与"、"与非"、"或"、"或非"逻辑运算，这个千真万确、一点都没错。

但是，如果我们学习知识仅仅停留在这个基本层面，而不是在更高的层面上多角度地看问题，那么当每次遇到问题时，都要"从头再来"：从最低层面开始运用你所学的知识来判断和解决问题，那就要花费很多时间、耗费不少精力，而且效率低下，不能高效率地分析问题和解决问题。最典型的例子是你在考研和应聘的考场上将花费很多宝贵时间而不能有效解答主要的问题。

回忆一下第 2 章中的习题 2.2，题中（图 P2-2 中）给定了与门 G_1、或门 G_2 和异或门 G_3 的两个输入端的信号，要求画出它们的输出信号的波形，并注意仔细观察输入与输出波形之间的逻辑关系，从中可以得到对实际逻辑电路的分析与设计相当有用的结论。

另外，第 1 章的表 1-15 中提到过 0-1 律（对与逻辑：$A \cdot 0 = 0$ 和 $A \cdot 1 = A$；对或逻辑：$A + 0 = A$ 和 $A + 1 = 1$）。那么从实际应用角度看，这个 0-1 律和与门、或门有什么联系呢？

首先以"与门"为例，将习题 2.2 中的与门 G_1 的输入输出波形重画为图 10-1。

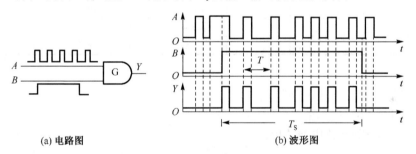

(a) 电路图　　　　　　　　　　(b) 波形图

图 10-1　与门的应用例子之一

（1）试问：从实际应用角度该与门叫做什么？A 和 B 输入端分别叫做什么？

（2）回答：该与门叫做"逻辑闸门"，起"逻辑闸门"控制信号作用。在图 10-1 中，A 输入端为"被测信号输入端"，B 输入端为"逻辑闸门控制端"，或叫"闸门控制端"，或简称"门控端"。

（3）分析：由图 10-1 和与门的逻辑表达式 $Y = A \cdot B$ 以及 0-1 律中的 $A \cdot 0 = 0$ 和 $A \cdot 1 = A$ 可知：

1）当 $B = 0$ 时，$Y = A \cdot 0 = 0$。无论输入端 A 怎样变化，输出端 Y 始终为 0，不随 A 而变化，这相当于逻辑闸门"**关断**"。

2）当 $B = 1$ 时，$Y = A \cdot 1 = A$。（在 $B = 1$ 期间）Y 随 A 而变化，相当于逻辑闸门"**打开**"。

3）如果将与门换成与非门，仅是其输出 Y 反相而已，其"逻辑闸门"作用这个实质性质是不变的。

（4）结论：用与门（与非门）作为逻辑闸门时，在其控制端用"1"开，用"0"关。

将图 10-1 中的门 G 换成或门时，分析如下（读者自己画一下或门的图及其输出波形）。

1）分析：根据或门逻辑表达式 $Y = A + B$ 以及 0-1 律中的 $A + 1 = 1$ 和 $A + 0 = A$ 可知：

① 当 $B = 1$ 时，$Y = A + 1 = 1$。无论 A 怎样变化，输出端 Y 始终为 1，不随 A 而变化，相当于逻辑闸门"**关断**"。

② 当 $B=0$ 时，$Y=A+0=A$。（在 $B=0$ 期间）Y 随 A 而变化，相当于逻辑闸门"打开"。

③ 如果将或门换成或非门，仅是其输出 Y 反相而已，其"逻辑闸门"作用这个实质性质是不变的。

2）结论：用或门（或非门）作逻辑闸门时，在其控制端用"0"开，用"1"关。

可见，在实际工作中遇到类似的电路图时，就不要再从与门（与非门）、或门（或非门）的基本逻辑功能开始分析了，从更高层面和实用角度来讲，采用"逻辑闸门"的概念可以迅速分析出电路各部分之间的关系，甚至一眼就能看出电路的功能和作用（本书中很多逻辑图都可以用逻辑闸门的道理来分析）。在考研时你可以节省很多时间来做更难更复杂的题目，在应聘笔试时你可以很"在行"、很"老道"地答题，在面试时你可以很"内行"地与考官交流沟通，会令考官对你刮目相看。

下面将与门（与非门）、或门（或非门）的逻辑闸门作用的知识小结如表 10-1 所示。

表 10-1　与门（与非门）、或门（或非门）逻辑闸门作用小结

门电路	从书本基本理论上看			从实际应用角度看		
	表达式	功能	0-1 律	开/关门定理	功能	解释
与门	$Y = A \cdot B$	与逻辑	$A \cdot 0 = 0$	"关门"定理	与逻辑闸门	"1"开 "0"关
			$A \cdot 1 = A$	"开门"定理		
与非门	$Y = \overline{A \cdot B}$	与非逻辑	$\overline{A \cdot 0} = 1$	"关门"定理		
			$\overline{A \cdot 1} = \overline{A}$	"开门"定理		
或门	$Y = A + B$	或逻辑	$A + 0 = A$	"开门"定理	或逻辑闸门	"0"开 "1"关
			$A + 1 = 1$	"关门"定理		
或非门	$Y = \overline{A + B}$	或非逻辑	$\overline{A + 0} = \overline{A}$	"开门"定理		
			$\overline{A + 1} = 0$	"关门"定理		

简记为：

① 与和与非用"1"开、用"0"关；

② 或和或非用"0"开、用"1"关。

下面继续讲解逻辑闸门的扩展应用。

10.2　与门（与非门）和或门（或非门）的应用扩展

10.2.1　门控、选通、片选和使能

逻辑闸门的最直接应用就是"门控、选通、片选和使能"作用，这在本书的组合逻辑电路（第 3 章）和时序逻辑电路（第 4、5 章）以及后面的相关章节中随处可见，下面举几个例子。

上述的逻辑闸门作用也就叫做"门控"作用，当用在控制整个芯片工作与否时就叫做"选通"或"片选"作用。

图 10-2 所示为利用逻辑闸门作"门控"和"选通"的三个例子。其中图 10-2(a)和图 10-2(b)所示为组合逻辑电路的例子，图 10-2(c)所示为时序逻辑电路的例子。

图 10-2(a)是一个 4 选 1 多路开关，其中 $\overline{E}$ 为低有效使能信号，经过反相后 E 端为高电平有效，E 加于 $G_0 \sim G_3$ 的一个输入端，起"总逻辑闸门"作用。

当 $\overline{E} = 1$ 时，$E=0$，$G_0 \sim G_3$"关断"，输出 $Y=0$ 且不随 $D_0 \sim D_3$ 中的任何一个而变化。

当 $\overline{E} = 0$ 时，$E=1$，$G_0 \sim G_3$"打开"，输出 Y 等于 $G_0 \sim G_3$ 中的一个（由 A_1 和 A_0 的具体取值决定），并随之（$G_0 \sim G_3$ 中的一个）而变化。

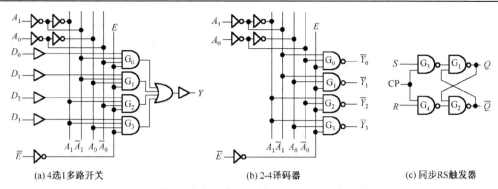

(a) 4选1多路开关　　　　　　　(b) 2-4译码器　　　　　　　(c) 同步RS触发器

图 10-2　利用逻辑闸门作"门控"和"选通"的 3 个例子

因此，$\overline{E}$ 端通常又称为片选端（选通端、使能端），它起整个电路（在逻辑上）的"开"与"断"的"总控制"作用，实际的芯片往往都有这个片选引脚。有些逻辑电路采用三态门来完成选通功能，这时不但能完成"逻辑"意义上的"开"与"断"，亦同时完成了"电气"意义上的"开"与"断（高阻态）"。

$G_0 \sim G_3$ 还分别受到地址信号 A_1 和 A_0 取值的门控作用，可看做是"分控制"端。

下面分析可以进一步理解，门控与选通不仅可以受单个引脚输入来控制，也可以受两个、三个及多个信号的组合来控制。

当 $A_1A_0=00$ 时，$\overline{A_1}\,\overline{A_0}=11$，$G_0$ 门"开"（被选通——门控条件满足），余下的 G_1、G_2、G_3 门"关"（不被选通——门控条件不满足），$Y=D_0$，并随 D_0 的变化而变化。

当 $A_1A_0=01$ 时，$\overline{A_1}A_0=11$，G_1 门"开"（被选通——门控条件满足），余下的 G_0、G_2、G_3 门"关"（不被选通——门控条件不满足），$Y=D_1$，并随 D_1 的变化而变化。

当 $A_1A_0=10$ 时，$A_1\overline{A_0}=11$，G_2 门"开"（被选通——门控条件满足），余下的 G_0、G_1、G_3 门"关"（不被选通——门控条件不满足），$Y=D_2$，并随 D_2 的变化而变化。

当 $A_1A_0=11$ 时，$A_1A_0=11$，G_3 门"开"（被选通——门控条件满足），余下的 G_0、G_1、G_2 门"关"（不被选通——门控条件不满足），$Y=D_3$，并随 D_3 的变化而变化。

图 10-2(b) 是一个 2-4 译码器（常称为 2 线–4 线译码器），输出（$\overline{Y}_0 \sim \overline{Y}_3$）低电平有效。同理，$\overline{E}$ 端为片选端，是整个电路（在逻辑上）的"开"与"断"的"总控制"端。

当 $\overline{E}=1$ 时，$E=0$，$G_0 \sim G_3$ "关断"，整个芯片不被选中，输出（$\overline{Y}_0 \sim \overline{Y}_3$）全为高（无效）。

当 $\overline{E}=0$ 时，$E=1$，$G_0 \sim G_3$ "打开"，整个芯片被选中，输出（$\overline{Y}_0 \sim \overline{Y}_3$）中具体哪个有效（为低），要看 A_1 和 A_0 的具体取值组合决定。

当 $A_1A_0=00$ 时，$\overline{A_1}\,\overline{A_0}=11$，$G_0$ 输入为全"1"，余下的 G_1、G_2、G_3 门的输入端至少有一个为"0"（不为全"1"）。因此，只有 $\overline{Y_0}=0$（有效），其余 $\overline{Y_1}=\overline{Y_2}=\overline{Y_3}=1$（无效）。

当 $A_1A_0=01$ 时，$\overline{A_1}A_0=11$，G_1 输入为全"1"，余下的 G_0、G_2、G_3 门的输入端至少有一个为"0"（不为全"1"）。因此，只有 $\overline{Y_1}=0$（有效），其余 $\overline{Y_0}=\overline{Y_2}=\overline{Y_3}=1$（无效）。

当 $A_1A_0=10$ 时，$A_1\overline{A_0}=11$，G_2 输入为全"1"，余下的 G_0、G_1、G_3 门的输入端至少有一个为"0"（不为全"1"）。因此，只有 $\overline{Y_2}=0$（有效），其余 $\overline{Y_0}=\overline{Y_1}=\overline{Y_3}=1$（无效）。

当 $A_1A_0=11$ 时，$A_1A_0=11$，G_3 输入为全"1"，余下的 G_0、G_1、G_2 门的输入端至少有一个为"0"（不为全"1"）。因此，只有 $\overline{Y_3}=0$（有效），其余 $\overline{Y_0}=\overline{Y_1}=\overline{Y_2}=1$（无效）。

图 10-2(c) 是一个同步 RS 触发器，G_1 和 G_2 构成输入低电平有效的基本 RS 触发器。其中，同步脉冲（又称为门控脉冲）CP 起到了选通（门控）作用。

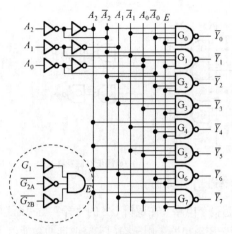

图 10-3 3 线–8 线译码器 74××138
的组合片选（选通）端

当 CP=0（低电平）时，使得门 G_3 和 G_4 被关断，其输出都为 1，基本 RS 触发器的输入就全为 1（$\bar{R}=\bar{S}=1$），它处于保持状态，Q 和 $\bar{Q}$ 的输出状态保持不变。

当 CP=1（高电平）时，使得门 G_3 和 G_4 被选通，其输出由 $\bar{R}$ 和 $\bar{S}$ 取值决定，这时 G_3 和 G_4 就仅起一个反相器的作用了，因此，等介于整个触发器这时输入是高有效的，Q 和 $\bar{Q}$ 的输出状态由 $\bar{R}$ 和 $\bar{S}$ 取值组合决定。

以上所述的片选端（芯片选通端）为单个信号的，还有采用组合信号进行选通的，例如 3∶8（3 线–8 线）译码器 74××138。如图 10-3 所示，其内部 $G_0 \sim G_7$ 这 8 个与非门的"总选通"信号 E 的表达式为：$E = G_1 \cdot \overline{G_{2A}} \cdot \overline{G_{2B}}$。

当 $G_1=1$、$\overline{G_{2A}}=0$、$\overline{G_{2B}}=0$ 时，E=1，$G_0 \sim G_7$ 8 个与非门被选通，整个译码器可以正常完成译码工作，根据 $A_2 A_1 A_0$ 的取值使得 $\overline{Y_0} \sim \overline{Y_7}$ 中有且仅有一个有效（为低电平），而其余均无效（均为高电平）。

当 G_1、$\overline{G_{2A}}$、$\overline{G_{2B}}$ 为其他组合时，E=0，$G_0 \sim G_7$ 这 8 个与非门被关断，整个译码器不工作，其输出为全 1（全无效）。

这种组合选通的情况在很多芯片上也都可见到。

"门控"与"选通"的原理和概念在逻辑电路设计与分析中的应用非常广泛（但是几乎没有一本书或资料系统或刻意地讲解过这个内容），深刻理解和正确掌握它们是十分有用的，至少对本门课内容的学习、理解和掌握是很有助益的。

10.2.2 逻辑闸门在电子计数器（频率计）中的应用

此处所谓的电子计数器并非本书第 5 章（时序逻辑电路）中所讲的计数器，而是市场上出售并广泛使用的产品。其本质上是对输入脉冲信号进行计数，但却有着复杂的信号处理和计算功能，可用来对等周期信号（数字或模拟信号均可）进行计数、测时、测周和测频，可对非等周期信号进行计数等，用途广泛，使用频繁。因为可测频率，所以又叫做频率计。

其电路核心原理上就是一个输入受到逻辑闸门控制的计数器，重画图 10-1，如图 10-4 所示。

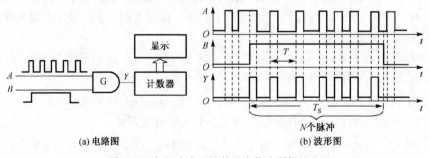

(a) 电路图 (b) 波形图

图 10-4 与门在电子计数器中作为逻辑闸门

如果是非不等周期的脉冲，可以对其进行计数，例如，对工厂产品传送带上的产品进行产品计数就是具体应用之一。因为传送带上两个产品之间的距离不一定是等间隔的，所以产品传感器输出的脉冲信号也就是不等周期的。

对等周期信号，则可以进行测周、测频和测时。

（1）测周和测频

这时，逻辑闸门 G 两个输入端中的一个输入端（如 A 端）用来输入待测信号 V_A，V_A 的周期和频率是未知（待测）的。另一输入端（如 B 端）输入一个脉宽（高电平时间）T_S 已知的脉冲。

这样根据 T_S 值和计数器在 T_S 期间的计数值 N 就可求得待测信号的周期 T 和频率 f：

$$T = \frac{T_S}{N} \qquad\qquad (10\text{-}1)$$

$$f = \frac{1}{T} = \frac{N}{T_S} \qquad\qquad (10\text{-}2)$$

例如，在 T_S=1s 内计数值为 1000，亦即 T_S=1s=1000ms，N=1000。
则有

$$T = \frac{T_S}{N} = \frac{1}{1000}\text{s} = \frac{1000}{1000}\text{ms} = 1\text{ms}$$

$$f = \frac{1}{T} = \frac{1\text{s}}{1\text{ms}} = 1000\text{Hz}$$

或者

$$f = \frac{N}{T_S} = \frac{1000}{1\text{s}} = 1000(1/\text{s}) = 1000\text{Hz}$$

（2）测时

将逻辑闸门 G 的两个输入端的职能对调一下，图 10-4 就成为测时工具。

这时，逻辑闸门 G 两个输入端中的一个（如 A 端）输入的是周期 T（或频率 f）已知的信号 V_A，一般称其为"时标信号"。时标信号往往是高稳定度周期脉冲信号（视应用场合要求不同，最低标准也是采用晶振得到的，较高要求时采用温补晶振，还有更高级的稳定频率的措施）。另一端（如 B 端）输入一个脉宽（高电平）T_S 未知（待测）的脉冲信号 V_B。

这样根据已知时标信号的周期 T 和电子计数器计数值 N，求得待测信号 V_B 脉宽时间 T_S：

$$T_S = T \cdot N \qquad\qquad (10\text{-}3)$$

例如，1kHz 时标信号，周期 T=1ms，电子计数器在 T_S 时间内计数值 N 为 1000，则被测信号 T_S 脉宽（高电平时间）为 $T_S = T \cdot N = 1\text{ms} \times 1000 = 1000\text{ms} = 1\text{s}$。

测周（或测频）以及测时的最大误差为量化误差（其他误差暂不考虑），为±1 个脉冲。

在测周或测频时，采用倍频技术提高待测信号 V_A 的频率或增大测量脉宽 T_S 都可以提高测量精度，也可通过提高时标信号 V_A 的频率 f 来提高测时的测量精度，但二者都有弊端。

更好更精确的测量方法如类似游标卡尺的所谓"游标法"等，读者请见电子测量相关书籍中"时间与频率测量"的介绍。在精密时间与频率测量这个领域，国内、外硕士、博士亦有在研究的。用电子计数器还可测量相位。

10.2.3 逻辑闸门在单片机中的应用

单片机（或 MCU）中计数器/定时器（Counter/Timer）计数脉冲源的选择与控制就是依靠多路开关和逻辑闸门来完成的。

如图 10-5 所示，8051 系列单片机中有两个功能和结构一样的 16 位计数器 Timer0 和 Timer1，可完成定时或计数功能。其全部功能受内部的两个寄存器（方式寄存器 TMOD 和控制寄存器 TCON）的相应控制位的控制（而这些位是可以由用户编程来控制的——"程控"作用）。

Timer0 和 Timer1 每个 16 位计数器都有 4 种工作模式可供选择，由方式寄存器 TMOD 的 M1 和

M0 来控制，此处略，等同学们学习单片机知识时再详细讨论。本节着重讲解单片机中计数器/定时器的"计数脉冲源的选择控制"和"计数脉冲的门控原理"。

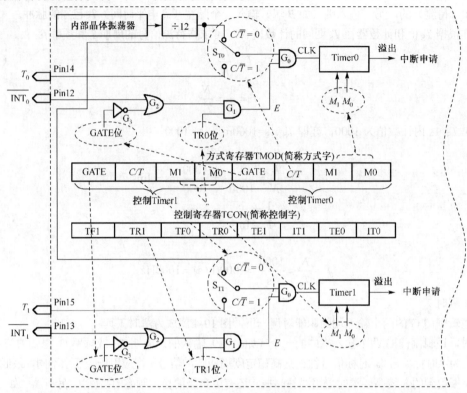

图 10-5　单片机（或 MCU）中计数器/定时器（Counter/Timer）计数脉冲源的选择与控制

（1）计数脉冲源的选择控制

计数器 0（Timer0）的计数脉冲源的选择由 2 选 1 多路开关（MUX）S_{T0} 完成，S_{T0} 受方式寄存器 TMOD 的 $C/\overline{T}$（bit2）的取值控制：当 $C/\overline{T}=0$ 时，内部晶体振荡器的脉冲 12 分频后作为 Timer0 的计数脉冲源；当 $C/\overline{T}=1$ 时，Timer0 的计数脉冲源取自单片机的 T_0 引脚（pin14）。

计数器 1（Timer1）的计数脉冲源的选择由 2 选 1 多路开关（MUX）S_{T1} 完成，S_{T1} 受方式寄存器 TMOD 的 $C/\overline{T}$（bit6）的取值控制：当 $C/\overline{T}=0$ 时，内部晶体振荡器的脉冲 12 分频后作为 Timer1 的计数脉冲源；当 $C/\overline{T}=1$ 时，Timer1 的计数脉冲源取自单片机的 T_1 引脚（pin15）。

"2 选 1 多路开关（MUX）S_{T0} 和 S_{T1} 的原理"第 3 章已介绍过，在 10.4 节还要从"程控"角度重新做详细的介绍，此暂略。

（2）单片机中计数脉冲的门控原理

无论计数脉冲来自何处，最后在送给 Timer0（Timer1）进行计数前都要受到逻辑闸门 G_0（图 10-5 中靠近"Timer"的与门）的控制。逻辑闸门 G_0 的控制端信号 E 是由与门 G_1、或门 G_2 和非门 G_3 这 3 个门构成的组合门控（选通）电路输出的，重画图 10-5 相应部分得到图 10-6。

当组合门控（选通）信号 $E=0$ 时，逻辑闸门 G_0 关断，计数器/定时器停止计数/定时（本质上计数/定时都是对脉冲进行计数）。当 $E=1$ 时，逻辑闸门 G_0 打开，允许计数。组合门控（选通）信号 E 的逻辑表达式如下：

$$E = \mathrm{TR}_X \cdot (\overline{\mathrm{GATE}} + \overline{\mathrm{INT}_X}) \tag{10-4}$$

式中，TR_X 表示 TR_0 和 TR_1，$\overline{\mathrm{INT}_X}$ 表示 $\overline{\mathrm{INT}_0}$ 和 $\overline{\mathrm{INT}_1}$。

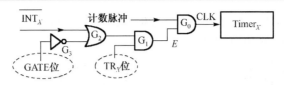

图 10-6　单片机（或 MCU）中计数器/定时器计数脉冲的门控

当 TR_X=1、GATE=1 时，$E=\overline{INT_X}$，则在 $\overline{INT_X}$ 高电平期间（上升沿），逻辑闸门 G_0 打开并计数，因此通过计数值可以求得 $\overline{INT_X}$ 引脚上的脉宽（高电平宽度），这就是测时。

当 GATE=0 时，$E=TR_X$，通过软件给定 TR_X 位一个定长的时间 T_S（TR_X=1 的时间），根据 T_S 和计数值 N（对 T_0 或 T_1 的计数），可求得计数脉冲的周期和频率，这就是测周和测频。

10.3　1 线–2 线译码器和双缓冲功能

同学们在第 3 章（组合逻辑电路）中学过 2 线–4 线（2∶4）译码器（74××139）、3 线–8 线（3∶8）译码器（74××138）和 4 线–16 线（4∶16）译码器（74××154）。那么请问：1 线–2 线（1∶2）译码器你见过吗？是什么样子的？

1 线–2 线（1∶2）译码器没有实际的独立的器件与之对应，但是在各种逻辑电路中都频繁出现它的身影！深刻了解和掌握它的原理和应用，对快速分析判断各种逻辑电路（包括器件内部电路）是大有好处的。如图 10-7(a)、图 10-7(b)、图 10-7(c) 和图 10-7(d) 所示，都代表 1 线–2 线（1∶2）译码器。

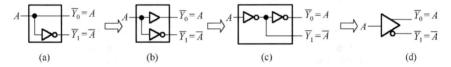

图 10-7　1∶2 译码器和输入双缓冲器的原理和演变

图中的 1∶2 译码器都是输出低有效的，都可以做到：

当 $A=0$ 时，$\overline{Y_0}=A=0$；

当 $A=1$ 时，$\overline{Y_1}=\overline{A}=0$。

可见，确实是一个 1∶2 译码器。其中，图 10-7(a) 为最自然最基本的形式，但是它的内部与引脚直接相连而没有"隔离"，如果该功能模块用于更大的器件作为其子部分（往往作为输入）使用，就有可能一个引脚与内部多个门电路的输入端相连，故需要隔离，使其获得真正的"一个输入引脚就是一个器件输入"的效果，亦即该引脚的拉（输出）电流和灌（吸入）电流都呈现为一个引脚的效应，而不是"加倍"效应。图 10-7(b) 使用了一个同相缓冲器和一个反相缓冲器，当其用于连接更大器件内部时，就可以起到上述的"一个输入引脚就是一个器件输入"的隔离缓冲作用。图 10-7(c) 效果与图 10-7(b) 一样，也是一个 1∶2 译码器，既能够起到隔离作用，又能够提供一个互反的（互斥的）输出变量（A 和 $\overline{A}$）。图 10-7(d) 是在 EDA 课程中广泛使用的符号，与图 10-7(c) 是等价的，仅是为了简化大规模可编程逻辑器件（CPLD 和 FPGA）的画法而采用的符号，作者为便于记忆，称图 10-7(d) 为"输入双缓冲器"（此称呼在现有文献中尚未见），"缓冲"是指输入引脚与器件内部隔离的意思，"双"是指该输入双缓冲器（1∶2 译码器）能为器件内部提供互反的（互斥的）两个变量 A 和 $\overline{A}$。

1∶2 译码器（输入双缓冲器）功能有两个：

（1）将引脚 A 与内部电路隔离并增加对内部电路的驱动能力——**缓冲**功能；

（2）为内部提供所需的互反的两个变量（以便构成最小项时使用）A 和 $\overline{A}$——**译码**功能。

　　图 10-8(a)和图 10-8(b)是二变量和三变量输入双缓冲器的传统画法，图 10-8(a′)和图 10-8(b′)是二变量和三变量输入双缓冲器的 EDA 画法。

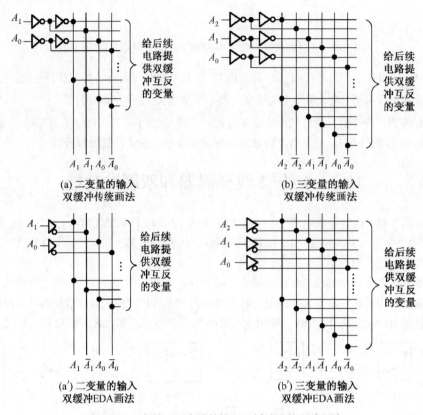

图 10-8　二变量、三变量的输入双缓冲器的两种画法

10.4　多路开关与程控的概念及多功能器件举例

　　多路开关（MUX）是一种很有用的电路，有数字多路开关和模拟多路开关之分。模拟多路开关可以取代数字多路开关的功能用在数字逻辑电路中，但数字多路开关却不能取代模拟多路开关用在模拟电路中。另外，模拟多路开关的信号通路是双向的，因此模拟多路开关既可以作为多路数据选择器使用，又可以作为多路数据分配器使用。而在数字逻辑电路中，多路数据选择器和多路数据分配器却是两个不同的器件，它们的信号流向都是单向的，都是由输入流向输出的，而不能像模拟多路开关那样可以双向流通。

　　模拟多路开关的应用，限于篇幅，此处略。下面介绍数字多路开关及其应用。

　　数字多路开关在数字逻辑电路的各层次和各层面的器件中都有应用，在实际的测控电路中也广泛使用，下面先介绍数字多路开关及其在 MSI、LSI 和 EDA 器件中的应用。

10.4.1　多路开关原理及画法演变

　　本节仅介绍 2 选 1 多路开关和 4 选 1 多路开关及其应用。

　　（1）2 选 1 多路开关（2∶1 MUX）

　　先从最简单的 2 选 1 多路开关讲起，它是最小的多路开关。

将一个 $1:2$ 译码器和两个与门（逻辑闸门）再加一个或门（逻辑求和用的）相结合，就可以构成一个 2 选 1 多路开关，如图 10-9(a)所示。

用前面图 10-7 中的 $1:2$ 译码器（"双缓冲器"）的输出端（A 和 $\overline{A}$）去选通控制与门（逻辑闸门）就可以选择输入信号，如图 10-9 所示（图 10-7 中的 $1:2$ 译码器输出是低有效，此处是利用高有效选通与门）。

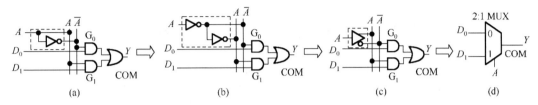

图 10-9　2 选 1 多路开关（2:1 MUX）原理及画法演变

图 10-9(a)、图 10-9(b)和图 10-9(c)中的虚线框就是 $1:2$ 译码器（输入双缓冲），其功能有二：**缓冲**功能和**译码**功能（前文已述及）。

当选择端 $A=0$ 时，内部 $A=0$，$\overline{A}=1$，与门 G_0 打开，G_1 关断，输出 Y（COM）等于 D_0。

当选择端 $A=1$ 时，内部 $A=1$，$\overline{A}=0$，与门 G_1 打开，G_0 关断，输出 Y（COM）等于 D_1。

图 10-9(a)和图 10-9(b)是在数字逻辑电路（或数字电子技术）书籍介绍基础知识时常用的画法符号，其输出常用 Y 来表示。图 10-9(c)和图 10-9(d)是在 EDA 技术书籍中描述大规模可编程器件（CPLD 和 FPGA）内部原理时常用的画法符号，其输出端常用 COM（公共端 Common 的缩写）表示。另外，图 10-9(d)的"横放梯形"内部的"0"（与 D_0 相连的）和"1"（与 D_1 相连的）表示：当选择控制端 $A=0$ 时，输出信号 COM 与输入信号 D_0 相通；当选择控制端 $A=1$ 时，输出信号 COM 与输入信号 D_1 相通。

（2）4 选 1 多路开关（4:1 MUX）

前面图 10-2(a)就是一个 4 选 1 多路开关（4:1 MUX）器件芯片内部原理图，将其输入和输出缓冲隔离器（同相门）去掉，并将使能端 $\overline{E}$ 去掉后，重画于图 10-10。

图 10-10(a)和图 10-10(b)的两组 $1:4$ 译码器（"双缓冲器"）功能有二。

① 将 A_1 和 A_0 与内部电路隔离并增加对内部电路的驱动能力——**缓冲**功能；

② 为内部提供所需的互反变量（以便构成最小项供内部使用）：A_1 和 $\overline{A_1}$、A_0 和 $\overline{A_0}$——**译码**功能。

图 10-10(a)是在数字逻辑电路（或数字电子技术）书籍中介绍基础知识时常用的画法，图 10-10(b)和图 10-10(c)是在 EDA 技术书籍中描述大规模可编程器件（CPLD 和 FPGA）内部原理时常用的画法和符号。我们仅按照图 10-10(c)讲述其功能，内部原理此处略，相信读者根据图 10-10(a)和图 10-10(b)很容易就会理解其工作原理。

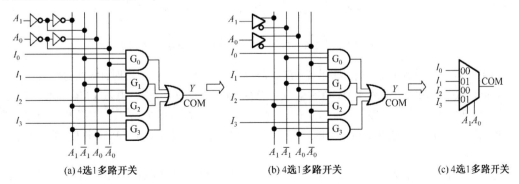

图 10-10　4 选 1 多路开关（4:1 MUX）原理及画法演变

当 A_1A_0=00 时，内部与门 G_0 打开，G_1、G_2、G_3 关断，输出 COM 等于 I_0；

当 A_1A_0=01 时，内部与门 G_1 打开，G_0、G_2、G_3 关断，输出 COM 等于 I_1；

当 A_1A_0=10 时，内部与门 G_2 打开，G_0、G_1、G_3 关断，输出 COM 等于 I_2；

当 A_1A_0=11 时，内部与门 G_3 打开，G_0、G_1、G_2 关断，输出 COM 等于 I_3。

10.4.2　多路开关的应用

多路开关之所以重要，就在于其能够改变路径！能够改变路径，就能够改变电路的功能！ 这就是多路开关被广泛应用于大规模可编程逻辑器件（CPLD 和 FPGA）中的原因。

大规模可编程逻辑器件（CPLD 和 FPGA）在后续的 EDA 课程中有详细介绍，此处略。此处仅简单地举几个多路开关的应用例子，以强化巩固多路开关的概念和如何应用的方法。

（1）两功能（并入和串入串出功能）移位寄存器

第 5 章（时序逻辑电路）的图 5-10 是一个"两功能（并入和串入串出功能）移位寄存器"，现重画为图 10-11，它是如何完成并入或串入串出功能的呢？

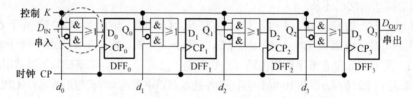

图 10-11　两功能（并入和串入串出）移位寄存器

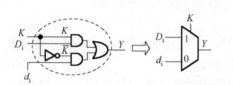

(a) 2:1 MUX原理图　　(b) 2:1 MUX的EDA画法

图 10-12　2：1 MUX 原理图其 EDA 画法

请看图 10-11 中的虚线圆圈中的部分，你能一眼就看出它的功能吗？能的话，整个电路的工作原理你立刻就能够理解了。

图 10-11 中的虚线圆圈中的部分就是一个 2 选 1 多路开关（2：1 MUX）。把虚线圆圈中的部分展开重画，如图 10-12 所示。用图 10-12(a)或图 10-12(b)（此处用图 10-12(b)）代替图 10-11 中的虚线圆圈中的部分，重画图 10-11 得到图 10-13。

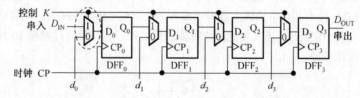

图 10-13　两功能（并入和串入串出）移位寄存器 EDA 画法

当 K=0 时，信号路径为 d_i→D_i，亦即 d_0→D_0、d_1→D_1、d_2→D_2、d_3→D_3，在时钟脉冲 CP（上升沿）的作用下，并行数据 $d_0d_1d_2d_3$ 被打入 4 个 DFF 中，使得 $Q_0Q_1Q_2Q_3$=$d_0d_1d_2d_3$，完成"并入（并行打入）"的功能。

当 K=1 时，信号路径为 D_{IN}→D_0、Q_0→D_1、Q_1→D_2、Q_2→D_3（即 D_{OUT}），在时钟脉冲 CP（上升沿）的作用下，完成串行数据右移一位的功能（串入串出功能），且在 4 个 CP 后将 D_{IN} 的数据串行到 D_{OUT} 输出端。

我们看到同一个器件在控制端 K 的控制下（不同取值）可以完成两种不同的功能，这就是"**改变路径，改变功能**"的含义！

（2）分析多功能移位寄存器 74LS194 的内部电路

74LS194 是一个 4 位多功能（4 种功能）的移位寄存器芯片，芯片数据手册（Datasheet）中称为 4 位双向通用移位寄存器（4Bit Bidirectional Universal Shift Register）。在模式控制端 S_1 和 S_0 的控制下，74LS194 可以完成数据的保持、左移、右移和并入 4 种功能。

我们直接从厂家数据手册中将 74LS194 的电路图复制于图 10-14 中，其中的虚线圆圈及其序号是后加入的。

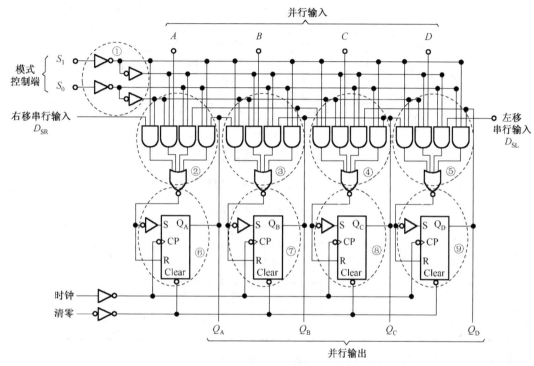

图 10-14　直接从厂家数据手册中复制的 74LS194 的电路图

虚线圆圈⑥、⑦、⑧、⑨就是 4 个 D 触发器 DFF，每个 DFF 是由 RS 触发器及其 S 端的负逻辑同相器 ◁▷（等价于正逻辑反相器 ▷◦）和（4 输入的）或非门的那个起反相器作用的小圆圈"○"组成的。虚线圆圈②、③、④、⑤中每个 4 输入或门（4 输入或非门去掉小圆圈"○"后）和其上面的 4 个（3 输入的）与门构成了 4 路信号输入的与或非门（逻辑闸门）。虚线圆圈①是两个 1：2 译码器（双缓冲器）构成的 2：4 译码器，为电路提供所需要的 S_1 和 $\overline{S_1}$、S_0 和 $\overline{S_0}$ 这 4 个变量。这 4 个变量分别送至虚线圆圈②、③、④、⑤中每个 3 输入与门的输入端，作为选通（门控）信号。虚线圆圈①分别与虚线圆圈②、③、④、⑤组合就构成了 4 个 4 选 1 多路开关（如图 10-10 所示）。重画 10-14 得到图 10-15。图中，CLK（Clock 的缩写）是时钟信号，CLR（Clear 的缩写）是清零（复位）信号。

74LS194 真值表如表 10-2 所示，由表 10-2 可以看出：

当 $\overline{CLR}$ =0 时，器件复位，$Q_A Q_B Q_C Q_D$ =0000。

当 $\overline{CLR}$ =1 时，$S_1 S_0$=00 为保持状态（Holding）；$S_1 S_0$=01 为右移（Shift Right）状态；$S_1 S_0$=10 为左移（Shift Left）状态；$S_1 S_0$=11 为并行打入（Parallel Load）状态。

每个 2：4 多路开关为其对应的 D 触发器的 D 端提供 4 种可能的输入数据来源（路径）：

① 自身的 $Q_i \rightarrow D_i$，在 CLK 作用下，$Q_i = D_i$（自身的），即为保持功能；

② 自身对应并行数据 $\rightarrow D_i$，在 CLK 作用下，Q_i=自身并入数据，即为并入功能；

③ 左侧相邻数据→D_i，在 CLK 作用下，Q_i=左侧相邻数据，即为右移功能；

④ 右侧相邻数据→D_i，在 CLK 作用下，Q_i=右侧相邻数据，即为左移功能。

这样就可完成 4 种功能（可见用图 10-15 来讲解 74LS194 的逻辑功能就明晰多了）。

再次可见，"**改变路径，改变功能**"！

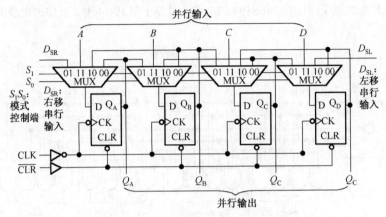

图 10-15　简化的 74LS194 的电路原理图

表 10-2　74LS194 真值表

$\overline{\text{CLR}}$	S_1	S_0	Q_A^{n+1}	Q_B^{n+1}	Q_C^{n+1}	Q_D^{n+1}	功能
0	×	×	0	0	0	0	复位 Reset
1	0	0	Q_A^n	Q_B^n	Q_C^n	Q_D^n	保持 Holding
1	0	1	D_{SR}	Q_A^n	Q_B^n	Q_C^n	右移 Shift Right
1	1	0	Q_B^{n+1}	Q_C^{n+1}	Q_D^{n+1}	D_{SL}	左移 Shift Left
1	1	1	A	B	C	D	并入 Parallel Load

（3）可程控（编程控制）多功能器件原理的进一步理解

图 10-16 所示为由一个 4 选 1 多路开关（4∶1 MUX）和 4 种基本逻辑器件组合而成的可程控（编程控制）4 功能电路。4 种基本逻辑器件是：与门、或门、异或门和与非门。4 选 1 多路开关（4∶1 MUX）内部原理图已经讲过了，此处就不画了。

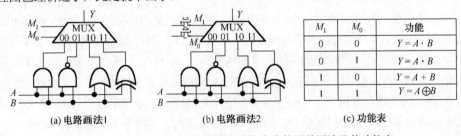

(a) 电路画法1　　　(b) 电路画法2　　　(c) 功能表

图 10-16　由 4∶1 MUX 构成的多功能电路的两种画法及其功能表

图 10-16(b)中的 M_1 和 M_0 处的两个场效应管表示"可编程"单元（cell）的意思（可编程为"0"或"1"），这两个"可编程"单元按照图 10-16(c)所示的功能表进行编程，可使得 M_1 和 M_0 获得"00"、"01"、"10"和"11"中的一个，从而改变电路功能。

由图 10-16 及其功能表可见："**改变路径，改变功能**"！

将图 10-16 改用三态门来构成，如图 10-17 所示，也能完成图 10-16 同样的任务。图 10-17 中的与门、与非门、或门、异或门都是三态输出结构，三态使能端为低电平有效，2:4 译码器的输出也是低电平有效。

试分析二者（图 10-17 和图 10-16）有何异同？

（4）多路开关在可编程逻辑器件 GAL 中的应用

这个例子重点在于讲解多路开关（MUX）的应用，而可编程逻辑器件 GAL 的全面功能分析内容在第 9 章介绍过，在后续课程 EDA 中也有更详细介绍。

图 10-18 虚线框所示部分是可编程逻辑器件 GAL 的 8 个输出逻辑宏单元 OLMC 之一。GAL 的输出部分是一个可通过编程来改变其功能的部件，称为输出逻辑宏单元 OLMC（Output Logic Macro Cell）。

图 10-18 中 CLK 是（全局）时钟信号，OE 是（全局）输出使能信号。CLK 和 OE 对 GAL 中的 8 个输出逻辑宏单元 OLMC 都是有效的（全局性）。

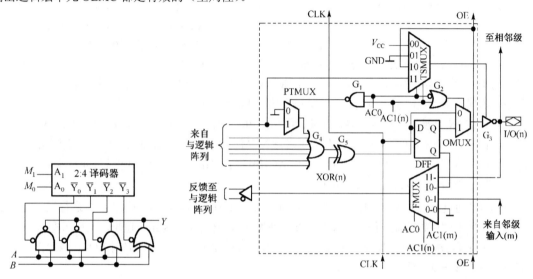

图 10-17　由三态门和译码器构成的多功能电路　　　图 10-18　GAL 的 OLMC 的结构框图

图 10-18 中有 4 个多路开关：TSMUX（输出三态控制多路开关）、OMUX（输出路径控制多路开关）、PTMUX（乘积项多路开关）和 FMUX（反馈路径控制多路开关）。其中，TSMUX 和 FMUX 是 4 选 1 多路开关，OMUX 和 PTMUX 是 2 选 1 多路开关。

图 10-18 中的 AC0、AC1(n)、AC1(m)和 XOR(n)这 4 种编程控制信号是 GAL 内部一个 82 位的结构控制字中的一些位，通过对这些位的编程（是 1 还是 0）来重构（或称为配置）GAL 输出逻辑宏单元 OLMC 的功能，以适应不同应用场合的需要。

OLMC 内的与非门 G_1、或门 G_2 和 TSMUX 三者均受结构控制字中的 AC0 和 AC1(n)位的控制，与非门 G_1 的输出控制 PTMUX，或门 G_2 的输出控制 OMUX。

OLMC 内的 G_3 是一个三态输出反相器，起输出缓冲与隔离输出引脚的作用。G_3 的输入来自 OMUX（输出路径控制多路开关）的输出，G_3 的输出送给外部引脚 I/O(n)。

OLMC 内的 G_4 是一个多输入的（大）或门，其输入来自与逻辑阵列（的乘积项），其输出（组合逻辑结果）是异或门 G_5 的一个输入端。

OLMC 内的 G_5 是一个异或门，用来控制输出信号的极性。通过对 XOR(n)控制位编程（是 1 还是 0）来改变（或调整）组合逻辑输出（G_4 的输出）信号的极性，关于异或门的详细使用方法在后续内容中有介绍，此处暂略。

① TSMUX 是输出三态控制多路开关，由结构控制字中的 AC0 和 AC1(n)位控制其从 V_{CC}、GND、OE 和来自与逻辑阵列的乘积项这 4 项中选择一个作为 G_3 的控制信号，如表 10-3 所示。

表 10-3 G$_3$ 状态与 TSMUX 的输出和 AC0、AC1(n)位的关系

AC0	AC1(n)	TSMUX 的输出	G3 状态
0	0	V_{CC}（逻辑 1）	三态门反相器开通，正常逻辑输出
0	1	GND（逻辑 0）	三态门反相器关断，输出高阻
1	0	OE	三态门反相器 G$_3$ 受 OE 控制
1	1	来自与阵列乘积项	三态门反相器 G$_3$ 受来自与阵列乘积项的控制

② OMUX 是输出路径控制多路开关，它受 G$_2$ 的控制，而 G$_2$ 受 AC0 和 AC1(n)位的控制。

当 G$_2$=0 时，引脚 I/O(n)输出信号直接来自异或门 G$_5$ 的输出，与 DFF 无关，这时引脚 I/O(n)是组合逻辑输出；当 G$_2$=1 时，引脚 I/O(n)输出信号来自 DFF 的输出 Q 端，与 DFF 有关，这时引脚 I/O(n)是时序逻辑输出。可见 OMUX 开关是用来控制改变电路是组合逻辑还是时序逻辑的属性的。

③ PTMUX 是乘积项多路开关，它受 G$_1$ 的控制，而 G$_1$ 受 AC0 和 AC1(n)位的控制。

当 G$_1$=0 时，PTMUX 的输出信号直接来自 GND，从而将逻辑 0 送至大或门 G$_4$，参与或运算（逻辑 0 对于或逻辑不起作用）。当 G$_1$=1 时，PTMUX 的输出信号来自与逻辑阵列的乘积项，从而将来自与逻辑阵列的乘积项送至大或门 G$_4$，参与或运算，因此可以某种程度上改变逻辑功能。

④ FMUX 是反馈路径控制多路开关，它受 AC0、AC1(n)和 AC1(m)位的控制，但是 AC0、AC1(n) 和 AC1(m)这 3 个变量的 8 种组合中仅有 4 种起控制作用，如图 10-18 的 FMUX 框线内编码所示，不起作用的位用 "–" 表示。FMUX 通过 AC0、AC1(n)和 AC1(m) 3 位的控制来选择 4 种不同的反馈信号（输出 I/O、邻级输入（m）、$\overline{Q}$ 或 GND 4 者之一）。

这样，通过对结构控制字中的 AC0、AC1(n)、AC1(m)和 XOR(n) 4 种编程控制进行编程（1 或 0），可获得 7 种不同逻辑功能的组态（又称为配置或重构），既可组态为组合逻辑，又可组态为时序逻辑；引脚 I/O(n)既可配置成输出，也可配置成输入；引脚 I/O(n)输出极性也可以用 XOR(n)来调整。详细内容可参考本书第 9 章或有关 EDA 技术的书籍。

这样通过对 GAL 的 OLMC 的编程配置，就可以用一块 GAL 芯片完成早期 PAL 产品的 7 种芯片的功能。

可见多路开关（MUX）在可编程逻辑器件 GAL、CPLD 和 FPGA 中使用得多么频繁！多么重要！

再次可见："**改变路径，就能改变功能**"！

（5）多路开关在实际的可配置多功能门电路芯片中的应用

近几年来不少芯片生产厂家（TOSHIBA、NXP、Diodes、Renesas 和 TI）都相继推出了可配置多功能门电路芯片（Configurable Multiple Function Gate），其内部原理就是一个改进的 2 选 1 多路开关（2：1 MUX）。

以 TOSHIBA（日本东芝）的 TC7SP97TU 和 TC7SP98TU 芯片为例，讲解其原理，之后再列出其他厂家的芯片型号，供读者参考。TC7SP98TU 芯片为同相输出，TC7SP97TU 为反相输出，其余部分相同，在同样输入条件下，二者的输出是互反的。

TC7SP97TU 和 TC7SP98TU 芯片的英文全称是 Low Voltage Single Configurable Multiple Function Gate with 3.6 V Tolerant Inputs and Outputs，译为中文是输入和输出为 3.6V 的低电压单个可配置多功能门电路。此处，单个（Single）是指芯片内部仅有一个改进型 2 选 1 多路开关，是相对于 TC7MP97 和 TC7MP98 而言的。TC7MP97 芯片内部有 3 个与 TC7SP97TU 一样的改进型 2 选 1 多路开关电路；TC7MP98 芯片内部有 3 个与 TC7SP98TU 一样的改进型 2 选 1 多路开关电路。因此，弄清楚了 TC7SP97TU 和 TC7SP98TU 芯片的原理，TC7MP97 和 TC7MP98 就很容易理解了。

TC7SP97TU 和 TC7SP98TU 芯片采用 UF6 封装，体积很小，仅 2mm×2.1mm，厚度仅为 0.7mm，

如图10-19(a)所示。二者芯片的引脚排列是一样的，如图 10-19(b)所示，仅是其 Mark 不一样而已。小尺寸封装的贴片元件由于尺寸太小，不能够在其正面上印制完整的器件型号，因此业界常用简短的贴片代码来代替器件型号，这个贴片代码英文就叫做 Mark。TC7SP97TU 的 Mark 为 EPE，TC7SP98TU 的 Mark 为 EPF。

因此，当你手头有一个这样的 UF6 封装的器件，上面标有 EPE 时，这个芯片就是 TC7SP97TU，其引脚排列如图 10-19(b)中左侧所示。表 10-4 所示为 TC7SP97TU 和 TC7SP98TU 的真值表，可见二者在逻辑上是互反的。

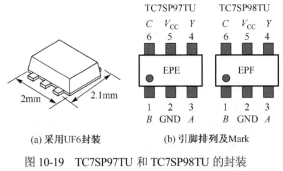

图 10-19 TC7SP97TU 和 TC7SP98TU 的封装
和引脚排列及 Mark

表 10-4 器件真值表

INPUTS			OUTPUT	
			TC7SP97TU	TC7SP98TU
A	B	C	Y	Y
L	L	L	L	H
L	L	H	L	H
L	H	L	H	L
L	H	H	L	H
H	L	L	L	H
H	L	H	L	H
H	H	L	L	H
H	H	H	H	L

TC7SP97TU 和 TC7SP98TU 的 2 选 1 多路开关（2∶1 MUX）与原理性的 2 选 1 多路开关在逻辑上并没有本质上的改变，仅是增加了输入、输出的缓冲功能与施密特输入功能而已。

74 系列器件中没有单个的 2 选 1 多路开关，例如，74LS157 和 74LS158 内部都含有 4 组 2 选 1 多路开关，如图 10-20 所示，可见其 2 选 1 多路开关与前面所讲的原理性的 2 选 1 多路开关是一致的。

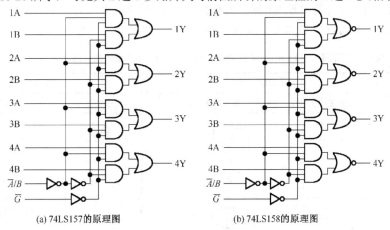

(a) 74LS157的原理图   (b) 74LS158的原理图

图 10-20 74 系列的 74LS157 和 74LS158 的原理图

为理解 TC7SP97TU 和 TC7SP98TU 的改进之处，我们先从 74LS157 和 74LS158 内部 4 组 2 选 1 多路开关中提出一组，以便与 TC7SP97TU 和 TC7SP98TU 进行比较，如图 10-21 所示。

a 与 a′ 和 b 与 b′ 对比可见，TC7SP97TU 与 74LS157 比较，TC7SP98TU 与 74LS158 比较，分析如下。

① 在输入、输出加上了缓冲器，G_3 输出端加了一个同相缓冲器 G_8；G_1 输入端加了一个反相缓冲器 G_7；G_2 输入端加了一个反相缓冲器 G_6。

② G_5、G_6、G_7 是具有施密特触发特性的反相缓冲器，既起到缓冲隔离作用，又起到对输入信号整形的作用（见第 6 章）。

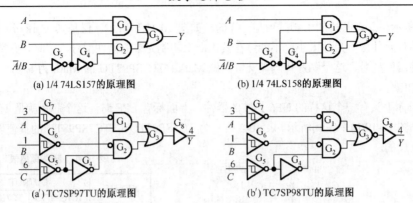

图 10-21 TC7SP97 与 74LS157 和 TC7SP98 与 74LS158 的比较

③ TC7SP97TU 和 TC7SP98TU 的 G_1 和 G_2 的与 G_7 和 G_6 相连的输入端多了一个 "○"，是负逻辑的意思，就是低电平有效的意思，也就等价于一个反相器的作用。

④ 由于 G_1 输入的 "○" 和 G_7 输出的 "○" 作用互相抵消，G_2 的 "○" 和 G_6 的 "○" 作用互相抵消，因此结果是逻辑上等价于 A 直接（同相）输入给 G_1，B 直接（同相）输入给 G_2。

⑤ 原 G_5 输出给 G_1，现在给 G_2，原 G_4 输出给 G_2，现在给 G_1。

结论：TC7SP97TU 与 74LS157 比较，TC7SP98TU 与 74LS158 比较，逻辑上并没有本质变化。

最大的区别在于：

① TC7SP97TU 和 TC7SP98TU 的输入、输出都有缓冲，输入有隔离，输出增加了带负载能力；

② TC7SP97TU 和 TC7SP98TU 的输入有施密特功能，可以对输入波形整形；

③ TC7SP97TU 和 TC7SP98TU 内部仅有一个 2 选 1 多路开关，而 74LS157 和 74LS158 内部却有 4 个 2 选 1 多路开关，这是**最主要的区别**！内部器件多会导致体积大，引脚多，不便于应用。

下面分析 TC7SP97TU 和 TC7SP98TU 是如何配置成各种逻辑部件的，如表 10-5 和表 10-6 所示。

表 10-5 TC7SP97TU 和 TC7SP98TU 的配置与等价逻辑功能（原型和两输入型）

序号	输入配置	TC7SP97TU		TC7SP98TU	
		逻辑式	等效电路	逻辑式	等效电路
1	无配置即原型	$Y = AC + B\overline{C}$		$Y = \overline{AC + B\overline{C}}$	
2	B=GND	$Y = A \cdot C$		$Y = \overline{A \cdot C}$	
3	A=V_{CC}	$Y = B + C$		$Y = \overline{B + C}$	
4	A= GND	$Y = \overline{\overline{B+C}}$ 或者 $Y = B\overline{C}$		$Y = \overline{B+C}$ 或者 $Y = \overline{B\overline{C}}$	
5	B=V_{CC}	$Y = \overline{\overline{A \cdot C}}$ 或者 $Y = A + \overline{C}$		$Y = \overline{A \cdot C}$ 或者 $Y = \overline{A + \overline{C}}$	

表 10-6　TC7SP97TU 和 TC7SP98TU 的配置与等价逻辑功能（单输入型）

序号	输入配置	TC7SP97		TC7SP98	
		逻辑式	等效电路	逻辑式	等效电路
1	A=GND，B=V_{CC}	$Y=\overline{C}$	C —▷○— Y	$Y=C$	C —▷— Y
2	A=V_{CC}，B=GND	$Y=C$	C —▷— Y	$Y=\overline{C}$	C —▷○— Y
3	A=GND，C=GND	$Y=B$	B —▷— Y	$Y=\overline{B}$	B —▷○— Y
4	A=V_{CC}，C=GND	$Y=B$	B —▷— Y	$Y=\overline{B}$	B —▷○— Y
5	B=GND，C=V_{CC}	$Y=A$	A —▷— Y	$Y=\overline{A}$	A —▷○— Y

　　TC7MP97 和 TC7MP98（Low Voltage Triple Configurable Multiple Function Gate with 3.6V Tolerant Inputs and Outputs）是 Toshiba 的一种可配置器件，TC7MP97 内部具有 3 个和 TC7SP97TU 结构一样的 2 选 1 多路开关；TC7MP98 内部具有 3 个和 TC7SP98TU 结构一样的 2 选 1 多路开关。

　　下面将各厂家的可配置器件列表如表 10-7 所示。

表 10-7　各厂家的可配置器件

序号	器件型号	名称	厂家
1	74AUP1G57	Low-power configurable multiple function gate	NXP
2	74LVC1G58	Low-power configurable multiple function gate	NXP
3	74AUP1G97	Low-power configurable multiple function gate	NXP
4	74AUP1G98	Low-power configurable multiple function gate	NXP
5	74LVC1G99	Ultra-configurable multiple function gatem,3-state	NXP
6	SN74AUP1G57	Low-power configurable multiple function gate	TI
7	SN74AUP1G58	Low-power configurable multiple function gate	TI
8	SN74AUP1G97	Low-power configurable multiple function gate	TI
9	SN74AUP1G98	Low-power configurable multiple function gate	TI
10	SN74AUP1G99	Low-power Ultra-configurable multiple function atem,3-state	TI
11	SN74LVC1G57	CONFIGURABLE MULTIPLE-FUNCTION GATE	TI
12	SN74LVC1G58	CONFIGURABLE MULTIPLE-FUNCTION GATE	TI
13	SN74LVC1G97	CONFIGURABLE MULTIPLE-FUNCTION GATE	TI
14	SN74LVC1G98	CONFIGURABLE MULTIPLE-FUNCTION GATE	TI
15	74LVC1G57	CONFIGURABLE MULTIPLE-FUNCTION GATE	Diodes
16	74LVC1G58	CONFIGURABLE MULTIPLE-FUNCTION GATE	Diodes
17	74LVC1G97	CONFIGURABLE MULTIPLE-FUNCTION GATE	Diodes
18	74LVC1G98	CONFIGURABLE MULTIPLE-FUNCTION GATE	Diodes
19	HD74LV1GW57	Configurable Multiple-Function Gate	Renesas
20	HD74LVC1G58	Configurable Multiple-Function Gate	Renesas
21	HD74LVC1G97	Configurable Multiple-Function Gate	Renesas
22	HD74LVC1G98	Configurable Multiple-Function Gate	Renesas
23	TC7MP97	Low Voltage Triple Configurable Multiple Function Gate	Toshiba
24	TC7MP98	Low Voltage Triple Configurable Multiple Function Gate	Toshiba
25	TC7SP97TU	Low Voltage Single Configurable Multiple Function Gate	Toshiba
26	TC7SP98TU	Low Voltage Single Configurable Multiple Function Gate	Toshiba

　　从本节所讲的可配置器件 TC7SP97TU 和 TC7SP98TU 的例子可见，这也是 2 选 1 多路开关的灵活应用。仅是 2 选 1 多路开关自身的输入端（A、B）和选择端（C）的灵活配置，就可得到所需的各种逻辑功能。

问：74LS 系列数字逻辑器件是 1975 年开始投放市场的，那么为什么 74LS157 和 74LS158 器件没有被作为可配置逻辑器件而广泛使用呢？

从手册资料上看，最早的可配置器件是 TI（Texas Instruments）公司的 SN74LVC1G58，手册上的日期是 2002 年 11 月（November 2002）。其他芯片生产厂家在 2004 年之后开始陆续地生产可配置器件并投放市场。

为何近些年来这种可配置器件被广泛地应用并深受硬件设计师们的青睐呢？

10.5　异或门的应用

图 10-22　异或门符号

异或门的用处也很广泛，下面举几方面的例子。

异或门的逻辑符号和表达式如下：

逻辑表达式：$Y = A \oplus B = A\bar{B} + \bar{A}B$，逻辑符号如图 10-22 所示。

10.5.1　异或门完成算术加法（本位加）运算

异或逻辑运算（$Y = A \oplus B$）和算术加法数值运算（$Y = A + B$）的真值表如表 10-8 所示。

表 10-8　异或运算和算术本位加

异或逻辑运算（$Y = A \oplus B$）			算术加法数值运算（$Y = A + B$）		
逻辑输入（input）		逻辑输出（output）	逻辑输入（input）		逻辑输出（output）
A	B	Y	A	B	Y
0	0	0	0	0	0
0	1	1	0	1	1
1	0	1	1	0	1
1	1	0	1	1	0

可见二者是一样的，所以异或逻辑运算可以用来完成算术加法（本位加）运算。

10.5.2　异或门作极性控制调节作用

在前面"多路开关（MUX）在可编程逻辑器件 GAL 中的应用"一节中讲到可编程逻辑器件 GAL，在图 10-18（GAL 的 OLMC 的结构框图）中有一个异或门 G_5 就是起调整输出极性作用的，将其相关部分重画于图 10-23(b)。结合图 10-23 和异或门的表达式来分析异或门的极性选择功能。

$$Y = A \oplus B = A\bar{B} + \bar{A}B$$

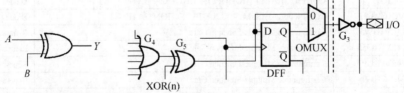

(a) 异或门的极性控制作用　　　(b) 异或门在 GAL 中作输出极性控制作用

图 10-23　异或门的极性控制作用及其在 GAL 中的应用

用异或门的一个输入端作为控制端，如 B 端，则根据异或门的表达式有：当 $B=0$ 时，$Y=A$；当 $B=1$ 时，$Y = \bar{A}$，可见通过 B 端可以控制（调节）输出极性。如图 10-23(b) 所示，GAL 中的异或门 G_5 的一端接到了 XOR(n) 控制位，这样通过对 XOR(n) 位编程就可以控制输出引脚上信号的输出极性。现在很多先进的单片机（MCU）中都广泛采用异或门来调节 I/O 口的信号输出极性，现在的 I/O 口称为 GPIO（通用可编程 I/O 接口），输出极性控制仅是其众多功能当中的一个而已。

10.5.3　异或门作奇偶校验用

对 1 字节（8b）的数据进行奇偶性校验，如图 10-24 所示，就可以使用异或来完成。图 10-24 所示电路的表达式为

$$Y = D_7 \oplus D_6 \oplus D_5 \oplus D_4 \oplus D_3 \oplus D_2 \oplus D_1 \oplus D_0$$
$$= (D_7 \oplus D_6) \oplus (D_5 \oplus D_4) \oplus (D_3 \oplus D_2) \oplus (D_1 \oplus D_0)$$
$$= [(D_7 \oplus D_6) \oplus (D_5 \oplus D_4)] \oplus [(D_3 \oplus D_2) \oplus (D_1 \oplus D_0)]$$

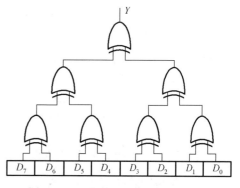

图 10-24　8 位数据奇偶性校验原理图

可见，当 $D_7 \sim D_0$ 中"1"的个数为奇数时，$Y=1$；当 $D_7 \sim D_0$ 中"1"的个数为偶数时，$Y=0$。

可推广至 n 位数字的奇偶性校验，当 $D_{n-1} \sim D_0$ 中"1"的个数为奇数时，$Y=1$；当 $D_{n-1} \sim D_0$ 中"1"的个数为偶数时，$Y=0$。因此可以通过输出端 Y 的结果来判断输入端数据的奇偶性。

10.5.4　异或门作符合门用

符合门是从实际应用需要角度出发构造的一种门电路，可由异或门或数字比较器来完成，详见 10.6 节所述，此处略。

10.5.5　异或门的边沿检测作用

对脉冲信号的边沿进行检测，在处理很多实际问题时是很有用的一种技术（技能）。细分可有脉冲上升沿检测、脉冲下降沿检测和（双）边沿检测之别。

在本书 3.4.1 节（竞争冒险的概念与原因分析）中，图 3-73 和图 3-74 分析了 1 型竞争冒险；图 3-75 分析了 0 型竞争冒险，我们重新将其画于图 10-25。图 10-25 中左侧为 1 型竞争冒险的分析及其波形；右侧为 0 型竞争冒险的分析及其波形。

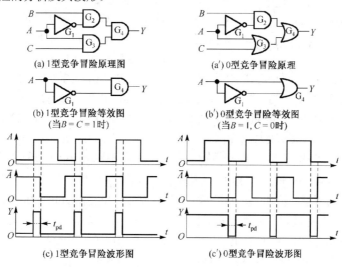

图 10-25　竞争冒险产生的边沿脉冲（毛刺：Glitch）

图 10-25 中由于门 G_2 和 G_3 的延迟相等，相位相同，其作用互消了，故在图 10-25(b)和(b′)中就不画出它们了。

若不考虑 G_1 的门延迟（认为 G_1 是理想的），则图 10-25(a)的输出 $Y = A \cdot \overline{A} = 0$，恒为 0；则图 10-25(b′)的输出 $Y = A + \overline{A} = 1$，恒为 1。

考虑 G_1 的门延迟（t_{pd}）时，就不能正确地完成其逻辑功能了，而会在其输出端产生额外的毛刺（Glitch）——一种干扰，如图 10-25(c)和图 10-25(c′)所示。

当我们需要获得正确的（理想时逻辑图和逻辑表达式所赋予的逻辑功能）逻辑输出时，就要千方百计地防止或去除这个毛刺（竞争冒险产生的边沿脉冲），这个抑制和克服毛刺的内容和方法在本书第 3.4 节中有详细的介绍。

但是，任何事物都具有两面性，当我们需要检测脉冲的边沿时，就可利用这个效应，变害为利（实际工作中应千方百计多角度地锻炼自己思维的灵活性，才会有足够的能力去独立分析问题和解决问题）。

注意观察图 10-25，若将 G_1 看做一个纯反相（Inverter）加上一个纯延时（Delay）t_{pd} 的单元的组合，并考虑采用正脉冲（高电平有效）输出作为脉冲边沿"检测到"信号输出，则可将 G_2 这个或门换成或非门，将图 10-25(b)和图 10-25(b′)组合后重画于图 10-26(a)。在要求输出为高电平有效的前提下，由图 10-26 可得结论如下。

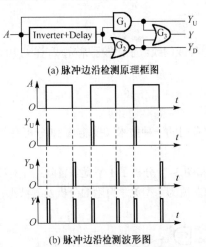

(a) 脉冲边沿检测原理框图

(b) 脉冲边沿检测波形图

图 10-26　脉冲边沿检测原理图和波形图

① 反相+延时单元（Inverter+Delay）和与门（G_1）配合构成高电平有效输出（Y_U）的上升沿检测电路；

② 反相+延时单元（Inverter+Delay）和或非门（G_2）配合构成高电平有效输出（Y_D）的下降沿检测电路；

③ 用或门 G_3 将 Y_U 和 Y_D 逻辑或输出，Y 即为输入信号 A 的边沿（上升沿和下降沿）检测信号输出；

④ 由于单个反相器的延迟（t_{pd}）时间很短暂且是固定的，往往很难在实际应用中利用，故实际应用电路中往往是在保持反相（Inverter）的前提下适当增加延时（Delay）。

实用的双边沿检测电路有很多种，下面仅举几例。

注：理论与实际总是有一定的差别。图 10-26(a)需要与门 G_1、或非门 G_2 和或门 G_3 这 3 种类型的逻辑门，而实际的商用逻辑器件往往是一个 IC 封装里面有好几个同样的逻辑器件，故实际设计时需要考虑和利用这个因素。

（1）如图 10-27(a)所示，采用两块 IC 完成，一块含有 4 个 2 输入的与非门的 IC（如 7400、74S00、74LS00、74HC00 等四–2 入与非门芯片），图 10-27(a)虚线框①内用了该芯片全部 4 个与非门；一块含有 4 个 2 输入的或非门的 IC（如 7402、74S02、74LS02、74HC02 等），图 10-27(a)虚线框②内用了其内部全部 4 个或非门。G_1、G_2 和 G_3 串联完成"反相+延时单元（Inverter+Delay）"的功能（延迟时间 Delay=3t_{pd}），G_4 和 G_5 完成与门的功能，G_5 输出为上升沿检测输出 Y_U，G_6 输出为下降沿检测输出 Y_D，G_7 和 G_8 完成或门的作用，G_8 输出为双边沿检测输出 Y。

（2）如图 10-27(b)所示，采用两块 IC 完成，一块含有 6 个反相器的 IC（如 7404、74S04、74LS04、74HC04 等），图 10-27(b)虚线框①内用了 6 个当中的 3 个非门；一块含有 4 个 2 输入的与非门的 IC（如 7400、74S00、74LS00、74HC00 等），图 10-27(b)虚线框②内用了全部 4 个与非门。G_1、G_2 和 G_3 串联完成"反相+延时单元（Inverter+Delay）"的功能（延迟时间 Delay=3t_{pd}），G_4、G_5、G_6 和 G_7 完成边沿

检测的功能，G_4 输出为上升沿检测输出 $\overline{Y}_U$（低电平有效），G_6 输出为下降沿检测输出 $\overline{Y}_D$（低电平有效），G_7 输出为双边沿检测输出 Y（高电平有效）。

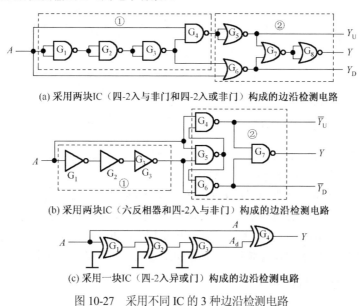

(a) 采用两块IC（四-2入与非门和四-2入或非门）构成的边沿检测电路

(b) 采用两块IC（六反相器和四-2入与非门）构成的边沿检测电路

(c) 采用一块IC（四-2入异或门）构成的边沿检测电路

图 10-27　采用不同 IC 的 3 种边沿检测电路

注 1：图 10-27(b)中的 Y_U 和 Y_D 是低电平有效输出；

注 2：图 10-27(b)的详细原理请自行分析（写出输出表达式很易分析，但要注意门电路延时作用）。

（3）如图 10-27(c)所示，仅采用一块含有 4 个异或门的 IC（如 7486、74S86、74LS86、74HC86 等）完成，其中 G_1、G_2 和 G_3 的接法起到 3 个同相器的作用，它们串联完成延时单元（Delay）的功能（延迟时间 Delay=$3t_{pd}$），利用 G_4 的异或逻辑功能完成双边沿检测，G_4 输出为双边沿检测输出 Y（高电平有效）。

注 1：图 10-27(c)中电路虽然简单（仅用一块四异或门 IC），但是它仅能提供双边沿检测输出 Y 信号，不能同时提供单边沿（上升沿和下降沿）的检测信号输出；

注 2：图 10-27(c)正是所要讲述的异或门作为双边沿检测电路的一种方案，其详细原理将在下面的例子中一并详细分析；

注 3：图 10-27(c)中 G_1、G_2 和 G_3 的接法起到 3 个同相器的作用，正是异或门的极性选择作用（前已述及）的具体应用。

更为实用的双边沿检测电路常采用 RC 积分电路和一个异或门来完成，如图 10-28(a)所示。

对于图 10-28(a)，假设采用 CMOS 逻辑门电路，则有其阈值电压为 $V_{th} = 1/2 V_{DD}$，电容上电压 u_C 即为异或门的延时输入信号 A_d，与图 10-28(a)对应的波形如图 10-28(c)所示，异或门是在门输入端（A 和 A_d）的逻辑不一致时输出高电平，因为 A_d 输入是 A 经过 RC 电路延迟后的信号，从对应输入 A 信号的上升沿开始到电容 C 端电压上升达到 $A_d = u_C = V_{th} = V_{DD}/2$ 之前的时间和从输入 A 信号的下降沿开始到电容 C 端电压下降达到 $A_d = u_C = V_{th} = V_{DD}/2$ 之前的时间，都可得到输出脉冲。则在上升、下降时检测出信号的边沿，得到代表信号边沿时刻的脉冲输出，可见能够完成双边沿检测任务。图 10-28(d)是图 10-28(b)的各点波形图，可同理分析。

比较图 10-28(a)和图 10-28(b)，它们各有特色。如果是多路信号（如 4 路）的边沿检测，则采用图 10-28(a)电路更简单一些，用一块 74××86 芯片（四-2 入异或门）和 4 组 RC 即可。如果只有一路信号需要边沿检测，用图 10-27(c)所示电路即可，仅用一块 74××86 芯片（四-2 入异或门）即可完成（如图 10-27(c)所示）。

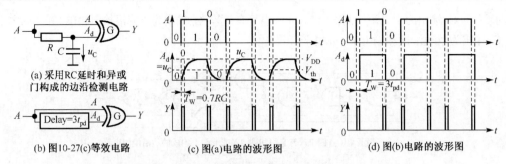

图 10-28　异或门构成的脉冲边沿检测电路及其波形图

最主要的区别是：图 10-28(a)的电路可根据实际需要，通过调整 R、C 值来获得不同的输出脉冲宽度。而图 10-28(b)的输出脉冲宽度是固定的（Delay=$3t_{pd}$）。

注意：由于在大规模可编程逻辑器件 FPGA 和 CPLD（后续的 EDA 课程中有介绍）中的 D 触发器（DFF）很容易获得，所以在 EDA 技术中，脉冲边沿（上升、下降或二者）的检测与同步化技术中经常采用 DFF 作为延迟部件来完成。但是在采用中小规模逻辑电路构成边沿检测电路时，如果采用 DFF，就会使电路的复杂性增加和成本上升，而采用上述几种电路实现就简单、实用多了。

10.5.6　异或门完成倍频功能

注意观察这种双边沿检测电路的输出波形和输入波形之间的关系，可见，输出信号的频率是输入信号频率的两倍，因此，该类电路也可作为二倍频电路使用。倍频电路有很多用途，最基本的应用就是可提高信号检测的灵敏度和分辨率。在倍频电路中广泛使用异或门。

以上是异或门硬件电路的实际应用的几个例子，在通信和软件领域中，异或算法的应用更广泛，此处略。

10.5.7　异或门构成的移频键控电路

由 4 个异或门构成的移频键控电路如图 10-29 所示。

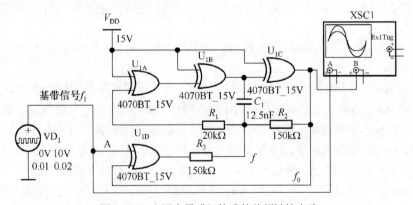

图 10-29　由四个异或门构成的移频键控电路

芯片 4070B 是一个 CMOS 器件，内有 4 个异或门，再加 3 个电阻和一个电容，即可构成一个移频键控电路。图 10-30 所示为移频键控电路的波形图。

图 10-29 中的 U_{1A}、U_{1B} 和 U_{1C} 的一端接至高电平（逻辑 1），这时 U_{1A}、U_{1B} 和 U_{1C} 就是 3 个反相器。这 3 个反相器与 R_1、R_2 和 C_1 构成多谐振荡器，来产生载波信号 f_0；基带信号 f_1 加载到异或门 U_{1D} 的一个

输入端 A 点处,从而基带信号 f_1 通过异或门 U_{1D} 来调制载波信号 f_0。调制后的调制波(移频键控)信号 f 从异或门 U_{1C} 的输出端输出。

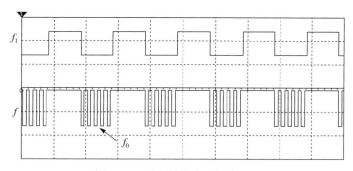

图 10-30　移频键控电路的波形图

如果,在 A 点加一个电报键(实质就是一个开关,按下就接地,抬起就接高电平)取代基带信号 f_1,就是人类早期广泛应用的电报发报电路了。"键控"一词即来源于此。

10.5.8　异或门构成的交流电过零检测电路

交流电过零检测用途很多,如图 10-31 所示,它用到了异或门边沿检测技术。

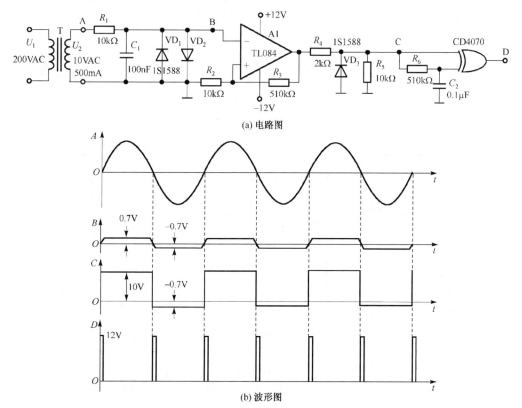

图 10-31　交流电过零检测电路及各点波形图

图 10-31(a)所示为交流电过零检测电路图,图 10-31(b)所示为其各点的波形图。图中 TL084 是 CMOS 运放,接成了滞后比较器的形式。CD4070 是 CMOS 异或门,与 R_6 和 C_2 配合构成边沿检测电路,对 C 点波形进行边沿检测。详细工作过程请自行分析。

10.5.9　异或门构成的鉴相电路

利用前面所述的交流电过零检测电路，可对两个交流电的相位进行鉴别（鉴相），如图 10-32 所示。

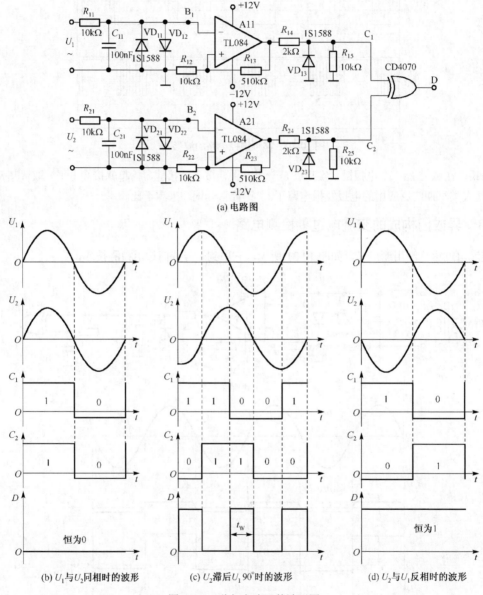

(a) 电路图

(b) U_1 与 U_2 同相时的波形　　(c) U_2 滞后 U_1 90° 时的波形　　(d) U_2 与 U_1 反相时的波形

图 10-32　鉴相电路及其波形图

从 U_1 到 C_1 点（和从 U_2 到 C_2 点）电路的原理，上一个例子讲过，此不赘述。

图 10-32(a)是其电路图，C_1 点为交流信号 U_1 的零点信号；C_2 点为交流信号 U_2 的零点信号。异或门 CD4070 检测 U_1 与 U_2 的相位差。

当二者同相时，异或门 CD4070 输出 D 端为逻辑 0（低电平），如图 10-32(b)所示；

当 U_2 滞后 U_1 为 90° 时，异或门 CD4070 输出 D 端为占空比 50% 的方波，如图 10-32(c)所示；

当二者反相时，异或门 CD4070 输出 D 端为逻辑 1（高电平），如图 10-32(d)所示。

反过来说，可以根据异或门 CD4070 输出 D 端的状态来判断 U_2 与 U_1 的相位差。

异或门输出 D 端信号可以送给电子计数器来测量 t_W 的宽度，从而得到相位差值。

10.5.10　异或门在液晶显示驱动控制中的应用

液晶显示器件广泛使用在各方面。本节简要介绍液晶（LCD）显示基本原理、注意事项，重点介绍异或门在液晶显示驱动上的应用。

1．液晶器件驱动电压特点

（1）液晶在直流电压作用下会发生电解（极化）作用，所以必须用交流驱动（正负交变的方波即可，并不需要正弦交流），并且限定交流成分中的直流分量不大于几十毫伏；

（2）由于液晶器件在电场作用下光学性能的改变是依靠液晶作为弹性连续体的弹性变形，响应时间长，所以交流驱动电压的作用效果不取决于其峰值，在频率小于 10kHz 的情况下，液晶透光率的改变只与外加电压的有效值有关；

（3）液晶单元是容性负载，是无极性的，即正压和负压的作用效果是一样的。

2．液晶及其驱动方式

就像 LED 显示器件那样，液晶显示也有字段式、点阵式的区别。

其驱动方式有如下几种：

$$LCD驱动方式\begin{cases}静态驱动\\动态驱动\\有源矩阵驱动\\光寻址驱动\\热寻址驱动\end{cases}$$

仅以字段式静态驱动为例，重点理解异或门在液晶显示驱动上的应用原理。

3．字段液晶显示屏的静态驱动原理

液晶显示屏采用静态驱动方式。所谓静态驱动，是指在所显示的像素电极和共享电极上，同时连续地施加驱动电压，直到显示时间结束。由于在显示时间内该（交变方波）驱动电压一直保持，故称为静态驱动。下面以最常用的字段式液晶显示屏为例进行说明。

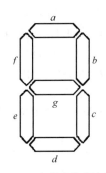

图 10-33　七段字段式液晶显示屏的电极排列图

字段式液晶显示屏是通过段形显示像素实现显示的。段形显示像素是指显示像素为一个长棒形，也称为笔段形。在数字显示时，常采用七段电极结构，即每位数由一个"8"字形公共电极和构成"8"字图案的 7 个段形电极组成，分别设置在两块基板上，如图 10-33 所示。

每段的驱动电压为 3～5V 交流电，频率有 32Hz、167Hz 和 200Hz 几种，工作时在背电极（COM）上持续加上占空比为 1/2 的连续方波，在要显示的笔段上施加一个与背电极上的电压波形相位相反、幅值相等、频率相同的连续方波，则在被显示笔段上加有正、负交替的两倍方波幅值的电压，它应大于液晶显示器件的阈值电压；而在不需要显示的笔段上施加一个与背电极上的电压波形相位相同、幅值相等、频率相同的波形，则该笔段上不能形成电场，当然也就不能显示。

如何实现在需要显示的字段的两电极（字段电极和公共背电极）之间加上交变的占空比为 50% 的方波，而在不需要显示的字段的两电极上加上 0V 的电压呢？

图 10-34 所示为一个字段电极的液晶显示屏驱动电路原理和波形图。

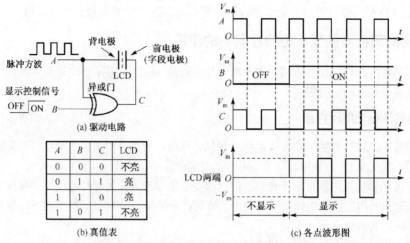

(a) 驱动电路

A	B	C	LCD
0	0	0	不亮
0	1	1	亮
1	1	0	亮
1	0	1	不亮

(b) 真值表

(c) 各点波形图

图 10-34　字段液晶显示驱动电路和波形图

图 10-34(a)所示为一个异或门电路。输入端 A 是由振荡电路产生的方波振荡脉冲，并且直接与液晶显示屏的背电极 COM 端连接。输入端 B 可接高、低（ON/OFF）电平，用于控制电极的亮与灭。异或门的输出端 C 接液晶显示屏的笔段端前电极（a、b、c、d、e、f 或 g 端）。

从图 10-34(b)所示的异或门真值表中可以得到，液晶显示屏两端的交流驱动波形如图 10-34(c)所示。可见，当字段上两个电极的电压相位相同时，两电极之间的电位差为零，该字段不显示；当此字段上两个电极的电压相位相反时，两电极之间的电位差为交变的方波电压，该字段呈现黑色。详细分析如下。

（1）当 B=0 时，异或门输出 $C=A$。

● 当 A=H（高电平，如 4.1V），$C=A$=H（高电平），则 LCD 两端压差 V_{LCD}=4.1–4.1=0V；

● 当 A=L（低电平，如 0.3V），$C=A$=L（低电平），则 LCD 两端压差 V_{LCD}=0.3–0.3=0V。

结果：LCD 两端压差始终为 0V，该段不显示。

（2）当 B=1 时，异或门输出 $C=\overline{A}$，该段显示。

● 当 A=H（高电平，如 4.1V），$C=\overline{A}$=L（低电平，如 0.3V），则 LCD 两端压差 $V_{LCD}=V_A-V_C$= 4.1–0.3=3.8V；

● 当 A=L（低电平，如 0.3V），$C=\overline{A}$=H（高电平，如 4.1V），则 LCD 两端压差 $V_{LCD}=V_A-V_C$ = 0.3–4.1= –3.8V。

结果：LCD 对应的某段两端施加一个电压幅值为 3.8V 的交变方波，则该段显示。

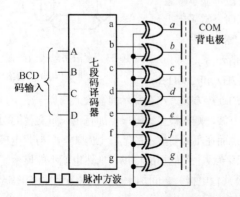

图 10-35　七段液晶显示屏的电极配置和静态驱动电路

液晶显示屏的驱动与 LED 的驱动有很大的不同。对于 LED，在其两端加上恒定的导通或截止电压便可控制其亮或暗。而对于 LCD，由于其两极不能加恒定的直流电压，因而给驱动带来复杂性。一般应在 LCD 的公共极（一般为背极 COM）加上恒定的方波信号，通过控制前极的电压变化而在 LCD 两极间产生所需的零电压或交变电压，以达到显示屏亮、灭的控制。

图 10-35 所示为七段液晶显示屏的电极配置和静态驱动电路图。七段共享一个背电极 COM，前电极 a、b、c、d、e、f、g 互相独立，每段各加一个异或门进行驱动。

10.6 符合门（一致门）及其应用

符合门是由基本逻辑门组合而成的一种功能电路，如图 10-36 所示，当其两组输入信号 A 和 B 相等（$A=B$）时，输出信号 Y 有效，根据实际需要可能是高电平有效（Y=H），也可能是低电平有效（Y=L），用此输出信号 Y 去驱动被控设备，达到"符合条件（条件一致）"就动作和控制的目的。我们以 4 位的输入信号 A（$A_3A_2A_1A_0$）和 B（$B_3B_2B_1B_0$）为例进一步阐述其工作原理。

符合门的逻辑符号如图 10-36(a)所示，实际接线图如图 10-36(b)所示，逻辑原理图如图 10-36(c)所示。

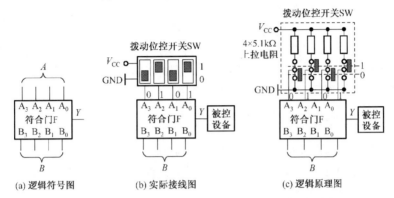

(a) 逻辑符号图   (b) 实际接线图   (c) 逻辑原理图

图 10-36 符合门的符号图、实际接线图和逻辑原理图

一般是将两个输入端之一事先设定好，例如，可通过拨动位控开关 SW 将 A 输入端设定为 $A=A_3A_2A_1A_0=0101$，仅监测另一输入端 B，当 $B=A$（$B=B_3B_2B_1B_0=A_3A_2A_1A_0=0101$）时，输出 Y 有效，驱动被控设备执行相应的动作。

符合门有很多用途，在此仅举两例——密码锁和总线符合开关。

10.6.1 符合门在密码锁中的应用

设符合门的输出为高电平有效，则密码锁的原理图如图 10-37(a)所示。

当输入的密码数据 B 与事先设定的密码数据 A 不一致（$A \neq B$）时，$Y=0$（$\approx 0V$），则 $I_b=0$，晶体管 VT 截止，$I_c=0$，线圈 L 无电，衔铁（门栓）在弹簧的作用下插入门锁插孔中，门打不开，如图 10-37(b)所示。

当输入的密码数据 B 与事先设定的密码数据 A 一致（$A=B$）时，$Y=1$（$\approx +5V$），则 $I_b \neq 0$，如果 R_b 选择合适，则 $I_b \geqslant I_{bS}$，晶体管 VT 饱和且导通，I_c 足够大，线圈 L 有电，衔铁（门栓）在电磁力的作用下向下压缩弹簧，使得衔铁（门栓）从门锁插孔中退出，门可以打开，如图 10-37(c)所示。

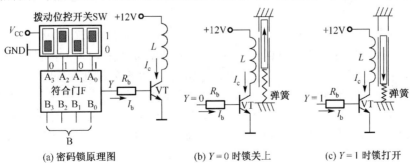

(a) 密码锁原理图   (b) $Y=0$ 时锁关上   (c) $Y=1$ 时锁打开

图 10-37 符合门在密码锁中的应用

实际密码锁的密码数据（A）的位数不会是 4 位这么少，因为位数少了很容易被人"破译"，最笨的"枚举"方法：一组一组地将所有可能组合进行尝试！如位密码数据仅有 0000、0001 到 1111 的共 16 种组合，所以很容易被尝试打开。

密码锁保密程度与密码数据位数直接相关，位数越多，保密性越好，但是电路越复杂。例如，8 位数据就有 256（$=2^8$）种组合，理论上需要破译者进行 256 种尝试才可以破译；16 位数据就有 65536（$=2^{16}$）种组合，理论上需要破译者进行 65536 种尝试才可以破译。

实际密码锁的预设密码数据 A 的位数不是很大，例如可能是 8 位，以降低电路的复杂性。但是预设的密码数据 A 的内容可能是随机跳变的（称为"跳码"），只要密码锁使用者随时知道这个随机跳变的密码，即可打开该密码锁，而破译者的破译难度却大大增加了！

近年来，实际密码锁的预设密码数据 A 和开锁密码数据 B 都不是用图 10-36 和图 10-37 所示的拨动位控开关 SW 来完成的，而是采用无线或红外遥控器来遥控的。

再复杂一些的密码锁采用门卡或电子密钥技术，更加复杂可靠的技术是采用指纹识别、脸形识别和瞳孔识别技术。这些都属于门禁系统领域的知识内容了。

10.6.2 符合门在某些板卡式总线中的应用

符合门广泛应用在板卡式总线系统当中，用来控制指令和数据流，从而控制需要测量或控制的外部设备。仅以著名的 STD 总线（STD–BUS）为例，讲解主板卡是如何通过符合门来控制各子板卡的。这些板卡式总线系统往往使用在工业测量与控制中。

一个电源板卡+主板卡和 8 个子板卡的 10 槽 STD 总线控制系统示意图如图 10-38 所示。

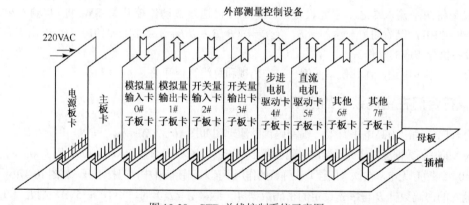

图 10-38　STD 总线控制系统示意图

电源板卡：输入为 220V 交流电源，输出为 5V 数字电源和 ±12V 模拟电源，通过母板给需要的各板卡供电。

主板卡：是整个测控系统的核心，其上有 CPU 或单片机、程序存储器 ROM、数据存储器 RAM 等设备，并通过母板向各子板卡提供三总线信号：地址总线 AB、数据总线 DB 和控制总线 CB。$AB=A_{15}\sim A_0$，$DB=D_7\sim D_0$，CB 有写信号 $\overline{WR}$、读信号 $\overline{RD}$、中断信号等各种控制所需的信号线。

子板卡：子板卡是按照功能分类设计的，以便对外部设备进行测量和控制。有模拟量输入（模入）板卡、模拟量输出（模出）板卡、开关量输入（开入）板卡、开关量输出（开出）板卡、步进电机驱动控制板卡、直流电机驱动控制板卡等。它们通过母板得到所需电源（逻辑电源和模拟电源），得到从主板卡输出来的三总线信号，从而在主板程序（在主板卡上的 ROM 中）的控制下自动完成数据采集与外设的控制功能。

　　主板卡如何与各子板卡之间进行通信与控制呢？或者说各子板卡如何才能够识别出主板卡发出的指令是送给自己而不是送给其他子板卡的呢？

　　这个问题就涉及总线信号的流向控制问题了！而总线信号的控制就需要用到符合门来控制。

　　图 10-39 重点画出了主板卡与各子板卡之间的三总线是如何控制的。以 8051 系列单片机的主板卡为例，将 RAM 地址的 64K 最后一页（FF00H～FFFFH）分配给 I/O 口，而其他 255 页（0000H～FEFFH）分配给数据 RAM（1 页=256Byte）。

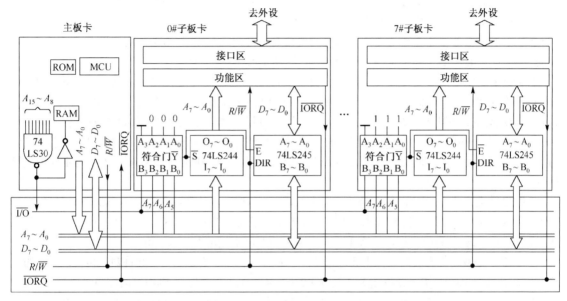

图 10-39　STD 总线中主板卡与子板卡之间三总线关系示意图

　　例如，当主板卡要与 0#子板卡相互通信时，主板卡在程序的控制下，由地址总线（AB）输出十六进制数据 FF00H～FF1FH，即 AB=1111111100000000B～1111111100011111B；地址总线 AB 字段的控制功能分配如下：

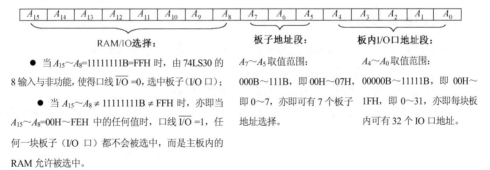

RAM/IO选择：

● 当 $A_{15}\sim A_8$=11111111B=FFH 时，由 74LS30 的 8 输入与非功能，使得口线 $\overline{I/O}$ =0，选中板子（I/O 口）；

● 当 $A_{15}\sim A_8 \neq$ 11111111B ≠ FFH 时，亦即当 $A_{15}\sim A_8$=00H～FEH 中的任何值时，口线 $\overline{I/O}$ =1，任何一块板子（I/O 口）都不会被选中，而是主板内的 RAM 允许被选中。

板子地址段：

$A_7\sim A_5$ 取值范围：000B～111B，即 00H～07H，即 0～7，亦即可有 7 个板子地址选择。

板内 I/O 口地址段：

$A_4\sim A_0$ 取值范围：00000B～11111B，即 00H～1FH，即 0～31，亦即每块板内可有 32 个 IO 口地址。

　　假设主板卡的 MCU 采用 51 系列单片机，主板 MCU 要对 3 号子板卡的 6 号 I/O 口输出数据 80H，则程序如下：

```
// 数据从主板卡的 MCU 传送到 3 号板卡上的 6 号 I/O 口
MOV DPTR,#0FF66H;
// 指针 DPTR=0FF66H 指向 I/O 口，指向 3 号子板卡的 6 号 I/O 口；
// FF66H=1111111101100110B；
// A15～A8=11111111B=FFH，所以打开 I/O 口（I/O=L）；
```

```
// A7A6A5=03H=011B，选中 3 号子板卡；
// A4A3A2A1A0=06H=00110B，选中 6 号 I/O 口
MOV A,#80H;                    // 取数据 80H
MOVX @DPTR,A;                  // 将数据送至 3 号子板卡上的 6 号 I/O 口
```

将程序与图 10-39 结合讲解其工作过程。

主板卡上的 51MCU 将 16 位数据指针 DPTR 里面的内容（FF66H=1111111101100110B）送至母板总线上的 16 位地址线（$A_{15} \sim A_0$）上，因为高 8 位为全 1（$A_{15} \sim A_8$=11111111B=FFH），所以 8 输入与非门 74LS30 的输出为 0，使得母板上的 I/O 信号线为低（I/O=0）。I/O=0 使得所有子板卡上符合门的 B_3=0，因所有符合门的 A_3 接地，亦即 A_3=0，故 B_3=0 与 A_3=0 相符合。所以 I/O=0 为所有子板卡打开地址信号线的控制门（74LS244）准备好了条件。又因为 $A_7A_6A_5$=03H=011B，使得所有子板卡上符合门的 $B_2B_1B_0$=011B。因为预先只有 3#子板卡上符合门的 $A_2A_1A_0$ 设置为 $A_2A_1A_0$=011B，而其余子板卡的预设置与此都不相同。这样就只有#3 子板卡上符合门的两边数据相符合（满足条件一致）：$B_3B_2B_1B_0$=$A_3A_2A_1A_0$=0011B，因此其输出 $\overline{Y}$ = 0，此 $\overline{Y}$ = 0 低有效信号送给 74LS244 的片选输入端 $\overline{S}$ 和 74LS245 的片选使能端 $\overline{E}$，所以就只能是#3 子板卡的数据总线和地址总线是打开的，#3 子板卡可以与主板卡交换信息，而其余板卡的数据总线和地址总线都是隔离关断的（高阻态），不能与主板卡交换信息。

74LS244 是 8 位三态缓冲器，当其片选输入端 $\overline{S}$ 为低时，允许其输入引脚 $I_7 \sim I_0$ 上的信号传送到输出引脚 $O_7 \sim O_0$ 上，给子板卡提供地址信号 $A_7 \sim A_0$。当其片选输入端 $\overline{S}$ 无效（为高电平）时，其输入引脚 $I_7 \sim I_0$ 是第三态（高阻态），这样地址信号 $A_7 \sim A_0$ 就不能进入到该子板卡上。

74LS245 是双向数据缓冲器，当其片选使能端 $\overline{E}$=0（低电平有效）时，允许数据传输，数据的传输方向是 $B \to A$（即 $B_7 \sim B_0 \to A_7 \sim A_0$）还是 $A \to B$（即 $A_7 \sim A_0 \to B_7 \sim B_0$），则由方向控制引脚 DIR 负责。当 DIR=0 时，传输方向是 $B \to A$；当 DIR=1 时，传输方向是 $A \to B$。由于已有 $\overline{E}$=0，该芯片已被选中，现在是从主板卡的 MCU 向#3 子板卡的 I/O 口传送数据，是向外写数据（由 MOVX @DPTR,A;指令亦可见），因此 $R/\overline{W}$=0，故而使得 74LS245 的 DIR=0（因 74LS245 的 DIR 引脚与主板卡的 $R/\overline{W}$ 相连），因此数据传送方向为 $B \to A$，数据传送方向及路径为：MCU 的累加器 A →数据总线 $D_7 \sim D_0$ 上→74LS245 的 $B_7 \sim B_0$→74LS245 的 $A_7 \sim A_0$→符合门打开的子板卡（此处为#3 子板卡）上被指定的 I/O 口。

10.6.3 符合门的实现方法

前面提到的符合门可以用 4 位数值比较器或异或门来实现，下面分别叙述。

（1）采用 4 位数值比较器（74××85）作符合门

注：此处的 74××85 是指 7485、74S85、74LS85 和 74HC85 等。

74××85 的逻辑符号如图 10-40 所示（第 4 章组合逻辑电路中讲过），由 74××85 构成的符合门如图 10-41 所示。

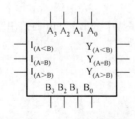

图 10-40 74××85 逻辑符号

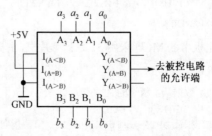

图 10-41 由 74××85 构成的符合门

假设 $A_3 A_2 A_1 A_0$ 为预设端，这样，当数据 $b_3 b_2 b_1 b_0 = a_3 a_2 a_1 a_0$ 时，有 $B_3 B_2 B_1 B_0 = A_3 A_2 A_1 A_0$，则输出端 $Y_{(A=B)}=1$，就可以用其控制其他被控电路。如果被控电路是低电平有效驱动，则在 $Y_{(A=B)}$ 后加一个反相器即可。

（2）采用异或门构成的符合门

图 10-42 所示为采用 4 个异或门和一个或门构成的符合门，74××86 芯片内部正好有 4 个异或门。

当被比较数据 $b_3 b_2 b_1 b_0$ 和预设数据 $a_3 a_2 a_1 a_0$ 相等时（$b_3 b_2 b_1 b_0 = a_3 a_2 a_1 a_0$），亦即 $b_3 = a_3$、$b_2 = a_2$、$b_1 = a_1$ 和 $b_0 = a_0$ 时，有 $Y_3 = 0$、$Y_2 = 0$、$Y_1 = 0$ 和 $Y_0 = 0$。因此使得或门输出 $\overline{Y_{(A=B)}} = 0$，从而可用此信号来驱动后续的被控电路。如果被控电路是高有效驱动，则在 $\overline{Y_{(A=B)}}$ 后加一个反相器即可，或者将图中的或门换成非门亦可。

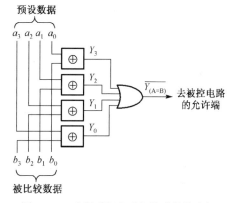

图 10-42　由异或门和或门构成的符合门

10.6.4　符合门的其他应用

符合门在很多重要领域都有应用，除上述密码锁和总线符合开关的应用外，此处再简要举两例。

（1）在采用雷达原理的目标距离数字测量中要用到符合门；

（2）在单光子（当光信号极弱时是以"单光子"形式出现并被检测的）探测中，为提高检测灵敏度，需要采用符合门的门宽适当同步放宽的技术，从而有效检测出窄小脉冲。

10.7　计数器知识的扩展——时序状态机

传统的数字电子技术书中对计数器的分析与设计讲解的内容较多，占了较大的篇幅，但是却只字未提计数器与时序状态机的关系，结果导致：

（1）因计数器的内容篇幅较大，使学生们认为计数器很重要；

（2）因未提计数器与时序状态机的关系，使得几乎所有的学生都认为计数器就只能作计数功能用。

这对学生们思路的扩展、知识的应用、眼界的开阔都是极其不利的，对后续很多现代电子技术课程（如 EDA 课程）的学习是很不利的。

（3）现代化程序设计中经常用到"状态机的设计观念"，如果学生们知道计数器就是一个"有限状态机"，立刻就会破除"状态机"的神秘感！

本节应该明确一个概念：计数器就是一个"有限状态机"，它可以为应用系统提供所需要的状态。作计数器使用是它最基本、最本色的应用而已。

实际上，计数器就是一个最简单的时序状态机，或者说计数器就是时序状态机的最简单应用——利用时序状态机的"状态"来记忆所计的"数字"——"计数"（对输入脉冲进行计数）。

我们首先简述时序状态机的基本概念。例如，有一个自动控制系统，它由 7 道工序组成：0#工序为起始准备阶段（系统刚一上电时自动进入该状态），1#工序做 1#任务、2#工序做 2#任务、……、7#工序做 7#任务。这样，"7 道工序"＋"起始准备状态"一共需要 8 种状态来让系统区别、辨识和利用——系统就会自动地根据当前的状态来决定做哪道工序的任务。能够提供和利用 8 种状态的简单示意电路如图 10-43 所示。

图 10-43 的 R 和 C（$R=10\text{k}\Omega$、$C=1\mu\text{F}$）为上电自动复位电路（关于系统的复位和置位的道理与应用内容可以用一章的篇幅来讲解的，其重要性和实用性也是十分显著的，但限于篇幅，本书只好割爱

了），保证每次一上电都从状态 0（即 S_0）开始，而 S_0 往往是一种初始的准备状态（或称为待机状态或复位状态）。

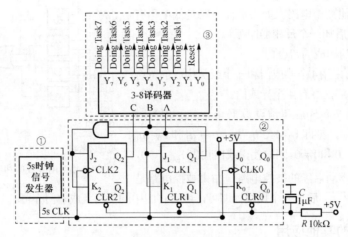

图 10-43　8 状态时序状态机简图

图 10-43 的①号虚线框包括的是一个 5s 时钟信号发生器，它自动产生周期为 5s 的时钟信号 CLK，供给后续电路 8 状态发生器使用。时钟信号发生器内容在本书的第 6 章中有论述，可以用不同方法来实现。

图 10-43 的②号虚线框包括的是一个由 3 个 JK 触发器构成的同步八进制计数器，这在本书的第 5 章中有论述，其工作原理请自行分析，此略。此处是利用它产生的 8 个数字（$Q_2Q_1Q_0$=000～111）代表八种状态：S_0=000、S_1=001、S_2=010、S_3=011、S_4=100、S_5=101、S_6=110、S_7=111（注：S 就是英文 Status 的首字母）。

图 10-43 的③号虚线框包括的是状态译码与执行信号线。书中往往喜欢译码输出 $Y_7\sim Y_0$ 为高电平有效输出，即 3-8 译码器将状态编码信号（$Q_2Q_1Q_0$ 的值）译成单个高电平有效的可执行信号 $Y_7\sim Y_0$。但是，实际应用中往往是用低电平有效来驱动输出设备的，采用 74××138 来完成时，其输出正好是低有效。

这样，就在时钟信号的控制下，每 5s 一次、顺序地、一步一步地执行预定的任务。当执行到 S_7 后，下一个 5s 时钟信号到来时就自动回到初始复位状态（S_0），从而周而复始地自动地完成预设的任务——这就是**有限状态机**（注：仅 8 个有限的有效状态）。

在第 5 章中常提到的状态图、状态转移表等都是分析和设计时序状态机的工具。

限于篇幅，关于有限状态机以及状态的利用等内容，就简要介绍到此。

10.8　逻辑器件的输出形式

我们暂不考虑逻辑器件的逻辑功能（即输出与输入之间的逻辑关系），也略去输入引脚的讨论，而将重点放在研讨逻辑器件的输出形式上，从中可以得出一些有用的结论，并学到很多实用技术。如图 10-44 所示，仅看器件输出级的结构。

图 10-44(a)是图腾柱式输出级的 TTL 器件，图 10-44(b)是图腾柱式输出级的 CMOS 器件，图腾柱式输出级就是推挽（推拉）式输出形式。VT_4 和 VT_5 工作在饱和或截止的电子开关的状态下。因此，可将图 10-44(a)和图 10-44(b)简化成图 10-44(c)所示的电路。每个电子开关（管子）有两种状态：导通或截止，两个电子开关 VT_4 和 VT_5 的状态组合理论上有 4 种状态，如表 10-9 所示。

（1）图腾柱式输出：在表 10-9 中仅占有状态 S_1 和 S_2，这时 VT_4 和 VT_5 是"状态互斥"的。

当 VT_4 截止 VT_5 导通时，输出 Y 被拉到低电平，输出为逻辑 0；

当 VT_4 导通 VT_5 截止时，输出 Y 被拉到高电平，输出为逻辑 1。

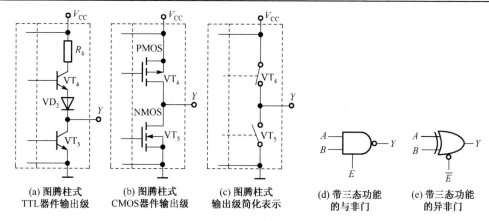

图 10-44 逻辑器件输出级分析

图腾柱式输出级的输出内阻较小，带负载能力较强，可提高器件的驱动能力和工作频率。

（2）三态门：在图腾柱式基础上，如果通过器件的使能引脚（如 E）和内部控制电路使 VT_4 和 VT_5 可以同时处于截止状态，就得到了三态门。三态门在使能端有效时可以像图腾柱式器件一样完成器件的正常逻辑功能。当三态门在使能端无效时，三态门的输出就处于高阻状态。在高阻态时的特点如下：

表 10-9 电子开关的状态组合

序号	VT_4	VT_5	Y	门状态
S_0	截止	截止	Z	高阻态
S_1	截止	导通	0	输出低
S_2	导通	截止	1	输出高
S_3	导通	导通	?	?

① 输出在电气上与电源和地都不相连，导致输出处于"悬浮"状态——高阻态"Z"。

② 该输出引脚确实是实实在在地焊接在电路板上的——亦即物理上是连接的，在电气上是绝缘的。

图 10-44(d)是一个带三态功能的与非门，使能端 E 为高电平有效；图 10-44(e)是一个带三态功能的异或门，使能端 $\overline{E}$ 为低电有效。

对于图 10-44(d)：当 $E=1$ 时，$Y = \overline{AB}$；当 $E=0$ 时，$Y=Z$（输出为高阻态）。

对于图 10-44(e)：当 $\overline{E}=0$ 时，$Y = A \oplus B$；当 $E=1$ 时，$Y=Z$（输出为高阻态）。

到此为止，我们把表 10-9 中 VT_4 和 VT_5 的 4 种状态组合中的 3 种都利用上了，就剩最后一种状态 S_3，即 VT_4 和 VT_5 都导通的状态组合。什么器件会使用这种状态呢？答案是：没有任何器件会使用这种状态组合，正常工作中的逻辑器件也不会出现这种状态组合！因为一旦出现这种状态组合，意味着器件坏掉了（不坏也会烧坏的），因为这时 VT_4 和 VT_5 都导通，意味着+V_{CC} 电源对地直接短路了。

（3）OC/OD 门：图 10-44 中的 VT_4 叫做上拉管，VT_5 叫做下拉管。将上拉管去掉就构成了 OC 门或 OD 门，如图 10-45 所示。

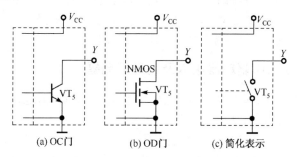

图 10-45 OC/OD 门及其简化表示

OC 是 Open Collector 的首字母缩写，亦即集电极开路的意思，具有这样输出级的门电路简称为 OC 门。OD 是 Open Drain 的首字母缩写，亦即漏极开路的意思，具有这样输出级的门电路简称为 OD 门。OC 门和 OD 门应用广泛，功能强大。下一节中有专门论述。

10.9　OC（OD）门的应用

OC 门或 OD 门可以实现不同逻辑电平器件间的接口、实现对输出负载的驱动、完成"线与"的功能，在"线与"功能基础上可以实现总线的功能。

10.9.1　不同逻辑电平接口电路

图 10-46 所示为采用 OC 门做接口完成 TTL 逻辑电平驱动 CMOS 逻辑器件的示意图。

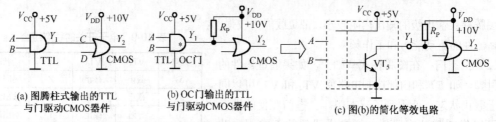

(a) 图腾柱式输出的 TTL　　(b) OC 门输出的 TTL　　(c) 图(b)的简化等效电路
与门驱动 CMOS 器件　　　　与门驱动 CMOS 器件

图 10-46　TTL 驱动 CMOS 器件时用 OC 门做接口

如图 10-46(a) 所示，直接采用图腾柱式输出的 TTL 门驱动 CMOS 器件是不行的。对于 CD4000 系列的器件，其 V_{DD} 允许为 3～18V，假设采用 $V_{DD}=10$V，其输入阈值电压 $V_{th}=\frac{1}{2}V_{DD}=5$V。而其前级的图腾柱式输出的 TTL 门的输出 Y_1 即使是高电平时，最大也不会超过 5V。故而，无论 Y_1 输出是高电平还是低电平（是 1 还是 0），都会被 CMOS 的输入端判断为逻辑 0（低电平）而不能正确地向后级传递逻辑值。所以，为了正确地完成逻辑信息传送，前级采用 OC 门输出的与门（如图 10-46(b) 所示），在保证完成正确逻辑运算的前提下，也能正确地将逻辑信号传递给后面的 CMOS 器件。图 10-46(c) 是图 10-46(b) 的简化示意图。将图 10-46(b) 和图 10-46(c) 结合起来分析就容易理解了。

（1）当 OC 门的 Y_1 输出逻辑 0 时：其内部 VT_5 处于饱和导通状态，VT_5 将 Y_1 点电平拉到低电平（接近于 0V 的逻辑 0），后面的 CMOS 或门能够正确判断输入为逻辑 0。

（2）当 OC 门的 Y_1 输出逻辑"1"时：其内部 VT_5 处于截止状态，如果没有上拉电阻 R_P，Y_1 相当于处在"悬空"状态，也不会将逻辑"1"正确地传送给 CMOS 输入端。有了上拉电阻 R_P 与 VT_5 配合，就可以将逻辑 1 正确地传送给 CMOS 输入端了。因为当 VT_5 处于截止状态时，由上拉电阻 R_P 将 Y_1 端电平拉到 CMOS 的高电平 V_{DD}（逻辑 1），从而可将逻辑 1 正确地传送给 CMOS 的输入端。

如果是用 CMOS 器件驱动 TTL 器件，就要用到 OD 门了，道理亦然。

不同逻辑系列器件之间的接口经常需要用到 OC 门或 OD 门。

10.9.2　OC 门或 OD 门作驱动器用以及各种驱动器

数字系统（包括单片机等）有时需要驱动某些外部器件，根据所需驱动电流的大小，可以选择不同型号的 OC 门或 OD 门器件来作为驱动器使用。

最早也是最常用到的是 7406 和 7407，它们都是 OC 门输出形式，但 7406 是反相器，7407 是同相器。7406 内部有 6 个与图 10-47(a) 同样的元件，7407 内部有 6 个与图 10-47(b) 同样的元件。

很多国际上著名的厂家都是在器件符号输出引脚附近用一个星号"*"来表示 OC 门和 OD 门，同学们要学会和习惯这种既非我国国家标准又非国际标准的表示方法，这在将来实际工作中会经常用到，也十分有用。

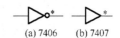

图 10-47　最早最常用的 OC 门

7406 的英文名称是 Hex Inverted Buffers with Open-Collector Outputs，中文对应名称是具有 OC 门输出的六反相缓冲器。

7407 的英文名称是 Hex Buffers with High Voltage Open-Collector Outputs，中文对应名称是具有高压 OC 门输出的六缓冲器。

衡量 OC 门器件的最主要参数是其内部 VT_5 的耐压和吸收电流能力。7406 的 VT_5 的参数是 30V、40mA；7407 的 VT_5 也是 30V、40mA。

7406 和 7407 可以用来驱动 LED 指示灯、光耦和电流小于 40mA 的微型继电器等外部设备，如图 10-48 所示。

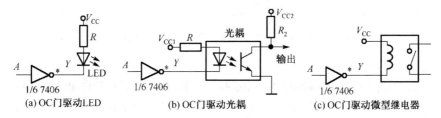

图 10-48　OC 门驱动 LED、光耦和微型继电器

在更多的应用中，7406 和 7407 输出级的耐压不算太高，电流承载能力还较小。器件厂商们就研发生产了耐压更高和通流能力更强的 OC 门器件，这时一般就不再叫做缓冲器了，而是叫做驱动器（Driver）或达林顿晶体管阵列（Darlington Transistor Arrays）。这样的器件有很多，生产厂家也很多，以至于形成了一大类这样的器件。表 10-10 举出了几个典型常用器件（将 7406 和 7407 也汇总在里面）。

表 10-10　常用 OC 门或 OD 门参数

型号	英文全称	中文全称	输出级参数	解释/简称
7406	Hex Inverted Buffers with Open-Collector Outputs	具有 OC 门输出的六反相缓冲器	30V、40mA	OC 门六反器
7407	Hex Buffers with High Voltage Open-Collector Outputs	具有高压 OC 门输出的六缓冲器	30V、40mA	OC 门六缓冲器
75451	DUAL PERIPHERAL DRIVERS	双并行驱动器	20V、300mA	双外设驱动器
75452	DUAL PERIPHERAL DRIVERS	双并行驱动器	20V、300mA	双外设驱动器
75491	Quad Segment Driver	四段驱动器	10V、50mA	四段驱动器
75492	Hex Digit Driver	六段驱动器	10V、250mA	六段驱动器
ULN2003	SEVEN DARLINGTON ARRAYS	七达林顿阵列	50V、500mA	七达林顿阵列
ULN2803	EIGHT DARLINGTON ARRAYS	八达林顿阵列	50V、500mA	八达林顿阵列
MC1413	High Voltage, High Current Darlington Transistor Arrays	高压大电流七达林顿阵列	50V、500mA	七达林顿阵列

驱动器（Driver）是一大类芯片产品，种类很多，厂家很多。下面就典型的 ULN2003、ULN2803 和 MC1413 这 3 个器件，先讲解其芯片和内部电路原理，再讲解它们的实际应用。

图 10-49 所示为 ULN2803、ULN2003 和 MC1413 的引脚图及其内部一个元件的原理图。在 ULN2803 内部有 8 个高耐压、大电流 NPN 达林顿管构成的集电极开路（OC）型反相器，在 ULN2003 或 MC1413 内部有 7 个高耐压、大电流 NPN 达林顿管构成的集电极开路（OC）型反相器，它们的电气性能是相同的。这些驱动器芯片输入 5V 的 TTL 逻辑电平即可驱动，输出达林顿管耐压 50V，可吸收 500mA 的电流。MC1413 与 ULN2003 内部结构一样，仅是电阻 R_2 的阻值不一样，ULN2003 的 R_2 为 7.2kΩ，MC1413 的 R_2 为 5kΩ。

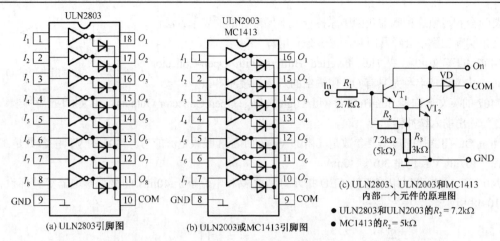

图 10-49　ULN2803、ULN2003 和 MC1413 的引脚图及其内部一个元件的原理图

下面是几个实际应用例子。

应用例子 1：采用 ULN2803 驱动针式打印机打印头里面的 8 个打印针电磁铁的电路

在很多针式打印机里面，其打印头里面的 8 个打印针电磁铁的驱动电路几乎都用 ULN2803 来驱动。因为 ULN2803 内部有 8 个同样的开集输出的达林顿结构晶体管，正好可以用一字节（Byte）的数据（$b_7 b_6 b_5 b_4 b_3 b_2 b_1 b_0$）来驱动打印头里面的 8 个打印针电磁铁线圈。当 $b_i = 1$ 时（$i = 0 \sim 7$），对应的第 i 位打印针电磁铁线圈有电，相应打印锤带动打印针击打色带在打印纸上打印出一个"色点"；当 $b_i = 0$ 时（$i = 0 \sim 7$），对应的第 i 位打印针电磁铁线圈就没有电，相应打印锤就不动作，也就不会带动打印针击打色带在打印纸上打印出一个"色点"，而是一个"空白位"。这样就把想要打印的字母、文字以及图形等打印到打印纸上了。

图 10-50 所示为采用 ULN2803 作针式打印机打印头驱动器的电路接线图。需要打印输出的 8 位数据 $b_7 b_6 b_5 b_4 b_3 b_2 b_1 b_0$ 由 51 单片机的 P1（P1.7～P1.0）送给 ULN2803，ULN2803 的输出带动 8 个打印针动作，打印出由数据指定的字母、文字和图形等图样。

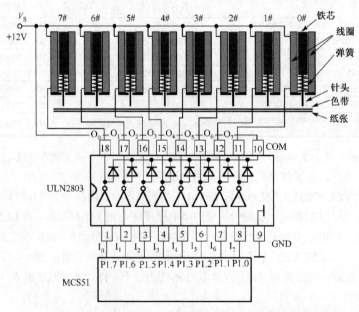

图 10-50　用 ULN2803 作针式打印机打印头驱动器的电路接线图

图 10-51 所示为采用 ULN2803 作针式打印机打印头驱动器的原理电路图。

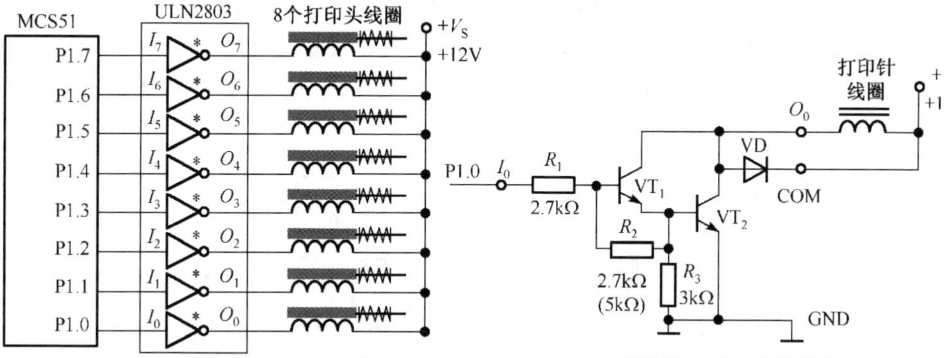

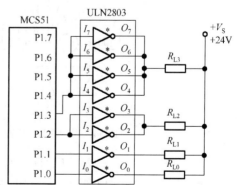

图 10-51　采用 ULN2803 作针式打印机打印头驱动器的原理电路图

图 10-51(a)是整体电路图，图 10-51(b)是一位数据（1b）的原理电路图，这样结合图 10-50 就会理解得更好了。当 P1.0 为高电平时，达林顿管（VT$_1$ 和 VT$_2$）导通，打印锤线圈有电，吸合铁芯带动打印针击打色带，在纸张上打印出一个"点"来。当 P1.0 为低电平时，达林顿管（VT$_1$ 和 VT$_2$）截止，打印锤线圈没有电，在弹簧反作用力的作用下打印针不动，不会击打色带，也就不会在纸张上打印出一个"黑点"来，可想象为打印出一个"白点"。

应用例子 2：采用 ULN2803 驱动继电器等负载

道理与上例相同，可以采用 ULN2803、ULN2003 或 MC1413 来驱动继电器。

如果继电器的额定工作电流≤500mA，就可以每个通道驱动一个继电器。这样 ULN2803 可以驱动 8 个继电器；ULN2003 或 MC1413 都可以驱动 7 个继电器。

如果继电器的额定工作电流≥500mA，就需要两个或以上的通道并联来驱动一个继电器。但是首先要注意一个细节，才能安全可靠地并联使用这些器件。虽然 ULN2803、ULN2003 或 MC1413 的每个通道的驱动能力是 500mA，但是两个通道并联时并不能通过 1000mA；3 个通道并联时并不能通过 1500mA；一般地，n 个通道并联时并不能通过 n 倍的 500mA（即 $n{\times}500$mA）。因为即使是同一芯片内部的两个达林顿 OC 输出电路也不会是一模一样的，也会存在制造上的差异。这样，当它们并联时，当一个通道达到最大允许值 500mA 时，另一个可能已经大大超过了 500mA 而损坏！所以，正确地并联使用时应该考虑这一点，还应该考虑多个通道同时导通工作时的集中发热与热耗散问题。故通用公式是：

$$I_n = nI_e k\,(\text{mA}) \qquad (10\text{-}5)$$

式中　I_n——n 个通道并联的总电流；

　　　n——并联的通道数量；

　　　I_e——单个通道的允许最大电流，I_e=500mA；

　　　k——多通道并联时的安全系数，可取 0.75～0.95，一般取 0.8。

无论继电器的额定电流如何，其工作电压不要超过 50V——ULN2803、ULN2003 或 MC1413 的 OC 输出式达林顿管的耐压值。

图 10-52 所示为用一个 ULN2803 驱动几个额定电流不同的负载的例子。图 10-52 中的 $R_{L0}{\sim}R_{L3}$ 是广义上的负

图 10-52　ULN2803 通道的并联使用

载，具体可以是螺线管线圈、电磁铁线圈、继电器线圈、白炽灯灯泡、大功率白光 LED 等。图 10-52 中 R_{L0} 和 R_{L1} 的电流 <500mA 为宜，R_{L2} 的电流 <800mA 为宜，R_{L3} 的电流 <1600mA 为宜。

应用例子 3：采用一片 ULN2003（或 MC1413）的闪光灯电路

图 10-53 中采用了一片 ULN2003（或 MC1413）和两个电容（C_1 和 C_2）、两个二极管（VD_1 和 VD_2）、9 个电阻以及 5 个 LED 就可以构成所需电路。

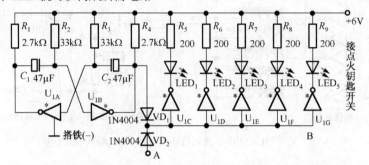

图 10-53　采用 ULN2003 或 MC1413 构成的闪光灯电路

一片 ULN2003 或 MC1413 中有 7 个 OC 输出达林顿结构的反相器。其中的 U_{1A} 和 U_{1B} 与 C_1、C_2、R_1、R_2、R_3 和 R_4 构成一个对称式多谐振荡器。多谐振荡器的输出信号（方波）经过二极管 VD_1 送至反相器 U_{1C}、U_{1D}、U_{1E}、U_{1F}、U_{1G} 的输入端。通过反相器 U_{1C}、U_{1D}、U_{1E}、U_{1F}、U_{1G} 的达林顿结构 OC 输出驱动 LED_1、LED_2、LED_3、LED_4、LED_5 闪烁。$R_5 \sim R_9$ 为 $LED_1 \sim LED_5$ 的限流电阻。A 点为控制端，当 A 点为高电平时，二极管 VD_2 正偏导通，二极管 VD_1 反偏截止，B 线（图中较粗的那条线）上也为高电平，使 $U_{1C} \sim U_{1G}$ 导通，输出端为低电平，使 $LED_1 \sim LED_5$ 常亮——失去闪烁功能。图 10-53 所示为在汽车中的接法，也可以用在其他场合中。

应用例子 4：小型直流电机（可正反转）驱动电路

图 10-54 所示为由一片 ULN2003（或 MC1413）和几只 PNP 三极管构成的 3 组小型直流电机（可正反转）驱动电路。3 组是对称的，我们讲解一组即可，以第一组为例。

PNP 三极管 VT_1 和 VT_2（采用 S8550，耐压 25～50V，电流能力 0.7～1.5A）与 U_{1A} 和 U_{1B} 内部的达林顿三极管构成了 H 桥驱动器。其输入端信号 I_1 和 I_2 的组合与 U_{1A} 和 U_{1B}、VT_1 和 VT_2 的状态、电机 M1 中电流方向，以及电机 M1 的工作状态如表 10-11 所示。

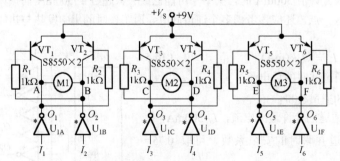

图 10-54　用一片 ULN2003 和几只三极管构成的小型直流电机驱动电路

由表 10-11 可见，输入端不允许出现"11"组合。因为此种组合情况下，VT_1、VT_2、U_{1A} 和 U_{1B} 全导通，会导致电源对地直接短路，烧毁器件。而且电源对地直接短路是两条路径：$V_S \rightarrow VT_1 \rightarrow U_{1A} \rightarrow$ GND 和 $V_S \rightarrow VT_2 \rightarrow U_{1B} \rightarrow$ GND。所以正常操作一定要保证在控制输入端（I_1 和 I_2）不会出现"11"组合（即 $I_1=1$ 和 $I_2=1$ 的情况），其余 3 种组合都是允许的。

表 10-11　输入信号组合与 H 桥状态和电机工作状态

信号输入		下半桥状态		上半桥状态		电机中电流及方向	电机状态
I_1	I_2	U_{1A}	U_{1B}	VT_1	VT_2		
0	0	截止	截止	截止	截止	0	停止
0	1	截止	导通	导通	截止	A→B	正转
1	0	导通	截止	截止	导通	A←B	反转
1	1	导通	导通	导通	导通	V_S 对地直接短路	

图 10-54 的小型电机的电流应小于 500mA，如果大于 500mA，就要采用类似图 10-52 所示的通道并联的方法解决。

应用例子 5：小型步进电机（可正反转）驱动电路

要想很好地理解步进电机驱动电路的工作原理，除了电子电路部分外，对步进电机本身的工作原理也要有一定的了解，才能较好地分析和理解整个电路的工作过程。但是，步进电机的工作原理没有一定的篇幅是很难讲明白的，限于篇幅，此处仅给出几个不同的电路，想要详细了解其工作原理的读者，可再去补充一些步进电机工作原理方面的知识。

步进电机根据其绕组结构的不同，有双极型（Bipolar）和单极型（Unipolar）两种，如图 10-55 所示。与图 10-54 比较，可知步进电机有两组绕组，而一般的直流电机仅有一个绕组。

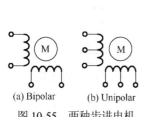

图 10-55　两种步进电机

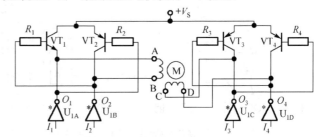

图 10-56　双极型步进电机驱动电路

【例 5-1】　双极型（Bipolar）步进电机的驱动

对于双极型（Bipolar）步进电机，它的每一个绕组都必须采用 H 桥驱动，才能改变其转向（与绕组中电流方向相关）。图 10-56 所示为一个采用 ULN2003（或 MC1413）构成的双极型（Bipolar）步进电机驱动电路。步进电机的速度、转向等控制数据可由单片机提供，并送到本电路的输入端 I_1、I_2、I_3 和 I_4。只要步进电机的绕组电流小于 500mA，就可直接利用图 10-56。如果绕组电流大于 500mA，可以采用上述的通道并联技术来扩大驱动电流能力。

【例 5-2】　单极型（Unipolar）步进电机的驱动

对于单极型（Unipolar）步进电机，它的每一个绕组都不必采用 H 桥驱动，仅需下半桥即可。图 10-57 所示为一个采用 ULN2003（或 MC1413）构成的单极型（Unipolar）步进电机驱动电路。步进电机的速度、转向等控制数据可由单片机提供，并送到本电路的输入端 I_1、I_2、I_3 和 I_4。只要步进电机的绕组电流小于 500mA，就可直接利用图 10-57。如果绕组电流大于 500mA，同样也可以采用上述的通道并联技术来扩大驱动电流能力。

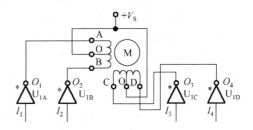

图 10-57　单极型步进电机驱动电路

比较图 10-57 和图 10-56，省去了上半桥所需的 4 个三极管 VT_1、VT_2、VT_3 和 VT_4 以及 4 个电阻 R_1、R_2、R_3 和 R_4。

给个简单的结论：

- 单极型（Unipolar）步进电机驱动电路简单，用器件较少，但步进电机绕组制造复杂。
- 双极型（Bipolar）步进电机驱动电路复杂，用器件较多，但步进电机绕组制造简单。

有关步进电机及其控制电路进一步的深入学习，可参考有关网站或书籍。

10.9.3 OC 门和 OD 门在总线中的应用

我们先讲 OC 门和 OD 门的"线与"功能，如图 10-58 所示。

因为只有当两个 OC 门 G_1 "与" G_2 的输出级 VT_5 都处于截止状态时，输出 Y 端才能被（上拉电阻 R_L）拉为高电平，这是一种与逻辑关系（称为"线与"），故有 $Y = Y_1 \cdot Y_2 = (A \oplus B) \cdot (C + D)$。

这种分析一般的书上都有，它侧重了逻辑功能的分析。

如果把 OC 门或 OD 门输出并联在一起的那条线叫做"总线"（BUS）的话，下面的分析则侧重 OC 门或 OD 门内部输出级对外部"总线"的影响，并将知识点引申到很有用的总线概念上来。

将图 10-58 重画于图 10-59，并认为有多个 OC 门或 OD 门输出并联，并着重研究 OC 门或 OD 门内部输出级对外部"总线"的关系。

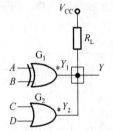

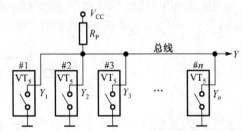

图 10-58 OC 门的"线与"功能　　　图 10-59 OC 或 OD 门"线与"功能和总线功能的关系

可见只有当所有"设备"的输出级的 VT_5 开关管都处于截止状态时，输出 Y 才为高电平，因此有 $Y = Y_1 Y_2 Y_3 \cdots Y_n$。但是这样的叙述又回到了"线与"的老套路上来了！我们换个角度重新叙述如下。

- 当总线为高电平（逻辑 1）时，表示总线"空闲"，等价于没有设备（或用户）"占用"或"访问"总线；
- 当总线为低电平（逻辑 0）时，表示总线"忙"或处于"被占用"状态，亦即总线上至少有一个设备的输出级的 VT_5 开关管是处于导通状态，这种导通状态等价于该设备（或用户）正在"占用"或"访问"总线；
- 当两个及以上的多个设备的输出级的 VT_5 开关管都处于导通状态时，意味着有多个设备同时在争用总线，就发生了总线竞争现象，对总线竞争的处理方法就是"总线仲裁机制"。

进一步改造图 10-59，重画于图 10-60，我们就可以几乎完全用某些流行的串行通信总线的术语来叙述和分析其原理了。

I^2C 是 Inter-IC 的缩写，是"芯片互连"的意思，也有写成 IIC 或 I^2C 的。I^2C 总线（I^2C BUS）就是芯片互连总线的意思。现在很多厂家的芯片都提供 I^2C 总线功能和对应的引脚（SCK 和 SDA），但它现在不仅仅用于芯片互连上了。

先解释一下 I^2C BUS 两条总线的含义：SCK 是串行时钟线，是英文 Serial Clock 的缩写。SDA 是串行数据地址线，是英文 Serial Data Address 的缩写。

当某个设备（或节点）想要经过总线向其他设备（或节点）发送数据时，首先要确保 SDA 总线是空闲的，它才能向总线上发送数据或地址。例如，#3 设备想要发送数据时，#3 设备首先令其内部的 Tx=0，使其本身的 VT_5 截止（先要保证自己释放 SDA 总线，等价于先保证自己不占用 SDA

总线）。然后再令 $E=0$，使其本身内部的数据输入缓冲器 B 被使能而开通，由内部的 Rx 端接收（监听）总线状态，如果内部 Rx 端接收为低电平（逻辑 0），意味着总线 SDA 此时正在被某个其他设备占用，#3 设备就一直处于监听判断状态。一旦监听到内部 Rx 端接收为高电平（逻辑 1）并保持足够的时间，意味着总线 SDA 此时是空闲的（没有任何一个设备占用 SDA），则#3 设备就可以控制 SCK 和 SDA，在 SCK 的配合下，由 Tx 控制 VT_5 将要发送的数据和地址送到 SDA 上去。I^2C BUS 是以数据帧的形式串行发送数据的，其数据每一帧都是由"起始位+地址段+数据段+停止位"构成的。任何一个设备只要检测到 SDA 总线是空闲的，它就可以在 SCK 配合下，向 SDA 总线上发送地址和数据。任何其他不需要发送的设备都处于监听状态——实时监测和分析总线上的数据。一旦发现总线上正在发送的地址段与自己的预设地址相符合，它就会自动地在 SCK 配合下开始从 SDA 总线上接收数据。

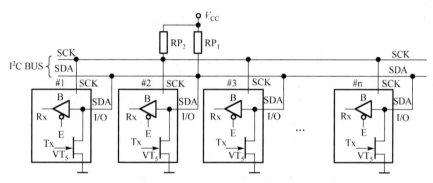

图 10-60　简化 I^2C 总线的原理示意图

除了 I^2C BUS 外，很多串行总线都利用 OC 门（或 OD 门）的特点及其"线与"的功能来完成串行数据通信任务，例如，GPIB 总线、One wire BUS（单总线）等，此处不赘述。

10.10　长线或容性负载的驱动方法及驱动器件

除了上文所述的采用具有 OC 门（OD 门）器件作为驱动器使用以外，对功率器件的基极/门极的驱动（Base Drive & Gate Drive）以及对长线线路驱动（Line Drive）或容性负载的驱动都不能采用 OC 门（OD 门）输出形式的器件，而必须采用图腾柱式（推挽式）输出方式的驱动器件。

10.10.1　OC 门（或 OD 门）驱动容性负载时的不足之处与图腾柱式的驱动优点

信号通过长线（较长的线路，如通信线路）时，由于长线存在较大的分布电容 C_L，输出器件就需要对这个 C_L 进行充、放电，输出高电平时对 C_L 进行充电，输出低电平时对 C_L 进行放电。

功率器件因其要流过足够大的电流，所以其器件内的结面积都较大，也因此导致其基极或门极对地电容也较大。同理，对功率器件的基极或门极进行驱动的话，也存在对容性负载进行充放电的问题。

无论是对长线进行驱动，还是对功率器件的基极或门极进行驱动，都可以等效地看做对容性负载进行充、放电的问题。如果输出驱动能力不够的话，就会产生波形畸变。

当线路较短或基极/门极的电容较小时，可以采用 OC 门（或 OD 门）加上拉电阻的输出驱动方式，如图 10-61 所示。图中用一个容性负载 C_L 来代替线路分布电容或基极/门极的电容。

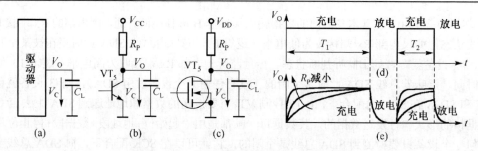

图 10-61　OC 门或 OD 门驱动容性负载时的分析

图 10-61(a)所示是原理框图,其内部实现可以采用双极型晶体管的 OC 门加上拉电阻 R_P 构成驱动电路,如图 10-61(b)所示;也可以采用单极型晶体管的 OD 门加上拉电阻 R_P 构成驱动电路,如图 10-61(c)所示。

图 10-61(d)所示为理想输出波形,图 10-61(e)所示为实际输出波形。

由 10-61(e)所示可见:当 VT_5 截止时,电源 V_{CC}(或 V_{DD})通过上拉电阻 R_P 给容性负载 C_L 充电;当 VT_5 导通时,容性负载 C_L 上充的电就要通过 VT_5 对地放电。下面分析在负载电容 C_L 一定的情况下,驱动器电路的充、放电过程以及上拉电阻 R_P 对充电过程的影响。

首先分析放电过程,由于开关管 VT_5 在导通时的内阻很小,故在负载电容一定的情况下,其放电过程是很迅速的,其波形也就很陡峭,且每次放电期间的波形基本不变,如图 10-61(e)的下降沿所示。

在充电期间,充电快慢与充电电路的时间常数 τ 有关,而时间常数 τ 与上拉电阻 R_P 和容性负载 C_L 的乘积成比例:$\tau \propto R_P \times C_L$。故在负载电容 C_L 一定的情况下,时间常数 τ 仅与上拉电阻 R_P 的大小成正比:上拉电阻 R_P 越大,充电过程越缓慢,R_P 越小,充电过程越迅速。

- R_P 小了,充电过程快,高信号频率下波形基本不变形,但是电路的功耗却增加了;
- R_P 大了,充电过程慢,信号频率较高时波形会变形,但是电路的功耗却降低了;
- R_P 的大小要根据负载电容 C_L 的大小、工作频率 f 的高低以及电路功耗的限制等因素折中考虑。

如果采用图腾柱式(推挽式)输出方式,且输出管 VT_4 和 VT_5 的功率足够的话,则在很高的频率下都可得到良好的信号波形,如图 10-62 所示。

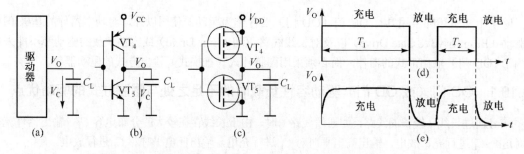

图 10-62　采用图腾柱式(推挽式)输出方式驱动容性负载时的分析

图 10-62(d)所示为理想输出波形,图 10-62(e)所示为实际输出波形。

由于上拉和下拉都采用了开关管,所以其充、放电速度都很快,因此在很高的频率下都可得到良好的信号波形,实现对长线负载或功率器件的可靠驱动。

本节的主要目的是在 OC(OD)门做驱动器的应用知识基础上,讲解图腾柱式(推挽式)输出方式的驱动器件,以避免产生驱动器只有 OC 门(或 OD 门)输出形式的片面概念,以使读者对驱动器件有一个全面正确的理解。表 10-12 对驱动器件及其特点和用途进行了归纳和分类。

表 10-12　驱动器件特点和用途

驱动器件的输出型式	用途举例	器件举例
OC 门（或 OD 门）输出	驱动 LED、光耦、小功率白炽灯、螺线管线圈、电磁铁线圈和微型继电器等	7406、7407、75451、75452、75491、75492、ULN2003、ULN2803、MC1413 等
图腾柱式（推挽式）输出	长线驱动、通信线路的驱动等	MM88C29、MM88C30 SN75107、SN75108、…、SN75119
	IGBT 和功率 MOS 等器件基极或门极的驱动	TLP250、HCPL–T250、PS9302L、 IR2130

其中的 OC 门（或 OD 门）输出形式驱动器 7406、7407、75451、75452、75491、75492、ULN2003、ULN2803、MC1413 等在前面已经讲述过了。下面主要讲解图腾柱式（推挽式）输出形式驱动器件，以理解其原理和应用方法。

10.10.2　长线驱动和通信线路驱动的特点、驱动器件与应用举例

以 MM88C29 和 MM88C30 为例。

MM88C29 和 MM88C30 是 Fairchild（飞兆，原称仙童）公司的长线驱动器件。

MM88C29 器件的英文名称是 Quad Single-Ended Line Driver，中文名称是四–单端线路驱动器，亦即该芯片内有 4 个功能结构一样的单端式线路驱动器。

MM88C30 器件的英文名称是 Dual Differential Line Driver，中文名称是双–差分线路驱动器，亦即该芯片内有两个功能结构一样的差分式线路驱动器。

MM88C29 的内部一个元件的电路如图 10-63 所示。图 10-63 中，VD 是输入保护二极管；G_1 和 G_2 是两个反相器，为推挽式输出的两个开关管 VT_4 和 VT_5 的基极和门极（栅极）提供互斥（互反）的驱动信号（这与前面提到的双缓冲概念一致）。VT_4 和 VT_5 在行业内比较通俗的称谓是上拉管和下拉管。比较规范的称谓是：VT_4 为高位（高侧）开关，VT_5 为低位（低侧）开关。VT_4 和 VT_5 的状态是互斥（互反）的，为负载提供推挽式（图腾柱式）输出，提高了负载驱动能力，而且高、低电平的驱动是对称的，从而使得输出信号的前后沿都很陡峭，波形几无畸变。由图 10-63 可见，在逻辑关系上，输出 Y 与输入 A 是同相的，可见 MM88C29 就是用来提高对线路的驱动能力的。由于 MM88C29 的输入 A 和输出 Y 都是"单端（Single-Ended）"式的，亦即其输入 A 和输出 Y 的信号电平都是相对地（GND）电位为参考点的，故其对共模干扰信号的抑制能力很差（或其抗共模干扰能力很差）。在共模干扰很强的场合或需要更远的传输距离时，就应该采用 MM88C30。

MM88C30 的内部一个元件的电路如图 10-64 所示。由图 10-64 可见，输出 Y_1 与 4 个输入 A、B、C 和 D 的逻辑关系是与逻辑关系：$Y_1 = ABCD$；输出 Y_2 与 4 个输入 A、B、C 和 D 的逻辑关系是与非逻辑关系：$Y_2 = \overline{ABCD}$。输出 Y_1 和 Y_2 均是推挽式（图腾柱式）输出结构，为负载线路提供差分输出驱动能力。输入端的 4 个输入 A、B、C 和 D 为完成与逻辑功能提供了方便，如果不需要完成与逻辑功能，仅仅是为了完成负载线路的差分驱动功能，以抑制线路信号传输时的共模干扰，则将 4 个输入 A、B、C 和 D 并接在一起即可，或留出一端（如 A 端）作为输入端，其余端（如 B、C 和 D）接高电平 V_{CC} 也可。

由图 10-63 和图 10-64 可见，无论是"单端"式输出（图 10-63），还是"差分（或差动）"式输出（图 10-64），其输出端均是推挽式（图腾柱式）输出结构（如图 10-63 的虚线框所示）。但需要强调说明的是，此处所讲的为提高驱动能力而采用的推挽式（图腾柱式）输出结构与前面讲过的各种逻辑元件的推挽式（图腾柱式）输出结构的最大区别是，驱动能力更大，带负载能力更强，以适应长线和功率器件基极（或门极）驱动时的需要，克服其容性负载效应。

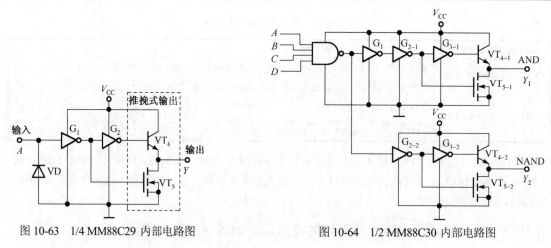

图 10-63 1/4 MM88C29 内部电路图   图 10-64 1/2 MM88C30 内部电路图

MM88C29 和 MM88C30 的实际应用接线图如图 10-65 所示。

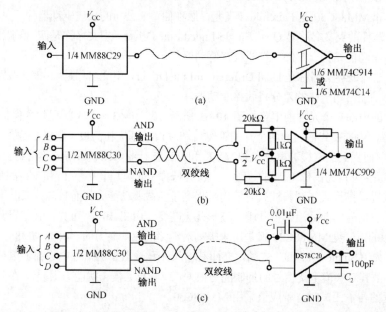

图 10-65 采用 MM88C29 或 MM88C30 作为线路驱动器的长线信号传输接线图

图 10-65(a)采用 MM88C29 作为（长线）线路驱动器，采用具有施密特性质的反相器 MM74C914（或 MM74C14）作为线路接收器的单端远距离通信方式。单端传输方式对共模干扰的抑制能力很差。

图 10-65(b)和图 10-65(c)是采用 MM88C30 作为（长线）线路驱动器的差分（差动）传输式远距离通信。图 10-65(b)的接收端采用具有差分输入端的 MM74C909 器件，图 10-65(c)的接收端采用具有差分输入端的 DS78C20 器件，它们均能将差分信号变成单端信号，供给后续逻辑电路使用。MM74C909 器件需要两个 20kΩ 的终端匹配电阻和两个（中点接于 1/2 V_{CC}）1kΩ 的终端平衡电阻才能很好地工作。DS78C20 器件不需要终端匹配电阻和终端平衡电阻，其内部自带"匹配"和"平衡"功能，电路和接线比 MM74C909 器件的简单一些。图 10-65(b)和图 10-65(c)的传输线都采用双绞线（Twisted Pair Line），其抑制共模干扰和其他噪声信号的能力更强，效果也会更好。

TI 公司的 SN55109A、SN55110A、SN75109A、SN75110A、SN75112、SN55113、SN75113、SN55114、SN75114 都是线路驱动器（Line Drivers）；SN55107A、SN75107A、SN75107B、SN75108A、SN55115、

SN75115 都是线路接收器；SN55116、SN75116、SN75117、SN75118、SN75119、SN751177、SN751178 都是线路收发器（既可发送又可接收）。以上器件读者可查其数据手册（Datasheet）了解详情。

10.10.3　功率器件的基极或门极驱动的特点、驱动器件与应用举例

用于驱动功率器件基极或门极的驱动器件具有以下两大特点。

- **驱动能力足够大**　亦即具有较大的"拉电流"和"灌电流"的能力，从而可以快速地对功率器件基极或门极的电容进行充、放电，提高对功率器件的控制速度和可靠性。
- **高低压隔离**　高低压隔离一般采用光耦完成。由于要驱动的功率器件都是工作在有效值为 220V（380V 或更高）的电压下，而控制电路都是工作在 5V（3.3V 或更低）的逻辑电压下，所以这类功率器件的基极或门极驱动器件大多在一次和二次之间采用光耦来传递驱动信号和进行高低压隔离。同时也可以防止高压系统的强干扰信号返回给低压的控制系统。

限于篇幅，此处仅举安捷伦（Agilent）的 HCPL-T250、日电（NEC）的 PS9302L 和东芝（Toshiba）的 TLP250、Fairchild 公司的 FOD3120、IR 公司的 IR2130 几个器件为例。

（1）HCPL-T250、HCPL-T251 和 TLP250

HCPL-T250 的英文全称是 1.5A Output Current IGBT Gate Drive Optocoupler，中文名称是具有 1.5A 输出电流能力的 IGBT 门极驱动光耦合器。也就是它的电流能力（"拉电流"和"灌电流"的能力）是 1.5A（峰值）。图 10-66(a)所示为 HCPL-T250 内部电路图和引脚图。图 10-66(b)所示为 HCPL-T250 的输入和输出的真值表以及两个输出管 VT_1 和 VT_2 的对应状态。图 10-66(c)所示为 HCPL-T250 的引脚符号、序号和名称解释。

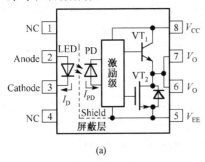

LED	V_O	VT_1	VT_2
ON	LOW	OFF	ON
OFF	HIGH	ON	OFF

(b)

引脚符号	序号	名称解释
Anode	2	输入侧 LED 的阳极
Cathode	3	输入侧 LED 的阴极
V_O	6、7	输出（接功率器件的基极或门极）
V_{CC}	8	正电源
V_{EE}	5	负电源
NC	1、4	Not Connect，内部未接的意思

(c)

图 10-66　HCPL-T250 内部电路图、引脚图、真值表和引脚名称解释

HCPL-T250 的特性如下：

- 输入电流阈值 I_{FLH}=5mA（Max.）；
- 电源电流消耗 I_{CC}=11mA（Max.）；
- 电源电压 V_{CC}=15～35V；
- 输出电流 I_O= ±0.5A（Min.），峰值电流为 1.5A；
- 开通/关断时间 t_{PLH}/t_{PHL} = 0.5μs（Max.）；
- 隔离电压 V_{ISO} = 3750 Vrms（Min.）；
- 可直接驱动 1200 V/25A 的 IGBT 模块。

其输入侧的 LED 的驱动可以采用前面讲过的 OC 门器件接到 HCPL-T250 的 3 脚（Cathode），2 脚（Anode）通过限流电阻接至电源。

与 HCPL-T250 类似的驱动器芯片有 HCPL-T251、TLP250、TLP250F 等。它们引脚兼容，性能相近。

HCPL-T251 的英文全称是 0.4A Output Current IGBT Gate Drive Optocoupler，中文名称是具有 0.4A 输出电流能力的 IGBT 门极驱动光耦合器（注：此处 0.4A 是有效值，不是峰值）。

HCPL-T251 的内部电路如图 10-67 所示，可见其输出也是推挽式的，区别仅是 HCPL-T250 的 VT$_2$ 采用的是单极型场效应管，HCPL-T251 的 VT$_2$ 采用的是双极型晶体管。

TLP250 的英文全称是 Transistor Inverter for Air Conditionor IGBT Gate Drive and Power MOS FET Gate Drive，中文名称是适用于空调器逆变器的 IGBT 门极和功率 MOSFET 门极驱动的驱动器。TLP250 的内部电路如图 10-68 所示，其输出也是推挽式的。

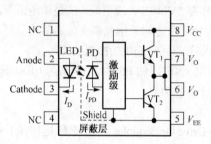

图 10-67　HCPL-T251 内部电路图和引脚图

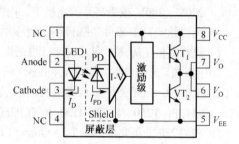

图 10-68　TLP250 内部电路图和引脚图

TLP250F 的内部电路和外部引脚都与 TLP250 的一样，此处略。

（2）PS9302L

PS9302L 英文全称是 2.5A Output Current，High CMR IGBT Gate Drive Optocoupler，中文名称是具有 2.5A（峰值）输出电流能力和高共模抑制比 CMR 的 IGBT 门极驱动光耦合器。

PS9302L 的内部电路如图 10-69 所示，可见其内部电路与前面所述的几乎一样，但是其输入侧的 LED 的引脚序号不同。

（3）FOD3120、FOD3180 和 FOD3181

英文全称是 High Noise Immunity，2.5A Output Current, Gate Drive Optocoupler，中文名称是具有 2.5A（峰值）输出电流能力和高噪声抑制能力的门极驱动光耦合器。

FOD3120 的内部电路如图 10-70 所示，可见其内部电路与前面所述的几乎一样。

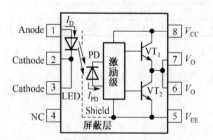

图 10-69　PS9302L 内部电路图和引脚图

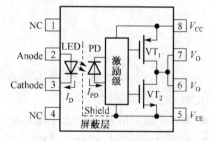

图 10-70　FOD3120 内部电路图和引脚图

与 FOD3120 类似的器件还有 FOD3180 和 FOD3181，它们都是 Fairchild 公司的产品，内部电路也都如图 10-70 所示。

FOD3180 的英文全称是 2A Output Current，High Speed MOSFET Gate Driver Optocoupler，中文名称是具有 2A 输出电流能力的高速的 MOSFET 器件门极驱动光耦合器。

FOD3181 的英文全称是 0.5A Output Current，High Speed MOSFET Gate Driver Optocoupler，中文名称是具有 0.5A 输出电流能力的高速的 MOSFET 器件门极驱动光耦合器。

以上（1）、（2）和（3）所举的例子都是驱动单个功率器件的驱动器。为了配合各种实际应用需要，芯片厂家还提供用于高侧驱动、低侧驱动、半桥驱动和全桥驱动的驱动器。全桥驱动又有单相全桥和三相全桥之别。最典型的例子是 IR 公司（国际整流器公司，International Rectifier）的 IR2130 器件，IR2130 是三相桥式驱动器（3-PHASE BRIDGE DRIVER），读者需要时可参见 IR2130 的数据手册和其他关于 IR2130 的详细资料，此处略。

终上所述可见，为了驱动长线和功率器件的基极（或门极）等容性负载，驱动器的输出级均采用推挽式（图腾柱式）结构，以求获得对容性负载的快速充、放电的能力，从而得到边沿陡峭的基极（门极）控制波形，使得控制动作迅速、可靠。

数字电路应用及知识扩展还有很多方面值得讨论且很实用，例如，"触发器的复位和置位端的应用处理"和"CMOS 反相器做模拟放大器用"就是很好的话题，限于篇幅，此处略。

本章小结：

（1）本书中很多知识点需要到实践中巩固、补充和校正。

（2）熟练掌握各种"最小完型电路"（功能"相对完整"的"相对小块"的电路），是独立分析解决问题和成功完成设计任务的坚实基础。

（3）因篇幅所限和应用难度与复杂性的考虑，本章内容没有讲很多。

（4）在实际应用中，往往数字电路和模拟电路都是要采用的，所以数电和模电二者都重要，有时模电比数电还重要。

附录 A　逻辑器件及其名称（功能）简介

A-1　74 系列器件

说明：以 7400 为例，此处的 74 是指 7400、74S00、74LS00、74ALS00、74AS00 和 74F00 以及 74HC00、74HCT00 和 74HCU00。

TTL 的 74 系列集成电路大致可分为 6 类：

- 74××（标准型）；
- 74S××（肖特基型）；
- 74LS××（低功耗肖特基型）；
- 74AS××（先进肖特基型）；
- 74ALS××（先进低功耗肖特基型）；
- 74F××（高速型）。

比较新的高速 CMOS 电路的 74 系列芯片产品，该系列可分为 3 类：

- 74HC××（高速 CMOS 型），为 COMS 工作电平（$V_{DD}=2\sim6V$）；
- 74HCT××（高速 CMOS 兼容 TTL 型），其工作电平为 TTL 电平，可与 74LS××系列互换使用（V_{DD} 与 TTL 的 V_{CC} 兼容）；
- 74HCU××（高速 CMOS 无缓冲级型），适用于无缓冲级的 CMOS 电路。

这 9 种 74 系列产品，只要后边表示型号的标号"××"相同，其逻辑功能和引脚排列就相同。根据不同的条件和要求可选择不同类型的 74 系列产品。

目前，最常用的是 74LS××型和 74HC××型，其次是 74××型和 74HCT××型的某些器件，其余的型号很少用到。

下面附表 1 仅以 74LS××型逻辑器件说明其型号和中英文名称（亦即其功能），其余详见附表 1 后面的注释说明。

附表 1　74LS××型逻辑器件型号和中英文名称

型　　号	英文名称	中文名称
74LS00	Quad 2-Input NAND Gate	2 输入端四与非门
74LS01	Quad 2-input NAND Gates(with Open-Collector Outputs)	2 输入端四与非门（OC 门输出）
74LS02	Quad 2-Input NOR Gate	2 输入端四或非门
74LS03	Quad 2-Input NAND Gates(with Open-Collector Outputs)	2 输入端四与非门（OC 门输出）
74LS04	Hex Inverters	六反相器
74LS05	Hex Inverters(with Open Collector Outputs)	六反相器（OC 门输出）
74LS06	Hex Inverters Buffers/Driver With Open-Collector High-Voltage Outputs	高耐压六反相器/驱动器（OC 门输出）
74LS07	Hex Buffers/Drivers(With Open Collector High-Voltage Outputs)	高耐压六同相器/驱动器（OC 门输出）
74LS08	Quad 2-Input AND Gates	2 输入端四与门
74LS09	Quad 2-Input AND Gates(with Open-Collector Outputs)	2 输入端四与门（OC 门输出）
74LS10	Triple 3-Input NAND Gate	3 输入端三与非门

型　号	英文名称	中文名称
74LS11	Triple 3-Input AND Gate	3 输入端三与门
74LS12	Triple 3-Input NAND Gate(with Open-Collector Outputs)	3 输入端三与非门（OC 门输出）
74LS13	Dual 4- Input NAND Gate(with Schmitt Trigger Inputs)	4 输入端双与非施密特触发器
74LS14	Hex Inverter(with Schmitt Trigger Inputs)	六反相施密特触发器
74LS15	Triple 3-Input AND Gate(with Open-Collector Outputs)	3 输入端三与门（OC 门输出）
74LS16	Hex Inverters Buffers/Drivers(With Open Collector High-Voltage Outputs)	六反相缓冲/驱动器（OC 门输出）
74LS17	Hex Buffers/Drivers With Open-Collector High-Voltage Outputs	六同相缓冲/驱动器（OC 门输出）
74LS19	Hex Inverters(with Schmitt Trigger Inputs)	六反相施密特触发器
74LS20	Dual 4-Input NAND Gates	4 输入端双与非门
74LS21	Dual 4-input AND Gates	4 输入端双与门
74LS22	Dual 4- Input NAND Gates(with Open-Collector Outputs)	4 输入端双与非门（OC 门输出）
74LS26	Quad 2-input high-voltage interface NAND gates	2 输入端高压接口四与非门
74LS27	Triple 3-input NOR Gates	3 输入端三或非门
74LS28	Quad 2-input NOR Buffers	2 输入端四或非门缓冲器
74LS30	8-input –NAND Gates	8 输入端与非门
74LS32	Quad 2-Input OR Gates	2 输入端四或门
74LS33	Quad 2-Input NOR Buffer(with Open-Collector Outputs)	2 输入端四或非缓冲器（OC 门输出）
74LS37	Quad 2-input NAND Buffers	2 输入端四与非缓冲器
74LS38	Quad 2-Input NAND Buffer(with Open-Collector Outputs)	2 输入端四与非缓冲器（OC 门输出）
74LS40	Dual 4- Input NAND Buffer	4 输入端双与非缓冲器
74LS42	BCD-to-Decimal Decoder	BCD–十进制代码译码器
74LS47	BCD to 7-Segment Decoder/Driver with Open-Collector Outputs	BCD–七段译码/驱动器（OC 门输出）
74LS48	BCD-to-Seven-Segment Decoder/Driver(Internal Pull-up outputs)	BCD–七段译码/驱动器（内部上拉输出）
74LS51	2-Wide 2-Input, 2-Wide 3-Input AND-OR-INVERT Gate	2-3/2-2 输入端双与或非门
74LS54	3-2-2-3-Input AND-OR-INVERT Gate	四路输入与或非门
74LS55	2 Wide 4-Input AND-OR-INVERT Gate	4 输入端二路输入与或非门
74LS73	Dual JK Negative Edge-Triggered Flip-Flop(with Clear)	带清除端负边沿触发的双 JK 触发器
74LS74	Dual D-type Positive Edge-triggered Flip-Flops(With Preset and Clear)	带预置和清除端正边沿触发双 D 触发器
74LS76	Dual J-K Flip-Flop(with Preset and Clear)	带预置和清除端双 JK 触发器
74LS77	4-bit Bistable Latches	4 位双稳态锁存器
74LS83	4-Bit Binary Adder with Fast Carry	4 位二进制快速进位全加器
74LS85	4-Bit Magnitude Comparator	4 位数字比较器
74LS86	Quad 2-Input Exclusive-OR Gate	2 输入端四异或门
74LS89	64-Bit Random Access Memory(Open Collector)	16×4 随机存取存储器（OC 门输出）
74LS90	Decade and Binary Counters	可二/五分频十进制计数器
74LS91	8-bit Shift Registers	8 位移位寄存器
74LS92	Divide-by-Twelve Counters	11 分频计数器
74LS93	4-bit Binary Counters	可二/八分频二进制计数器
74LS95	4-bit Parallel Access Shift Registers	4 位并行输入/输出移位寄存器
74LS97	5-Bit Shift Register	5 位移位寄存器
74LS107	Dual Negative-Edge-Triggered Master-Slave J-K Flip-Flops with Clear	带清除端负边沿触发主从双 JK 触发器
74LS109	Dual J-K Positive-edge-triggered Flip-Flops(with Preset and Clear)	带预置和清除端正边沿触发双 JK 触发器
74LS112	Dual Negative-Edge-Triggered J-K Flip-Flop with Preset and Clear	带预置和清除端负边沿触发双 JK 触发器
74LS121	Monostable Multivibrator	单稳态多谐振荡器

续表

型　号	英文名称	中文名称
74LS122	Retriggerable Monostable Multivibrator(with Clear)	带清零端的可重触发单稳态多谐振荡器
74LS123	Dual Retriggerable Monostable Multivibrator with Clear	带清零端双可重触发单稳态多谐振荡器
74LS125	Quad Bus Buffer Gates(with three-state outputs)	三态输出四总线缓冲门（使能端低有效）
74LS126	Quad Bus Buffer Gates(with three-state outputs)	三态输出四总线缓冲门（使能端高有效）
74LS132	Quad 2-Input NAND Gate with Schmitt Trigger Input	2 输入端四与非施密特触发器
74LS133	13-Input NAND Gate	13 输入端与非门
74LS136	Quad 2-input Exclusive-OR Gates(with open collector outputs)	2 输入端四异或门（OC 门输出）
74LS138	3-line-to-8-line Decoder/Demultiplexer	3-8 线译码器/1:8 数据分配器
74LS139	Dual 2-line-to-4-line Decoders/Demultiplexers	双 2-4 线译码器/1:4 数据分配器
74LS145	BCD-to-Decimal Decoders/Drivers(with Open-Collector outputs)	BCD-十进制译码/驱动器（OC 门输出）
74LS150	8 to 1 Multiplexer	8 选 1 数据分配器
74LS151	1-of-8 Data Selectors/Multiplexers(with strobe)	8 选 1 数据选择器/数据分配器（带触发）
74LS153	Dual 4-Line to 1-Line Data Selectors/Multiplexers	双 4 选 1 数据选择器/数据分配器
74LS154	4-Line to 16-Line Decoder/Demultiplexer	4 线-16 线译码器/数据分配器
74LS155	Dual 2-Line to 4-Line Decoders/Demultiplexers	双 2 线-4 线译码器/数据分配器
74LS156	Dual 2-line-to-4-Line Decoders / Demultiplexers(with open collector outputs)	双 2 线-4 线译码器/数据分配器（OC 输出）
74LS157	Quad 2-Line to 1-Line Data Selectors/Multiplexers	四 2 选 1 数据选择器（高有效输出）
74LS158	Quad 2-Line to 1-Line Data Selectors/Multiplexers	四 2 选 1 数据选择器（低有效输出）
74LS160	Synchronous Decade Counters(direct clear)	可预置同步 BCD 计数器（带异步清除）
74LS161	Synchronous 4 Bit Binary Counters(Direct Reset)	可预置 4 位二进制计数器（带异步清除）
74LS162	Synchronous Decade Counters(synchronous clear)	可预置 BCD 计数器（带同步清除）
74LS163	Synchronous 4-bit Binary Counters(synchronous clear)	可预置 4 位二进制计数器（带同步清除）
74LS164	8-Bit Serial-Input/Parallel-Output Shift Register	8 位串行入/并行出移位寄存器
74LS165	8-Bit Parallel In/Serial Output Shift Registers	8 位并行入/串行输出移位寄存器
74LS166	8-Bit Parallel In/Serial Output Shift Registers	8 位并入/串出移位寄存器
74LS169	Synchronous 4-Bit Up/Down Binary Counter	二进制 4 位加/减同步计数器
74LS170	4×4 Register File(With Open-Collector Output)	开路输出 4×4 寄存器堆
74LS173	4-Bit D-Type Registers with 3-State Outputs	三态输出 4 位 D 型寄存器
74LS174	Hex D-type Flip-Flips(with clear)	六 D 触发器（带公共时钟和复位端）
74LS175	Quadruple D-type Flip-Flips(with clear)	四 D 触发器（带公共时钟和复位端）
74LS180	9Bit odd/even Generator/Checker	9 位奇数/偶数发生器/校验器
74LS181	4-Bit Arithmetic Logic Unit	4 位 ALU（算术逻辑单元）
74LS185	BCD-to-Binary and Binary-to-BCD Converters	二进制-BCD 代码转换器
74LS190	Synchronous Up/Down Decade Counters	BCD 同步加/减计数器
74LS191	Synchronous 4-Bit Up/Down Counter(single clock line)	可预置 4 位二进制单时钟同步可逆计数器
74LS192	Synchronous Up/Down Decade Counters(dual clock lines)	可预置 BCD 双时钟同步可逆计数器
74LS193	Synchronous Up/Down 4-bit Binary Counters(dual clock lines)	可预置 4 位二进制双时钟同步可逆计数器
74LS194	4-Bit Bidirectional Universal Shift Register	4 位双向通用移位寄存器
74LS195	4-bit Parallel-Access Shift Registers	4 位并行输入/输出移位寄存器
74LS196	4-Stage Presettable Ripple Counter	4 级可预置纹波计数器
74LS197	4-Stage Presettable Ripple Counter	4 级可预置纹波计数器
74LS221	Dual Non-Retriggerable One-Shot with Clear	带清零不可重触发双单稳态多谐振荡器
74LS240	Octal Buffers/Line Drivers/Line Receivers(Inverted tri-state outputs)	八反相三态缓冲器/线驱动器/线接收器
74LS241	Octal Buffers/Line Drivers/Line Receivers(Tri-state outputs)	八同相三态缓冲器/线驱动器/线接收器

型　　号	英文名称	中文名称
74LS243	Quad Bus Transceiver	四同相三态总线收发器
74LS244	Octal Buffers/Line Drivers/Line Receivers	八同相三态缓冲器/线驱动器
74LS245	3-STATE Octal Bus Transceiver	八同相三态总线收发器
74LS247	BCD-to-Seven-Segment Decoders/Drivers	BCD—七段译码器/驱动器
74LS248	BCD-to-Seven-Segment Decoder/Driver (internal pull-up outputs)	自带上拉输出 BCD—七段译码器/驱动器
74LS249	BCD-to-Seven-Segment Decoder/Driver(with OC Outputs)	OC 门输出 BCD—七段译码器/驱动器
74LS251	1 of 8 Data Selector/Multiplexer (with three-state outputs)	三态输出 8 选 1 数据选择器/分配器
74LS253	Dual 4-to-1 Data Selectors / Multiplexers (with three-state outputs)	三态输出双 4 选 1 数据选择器/分配器
74LS256	Dual 4-Bit Addressable Latch	双 4 位可寻址锁存器
74LS257	3-STATE Quad 2-Data Selectors/Multiplexers	三态原码四 2 选 1 数据选择器/分配器
74LS258	3-STATE Quad 2-Data Selectors/Multiplexers	三态反码四 2 选 1 数据选择器/分配器
74LS259	8-Bit Addressable Latches/ 8-Line Demultiplexer	8 位可寻址锁存器/3-8 线译码器
74LS260	Dual 5-Input NOR Gate	5 输入端双或非门
74LS266	Quadruple 2-input Exclusive-NOR Gates(with OC outputs)	OC 门输出的 2 输入端四异或非门
74LS273	Octal D-type Positive-edge-triggered Flip-Flops(with Clear)	带公共时钟复位正边沿触发八 D 触发器
74LS279	Quadruple S-R Latches	四图腾柱输出 SR 锁存器
74LS283	4-Bit Binary Adders with Fast Carry	快速进位 4 位二进制全加器
74LS290	Decade and 4-Bit Binary Counter	二/五分频十进制计数器
74LS293	Decade and 4-Bit Binary Counter	二/八分频四位二进制计数器
74LS295	4-Bit Right-Shift Left-Shift Registers(with 3-State Outputs)	三态输出 4 位双向通用移位寄存器
74LS298	Quad 2-Port Register Multiplexer with Storage	四 2 输入多路带存贮开关
74LS299	8-Input Universal Shift/Storage Register(with 3-State Outputs)	三态输出 8 位通用移位/存储寄存器
74LS322	8-Bit Shift Register with Sign Extend	带符号扩展端 8 位移位寄存器
74LS323	8-Bit Universal Shift/Storage Register with Synchronous Reset	同步复位三态输出 8 位双向移位/存贮寄存器
74LS347	BCD to 7-Segment Decoder / Driver	BCD—7 段译码器/驱动器
74LS352	Dual 4-Line to 1-Line Data Selectors/Multiplexers	双 4 选 1 数据选择器/分配器
74LS353	Dual 4-Input Multiplexer with TRI-STATE Outputs	三态输出双 4 选 1 数据选择器/复工器
74LS365	Hex Bus Drivers(with three-state outputs)	门使能输入三态输出六同相线驱动器
74LS366	Hex Bus Drivers(with three-state outputs)	门使能输入三态输出六反相线驱动器
74LS367	Hex 3-STATE Buffer/Bus Driver	三态六同相线路缓冲器/驱动器
74LS368	Hex 3-STATE Buffer/Bus Driver(inverted data outputs)	三态六反相线路缓冲器/驱动器
74LS373	Octal D-type Transparent Latches(with three-state outputs)	三态同相输出八 D 锁存器
74LS374	Octal D-type Transparent Latches(with inverted three-state outputs)	三态反相输出八 D 锁存器
74LS375	Quad Bistable Latches	4 位双稳态锁存器
74LS377	Octal D flip-flop with common enable	单边输出公共使能八 D 锁存器
74LS378	Hex D flip-flop with common enable	单边输出公共使能六 D 锁存器
74LS379	Quad D flip-flop with enable	双边输出公共使能四 D 锁存器
74LS380	Multifunctional Octal Register	多功能八进制寄存器
74LS390	Dual 4-Bit Decade Counter	双十进制计数器
74LS393	Dual 4-Bit Binary Counter	双 4 位二进制计数器
74LS447	BCD to 7-Segment Decoder/Driver with Open-Collector Outputs	BCD—七段译码器/驱动器
74LS450	16:1 Multiplexer	16:1 多路转接复用器
74LS451	Dual 8:1 Multiplexer	双 8:1 多路转接复用器

型　　号	英文名称	中文名称
74LS453	Quad 4:1 Multiplexer	四 4:1 多路转接复用器
74LS460	10-Bit Comparator	10 位比较器
74LS461	Octal Counter	八进制计数器
74LS465	TRI-STATE Octal Buffer	三态同相 2 与使能端八总线缓冲器
74LS466	TRI-STATE Octal Buffer	三态反相 2 与使能八总线缓冲器
74LS467	TRI-STATE Octal Buffer	三态同相 2 使能端八总线缓冲器
74LS468	TRI-STATE Octal Buffer	三态反相 2 使能端八总线缓冲器
74LS469	8-Bit Up/Down Counter	8 位双向计数器
74LS490	Dual 4-Bit Decade Counters	双十进制计数器
74LS491	10-Bit Counter	十位计数器
74LS498	Octal Shift Register	八进制移位寄存器
74LS502	8-Bit Successive Approximation Register	八位逐次逼近寄存器
74LS503	8-Bit Successive Approximation Register (with Expansion Control)	八位逐次逼近寄存器（带扩展控制）
74LS533	Octal D-Type Flip-Flop with 3-STATE Outputs	三态同相八 D 锁存器
74LS534	Octal D-Type Flip-Flop with 3-STATE Outputs	三态反相八 D 锁存器
74LS540	Octal Buffer/Line Driver with 3-State Output	八位三态反相输出总线缓冲器/驱动器
74LS563	Octal D-Type Flip-Flop with 3-State Output	八位三态反相输出 D 触发器
74LS564	Octal D-Type Flip-Flop with 3-State Output	八位三态反相输出 D 触发器
74LS573	Octal D-Type Latch with 3-STATE Outputs	八位三态输出 D 触发器
74LS574	Octal D-Type Flip-Flop with 3-STATE Outputs	八位三态输出 D 触发器
74LS645	Octal Bus Transceivers(non-inverted-3state outputs)	三态同相输出八总线收发器
74LS670	4×4 REGISTER FILE WITH 3-STATE OUTPUTS	三态输出 4×4 寄存器堆

注 1：尾序号××大于 670 的此略，需要者可详查数据手册。

注 2：74××、74S××、74LS××、74ALS××、74AS××、74F××、74HC××、74HCT××和 74HCU××这 9 个系列，并不是一一对应的。一个系列里有，另一个里面可能就没有。例如，74LS91 和 74HC91 是 8 位移位寄存器，而在其他 7 个系列里就没有对应器件。

注 3：在 74××、74S××、74LS××、74ALS××、74AS××和 74F××里的 OC 门输出形式，若 74HCT××和 74HCU××也有对应器件的话，则称为 OD 门输出形式。

注 4：同型号的 74 系列，其逻辑功能是一样的。

注 5：有些厂家的器件资料（Datasheet）包含几种芯片，如以关键词 74HC161 查 NS 公司（美国国家半导体公司）的 Datasheet，同一个 Datasheet 中可得到 MM74HC160、MM74HC161、MM74HC162 和 MM74HC163 这 4 个计数器器件的说明。所以，找不到某种芯片的资料时，可试着查看一下临近型号的芯片资料。

注 6：74 系列的电平、典型传输延迟（ns）和最大驱动电流如附表 2 所示。

附表 2　74 系列的电平、典型传输延迟（ns）和最大驱动电流

系　　列	电　　平	典型传输延迟/ns	最大驱动电流（$-I_{OH}/I_{OL}$）/mA
74LS××	TTL	18	−15/24
74ALS××	TTL	10	−15/64
74F××	TTL	6.5	−15/64
74ACT××	COMS/TTL	10	−24/24
74HCT××	COMS/TTL	25	−8/8
74HC××	COMS	25	−8/8

注 7：74HC 的速度比 CD4000 系列（下面要讲）快，引脚与标准 74 系列兼容。4000 系列的好处是其大多的型号都可在+3～+18V 电压下工作。

A-2 CD4000 系列器件

CD4000 系列 CMOS 逻辑器件型号和中英文名称（亦即其功能）如附表 3 所示。

附表 3 CD4×××型逻辑器件型号和中英文名称

型　　号	英文名称	中文名称
CD 系列门电路		
CD4000	Dual 3-Input NOR Gates	双 3 输入端或非门
CD4001	Quad 2-Input NOR Gates	四 2 输入端或非门
CD4002	Dual 4-Input NOR Gates	双 4 输入端或非门
CD4007	Dual Complementary Pair Plus Inverter	双互补对加反相器
CD4009	Hex Inverter Buffers/Converter	六反相缓冲器/(CMOS–TTL)电平变换器
CD4010	Hex Buffers/Converter	六同相缓冲器/(CMOS–TTL)电平变换器
CD4011	Quad 2-Input NAND Gate	四 2 输入端与非门
CD4012	Dual 4-Input NAND Gate	双 4 输入端与非门
CD4019	Quad AND-OR Select Gate	四与非门选通门
CD4023	Triple 3-Input NAND Gate	三 3 输入端与非门
CD4025	Triple 3-Input NOR Gate	三 3 输入端或非门
CD4030	Quad Excluslve-OR Gates	四 2 输入端异或门
CD4041	Quad True/Complement Buffer	四同相/反向缓冲器
CD4048	Multifunction Expandable 8-Input Gate	8 输入端可扩展多功能门
CD4049	Hex Inverting Buffer/Converter	六反相缓冲/电平变换器
CD4050	Hex Non-Inverting Buffer/Converter	六同相缓冲/电平变换器
CD40 68	8 Input NAND/AND Gate	8 输入端与门/与非门
CD4069	Hex Inverter	六反相器
CD4070	Quad 2-Input EXCLUSIVE-OR Gate	四 2 输入异或门
CD4071	Quad 2-Input OR Buffered Gate	四 2 输入端或门
CD4072	Dual 4-Input OR Gate	双 4 输入端或门
CD4073	Triple 3-Input AND Gate	三 3 输入端与门
CD4075	Triple 3-Input OR Gate	三 3 输入端或门
CD4077	Quad 2-Input EXCLUSIVE-NOR Gate	四异或非门
CD4078	8-Input NOR/OR Gate	8 输入端或门/或非门
CD4081	Quad 2-Input AND Buffered B Series Gate	四 2 输入端与门
CD4082	Dual 4-Input AND Gate	双 4 输入端与非门
CD4085	Dual 2-Wide 2-Input AND-OR-INVERT Gate	双 2 路 2 输入端与或门
CD4086	Expandable 4-Wide 2-Input AND-OR-INVERT Gate	可扩展四 2 输入端与或非门
CD40106	Hex Inverter(with Schmitt Trigger)	六反相施密特触发器
CD40107	Dual 2 Input NAND Buffer/Driver	双 2 输入端与非缓冲/驱动器
CD40109	Quad Low-to-High Voltage Level Shifter	四低-高电平位移器
CD40116	8-Bit Bidirectional CMOS/TTL Interface Level Converter	8 位双向 CMOS–TTL 电平转换接口
CD40117	Programmable Dual 4-Bit Terminator	可编程双 4 位端接器

型号	英文名称	中文名称
CD4502	Strobed Hex Inverter/Buffer	带选通端的六反相器/缓冲器
CD4503	Hex Non-Inverting 3-STATE Buffer	六同相三态缓冲器
CD4504	Hex Voltage-Level Shifter for TTL-to-CMOS or CMOS-to-CMOS Operation	六电平移位器（用于 TTL–CMOS 或 CMOS–CMOS）
CD4572	4 Inverters+One 2-Input NOR Gate+ One 2-Input NAND Gate	四反向器+二输入或非门+二输入与非门
触发器/锁存器		
CD4013	Dual D Flip-Flop	双 D 触发器
CD4027	Dual J-K Master-Slave Flip-Flop	双 JK 触发器
CD4042	Quad Clocked "D" Latch	四锁存 D 型触发器
CD4043	Quad 3-STATE NOR R-S Latches	四三态 RS 锁存触发器（1 触发）
CD4044	Quad 3-STATE NAND R-S Latches	四三态 RS 锁存触发器（0 触发）
CD4047	Low Power Monostable/Astable Multivibrator	单稳态触发/无稳多谐振荡器
CD4093	CD4093BC Quad 2-Input NAND Schmitt Trigger	四 2 输入端施密特触发器
CD4098	Dual Monostable Multivibrator	双单稳态触发器
CD4099	8-Bit Addressable Latch	8 位可寻址锁存器
CD40174	Hex D Flip-Flop	六 D 触发器
CD40175	Quad D Flip-Flop	四 D 触发器
CD4508	Dual 4-Bit Latch	双 4 位锁存触发器
CD4528	Dual Monostable Multivibrator	双单稳态触发器
CD4538	Dual Precision Monostable	双精密单稳多谐振荡器
计数器/分频器		
CD4017	Decade Counter/Divider with 10 Decoded Outputs	十进制计数/分频器
CD4018	Presettable Divide-by-N Counter	可预置 N 分频计数器
CD4020	14-Stage Ripple Carry Binary Counters	14 位二进制串行计数器/分频器
CD4022	Divide-by-8 Counter/Divider with 8 Decoded Outputs	八进制计数/分频器
CD4024	7-Stage Ripple Carry Binary Counter	7 位二进制串行计数器/分频器
CD4026	Decade Counters/Dividers	十进制计数器/分频器
CD4029	Presettable Binary/Decade Up/Down Counter	可预置可逆计数器（4 位二进制或 BCD 码）
CD4033	Decade Counter/Divider	十进制计数器/分频器
CD4040	12-Stage Ripple Carry Binary Counters	12 级二进制串行进位计数器
CD4045	21-Stage Counter	21 级计数器
CD4059	Programmable Divide-by-N Counter	可编程四十进制 N 分频器
CD4060	14-Stage Ripple-Carry Binary Counter/Divider and Oscillator	14 二进制串行计数器/分频器和振荡器
CD4095	Gated J-K Master-Slave Flip-Flops	3 输入端 JK 触发器（相同 JK 输入端）
CD4096	Gated J-K Master-Slave Flip-Flops	3 输入端 JK 触发器（相反和相同 JK 输入端）
CD40110	Decade Up-Down Counter/Latch/Display Driver	十进制加-减计数/锁存/显示驱动器
CD40160	Synchronous Programmable 4-Bit Decade Counter With Asynchronous Clear	可预置数 BCD 加计数器（异步复位）
CD40161	Decade Counter with Asynchronous Clear	可预置数 BCD 计数器（异步复位）
CD40162	Decade Counter with Synchronous Clear	可预置数 BCD 计数器（同步复位）
CD40163	Decade Counter with Asynchronous Clear	可预置数 BCD 计数器（同步复位）

续表

型号	英文名称	中文名称
CD40192	Presettable BCD Up/Down Counter (Dual Clock with Reset)	可预置数 BCD 加/减计数器
CD40193	Presettable Binary Up/Down Counter (Dual Clock with Reset)	可预置数 4 位二进制加/减计数器
CD4510	Presettable BCD Up/Down Counters	可预置 BCD 加/减计数器
CD4516	Presettable Binary Up/Down Counters	可预置 4 位二进制加/减计数器
CD4518	Dual BCD Up-Counter	双 BCD 同步加计数器
CD4520	Dual Binary Up-Counter	双同步 4 位二进制加计数器
CD4521	24-Stage Frequency Divider	24 级频率分频器
CD4522	Programmable BCD Divide-By-N Counter	可预置数 BCD 同步 1/N 加计数器
CD40102	8-Stage Presettable 2-Decade BCD Synchronous Down Counter	8 位可预置 BCD 同步减法计时器
CD40103	8-Stage Presettable 8-Bit Binary Synchronous Down Counter	8 位可预置二进制同步减法计时器
CD4536	Programmable Timer	可编程定时器
CD4541	Programmable Timer	可编程定时器
CD4553	3 Digit BCD Counter	3 位 BCD 计数器
编码器/译码器/数据选择器/数据分配器		
CD40147	10 Line to 4 Line BCD Priority Encoder	10-4 线十进制优先编码器
CD4511	BCD-to-7 Segment Latch/Decoder/Driver	BCD 锁存/7 段译码器/驱动器
CD4512	8-Channel Buffered Data Selector	带缓冲器的 8 路数据选择器
CD4514	4-Bit Latched/4-to-16 Line Decoders	4 位锁存/4-16 线译码器
CD4515	4-Bit Latched/4-to-16 Line Decoders	4 位锁存/4-16 线译码器（负逻辑输出）
CD4026	Decade Counter/Divider with Decoded 7-Segment Display Outputs and Display Enable	十进制计数/7 段译码器（适用时钟计时电路，利用 C 端的功能可方便地实现 60 或 12 分频）
CD4028	BCD-to-Decimal Decoder	BCD-十进制译码器
CD4033	Decade Counter/Divider with Decoded 7-Segment Display Outputs and Ripple Blanking	十进制计数/7 段译码器
CD4054	Lquid-Crystal Display Drivers	4 位液晶显示驱动
CD4055	Lquid-Crystal Display Drivers	BCD-7 段码/液晶驱动
CD4056	Lquid-Crystal Display Drivers	BCD-7 段码/驱动
CD4511	BCD-to-7 Segment Latch/Decoder/Driver	BCD-7 段码锁存/译码/驱动器
CD4514	4-Bit Latch/4-to-16 Line Decoders	4 位锁存/4 线-16 线译码器（输出高有效）
CD4515	4-Bit Latched/4-to-16 Line Decoders	4 位锁存/4 线-16 线译码器（输出低有效）
CD4532	8-Bit Priority Encoder	8 位优先编码器
CD4543	BCD-to-Seven-Segment Latch/Decoder/Driver for LCD	BCD 锁存/7 段译码/驱动器（LCD 用）
CD4555	Dual Binary to 1 of 4 Decoder/Demultiplexers	双二进制 4 选 1 译码器/数据分配器
CD4556	Dual Binary to 1 of 4 Decoder/Demultiplexers	双二进制 4 选 1 译码器/数据分配器
移位寄存器/寄存器		
CD4006	18-Stage Static Shift Register	18 位串入-串出移位寄存器
CD4014	8-Stage Static Shift Register	8 位并入-串出移位寄存器
CD4015	Dual 4-Bit Static Shift Register	双 4 位串入-并出移位寄存器
CD4021	8-Stage Static Shift Register	8 位串入/并入-串出移位寄存器
CD4031	64-Stage Static Shift Register	64 位移位寄存器
CD4034	8-Stage TRI-STATE Bidirectional Parallel/Serial Input/Output Bus Register	8 位通用总线寄存器

型号	英文名称	中文名称
CD4035	4-Bit Parallel-In/Parallel-Out Shift Register	4 位串入/并入–串出/并出移位寄存器
CD4076	4-Bit D-Type Registers	4 位 D 型寄存器
CD4094	8-Bit Shift Register/Latch with 3-STATE Outputs	8 位移位/存储总线寄存器
CD40100	32-Stage Static Left/Right Shift Register	32 位左移/右移移位寄存器
CD40104	4-Bit Bidirectional Universal Shift Register	4 位双向通用移位寄存器
CD40105	4-Bit-by-16-Word FIFO Register	先进先出寄存器
CD40108	4 × 4 Multiport Register	4×4 多端口寄存器阵列
CD40208	4 × 4 Multiport Register	4×4 多端口寄存器阵列
CD40194	4-Bit Bidirectional Universal Shift Register	4 位并入/串入–并出/串出移位寄存器（左移/右移）
CD4517	Dual 64-Stage Static Shift Register	双 64 位移位寄存器
模拟开关和数据选择器		
CD4016	Quad Analog Switch/Quad Multiplexer	四路模拟开关/4 选 1 数据选择器
CD4019	Quad AND-OR Select Gate	四与或选择器 Qn=(An*Ka)+(Bn*Kb)
CD4051	Single 8-Channel Analog Multiplexer/Demultiplexe	单 8 路模拟开关/8 选 1 数据选择器
CD4052	Dual 4-Channel Analog Multiplexer/Demultiplexe	双 4 路模拟开关
CD4053	Triple 2-Channel Analog Multiplexer/Demultiplexe	三 2 路模拟开关
CD4066	Quad Bilateral Switch	四双向模拟开关
CD4067	Single 16-Channel Analog Multiplexer/Demultiplexer	单 16 路模拟开关/16 选 1 数据选择器
CD4097	Differential 8-Channel Analog Multiplexer/Demultiplexer	双八路模拟开关（差分 8 路）
CD40257	Quad 2-Line-to-1-Line Data Selector/Multiplexer	四 2 选 1 数据选择器
CD4512	8-Channel Buffered Data Selector	带缓冲器的八路数据选择器
运算电路		
CD4008	4-Bit Full Adder With Parallel Carry Out	4 位超前进位全加器（带并行进位输出）
CD4019	Quad AND-OR Select Gate	四与或选择器 Qn=(An*Ka)+(Bn*Kb)
CD4527	CMOS BCD Rate Multiplier	BCD 比例乘法器
CD4032	Triple Serial Adders(Positive Logic)	三路串联加法器（正逻辑）
CD4038	Triple Serial Adders(Negative Logic)	三路串联加法器（负逻辑）
CD4063	4-Bit Magnitude Comparator	4 位数字比较器
CD4070	Quad 2-Input EXCLUSIVE-OR Gate	四 2 输入异或门
CD4585	4-Bit Magnitude Comparator	4 位数值比较器
CD4089	Binary Rate Multiplier	4 位二进制比例乘法器
CD40101	9-Bit Parity Generator/Checker	9 位奇偶发生器/校验器
CD4585	4-Bit Magnitude Comparator	4 位数值比较器
CD40181	4 Bit Arithmetic Logic Unit	4 位 ALU（算术逻辑单元）
CD40182	Look-Ahead Carry Generator	超前进位发生器

续表

型号	英文名称	中文名称
特殊电路		
CD4046	Micropower Phase-Locked Loop	微功耗锁相环
CD4566	Industrial Time-Base Generator	工业时基发生器

注 1：74HC××的工作电压为 V_{DD}=2～6V，可以和 5V 的 TTL 逻辑电平兼容。

注 2：CD4×××的工作电压为 V_{DD}=3～18V，速度上比 74HC××慢一些。当 $V_{DD} \neq V_{CC}$ 时，CD4×××的 CMOS 器件与 74 系列的 TTL 器件电路接口时，就要采用电平偏移器件或自己设计接口电路，使其能够可靠地传递逻辑值。

注 3：电路中的 CMOS 器件，不用的空余引脚需要根据实际情况接至固定的高（或低）电平，不做处理悬空时容易在输入端引入干扰信号，使电路工作不稳定、不可靠。

附录 B　数字集成电路的命名

B-1　数字集成电路型号的组成及符号的意义

数字集成电路的型号组成一般由前缀、编号、后缀 3 部分组成，前缀代表制造厂商，编号包括产品系列号、器件系列号，后缀一般表示温度等级、封装形式等。附表 4 所示为 TTL 74 系列数字集成电路型号的组成及符号的意义。

附表 4　TTL 74 系列数字集成电路型号的组成及符号的意义

第 1 部分	第 2 部分		第 3 部分		第 4 部分		第 5 部分	
厂商前缀	产品系列		器件类型		器件功能		器件封装形式、温度范围	
	符号	意义	符号	意义	符号	意义	符号	意义
代表制造厂商	54	军用、工业（苛刻场合）用电路 −55℃～125℃		标准电路	阿拉伯数字	器件功能	W	陶瓷扁平
			H	高速电路			B	塑封扁平
			S	肖特基电路			F	全密封扁平
	74	民用、通用（一般场合）电路 0℃～85℃	LS	低功耗肖特基电路			D	陶瓷双列直插
			ALS	先进低功耗肖特基电路			P	塑封双列直插
			AS	先进肖特基电路				

B-2　4000 系列集成电路的组成及符号意义

4000 系列 CMOS 器件型号的组成及符号的意义如附表 5 所示。

附表 5　4000 系列 CMOS 器件型号的组成及符号意义

第 1 部分	第 2 部分		第 3 部分		第 4 部分	
厂商前缀	器件系列		器件功能		器件封装形式、温度范围	
	符号	意义	符号	意义	符号	意义
代表制造厂商	40 45	产品系列号	阿拉伯数字	器件功能	C	0℃～70℃
					E	−40℃～85℃
					R	−55℃～85℃
					M	−55℃～125℃

代表芯片器件厂商的前缀符号含义如附表 6 和附表 7 所示。

附表 6　74 系列芯片器件厂商的前缀符号含义（仅举 6 例）

前缀	厂商英文名称	英文缩写	厂商中文名称	中文简称
SN	Texas Instruments	TI	（美国）德克萨斯州仪器公司	德州仪器

前缀	厂商英文名称	英文缩写	厂商中文名称	中文简称
DM	Fairchild Semiconductor	FS	（美国）飞兆半导体公司	飞兆
DM	National Semiconductor	NS	（美国）国家半导体公司	国半
HD	Hitachi Semiconductor	HS	（日本）日立半导体公司	日立
M	Mitsubishi Electric Semiconductor	MITSUBISHI	（日本）三菱电子半导体公司	三菱
CT				中国制造

附表 7　CD 系列芯片器件厂商的前缀符号含义（仅举 9 例）

前缀	厂商英文名称	英文缩写	厂商中文名称	中文简称
CD	Texas Instruments	TI	（美国）德克萨斯州仪器公司	德州仪器
CD	Fairchild Semiconductor	FS	（美国）飞兆半导体公司	飞兆
CD	National Semiconductor	NS	（美国）国家半导体公司	国半
CD	Intersil Corporation	INTERSIL	英特矽尔半导体有限公司	英特矽尔
TC	Toshiba Semiconductor	Toshiba	（日本）东芝半导体公司	东芝
TC	Unisonic Technologies	UTC	友顺科技股份有限公司	友顺科技
MC1	Motorola Semiconductors	Motorola	（美国）摩托罗拉公司	摩托罗拉
MC1	ON Semiconductor	ONSEMI	安森美半导体公司	安森美
CC				中国制造

注 1：4000 系列 CMOS 器件大多数厂商使用 CD 作前缀，少数厂商使用自己独有的前缀符号。

注 2：74 系列的厂商前缀很多都使用 SN，也有不少使用自己独有的前缀符号。

注 3：CT 和 CC 是原中国电子工业部制定的标准规定的符号，CT 表示中国制造的 TTL 器件，CC 表示中国制造的 CMOS 器件。但现在中国很多新兴的器件厂商也有自己的前缀符号。

B-3　型号举例

（1）CT74LS00P：国产低功耗肖特基 74TTL 器件，四 2 输入与非门，塑料双列直插封装；

（2）DM74LS04B：飞兆或国半的低功耗肖特基 74TTL 器件，六反相器，塑封扁平封装；

（3）SN74LS123P：德州仪器（TI）、安森美（ONSEMI）、飞思卡尔（FREESCALE）、飞兆（FS）、国半（NS）都生产的低功耗肖特基 74TTL 器件，双可充触发单稳态触发器，塑料双列直插封装；

（4）SN54LS74：低功耗肖特基 74TTL 器件，上升沿触发的双 D 触发器，军品；

（5）CD4046：德州仪器（TI）和安森美（ONSEMI）等厂家的 CMOS 器件，微功耗锁相环；

（6）MC14046：摩托罗拉（Motorola）的 CMOS 器件，微功耗锁相环；

（7）TC4066：东芝（Toshiba）和友顺科技（UTC）的 CMOS 器件，四路双向开关。

附录 C 常用中规模集成电路国标符号

我国关于电气图用图形符号二进制逻辑单元的国家标准是 GB4728.12—85，它是参照国际标准 ANSI/IEEE Std.91—1984 制定的。但是传统逻辑符号（特定形状的）当前仍在广泛使用，国内外很多厂家、设计者、学生都在广泛使用传统逻辑符号，甚至很多电气绘图软件也不是完全都用 ANSI/IEEE 的标准规定图形符号，其中也广泛使用传统逻辑符号——否则会极大地限制绘图效率以及成图的美观性。

另一方面，国际标准 ANSI/IEEE Std.91—1984 采用一套针对矩形框图的复杂规定，无形中给使用者增加了复杂性，尤其是初学者会感到相当头痛。既要学习书本上的技术知识和原理，又要学习这套人为复杂化了的符号规定，四面出击，应接不暇！为方便读者，本书是这样处理的：对于简单的图形符号，将 ANSI/IEEE 标准逻辑符号和传统逻辑符号同时列出，以便于读者对比学习，循序渐进地掌握。对于较为复杂的图形符号，仅列出传统逻辑符号图形。下面例举了 12 个较为复杂的常用器件的 ANSI/IEEE 标准逻辑符号，感兴趣的读者可以参考。

对教师而言，要想学好、学透彻国家标准 GB4728.12—85（对应国际标准 ANSI/IEEE Std.91—1984）已属不易之事；对于学生，开一门课程专门来学习 GB4728.12—85，都不见得能讲得透彻、听得明白，而且希望学生最好能具有基本的数字逻辑电路（数字电子技术）知识作基础，才能学好这套图形符号的规定。但这形成悖论——学生还没有学过或刚开始学习数字逻辑电路！

年复一年，全世界有多少人在学习数字电路和模拟电路时，要额外花费很大力气、时间和精力来学习这套图形符号的繁杂规定！统计一下，花费的时间精力的"总量"将是十分惊人的天文数字。真的需要全世界有关专家学者，在 ANSI/IEEE 委员会的主持下，认真地讨论这个问题，很好地解决这个问题。实际上，ANSI/IEEE 已经将传统逻辑符号列入补充标准 ANSI/IEEE Std.91a—1991 中了，感兴趣的读者可以对该新标准仔细研究。

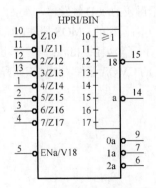

图 F1 8 线-3 线优先编码器 74×148

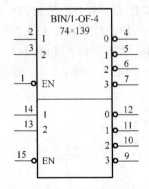

图 F2 双 2 线-8 线译码器 74×139

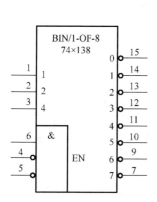

图 F3　3 线-8 线译码器 74×138

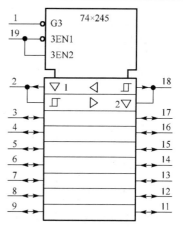

图 F4　双向总线收发器 74×245

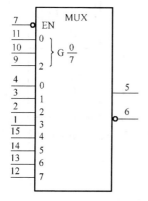

图 F5　8 选 1 数据选择器 74×151

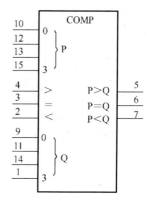

图 F6　4 位数值比较器 74×85

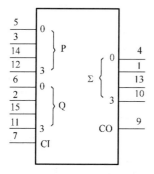

图 F7　4 位加法器 74×283

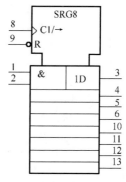

图 F8　8 位单向移位寄存器 74×164

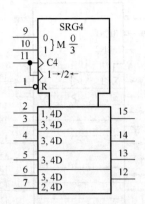

图F9　多功能移位寄存器 74×194

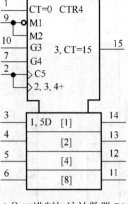

图F10　4 位二进制加法计数器 74×161

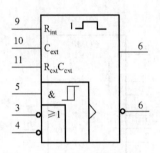

图F11　单稳态触发器 74×121

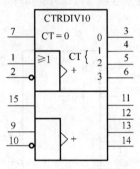

图F12　双十进制同步计数器 CD4518

参 考 文 献

[1] John F．Wakerly．Digtal Design：Principles and Practice 3rd.New Jersey：Prentice-Hall，Inc，2000.

[2] Victor P.Nelson，H．Troy Nagle，Bill D.Carroll，J．David Irwin．Digital Logic Circuit Analysis & Design. Prentice-Hall International, Inc.，1995.

[3] Thomas L.Floyd．数字基础（Digital Fundamentals）．7rd．北京：科学出版社，2002.

[4] Victor P．Nelson．数字逻辑电路分析与设计．北京：清华大学出版社，2004.

[5] 阎石．数字电子技术基础．第5版．北京：高等教育出版社，2006.

[6] 康华光．电子技术基础（数字部分）．第5版．北京：高等教育出版社，2006.

[7] 周筱龙，潘海燕．电子技术基础.第2版．北京：电子工业出版社，2006.

[8] 王金明．数字系统设计与Verilog HDL．北京：电子工业出版社，2002.

[9] 高吉祥．数字电子技术.第2版．北京：电子工业出版社，2008.

[10] 集成电路手册编委会．标准集成电路数据手册CMOS4000系列电路．北京：电子工业出版社，1995.

[11] 电子工程手册编委会．标准集成电路数据手册电路TTL电路．北京：电子工业出版社，1991.

[12] 余孟尝．数字电子技术基础简明教程．第三版．北京：高等教育出版社，2006.

[13] 林涛．数字电子技术基础．北京：清华大学出版社，2006.

[14] 王毓银．数字电路逻辑设计．北京：高等教育出版社，1984.

[15] 蔡惟铮．基础电子技术．北京：高等教育出版社，2004.

[16] 贾立新，王涌．电子系统设计与实践．北京：清华大学出版社，2007.

[17] 王志刚．现代电子线路．北京：清华大学出版社，北方交通大学出版社.

[18] 邹逢兴．数字电子技术基础典型题解析与实战模拟．长沙：国防科技大学出版社，2001.

[19] 田良．综合电子设计与实践．南京：东南大学出版社，2002.

[20] 马建国．电子设计自动化技术基础．北京：清华大学出版社，2004.

参 考 文 献